U0159085

660MW 超超临界机组培训教材

锅炉设备及系统

陕西商洛发电有限公司　西安电力高等专科学校　组　编

冯德群　主　编

王敬忠　杨艳龙　副主编

何　方　武兴民　杨瑞东　参　编

中国电力出版社

CHINA ELECTRIC POWER PRESS

内 容 提 要

　　本分册是 660MW 超超临界机组培训教材系列丛书之《锅炉设备及系统》。全书以陕西商洛发电有限公司（简称商洛电厂）660MW 超超临界锅炉为主，主要内容包括锅炉参数与分类、锅炉燃料特性、锅炉机组热平衡等基础知识，锅炉本体设备（包括燃烧设备、省煤器、蒸发设备、过热器和再热器等）与辅助设备（包括制粉系统、空气预热器、泵与风机、吹灰系统等）的结构原理、工作特点及运行维护，火电厂锅炉主要零部件用钢及损坏分析，超临界直流锅炉、循环流化床锅炉、启动锅炉的启动、停运及维护知识，以及锅炉事故及防治对策、锅炉试验等。

　　本分册适合从事 600MW 及以上大型火力发电机组安装、调试、运行、检修和管理等工作的人员学习或作为培训教材使用，也可供其他相关专业人员及高等院校、中专院校热能动力工程和电力工程专业师生参考学习。

图书在版编目（CIP）数据

锅炉设备及系统/冯德群主编；陕西商洛发电有限公司，西安电力高等专科学校组编 . —北京：中国电力出版社，2022.1（2023.5重印）
660MW 超超临界机组培训教材
ISBN 978-7-5198-6056-1

Ⅰ.①锅⋯　Ⅱ.①冯⋯②陕⋯③西⋯　Ⅲ.①火电厂—锅炉系统—技术培训—教材　Ⅳ.①TM621.2

中国版本图书馆 CIP 数据核字（2021）第 202173 号

出版发行：中国电力出版社
地　　　址：北京市东城区北京站西街 19 号（邮政编码 100005）
网　　　址：http：//www.cepp.sgcc.com.cn
责任编辑：吴玉贤
责任校对：黄　蓓　郝军燕　马　宁
装帧设计：赵姗姗
责任印制：吴　迪

印　　　刷：三河市航远印刷有限公司
版　　　次：2022 年 1 月第一版
印　　　次：2023 年 5 月北京第二次印刷
开　　　本：787 毫米×1092 毫米　16 开本
印　　　张：26
字　　　数：624 千字
定　　　价：98.00 元

编 委 会

前　言

　　进入 21 世纪后，我国火力发电进入了超高参数、大容量、低能耗、小污染、高自动化程度机组的高速发展时期，600MW 等级及以上机组已经成为主力发电机组。近年来，一大批 660/1000MW 超超临界机组的相继投产，对从事火力发电生产运行和相关工作的技术人员提出了更高的要求。为了帮助他们提高技术水平，确保机组安全、环保、稳定、经济运行，由陕西商洛发电有限公司和西安电力高等专科学校联合组织编写了本套培训教材。本套教材分为《锅炉设备及系统》《汽轮机设备及系统》《电气设备及系统》《热工过程自动化》《电厂化学设备及系统》《输煤与环保设备及系统》六个分册。

　　本分册为《锅炉设备及系统》，其主要围绕陕西商洛发电有限公司的 660MW 超超临界直流锅炉进行编写，同时兼顾其他锅炉形式，全书共十六章。本分册的基础理论知识以"必需、够用"为度，内容则突出 660MW 超超临界机组锅炉设备及系统的特点，注重基础理论与实践经验的结合、深度与广度的结合、专业知识与操作技能的结合，突出教材的针对性、实践性和职业性，可作为 660MW 超超临界机组安装、调试、运行、检修和管理人员的培训教材，也可作为相关专业高等院校、中专院校的教材和教学参考书。

　　本分册由西安电力高等专科学校冯德群、何方、武兴民、杨瑞东和陕西商洛发电有限公司的王敬忠、杨艳龙编写。本书在编写过程中参阅了大量的出版文献及相关电厂、研究院所和高等院校的技术资料、说明书、图纸等，得到了陕西商洛发电有限公司生产领导和专业技术人员的大力支持、帮助及配合，在此一并表示衷心的感谢。

　　由于编者水平有限且编写时间紧迫，书中疏漏之处在所难免，敬请读者批评指正。

编者

2021 年 12 月

目　录

绪　　论

一、锅炉概述

1. 锅炉及其工作原理和整体结构

锅炉是指利用燃料燃烧产生的热能（或其他形式的能量）加热给水（或其他工质），以生产出规定参数和品质的蒸汽、热水（或其他工质蒸汽）的机械设备。用以发电的锅炉称为电站锅炉或电厂锅炉。

在电站锅炉中，通常将化石燃料（煤、石油、天然气等）燃烧释放出来的热能，通过受热面传给其中的工质——水，把水加热成具有一定压力和温度的蒸汽；蒸汽驱动汽轮机，把热能转变为机械能；汽轮机再带动发电机，将机械能转变为电能供给用户。

电站锅炉中的"锅"指的是工质流经的各个受热面，一般包括省煤器、水冷壁、过热器、再热器等，以及通流分离器件如集箱、汽包（汽水分离器）等；"炉"一般指的是燃料的燃烧场所及烟气通道，如炉膛、水平烟道和尾部烟道等。总的来说，"炉"的任务是尽可能组织高效的放热，"锅"的任务是尽量把炉内的热量有效地吸收，"锅"和"炉"组成了一个完整的能量转换和蒸汽生产系统。

锅炉整体结构包括锅炉本体和辅助设备两大部分。锅炉本体是指炉膛、汽包（汽水分离器）、燃烧器、水冷壁、过热器、省煤器、构架和炉墙等主要部件，它们构成了生产蒸汽的核心部分。辅助设备是指为实现锅炉蒸汽的发生功能及满足环保要求而装设的制粉系统、引风机、送风机、一次风机、空气预热器及除灰除渣、脱硫脱硝等设备系统。

炉膛又称燃烧室，是供燃料燃烧的空间。炉膛的横截面一般为正方形或矩形。燃料在炉膛内燃烧产生火焰和高温烟气，所以炉膛四周的炉墙由耐高温材料和保温材料构成。在炉墙的内表面上常敷设水冷壁管，它既可以保护炉墙不被烧坏，又可以吸收火焰和高温烟气所带的大量辐射热。

炉膛设计时需要充分考虑使用燃料的特性。每台锅炉应尽量燃用原设计的燃料，燃用特性差别较大的燃料时锅炉运行的经济性和可靠性都可能会降低。

2. 电力系统运行对电站锅炉的要求

电能一般是不能大规模储存的，这就要求电站锅炉的出力要随着外界的负荷需要而变化。为达到这一要求，电站锅炉就必须按照外界的负荷需要及时调节燃料量、送风量及给水量。尤其是现在都趋向大电网运行，电力需求的峰谷差可以达到电网容量的50％左右，所以要求电站锅炉要具有很大的变负荷运行能力。电力系统运行对电站锅炉总的要求是既要安全稳定又要环保经济，具体要求如下：

（1）蒸发量满足汽轮发电机组的需要，能够在铭牌参数下长期运行，有较强的调峰能力。

（2）在较宽负荷范围内运行时，能够保证正常的蒸汽温度和蒸汽压力。

（3）锅炉要具有较高的经济性，以降低锅炉的煤耗、电耗及磨耗。

（4）耗用钢材量要少，以减少初投资，降低成本。

（5）锅炉在运行中要具有较强的自稳定能力。

二、锅炉的安全性与经济性指标

锅炉作为火力发电厂三大主机之一，其安全性和经济性对于发电生产是非常重要的。锅炉本身是高温高压设备，一旦发生爆炸和破裂，将导致人员伤亡和重大设备损坏事故。锅炉的构件繁多，尤其是锅炉的受热面工作条件恶劣，在运行中会发生各种各样的事故。锅炉的附属设备也会发生故障，进而影响到锅炉的安全运行。另外，锅炉又是一次能源的消耗大户，因此必须注意节约能源，以提高锅炉运行的经济性。通过安全性与经济性指标对锅炉进行考核，并总结经验，可为锅炉的设计、制造、安装、运行和检修提供有益的参考。

1. 锅炉的安全性指标

锅炉的安全性指标不能进行专门测量，而应采用下面几种指标来衡量：

（1）连续运行小时数。连续运行小时数，即两次检修之间锅炉运行的小时数。

（2）事故率。事故率＝$\dfrac{\text{事故停运小时数}}{\text{总运行小时数＋事故停运小时数}} \times 100\%$。

（3）可用率。可用率＝$\dfrac{\text{运行总小时数＋备用总小时数}}{\text{统计期间总小时数}} \times 100\%$。

锅炉事故率和可用率的统计期间，可以用一个适当长的周期来计算，通常以一年或锅炉的大修周期作为一个统计期间。

2. 锅炉的经济性指标

锅炉在运行中要耗用一定的燃料，每千克燃料具有一定的发热量。但是所耗用的热量未能完全被利用，因为有些燃料未能完全燃烧，而且排出的烟气也带走热量等。这就涉及锅炉效率问题。

锅炉效率的定义为：锅炉每小时的有效利用热量占输入热量的百分比。

只用锅炉效率来说明锅炉运行的经济性是不够的，因为锅炉效率只反映了燃烧和传热过程的完善程度，但从火力发电厂的作用来看，只有供出的蒸汽和热量才是锅炉的有效产品，自用蒸汽消耗及排污水的吸热量并不向外供出，而是自身消耗或损失了。而且，要使锅炉能正常运行、生产蒸汽，除使用燃料外，还要使锅炉的所有辅助系统和附属设备正常运行，这也需要消耗能量。因此，锅炉运行的经济性指标，除锅炉效率外，还包括锅炉净效率。

锅炉净效率的定义为：扣除了锅炉机组运行时的自用能耗（热耗和电耗）以后的锅炉效率。

三、超（超）临界火电技术发展概况

1. 超（超）临界机组的蒸汽参数

当水的参数达到其临界状态参数 22.115MPa/374.15℃时，水的完全汽化会在瞬间完成，蒸汽就变成了热力学意义上的"气体"。即在临界点时，在等压加热下，液体达到饱和温度后，直接全部变为蒸汽，在饱和水和饱和蒸汽之间不再有汽、水共存的两相区存在，两者参数不再有分别。当机组参数高于这一临界状态参数时，通常称该机组为超临界参数机组。

通过对蒸汽动力装置循环理论的分析可知，提高初参数和降低循环的终参数都可以提高循环的热效率。实际上，蒸汽动力装置的发展就是一直沿着提高参数的方向前进的。

进入超临界之后参数如何分挡，目前世界发电领域内尚无统一的标准和规定。多数国家把常规超临界参数的技术平台定在24.2MPa/566℃/566℃上，而把高于此参数（不论是压力高还是温度高，或者两者都高）的超临界参数定义为超超临界参数。我国通常把蒸汽压力高于27MPa或蒸汽压力大于25MPa、蒸汽温度高于600℃的范围称为超超临界。

超临界发电技术历经几十年的发展已成为世界上先进、成熟且达到商业化规模应用的洁净煤发电技术，现已在世界不少国家推广应用并取得了显著的节能和环保效果。

当前，超临界机组在实际应用中的主蒸汽压力最高已达到31MPa，主蒸汽温度最高已达到610℃，容量等级在300~1300MW内。与同容量的亚临界火电机组的热效率相比，理论上采用超临界参数的机组可提高效率2%~5%，先进的超临界机组效率已达到47%~49%。同时，先进的大容量超临界机组具有良好的运行灵活性和负荷适应性，还可大大降低CO_2、粉尘和有害气体（主要包括SO_x、NO_x等）等污染物的排放，具有显著的环保、清洁特点。运行实践表明，超临界机组的运行可靠性指标已经不低于亚临界机组。相对其他洁净煤发电技术，超临界发电技术具有良好的技术继承性。

2. 国外超（超）临界发电技术发展状况

从20世纪50年代开始，以美国和德国等主要工业国家就已经开始了对超临界和超超临界发电技术的研究。经过半个多世纪的不断进步、完善和发展，目前超临界和超超临界发电技术已经进入了成熟且商业化运行的阶段。

国外超临界和超超临界发电技术的发展过程大致可以分为以下三个阶段：

第一个阶段，从20世纪50年代开始。这一阶段的超超临界发电技术主要以美国和德国的技术为代表。该阶段的起步参数就是超超临界参数，但由于所采用的蒸汽参数过高，超越了当时材料的实际发展水平，导致了诸如机组运行可靠性差之类的发生。在经历了初期参数过高的阶段后，从20世纪60年代后期开始美国所采用的参数均降低到常规超临界参数。

第二个阶段，大约从20世纪80年代初期开始。由于材料技术的发展，尤其是锅炉和汽轮机材料性能的大幅度改进，以及对电厂水化学方面认识的深入，早期超临界机组所遇到的可靠性问题得以解决。同时，美国对已投运的机组进行了大规模的优化及改造，使其可靠性和可用率指标已经达到甚至超过了相应的亚临界机组；并通过改造实践，形成了新的结构和新的设计方法，大大提高了机组的经济性、可靠性和运行灵活性。在此期间，美国又将超临界技术转让给日本，联合进行了一系列新超临界电厂的开发设计。这样，超临界机组的市场逐步转移到了欧洲及日本，在世界范围内涌现出了一批新的超临界机组。

第三个阶段，大约从20世纪90年代开始。这是世界上超超临界机组快速发展的新阶段，即在保证机组高可靠性、高可用率的前提下采用更高的蒸汽温度和蒸汽压力。这是因为世界范围内对环保的要求日益严格，而且新材料的成功开发和超临界技术的成熟为超超临界机组的发展提供了条件。这一时期的超超临界发电技术主要以日本、欧洲的技术为代表。在此阶段，超超临界机组技术具有以下三方面的特点：

（1）蒸汽压力大多为25MPa左右，蒸汽温度为580～600℃。这种方案主要以日本的技术为代表，它是通过提高蒸汽温度来获得机组热效率的，造价低，结构简单，可靠性高。

（2）蒸汽压力和蒸汽温度同时都取较高值（蒸汽压力在28～30MPa，蒸汽温度为600℃左右），以获得更高的效率。这种方案主要以欧洲的技术为代表。蒸汽压力的提高不仅关系材料强度及结构设计，而且由于汽轮机排汽湿度的原因，蒸汽压力提高到某一等级后，必须采用更高的再热蒸汽温度或二次再热循环。

（3）更大容量等级超超临界机组的开发。决定机组容量的关键之一，就是低压缸的排汽能力，与蒸汽参数并无直接关系。为了尽量减少汽缸数，大容量机组的发展更注重大型低压缸的开发和应用。开发更大容量的超超临界机组及百万等级机组倾向采用单轴方案。

为了发展高效率的超超临界机组，从20世纪80年代初开始，美国、日本和欧洲都投入了大量财力、物力和人力开展各自的新材料研发计划，这些材料分别针对不同参数级别的机组，如593℃级别（包括欧洲的580℃级别的机组和日本的600℃级别的机组）、620℃级别、650℃级别及更高温度级别的机组。

3. 国内超（超）临界发电技术发展状况

超（超）临界发电技术是我国电力工业升级换代、缩小与发达国家技术与装备差距的新一代发电技术，高效、节能、环保的超（超）临界发电机组将是未来二、三十年我国电力工业的主要机组形式。

国产化大型超（超）临界机组，是提高机组热效率、改善环境状况和优化我国火电装机结构最现实、有效的途径，具有显著的社会和经济效益。截至目前，我国已投运的1000MW超超临界机组已超过百台，成为世界超超临界煤粉锅炉机组容量最大和数量最多的国家。中国华能集团有限公司江西安源电厂1号机组是世界首台660MW超超临界二次再热燃煤发电机组，中国国电集团公司泰州电厂二期工程3号机组是世界首台1000MW超超临界二次再热燃煤发电机组，这标志着二次再热发电技术在我国已得到推广应用。世界首台最大容量等级的四川白马600MW超临界循环流化床示范电站标志着我国已经完全掌握了循环流化床锅炉的核心技术，并在循环流化床燃烧大型化、高参数等方面达到了世界领先水平。

2019年6月，广东华厦阳西电厂二期5机组一次并网成功。该机组是目前亚洲最大的常规燃煤发电机组，也是国内蒸汽参数最高、单机发电容量最大、单位发电标准煤耗最低、污染物排放量最少的高效超超临界1240MW燃煤发电机组。该机组的锅炉容量为3700t/h，锅炉主蒸汽参数为29.4MPa/605℃/623℃。

现在，我国煤电超（超）临界机组在容量、参数、效率、煤耗等方面均达到了世界领先水平，已成为世界上具有超超临界机组数量最多、蒸汽参数最高和供电煤耗最低的国家；超低排放改造技术也达到了世界先进水平。

在"十三五"期间，对于超超临界发电技术的国产化问题，《电力发展"十三五"规划（2016～2020年）》明确强调，要全面掌握拥有自主知识产权的超超临界机组设计、制造技术；以高温材料为重点，加快攻关700℃超超临界发电技术；研究开展中间参数等级示范，实现发电效率突破50%；推进自主产权的600MW级超超临界循环流化床（circulating fluidized bed，CFB）发电技术示范。

第一章　锅炉的基础知识

第一节　锅炉参数与分类

一、锅炉参数

锅炉参数是指表示锅炉性能的主要指标，包括锅炉容量、蒸汽压力和蒸汽温度、给水温度、排烟温度等。

（1）锅炉容量。锅炉容量可用锅炉额定出力（boiler rated load，BRL）或锅炉最大连续蒸发量（boiler maximum continue rate，BMCR）来表示。

1）锅炉额定出力（也称锅炉额定蒸发量）是在额定蒸汽参数、额定给水温度、使用设计燃料并保证效率的条件下，连续运行时所必须保证的蒸发量，单位为 kg/s 或 t/h。BRL 也可用与汽轮发电机组配套的功率来表示，单位为 kW 或 MW。

2）锅炉最大连续蒸发量是在额定蒸汽参数、额定给水温度，并使用设计燃料的条件下，单位时间内能连续安全生产的最大蒸汽量。

（2）蒸汽压力和蒸汽温度。锅炉的蒸汽压力和蒸汽温度，通常是指过热器、再热器出口处的过热蒸汽压力和过热蒸汽温度，如没有过热器和再热器，即指锅炉出口处的饱和蒸汽压力和饱和蒸汽温度。

（3）给水温度。给水温度是指省煤器的进水温度。

（4）排烟温度。排烟温度是指烟气离开锅炉最后一级受热面时的烟气温度。

二、锅炉分类

锅炉可以按水循环方式、蒸汽参数、燃烧方式、使用燃料、排渣方式、通风方式、结构形式、用途等进行分类，其中按水循环方式和蒸汽参数的分类最为常见。

1. 按水循环方式分类

锅炉按照水循环方式的不同，可分为自然循环锅炉、控制循环锅炉和直流锅炉。

（1）自然循环锅炉。在自然循环锅炉中，给水经给水泵升压后进入省煤器加热至一定温度后进入蒸发系统。蒸发系统包括汽包、不受热的下降管、受热的水冷壁及相应的集箱等。水在水冷壁中受热时会部分汽化，所以水冷壁出口处的工质为汽水混合物；而在不受热的下降管中，工质则为单相水。由于水的密度要大于汽水混合物的密度，所以在下降管和水冷壁之间就会产生重位差压，也称运动压头。在运动压头的推动下，工质在蒸发系统中循环流动。这种循环流动无须借助其他的能量消耗，所以称为自然循环。

在自然循环锅炉中，水每循环一次只有部分转变为蒸汽。单位时间内的循环水量同生成的蒸汽量之比，称为循环倍率。自然循环锅炉的循环倍率一般为 6～8。

（2）控制循环锅炉。控制循环锅炉是在自然循环锅炉的基础上发展而来的。随着锅炉压力的提高，汽水密度差越来越小，自然循环的推动力——运动压头也将随之减小，因此在自然循环锅炉蒸发系统的下降管处加装了低压头的炉水循环泵，就形成了控制循环锅炉。

在控制循环锅炉中，循环流动时的运动压头要比自然循环时的增强很多。控制循环锅炉的循环倍率一般为 2~4。

自然循环锅炉和控制循环锅炉的共同特点是都有汽包。汽包可将加热、蒸发和过热分隔开来，并使蒸发部分形成闭合的循环回路；汽包的大容积还能保证汽和水的良好分离。但是汽包只适用于临界压力以下的锅炉。

（3）直流锅炉。直流锅炉没有汽包，给水在给水泵的推动下，依次经过省煤器、水冷壁和过热器，完成加热、蒸发和过热过程，使其成为具有一定压力和温度的过热蒸汽。直流锅炉的循环倍率为 1。

直流锅炉中的工质相态在省煤器、蒸发受热面和过热器之间没有固定的分界点，沿工质整个行程的流动阻力均由给水泵来克服。直流锅炉在低负荷运行时，由于经过蒸发受热面的工质不能全部转变为蒸汽，这时流经蒸发受热面的工质流量超过流出的蒸汽量，在其汽水分离器中会有饱和水分离出来，这就需要特殊的旁路系统，在此阶段其循环倍率大于 1。直流锅炉在高负荷运行时，流经蒸发受热面的是微过热蒸汽，其按照纯直流模式工作。

直流锅炉可以适应任何压力，但如果压力太低，其运行的经济性则不如自然循环锅炉。所以直流形式一般应用于蒸汽压力大于或等于 16MPa 的锅炉。当然，超（超）临界参数锅炉只能采用直流形式。

与自然循环锅炉相比，直流锅炉主要有以下技术特点：

1）取消汽包后，厚壁设备的热应力限制大大缓解。水冷壁的金属储热量和工质储热量小（即热惯性小），启停速度和变负荷速度仅受过热器出口集箱的热应力限制，这会使快速启停的能力进一步得到提高，以更好地适应机组调峰的要求。

2）锅炉本体金属消耗量减少，加上省去了汽包的制造，使锅炉制造成本降低。

3）为了达到较高的质量流速，必须采用小管径水冷壁。这样不但提高了传热能力，而且节省了金属材料，减轻了炉墙重量，还减小了直流锅炉的热惯性。

4）为保证有足够的冷却能力和防止低负荷运行时发生水动力多值性及脉动，水冷壁管内工质的质量流速在 BMCR 负荷时提高到 $2000kg/(m^2 \cdot s)$ 以上，加上管径减小的影响，使直流锅炉的流动阻力显著提高。600MW 以上的直流锅炉，其流动阻力一般为 5.4~6.0MPa。

5）水冷壁的流动阻力全部要靠给水泵来克服，这部分阻力占全部阻力的 25%~30%。所需的给水泵压头要高，这既提高了制造成本，又增加了运行能耗。

6）直流锅炉启动时约有 30%额定流量的工质经过水冷壁并被加热，为了回收启动过程的工质和热量并保证低负荷运行时水冷壁管内有足够的质量流速，直流锅炉需要设置专门的启动系统。

7）启动系统中的汽水分离器在湿态运行时起着分离汽水并维持一定水位的作用；在干态运行时切换为纯直流模式，汽水分离器起到一个蒸汽集箱的作用。

8）蒸汽温度调节的主要方式是调节燃料量与给水量之比，辅助手段是喷水减温或烟气侧调节。由于直流锅炉没有固定的汽水分界面，因此随着给水量和燃料量的变化，受热面的预热段、蒸发段和过热段长度会发生变化，蒸汽温度也随之发生变化，蒸汽温度的调节比较困难。

9）直流锅炉在低负荷运行时，由于给水量降低，水冷壁流量分配不均匀性增大；压力降低，汽水比体积变化增大；工质欠焓增大，会使蒸发段和加热段的阻力比值发生变化，容易发生水动力不稳定。

10）水冷壁可灵活布置，可采用螺旋管圈或垂直管屏式水冷壁。采用螺旋管圈水冷壁有利于实现变压运行。

11）对于超临界压力下的直流锅炉，其水冷壁管内工质温度随吸热量的变化而变化，即管壁温度随吸热量的变化而变化。因此，在超临界压力下，热偏差对水冷壁管壁温度的影响作用显著增大。热惯性小也会使水冷壁对热偏差的敏感性增强，进而容易导致工质流动不稳定或管子超温。

12）变压运行的超临界参数直流锅炉，在亚临界压力范围和超临界压力范围内工作时，都存在工质的热膨胀现象，并且在亚临界压力范围内工作时可能出现膜态沸腾，在超临界压力范围内工作时可能出现类膜态沸腾。

13）直流锅炉要求的给水品质较高，要求对凝结水进行100％的除盐处理。

14）直流锅炉的控制系统复杂，调节装置的费用较高。

2. 按蒸汽参数分类

锅炉按照蒸汽参数可分为低压锅炉（$p \leq 2.45$MPa）、中压锅炉（$2.94 \sim 4.90$MPa）、高压锅炉（$p = 7.8 \sim 10.8$MPa）、超高压锅炉（$p = 11.8 \sim 14.7$MPa）、亚临界压力锅炉（$p = 15.7 \sim 19.6$MPa）、超临界压力锅炉（$p > 22.1$MPa）和超超临界压力锅炉（$p > 27$MPa或超临界以上且蒸汽温度在600℃以上）。其中，p为出口蒸汽压力。

3. 按其他方式分类

（1）锅炉按燃烧方式可分为层式燃烧锅炉、悬浮燃烧锅炉、旋风燃烧锅炉和循环流化床锅炉。

（2）锅炉按使用燃料可分为燃煤锅炉、燃油锅炉、燃气锅炉及燃用其他燃料（如油页岩、垃圾、沼气等）锅炉。

（3）锅炉按排渣方式可分为固态排渣锅炉和液态排渣锅炉。固态排渣是指炉膛下部排出的灰渣呈灼热的固态，落入排渣装置经冷却水或风冷粒化后排出。液态排渣是指炉膛内的灰渣以熔融状态从炉膛底部排出。

（4）锅炉按通风方式可分为平衡通风锅炉、微正压锅炉（$2 \sim 4$kPa）和增压锅炉。所谓平衡通风锅炉指的是进入锅炉的供风由风机提供，燃烧后的烟气经风机抽吸出去，炉膛燃烧室呈负压状态（$-200 \sim -50$Pa）。现在大型电站基本都采用平衡通风锅炉。微正压锅炉的炉壳密封要求较高，多用于燃油、燃气锅炉。增压锅炉的炉内烟气压力高达$1.0 \sim 1.5$MPa，多用于燃气蒸汽联合循环锅炉。

（5）锅炉按结构形式可分为Ⅱ型锅炉、塔型锅炉、箱型锅炉及D型锅炉等。Ⅱ型锅炉在电站锅炉最为常见，其几乎适合采用各种容量和燃料。塔型锅炉更适合燃用多灰分烟煤和褐煤。箱型锅炉和D型锅炉主要燃用重油和天然气。

（6）锅炉按用途可分为工业锅炉、电站锅炉、船用锅炉和机车锅炉等。

第二节 煤 的 成 分

煤是指古代植物遗体在地下经成煤作用后转变成的固体可燃矿产。由于地壳变迁，地面上的植物残骸被埋在地层深处，经过长期的细菌、生物化学作用及地热高温、岩层高压及缺氧和变质作用，使植物中的纤维素、木质素发生脱水、脱甲烷、脱一氧化碳等反应，逐渐成为含碳丰富的可燃化石——煤。

煤包括有机物、矿物质和水三部分。其中，有机物作为煤的主体，由各种高分子有机化合物组成，是煤中的可燃成分；而矿物质和水分是煤中的不可燃成分，是煤的外部杂质，它们的存在降低了煤的质量和利用价值。

工业上一般用元素分析法和工业分析法测定煤的成分。

一、煤的元素分析成分

全面测定煤中所含化学成分的分析法称元素分析法。分析结果表明，煤中包含几十种化学元素。一般将煤中不可燃矿物质都归入灰分（A）。这样煤的元素分析成分包括碳（C）、氢（H）、氧（O）、氮（N）、硫（S）五种元素和灰分（A）、水分（M）7 种成分。

1. 碳（C）

碳是煤中主要的可燃元素，也是发热量的主要来源。煤中碳的含量为 40%～95%。1kg 碳完全燃烧生成二氧化碳（CO_2），大约可放出 32 700kJ 的热量；但如果不完全燃烧生成一氧化碳（CO），只能放出 9270kJ 的热量。

煤中的碳一部分与氢、氧、氮、硫结合成具有挥发性有机化合物，其燃点较低，易着火；另一部分则以单质状态存在，单质碳燃点高、不易着火、燃烧缓慢、火苗短、难燃尽，但发热量较高。

煤的地质年代越长，碳化程度越深，含碳量就越高，单质碳的比例也相应较高，因此，地质年代越长的煤，着火越困难。

2. 氢（H）

氢是煤中发热量最高的元素。但煤中氢元素含量不多，一般为 3%～6%。1kg 氢完全燃烧生成水，大约可放出 143 000kJ 的热量。

煤中的氢一部分以游离状态存在于有机物中，游离氢极易着火且燃烧迅速、火苗长；另一部分则与氧结合成为稳定的化合物——水。

随着煤的地质年代的增长、碳化程度的加深，其中氢的含量逐渐减少。

3. 氧与氮（O、N）

煤中的氧和氮是不可燃元素，是煤的内部杂质。

煤中的氧含量随煤种的不同而有很大差异，少则仅有 1%～2%，最高可达 40%。煤中的氧由两部分组成：一部分以游离状态存在，它能助燃；另一部分氧与煤中其他元素结合形成化合物。

煤中的氮含量很少，一般仅为 0.5%～2.0%。通常条件下，氮可视作一种不可燃的惰性元素，但在富氧、高温的条件下，煤中的氮会与氧反应生成污染环境的有害气体——氮氧化物（NO_x），故氮是煤中的有害杂质。

煤的地质年代越长，煤中氧、氮的含量越少。

4. 硫（S）

硫是煤中有害的可燃元素，煤中的硫含量为 $0.5\% \sim 8.0\%$。1kg 硫完全燃烧生成二氧化硫（SO_2），能放出 9050kJ 的热量。

煤中的硫以三种形态存在：有机硫（即与碳、氢、氧等元素结合成化合物）、黄铁矿中的硫（即 FeS_2）、硫酸盐中的硫。前两种硫均能燃烧并放出热量，称可燃硫或挥发硫；而硫酸盐中的硫不能燃烧，一般都归入灰分。

硫对电站锅炉的危害主要体现在三个方面：一是磨损设备，即煤中的含硫矿物通常硬度较大，会对制粉设备及锅炉受热面造成严重的磨损；二是腐蚀设备，即硫的燃烧产物与烟气中蒸汽作用形成硫酸蒸气，随着烟气流程，烟气温度逐渐降低，若烟气中的硫酸蒸气凝结在低温金属受热面上，便会对受热面产生强烈的腐蚀；三是污染环境，即硫的氧化物随烟气排入大气，会造成严重的环境污染。

5. 灰分（A）

灰分是煤完全燃烧后的固体残渣，是煤中矿物质（除水分外所有的无机质）在煤燃烧过程中经过一系列分解、化合反应后的产物。

煤中矿物质分为内在矿物质和外在矿物质两种。内在矿物质又分为原生矿物质和次生矿物质两种。原生矿物质是成煤植物本身所含的矿物质；次生矿物质是在成煤过程中形成并残留于煤中的矿物质。内在矿物质所形成的灰分称内在灰分。外在矿物质是指在煤的开采和运输过程中混入的矿物质。外在矿物质形成的灰分称外在灰分。外在灰分的含量受外界条件的影响较大。虽然灰分来源于煤中的矿物质，但其在成分和数量上与矿物质均有很大的区别。

灰分是煤中的有害成分，与电站锅炉工作的安全性和经济性密切相关。煤中灰分增加，则发热量降低，从而使锅炉煤耗增大，导致燃料的运输与制备成本增大，因此灰分是动力煤的重要计价指标之一；煤中灰分增加，还会降低炉温，影响燃烧的稳定性，灰分形成的灰壳将阻碍可燃质与氧的接触，使不完全燃烧热损失增大，从而降低锅炉的热效率。此外，锅炉燃用含灰量高的煤，还会导致受热面发生结渣、积灰、磨损等问题；锅炉排烟中飞灰浓度过大，将会增加除尘器的工作负担。

6. 水分（M）

水分是煤中的不可燃成分，也是一种有害杂质。煤中的水分含量随煤种的不同而存在很大差异，少则仅有 3% 左右，多则可达 $50\% \sim 60\%$。煤中水分含量随着煤地质年代的增长而减少。

煤中水分由外在水分和内在水分组成。外在水分又叫表面水分，是在开采、运输和储存过程中附着于煤粒表面的外来水分。外在水分可通过自然干燥法除去。自然干燥法可一直进行到煤中水分与空气湿度达到平衡为止。去掉外在水分后煤所拥有的水分，称内在水分（或固有水分）。内在水分不能通过自然干燥除去，而是必须将煤加热至 105～110℃ 并保持一定的时间才能除去。外在水分和内在水分之和为全水分。

煤中水分对锅炉工作会产生一系列不利影响。首先，煤中的水分不利于煤粉制备和输送，具体表现为磨煤出力降低、煤粉流动性差、容易发生煤粉沉积等问题。其次，煤中水分过多会降低燃烧的安全性和经济性；水分入炉后会吸收烟气热量，降低炉温，导致燃烧的稳定性和完全程度降低。再次，煤中水分增加，会使燃烧生成的烟气容积增加，使排烟热损失和引风机耗电量增加。最后，煤中水分还为受热面的低温腐蚀创造了条件。尽管煤中的水分对锅炉的工作有许多危害，但煤中仍需要保留一定的水分含量，以避免煤粉因过度干燥而发生自燃和爆炸。

二、煤的工业分析成分

煤的元素分析成分是设计锅炉所需的重要原始参考数据，也是锅炉燃烧计算的依据。但仅凭元素分析成分，不能准确判断煤的燃烧性能，加之元素分析过程较为复杂，故发电厂常用更为简便的工业分析法来测定煤的成分，所得结果称煤的工业分析成分。

煤的工业分析就是对煤样进行干燥、加热、灼烧，通过煤样质量的变化，测定煤中的水分（M）、挥发分（V）、固定碳（FC）和灰分（A）四种成分的质量百分比。这些成分正是煤在炉内燃烧过程中分解出来的产物，因此煤的工业分析成分能更加直接地反映煤的燃烧特性。

水分、灰分已在煤的元素分析中讲到，下面仅介绍挥发分和固定碳。

1. 挥发分（V）

煤在隔绝空气的条件下被加热到一定温度时，煤中的有机物会分解并释放出多种气体，这些气体合称挥发分（V）。挥发分主要包括氢气（H_2）、一氧化碳（CO）、甲烷（CH_4）、乙烷（C_2H_6）、硫化氢（H_2S）等可燃气体，还有少量的不可燃气体，如氧气（O_2）、二氧化碳（CO_2）和氮气（N_2）等。

挥发分容易着火和燃烧，且挥发分析出后，焦炭呈多孔疏松状，其中可燃质与氧气的接触更加充分，故挥发分含量高的煤通常燃烧性能较好，具有着火早、燃烧速度快及燃烧完全等特点。

挥发分是判断煤燃烧性能的重要指标。煤中挥发分含量随着煤地质年代的增长而减少，因此挥发分也反映了煤的变质程度，世界各国均以挥发分含量作为煤分类的重要依据。

值得注意的是，挥发分并不是煤中的固有成分，而是煤在一定温度下的热解产物。同一种煤，在不同的测量温度下，测得的挥发分含量是有差异的，温度越高，测得的挥发分含量也相应越多。因此，更确切地说，应将挥发分含量称为挥发分产率。

2. 固定碳（FC）

煤中水分蒸发，挥发分析出后，剩余的固体物质称为焦炭。焦炭的可燃成分为固定碳，不可燃残渣即为灰分。

固定碳实质上是以单质碳的形式存在的。其特点是着火点高（着火困难），燃烧速度慢且不易燃尽，因此固定碳含量高的煤通常燃烧性能较差。煤中固定碳含量会随着煤地质年代的增长而增加，可见固定碳也是一个反映煤变质程度的指标。由于固定碳发热量较高，因此它是煤发热量的主要来源。

工业分析成分是评价煤质、分析燃煤特性的重要指标，也是运行人员合理设定运行参数、进行燃烧调节的重要依据。

煤的元素分析和工业分析是以不同的方法、从不同的角度对煤的成分进行测定，两者之间的关系如图1-1所示。

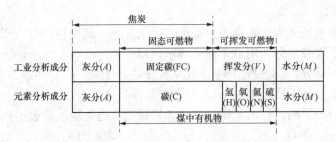

图 1-1　煤的元素分析与工业分析的关系

三、煤的成分分析基准

煤中各成分的含量通常用该成分的质量占煤样总质量的百分数来表示。由于煤中灰分和水分的数量易受外界环境的影响，在不同状态下煤样的总质量是不同的，这将导致同一种成分在不同条件下测得的质量百分数也不同，因此在表示煤的成分含量时，必须指明煤样的状态。在实际工作中，常用四种不同状态的煤样作为煤的成分分析基准，如图 1-2 所示。煤的成分分析基准分别为收到基（ar）、空气干燥基（ad）、干燥基（d）及干燥无灰基（daf）。

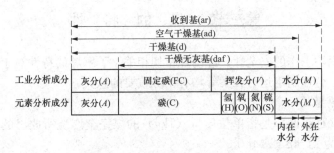

图 1-2　煤的四种分析基准

1. 收到基（ar）

收到基是以电厂实际收到的煤为基准，又称"应用基"。收到基状态的煤包含灰分、水分在内的所有成分。各种成分的质量占收到基煤样总质量的百分数称煤的收到基成分，用下角标 ar 来表示，即

煤的元素分析成分：$C_{ar}+H_{ar}+O_{ar}+N_{ar}+S_{ar}+A_{ar}+M_{ar}=100\%$；

煤的工业分析成分：$FC_{ar}+V_{ar}+A_{ar}+M_{ar}=100\%$。

对于进厂原煤及入炉煤，一般均以收到基表示其成分含量。煤的收到基成分也是进行燃烧计算的重要依据。

2. 空气干燥基（ad）

空气干燥基是以通过自然干燥法去除外在水分的煤为基准。各种成分的质量占空气干燥基煤样总质量的百分数称煤的空气干燥基成分，用下角标 ad 表示，即

煤的元素分析成分：$C_{ad}+H_{ad}+O_{ad}+N_{ad}+S_{ad}+A_{ad}+M_{ad}=100\%$；

煤的工业分析成分：$FC_{ad}+V_{ad}+A_{ad}+M_{ad}=100\%$。

实验室在做煤质分析时，所用煤样通常已在室内放置了一段时间，其外在水分已经通过自然干燥法除去，故所得数据均为煤的空气干燥基成分。

3. 干燥基（d）

干燥基是以假想的无水状态的煤为基准。除水分外，其余各成分占干燥基煤样总质量的百分数称煤的干燥基成分，用下角标 d 表示，即

煤的元素分析成分：$C_d + H_d + O_d + N_d + S_d + A_d = 100\%$；

煤的工业分析成分：$FC_d + V_d + A_d = 100\%$。

由于不受水分的影响，煤的干燥基成分比较稳定，通常能准确表示灰分的含量。

4. 干燥无灰基（daf）

干燥无灰基是以假想的无水、无灰状态的煤为基准。除水分和灰分外，其余成分占干燥无灰基煤样总质量的百分数称煤的干燥无灰基成分，用下角标 daf 表示，即

煤的元素分析成分：$C_{daf} + H_{daf} + O_{daf} + N_d + S_{daf} = 100\%$；

煤的工业分析成分：$FC_{daf} + V_{daf} = 100\%$。

干燥无灰基煤样中不含水分和灰分等易受外界影响的不稳定成分，因此经常用于精确表示挥发分的含量，以便正确评价煤的燃烧性能。该基准主要由可燃成分组成，故又称"可燃基"。

对于同一种煤，各成分在不同基准下的含量值是可以进行换算的。

第三节 煤 的 特 性

煤的特性与锅炉工作的安全性、经济性密切相关。了解煤的特性对于锅炉及其附属设备的选型、设计、合理制定运行方案等均有十分重要的意义。

一、煤的发热量

煤的发热量又称热值，是指单位质量（1kg）的煤完全燃烧所放出的全部热量，用符号 Q 表示，单位为 kJ/kg 或 MJ/kg。

煤的发热量有高、低位之分。高位发热量是指单位质量的煤完全燃烧时所放出的热量，其中包括煤完全燃烧所生成的蒸汽全部凝结成水时放出的汽化潜热，用 Q_{gr} 表示；而低位发热量则是在高位发热量中扣除燃烧产物中蒸汽的汽化潜热，用 Q_{net} 表示。

现代大容量锅炉为防止尾部受热面低温腐蚀，排烟温度一般在 110℃ 以上，烟气中的蒸汽不会凝结，汽化潜热未被利用。因此，电站锅炉工作中所能利用的热量是煤的低位发热量，故我国在电站锅炉的有关热力计算中所使用的发热量也通常是指低位发热量。

不同基准下，煤发热量的数值是不同的，不同基准的发热量之间是可以换算的。在没有特殊说明的情况下，煤的发热量一般是指煤的收到基低位发热量，用 $Q_{net,ar}$ 表示。

不同煤的发热量有很大差别，同等级的锅炉燃用发热量较高的煤，煤耗较低；反之，则煤耗较高。因此，不能仅凭锅炉原煤煤耗量的大小来判断其运行的经济性。为了客观、公平地比较各机组的经济性，引入了标准煤的概念。

标准煤是指收到基低位发热量为 29 307kJ/kg(7000kcal/kg) 的煤。

不同容量、燃用不同煤种的锅炉，均可将其实际的原煤消耗量折合成标准煤耗量，然后再进行经济性比较。锅炉单位时间的实际煤耗量 B 与标准煤耗量 B_b 可按式（1-1）进行换算，即

$$B_b = B \frac{Q_{net,ar}}{29\ 307} \tag{1-1}$$

式中　B——实际原煤消耗量，kg/h；

　　　B_b——标准煤耗量，kg/h。

电厂常用发电标准煤耗率和供电标准煤耗率来反映发电过程的经济性。所谓发电标准煤耗率是指发电厂每发 1kWh 的电能（即 1 度电）所消耗的标准煤量，用 b_f 表示，单位为 g/kWh。若发电机组的标准煤耗量为 B_b，则其发电标准煤耗率可用式（1-2）计算，即

$$b_f = \frac{1000\,B_b}{P} \tag{1-2}$$

式中　P——机组的功率，kW。

考虑到电厂本身有一定的自用电率，扣除发电厂自用电后，电厂每向外提供 1kWh 电能所耗用的标准煤量，称供电煤耗率，用 b_g 表示，单位为 g/kWh。当厂用电率为 L_{fcy} 时，可用式（1-3）计算发电厂的供电标准煤耗率，即

$$b_g = \frac{b_f}{1 - L_{fcy}} \tag{1-3}$$

供电标准煤耗率是按照电厂最终供电量计算的能源消耗，是考核发电企业能源利用率的重要指标。供电煤耗率的大小既与发电设备的性能有关，又与机组的参数及运行方式有关。

二、灰的熔融性

煤燃烧后形成的灰渣在高温条件下将逐渐由固态转变为液态，这种特性称为灰的熔融性，而灰熔点则是表示灰渣熔融特性的参数。

电站锅炉运行中，炉膛火焰中心温度高达 1400～1600℃，炉膛出口处温度仍有 1000℃左右。在这样的高温环境中，熔点较低的灰渣常处于熔融状态，并具有一定的黏性。熔融状态的灰渣在随着烟气流动的过程中，若遇到金属受热面，便会附着于其表面，导致受热面结渣。灰渣的熔点越低，结渣会越严重。因此，灰熔点的高低是判断煤结渣倾向的重要指标，也是设计锅炉的重要依据。

1. 灰熔点的测定和表示方法

灰由多种金属、非金属氧化物组成，没有一个固定、明确的熔点，其由固态到液态需要历经一个较宽的温度区间，目前普遍采用三角锥法来测定这一区间。首先用专用模子将灰制成底边长 7mm、高 20mm 的三角锥体，即初始灰锥；然后再将灰锥放在充满弱还原性气体的高温炉中，以规定的速率升温，目测灰锥在受热过程中形态的变化，分别记录三个典型状态所对应的温度值，作为灰的熔点，如图 1-3 所示。

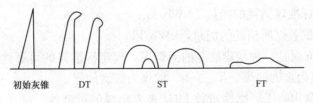

图 1-3　灰锥状态变化与特征温度

（1）变形温度（deformation temperature，DT）。灰锥顶端开始变圆或弯曲时所对应的温度，可用 t_1 来表示。

（2）软化温度（softening temperature，ST）。灰锥锥体顶点弯曲至锥底面或锥体变成

13

球形或灰锥高度等于或小于底面边长时对应的温度，可用t_2来表示。

（3）熔化温度（fusion temperature，FT）。灰锥锥体熔化成液体并能在底面流动时对应的温度，可用t_3来表示。

DT、ST、FT三个特征温度可较为全面地描述灰的熔融特性，其中ST最具代表性，若无特殊说明，通常所说的灰熔点是指ST。

2. 影响灰熔点高低的因素

灰熔点的高低与灰的含量、成分及炉内气体的性质有关。

（1）煤灰化学成分。煤灰主要由金属和非金属的氧化物组成，主要包括SiO_2、Al_2O_3、TiO_3等酸性氧化物和Fe_2O_3、CaO、MgO、Na_2O、K_2O等碱性氧化物。通常酸性氧化物含量越高，灰的熔点越高；而碱性氧化物含量越高，则熔点越低。因此，灰的碱酸比也常用于判断煤的结渣倾向。

此外，煤灰化学成分复杂，在一定的温度下，灰中各组分之间还会相互作用，形成一种共熔体，导致各组分含量发生变化，因此煤灰的熔点与其化学成分之间是一种不确定的数量关系。

（2）介质气氛。煤灰所处的介质气氛对灰的熔融性有较大影响。炉内若是不完全燃烧（缺氧状态），介质就是还原性气氛；若是完全燃烧，介质就是氧化性气氛。

还原性的介质气氛会导致灰熔点降低，原因是CO等还原性气体会将灰中高熔点的Fe_2O_3还原为低熔点的FeO，并进一步与其他氧化物形成熔点更低的共熔体。还原性氛围可能会使灰熔点降低$200\sim300$℃。

（3）煤中灰分含量。煤中灰分含量不同，灰的熔点也会发生变化。一般情况下，煤中含灰量越多，灰的熔点就越低。这是因为灰量越多，灰中各种成分的相互接触就会越频繁，在高温下产生化合、分解、助熔作用的机会就会增多，从而使灰的熔点降低。

（4）煤的可磨性。煤是一种脆性物质，在机械力的作用下可以被破碎，由于破碎过程需要克服分子间的结合力而产生新的自由表面，故需要消耗一定的能量。不同种类的煤，其机械强度是不同的，故由相同的初始粒度破碎到相同的细度，所消耗的能量也不同，这一性质称为煤的可磨性。煤可磨性的大小用可磨性系数K_{km}表示。

所谓可磨性系数，是指将相同质量的标准煤与试验煤从相同的初始粒度破碎到相同的细度所消耗的能量之比，即

$$K_{km}=\frac{E_b}{E_s} \tag{1-4}$$

式中　E_b——破碎标准煤消耗的能量，kWh/kg；

　　　E_s——破碎试验煤所消耗的能量，kWh/kg。

这里所谓的标准煤是一种较难磨制的无烟煤，规定标准煤的可磨性系数为1。通常认为，$K_{km}<1.2$的煤为难磨的煤，$K_{km}>1.5$的煤为好磨的煤。

欧美一些国家常用哈氏可磨性指数HGI来表示煤的可磨性。哈氏可磨性指数测定方法如下：取50g一定粒度的煤样，在一小型中速钢球磨煤机中磨制，待该磨煤机主轴运转60r后，用孔径为74μm的筛子对磨好的煤粉进行筛分，若筛子的煤粉通过量为G，则可按式（1-5）来计算，即

$$HGI=6.93G+13 \tag{1-5}$$

HGI 与 K_{km} 只是测定方法不同，两者可通过式（1-6）进行换算，即

$$K_{km} = 0.0034(HGI)^{1.25} + 0.61 \tag{1-6}$$

煤的可磨性系数是煤的重要特性参数之一，是制粉系统设计、磨煤机选型、磨煤机出力及电耗计算的重要依据。

三、煤的磨损性

煤的磨损性是煤被破碎过程中表现出来的另一个重要性质。所谓煤的磨损性，是指煤在磨制过程中，对金属部件磨损的强烈程度。磨损性的大小用磨损指数 K_e 来表示。它关系到磨煤机金属的磨损率和磨煤机形式的选择。

煤的磨损指数是通过试验确定的。在一定条件下，试验煤每分钟对纯铁的磨损量 x 与相同条件下标准煤每分钟对纯铁磨损量的比值，称为试验煤的磨损指数 K_e。

这里的标准煤是指每分钟对纯铁磨损量为 10mg 的煤。若在 t 分钟内，试验煤对纯铁磨损量为 m（单位为 mg），则试验煤的磨损指数可表示为

$$K_e = \frac{x}{10} = \frac{m}{10t} \tag{1-7}$$

煤的磨损指数与煤的可磨性系数是两个完全不同的概念，两者间不构成函数关系。容易破碎的煤，并不一定是磨损性弱的煤；而不易破碎的煤，也并一定是磨损性强的煤。

煤的磨损指数主要取决于煤的矿物质中 α-石英、黄铁矿、菱铁矿三种较硬物质的含量。根据煤的磨损指数，可将煤分为以下四类：①磨损性不强的煤（$K_e<2$）；②磨损性较强的煤（$K_e=2.0\sim3.5$）；③磨损性强的煤（$K_e=3.5\sim5.0$）；④磨损性极强的煤（$K_e>5$）。

第四节　我国动力煤的分类

我国煤炭资源丰富，种类繁多，为了合理利用各类煤，应对煤进行科学分类。按照从2010 年开始实施的 GB/T 5751—2009《中国煤炭分类标准》，首先可根据干燥无灰基挥发分（V_{daf}），将煤炭分为无烟煤（WY）、烟煤（YM）和褐煤（HM）三大类，如图 1-4 所示。其中，无烟煤和褐煤分别按照煤化程度的不同可分为三个和两个小类。烟煤范围较广，根据其黏结指数（G）、胶质层最大厚度（Y）等指标可将烟煤又分为贫煤、贫瘦煤、瘦煤、焦煤、1/3 焦煤、肥煤、气肥煤、气煤、中黏煤、弱黏煤、不黏煤及长焰煤十二个小类。

一、无烟煤

干燥无灰基挥发分 $V_{daf}\leq10\%$ 的煤为无烟煤。无烟煤俗称白煤，是地质年代最长、煤化程度最深的煤。

无烟煤挥发分产率低，固定碳含量高，杂质少，发热量较高，燃点高，燃烧时火焰短、不冒黑烟。无烟煤的外表有黑色金属光泽，质地坚硬，密度大，硬度大，不易磨碎，不结焦。

我国无烟煤资源主要分布在山西、贵州和河南等省。在国内，无烟煤主要用于电力、化工、钢铁、民用等领域。

二、烟煤

干燥无灰基挥发分含量为 $10\%<V_{daf}\leq37\%$ 的煤均为烟煤。

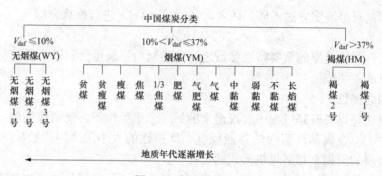

图1-4 中国煤炭分类

烟煤种类较多，不同类型的烟煤性质有较大区别。其中，煤化程度最高的烟煤是贫煤，其干燥无灰基挥发分含量为10%～20%。贫煤不黏结或微具黏结性，燃烧性能较差，燃烧时火焰短，耐烧，主要用于发电领域，也可用于民用领域或作为工业锅炉的配煤。

挥发分含量较高的烟煤（$V_{daf}=20\%～37\%$）一般都易点燃，燃烧速度较快，火焰较长，燃烧时有黑烟。烟煤外观呈灰黑色至黑色，由有光泽和无光泽的部分互相交错形成层状断面，具有明显的条带状构造。

烟煤在我国各地均有分布，是电站锅炉燃用最为广泛的一种煤。

三、褐煤

干燥无灰基挥发分$V_{daf}>37\%$的煤是褐煤。褐煤是煤化程度最低的煤。

褐煤含有腐殖酸，挥发分产率高，易于燃烧，火焰长并冒烟。由于褐煤灰分、水分等杂质含量高，故褐煤的发热量较低。此外，褐煤化学反应能力强，在空气中容易风化，易自燃，不便储存和运输。褐煤密度较小，外观多呈棕褐色，无光泽，其断面上可看出原来的木质痕迹。

褐煤可用于发电领域，也可作为化工原料、催化剂载体、吸附剂等。褐煤的低温干馏焦油回收率高，因此褐煤是直接液化工艺的重要煤种。

第五节 燃料燃烧的计算

一、燃烧所需空气量的计算

燃料的燃烧需要空气助燃，而空气量的多少对燃烧过程的经济性和污染物排放量均有不同程度的影响。因此，必须准确计算燃烧所需的空气量，为锅炉运行中风量的调节提供依据。同时，风量计算结果也是锅炉设计、通风设备选型的基础。

1. 理论空气量（V^0）

1kg（或1m³）收到基燃料完全燃烧而没有剩余氧气存在时，所需要的空气量称为理论空气量，用V^0表示，单位为m³/kg或m³/m³（均在标准状况下）。

理论空气量是以燃烧的化学反应方程式为基础进行计算的。对于已知燃料，其理论空气量可用式（1-8）来确定，即

$$V^0 = 0.0889(C_{ar} + 0.375S_{ar}) + 0.265H_{ar} - 0.0333O_{ar} \quad (1-8)$$

式（1-8）所计算的空气量是指不含蒸汽的理论干空气量。其中（$C_{ar}+0.375S_{ar}$）称为1kg

燃料的"当量碳量"。在测定烟气成分时，常直接测定烟气中 CO_2 和 SO_2 之和，并记作 RO_2。

由式（1-8）可知，理论空气量的大小只与燃料有关，燃料中可燃元素含量越多，理论空气量就相应越大。对于一定的燃料而言，理论空气量是一个常数。

2. 实际空气量（V^k）和过量空气系数（α）

实际空气量是指锅炉运行中实际送入炉内的空气量总和，用符号 V^k 来表示，单位为 m^3/kg。实际送入炉内的空气包括送风机送入的助燃空气（二次风）、输送燃料入炉的空气（一次风）及少量的漏风。

燃料在炉内燃烧时很难与空气实现完全理想的混合。为了减少不完全燃烧热损失，实际空气量一定要适当大于理论空气量，但如果空气量过多又会增加烟气体积，使排烟损失增加，风机能耗增大；同时过大的空气量还会使燃烧产生较多的 NO_x。为了合理确定实际空气量的大小，引入了过量空气系数的概念。

过量空气系数是指实际空气量与理论空气量之比，用 α 表示，其定义式为

$$\alpha = \frac{V^k}{V^0} \tag{1-9}$$

对于确定的燃料，理论空气量为常数，故只要选择一个合适的过量空气系数 α，便可按式（1-10）来确定运行中需要提供的实际空气量，即

$$V^k = \alpha V^0 \tag{1-10}$$

设计锅炉时，通常根据炉型和燃料性质来选择过量空气系数，最合适的过量空气系数可通过试验确定。现代大型煤粉锅炉炉膛出口处的过量空气系数通常为 $1.1 \sim 1.2$。

过量空气系数反映了炉内空气量和的多少，是锅炉运行中重要的监控参数之一。锅炉运行中可通过氧量表间接监控过量空气系数。氧量表指示值与过量空气系数的关系为

$$\alpha = \frac{21}{21 - O_2} \tag{1-11}$$

电站锅炉均采用平衡通风、微负压运行的方式。锅炉运行中，外界冷空气会源源不断地漏入炉内，故沿着烟气流程方向，过量空气系数会逐渐增大。

二、烟气成分及烟气量的计算

烟气是多种气体组成的混合物。当 $\alpha \geq 1$ 时，1kg 燃料燃烧产生的烟气，其体积 V_y 为二氧化碳（CO_2）、二氧化硫（SO_2）、氮气（N_2）、蒸汽（H_2O）及一氧化碳（CO）和氧气（O_2）六种成分的体积之和，即

$$V_y = V_{CO_2} + V_{SO_2} + V_{N_2} + V_{H_2O} + V_{CO} + V_{O_2} \tag{1-12}$$

设计锅炉时，可根据燃烧的化学反应方程式来计算烟气的体积，即

$$V_y = 1.866\left(\frac{C_{ar} + 0.375S_{ar}}{100}\right) + 0.8\frac{N_{ar}}{100} + 0.79V^0 + 0.111H_{ar} + 0.0124M_{ar}$$
$$+ 0.0161V^0 + 1.0161(\alpha - 1)V^0 \tag{1-13}$$

对于正在运行的锅炉，可根据烟气成分的测量结果来计算烟气体积，即

$$V_y = 1.866\frac{C_{ar} + 0.375S_{ar}}{RO_2 + CO} + 0.111H_{ar} + 0.0124M_{ar} + 0.0161\alpha V^0 \tag{1-14}$$

第六节　锅炉机组热平衡

在稳定工况下，输入锅炉机组系统的热量等于锅炉机组的有效输出热量与总损失热量

之和。这种热量收支的平衡关系称为锅炉机组热平衡。

锅炉机组热平衡如图1-5所示。锅炉机组热平衡系统边界内的设备包括锅炉汽水系统（包括循环泵）、燃烧设备、制粉系统、脱硝装置、空气预热器、烟气再循环风机等；其他则均为系统外设备。

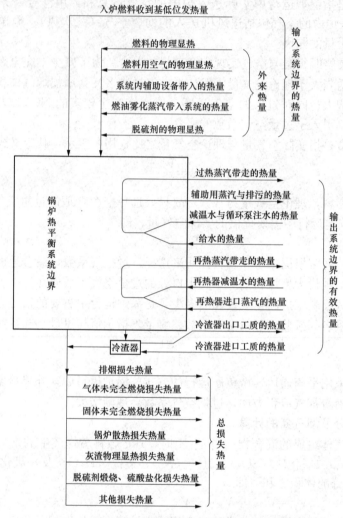

图1-5 锅炉机组热平衡

一、输入热量

输入热量是指对应于1kg燃料，进入锅炉机组热平衡系统边界的所有热量的总和，用 Q_{in} 来表示，单位为 kJ/kg。输入热量由燃料的收到基低位发热量 $Q_{net,ar}$ 和外来热量 Q_{ex} 两部分组成，即

$$Q_{in} = Q_{net,ar} + Q_{ex} \tag{1-15}$$

式（1-15）中外来热量 Q_{ex} 包括燃料的物理显热、进入系统的空气带入的热量、系统内辅助设备带入的热量及燃油雾化用蒸汽带入的热量等，即

$$Q_{ex} = Q_f + Q_{a,d} + Q_{aux} + Q_{st,at} \tag{1-16}$$

式中　Q_f——燃料的物理显热，kJ/kg；

　　　$Q_{a,d}$——进入系统的空气带入的热量，kJ/kg；

　　　Q_{aux}——系统内辅助设备带入的热量，kJ/kg；

　　　$Q_{st,at}$——燃油雾化用蒸汽带入的热量，kJ/kg。

（1）燃料的物理显热。燃料的物理显热与燃料的比热容及温度有关，比热容越大，温度越高，则燃料的物理显热越大。水分含量少的煤通常比热容较小，其物理显热也较小。

（2）进入系统的空气带入的热量。燃料的物理显热主要包括进入锅炉机组系统的一次风、二次风等干空气及空气中蒸汽带入的热量。

（3）系统内辅助设备带入的热量。锅炉系统边界内的辅助设备包括磨煤机、热一次风机、炉水循环泵及烟气再循环风机等。锅炉运行中这些设备带入的热量也应计入输入热量。

（4）燃油雾化用蒸汽带入的热量。当锅炉燃油时，需用蒸汽作为雾化介质将燃油雾化，此时蒸汽的热量计入输入热量。

二、有效输出热量

有效输出热量是对应 1kg 燃料，工质在锅炉热平衡系统中所吸收的总有效热量，用 Q_{out} 来表示，单位为 kJ/kg。对于煤粉锅炉而言，有效输出热量包括过热蒸汽带走的热量、再热蒸汽带走的热量、辅助用汽带走的热量及排污水带走的热量，即

$$Q_{out} = Q_{st,SH} + Q_{st,RH} + Q_{st,aux} + Q_{bd} \tag{1-17}$$

式中　$Q_{st,SH}$——过热蒸汽带走的热量，kJ/kg；

　　　$Q_{st,RH}$——再热蒸汽带走的热量，kJ/kg；

　　　$Q_{st,aux}$——辅助用汽带走的热量，kJ/kg；

　　　Q_{bd}——排污水带走的热量，kJ/kg。

三、锅炉热损失

锅炉损失热量是指锅炉的输入热量中未被有效利用的热量，用 Q_{loss} 来表示，单位为 kJ/kg。锅炉热损失包括排烟热损失、气体未完全燃烧热损失、固体未完全燃烧热损失、锅炉散热损失、灰渣物理热损失及其他热损失六项。对应于 1kg 燃料，锅炉损失的总热量为

$$Q_{loss} = Q_2 + Q_3 + Q_4 + Q_5 + Q_6 + Q_{oth} \tag{1-18}$$

式中　Q_2——对应于 1kg 燃料排烟损失热量，kJ/kg；

　　　Q_3——对应于 1kg 燃料气体未完全燃烧损失热量，kJ/kg；

　　　Q_4——对应于 1kg 燃料固体未完全燃烧损失热量，kJ/kg；

　　　Q_5——对应于 1kg 燃料锅炉散热损失热量，kJ/kg；

　　　Q_6——对应于 1kg 燃料灰渣物理显热损失热量，kJ/kg；

　　　Q_{oth}——对应于 1kg 燃料其他损失热量，kJ/kg。

将式（1-18）两端各项同除以燃料的收到基低位发热量 $Q_{net,ar}$，再乘以 100%，可得

$$q_{loss} = q_2 + q_3 + q_4 + q_5 + q_6 + q_{oth} \tag{1-19}$$

式中　q_{loss}——锅炉总热损失，$q_{loss} = \dfrac{Q_{loss}}{Q_{net,ar}} \times 100\%$；

　　　q_2——排烟热损失，$q_2 = \dfrac{Q_2}{Q_{net,ar}} \times 100\%$；

q_3——气体不完全燃烧热损失，$q_3 = \dfrac{Q_3}{Q_{net,ar}} \times 100\%$；

q_4——固体不完全燃烧热损失，$q_4 = \dfrac{Q_4}{Q_{net,ar}} \times 100\%$；

q_5——锅炉散热损失，$q_5 = \dfrac{Q_5}{Q_{net,ar}} \times 100\%$；

q_6——灰渣物理显热损失，$q_6 = \dfrac{Q_6}{Q_{net,ar}} \times 100\%$；

q_{oth}——其他热损失，$q_{oth} = \dfrac{Q_{oth}}{Q_{net,ar}} \times 100\%$。

1. 排烟热损失（q_2）

排烟热损失是由于烟气离开锅炉系统时带走的物理显热造成的损失，是煤粉锅炉各项热损失中最大的一项，其值为 4%~8%。排烟热损失的值可用排烟焓与进入锅炉的冷空气焓的差进行计算。

（1）影响排烟热损失的因素。影响排烟热损失的主要因素是排烟温度和排烟容积。排烟温度越高，排烟容积越大，则排烟热损失越大。

排烟温度的高低与锅炉尾部受热面的面积及受热面的清洁程度有关。受热面积越大，则锅炉对烟气的余热利用得就越充分，排烟温度较低。此外，受热面积灰、结渣均会增大传热热阻，导致排烟温度升高。

影响排烟容积的因素则主要是炉内空气量的多少，因此过量空气系数和漏风量越大，排烟容积就越大，排烟热损失也相应越高。

（2）减小排烟热损失的措施。减小排烟热损失须从降低排烟温度和减少排烟容积两方面入手。

为了降低排烟温度，应在锅炉的烟道中布置足够多的受热面，以充分利用烟气余热。但受热面积的增加，不仅会增大锅炉的金属耗量，而且会导致烟气流动阻力增大，况且过低的排烟温度还会引起尾部受热面低温腐蚀，因此不允许排烟温度降得过低，特别是燃用含硫量较高的燃料时，排烟温度还应适当保持高一些。大型电站锅炉的排烟温度一般为 110~160℃。对于运行中的锅炉，应及时吹灰打渣，保持受热面的清洁，以降低排烟温度。

适当减小过量空气系数可以减小排烟容积，从而降低排烟热损失。但过量空气系数过小，会导致燃烧不完全，使 q_3、q_4 的增大，所以最合理的过量空气系数（称最佳过量空气系数）应使 q_2、q_3、q_4 之和（$q_2 + q_3 + q_4$）最小。最佳过量空气系数的值可用图1-6所示的方法确定。

此外，炉膛和烟道漏风会增大排烟容积，炉膛下部漏风还有可能使排烟温度升高。因此，尽量减少漏风也是降低排烟热损失的重要措施之一。

2. 气体未完全燃烧热损失（q_3）

气体未完全燃烧热损失又称化学不完全燃烧热损失，是指排烟中含有未燃尽的 CO、H_2、CH_4 等可燃气体所造成的热量损失。

影响气体未完全燃烧热损失的主要因素有燃料性质、燃烧设备性能及燃烧工况等。

挥发分含量多的燃料，气体可燃物相应越多，造成气体未完全燃烧损失的概率越大，因此q_3较大；炉膛结构合理，燃烧器布置恰当，则q_3较小；锅炉运行中，过量空气系数过小，则q_3增大；长时间低负荷运行，炉温过低或者配风不合理，风粉混合不充分，都会导致q_3增大。

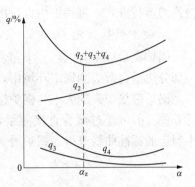

图 1-6 最佳过量空气系数的确定

为了减少气体未完全燃烧热损失，首先应合理设计燃烧设备，保证炉膛有足够的高度，燃烧器布置恰当；在锅炉运行中还需要维持合适的过量空气系数，尽量保持较高的炉温，合理调节配风方式，使燃料与空气充分混合，这对于燃用高挥发分煤尤其重要。

3. 固体未完全燃烧热损失（q_4）

固体未完全燃烧热损失是由于灰中含有未燃尽的残碳造成的热量损失。在煤粉锅炉中，它是由飞灰和炉渣中的残碳造成的。

（1）影响固体未完全燃烧热损失的因素。q_4的大小既与燃烧设备有关，又与燃料性质和运行工况有关。

燃烧设备对q_4的影响主要体现在锅炉的燃烧方式、炉膛和燃烧器的设计特点等方面。通常液态排渣锅炉的q_4最小，采用层燃方式的链条锅炉的q_4最大，而固体排渣煤粉锅炉和循环流化床锅炉的q_4则在这两者之间。此外，炉膛的结构尺寸、燃烧器的性能及布置方式等也是影响q_4的重要因素。炉膛有足够的高度和空间，燃烧器性能良好且布置合理，则运行时气粉混合充分，燃料在炉内停留时间长，则q_4较小。

挥发分少、灰分及水分等杂质含量高的燃料，q_4较大。显然，气体燃料和液体燃料由于炉渣和飞灰数量极少，故q_4很小，正常情况下可以忽略不计。对于固体燃料——煤，从褐煤到无烟煤，q_4依次增大。

对于运行中的锅炉，燃料和设备都已确定，则q_4的大小主要取决于燃烧工况，如过量空气系数，一、二次风的配合，炉温水平及火焰中心位置等。过量空气系数过小，炭粒与氧气接触不充分，会导致q_4增大。配风不合理，风粉混合不好，或者锅炉长时间低负荷运行，炉膛温度水平过低，以及各种原因导致的火焰中心位置过高，煤粉过粗等，均会使飞灰可燃物含量增加，进而使q_4增大。此外，运行中若煤质波动过大，也会使q_4增大。

对于煤粉锅炉而言，固体未完全燃烧热损失是仅次于排烟热损失的第二大热损失。燃油锅炉由于其灰分很少，因此q_4可忽略不计。

（2）减少固体未完全燃烧热损失的措施。减小固体未完全燃烧热损失，应从燃烧设备的设计、燃料管理及运行调节等三个方面入手。

1）合理设计燃烧设备。炉膛应有足够的高度和空间，燃烧器应性能良好且布置合理（不可过高），使燃料在炉内有较长的停留时间，以利于燃尽。

2）加强燃料管理。做好入厂煤的采购和验收工作，将各种煤合理混配、掺烧，保证煤质的基本稳定，是降低飞灰可燃物含量的有效措施。

3）通过运行调节，维持良好的燃烧工况。锅炉运行中应保证煤粉细度合格，均匀度符合要求，维持炉内过量空气系数合适并合理配风；在不同负荷运行时，应调节好各层燃烧器的运行方式，维持炉内良好的燃烧工况。

4. 锅炉散热损失（q_5）

锅炉在运行中，汽包、集箱、汽水管道、炉墙等的温度均高于周围空气的温度，因而一部分热量会散失到周围环境中，造成散热损失。

锅炉散热损失的大小与锅炉机组的容量、负荷、外表面温度及周围环境的温度和风速等有关。q_5可通过试验直接测量，也可由 GB/T 10184—2015《电站锅炉性能试验规程》中制定的标准曲线查得。锅炉最大连续出力下的散热损失曲线如图 1-7 所示。

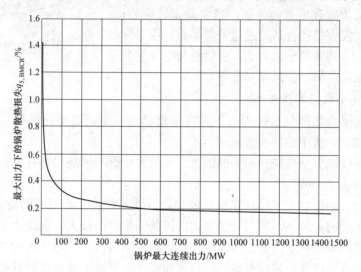

图 1-7　锅炉最大连续出力下的散热损失曲线

由图 1-7 可以看出，锅炉机组容量越大，q_5就越小；对于同一台锅炉，运行负荷越小，q_5就越大；锅炉结构紧凑，外表面积小，保温完善，q_5较小；锅炉周围空气温度低，风速大，则q_5较大。

5. 灰渣物理显热损失（q_6）

灰渣物理显热损失是指炉渣、沉降灰和飞灰排出锅炉时所带走的热量造成的损失。

燃料的含灰量越多，q_6越大；炉渣、沉降灰和飞灰的比热容和温度越高，则q_6也越大。沉降灰和飞灰温度分别等于相应位置的烟气温度。炉渣温度若不易直接测量，可按经验确定，即火床燃烧锅炉的炉渣温度取 600℃，固态排渣煤粉锅炉的炉渣温度取 800℃，液态排渣煤粉锅炉取熔化温度（FT）＋100℃，即t_3＋100℃。

液体燃料和气体燃料的含灰量很少，故燃油锅炉和燃气锅炉可认为q_6＝0。

6. 其他热损失（q_{oth}）

其他热损失是指中速磨煤机运行中不断排出的石子煤带走的热量及冷却水带走的热量所造成的损失。

对于使用中速磨煤机的锅炉，运行中不断排出石子煤，石子煤的发热量一般为 4000～6000kJ/kg，这些未被利用就从系统排出，因此造成了热量的损失。

如果存在进入锅炉系统的冷却水（如循环泵电动机冷却水等），冷却水吸收的热量未被利用，也计入其他热损失。

四、锅炉效率

研究锅炉机组热平衡的目的在于确定锅炉效率。测量并求出锅炉各项热损失并分析热损失高于设计值的原因，在于确定降低热损失、提高锅炉效率的措施。

锅炉效率的计算方法有输入-输出热量法和热损失法两种，分别也称正平衡法和反平衡法。

1. 输入—输出热量法求锅炉效率

输入—输出热量法求锅炉效率就是直接计算锅炉的有效输出热量占燃料收到基低位发热量的百分数，即

$$\eta = \frac{Q_{out}}{Q_{net,ar}} \times 100\% \tag{1-20}$$

式中 η——锅炉效率，%；

Q_{out}——锅炉有效输出热量，kJ/kg；

$Q_{net,ar}$——燃料的收到基低位发热量，kJ/kg。

2. 热损失法求锅炉效率

热损失法求锅炉效率就是用百分之百减去锅炉六项热损失，并且考虑外来热量的影响，即

$$\eta = 100\% - (q_2 + q_3 + q_4 + q_5 + q_6 + q_{oth} - q_{ex}) \tag{1-21}$$

式中 q_{ex}——外来热量占燃料收到基低位发热量的百分数，$q_{ex} = \dfrac{Q_{ex}}{Q_{net,ar}} \times 100\%$。

式（1-21）中，q_{oth}和q_{ex}对锅炉效率的影响很小，q_{oth}可取经验值，q_{ex}可仅考虑进入系统的空气所携带的热量和燃油雾化用蒸汽带入的热量。

第二章 制 粉 系 统

　　煤粉悬浮燃烧方式以其燃烧效率高、燃料量调节方便、易于实现自动控制等优点，被广泛应用于现代大、中型电站锅炉中。这种燃烧方式对入炉煤粉的粒度及水分都有一定的要求，故原煤必须经过破碎、干燥等一系列制备过程后才能参与燃烧。承担这些任务的设备便组成了制粉系统，制粉系统是锅炉的主要辅助系统。

第一节 入 炉 煤 粉

一、煤粉特性及品质

1. 煤粉的一般特性

　　由原煤破碎而成的煤粉是由一组不同尺寸、不同形状的不规则颗粒组成的。煤粉颗粒的粒径最大可达 $1000\,\mu m$ 以上，一般小于 $500\,\mu m$，其中以粒径为 $20\sim50\,\mu m$ 的颗粒最多。

　　由于煤粉的粒径很小，所以单位质量的煤粉具有相当大的表面积，可以吸附大量空气，从而使其具有了类似流体的流动特性。新磨制的干煤粉，这一特性尤为突出。流动特性有利于实现煤粉在管道中的气力输送，但也容易引起煤粉的自流。

　　煤粉的堆积密度较小，新磨制的煤粉堆积密度一般为 $0.45\sim0.50 t/m^3$，经压实后可增至 $0.7\sim0.9 t/m^3$。

2. 煤粉的细度

　　煤粉细度是表示煤粉颗粒尺寸大小的指标。煤粉是各种尺寸颗粒的混合物，故一般所说的煤粉颗粒尺寸是指它能通过的最小筛孔的孔径，并将之称为煤粉颗粒的直径。

　　煤粉经过专门的筛子筛分，留在筛子上的煤粉质量占筛分前煤粉总质量的百分数叫作煤粉细度，用 R_x 来表示。电站常用一组由金属丝编织的、带正方形小孔的、筛孔直径不同的标准筛子进行筛分来测定煤粉细度，则煤粉的细度可表示为

$$R_x = \frac{a}{a+b} \times 100\% \tag{2-1}$$

式中　x——所采用的标准筛子的筛孔直径，μm；

　　　a——经筛分后留在筛子上的煤粉质量，g；

　　　b——透过筛孔的煤粉质量，g。

　　以常用的 70 号筛子为例，其筛孔的孔径为 $90\,\mu m$，将 100g 煤粉进行筛分，若有 18g 留在筛子上（即 82g 通过筛子），则该组煤粉的细度可写成 $R_{90}=18\%$。若用 30 号筛子（孔径为 $200\,\mu m$）进行筛分，则相应细度可表示为 R_{200}。对同一号筛子，留在筛子上的

煤粉越多，R_x 值越大，则煤粉越粗；R_x 值越小，则煤粉越细。电厂常用筛子的型号、孔径和细度表示方法见表 2-1 所示。

表 2-1 电厂常用筛子的型号、孔径和细度表示方法

筛号	6	8	12	30	40	60	70	80	100
孔径/μm	1000	750	500	200	150	100	90	75	60
细度表示方法	R_{1000}	R_{750}	R_{500}	R_{200}	R_{150}	R_{100}	R_{90}	R_{75}	R_{60}

3. 煤粉的颗粒特性与均匀性

煤粉颗粒的尺寸是不均匀的，同一组煤粉中，既有部分较粗的煤粉，也有部分较细的煤粉。而所谓的均匀，就是指该组煤粉中，最粗和最细的煤粉所占的比例都很小，多数煤粉颗粒的尺寸居中。煤粉均匀不但可以降低因粗煤粉过多而产生的不完全燃烧热损失，还可避免因细粉过多而导致磨煤电耗及金属损耗增加。

煤粉的全筛分颗粒特性是筛分余量 R_x 与筛孔直径 x 之间的函数关系，即

$$R_x = 100\exp(-b\,x^n) \tag{2-2}$$

式中 b——反映煤粉细度的系数；

$\quad\quad n$——煤粉的均匀性指数。

式（2-2）被称为破碎公式。若已测得 R_{90} 和 R_{200}，将其带入破碎公式，可得

$$n = 2.88\lg\frac{2 - \lg R_{200}}{2 - \lg R_{90}} \tag{2-3}$$

分析式（2-3），当两组煤粉有相同的 R_{90}（即细粉的数量相同）时，n 值大的 R_{200} 小（即粗粉少）；而当两者的 R_{200} 相同（即粗粉的数量相同）时，则 n 值大的 R_{90} 值大（即细粉少）。由此可见，n 值的大小能够反映煤粉颗粒分布的均匀性，故称 n 为均匀性指数。

4. 煤粉经济细度

从燃烧角度看，煤粉磨得越细越好，这样可以适当减少炉内的送风量而使排烟热损失（q_2）降低，同时煤粉细也可降低机械不完全燃烧热损失（q_4）；从降低制粉系统电耗（q_n）和降低磨煤机磨损（q_m）的角度看，则希望煤粉磨得粗些。所以，最经济的煤粉细度应是燃烧热损失和制粉消耗之和（$q = q_2 + q_4 + q_n + q_m$）为最小时的煤粉细度。煤粉经济细度可通过图 2-1 来确定。

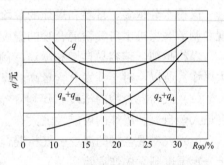

图 2-1 煤粉经济细度的确定

煤的性质、煤粉的均匀性和燃烧技术等均会影响煤粉的经济细度。一般可根据煤种及煤粉锅炉的设备情况，通过燃烧调节试验来确定煤粉的经济细度。

5. 煤粉的水分

煤粉的水分对磨煤机的出力、煤粉的流动性、煤粉的自燃和爆炸、燃烧的经济性等都有很大的影响。煤粉水分过大，磨煤机的出力会降低，煤粉的流动性会变差，容易发生堵煤，且燃烧的经济性也会降低；煤粉干燥过度，又会使高挥发分的煤自燃和爆炸的可能性增大。所以，煤粉的水分应根据以上因素综合考虑。

锅炉运行中对煤粉水分的监视是通过监视磨煤机出口气粉混合物的温度来实现的。

二、煤粉的自燃和爆炸

1. 自燃和爆炸的概念

长期积存的煤粉受空气的氧化作用缓慢地释放出热量，如果散热不良，煤粉温度将逐渐上升至其燃点而自行着火燃烧，这种现象称为煤粉的自燃。煤粉和空气的混合物在一定的条件下，遇明火将发生爆燃，使系统压力急剧升高并发出巨大的响声，这种现象称为煤粉的爆炸。

煤粉的自燃和爆炸常导致设备损坏，甚至人员的伤亡，因此制粉系统的防爆十分重要。

2. 自燃和爆炸的条件

自燃通常是因为煤粉的积存造成的。例如，制粉系统停运前未按规定将煤粉仓清空，制粉系统设备泄漏煤粉等。如果工作人员能够及时发现自燃并正确处理，自燃将不会引发进一步的事故；但如果自燃未能得到及时而有效的抑制，往往会导致煤粉的爆炸。

煤粉爆炸须同时满足三个基本条件：①有积存的煤粉；②煤粉与空气混合物的浓度处于易爆范围（1.2~2.0kg/m³）；③有足够的点火能量（如明火）。只要破坏其中任意一个条件，就可以有效防止煤粉爆炸。

煤粉的自燃和爆炸是两个既不相同又密切相关的概念。制粉系统在实际工作中，气粉混合物的浓度较难避开易爆范围，所以煤粉发生自燃时所产生的明火往往是引发爆炸的导火索，所以预防煤粉自燃对于防爆而言是至关重要的。

3. 影响自燃和爆炸的因素

（1）煤的种类及煤粉的特性。煤的挥发分越多越容易引起爆炸，当$V_{daf}<10\%$时，无爆炸危险；当$V_{daf}>20\%$时，煤粉易自燃和爆炸；而当$V_{daf}=40\%$时，堆积煤粉的着火温度仅为170℃，如在一次风管中积存就会发生自燃事故。

煤粉水分越多，自燃和爆炸的危险性就越小。锅炉运行中煤粉水分的控制可以通过监视和调节磨煤机出口气粉混合物的温度来实现。

煤粉越细，越容易自燃和爆炸。例如，烟煤的煤粉粒径如大于0.1mm，几乎不会发生爆炸。所以，对于挥发分含量高的煤不应该磨得过细。

（2）气粉混合物的浓度。煤粉在空气中的浓度为1.2~2.0kg/m³时，火焰的传播速度最大，自燃和爆炸的可能性最大。

（3）气粉混合物的温度。气粉混合物的温度越高，则自燃和爆炸的可能性越大，而低于一定温度则无爆炸危险。

（4）气粉混合物中氧的浓度。输送煤粉的气体中含氧量越多，相应的爆炸危险性也越大，如气体中氧所占的体积百分比小于15%时则不会发生爆炸。

（5）气粉混合物的输送速度。气粉混合物的输送速度宜维持在17~35m/s。若输送速度过低，则易导致煤粉沉积；而输送速度过大，煤粉与管道之间将因摩擦而产生附加热量，甚至直接产生静电火花。

4. 防止煤粉爆炸的措施

制粉系统防止煤粉爆炸的关键在于防止煤粉的自燃，而防止自燃的关键又在于防止煤粉的沉积。为此可采取以下措施：①原煤仓、煤粉仓应布置疏通装置（如空气炮），防止其发生堵塞和沉积；②锅炉停运时，应按计划将原煤仓、煤粉仓中的燃料清空；③按照合理的顺序停运制粉设备，防止停运的磨煤机内存煤；④加强监督巡视，发现自燃及时处理。

对于易爆炸的煤粉，可采取以下措施：①在输送介质中掺入惰性气体（一般是掺烟气）以降低含氧浓度，进而防止爆炸；②在制粉系统内应避免存在死角，尽量不布置水平管道，以免煤粉存积；③气粉混合物流速不应太小或太大；④锅炉运行中严格控制磨煤机出口气粉混合物的温度，以合理控制煤粉的干燥程度。对于不同的制粉系统，磨煤机出口温度的具体要求见表 2-2。

表 2-2　　　　　　　　　　磨煤机出口气粉混合物的最大温度限额

磨煤机类型	磨制的煤种及相应的磨煤机出口温度最高允许值			
	用空气作为干燥剂		用烟气和空气混合物作为干燥剂	
钢球磨煤机（磨煤机出口温度）	贫煤	130℃	烟煤	90℃
	烟煤	80℃	褐煤	80℃
	褐煤	70℃		
中速磨煤机（直吹式，煤粉分离器后温度）	当干燥无灰基挥发分 V_{daf}=12%～40%时，允许温度为 70～120℃			

第二节　制粉系统的类型及经济性指标

制粉系统是指制备煤粉所需的所有设备及相关连接管道和附件的组合。它的任务是为锅炉提供具有合格细度和干燥程度的煤粉，并且根据锅炉的运行情况对磨煤出力和煤粉细度等进行合理调节。

一、制粉系统的类型

制粉系统分为中间储仓式和直吹式两大类。我国的电厂内各种类型的制粉系统都有采用，过去采用较多的是具有低速钢球磨煤机的中间储仓式制粉系统，近年来配置中速磨煤机的直吹式制粉系统得到普遍的采用。下面重点介绍直吹式制粉系统。

所谓直吹式制粉系统，是指煤粉由磨煤机磨制好后直接吹入炉膛燃烧的制粉系统。其系统的出力始终与锅炉机组的负荷相一致，故直吹式制粉系统应与变负荷运行特性较好的磨煤机配套使用，如中速磨煤机、高速磨煤机和双进双出筒式钢球磨煤机。

1. 中速磨煤机直吹式制粉系统

根据磨煤机内的工作压力的不同，配用中速磨煤机的直吹式制粉系统可分为负压系统和正压系统两种。按其工作流程，排粉风机在磨煤机之后，整个系统处于负压下工作的制粉系统，称为负压直吹式制粉系统；反之，排粉风机在磨煤机之前，整个系统处于正压下工作的制粉系统，则称为正压直吹式制粉系统。图 2-2 所示为中速磨煤机直吹式制粉系统。

（1）负压直吹式制粉系统。负压直吹式制粉系统如图 2-2（a）所示，原煤由给煤机送入磨煤机，同时空气预热器出口的部分热空气与冷空气（调温风）适当混合后，作为干燥剂也进入磨煤机。合格的煤粉由这些干燥剂携带，经布置在磨煤机后的排粉风机输送至炉膛燃烧，这股输送煤粉的干燥剂（乏气）称为"一次风"。空气预热器出口的另一部分热

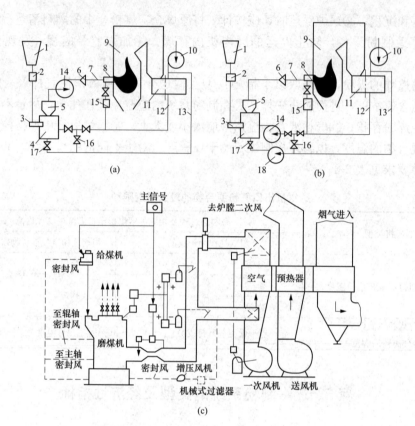

图 2-2 中速磨煤机直吹式制粉系统

（a）负压直吹式制粉系统；（b）正压热一次风机系统；（c）正压冷一次风机系统

1—原煤仓；2—煤秤；3—给煤机；4—磨煤机；5—粗粉分离器；6—煤粉分配器；7——次风管；

8—燃烧器；9—锅炉；10—送风机；11—空气预热器；12—热风道；13—冷风道；

14—排粉风机；15—二次风箱；16—调温风门；17—密封风门；18—密封风机

空气直接通过专门燃烧器送入炉膛，以补充已着火煤粉燃烧所需的氧量，这股热空气称为"二次风"。此外，中速磨煤机下部局部有正压，需要引入一股压力冷空气起密封作用，这股冷空气称为"密封风"。

在这种负压系统中，燃烧所需的全部煤粉均经排粉风机进入炉膛，排粉风机磨损严重，运行电耗高，检修周期短；此外，磨煤机在负压下工作，系统漏风量较大，从而会降低锅炉的燃烧效率。该系统最大的优点是磨煤机内风粉不会外漏，工作环境干净。目前这种系统较少采用。

（2）正压直吹式制粉系统。正压直吹式制粉系统将排粉风机布置在磨煤机之前，运行中通过排粉风机的介质为空气，不存在风机的磨损问题，冷空气也不容易漏入系统。但是，该系统磨煤机内在正压下工作，如果热风和煤粉外冒，将导致环境污染和安全隐患，故须采取可靠的密封措施。

在图 2-2（b）所示的正压直吹式制粉系统中，排粉风机又称"一次风机"，其位于磨煤机进口，输送介质为热空气，因此这种制粉系统也称为"正压热一次风机系统"。在这种系统中，一次风机长期在高温下工作，因此对其结构有特殊要求；同时运行的可靠性较差，热风的比体积大会使通风电耗较高。

为克服正压热一次风机系统的不足，可将一次风机布置在空气预热器之前，这样通过风机的介质为冷空气，这种制粉系统称为"正压冷一次风机系统"，如图 2-2（c）所示。在该系统中，一次风机的工作条件大为改善，运行经济性也有所提高，是目前大、中型机组中应用最广泛的制粉系统。但该系统的缺点是：一次风流程延长，需要高压头的一次风机；同时一次风与二次风压明显不同，在空气预热器中加热时需要有各自不同的通道（分别加热），这就意味着与之配合的必须是三分仓空气预热器。

2. 双进双出筒式钢球磨煤机直吹式制粉系统

近年来，配用双进双出筒式钢球磨煤机的直吹式制粉系统得到广泛应用。

（1）系统的工作过程。如图 2-3 所示，每台双进双出筒式钢球磨煤机都连接两个互相对称又彼此相对独立的系统。以单边系统为例，其工作过程如下：

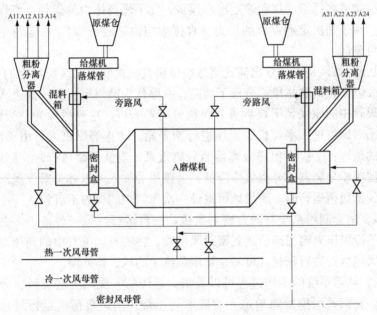

图 2-3　双进双出筒式钢球磨煤机直吹式制粉系统

1）煤粉的制备。原煤仓中的原煤由给煤机送入混料箱与旁路风混合，在落煤管中被旁路风预干燥，然后在重力作用下落在磨煤机两端的中空轴底部，后经旋转着的螺旋输送装置推进磨煤机筒体，依靠筒内钢球的撞击、研磨等作用破碎成煤粉。完成预干燥任务的旁路风不经磨煤机，直接进入分离器。

2）煤粉的干燥、输送。来自热一次风母管的热风与来自冷一次风母管的冷风（调温风）混合成温度合适的热风后，分别从磨煤机两端的中心风管进入磨煤机，这股风也称"磨煤风"。磨煤风对磨煤机内的煤粉进行干燥，网路磨煤风在磨煤机内对冲后反向流动，分别携带磨好的煤粉从中空轴上部离开磨煤机筒体。

3）粗粉的分离及一次风的形成。磨煤风携带磨好的煤粉在筒体两端的中空管上部与混料箱来的旁路风混合，一同上行进入粗粉分离器。粗粉分离器将不合格的粗粉分离出来，由回粉管送回磨煤机重磨；气流则携带合格的煤粉从粗粉分离器上方的煤粉分配装置引出，形成锅炉燃烧的一次风气流。

每台粗粉分离器的出口与图 2-3 所示的四条一次风管 A11～A14（A21～A24）相接，分别去炉膛的四只煤粉燃烧器喷口，一台磨煤机配两台粗粉分离器，所以每台磨煤机正常运行时带相邻两层燃烧器。在低负荷工况下，磨煤机采用半磨运行方式，只供单层燃烧器运行。

（2）进入制粉系统的风。进入双进双出筒式钢球磨煤机直吹式制粉系统的不同种类的风分别承担着不同的任务。该制粉系统中设置了三条风母管：①热一次风母管，由一次风机提高压力并经空气预热器加热后的热风汇集在热一次风母管中；②冷一次风母管，不经空气预热器加热，而是直接将冷风汇集在冷一次风母管中；③密封风母管，汇集密封风机出口的高压冷风。该制粉系统中所有的磨煤机等设备用风均取自上述三根母管。

1）磨煤风。磨煤风既是磨煤机的输送风，又是煤的干燥剂。磨煤风的任务有两个：①按照锅炉负荷需要将适量的煤粉输送出磨煤机；②干燥筒体内的煤粉。磨煤风的风温决定其干燥能力，风量则决定磨煤机的出力（直接影响锅炉的负荷）。在运行中，磨煤风的风温与风量是可调的。

2）旁路风。旁路风是双进双出筒式钢球磨煤机直吹式制粉系统所特有的一种风。冷、热一次风混合成温度合适的热风后分成了两路：一路作为磨煤风；另一路进入落煤管上的混料箱，对落煤管中的原煤预干燥后进入粗粉分离器入口，这股风称为"旁路风"。旁路风的作用是：①对即将进入磨煤机的原煤进行预干燥，防止磨煤机入口由于潮湿而堵煤，也有利于原煤的破碎；②提高粗粉分离器的分离效果，当低负荷运行时，磨煤风量较少，风速降低，将使粗粉分离器的分离效率降低，旁路风的加入可以弥补磨煤风减少对粗粉分离器的影响；③低负荷运行时，磨煤风可保证一次风管中的煤粉不沉积。

3）密封风。每套制粉系统有两台密封风机，一台运行，另一台备用。密封风机将冷一次风母管中的冷风压力再提高后送到密封风母管。将密封风母管中的高压冷风送入磨煤机端轴处及热风挡板处进行密封，可防止正压系统中的风、粉外漏。

4）一次风。从该系统的工作过程可以看出，系统的一次风由磨煤风、旁路风及少量的密封风组成，它们共同携带煤粉进入炉膛参与燃烧。锅炉负荷高运行时，磨煤风量较大，旁路风量较少，总风量在保证一次风管中的煤粉不发生沉积的同时，还考虑了一次风中煤粉的浓度，以保持燃烧的稳定性；锅炉低负荷运行时，磨煤风量按比例减少，为了保证一次风能顺利输送煤粉，旁路风量则相应增多。因此，旁路风在一次风中的比例是随着锅炉负荷的降低而增大的。

直吹式制粉系统的优点是系统简单，布置紧凑，钢材消耗量少，占地面积小，投资少；由于系统输送管道短，流动阻力小，因而运行电耗较小。直吹式制粉系统的缺点是系统的工作可靠性差，制粉设备发生故障时直接影响锅炉运行；磨煤机负荷必须随锅炉负荷的变化而变化；锅炉燃煤量的调节只能在给煤机上进行，因此滞延性较大。

二、制粉系统的经济性指标

制粉系统中有许多转动机械，如磨煤机、给煤机及各种风机等。在锅炉运行过程中，制粉系统需要消耗厂用电来制备燃烧所需要的煤粉，制粉系统的经济运行是以最小的能量消耗来制备足够数量的合格煤粉。为了衡量制粉系统运行的经济性，常常用到以下指标：

1. 磨煤出力（B_m）和干燥出力（B_g）

磨煤出力（B_m）是指在满足一定煤粉细度的前提下，磨煤机单位时间所能磨制的原煤量。磨煤出力是反映磨煤机磨煤能力的指标，它除了与磨煤机本身的种类和结构特性有关外，还与磨煤部件的磨损程度、燃料的可磨性系数、磨煤机的通风量和存煤量及原煤的初始粒度和要求细度等许多运行因素有关。

干燥出力（B_g）是指在保证一定煤粉水分的前提下，磨煤机单位时间所能干燥的原煤量。影响磨煤机干燥出力的因素有干燥剂的温度和干燥剂量，而干燥剂量的确定通常还要考虑磨内煤粉的输送、一次风管中煤粉的沉积、燃烧对煤粉浓度的要求等，所以锅炉运行中，干燥出力的调节主要靠改变干燥入口温度来实现。

锅炉对入炉煤粉有三个要求：一是煤粉的质量要满足锅炉负荷的要求；二是煤粉细度满足着火燃烧的需要；三是煤粉水分合适。所以，锅炉运行中需要对磨煤机的磨煤出力和干燥出力进行必要的调节，以使其满足锅炉燃烧的需要。

2. 磨煤电耗（P_m）和通风电耗（P_{tf}）

磨煤电耗（P_m）是指磨煤机所消耗的电能。它与磨煤机的种类和型号、转动部件的质量、燃料的性质和质量、工作转速等因素有关。磨煤电耗反映了磨制煤粉所需要的能耗。

通风电耗（P_{tf}）是指制粉系统的风机（如排粉风机、一次风机等）所消耗的电能。它主要与通风量有关。通风电耗反映了输送、干燥煤粉所需要的能耗。

3. 磨煤单位电耗（E_m）和通风单耗（E_{tf}）

磨煤单位电耗（E_m）是指磨煤电耗与磨煤出力之比，即磨制单位质量合格煤粉所消耗的电能。显然，磨煤机的功率一定时，磨煤出力大则磨煤单位电耗小，经济性就高。

通风单耗（E_{tf}）是指输送单位质量煤粉时，一次风机（或排粉风机）所消耗的电能。通风电耗是随着通风量的增大而增大的，但是通风单位电耗是否增大还要看制粉系统的磨煤出力如何变化。所以，具体情况要具体分析。

磨煤单位电耗与通风单位电耗之和称为制粉单位电耗（E_{zf}）。它是指制粉系统制备一定数量的合格煤粉所消耗的电功率。

第三节 磨 煤 机

磨煤机是制备煤粉的主要设备，其作用是将原煤破碎为规定粒度的煤粉并干燥到一定程度。磨煤机的工作原理有撞击、挤压、研磨三种。撞击原理是利用煤与磨煤部件碰撞时产生的冲力作用；挤压原理是利用煤在两个受力的碾磨部件间的压力作用；研磨原理是利用煤与运动的碾磨部件间的摩擦力作用。实际上，任何一种磨煤机的工作都是几种破碎原理的综合作用。

根据主磨煤部件的工作转速的不同，磨煤机可以分为三类：①低速磨煤机，其转速为 16～25r/min，如筒式钢球磨煤机；②中速磨煤机，其转速为 50～300r/min，如中速平盘磨煤机、球式中速磨煤机、碗式中速磨煤机及 MPS 型磨煤机等；③高速磨煤机，其转速为 500～1500r/min，如风扇磨煤机、锤击磨煤机等。

一、筒式钢球磨煤机

筒式钢球磨煤机是低速磨煤机的典型代表，包括单进单出和双进双出两种形式。筒式钢球磨煤机主要是依靠撞击、挤压和研磨等作用将原煤破碎成煤粉。筒式钢球磨煤机的优点是煤种适应性广，对煤中杂质不敏感，几乎可以磨制所有难磨的煤种；工作可靠，能保证煤粉细度；能长期连续运行，单机容量大。筒式钢球磨煤机的主要缺点是设备庞大笨重，金属耗量大，运行电耗和金属磨耗都较高，而且出力调节不灵敏，低负荷运行不经济。下面重点介绍双进双出筒式钢球磨煤机。

双进双出筒式钢球磨煤机的结构如图2-4所示。它的磨煤部件由内衬锰钢护甲的筒体及装在其中的钢球组成。该磨煤机筒体两端完全对称，均为水平布置的中空轴（耳轴），分别由两个主轴承支承。中空轴内各有一个中心管，管外绕有弹性固定的螺旋输送装置，其连同中心管随磨煤机一起转动，中空轴与中心管之间形成了环形通道。环形通道下半部是原煤的进口，上半部是磨制好的气粉混合物的出口。中心管内部则是干燥剂（热风）的进口。从两端进入的介质气流在筒体中部对冲后反向流动，携带煤粉从两个中空轴上部流出，进入分离器，形成了两个相互对称的磨煤回路，故称"双进双出"。

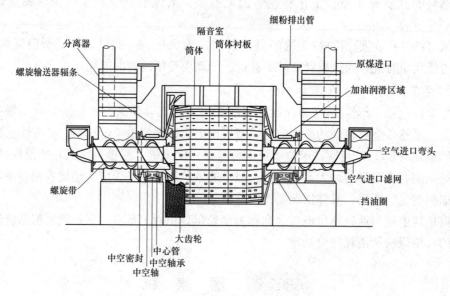

图 2-4 双进双出筒式钢球磨煤机的结构

以单侧回路为例，原煤经下煤管落入中空轴与中心管之间的环形通道的底部，由螺旋输送装置送入磨煤机筒体内，被磨煤部件破碎成煤粉；而一定温度的热风（一次风）经中空轴内的中心管进入磨煤机，对磨煤机内的煤粉进行干燥并携带磨细的煤粉从中空轴与中心管之间的环形通道的上部离开磨煤机，进入分离器。在低负荷状态下，磨煤机可实现半磨运行。

双进双出筒式钢球磨煤机除了具有钢球磨煤机所共有的优点之外，还具有如下特点：

（1）煤种适应性广。

（2）备用容量小。双进双出筒式钢球磨煤机结构简单，故障少，无须停机即可进行钢球的筛选和补充，以保证系统正常供粉，不像中速磨煤机需 20%左右的备用容量。

（3）响应锅炉负荷变化的性能好。双进双出筒式钢球磨煤机内存煤比中速磨煤机多，系统可以通过调节磨煤机通风量的方法来控制给粉量，响应锅炉负荷变化的延迟时间极短。应用双进双出筒式钢球磨煤机直吹式制粉系统的锅炉，其负荷变化率可达 20%/min。

（4）负荷调节范围大。一台双进双出筒式钢球磨煤机的两路制粉系统彼此独立，可两路并用或只用一路，大大增加了系统的负荷调节范围。

（5）煤粉细度稳定，受负荷变化的影响小。负荷低时，双进双出筒式钢球磨煤机的煤粉在筒内停留时间长，磨制的煤粉更细，能改善煤粉气流着火和燃烧性能，使锅炉能在更低的负荷下稳定运行。双进双出筒式钢球磨煤机有高料位运行及低料位运行两种控制方式，使得煤粉的细度更容易满足运行要求。

（6）风煤比较低。双进双出筒式钢球磨煤机与中速磨煤机、风扇磨煤机相比，具有较低的风煤比，即一次风的煤粉浓度高，有利于低挥发分煤的燃烧。

二、中速磨煤机

1. 中速磨煤机的结构与工作原理

中速磨煤机简称中速磨，是指工作转速为 50～300r/min，利用碾磨部件在一定压力下做相对运动时所产生的挤压、研磨等作用来将原煤破碎的一种磨煤机械设备，如图 2-5 所示。这种磨煤机具有质量小、占地少、制粉系统管路简单、投资少、电耗低、噪声小等一系列特点，因此在大容量机组中得到广泛的应用。

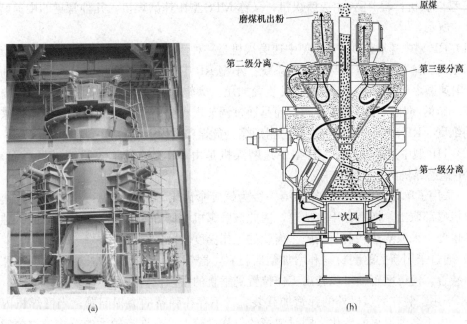

图 2-5　中速磨煤机
(a) 外形图；(b) 结构图

中速磨煤机的主要结构都是类似的：由传动装置（电动机及减速器）、热风箱及风环、碾磨部件（碾磨区）、干燥分离空间及粗粉分离器（分离区）、煤粉分配装置等五部分，以及密封风系统和石子煤排放系统组成。中速磨煤机的结构特点是热风箱、碾磨区和分离区共同安装在密封的壳体内。

中速磨煤机有共同的工作原理，其工作过程大致分为以下四个阶段：

（1）煤粉的制备。原煤从顶部的落煤管进入磨煤机，落在磨盘中央，传动装置驱动立轴，带动磨盘旋转，离心力促使原煤运动至磨盘与磨辊之间的碾磨间隙，在两个碾磨部件间的弹簧力、液压力或其他外力的作用下被磨制成煤粉。磨好的煤粉在碾磨部件的离心力及后来煤粉的推挤作用下，被抛至风环处。

（2）煤粉的干燥和分离。从空气预热器而来的热空气（干燥剂）进入热风箱，经装有导向叶片的风环整流后，以一定的速度将煤粉托浮向上，进入环形干燥分离空间，将煤粉干燥并进行初步分离，然后送入磨煤机上方的粗粉分离器，不合格的粗粉被分离出来并返回碾磨区重磨。

（3）煤粉气流的分配和引出。合格的煤粉被空气携带经煤粉分配器引出，经一次风管，分别将煤粉输送至炉膛的一次风燃烧器喷口。

（4）石子煤的处理。煤中夹杂的难以磨碎的煤矸石、石块等通常称为石子煤。石子煤在碾磨过程中也被甩到风环处，但由于风环处的风速不足以将其托起，故落入磨盘下部的热风箱内，由刮板刮入磨煤机外的杂物箱，被定期排出。

2. 中速磨煤机的常见类型

目前我国电厂中应用较多的中速磨煤机有四种：辊-盘式中速磨煤机，又称平盘磨煤机；辊-碗式中速磨煤机，又称碗式中速磨煤机；球-环式中速磨煤机，又称中速钢球磨煤机或 E 型磨煤机；辊-环式中速磨煤机，又称 MPS 型中速磨煤机。几种常见的中速磨煤机如图 2-6 所示。

（1）RP 型中速磨煤机。RP 型中速磨煤机是一种浅碗式磨煤机，其采用锥形磨辊，既适用于正压又适用于负压直吹式制粉系统。小型 RP 中速磨煤机采用弹簧对磨辊加压，大型 RP 中速磨煤机采用液力-气力加载装置加压。磨辊独立安装在磨盘上方，磨辊与磨盘之间有一定的间隙，并不直接接触，而是通过调节煤粉分离器折向挡板叶片的角度来调节煤粉的细度。RP 型中速磨煤机适合磨制烟煤、贫煤和褐煤。

（2）HP 型中速磨煤机。HP 型中速磨煤机是由 RP 型中速磨煤机改进发展而来的。HP 型中速磨煤机的主要特点有：

1）采用了单独的齿轮减速箱，第一级为螺旋伞齿轮，第二级为行星齿轮。减速箱能从磨煤机底部取出，换上备用减速箱，因此该磨煤机检修方便并缩短了停磨时间。独立的减速箱也便于采取隔热和密封措施。齿轮的工作温度较低，润滑条件好。

2）通过采用新的耐磨材料和增加耐磨材料，磨辊的寿命得以增长。采用了特殊的磨辊翻出装置，使得磨辊轴可以转出工作位置到垂直的维修位置，而不需要拆卸磨辊。

3）采用了装在磨煤机外的弹簧加载装置，不存在弹簧的磨损问题；当磨煤机内着火时，弹簧也不会因退火而老化。同时弹簧的位移量较大，允许有较大的杂物通过磨辊，对磨煤机起到了保护作用。

4）采用了随磨碗一起转动的风环装置，空气分配更为均匀，降低了磨损，同时加强了煤粉的一次分离，减小了一次风的压力损失。

5）分离器部分增加了顶盖高度，降低了通过分离器的气流速度，降低了差压，使得

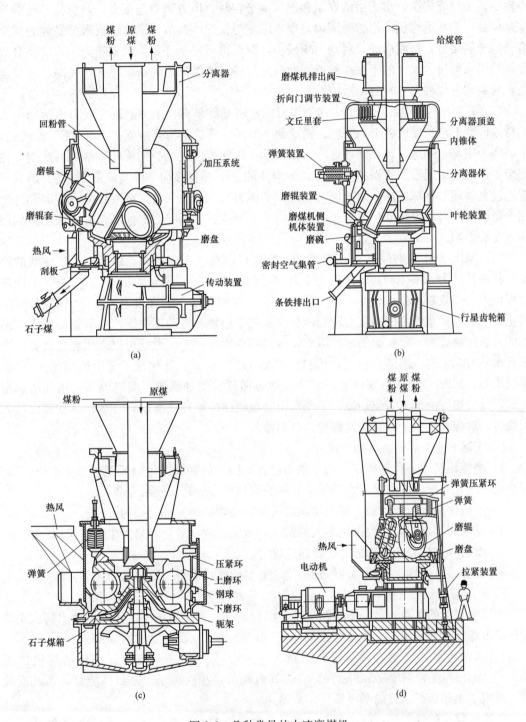

图 2-6 几种常见的中速磨煤机

(a) RP 型中速磨煤机；(b) HP 型中速磨煤机；(c) E 型中速磨煤机；(d) MPS 型中速磨煤机

磨损降低，并改善了煤粉在这一区域的分离效果。

HP 型中速磨煤机和 RP 型中速磨煤机共有的优点是：①运行可靠，维修方便，单位电耗小，金属磨损少，出力由给煤量和进风量来控制，出力调节范围大，对负荷变化的反应速度快；②在磨煤机的出力范围内，煤粉细度可做线性调节；③磨煤机碾磨部件之间没有任何金属接触，空载启动，启动力矩较小，磨煤机运转平稳，振动和噪声小；④将分离器筛选出来的过大尺寸的干燥煤粒返回磨碗并与进入磨煤机内的原煤混合，提高了干燥能力，对高水分煤种具有较好的适应性。

（3）E 型中速磨煤机。E 型中速磨煤机的碾磨部件是夹在上下磨环之间自由滚动的大钢球。E 型中速磨煤机由于上磨环、钢球和下磨环三者的结构类似英文字母"E"而得名。下磨环为主动，钢球可以在磨环之间自由滚动，不断地改变自身的旋转轴线，因此钢球在整个工作过程中能够始终保持其圆度。上磨环能上下垂直移动，弹簧或液压-气力加载装置通过上磨环对钢球施加一定的压力（即碾磨压力）。液压-气力加载装置能在碾磨部件使用寿命期限内自动维持磨环上的压力为定值，从而减少了因碾磨部件磨损对磨煤出力和煤粉细度的影响。

（4）MPS 型中速磨煤机。MPS 型中速磨煤机配有三个直径大、碾磨面近乎球状的磨辊，其在转速为 30～40r/min 的磨盘上转动，磨盘为主动，磨辊为从动。在 MPS 型中速磨煤机中，煤块咬入条件较好，滚动阻力较小，有利于增大磨煤机出力和降低磨煤电耗。静止的三点加载系统将碾磨压力均匀地分配到三个磨辊及转动部件上，在磨辊与磨盘间施加的力通过弹簧和三根拉紧的钢丝绳直接传递到底座基础上，因此可以采用轻型机壳。磨辊在水平方向上有一定的自由度，可自由摆动 120°～150°，这保证了三个磨辊受力一致、磨损均匀。MPS 型中速磨煤机采用多功能强迫循环润滑油系统，磨辊轴承采用油浴润滑方式，具有很好的润滑降温性能。干燥剂由磨盘周围的风环喷嘴以 70～90m/s 的速度喷入磨煤机，对煤粒进行干燥并输送煤粉到分离器。

MPS 型中速磨煤机具有如下优点：

1）磨辊辊轴中心位置固定，相较轴心位置不固定的磨煤机（如 E 型中速磨煤机），其碾磨效率高，在同样的磨煤出力条件下，碾磨部件的磨损轻，使用寿命长。

2）磨辊碾磨面近似球面，辊轴倾斜度可调，磨辊的磨损小且均匀。

3）受空间限制小，可以采用更大的磨辊，故咬入性能好，不易发生打滑振动问题。

4）没有穿过机壳的活动部分，密封性能好。

5）对煤的可磨性系数适应性较强，适合磨制哈氏可磨性指数最低为 40 的煤。

3. 中速磨煤机的优缺点

中速磨煤机的优点是：①钢材耗量少，结构紧凑，占地面积小（比单进单出筒式钢球磨煤机占地面积小 4 倍），磨煤电耗低（6～9kWh/t，一般为筒式钢球磨煤机的 50%～75%）；②碾磨部件磨损轻，金属磨损量为 4～20g/t（单进单出筒式钢球磨煤机的为 400～500g/t），煤粉细度 R_{90} 可在 10%～35% 内调节；③噪声小，密封性能好，系统泄漏少，适用于正压运行，且启动灵活、调节迅速。

中速磨煤机的缺点是：结构复杂，运行和检修技术水平要求较高，运行时不断排出石子煤，煤种适应性不如筒式钢球磨煤机。原因在于：一是由于中速磨煤机的进风温度不宜太高，而煤与干燥剂的接触又较晚，故中速磨煤机的干燥条件不是很好；二是由于中速磨煤机对原煤中"三块"（铁块、石块、木块）的敏感性大于筒式钢球磨煤机，故煤中杂质含量多容易引起振动和部件磨损。因此，中速磨煤机一般多用于磨制水分较少、磨损性不强的烟煤。

4. 影响中速磨煤机工作的因素

（1）煤质。中速磨煤机对煤的可磨性系数的变化比较敏感，如某 MPS 型中速磨煤机，其哈氏可磨性指数每变化 1，磨煤出力就变化 2.4%，且哈氏可磨性指数越低，磨煤出力变化的幅度越大。当原煤灰分超过 20% 时，由于磨煤机内循环量的增加，会导致磨煤出力下降。因此，煤质硬或水分多的煤，磨制不易；水分过高的煤，还会导致磨辊处煤粒黏结，影响磨煤机的安全运行。

（2）通风量。磨煤机的通风量对煤粉细度、磨煤机电耗、石子煤量和最大磨煤出力都有影响。在一定的给煤量下增大通风量，会导致煤粉变粗，磨煤机内循环量减小，煤层变薄，磨煤机电耗下降；但由于风环风速增大，石子煤量会减小，风机电耗会增加。通风量的高限取决于锅炉燃烧和风机电耗，如果一次风速过大，煤粉浓度太低或煤粉过粗，易对燃烧产生不利影响，或者导致风机电流超限。通风量的低限主要取决于煤粉输送风速和风环风速的最低要求。

（3）碾磨压力。增加磨煤机加载装置的弹簧压缩量或液压定值，可提高中速磨煤机的磨制能力，使磨煤机最大出力增加；而在任意磨煤出力下，增加碾磨压力，煤粉细度和石子煤排量均会降低。但磨煤电耗会因磨辊负载的增大而增大，并使磨煤机的磨损加重。当碾磨压力增加到一定程度后，制粉经济性开始降低。而从燃烧经济性来看，增加碾磨压力是有利的，尤其当分离器的挡板开度已达到调节极限位置时更是如此。

（4）碾磨部件的磨损程度。碾磨部件的磨损会使磨煤面的间隙增大，此时将相同的加载力施加于较厚的煤层上，会使碾磨效果变差，磨煤机最大出力降低，煤粉变粗。

三、高速磨煤机

高速磨煤机的典型代表是风扇磨煤机，其结构如图 2-7 所示。风扇磨煤机主要由外壳、叶轮和装在叶轮上的冲击板、轴及轴承等部件组成，外壳的内表面装有一层耐磨锰钢制成的护板。

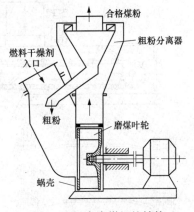

风扇磨煤机的工作过程为：电动机通过联轴节带动叶轮以 500～1500r/min 的速度旋转，原煤进入磨煤机，一定量的热风（干燥剂）也被磨煤机抽吸进来，一边对煤粉进行强烈的干燥，一边将磨好的煤粉输送出磨煤机，经一次风管道送入炉内燃烧。

风扇磨煤机的优点主要有：①集磨煤机与风机功能于一身，简化了制粉系统；②本体结构简单，尺寸小，金属耗量少，运行电耗低；③低负荷运行时的经济性比钢球磨煤机的要好；④干燥条件好，可以磨制高水分煤。

图 2-7 风扇磨煤机的结构

风扇磨煤机的缺点有：①碾磨部件磨损严重，且磨损后的碾磨部件对煤粉品质影响较大，因此检修周期短；②所磨制的煤粉一般较粗，均匀性也较差；③所能提供的风压有限，故系统在布置时有一定的局限性。

风扇磨煤机适合磨制磨损性不强而水分含量较高的褐煤。

第四节　制粉系统的辅助设备

除了磨煤机，制粉系统中还包括给煤机、粗粉分离器、细粉分离器、给粉机、锁气器等辅助设备。

一、给煤机

给煤机位于原煤仓下面，其任务是根据磨煤机或锅炉负荷的需要调节给煤量，并将原煤均匀连续地送入磨煤机。给煤机的形式很多，国内应用较多的主要有刮板式、圆盘式、电磁振动式等。近年来，电子称重皮带式给煤机在大型机组中的应用日趋广泛。

1. 刮板式给煤机

刮板式给煤机主要由前、后链轮和挂在两个链轮上的一根传送链条组成，其结构如图2-8所示。这种给煤机利用煤的自身摩擦力并在刮板链条拖动力的作用下，在箱体内沿着刮板链条的运动方向形成连续的煤层，随着链条运动将煤送至出煤口。给煤量可以通过煤层厚度调节板进行调节，也可以通过改变链轮转速进行调节。刮板式给煤机的优点是结构简单，布置灵活，能满足较长距离的输送要求，密封性能好；不足之处是占地面积较大，遇到较大块的原煤或杂物易发生卡塞。

2. 圆盘式给煤机

圆盘式给煤机的结构如图2-9所示。其工作过程是：原煤经进口管落到旋转圆盘的中部，以其自然倾角向四周散开；电动机驱动圆盘旋转，圆盘上的煤也随之转动；煤被调节刮板从旋转圆盘上刮下，落入通往磨煤机的下煤管中。

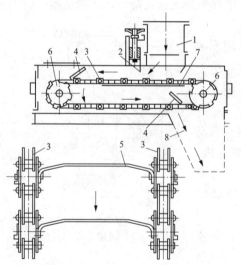

图2-8　刮板式给煤机的结构

1—进口；2—调节板；3—链轮；4—导向板；
5—刮板；6—链条；7—平板；8—出煤口

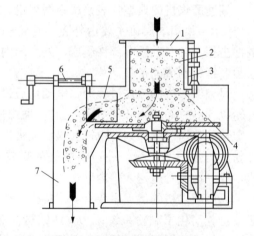

图2-9　圆盘式给煤机的结构

1—原煤进口管；2—内套筒；3—调节套管；
4—旋转圆盘；5—调节刮板；6—调节杆；7—出口

圆盘式给煤机可用以下三种方法调节给煤量：

（1）通过改变调节套筒的位置来调节给煤量。调节刮板位置不变时，调节套筒位置升高，煤在旋转圆盘上的自然堆积厚度就会增加，给煤量就多；反之，给煤量就少。

（2）通过改变调节刮板的位置来调节给煤量。当调节刮板向旋转圆盘中心移动时，给煤量增加；反之，调节刮板向圆盘边缘移动时，给煤量减少。

（3）通过改变旋转圆盘的转速来调节给煤量。旋转圆盘的转速提高，给煤量增加；旋转圆盘的转速降低，给煤量减少。

圆盘式给煤机的结构简单、紧凑，但供给湿煤时易发生堵塞。

3. 电磁振动式给煤机

电磁振动式给煤机主要由原煤仓、电磁振动器和给煤槽组成，如图 2-10 所示。其工作原理是：原煤由原煤仓落入给煤槽，在电磁振动器的作用下，给煤槽以每秒 50 次的频率振动，由于电磁振动器与给煤槽平面之间有一夹角，所以给煤槽上的煤就以该夹角的方向抛起，并沿抛物线轨迹向前跳动，这样连续跳动的煤就均匀地落入落煤管中。

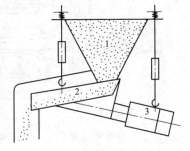

图 2-10　电磁振动式给煤机的结构
1—原煤仓；2—给煤槽；3—电磁振动器

调节电磁振动器的振动力（即振幅）可以调节给煤量。增大电流或电压，振动力增大，振幅增大，给煤量就增加。

电磁振动式给煤机的优点是无转动部件，无机械摩擦，结构简单，造价低，占地面积小，运行维护方便，安全可靠；缺点是要求电源电压稳定，原煤粒度均匀，水分适中，否则容易发生堵煤或原煤自流现象。

4. 电子称重式给煤机

电子称重式给煤机是一种带有电子称量及自动调速装置的带式给煤机。它可以实现煤块的精确、定量输送，并具有自动调节和控制功能。

电子称重式给煤机主要由机体、给煤皮带机构、称重机构、链式清理刮板、断煤及堵煤报警装置、电子控制柜及电源动力柜组成，其结构如图 2-11 所示。该给煤机控制系统在机组协调控制系统的指挥下，根据锅炉负荷所需的给煤率信号，通过控制驱动电动机的转速来调节给煤率，使实际给煤率与所需要的给煤率相一致。

电子称重式给煤机一般在正压下运行，故采用全封闭装置。其工作原理是：原煤仓中的原煤经给煤机入口闸门从给煤机进煤口进入给煤机，落到给煤机皮带上，在驱动辊轮的带动下，给煤皮带从进煤口侧向出煤口侧水平移动，将原煤输送至磨煤机落煤管。给煤皮带带有边缘，内侧中间有凸筋，这对皮带的运动具有良好的导向性。称重机构位于给煤机的进煤口与出煤口之间，由三个称重托辊、一对负荷传感器及电子装置组成，在皮带输送的过程中，自动称量装置负责测出给煤量。在称重机构的下部装有链式清理刮板机构，其将煤刮至出煤口排出，以清除称重机构下部的积煤。在给煤皮带的上方装有断煤信号报警装置，当皮带上无煤时，便启动原煤仓的振动器。堵煤信号报警装置装在给煤机的出煤口，若煤流堵塞，则发出报警信号，并停止给煤机的运行。

在电子称重式给煤机中，给煤量的调节是通过改变调速电动机的转速即皮带的移动速度来实现的。

电子称重式给煤机具有先进的皮带测速装置、精确的称重机构及完善的检测装置等，因此在我国 300MW 以上机组中得到了广泛的应用。

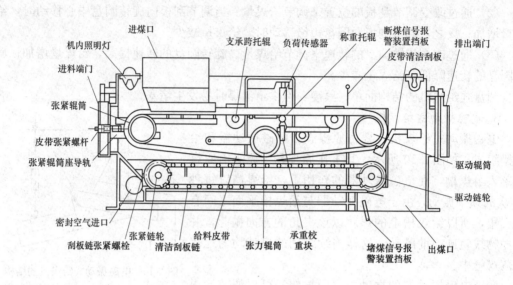

图 2-11　电子称重式给煤机的结构

二、粗粉分离器

粗粉分离器是制粉系统必不可少的煤粉分离设备，其主要作用是将通风从磨煤机带出的不合格的粗煤粉分离出来，返回磨煤机中重新磨制，合格的煤粉送往锅炉燃烧或细粉分离器。此外，粗粉分离器还可以调节煤粉细度，以便当燃用煤种变化或锅炉负荷变化时，能保证合适的煤粉细度。

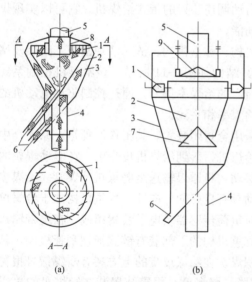

图 2-12　离心式粗粉分离器
(a) 径向型；(b) 轴向型
1—可调折向挡板；2—内锥体；3—外锥体；
4—进口管；5—出口管；6—回粉管；
7—锁气器；8—活动环；9—调节圆锥帽

粗粉分离器是利用离心力、惯性力和重力的作用把不合格的粗煤粉分离出来的。下面介绍两种应用最广的粗粉分离器，它们主要是依靠离心力原理进行粗煤粉分离和煤粉细度调节的。

1. 离心式粗粉分离器

如图 2-12 所示，离心式粗粉分离器有径向型和轴向型两种，在实际应用中以轴向型粗粉分离器居多。离心式粗粉分离器由内锥体、外锥体、调节圆锥帽、可调折向挡板和回粉管等组成。

从磨煤机出来的气粉混合物以 18～25m/s 的速度自下而上进入粗粉分离器锥体。气粉混合物通过内、外锥体之间的环形空间时，由于流通截面的扩大，其速度逐渐降至 4～6m/s，粗煤粉在重力的作用下从气流中分离出来，经过外锥体回粉管返回磨煤机重新磨制；带细粉的气流则进入粗粉分离器上部，经安装在内、外圆柱壳体间环形通道内的可调折向挡板时产生旋转运动，借撞击和离心力使较粗的煤粉颗粒进一步分离落下，合格的细煤粉被气流从出口管带走；分离下来的粗煤粉经内锥体底部的锁气器，由回粉管返回磨煤机，回粉在下落时与上升的气粉混合物相遇，将回粉中少量的细煤粉带走，这样可以减少回粉中细粉的含量，提高分离效率。在内锥体上面装有可上下移动的调节圆锥帽，可以粗调煤粉细度。

离心式粗粉分离器的煤粉细度调节一般有以下三种方法：

（1）通过改变可调折向挡板与圆周切线的夹角来调节煤粉细度。该夹角减小时，气流的旋转强度加强，分离出来的煤粉增多，气流带走的煤粉变细；反之煤粉变粗。

（2）通过改变磨煤通风量来调节煤粉细度。增大磨煤通风量，一方面会导致从磨煤机出来的煤粉变粗；另一方面由于煤粉在粗粉分离器中停留的时间变短，会使粗粉分离器出口处的煤粉变粗。

（3）通过改变活动环的位置来调节煤粉细度。降低活动环的位置，因急转弯程度增大，出口煤粉变细；反之，升高活动环的位置，出口煤粉变粗。

与与径向型粗粉分离器相比，轴向型粗粉分离器的结构比较复杂，通风阻力也较大；但由于其折向门是轴向布置的，因此加大了圆筒空间，分离效果更好，并改善了煤粉的均匀性；调节幅度较宽，回粉中细粉含量少，提高了制粉系统出力；适应煤种较广，可配用于各种形式的磨煤机，所以其应用较为普遍。

2. 回转式粗粉分离器

如图 2-13 所示，回转式粗粉分离器是一个旋转的分离器，其上部有一个电动机带动的转子，转子上有大约 20 个角钢或扁钢制成的叶片。当煤粉气流自下而上进入回转式粗粉分离器时，由于通流截面扩大，气流流速降低，部分粗粉在重力作用下分离出来；继续上升的煤粉气流进入转子区域，在转子带动下做旋转运动，粗粉在离心力作用下被抛到回转式粗粉分离器的筒壁上，沿着筒壁滑落下来，经回粉管返回磨煤机重磨，细粉则由气流携带从上部切向引出。

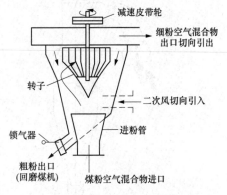

图 2-13 回转式粗粉分离器

改变转子的转速，即可调节煤粉细度。转子转速越高，分离作用越强，气流带出的煤粉就越细；反之，转速越低，气流带出的煤粉就越粗。

为了减少回粉中的细粉量，可在回转式粗粉分离器的下部加装沿切向进入该分离器的二次风，将下落的回粉吹起，促使回粉再次分离，并将合格的细粉带走，从而提高磨煤出力，降低磨煤电耗。

回转式粗粉分离器的特点是：①结构紧凑，流动阻力较小，磨煤电耗较低；②调节方便，适应负荷变化的性能较好；③分离出的煤粉较细且均匀性好。但是，这种分离器结构比较复杂，磨损严重，检修工作量较大。回转式粗粉分离器适用于直吹式制粉系统。

三、细粉分离器

细粉分离器是中间储仓式制粉系统中一个重要的分离设备。它位于粗粉分离器之后，将煤粉从气粉混合物中分离出来，以便将煤粉储存在煤粉仓中。细分分离器主要是靠旋转运动所产生的惯性离心力实现气粉分离的,所以又称旋风分离器。

常用的小直径旋风分离器如图 2-14 所示。气粉混合物从入口管以 16～22m/s 的速度切向送入旋风分离器圆筒的上部,在外圆筒与中心管之间高速旋转向下运动,由于离心力的作用,煤粉被抛向筒壁,沿着筒壁下落至筒底的煤粉出口;当气流向下旋转至中心管入口处时,气流转弯向上进入中心管,此时煤粉被二次分离,被分离出来的煤粉经锁气器进入煤粉仓或螺旋输粉机,气流经中心管引往排粉风机。这种细粉分离器的圆筒直径小,煤粉气流的旋转流速高,分离效率可达 90%～95%。

四、防爆门

正压运行的制粉系统中,管道和设备的承压能力一般设计为 0.35MPa。负压系统中,为了节约金属,管道和设备的承压能力一般设计为 0.15MPa。除无烟煤以外,其余煤种的煤粉和空气混合物均具有爆炸的危险,一旦发生煤粉爆炸,巨大的压力将破坏系统设备。防爆门是用薄金属片或石棉板制成的防爆薄膜,如图 2-15 所示。当发生爆炸时,爆炸压力可冲破防爆薄膜,迅速释放系统压力,从而起到保护设备的作用。因此,要求在制粉系统设备进、出口处装设防爆门。

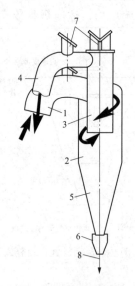

图 2-14　旋风分离器　　　　　　　　　　　图 2-15　防爆门外形

1—入口管;2—筒体;3—内筒;4—干燥剂引出管;

5—圆锥部分;6—煤粉仓;7—防爆门;8—煤粉出口

五、原煤仓

商洛电厂每台锅炉都布置有 6 只圆筒形钢原煤仓,每只原煤仓有效容积为 660m³。6 只原煤仓的总储煤量可满足单台锅炉在 BMCR 工况下运行 8.2h(设计煤种)的出力要求。

随着原煤仓容量和高度的增加,下部煤炭所受到的压力不断增大,流动性变差,滞流或堵煤的情况时有发生,尤其是在煤中水分高时。原煤仓中的煤会在下落到煤堆面时发生偏析。块煤落下时相对集中于落煤点的周围,使落入给煤机的粒度随着原煤仓斗的煤位而变,因此原煤仓的容积越大,其偏析程度越严重。原煤仓的棚煤、黏煤、积煤都会造成出口落煤不畅,造成原煤仓有效容积减小、给煤机断煤等不利影响。故在原煤仓上加装了一层极为光滑而耐磨的特种树脂板材，有的发电厂采用电动原煤仓振动疏松机、液压疏松机、空气炮等，用以减少原煤仓黏煤的可能。

第五节 商洛电厂给煤机及运行

商洛电厂锅炉制粉系统所配用的给煤机为上海大和衡器有限公司生产的 GM-BSC22-26 型电子称重式给煤机。它是一种带有电子称量及调速装置的皮带式给煤机，可将原煤从原煤仓输送到磨煤机，并具有自动调节和控制功能。每台磨煤机配一台给煤机，每台锅炉制粉系统共配 6 台给煤机。GM-BSC22-26 型电子称重式给煤机的主要参数见表 2-3。

表 2-3　　　　　　　　GM-BSC22-26 型电子称重式给煤机的主要参数

设备名称	电子称重式给煤机
型号	GM-BSC22-26
出力	6～80t/h
主电动机型号及功率	SA77；功率：3.00kW
清扫链电动机型号及功率	SA57；功率：0.37kW
密封风压	高于磨煤机 50～1000Pa

一、GM-BSC22-26 型电子称重式给煤机的结构

该给煤机由机体、输煤皮带及其电动机驱动装置、清扫装置、控制箱、称重装置、皮带堵煤及断煤信号报警装置、取样装置和工作灯等部件组成。

原煤从原煤仓到磨煤机的流程是：原煤仓中的原煤→煤流检测器→原煤仓闸门→落煤管→给煤机进口→给煤机输煤皮带→称重传感组件→断煤信号组件→给煤机出口→磨煤机。

给煤机机体上设有进煤口、出煤口、进煤端门、出煤端门、侧门和照明装置等。在进煤口处设有导向板和进煤闸门，以使煤进入给煤机后能在皮带上形成一定的断面煤流。进煤端门和出煤端门采用螺栓紧固在机壳上，并保持密封。在所有门体上，均设有窥视窗，用以检查给煤机内的情况。在窥视窗内装有清扫喷头，当窗孔内侧积有煤灰并影响正常观察时，用压缩空气或水予以清洗。具有密封结构的照明灯，供观察给煤机内部运行情况时使用。给煤机皮带机构由皮带驱动辊筒、张紧辊筒、张力辊筒、输煤皮带及皮带支承板等组成。输煤机皮带由辊筒驱动，具有正、反转两种功能。为保证输煤皮带在运行时不发生左右偏移，输煤皮带采用了带有边缘且内侧中间有凸筋的皮带，并配置表面有凹槽的辊筒，从而使皮带获得良好的导向而做正直移动。驱动辊筒与变频电动机相连，在驱动辊筒端装有皮带清洁刮板，用以刮除黏结在皮带表面的煤。皮带中部装有张力辊筒，以使皮带保持一定的张力而得到最佳的称重效果。皮带的张力是随着温度和湿度的改变而改变的，应经常注意观察并利用张紧杆来调节皮带的张力。在机座侧门内装有指示板，应调节张力辊筒中心使其保持在指示板的中心刻线位置上。

为了能及时清除沉落在给煤机机壳底部的积煤，防止发生积煤自燃，在给煤机皮带机构下面设置了链式清理刮板机构。链式清理刮板机构由驱动链轮、张紧链轮、链条及刮板等组成。

二、GM-BSC22-26 型电子称重式给煤机的工作过程

正常运行时,给煤机皮带机构的驱动辊筒及链式清理刮板机构的驱动链轮是在各自的驱动电动机的带动下以相反的方向转动的。从原煤仓下来的原煤经进煤口落在其下面的输煤皮带上,随着皮带的移动逐渐向前输送,在皮带翻转时皮带上的煤即被卸至给煤机出煤口,经落煤管落入磨煤机中,黏结在皮带上的少量煤通过链式清理刮板被刮落。皮带内侧如有黏煤,则通过自洁式张紧辊筒后由辊筒端面落下。落在给煤机机壳底部的积煤,被连续运转的链式清理刮板刮至出煤口,随同皮带上落下的煤一起进入磨煤机。给煤量的调节通过调节给煤机驱动电动机的转速来实现。给煤机由变频器实现电动机电源频率的变化,进而实现给煤量的调节。

给煤量称重是通过负荷传感器测量出单位长度皮带上煤的质量(G)、皮带转速(v),进而得到此时给煤机的给煤量(B)的,即 $B=Gv$。图 2-16 为给煤量称重的原理框图。

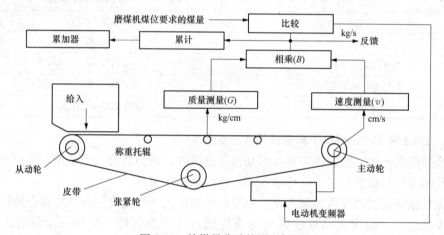

图 2-16　给煤量称重的原理框图

给煤机上两个固定于机壳上的称重托辊形成了一个确定的称重跨距,在称重跨距的中间则有一个称重托辊,此托辊悬挂在一对负荷传感器上,每个负荷传感器称出的是位于称重跨距内皮带上一半煤的质量,经标定的负荷传感器输出的信号表示每厘米长度的皮带上煤的质量,连接在皮带驱动辊筒上的编码器输出的频率信号表示皮带的转速(标定为 cm/s)。负荷传感器的输出信号经放大变换后,乘以编码器的频率信号,得到的这个乘积也是一个频率信号,它表示此时的给煤量(kg/s)。经标定的给煤量信号经过转换和综合产生一个累计量信号,送入总煤量显示器,其输出显示了给煤的累计总质量。

该给煤机具备反转卸煤功能和容积式称重功能。反转卸煤功能指在给煤机停机检修时,可使给煤机皮带反转将皮带上的煤从打开的进煤侧端盖卸出,不让这部分煤进入磨煤机。容积式称重功能指在给煤机正常的电子称重回路发生故障时,给煤机自动投入备用的容积式称重回路。投入该回路的同时给煤机一方面向分散控制系统(distributed control system,DCS)发出容积式称重投入的报警信号,另一方面则继续提取容积式称重测得的煤量信号进行累计。容积式称重的测重精确度不如电子称重式的测重精确度,所以不推荐容积式称重作为长期的测重方式。

三、GM-BSC22-26 型电子称重式给煤机的维护

为了锅炉安全、可靠、有效地运行，应对给煤机进行定期检查、调节和标定。给煤机可根据表 2-4 进行检查和维护。

表 2-4　　　　　　　　　　　　　给煤机的检查和维护

每日检查	检查皮带轨迹
每周检查	(1) 检查皮带张力； (2) 检查皮带的破损； (3) 检查减速机内的油位
每月检查	实施月度润滑保养
每季度检查	检查密封空气的调节
每半年停机检查	(1) 检查转动部件轴承是否损坏和齿轮是否磨损； (2) 检查给煤机有无过度磨损或腐蚀的部件； (3) 检查称重系统运动的自由度（拉杆、称重传感器、托辊等）； (4) 检查皮带有无过度磨损； (5) 检查皮带刮削器的灵活性及其刮板磨损情况； (6) 清理称重传感器模块并使之保持清洁； (7) 清理腐蚀的电气触点并拧紧松动的接线柱； (8) 除去机体内堆积的物料，清洗所有观察口的内部表面； (9) 检查进煤口的裙板位置和磨损情况； (10) 实施每半年的润滑保养； (11) 检查清扫链的张力和链节销轴转动的灵活性； (12) 标定给煤机
定期检查	(1) 每一班对新安装皮带的张力和轨迹检查两到三次，直到皮带稳定且已消除了初始伸展量，此后每周检查一次； (2) 每次对称重传感器模块、皮带或称重跨距内的称重托辊更换或维修时应调节称重托辊； (3) 每当给煤机端门拆开时要检查、清扫刮板机构； (4) 运行时间达到 10 000h 时应更换减速机机油

四、GM-BSC22-26 型电子称重式给煤机的调节

维持给煤机最佳称重精度的因素包括：适当的皮带张力和皮带轨迹，称重托辊和称重跨距托辊的对中性，密封风的调节以保持给煤机内具有最低的正压。每运行六个月后要对给煤机的以上内容进行调节，对给煤机进行重新标定，并对出煤口堵煤、皮带断煤信号报警进行调试。

第六节　商洛电厂磨煤机及运行

商洛电厂的磨煤机为北京电力设备总厂有限公司生产的 ZGM113N-Ⅱ磨煤机，其中 Z 表示中速，G 表示辊式，M 表示磨煤机，N 表示该磨煤机的型号，Ⅱ为高转速标志，113 表示磨环辊道平均半径为 113cm。

该磨煤机在燃用设计煤种时，5 台磨煤机运行，1 台磨煤机备用；入磨煤粒度小于或

等于 30mm，出口煤粉细度 $R_{90}=17\%$，均匀性指数为 1.2；5 台磨煤机的总出力不小于锅炉在 BMCR 工况下燃煤量的 110％，在保证出力的情况下单位功耗（设计煤种）为 7.68kWh/t；在 90％BMCR 工况下，磨煤总电耗（含密封风机）为 404.8kW，噪声小于或等于 85dB(A)。

一、ZGM113N-Ⅱ磨煤机的技术规范

1. 磨煤机主要数据

该磨煤机的主要数据见表 2-5。

表 2-5 磨煤机的主要数据

序号	项目		单位	规格
1	型号			ZGM113N-Ⅱ
2	设备生产厂家			北京电力设备总厂有限公司
3	出力	最大出力	t/h	71.98/75.07（设计煤种/校核煤种）
		保证出力	t/h	52.66/58.58（设计煤种/校核煤种）
		最小出力（工频）	t/h	17.995/18.020（设计煤种/校核煤种）
		最小出力（变频）	t/h	8.64/8.65（设计煤种/校核煤种）
4	通风量	最大通风量	t/h	104.90/106.40（设计煤种/校核煤种）
		保证出力通风量	t/h	91.76/96.59（设计煤种）
		最小通风量	t/h	68.19/68.93（设计煤种）
5	入口介质温度		℃	275.4/263.6（设计煤种）
6	转速		r/min	30
7	通风阻力（包括分离器、煤粉分配箱）	最大通风阻力	Pa	6440（设计煤种/校核煤种）
		保证出力通风阻力	Pa	5345/5659（设计煤种/校核煤种）
8	密封风系统	密封风量	kg/s	1.725
		密封风压（与一次风差压值）	Pa	2000
9	出口风量（含密封风）		kg/s	26.22/27.45（设计煤种/校核煤种）
10	密封风漏风量		kg/s	0.75
11	出口温度		℃	80
12	出口煤粉水分		％	3.5/4.5（设计煤种/校核煤种）
13	单位功耗		kWh/t	7.68/7.34（设计煤种/校核煤种）
14	保证出力下的单位功耗		kWh/t	7.68/7.34（设计煤种/校核煤种）
15	单位磨损率		g/t	4～6
16	主要部件寿命及材质	磨辊	h	12 000（$K_e \leqslant 1.5$），高铬铸铁
		磨碗衬板	h	15 000（$K_e \leqslant 1.5$），高铬铸铁
		磨辊轴承密封件	h	20 000
		分离器	h	50 000，壳体 Q235-A
		磨煤机减速机	h	80 000，QT400-15
		风环喷嘴	h	20 000，焊组件
		磨辊轴承	h	100 000
		石子煤刮板	h	20 000，ZG50Mn2

序号	项目	单位	规格
17	石子煤排放量	t/h	0.036（设计煤种）
18	分离器形式		动静组合式旋转分离器
19	分离器出口风量偏差		≤5%
20	分离器出口粉量偏差		≤5%
21	磨辊加载方式		液压储能变加载
22	基础形式		重力混凝土固定基础

2. 磨煤机主电动机

该磨煤机的主电动机为三相鼠笼型异步电动机 YMKQ500-6-10，额度电压为 10kV，额定转速为 989r/min。

二、ZGM113N-Ⅱ磨煤机的工作原理

该磨煤机是一种中速辊盘式磨煤机，其碾磨部件是由转动的磨环和三个沿磨环滚动的固定且可自转的磨辊组成的。需磨制的原煤从磨煤机的中央落煤管落到磨环上，旋转磨环借助离心力的作用将原煤运至碾磨辊道上，通过磨辊进行碾磨。三个磨辊沿圆周方向均布于磨盘辊道上，碾磨压力则由磨煤机液压加载传递系统产生，通过静定的三点系统，碾磨压力均匀作用至三个磨辊上，这个力经磨环、磨辊、压架、拉杆、传动盘、减速机、液压缸后通过底板传至基础，如图 2-17 所示。原煤的碾磨和干燥同时进行，一次风通过喷嘴环均匀进入磨环周围，将经过碾磨从磨环上切向甩出的煤粉混合物烘干并输送至磨煤机上部的分离器中进行分离，粗粉被分离出来返回磨环重磨，合格的细粉被一次风带出分离器，送往炉膛燃烧。

难以粉碎且一次风吹不起的较重的石子煤、黄铁矿、铁块等通过喷嘴环落到一次风室，被刮板刮进排渣箱，由人工定期清理或由自动排渣装置排走，清除渣料的过程在磨煤机运行期间也能进行，如图 2-18 所示。

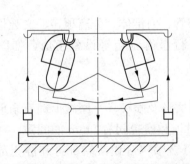

图 2-17 磨煤机液压加载传递系统受力状态示意图

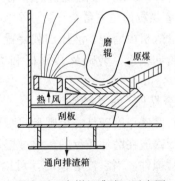

图 2-18 磨煤机沸腾区示意图

该磨煤机采用鼠笼型异步电动机驱动，通过立式螺旋伞齿轮-行星齿轮减速机传递磨盘力矩，减速机还同时承受因上部重量和碾磨加载力所造成的水平与垂直负荷。为减速机配套的润滑油站用来过滤、冷却减速机内的齿轮油，以确保减速机内零部件的良好润滑状态。配套的高压油泵站通过加载油缸既可以对磨煤机施行加载力又可以在磨煤机检修时抬起或降下磨辊。

通常几台磨煤机共用一台密封风机，也可为一台磨煤机配备一台密封风机。密封风对磨煤机传动盘（负压运行时此处密封应取消）、拉杆密封、旋转分离器（采用静态分离器时此处密封应取消）和磨辊等处进行密封。

维修磨煤机时，在电动机的尾部连接盘车装置。

风粉混合物在文丘里管内进行浓缩，然后扩大使得每根煤粉管内风粉分配均匀。在煤粉管上配有可调缩孔，用以均衡六根煤粉管中的风压。

磨煤机磨辊采用液压加载装置加载。三个磨辊相对固定在相距120°的位置上，磨盘为具有凹槽辊道的碗式结构。磨煤机磨环（磨碗）通过齿轮减速器由电动机驱动，磨辊在压环的作用下向煤、磨环施加压力，由压力产生的摩擦力使磨辊绕心轴旋转（自转），心轴固定在支架上，而支架安装在压环上，压环可以在机体内上下浮动。磨辊除转动外，还能相对磨煤机中心做12°~15°的摆动。磨煤所需要的压紧力由液压装置在三个位置上通过弹簧施加于压环上，并通过拉紧元件受力直接传递到基础上，压力的大小采用拉杆调节。由于磨煤机的机体是不受力的，所以有可能把磨辊的压紧力调节得高一点，而不影响机体连接的密封性。通过三个位置固定的磨辊，形成三点受力状态，磨煤所需的压紧力是通过弹簧压盖均匀地传递给三个磨辊，从而使转动部件（磨辊及其支架、推力轴承等）受力均匀的。

该磨煤机的工作特点是：①辊轴不绕磨环辊道中心旋转，转动平稳，改善了磨煤效果；②磨辊在水平位置具有一定的自由度，可以摆动，并能在水平方向自由调节碾磨位置；③磨辊在垂直方向允许有足够的位移，可避免加载系统过载；④磨辊与磨环（衬瓦）截面形状相匹配，煤始终与磨辊、磨环相接触，以保持良好的碾磨效果；⑤磨辊直径大，滚动阻力小，有利于提高磨煤机的出力，降低磨煤机的单位电耗；⑥三个磨辊的加载负荷直接传至基础，磨煤机外壳不承受加载力，提高了磨煤机的稳定性；⑦采用高启动转矩电动机和高精度传动齿轮，噪声低，传动平稳，安全可靠；⑧碾磨部件寿命长。

三、ZGM113N-Ⅱ磨煤机的结构

1. 磨煤机的组成结构

该磨煤机由磨辊、液压加载装置、分离器、给煤管、内锥体、分离顶盖、文丘里分离装置、折向挡板、磨碗及其衬板和磨碗壳、刮板、行星齿轮箱等设备组成，如图2-19所示。

2. 磨煤机的主要部件

(1) 磨碗。磨碗是一个圆盘式装置，其上安装有磨环及喷嘴环。磨碗上铺有扇形的衬板，衬板镶嵌在磨环托盘内，通过楔形螺栓紧固，衬板和磨辊间有5mm的间隙。衬板是主要的磨损件，当它被磨损时，可以拆出更换。磨环及喷嘴环由旋转部分和静止部分组成。旋转部分在传动盘的带动下转动，包括磨环托盘、衬板、锥形罩等组成件。喷嘴叶片与磨环托盘铸成一体。静止部分是静环，固定在机壳上。锥形盖的作用是把从落煤管落下的煤均匀地分布在磨盘上，并防止水和煤粉漏到传动盘下面的空间内。

(2) 磨辊装置。磨辊是磨煤机的磨煤部件，它依靠挤压和研磨作用将煤破碎。磨辊碾压煤的压力一小部分来自磨辊本身的重量，但大部分来自液压加载系统产生的压力。磨辊装置主要由辊架、辊轴、辊套、辊心、轴承、油封等组成。磨辊位于磨盘和压架之间，倾

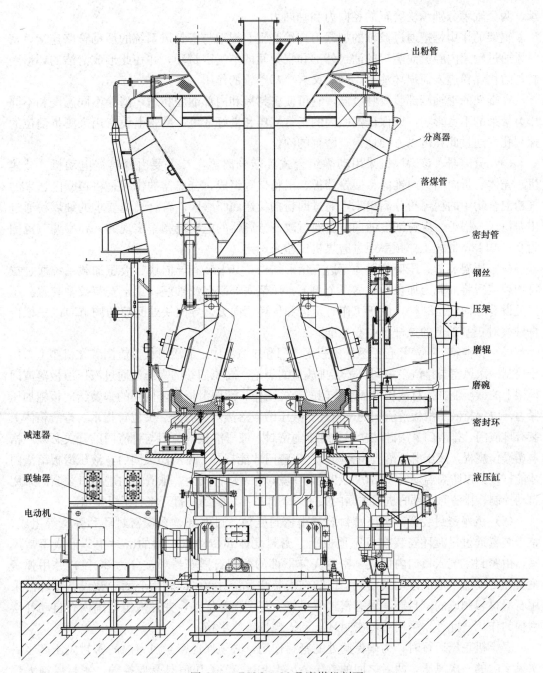

图 2-19 ZGM113N-Ⅱ磨煤机剖面

斜 15°，由压架定位。磨煤机运行过程中辊套是单侧磨损的，磨损达到一定深度后可翻身使用，以合理利用材料。磨辊在较高温度下运行，内腔的油温较高，为了保证轴承的良好润滑，宜采用高黏度、高温稳定性良好的合成烃 SHC 高温轴承齿轮油。油密封由两道油封完成：第一道油封用来密封外部环境，第二道油封用来密封内部润滑油。两道油封之间填有耐温较高的润滑脂，用来润滑第一道油封的唇口。

磨辊内有大、小两种轴承：大轴承是圆柱滚子轴承，小轴承是双列向心球面滚子轴承。两个轴承分别承受磨辊的径向力和轴向力。

辊架的作用是把通过铰轴的加载力传给磨辊。辊架与密封风系统的活动管路连接,密封风通过辊架内腔流向磨辊的油封外部和辊架间的空气密封环,并在此形成清洁的环形密封,防止煤粉进入而损坏油封,同时又有冷却磨辊的作用。

在辊架的辊轴端部装有呼吸器,它可使密封风和内部油腔相通,消除不同温度和不同压力带来的不良影响,以保证油腔内的正常气压和良好环境。磨辊上设有用来测量油位的探测孔,通过此孔可以方便地检查磨辊的油位。

(3)分离器。该磨煤机采用动静组合式旋转分离器,其主要由分离器电动机、减速机、壳体、折向门、内锥体、回粉挡板、出粉口等组成。分离器的作用是将碾磨区送来的气粉混合物中的粗煤粉分离出来,通过回粉挡板送回碾磨区;符合燃烧要求的细煤粉通过出粉口送入锅炉。煤粉细度的调节是通过改变分离器的电动机频率实现的,频率调节范围为0~50Hz,最佳工作频率通过磨煤机试验来确定。

(4)压架装置。压架装置为等边三角形结构,其上装有导向块。液压加载系统通过拉杆加载装置将加载力加在压架的三个角上。压架底部装有铰轴座,用于安装铰轴装置。压架上设有导向定位结构,便于工作时定位和传递切向力。导向块处间隙的调节应以三根拉杆轴线对正基础上的拉杆座中心为准。

(5)排渣箱。排渣箱包括液压滑板落渣门和排渣箱体。液压滑板落渣门装在机座上,用于控制一次风室与排渣箱之间石子煤排放口的隔绝。高压油站的高压油通过液压滑板落渣门框架上的液压油缸执行液压滑板落渣门的开关动作。液压滑板落渣门上的弹簧给门板施加压紧力,以保持液压滑板落渣门的密封性。液压滑板落渣门设有开、关位置指示。排渣箱体上装有排渣门,排渣门采用硅酸盐耐火纤维绳密封。液压滑板落渣门与排渣门的开关必须严格遵循操作规程,液压滑板落渣门关闭后,排渣门才能打开。排渣门关闭后,液压滑板落渣门才能打开,以防高温烟气喷出伤人和污染环境,保证运行安全。排渣箱的进出口关断门采用自动控制,排渣时上部的进口关断门关闭,下部的出口关断门打开将石子煤排出。

(6)机座密封装置。机座密封装置由密封壳体、过渡环、石墨密封环和弹簧等组成,整个装置通过过渡环安装在机座顶板上。密封壳体和传动盘中部的密封止口形成密封风室,由密封空气入口向内供气。密封壳体下部的两圈石墨密封环被分为20段,并用弹簧箍紧在传动盘上形成浮动式密封,以防在安装和运行过程中因轴偏心而导致设备损坏。采用石墨材料制成的密封环,具有密封效果好、耐磨损等优点,并在一定范围内有自动补偿磨损的作用。此外,采用石墨密封环有利于现场维修更换。

磨煤机正压运行时,为确保此处的密封作用,必须保证密封风室内的密封风压高于一次风室内的一次风压,两者之间的差压 $\Delta p \geqslant 2\mathrm{kPa}$,该差压值是受监控的。密封风绝大部分经密封壳体上部的间隙吹入一次风室,少部分漏到大气中,这样就起到了防止一次风室中含粉尘的一次风向外泄漏的作用,改善了磨煤机的周围环境。

(7)传动盘和刮板装置。传动盘与减速机采用刚性连接,用来传递扭矩。传动盘装在减速机的输出传动法兰上,通过20条M48的螺栓和输出传动法兰紧固,上部装有磨盘。磨煤机运行时,减速机的输出力矩通过输出传动法兰和传动盘接触面间的摩擦力传递给传动盘,传动盘通过上部三个传动销带动磨盘转动。传动盘除了传递扭矩外,还承受着上部的加载力和部件重量,并通过减速机的推力瓦把力传递给减速机机体和磨煤机基础。传动盘上对称装有两个刮板装置，并随传动盘转动。刮板和一次风室底部的正常间隙是 8～10mm，当磨煤机运行刮板受到磨损后，该间隙变大，可通过刮板的紧固螺栓予以调节。

（8）铰轴装置。铰轴装置由铰轴座和铰轴组成。铰轴座安装在压架底部，铰轴穿过铰轴座上的铰轴孔将磨辊辊架与压架连接起来。铰轴的作用是把液压加载力传给磨辊，并使下面的磨辊绕着铰轴线在一定范围内自由摆动，以实现挤压和研磨，提高磨煤效率。同时，铰轴可通过液压系统提升压架，实现提升磨辊的功能。

（9）机壳。机壳由机壳体、防磨保护板、导向装置、热风口、拉杆密封、检修大门、各种检查门及防爆蒸汽管路等组成。机壳下部和机座焊接在一起，上部通过螺栓和分离器连接。机壳内表面装有防磨护板，用以防止煤粉对机壳内表面的冲刷。机壳下部与机座顶板及传动盘、旋转喷嘴环一起构成一次风室。机壳上部三个凸出部分中装有压架导向装置，用于压架的垂直导向和压架随磨辊的转动，以及压架对三个磨辊轴交汇的几何中心的控制。机壳上有一个检修大门（供工作人员进入磨煤机进行检修）、三个磨辊检查门（用于磨辊加油及安放检测元件）和两个一次风室检查门（用于检修刮板附件和事故排渣）。拉杆从机壳穿出之处有拉杆密封装置，以保证煤粉不外泄，同时拉杆又可自由地上下移动。一次风口连接一次风管，一次风口上有防爆蒸汽进口，在正常启停磨煤机或紧急停运磨煤机时，可通过防爆蒸汽管路向磨煤机内喷入消防蒸汽，防止煤粉自燃或爆炸。

（10）拉杆加载装置。拉杆加载装置由拉杆、球面调心轴承、接近开关、测量标尺及拉杆连接套等组成。拉杆上部通过球面调心轴承连接于压架上，经拉杆密封由机壳上引出；拉杆下部通过连接套与加载油缸连为一体。拉杆上装有可显示磨煤机煤层深度及碾磨部件磨损状况的测量装置，在磨煤机运行期间可在外部通过此装置了解上述情况。接近开关可显示磨煤机在运行及检修时磨辊抬起和下降到位的情况。

（11）加载油缸。磨煤机有三个加载油缸，按 120°均匀分布，每个缸体上安装一个储能器。油缸上部与拉杆相连，下部装有关节轴承，可用它将油缸固定在基础的拉杆座上。油缸直径为 200mm，活塞杆直径为 100mm，活塞行程为 300mm，额定压力为 20MPa。

（12）密封管路系统。由密封风机来的密封风分三路分别到达磨辊密封、拉杆密封和机座密封部位。通过各处的密封管路上均设有橡胶伸缩节，用以减少磨煤机振动向外界的传递。到机座密封和拉杆密封的管路上装有蝶阀，用以分配风量。磨煤机运行初期，在不影响密封风和一次风差压的情况下，把蝶阀刻度调到适当的位置；待磨损后期，差压变化时再做相应调节。到磨辊的密封风经分离器外部环形风管进入磨煤机，在内部又通过三个垂直的配有关节轴承的风管进入辊架。垂直管道一端固定在辊架上，另一端用关节轴承连接到分离器密封风管道上，这样可以避免碾磨振动对其产生的影响。与关节轴承配合的青铜套受关节轴承摆动和窜动的影响而易磨损，所以应经常检查、维护，必要时予以更换。

（13）防爆蒸汽系统。防爆蒸汽分别从一次风室、机壳、分离器三处进入磨煤机，以防止磨煤机在启动和停止过程中发生爆炸。蒸汽入口备有疏水器以防止水进入磨煤机。

（14）高压油管路系统。高压油管路系统是用于连接高压油站与加载油缸、排渣油缸的，包括进油管路和回油管路。

（15）高压油站。高压油站为加载、排渣油缸提供操作动力，在磨辊加载、启停时抬起和降下磨辊，以及实现排渣关断门的开启和关闭。

（16）稀油润滑系统。稀油润滑系统是由稀油润滑油站与进油管路、回油管路组成的，其作用是为磨煤机减速器提供冷却和润滑。特别应注意的是，如果在锅炉运行中停运磨煤机的热风如果关闭不严，不允许停运稀油润滑油站，防止磨碗将热量传给推力瓦，造成推力瓦损坏。

四、ZGM113N-Ⅱ磨煤机的使用和操作要求

1. 磨煤机使用和操作的概述

为防止磨煤机内煤粉自燃或爆炸，在磨煤机操作运行中必须严格遵守有关操作规程和说明，正确使用防爆消防气体。

磨煤机检修时，必须要有挂牌制度，必须停运磨煤机并关闭磨煤机入口和出口阀门；检修过程中要严禁电动机合闸，要严防危及人身安全的事故发生。

磨煤机运行中，所有的检修门、人孔门、手孔盖等必须紧闭，未经许可严禁打开。为防止煤粉在输粉管道内堵塞，并确保从分离器内正确输出煤粉，要保证磨煤机一次风量达到规定的最小风量值。磨煤机运行时，应确保消防气体通入管道上的电动阀门关闭，手动阀门打开。

磨煤机不允许金属块、石块、木块和其他粗硬异物进入磨煤机，否则将影响磨煤机的使用寿命；也不允许棉丝、铁丝、炮线等杂物进入磨煤机，这些条状、线状杂物会缠住分离器的折向门、回粉挡板等，影响分离器的正常功能，甚至导致煤粉存积而着火。所以，输煤系统应具有完善的清除杂物的设施。

碾磨部件（耐磨件）采用高铬铸铁制成，此种材料易脆裂、易热裂，所以要避免碰撞冲击和加热。基于此原因，该磨煤机除低速盘车外，只允许磨辊抬起后启动或磨盘上布有一定量的煤后启动，决不允许磨盘上无煤（及磨辊加载）就启动。

每次启动磨煤机时，要及时检查和清除排渣箱的渣料，要监视电动机电流情况，要有联锁保护，要在报警极限值以下运行，要注意磨煤机的振动值。

2. 磨煤机运行时的性能调节

（1）煤粉细度的调节。煤粉细度的变化和动态分离器转速、磨辊碾磨压力、给煤量、一次风量的大小等因素有关。

磨煤机运行的最佳工况，以及满足锅炉燃烧的经济煤粉细度，须经磨煤机正常运行超过1000h之后，通过磨煤机性能试验得出。试验旨在通过调节获得最佳折向门开度、最佳碾磨压力和适当的一次风量等。

磨煤机运行过程中，如果折向门磨损严重，回粉挡板关闭不严或挂有异物，都会影响煤粉的分离，应经常检查、维护。

（2）磨煤机出力及磨辊加载性能的调节。要根据磨煤机出力大小，变更调节磨辊的加载力。磨煤机是通过给煤机的电流信号，来控制比例溢流阀的压力大小，变更储能器和油缸的油压，进而实现加载力的调节的。磨煤机的极限加载力为304kN，在运行一段时间后，其最佳加载力应通过磨煤机的性能试验决定。磨辊加载性能技术数据见表2-6。磨煤机出力—单辊加载力特性曲线如图2-20所示，磨煤机出力—工作油压特性曲线如图2-21所示。

表 2-6 磨辊加载性能技术数据

项目	数据
加载油压	3.2～12.9MPa
加载力	25%～100%，即76～304kN
出力范围	25%～100%

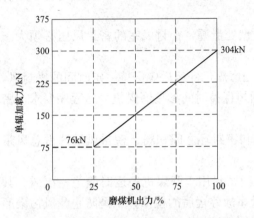

图 2-20 磨煤机出力—单辊加载力特性曲线

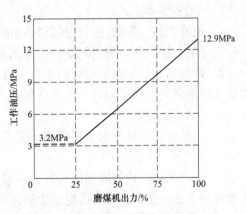

图 2-21 磨煤机出力—工作油压特性曲线

（3）风煤比控制要求。磨煤机的给煤量和一次风量可根据一次风与煤粉出力变化曲线（即磨煤机标准空气曲线，见图 2-22）进行调节。该磨煤机的风量，可以在标准风量上下适当变动。

建立正确的给煤量和一次风量比是很重要的。如果标定的一次风量、给煤量不准，不但影响负荷调节，而且影响磨煤机的正常运行。在磨煤机运行初期，一次风量自动调节尚未投入，由运行人员手动调节磨煤机出力时，应先加风量后加煤量；降低出力时，应先减煤量后减风量，以防一次风量调节过快或风量过小导致石子煤量过多，甚至出现堵煤。

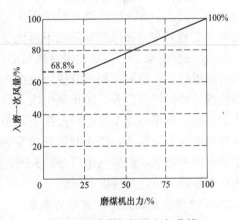

图 2-22 磨煤机标准空气曲线

（4）排渣。排渣是指原煤中难以磨碎的石子煤、黄铁矿、铁块等较重物体落入一次风室，被刮板刮至排渣口后落入排渣箱内，并由人工定时清理。

清理排渣箱内的石子煤必须在石子煤一、二级气动阀关闭时清理。清理的间隔时间应根据磨煤机的运行情况而定：磨煤机运行初期应每隔半小时检查一次排渣箱；每次启停磨煤机时都必须检查或清理排渣箱；磨煤机正常运行时应每隔 1～2h 检查一次排渣箱。

磨煤机正常运行时石子煤很少，石子煤较多主要出现在以下情况：①磨煤机启动后；②紧急停运磨煤机时；③煤质较差时；④运行后期磨辊、衬瓦、喷嘴磨损严重时；⑤运行时磨煤机出力增加过快而一次风量偏少（即风煤比失调）时。其中，启动和紧急停运磨煤机引起的石子煤增多属正常情况。如果因喷嘴喉口磨损而引起石子煤增多，应及时更换喷嘴。

排渣注意事项：①初次运行时，排渣箱滑板关断门应先打开；②排渣箱滑板关断门未完全关闭，不得打开排渣门，以防人员烫伤；③清理排渣箱后，应及时关闭排渣门，打开滑板关断门，以免一次风室内积渣过多而损坏刮板，以及细小石子煤进入机座碳精密封室内损坏密封齿。

（5）磨煤机密封要求。磨煤机在运行时，内部与外部存在压差，为防止煤粉外漏和污染磨辊内部油腔，磨煤机设有密封风系统，主要的密封点有磨辊、机座、拉杆等部位。各个密封点的要求如下：

1）机座密封。为防止一次风从转动的传动盘处泄漏，密封风室的密封风压必须大于一次风室的一次风压，密封风量约占总风量的45%。

2）磨辊密封。除保证运行的正常风量外，当磨煤机停运后应保持一定时间的密封风，以防飞扬的煤粉对磨辊油封产生不良影响。密封风保持时间参见磨煤机停运程序要求，密封风量约占总风量的50%。

3）拉杆密封。拉杆密封用以防止关节轴承和密封环之间积粉，密封风量约占总风量的5%。

4）一次风入口检修隔绝门密封。检修隔绝门密封用于磨煤机停运时隔绝一次风。其作用有两个：一是保证磨煤机定期维护、检修及事故停运后的检修；二是防止漏风污染磨辊油封和漏风量大使磨煤机内温度升高产生不利影响。

5）密封风参数。对于该磨煤机，其密封风量为1.50kg/s，对应的密封风压力应高出一次风压力11.0kPa；启动时密封风（支管）与一次风的差压值必须大于2kPa；运行时密封风（支管）与一次风的差压值不得低于1.5kPa。

6）注意事项。①需要的密封风量必须保证，决不允许把密封风挪作他用；②组装和检修磨煤机后，应对密封风管进行检查，确保内部清洁；③测试密封风机时应打开通往磨煤机内的密封风管接头，防止灰尘吹入磨煤机内，最好敲击密封风管，以去除附在管内壁上的异物，试毕后不要忘记接上接头；④运行期间，应定期校对一次风压、密封风压测量装置和差压报警装置，防止测量和报警装置失灵，影响磨煤机运行；⑤磨煤机停运期间，如果未投密封风，检修隔绝门必须关闭，并把一次风室检修孔局部打开，从检修隔绝门漏入的微量热风从这里排出磨煤机。

3. 减速机及稀油润滑油站的参数

减速机及稀油润滑油站的油温、油压的控制值见表2-7。

表2-7　　　　　　　　　　　　　　油温、油压控制值

参数	控制值
启动高速油泵油温	≥28℃（加切换差值）
冷却水门打开油温	≥45℃
冷却水门关闭油温	≤35℃
停高速泵、开低速泵和开加热器油温	≤25℃
紧急停运磨煤机温度	≥70℃
磨煤机启动最低油压	≥0.13MPa（加切换差值）
磨煤机运行最低油压	≥0.13MPa
滤网差压	≤0.1MPa

供油压力为稀油润滑油站的出口油压，磨煤机运行时随着油温的升高，其供油压力相应下降。在稀油润滑油站出口和减速机进油管路法兰处装有孔板，以提高冷油器油压。

减速机运行时，油温大于50℃，供油压力过高或过低都属非正常现象，应停运磨煤机进行检查、处理。当供油压力小于0.1MPa，推力瓦油池温度大于或等于70℃时，磨煤机控制系统会发出润滑条件不足的信号，此时必须立即停运磨煤机。磨煤机运行期间，在现场应经常测量、检查各处的油温、油压，以止因控制系统失灵失去对减速机的监控。

减速机绝不能在断油和推力瓦油池温度大于70℃及点动情况下运行。

当滤网差压大于0.1MPa时，差压继电器会发出报警信号，此时需立即清洗滤网。清洗滤网时应注意：检查滤网有无破裂现象，否则必须予以更换；清洗液必须清洁，清洗时绝不允许使用棉丝，以防棉丝缠在滤网上堵塞节流孔板。

4. 磨煤机启动、停运的说明

该磨煤机有以下几种操作方式：磨煤机启动，正常停运磨煤机，快速停运磨煤机，紧急停运磨煤机。

（1）磨煤机启动。要求按《磨煤机启停保护逻辑图》每步控制程序自动进行，完成"磨煤机启动"全过程。特殊情况下也可进行手动操作，应按《磨煤机启停保护逻辑图》每步控制程序确认后，按手动按钮，直到最后一步，按磨煤机启动按钮（电动机合闸）为止。磨煤机启动的步骤或条件见表2-8。

表2-8　　　　　　　　　　　磨煤机启动的步骤或条件

序号	启动设备或系统	步骤或条件
1	启动稀油润滑系统	当减速机油池油温低于30℃时，先启动减速机电加热器；当油温高于28℃时，油泵启动；当油温高于35℃时，切断加热器；当供油压力大于0.13MPa，油温达到28℃，推力瓦油池油温低于50℃时，表明稀油润滑系统已满足启动条件（润滑条件具备），以上过程通过稀油润滑系统程序控制柜自动完成
2	启动密封风机	（1）磨煤机进口热风门关闭； （2）磨煤机冷风门关闭； （3）给煤机密封风挡板门打开； （4）原煤仓闸门打开； （5）磨煤机出口煤粉隔绝门打开； （6）一次风机启动且一次风压建立； （7）盘车装置脱开； （8）调节好高压油站溢流阀的压力值； （9）启动磨煤机动态分离器； （10）热工保护系统正常
3	建立密封风压	启动密封风机，使密封风压（分管）和一次风差压值达到要求值，具备磨煤机启动条件的差压值 $\Delta p \geqslant 2$kPa
4	启动高压油站	加载油泵启动，提升磨辊
5	投入一次风	投入一次风吹扫磨煤机，吹扫之后将一次风量调到略高于煤粉熄灭的最小值或磨煤机要求的最低风量
6	调节分离器出口温度	调至启动控制方式
7	启动磨煤机	（1）一次风量大于42t/h； （2）启动煤粉分离器

序号	启动设备或系统	步骤或条件
8	磨煤机调节	(1) 加载力调节，即磨煤机加载至正常运行，液压油站比例溢流阀按 DCS 来的与给煤量同步的 $4\sim20$mA 电流信号工作，对磨辊实施变加载； (2) 风煤调节，即根据锅炉负荷来调节磨煤机出力，在一定范围内磨煤机出力和一次风量之间有一个线性关系，根据不同煤种可对标准空气曲线进行调节
9	启动给煤机	给煤机调到最低给煤量，启动给煤机

(2) 正常停运磨煤机。停运磨煤机之前，将给煤量调到最小给煤量，同时降低分离器出口温度，按正常程序完成停运磨煤机的动作。冷风门开启，热风门关闭，待分离器出口温度降至小于或等于 60℃ 时，停止给煤，磨煤机空转 $60\sim120$s，停运磨煤机。

(3) 快速及紧急停运磨煤机。磨煤机和磨煤机服务的锅炉在运行中往往会出现故障，此时应尽可能及时排除故障，不得已时才被迫采取快速及紧急停运磨煤机这一措施。快速及紧急停运磨煤机的条件和操作见表 2-9。

表 2-9 快速及紧急停运磨煤机的条件和操作

序号	项目	快速停运磨煤机	紧急停运磨煤机
1	条件	(1) 给煤机断煤或小于最小给煤量； (2) 磨煤机突然振动； (3) 稀油润滑系统出现故障； (4) 密封风与一次风差压（3 取 2）小于或等于 1.5kPa； (5) 磨煤机入口一次风量小于 42t/h； (6) 分离器出口风粉混合物温度大于或等于 115℃； (7) 齿轮油箱润滑油分配器入口压力小于或等于 0.08MPa； (8) 平面推力瓦油池温度大于或等于 70℃	(1) 锅炉安全保护动作； (2) 一次风量小于 36t/h； (3) 分离器出口温度大于 120℃ 或小于 50℃； (4) 齿轮箱油温大于 100℃； (5) 电动机停止转动
2	操作	按快速停运磨煤机的程序进行操作	(1) 紧急关断磨煤机进口热风隔绝门； (2) 关断热一次风门和冷一次风门； (3) 切断给煤机电源； (4) 送入防爆蒸汽 如果紧急停运磨煤机 1h 后仍无法排除故障，则应及时进行以下操作： (1) 磨煤机开空车，排尽磨盘上的积煤，避免积煤自燃； (2) 可以关闭密封风机、稀油润滑油站、高压油站 如果紧急停运磨煤机后，故障已经排除，磨煤机可以再启动，应进行以下准备工作：检查磨煤机及辅助设备，排渣后启动磨煤机

5. 磨煤机的联锁保护及报警

在启动磨煤机、快速及紧急停运磨煤机时，磨煤机实施联锁保护及报警功能的条件及技术数据，见表2-10。

表2-10 磨煤机实施联锁保护及报警功能的条件技术数据

序号	项目	条件	技术数据
1	磨煤机启动	密封风（分管）与一次风的差压	≥2kPa
		磨辊油温	≤100℃
		标准工况一次风量	≥42t/h
		分离器出口温度	65～90℃
		减速机油温	≥28℃
		减速机平面推力瓦	≤50℃
		减速机进口油压	≥0.13MPa
		加载油泵出口压力	≥2.5MPa
		磨煤机电动机轴承平均温度	<80℃
		磨煤机电动机绕组平均温度	<120℃
2	快速停运磨煤机	磨辊油温	≥110℃
		齿轮箱油温	≥100℃
		减速机进口油压	≤0.08MPa
		分离器出口温度	>115℃或<55℃
		加载油泵出口压力	<2.5MPa
		减速机平面推力瓦	≥70℃
		电动机轴承温度	90℃
		电动机线圈温度	≥130℃
		磨煤机电动机轴承温度	≥90℃
3	紧急停运磨煤机	分离器出口温度	>120℃或<50℃
		一次风量	<36t/h
		磨辊油温	≥120℃
		齿轮箱油温	>100℃
		加载油泵出口压力	≤2MPa
		磨煤机电动机轴承温度	≥95℃

6. 磨煤机启动前和运行后的检查

（1）磨煤机启动前的检查（应具备的条件），见表2-11。

表2-11 磨煤机启动前的检查

序号	项目	要求
1	盘车装置	盘车装置已脱开
2	给煤量	给煤量计量进行了标定
3	一次风风量	一次风风量计量进行了标定

序号	项目	要求
4	驱动电源的电压	驱动电源的电压符合规定
5	控制电源的电压	控制电源的电压符合规定
6	分离器折向门和折向门开度	折向门开度符合运行要求，折向门不能挂有异物
7	各密封门	各密封门关闭严密
8	高压油泵站	已单独调试过
9	密封风机	已单独调试过
10	稀油润滑油站、减速机	已单独调试过
11	主电动机	已单独调试过
12	密封风与一次风差压	密封风与一次风的差压大于或等于2kPa
13	润滑条件	润滑条件满足
14	联锁保护、报警信号	全部联锁保护及报警信号投入
15	分离器回粉挡板	回粉挡板应无卡塞，摆动必须灵活自如
16	磨辊加载力	储能器已充氮4MPa（电磁溢流阀已调试好）
17	导向装置	清理导向块与导向板间隙中的异物，间隙满足要求
18	磨辊	磨辊不漏油
19	旋转喷嘴和喷嘴外环	清理旋转喷嘴和喷嘴外环间隙中的异物，动静间隙为8mm
20	磨煤机内部空间	清理磨煤机内异物，应无异物及工具
21	刮板装置	焊死刮板紧固螺栓
22	一次风室和排渣箱	清理一次风室和排渣箱
23	排渣箱滑板关断门	磨煤机启动前，排渣箱滑板关断门必须在打开位置

（2）磨煤机正常运行后的检查，见表2-12。

表2-12 磨煤机正常运行后的检查

序号	项目	要求
1	磨煤机振动	振幅应小于$50\mu m$
2	磨煤机噪声	小于85dB，不应有杂音（测量点距磨煤机1m）
3	磨损测量标尺	测量碾磨的煤层厚度，煤层厚度应适中
4	排渣情况	定期排渣，不允许煤渣漫过排渣箱口，并注意煤渣中有无磨煤机内的零件掉下
5	拉杆	检查密封环是否灵活，且无漏粉现象
6	密封风机	检查噪声、振动、滤网，密封风与一次风的差压应大于或等于1.5kPa
7	高压油站	检查液压系统漏油情况、油压等
8	稀油润滑油站	定时检查并记录油温、油压、滤网差压，检查冷却器的冷却情况
9	减速机	定时检查噪声、油压、油温
10	主电动机	定时检查轴端轴承温度
11	磨辊	油位在最低刻度线以上，油中不得有金属粉末、煤粉等

7. 磨煤机的运行故障及处理方法

该磨煤机在启停、运行和检修工作中，都必须遵守其有关规定，不允许切断、短接、摆脱、停运任何有关联锁保护及报警等装置。在磨煤机的实际运行中，要以预防为主，避免故障的发生。表 2-13 列出了磨煤机常见故障及处理方法。

表 2-13　　　　　　　　　　　　磨煤机常见故障及处理方法

序号	故障现象	可能的原因	处理方法
1	磨煤机运转不正常	(1) 碾磨部件间有异物； (2) 磨盘内无煤或煤量少； (3) 导向板磨损或间隙过大； (4) 碾磨部件损坏； (5) 储能器中氮气过少或气囊损坏	(1) 停运磨煤机，清除异物； (2) 落煤管堵塞，予以疏通； (3) 更换或调节间隙； (4) 更换碾磨部件； (5) 停运磨煤机和高压油站，充气检查储能器
2	磨煤机一次风和密封风间差压减小	(1) 密封风机入口过滤器堵塞； (2) 密封风管道止回阀门板位置不准； (3) 密封风管道漏气或损坏； (4) 密封件失效； (5) 密封风机故障	(1) 停运磨煤机，清洗过滤器； (2) 将门板调至正确位置； (3) 修理或更换； (4) 修理或更换； (5) 消除故障
3	辊套断裂	(1) 磨煤机运行剧烈振动； (2) 停运磨煤机后检查门打开过早，冷风激冷	(1) 消除振动来源； (2) 避免磨辊受较大温差的影响； (3) 更换辊套
4	分离器温度异常	(1) 一次风温度控制装置故障； (2) 一次风控制失灵； (3) 磨煤机内着火； (4) 分离器减速箱温度大于110℃	(1) 将一次风温度转换为人工控制并消除故障； (2) 紧急停运磨煤机，打开惰性气体阀门通入惰性气体直至温度降低
5	磨辊油位低	密封件失灵	停运磨煤机，修理或更换密封件，注油达规定油位
6	磨辊油温度高	(1) 油位低； (2) 轴承损坏； (3) 磨辊密封风管道故障或磨穿	(1) 检查，补油； (2) 停运磨煤机，更换磨辊轴承； (3) 修理或更换
7	刮板脱落	紧固螺栓脱落或折断	重新紧固或更换螺栓
8	石子煤排放量过多	(1) 紧急停运磨煤机或磨煤机刚启动； (2) 煤质较差； (3) 磨辊、衬瓦、喷嘴磨损严重； (4) 磨煤出力增加过快，一次风量偏少	(1) 启动磨煤机和紧急停运磨煤机引起的石子煤增多属正常情况； (2) 及时更换喷嘴； (3) 重新调节一次风量
9	减速机推力瓦油池油温超过正常值	(1) 供油流量不够； (2) 冷油器冷却效果不好； (3) 冷油器油中进水； (4) 机座密封处漏出的一次热风影响	(1) 检查油泵流量，阀门是否节流，分油管是否堵塞； (2) 检查冷却水阀门和冷却水量； (3) 检查冷油器铜管是否堵塞和结垢； (4) 处理漏风

序号	故障现象	可能的原因	处理方法
10	减速机推力瓦损坏	(1) 磨煤机频繁启停或剧烈振动; (2) 供油量少或断油报警系统未报警; (3) 冷油器油中进水,润滑油不合格和长期使用变质	(1) 避免磨煤机频繁启停和消除振动; (2) 定期检查报警装置; (3) 换油和按润滑油使用要求; (4) 更换轴瓦
11	减速机噪声超过正常值	(1) 减速机内有杂物; (2) 轴承和齿轮磨损或损坏; (3) 联轴器找正不正确; (4) 联轴器传动销损坏	(1) 取出异物; (2) 更换轴承和齿轮; (3) 检查找正情况; (4) 更换传动销
12	稀油润滑油站滤网损坏	(1) 差压报警失灵使滤网差压超限; (2) 油温低时未按要求启动稀油润滑油站	(1) 校对差压控制器; (2) 启动稀油润滑油站,按要求进行操作
13	润滑油压高	节流孔及润滑点的分油小孔堵塞	检查节流孔和各润滑点
14	润滑油压力低	(1) 油泵工作不正常; (2) 油门节流和减速机内部油管脱落	(1) 检查油泵; (2) 检查阀门和减速器内部情况
15	断油	油泵、油泵电动机出故障	立即停运磨煤机,检修油泵和电动机
16	冷油器漏	(1) 冷油器密封不严; (2) 冷油器铜管胀口处泄漏或破裂	(1) 紧固密封法兰螺栓或更换密封件; (2) 拆卸冷却器,并进行检修
17	齿轮油变质	(1) 冷油器中水漏到油中使油乳化; (2) 油长期使用不更换	定期化验及更换油

五、ZGM113N-Ⅱ磨煤机的稀油润滑油站

1. 稀油润滑油站的用途及原理

该磨煤机配置的是 XYZ250-L 立式稀油润滑油站。它是由北京电力设备总厂有限公司专门为该磨煤机减速器设计的配套润滑装置,用于润滑减速器的齿轮和轴承,起到润滑、冷却和清洗的作用。

稀油润滑油站在正常工作时,电动机三螺杆泵将润滑油从磨煤机减速器的下箱体内吸出,经管路进入双室过滤器的一个滤桶,再沿管路进入冷却器,然后被送到各个润滑点,润滑油经过润滑部位后汇集到减速器下箱,再经电动机三螺杆泵吸入,如此往复,使润滑油在系统中循环,以确保系统各部位的正常润滑。

2. 稀油润滑油站的结构特点

该稀油润滑油站由电动机三螺杆泵、双室过滤器、冷却器及管路、阀门、仪表和底座等组成。稀油润滑油站的所有零件均安装在底座上组成了一个整体式的结构,它无自带油箱。稀油润滑油站各部分的结构特点如下:

(1) 电动机三螺杆泵。其为电动机和三螺杆泵组成的立式一体结构,电动机支承在油泵壳体上,并带安全阀。

油泵配置的电动机为 YD160M-8/4 型双速电动机,电动机功率为 5.0/7.5kW,对应的油泵转速为 730/1450r/min。若稀油润滑油站启动时油温小于 25℃,则电动机先以 730r/min 的低速运行,直到油温达到 28℃时,再改用 1450r/min 的速度运行。油泵上装有对油泵和系统起保护作用的安全阀,其整定压力为 0.63MPa。油泵在油温低时低速运行

的原因是：油温低时，N320硫磷型极压工业齿轮油的黏度较高，油泵高速运行可能引起系统超压。油泵低速运行时，润滑油流量较低，对磨煤机的减速箱润滑不好。因此，启动磨煤机前，一定要检查油泵工作在高速状态，以防磨煤机启动后损坏设备。

三螺杆泵的型号为SNS280R43U12.1W21，公称流量为243L/min，额定工作油温为28～50℃。

（2）双室过滤器。双室过滤器的型号为SLQ0.5×25，公称压力为1MPa，允许差压为0.1MPa。它采用导流和上下过滤的结构，带三位六通换向阀。油液由换向阀进入过滤器中部后，由导向套引入下部，先均匀地经过下部的磁过滤装置，并由下而上均衡地通过滤网，再流过上部的磁过滤装置，最后经换向阀进入下一个循环装置。在这一循环过程中，各个过滤装置均能均匀地受载并发挥作用，因此这一方面有利于提高导通能力，增强各部分特别是高精度滤芯的作用；另一方面由于滤芯的均匀阻污作用，使得在同样的使用条件下可有效减小过滤器的压降，延长过滤器的使用寿命。在过滤器滤网的下部和上部均有磁性过滤装置，用以吸附油液中的钢铁粉末，延缓高精度滤网的堵塞。换向阀可实现油液在过滤器中的左通、右通和双通。正常情况下，过滤器的一个滤桶工作，另一个备用，当达到规定的差压时，即表明正在工作的滤桶滤网被堵塞了，应扳动换向手柄使油流改变方向，流往备用滤桶。由于换向阀的特殊结构，使得可以在不影响稀油润滑油站工作的情况下，清洗堵塞的滤网以备用。当换向阀的手柄扳到中间"双通"位置时，两个滤桶同时工作，而且手柄在切换过程中可以不中断供油。

在切换稀油润滑油站滤网时，应该加强就地与远方的联系，并做好切换过程中磨煤机跳闸的事故预案。由于备用滤网的滤桶中没有充满油液，因此在切换过程中，备用滤网应先充油，而充油过程会使系统供油中断。所以，在滤网检修后一定要提前注好油，以确保滤网的良好备用。

（3）冷却器。冷却器的型号为2LQFL-1/17F，冷却面积为12m²，设计入口油温为50℃，出口油温小于或等于45℃，散热功率大于或等于57kJ/s。其为二管程并列式冷却器，浮头式结构，立式安装。

润滑油的冷却介质为闭式循环冷却水，冷却水压为0.6～1.0MPa；供、回水的温度一般分别为38、43℃，最高可达39.5、44.5℃。润滑油冷却器开始工作时，应排尽系统中的空气，先通入冷却水，再逐渐通入润滑油，以达到热平衡，避免冷油器管膨胀而导致胀口泄漏。

3. 稀油润滑油站的运行

（1）三螺杆泵禁止干运行，初次启动前应在泵体中注满润滑油。

（2）启动三螺杆泵前应打开所有进、出口门，确保系统循环畅通。

（3）三螺杆泵不允许倒转，启动前应先点动电动机，确认电动机转向正确。

（4）系统启动后要及时检查，确保系统压力正常，系统无泄漏点。

（5）稀油润滑油站启动后，如果油温小于或等于25℃，则电动机应以低速方式运行；如果油温大于或等于28℃，则油泵应以高速方式运行。

（6）系统初次启动或检修后启动时，应先点动启动，同时开启过滤器和冷却器的放空气门，待空气排尽后，关紧放空气门。

（7）如果润滑油温度大于或等于50℃时，应及时投入冷却器。应注意投入冷却器的顺序，即首先开启冷却器的排水门，然后缓慢开启冷却器进水门，以免大量水的流动使换热器表面产生导热性很差的"过冷层"而影响换热效果，影响换热器的使用寿命。

（8）过滤器的出、入口管路上接有差压表和差压控制器。当差压达到 0.1MPa 时，即表明正在工作的滤网已被堵塞，应转动换向阀手柄，投入备用滤网，及时清理工作过的滤网。

（9）在磨煤机启动前，必须保证稀油润滑油站已经运行 15min 以上且运行正常，以保证所有的油室均注满润滑油。

六、ZGM113N-Ⅱ磨煤机盘车装置的使用要求

盘车装置只允许在磨煤机维护和更换易磨损件时使用。盘车装置投入运行前，必须解除磨煤机电动机的电源。磨煤机运行时应保证脱开与盘车装置的连接。磨煤机在工作转速下工作 200h 后，方可第一次使用盘车装置。

盘车装置的可运行条件是：磨煤机加载油缸卸荷；润滑油泵电动机转速达 1450r/min；推力瓦温度小于或等于 50℃。

不可运行和立即停车条件：推力瓦温度大于 50℃。

盘车装置工作期间不允许向磨煤机给煤。由于盘车时磨煤机减速机中的推力轴承表面处于边界润滑状态，所以严禁以"点动"方式启动，避免一次启动后在较长时间内不停地"连续运行"。盘车减速机输出轴转动方向应与磨煤机电动机工作时的转动方向一致。要注意电动机接线，严禁反转。万向联轴器每次使用前应检查十字轴及花键处有无润滑脂。盘车装置工作期间，应监视稀油润滑油站的压力表和温度表，确保磨煤机减速机在检修中的安全。

七、ZGM113N-Ⅱ磨煤机锅炉点火初期的注意事项

商洛电厂的 B、F 磨煤机对应前、后墙最下层的燃烧器，这两层燃烧器配有等离子点火装置，且磨煤机电动机配有变频装置（一拖二）。在锅炉点火初期启动磨煤机时应注意如下事项：

（1）及时投入等离子点火暖风器，保证磨煤机入口的一次风温，满足制粉系统的干燥出力。

（2）等离子拉弧点火正常后再启动磨煤机，确保煤粉点燃且保持稳定燃烧。

（3）磨煤机启动前，先启动给煤机适度铺煤，磨煤机启动后应合理控制煤量（变频方式给煤量大于或等于 9t/h，工频方式给煤量大于或等于 18t/h），以避免磨辊和托盘直接接触，引起磨煤机振动。

（4）在满足磨煤机正常运行的情况下，尽量维持较小的给煤量、较小的一次风量，以避免锅炉点火初期燃烧失控，引起受热面超温。

（5）由于煤量过小、断煤等原因导致磨煤机振动时，应及时增大给煤量，或采用短时升起磨辊等方法。

（6）要合理控制煤量、煤粉细度，以确保燃烧完全，防止尾部受热面大量积存未燃尽的煤粉，造成二次燃烧。

第三章 燃 烧 设 备

燃料燃烧是指燃料中的可燃物与空气中的氧进行的剧烈的伴有发热发光现象的化学反应过程。

煤粉锅炉是以煤粉为燃料的燃烧装置，具有燃烧迅速完全、容量大、效率高、适应煤种广、便于控制调节等优点。因此，煤粉锅炉是目前电站锅炉的主要形式。

煤粉锅炉的燃烧设备主要由炉膛（也称燃烧室）、燃烧器和点火装置组成。其中，炉膛既是煤粉燃烧的空间，又是锅炉的换热部件。

随着国家对节能减排工作的日益重视，发电行业对火电机组运行的安全性和经济性提出了更高的要求。尤其对于大型燃煤锅炉，在进行燃烧方式的选取和燃烧设备的设计时，不仅要求能有效地提高燃烧效率，使其具有更大的负荷适应能力和低负荷稳燃能力（不投油助燃），而且要求尽量减少污染物的排放。

第一节 煤粉的燃烧特性

一、燃料燃烧及其速度的影响因素

在燃料的燃烧过程中，燃料和氧化剂可以是同一相态（如气体燃料在空气中的燃烧），此称为均相燃烧；也可以是不同相态（如固体燃料或液体燃料在空气中的燃烧），此称为多相燃烧。

电站锅炉中煤粉的燃烧属于多相燃烧，燃烧反应是在燃料固体表面进行的。发生在固相表面的多相燃烧是一个复杂的物理化学过程：参加燃烧的氧气从周围环境扩散到反应表面，氧气被燃料表面吸附，并在燃料表面进行燃烧化学反应，燃烧产物被燃料表面分解吸附，或离开燃料表面扩散到周围环境中。

多相燃烧的速度取决于上述过程中进行得最慢的过程，即氧向燃料表面的扩散和在燃料表面上进行的燃烧化学反应这两个过程。

1. 燃料燃烧速度及其影响因素

燃料的燃烧速度可用燃烧的化学反应速度来表示，通常它是指单位时间内反应物浓度的减少或生成物浓度的增加。

燃料燃烧速度不仅取决于参加氧化反应的燃料的性质，而且还受燃烧进行时所处条件的影响，其中主要是反应物的浓度、反应系统的压力和温度的影响。

（1）反应物的浓度。燃料的化学反应是在一定条件下进行的，它由燃料与氧分子彼此的碰撞而产生，单位时间内碰撞的次数越多，燃烧的速度越快。在温度和反应容积不变的情况下，增加反应物的浓度即增加反应物分子数，分子间碰撞的机会增多，燃烧速度会加快。

（2）反应系统的压力。分子运动论认为，气体压力是气体分子碰撞容器壁面的结果，压力越高，单位容积内分子数越多。在温度和容积不变的条件下，反应系统压力越高，则反应物浓度越大，化学反应速度越快。所谓正压燃烧技术，就是通过提高炉膛的压力来强化燃烧的。

（3）反应系统的温度。当反应物浓度不变时，随着温度的升高，化学反应速度迅速加快。这是因为：燃烧的化学反应是通过反应物分子间的碰撞而进行的，但只有其中具有较高能量的分子的碰撞才是发生反应的有效碰撞。当温度升高时，分子从外界吸收能量，有效碰撞的分子数急剧增多，燃烧速度加快。

在实际的锅炉燃烧设备中，燃烧过程是在燃料和空气连续供给的情况下进行的，反应物浓度、反应系统压力（即炉膛压力）可认为基本不变，化学反应的速度主要决定于反应系统温度（即炉膛温度）和参加反应的燃料的性质，因此在运行中常用提高炉膛温度的方法来强化燃烧。

2. 氧的扩散速度及其影响因素

氧的扩散速度表示单位时间向单位炭粒表面输送的氧量，它表示了氧向燃料表面扩散的快慢。由于燃料燃烧要消耗氧，燃料表面的氧浓度要小于周围介质中的氧浓度，因此周围环境中的氧不断向炭粒表面扩散。氧的扩散速度不仅与氧浓度有关，还与炭粒直径及气流与炭粒的相对运动速度有关。

炭粒燃烧过程中，气流与炭粒的相对速度越大，扰动越强烈，氧的扩散速度越快，同时燃烧产物离开炭粒表面扩散出去的速度也越快。

由于碳的燃烧是在炭粒表面进行的，炭粒直径越小，单位质量炭粒的表面积越大，与氧的反应面积也就越大，燃料燃烧消耗的氧就越多，炭粒表面的氧浓度就会越低。炭粒表面与周围环境中的氧浓度差越大，氧的扩散速度越大。

因此，供给燃烧足够的空气量、增大炭粒与气流的相对速度和减小炭粒直径，都能增大氧的扩散速度，进而加强炭粒的燃烧。

二、燃烧区域与燃烧的完全程度

1. 燃烧的三个区域

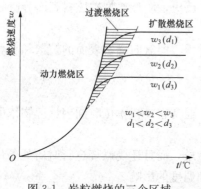

图 3-1　炭粒燃烧的三个区域

由于温度对化学反应条件和气体扩散条件的影响不同，因此按照氧的扩散速度与化学反应速度两者随温度的变化情况，炭粒的燃烧存在以下三个不同的区域，如图 3-1 所示。

（1）动力燃烧区。当温度较低（小于 1000℃）时，炭粒表面的化学反应速度很慢，化学反应的耗氧量远远小于供应给炭粒表面的氧量，氧的扩散过程对燃烧速度的影响很小，燃烧速度主要取决于化学反应动力因素（温度和燃料反应特性），因此将这个反应温度区称为动力燃烧区。在该区域，温度对燃烧过程起着决定性作用，因此提高反应系统的温度能有效提高燃烧速度。

（2）扩散燃烧区。当温度很高（大于1400℃）时，化学反应速度随温度的升高而急剧增大，炭粒表面化学反应的耗氧量远远超过氧的供应量，扩散到炭粒表面的氧远不能满足化学反应的需要，氧的扩散速度成为制约燃烧速度的主要因素，因此将这个反应温度区称为扩散燃烧区。在该区域内，提高燃烧速度的有效措施是增大气流与炭粒的相对速度或减小炭粒的直径。

（3）过渡燃烧区。介于上述两个燃烧区的中间温度区，此时炭粒表面的化学反应速度与氧的扩散速度相差不多，化学反应速度和氧的扩散速度都对燃烧速度有影响，因此将这个反应温度区称为过渡燃烧区。在该区域内，提高反应系统温度和改善炭粒与氧的扩散混合条件，都可使燃烧速度增大。

在煤粉锅炉中，只有那些粗煤粉在炉膛的高温区才有可能接近扩散燃烧。在炉膛燃烧中心以外，煤粉都是处于过渡燃烧区甚至动力区燃烧的。因此，提高炉膛温度和改善氧的扩散速度都可以强化煤粉的燃烧过程。

2. 燃烧的完全程度

燃料燃烧的完全程度可用燃烧效率来表示。燃烧效率是指输入锅炉机组的热量扣除固体不完全燃烧热损失和气体不完全燃烧热损失后占输入热量的百分比，用符号 η_r 来表示，其计算式为

$$\eta_r = \frac{Q_r - Q_3 - Q_4}{Q_r} \times 100\% = 100 - (q_3 + q_4)\% \tag{3-1}$$

式中　Q_r——对应于1kg燃料输入锅炉机组的热量，kJ/kg；

　　　Q_3——对应于1kg燃料气体未完全燃烧损失热量，kJ/kg；

　　　Q_4——对应于1kg燃料固体未完全燃烧损失热量，kJ/kg；

　　　q_3——气体未完全燃烧热损失；

　　　q_4——固体未完全燃烧热损失。

燃烧效率越高，则燃烧产物（烟气和灰渣）中的可燃质就越少，即燃烧热损失（$q_3 + q_4$）越小，煤粉燃烧完全程度越高。

煤粉在锅炉内的燃烧，应该做到既快速又完全。烧得快可以保证锅炉出力，烧得完全可以提高锅炉效率。要做到燃烧迅速而完全，必须满足以下条件：

（1）相当高的炉内温度。炉温越高，燃烧速度越快，越有利于可燃物在炉内迅速燃烧、完全燃尽。但对固态排渣煤粉锅炉而言，炉温也不宜过高，过高不仅会引起炉膛结渣、蒸发管传热恶化，还可能导致较多燃烧产物的分解，燃烧产物的分解同样等于燃烧不完全。一般情况下锅炉内的燃烧是在微负压压力下进行的，炉膛内最高温度为1400~1600℃。

（2）合适的空气量。炉内空气供应不足，燃料燃烧就会因缺氧而导致不完全燃烧热损失增大。但空气供应过多，又会使炉内烟气温度降低，燃烧速度减慢，不完全燃烧热损失增加；同时引起排烟量增大，排烟热损失增加。因此，合适的空气量要根据炉膛出口最佳过量空气系数来确定。

（3）燃料与空气的良好扰动和混合。煤粉锅炉一般都是采用一、二次风相互配合的方式来组织燃烧的。煤粉由一次风携带进入炉膛，煤粉着火后，一次风很快被消耗。然后二

次风以较高的速度喷入炉内，补充燃烧所需的空气；同时形成强烈的扰动，冲破炭粒表面的烟气层和灰壳，以强行扩散代替自然扩散，提高扩散混合速度，使燃烧速度加快并完全燃烧。

（4）足够的炉内停留时间。煤粉从燃烧器出口到炉膛出口一般只有 2～3s 的时间。在这段时间内煤粉必须完全烧掉，否则到了炉膛出口处，因受热面多，烟气温度很快下降，燃烧就会停止，从而导致不完全燃烧热损失增加。煤粉在炉内的停留时间主要取决于炉膛容积、炉膛高度及烟气在炉内的流动状态。

加快燃烧速度，就可以相对地缩短燃烧所需的时间。所以，前三个条件能满足，常常就能保证第四个条件。当然，为确保燃烧的完全，还要保持炉内火焰的充满程度，使炉膛有足够的空间和高度，要求燃烧设备具有合理的结构和布置，以及在运行中科学地组织整个燃烧过程。

三、煤粉气流的燃烧过程及强化

1. 煤粉气流的燃烧过程

煤粉随同空气以射流的形式经燃烧器喷入炉膛，在悬浮状态下燃烧形成煤粉火炬。从燃烧器出口至炉膛出口，煤粉的燃烧过程大致可分为以下三个阶段：

（1）着火前的准备阶段。煤粉气流从喷入炉膛至着火这一阶段为着火前的准备阶段。该阶段是吸热阶段。在此阶段内，煤粉气流被炉膛中的烟气不断加热，温度逐渐升高。煤粒受热后，首先水分被蒸发，接着干燥的煤粉热分解析出挥发分。挥发分析出的数量和成分取决于煤的特性、加热温度与速度。

（2）燃烧阶段。当煤粉气流温度升高至着火温度，且煤粉浓度适宜时，煤粉气流就开始着火燃烧，进入燃烧阶段。燃烧阶段是一个强烈的放热阶段。燃烧阶段包括挥发分的燃烧和焦炭的燃烧。首先是挥发分着火燃烧，放出热量，并对焦炭进行加热，使焦炭的温度迅速升高并着火燃烧。

（3）燃尽阶段。燃尽阶段是燃烧阶段的继续。煤粉经过燃烧阶段后，大部分可燃质已燃尽，只剩少量残余炭粒还在继续燃烧。在此阶段内，由于残余炭粒表面形成灰壳，空气很难与之接触，同时氧浓度相应减少，气流的扰动减弱，燃烧速度明显下降，燃烧放热量小于水冷壁的吸热量，烟气温度逐渐降低。所以，燃尽阶段需要的时间较长，且容易造成不完全燃烧热损失。

对应于煤粉燃烧的三个阶段，可在炉膛中划出着火区、燃烧区与燃尽区三个区域。燃烧的三个阶段不是截然分开的，对应的三个区域也没有明确的分界线。大致可以认为：燃烧器出口附近是着火区；与燃烧器处于同一水平的炉膛中部及稍高的区域是燃烧区；而高于燃烧器的区域直至炉膛出口的区域都是燃尽区。其中着火区很短，燃烧区也不长，而燃尽区却较长。根据对 $R_{90}=5\%$ 的煤粉的试验，其中 97% 的可燃质是在 25% 的时间内燃尽的，而其余 3% 的可燃质却要在 75% 的时间内才能燃尽。煤粉气流燃烧正常时，一般在距燃烧器喷口 0.3～0.5m 的位置就开始着火；在距燃烧器喷口 1～2m 的区域内，大部分挥发分已经析出和烧掉；但是焦炭粒的燃烧常要持续 10～20m 或更远的距离，有一个较长的燃尽过程。

必须指出，以上将煤粉气流的燃烧分为三个阶段，只是为了分析问题更加方便，以一颗煤粒为模型研究的。对群集的煤粒群来说，实际上因为各煤粒的大小不同，受热情况又有差异，燃烧过程的三个阶段往往是交错进行的。

2. 煤粉气流的着火及强化

（1）煤粉气流的着火。煤粉气流经燃烧器以射流方式喷入炉内。当煤粉气流加热到其燃点时，煤粉气流开始着火，此时的温度称为着火温度。煤粉气流从初始温度加热至着火温度的过程称为着火过程，该过程中吸收的热量称为着火热，它包括加热煤粉和一次风、煤粉中水分蒸发和过热所需的热量。

煤粉气流着火热的主要来源有两个：一是煤粉气流卷吸高温烟气进行对流换热获得的热量（即对流热）；二是炉内高温火焰和炉膛四壁的辐射热。这两者之中对流热是主要的，通过换热可使进入炉膛的煤粉气流的温度迅速提高，达到着火温度并着火燃烧。

煤和煤粉气流的着火温度不是一个物理常数，而与燃烧过程所处的热力条件有关，即与燃料的燃烧放热和炉内的散热有关。表 3-1 和表 3-2 给出了在一定测试条件下分别得出的煤的着火温度和煤粉气流中煤粉颗粒的着火温度。在相同的测试条件下，不同的燃料其着火温度是不同的；而对于同一种燃料，不同的测试条件下也会得出不同的着火温度。

表 3-1　　　　　　　　　　煤的着火温度　　　　　　　　　　单位：℃

煤种	泥煤	褐煤	烟煤	无烟煤
着火温度	225	250~450	400~500	700~800

表 3-2　　　　　　　煤粉气流中煤粉颗粒的着火温度　　　　　　单位：℃

煤种	褐煤 ($V_{daf}=50\%$)	烟煤 ($V_{daf}=40\%$)	烟煤 ($V_{daf}=30\%$)	烟煤 ($V_{daf}=20\%$)	贫煤 ($V_{daf}=14\%$)	无烟煤 ($V_{daf}=4\%$)
着火温度	550	650	750	840	900	1000

着火是良好燃烧的前提，在煤粉锅炉中，希望着火过程迅速而又稳定。

着火迅速是指煤粉气流最好在离燃烧器喷口不远处（300~500mm）就能稳定地着火。若着火太早，可能会造成燃烧器周围结渣或烧坏燃烧器。着火太迟，不仅会推迟整个燃烧过程，致使煤粉来不及燃烧完全就离开炉膛，增大不完全燃烧热损失；还会使火焰中心上移，造成炉膛上部或炉膛出口部位受热面结渣及过热蒸汽温度偏高，严重时甚至会发生炉膛灭火"放炮"等严重事故。

锅炉运行时应保证煤粉气流能连续地被引燃，并且有稳定的着火面，炉膛不发生熄火、爆燃等现象。煤粉锅炉用不投油即能保证着火稳定的最低负荷作为判断其燃烧稳定性的标准。燃用优质烟煤的大容量锅炉不投油稳燃负荷可达额定负荷的 30%。

（2）煤粉气流着火与燃烧的影响因素。煤粉气流进入炉膛后应迅速着火，着火以后应当迅速而完全地燃烧。要达到这一要求，就要对影响煤粉气流着火和燃烧的主要因素进行分析，进而有针对性地予以强化。

1）煤和煤粉性质的影响。主要包括煤的挥发分、煤中水分、煤的灰分及煤粉细度等的影响。

挥发分的多少对煤的着火和燃烧过程影响很大。挥发分低的煤着火温度高，所需的着火热多，着火困难。当燃用无烟煤、贫煤和劣质烟煤等低挥发分的煤时，为了着火迅速，应提高着火区温度，使高温烟气尽可能多地回流。挥发分高的煤着火是比较容易的，这时应注意着火不要太早，以免造成结渣或烧坏燃烧器。

水分多的煤，着火需要的热量就多。由于一部分燃烧发热量消耗在加热水分并使其汽化和过热上，从而导致炉内烟气温度降低，使煤粉气流卷吸的烟气温度及火焰对煤粉气流的辐射换热都降低，这对着火显然是不利的。

燃料中的灰分在燃烧过程中不但不能放热，而且还要吸热。特别是当燃用高灰分的劣质煤时，由于燃料本身发热量低，燃料的消耗量增大，大量灰分在着火和燃烧过程中要吸收更多热量，因此使炉膛内烟气温度降低，煤粉气流的着火推迟，影响了着火的稳定性；而且灰壳对焦炭核的燃尽还会起阻碍作用，从而使煤粉不易烧透。

煤粉越细，进行燃烧反应的表面积越大，加热升温越快，着火就越容易。煤粉气流的着火温度随煤粉的变细而降低。对于难着火的低挥发分无烟煤，将煤粉磨得细一些，会加速它的着火过程。

2）一次风温。提高一次风温可以减少着火热，从而加快着火。因此，对于难着火的无烟煤、贫煤和劣质烟煤，应适当提高空气预热器出口的热风温度，同时采用热风为制粉系统送粉。

3）一次风量。气粉混合物中一次风量增大，着火所需热量也会增多，从而使着火推迟。一次风量减小，会使着火热降低，在同样的卷吸烟气量下，可使煤粉气流更快地加热至着火温度；但一次风量如果过小，会因煤粉着火燃烧初期得不到足够的氧气而限制燃烧的发展。因此对于一定的煤种，一次风量有一个最佳值。

一次风量的大小主要取决于煤质条件。当燃用煤质确定后，一次风量对煤粉气流着火速度和着火稳定性的影响是主要的。一次风量越大，煤粉气流加热至着火所需的热量就越多，即着火热越多，着火速度就越慢，距离燃烧器出口的着火位置延长，火焰在炉内的总行程缩短，导致燃烧不完全；同时炉膛出口烟气温度也会升高，不但可能使炉膛出口的受热面结渣，而且会引起过热器或再热器超温等一系列问题，严重时甚至会影响锅炉的安全经济运行。

不同的燃料其着火特性不同，所需的一次风量也就不同，因此应在保证煤粉管道不沉积煤粉的前提下，尽可能减小一次风量。对一次风量的要求是：既要满足煤粉中挥发分着火燃烧所需的氧量，又要满足输送煤粉的需要。如果同时满足这两个条件有矛盾，则应首先考虑输送煤粉的需要。

通常一次风量的大小是用一次风率来表示的，它是指一次风量占总风量的百分比。一次风率主要取决于燃煤种类和制粉系统的形式，其推荐值见表 3-3。

表 3-3　　　　　　　　　　一次风率的推荐值　　　　　　　　　单位：%

制粉系统	煤种				
	无烟煤	贫煤	烟煤		褐煤
			$V_{daf} \leqslant 30\%$	$V_{daf} > 30\%$	
乏气送粉系统	20~25	20~25	25~30	25~35	20~45
热风送粉系统		20~25	25~40		

4）一次风速。气粉混合物通过燃烧器一次风喷口截面的速度称为一次风速。一次风速过高，气粉混合物流经着火区的容积流量增大，需要的着火热增多，会使着火推迟，着

火也不稳定；但一次风速过低，着火点离喷口太近，可能烧坏燃烧器，或引起燃烧器附近结渣、煤粉管道堵塞等故障。一、二次风速的推荐值见表3-4。

表 3-4   一、二次风速的推荐值   单位：m/s

燃烧器形式		煤种			
		无烟煤	贫煤	烟煤	褐煤
旋流燃烧器	一次风	12～16	16～20	20～25	20～26
	二次风	15～22	20～25	30～40	25～35
直流燃烧器	一次风	20～25	20～25	25～35	18～30
	二次风	45～55	45～55	40～55	40～60

5) 一次风与二次风的配合。二次风混入一次风的时间要合适。着火前就混入，等于增加了一次风量，会使着火点延迟；二次风混入过迟，又会使燃料着火后的燃烧缺氧。二次风一下子全部混入一次风对燃烧也是不利的，因为二次风温大大低于火焰温度，大量二次风混入会降低火焰温度，使燃烧速度降低，甚至造成熄火。二次风最好是能按照燃烧区域的需要及时送入。

二次风速一般均应大于一次风速。二次风速比较高，才能使其与煤粉充分混合；但二次风速又不能比一次风速大得太多，否则会大量卷吸周围介质形成较高的负压区而迅速吸引一次风，使混合提前，以致影响着火。二次风速的推荐值也见表3-4。

总之，二次风的混入应该及时而强烈，如此才能使混合充分，燃烧迅速而完全。

燃用低挥发分的煤时，应提高一次风温，适当降低一次风速，选用较小的一次风率，这样对煤粉的着火和燃烧都有利。燃用高挥发分煤时，一次风温应低些，一次风速高些，一次风率大些。有时也可以有意识地使二次风混入一次风的时间早些，将着火点推后，以免结渣或烧坏燃烧器。

6) 着火区的温度水平。煤粉气流在着火阶段温度较低，燃烧处于动力燃烧区，迅速提高着火区温度可加速着火。影响着火区温度的因素较多，如炉膛热负荷、炉内散热条件、锅炉运行负荷等。运行时若锅炉负荷降低，炉温降低，着火区温度也会降低，低到一定程度时，就将危及着火稳定性。在燃用低挥发分的煤时，除采用热风送粉外，还常将燃烧器区域的水冷壁用耐火材料覆盖，构成卫燃带，以减少这部分水冷壁的吸热，提高着火区温度，改善煤粉气流的着火条件。

7) 高温烟气与煤粉的对流换热。煤粉气流着火热的主要来源是高温烟气与煤粉气流之间的对流换热。应通过燃烧器的结构设计及燃烧器在炉膛中的合理布置来组织好炉内高温烟气的合理流动，使更多的高温烟气回流到煤粉气流的着火区，增大煤粉气流与高温烟气的接触周界，以增强煤粉气流与高温烟气之间的对流换热，这是改善着火的重要措施。

总之，着火阶段是整个燃烧过程的关键，要使燃烧迅速完全，必须强化着火过程。造成强烈的烟气回流，组织燃烧器出口附近一次风气流与烟气的激烈混合，是保证供给足够的着火热和稳定着火过程的首要条件；提高一次风温，采用适当的一次风量和一次风速是减少着火热的有效措施；提高煤粉细度和敷设卫燃带是强化难燃煤稳定着火的常用方法。

3. 煤粉气流的燃烧及强化

煤粉气流着火后就会强烈燃烧，随后因为气流中的氧浓度越来越小，可燃质越来越少，燃烧速度逐渐减慢，燃料中飞灰含碳量逐渐下降。

在燃烧过程的初始阶段，气流温度飞速上升，这是因为燃烧非常迅速，燃烧放热非常多，远远超过了水冷壁的吸热能力；等到后来燃烧速度降低了，但水冷壁的吸热能力并不显著减弱，因此温度就会逐渐降低，直到离开炉膛。

煤粉气流着火后就进入燃烧中心区，在此处除少量粗煤粉接近扩散燃烧工况外，大部分煤粉处于过渡燃烧工况。因此强化燃烧过程既要加强氧的扩散混合，又要维持较高的炉温。燃烧阶段的强化措施主要有：

（1）合理送入二次风。煤粉气流着火后，放出大量热量，火焰中心温度可达1400～1600℃，燃烧速度很快。此时，一次风中的氧很快耗尽，煤粒表面缺氧将会限制燃烧过程的发展，因此及时供应二次风并加强一、二次风的混合是强化燃烧的基本途径。

（2）较高的二次风速。为了加强氧的扩散和一、二次风的混合与扰动，二次风速一般均高于一次风速。二次风以较高的速度喷入炉膛，可提高煤粉和空气的相对速度，增强混合，强化燃烧。但二次风速不能比一次风速大得过多，否则会迅速卷吸一次风，使二次风与煤粉混合提前，影响煤粉气流的着火。二次风速应与一次风速保持一定的速度比，其最佳值取决于煤种和燃烧器形式。

（3）较高的二次风温。从燃烧角度看，提高二次风温，可以强化燃烧，并能在低负荷运行时增强着火的稳定性。但是二次风温的提高受到空气预热器传热面积的限制，传热面积越大，金属耗量就越多，进而使投资增加；而且空气预热器结构庞大，也不便布置。二次风温的推荐值见表3-5。

表3-5　　　　　　　　　　　　　　二次风温的推荐值　　　　　　　　　　　　　　单位：℃

煤种	无烟煤	贫煤、劣质烟煤	烟煤	褐煤	
				热风干燥	烟气干燥
二次风温	380～450	330～380	280～350	350～380	300～350

（4）合理组织炉内空气动力工况。炉膛中煤粉在悬浮状态下燃烧，高温烟气黏度很大，空气与煤粉的相对速度很小，混合条件不理想。为了能使煤粉与补充的二次风实现良好混合，除了二次风应具有较高的速度外，还应合理组织炉内空气动力工况，促进煤粉和空气的混合，如此才能有效提高燃烧速度。炉内空气动力工况与炉膛、燃烧器的结构形式及燃烧器在炉膛中的布置等有关。

（5）保持较高的炉温。使煤粉气流燃烧强化的一个基本条件是应该在远离燃烧器的火炬尾部维持足够高的炉温。保持较高的炉温不仅是强化着火的措施，而且是强化煤粉燃烧和燃尽的有效措施。炉膛温度高，有利于对煤粉的加热，这样着火时间可提前，燃烧迅速，也容易达到燃烧完全。当然，炉膛温度也不能太高，否则会导致炉膛结渣和产生过多的 NO_x 等问题。

（6）燃烧时间。燃烧时间对煤粉燃烧完全程度的影响很大。燃烧时间的长短取决于炉膛容积的大小。一般来说，炉膛容积越大，则煤粉在炉膛中的流动时间越长，燃烧时间越长。除此之外，燃烧时间的长短还与炉膛火焰充满程度有关。火焰充满程度差，就等于缩小了炉膛容积，煤粉颗粒在炉膛中停留的时间就短了。

4. 煤粉气流的燃尽及强化

煤粉的大部分可燃质都在燃烧区内燃烧，只剩下少量粗炭粒在燃尽区继续燃烧。燃尽区的燃烧条件，无论是可燃质浓度、氧浓度、温度水平，还是气流扰动都处于最不利的状况。燃尽区的燃烧速度缓慢，燃尽过程延续时间很长，占据了大部分的炉膛空间。为了减少未完全燃烧热损失，强化燃尽过程是非常重要的。从煤粉迅速完全燃烧的条件来看，燃尽区的强化主要靠延长煤粉气流在炉内的停留时间来实现。具体措施有：

（1）选择适当的炉膛容积和高度，以保证煤粉在炉内有足够的停留时间。

（2）强化着火区与燃烧区的燃烧，使着火区与燃烧区的火炬行程缩短，在一定炉膛容积内等于增加了燃尽区的行程，延长了煤粉在炉内的燃烧时间。

（3）改善火焰在炉内的充满程度。火焰所占容积与炉膛的几何容积之比称为火焰充满程度。火焰充满程度越高，炉膛有效容积越大，可燃物在炉内的实际停留时间也就越长。

（4）保证煤粉细度，提高煤粉均匀度。造成固体不完全燃烧热损失的原因主要是煤粉中存在大颗粒的粗粉，因此细而均匀的煤粉，可使完全燃烧所需时间缩短。

（5）选择合适的炉膛出口过量空气系数。炉膛出口过量空气系数过小会造成燃尽困难，一般应根据不同的燃料和燃烧设备形式选择其最佳值。

根据上述有关影响着火和燃烧因素的分析可知，要强化燃烧，必须强化各个阶段，特别是着火阶段和燃尽阶段，缩短着火阶段可以增加燃尽的时间和空间。

第二节　煤粉燃烧器及燃烧技术

煤粉燃烧器是煤粉锅炉燃烧系统的主要设备。煤粉燃烧器的性能对燃烧的安全性、经济性、稳定性和环境保护有很大的影响。一个性能良好的煤粉燃烧器应满足下列条件：①组织良好的炉内空气动力场，使燃料能迅速稳定着火并保证完全燃烧，同时还要求炉内温度分布合理，受热面不结渣；②有较好的燃料适应性，以满足煤种在一定范围内变化时，仍能保证机组的安全、稳定、经济运行；③具有良好的负荷调节性能和较大的调节范围，以适应电网调峰的需要；④能通过燃烧控制 NO_x 的生成，满足环保要求；⑤流动阻力较小，运行可靠，不易烧坏和磨损，便于维修和更换部件。

煤粉燃烧器根据出口气流的特征，可以分为直流煤粉燃烧器和旋流煤粉燃烧器两种。出口气流为直流射流或直流射流组的煤粉燃烧器称为直流煤粉燃烧器；出口气流含有旋转射流的煤粉燃烧器称为旋流煤粉燃烧器。基于锅炉安全、稳定、经济运行及环保的需要，还应有针对性地积极研发先进的燃烧技术，如煤粉稳定燃烧技术、低 NO_x 煤粉燃烧技术等，将其作为煤粉燃烧器重要的发展方向。

一、直流煤粉燃烧器

直流煤粉燃烧器如图 3-2 所示，其布置在炉膛上，它的出口是一组圆形、矩形或多边形的喷口。煤粉气流和燃烧所需的空气分别由不同的喷口以直流射流的形式喷入炉膛。

1. 直流射流的特性

（1）卷吸。煤粉气流以一定速度从直流煤粉燃烧器喷口射入充满炽热烟气的炉膛，由于炉膛空间相对很大，所射出的气流属于直流自由紊流射流，如图 3-3 所示。射流刚从喷口喷出时，在整个截面上的流速均匀并等于 w_0。射流进入炉膛空间后，在射流与周围介质的分界面上，由于分子微团的紊流脉动而与周围介质发生物质交换、动量交换和热量交换，这个过程称为卷吸。

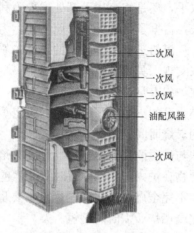

二次风
一次风
二次风
油配风器
一次风

图 3-2 直流煤粉燃烧器

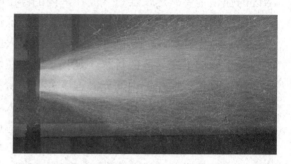

图 3-3 直流紊流自由射流示意图

直流射流是从外边界卷吸高温烟气的，烟气被带入射流中随射流一起运动时，射流截面逐渐扩大，流量逐渐增加，速度却逐渐减小；同时由于高温烟气的不断混入，射流的温度逐渐升高，煤粉浓度却逐渐降低。等温自由射流的结构特性及速度分布如图 3-4 所示。

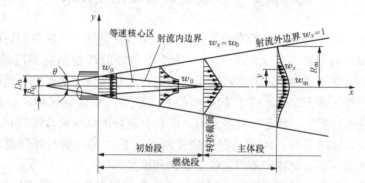

图 3-4 等温自由射流的结构特性及速度分布

（2）射程。射流轴向速度 w_m 沿射流运动方向的衰减情况反映了射流在环境介质中的贯穿能力，通常用射程来表示。所谓射程，是指射流轴向速度 w_m 衰减至某一很小的数值时所在截面与喷口间的距离。

射程的大小与喷口的尺寸、紊流系数和射流初速度 w_0 有关。喷口的尺寸越大，射流初速度 w_0 越高，则射程越长。射程长则表示射流衰减慢，在烟气中贯穿能力强，对炉内后期混合有利。

（3）刚性。所谓刚性，是指射流在外界干扰下保持自己流动方向的能力，即射流的抗偏转的能力。刚性大小与喷口形状和射流初速度 w_0 有关。射流初速度 w_0 越大，刚性越强，越不易发生偏斜。对矩形喷口而言，喷口高宽比 h/b 越小，刚性越好。

（4）喷口结构。直流射流仅从射流的外边界卷吸周围的高温烟气。射流卷吸能力的大小，关系着火过程的快慢。当喷口流通截面不变时，将一个大喷口分割为多个小喷口，由于射流周界面的增大，卷吸烟气量也会增加。对于矩形截面的喷口，当射流的初速度与喷口的流通截面积不变时，随着喷口高宽比 h/b 的增大，射流周界面增大，卷吸能力会增强。射流卷吸周围烟气后流量会增大。因此，射流卷吸能力越强，流速衰减越快，射程就越短。

2. 直流煤粉燃烧器的类型

根据流过介质的不同，直流煤粉燃烧器的喷口可分为一次风口、二次风口和三次风口。携带煤粉进炉膛的空气叫一次风，助燃用的空气叫二次风，制粉系统的乏气直接送入炉膛时叫三次风。

根据燃烧器中一、二次风喷口的布置情况，直流煤粉燃烧器大致可分为均等配风直流煤粉燃烧器和分级配风直流煤粉燃烧器两种。

（1）均等配风直流煤粉燃烧器（见图 3-5）。所谓均等配风方式，是指一、二次风喷口相间布置或并排布置，即在两个一次风喷口之间布置一个或两个二次风喷口，或者在每个一次风喷口的背火侧布置二次风喷口。在均等配风方式中，由于一、二次风喷口间距相对较近，一、二次风自喷口流出后能很快混合，使煤粉气流着火后能及时获得空气而不致影响燃烧。故均等配风直流煤粉燃烧器一般适合燃用用挥发分含量较高的烟煤和褐煤，所以它又叫烟煤-褐煤型直流煤粉燃烧器。

图 3-5（a）和图 3-5（c）所示为典型的均等配风直流煤粉燃烧器，其喷口布置方式为一次风喷口的上下方都有二次风喷口，且喷口间距较小，因此有利于一、二次风的较早混合。

图 3-5（b）所示为侧二次风均等配风直流煤粉燃烧器，其是在一次风喷口的外侧平行布置二次风喷口。一次风布置在向火侧，有利于煤粉气流卷吸高温烟气和接受邻角燃烧器火炬的加热，改善煤粉着火；二次风布置在一次风的背火侧，可以在炉墙和一次风之间形成一层空气膜，防止煤粉火炬贴墙和粗粉离析，还可在水冷壁附近区域保持氧化性气氛，不使灰熔点降低，避免水冷壁结渣。此外，这种并排布置减小了整组燃烧器的高宽比，可以增加气流的穿透能力，有利于燃烧的稳定。

图 3-5（d）所示的均等配风直流煤粉燃烧器采用了分层布置，并且层与层之间拉开了一定的距离，因此有利于高温烟气回流至中间位置的喷口附近。

（2）分级配风直流煤粉燃烧器（见图 3-6）。所谓分级配风方式，是指把燃烧所需的二次风分级分阶段地送入燃烧的煤粉气流中，即在一次风煤粉气流着火后送入一部分二次风，使已着火的煤粉气流的燃烧能继续扩展；待全部着火以后再分批送入剩余的二次风，为煤粉的完全燃烧和燃尽提供充足的氧气。在分级配风方式中，通常将一次风喷口较集中地布置在一起，而将二次风喷口分层布置，且一、二次风喷口之间保持较大的距离，以便控制一、二次风在炉内的混合点，使二次风不会过早、过多地混入一次风中，以提高一次风着火的稳定性。故分级配风直流煤粉燃烧器适合燃用挥发分含量较低的无烟煤、贫煤和劣质烟煤，所以它又叫无烟煤型直流煤粉燃烧器。

针对低挥发分煤种着火难的问题，可采用分级配风的直流煤粉燃烧器并做如下布置：

1）一次风喷口呈高宽比较大的狭长形，这样可以增大煤粉气流与高温烟气的接触面，增强对高温烟气的卷吸能力，有利于煤粉气流的着火。但高宽比不宜过大，否则过于狭长

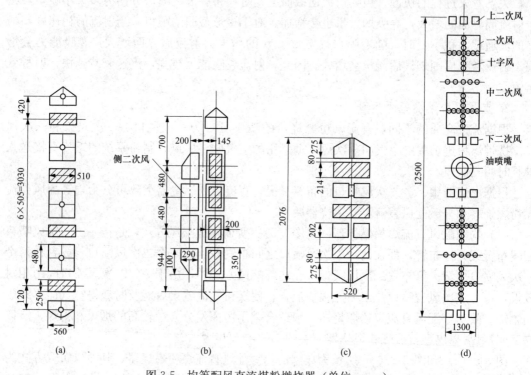

图 3-5 均等配风直流煤粉燃烧器（单位：mm）

（a）适合燃用烟煤；（b）适合燃用贫煤和烟煤；（c）适合燃用褐煤；（d）适合大容量锅炉

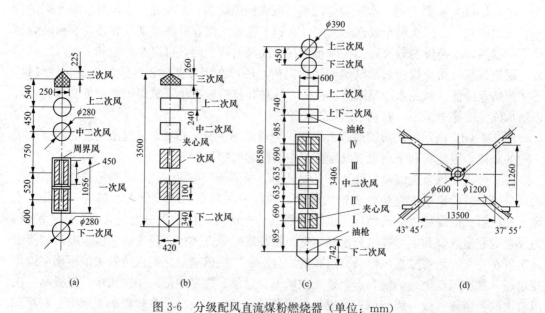

图 3-6 分级配风直流煤粉燃烧器（单位：mm）

（a）适合燃用无烟煤（采用周界风）；（b）、（c）适合燃用无烟煤（采用夹心风）；（d）燃烧器四角布置

的射流会使其刚性减弱，从而在炉膛内发生贴墙流动而造成水冷壁结渣。

2）一次风喷口集中布置，这样可增强一次风气流的刚性和贯穿能力，从而减轻火焰偏斜，并加强煤粉气流的后期混合和扰动；同时还可使煤粉燃烧的放热集中，从而提高火焰中心温度，有利于煤粉迅速稳定地着火。

3）一、二次风喷口间距较大，这样可使二次风混入一次风的时间较晚，有利于无烟煤和劣质烟煤的着火。

4）二次风分层布置，按着火和燃烧的需要分级分阶段地将二次风送入一次风中，这样既有利于煤粉气流的前期着火，又有利于煤粉气流的后期燃烧。

3. 直流煤粉燃烧器各层风的作用

（1）一次风。一次风的作用是将煤粉送进炉膛，并供给煤粉初始着火阶段所需的氧气。

（2）二次风。二次风是在煤粉气流着火后混入，供给煤粉燃烧阶段和燃尽阶段所需的氧气。目前在大容量锅炉的直流煤粉燃烧器中，根据其所承担的具体任务的不同，二次风又分为辅助风、燃尽风和燃料风，如图 3-7 所示。

1）辅助风。辅助风是二次风的主要组成部分，其任务是为燃料燃烧提供氧气。根据二次风喷口内是否设有油枪，辅助风又分为油辅助风和煤辅助风。在油枪投入运行时，油辅助风主要是为油的燃烧提供氧气；在油枪不投入运行时，油辅助风和煤辅助风的作用相同。位于燃烧器最上层的辅助风，除供应上排煤粉燃烧所需的氧气外，还可为炉内未燃尽的煤粉继续燃烧补充所需的氧气。位于燃烧器最下层的辅助风，除供应下排煤粉气流燃烧所需的氧气外，还能把煤粉气流中离析的粗粉托浮住，以减少固体未完全燃烧热损失。

2）燃尽风。燃尽风也是二次风的一部分，一般分两层布置在整组燃烧器的最上方，并且与主燃烧器区有一定的距离。它的作用主要有：①给燃尽区未燃尽的煤粉继续燃烧提供氧气，因而叫作燃尽风；②使炉膛内实现分级燃烧，以抑制 NO_x 的形成；③燃尽风一般沿与主气流旋转方向相反的方向喷入炉膛，这样可降低炉膛出口处烟气的残余旋转，减轻水平烟道两侧的烟气温度、烟速及烟气中的飞灰浓度偏差，从而减小布置在水平烟道入口处过热器的热偏差，因此它又叫偏转二次风或消漩二次风。

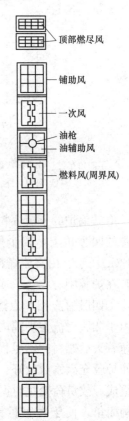

图 3-7　二次风及其分类

3）燃料风。燃料风是指从一次风内部或外围补入的少量空气，前者称"夹心风"或"十字风"，后者称"周界风"，它们都是二次风的一部分。其中周界风的作用有：①冷却一次风喷口，防止喷口烧坏或变形；②由于直流煤粉的着火从外边界开始，火焰周围易出现缺氧现象，这时周界风可起到补氧作用，但周界风的风量不宜过大，否则会相当于二次风过早混入而对着火不利；③周界风速比一次风速要高，因此周界风能增强一次风气流的刚性，防止其严重偏斜；④周界风可以托浮煤粉，防止煤粉从主气流中离析出来而引起不完全燃烧热损失；⑤周界风可在一次风粉气流与水冷壁之间形成屏障，避免一次风贴墙而造成结渣；⑥周界风可作为变煤种、变负荷时燃烧调节的手段之一。

4. 直流煤粉燃烧器的布置和炉内空气动力工况

(1) 直流煤粉燃烧器的布置。直流煤粉燃烧器的布置方式如图 3-8 所示。每一种布置方式都是为了获得良好的炉内空气动力特性，改善煤粉气流的着火、燃烧和燃尽条件，以及防止煤粉气流的偏斜。

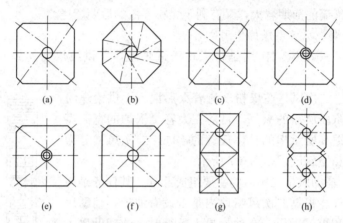

图 3-8 直流煤粉燃烧器的布置方式

(a) 正四角布置；(b) 正八角布置；(c) 大切角正四角布置；(d) 同向大小双切圆布置；(e) 正反双切圆布置；
(f) 两角对冲、两角相切布置；(g) 双室炉膛切圆布置；(h) 大切角双室炉膛布置

电站锅炉的直流煤粉燃烧器广泛采用四角布置切圆燃烧方式。直流煤粉燃烧器布置在炉膛的四个角上，四个燃烧器的几何轴线与炉膛中心的一个或两个假想圆相切，如图 3-9 (a) 所示。由直流煤粉燃烧器喷出的四股气流沿炉膛中心假想圆的切线方向进入炉膛后，在炉膛中心汇合形成稳定的强烈燃烧的旋转火炬。四角布置切圆燃烧方式的主要特点有：①四股射流相互点燃，有利于煤粉着火稳定，是煤粉着火稳定性较好的布置方式；②由于四股射流在炉膛内相交后强烈旋转，湍流的热量、质量和动量交换十分强烈，故能加速着火后燃料的燃尽程度；③四股射流有强烈的湍流扩散和良好的炉内空气动力结构，可使炉膛充满系数较好，炉内热负荷均匀；④切圆燃烧时每个角均由多个一、二次风喷嘴所组成，故负荷变化时调节灵活，对煤种的适应性强，控制和调节的手段也较多；⑤炉膛结构简单，便于大容量锅炉的布置；⑥便于实现分段送风，组织分段燃烧，从而抑制 NO_x 的排放等。

为了得到更好的燃烧效果，在设计和布置直流煤粉燃烧器时通常还采取以下做法：

1) 一、二次风不等切圆布置。这种方法是将一、二次风喷口按不同角度组织切圆，一次风靠向火侧布置，二次风靠炉墙侧布置，二次风与一次风之间偏转了一定的角度，如图 3-9 (b) 所示。这种布置方式既保持了邻角气流相互点燃的优势，又将火焰与炉墙"隔开"，形成一层"气幕"，在水冷壁附近区域造成氧化性气氛，使火焰不贴炉墙，减轻或避免了水冷壁结渣，并降低了 NO_x 的生成量。但这种布置方式容易引起煤粉气流与二次风的混合不良及可燃物的燃烧不充分。

2) 一次风正切圆、二次风反切圆布置。这种布置方式可减弱炉膛出口气流的残余旋转，从而减小过热器的热偏差，并能防止结渣。

3）一次风对冲、二次风切圆布置。这种布置方式减小了炉内一次风气流的实际切圆直径，使煤粉气流不易贴墙，因而能防止结渣，同时也能减弱气流的残余旋转。但是这种布置方式会使着火条件会变差一些。

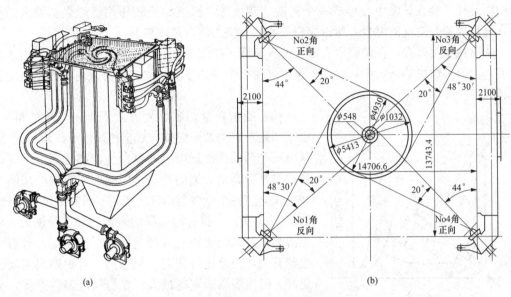

图 3-9　四角布置切圆燃烧（单位：mm）
（a）切圆燃烧方式；（b）偏转二次风

（2）四角布置切圆燃烧形成的炉内空气动力特性。四角布置切圆燃烧的直流煤粉燃烧器锅炉，其炉内空气动力特性如图 3-10 所示。四角布置的直流煤粉燃烧器射出的四股气流在炉膛中心形成一个稳定的强烈旋转火炬，在离心力的作用下，气流向四周扩展，炉膛中心形成真空，即无风区；无风区的外面是气流强烈旋转的强风区；最外围是弱风区。气流在引风机抽力的作用下上升，在炉膛中形成了一个螺旋上升的气流。

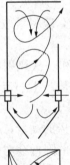

图 3-10　四角布置切圆燃烧的直流燃烧器锅炉的炉内空气动力特性
Ⅰ—无风区；Ⅱ—强风区；Ⅲ—弱风区

四角布置切圆燃烧的直流煤粉燃烧器锅炉，其炉内空气动力工况为煤粉的着火、燃烧和燃尽创造了良好的条件，因此对煤种的适应性广，并在实际中得到了广泛的应用。

从燃料着火来看，从每一角的燃烧器中喷出的煤粉气流，都受到来自上游邻角正在剧烈燃烧的高温火焰的冲击和加热，使之能很快着火燃烧，并以此再去点燃下游邻角的新煤粉气流，相邻的煤粉气流能互相引燃；旋转气流使炉膛中心的无风区形成负压，这样部分高温烟气由上向下回流到火焰根部，再加上每股煤粉气流本身还能卷吸部分高温烟气和接受炉膛辐射热，因此四角布置切圆燃烧的直流煤粉燃烧器的着火条件是十分理想的。

从燃料燃烧来看，直流射流的射程长，在炉膛烟气中的贯穿能力强，着火后的煤粉火炬强烈旋转，可使炉内的温度、氧浓度更均匀；喷入炉膛内的四股气流围绕炉膛中心的假想切圆旋转，会在炉膛中心形成一个高温旋转火球，强烈的旋转作用能增强炉膛内的扰动，强化煤粉与空气的混合，所以煤粉气流的燃烧条件也是理想的。

从燃料燃尽来看，在炉膛中心形成的气流旋转扩散上升，不仅改善了火焰在炉内的充满度，均匀了炉内的热负荷，而且延长了煤粉在炉内的停留时间，这对煤粉的燃尽也是很有利的。

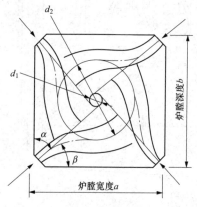

图 3-11 四角布置的切圆燃烧方式
下炉内煤粉气流的偏斜

（3）四角布置切圆燃烧方式下煤粉气流的偏斜。由于四角布置的切圆燃烧方式会使炉内形成旋转气流，从每一个角的燃烧器喷出的煤粉气流都受到上游邻角横扫过来的高温火焰的冲击，因此四角布置的切圆燃烧方式会使各个燃烧器出口的煤粉气流有适度的偏转，如图 3-11 所示。设计时选择的假想切圆直径越大，从上游邻角过来的煤粉气流便越靠近射流根部，对着火也越有利，而且还可使混合更强烈，对炉内充满度也更好。但假想切圆直径过大，煤粉气流偏转严重，会使火焰冲刷水冷壁而引起结渣，从而严重影响锅炉的安全运行。相反，如果假想切圆直径过小，高温火焰集中在炉膛中部，炉膛四周温度水平低，则不利于煤粉着火、混合和燃尽。

从避免水冷壁结渣的角度来看，应尽量减小一次风煤粉气流的偏斜。影响一次风煤粉气流偏斜的主要因素有：

1）上游邻角气流的横向推力和一次风射流的刚性。在四角布置切圆燃烧的炉膛中，各组射流的旋转动量矩会对下游射流产生一定的横向推力，推动射流旋转，同时也迫使下游射流向炉墙一侧偏斜。

增加一次风的动量或减小二次风的动量，即降低二次风与一次风的动量比，可减轻一次风煤粉的偏斜。然而二次风动量的降低会对燃烧不利，特别是对于大容量锅炉，为加强炉内气流的扰动和不使燃烧器高度过高，二次风速也相应加大，但一次风速受着火条件的限制不能相应提高。这样一、二次风动量间的差距也随之加大，将使一次风煤粉气流的偏斜加剧。对于大容量锅炉，一、二次风动量比的选择更应得到重视。

2）炉膛的断面形状。炉膛的断面形状会影响射流两侧的补气条件。由于喷入炉膛内的射流与两侧炉墙的夹角 α、β 不相等，当射流从两侧卷吸烟气时，在周围会形成负压区，炉膛中的烟气就向负压区补充，如图 3-12 所示。其中向火侧受到邻角气流的撞击，补气充裕，压力较高；而背火侧补气条件差，压力较低。因此造成 α 侧的静压要高于 β 侧的静压，在此差压作用下，射流会被迫向 β 侧偏转。当炉膛宽深比 $a/b < 1.1$ 时，补气条件的差异不大，造成的影响可以忽略；但当 $a/b > 1.2$ 时，补气条件就会有显著不同。因此采用正方形炉膛或接近正方形的炉膛可减轻由于补气条件不同而造成的一次风煤粉气流的偏斜。

3）燃烧器的结构特性。燃烧器的高度越高，由射流上下两方补充的烟气就更不易到达燃烧器射流的中部，因此射流中部两侧差压要比两端来得大些，就是说燃烧器中部气流的偏斜会更严重些。另外，燃烧器的高宽比或一次风喷口的高宽比越大，射流的卷吸能力就越强，其速度衰减也就越快，整组射流的刚性及一次风射流的刚性就相应降低，一次风煤粉气流的偏斜也将越严重。随着机组容量的增大，燃烧器组的高宽比此时也必将增大，这就更易造成煤粉气流的偏斜。所以对于大容量锅炉，一般将每个角上的燃烧器沿高度方向分成 2 组或 3 组，各组之间留有

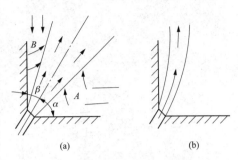

图 3-12　射流偏斜与补气情况
（a）补气；（b）偏斜

空隙，空隙的高度不小于燃烧器喷口的宽度。这些空隙相当于压力平衡孔，以此来减少两侧的差压，减轻煤粉气流的偏斜。

4）假想切圆直径。燃烧时，炉膛内实际的切圆直径要远比设计的值大，而且实际切圆直径会随设计假想切圆直径的增大而增大。较大的切圆可以使邻角火炬的高温烟气更易于到达下角射流的根部，有利于煤粉气流着火；同时切圆直径大，炉膛内旋转气流的旋转强度也大，扰动更强烈，使燃烧后期混合加强，有利于煤粉的燃尽。但切圆直径增大，一次风射流的偏斜也将增大，容易引起水冷壁结渣；同时也会因炉内旋转气流到达炉膛出口时仍有较大的残余旋转而引起烟气温度和过热蒸汽温度的偏差。

二、旋流煤粉燃烧器

旋流煤粉燃烧器出口截面的形状为圆形，故又称圆形煤粉燃烧器。在旋流煤粉燃烧器中，一次风喷口在中心部位，一次风煤粉射流可为直流射流或旋转射流；二次风喷口在一次风喷口周围，二次风射流都为绕燃烧器轴线旋转的旋转射流。该燃烧器射出的射流整体上为旋转射流。

1. 旋转射流的特性

经旋流器产生旋转运动的气流射入炉膛后，失去了燃烧器通道的约束，向四周扩散，形成辐射状空心紊流旋转射流，如图 3-13 所示。

（1）具有内外两个回流区。旋转射流除具有与直流射流相同的轴向速度 w_a 和径向速度 w_r 外，还有使气流旋转的切向速度 w_t。气流旋转的结果，是在射流中心产生一个低压区，进而造成径向和轴向的压力梯度。特别是轴向的压力梯度反向作用，将吸引中心部分的烟气沿轴线与射流反向运动，在旋转射流内部产生内回流区。如此，旋转射流就从内、外两个边界卷吸高温烟气，这对煤粉的着火十分有利，特别是内回流区是煤粉气流着火的主要热源。

（2）速度衰减快、射程短。旋转射流从内、外两侧卷吸周围介质，因此射流的流量增加较快，扩展角度也比直流射流大，速度衰减快，其中切向速度 w_t 的衰减比轴向速度 w_a 的衰减更快。由于旋转射流轴向速度 w_a 的衰减比直流射流的快，因此在相同的初始动量下，旋转射流的射程比直流射流的射程短。

（3）旋转强度。随着旋转强度的增大，扩展角增大，回流区和回流量也随之增大，而旋转射流的速度衰减却加快，射程也缩短，因此使初期混合增强，但后期混合减弱。旋转强度的选取主要取决于燃煤特性，同时考虑炉膛尺寸、形状和燃烧器布置方式等的影响。对容易着火的煤，不需要过多的烟气来加热煤粉气流，故旋转强度可选得小些；对难着火

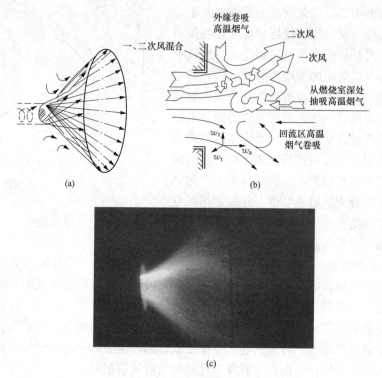

图 3-13　旋转射流示意图

（a）旋转自由射流；（b）射流卷吸和混合；（c）燃烧器冷态火花示踪

的煤，则旋转强度应选得大些。当然，旋转强度也不宜过大，当旋转强度增加到一定程度时，扩展角约等于$180°$，旋转射流会突然贴墙，这种现象称气流飞边现象。气流飞边会造成喷口和水冷壁结渣，甚至烧坏燃烧器。

2. 旋流煤粉燃烧器的类型

旋流煤粉燃烧器是利用旋流器使气流产生旋转运动的，其所用的旋流器有蜗壳、切向叶片和轴向叶片等。旋流煤粉燃烧器出口气流可以是几个同轴的旋转射流的组合，也可以是旋转射流和直流射流的组合（即一次风可为直流射流或旋转射流）。旋流煤粉燃烧器按采用的旋流器形式的不同，可分为蜗壳式和叶片式两种。后者多应用于目前的大型锅炉上。

叶片式旋流煤粉燃烧器出口的二次风是通过切向叶片或轴向叶片旋流器产生旋转运动的。该燃烧器调节性能好，一、二次风阻力也小，出口的煤粉气流分布比较均匀，但其扩展角大，扰动大，动能衰减快，射程短，所以目前主要适合燃用挥发分较高的烟煤和褐煤。叶片式旋流煤粉燃烧器又可分为轴向可动叶轮式和切向叶片式两种。

（1）轴向可动叶轮式旋流煤粉燃烧器。轴向可动叶轮式旋流煤粉燃烧器的结构如图3-14所示。该燃烧器中心管中可插入点火油枪，中心管外是一次风环形通道，一次风环形通道外是二次风环形通道。一次风煤粉气流为直流射流或靠舌形挡板产生的弱旋转射流，二次风气流是通过装在其通道上的轴向可动叶轮产生的旋转射流。叶轮上装有拉杆，通过拉杆可调节叶轮在二次风环形通道轴线上的前后位置。当叶轮向外移动时，会有部分二次风从叶轮外侧直流通过，这股直流二次风和从叶轮轴向叶片流出的旋转二次风混合在一起，使二次风的旋转强度减弱。叶轮向外移动的距离越大，旋转强度越小。运行中通过调节叶轮的位置可改变二次风的旋转强度，从而达到调节燃烧工况的目的。

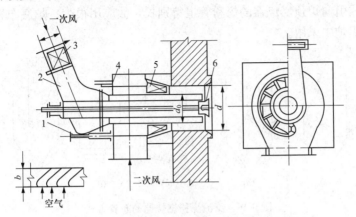

图 3-14　轴向可动叶轮式旋流煤粉燃烧器的结构

1—拉杆；2——次风管；3——次风舌形挡板；4—二次风管；5—二次风叶轮；6—油喷嘴

　　（2）切向叶片式旋流煤粉燃烧器。切向叶片式旋流煤粉燃烧器的结构如图 3-15 所示。在该燃烧器中，一次风煤粉气流为直流射流或靠入口挡板产生的弱旋转射流，二次风气流是通过装在其通道上的切向叶片产生的旋转射流。一般切向叶片被做成可调式，改变叶片的倾斜角即可调节气流的旋转强度。随着燃煤挥发分含量的增加，倾斜角也应加大。二次风出口用耐火材料砌成扩口，并与水冷壁平齐。一次风管缩进二次风口内，形成一、二次风的预混段，以适应高挥发分烟煤的燃烧。在一次风出口中心装设了一个多层盘式稳焰器，它可使一次风形成回流区，以增强煤粉气流着火的稳定性。

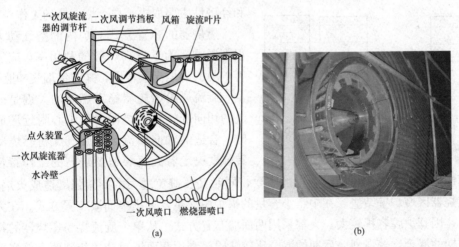

图 3-15　切向叶片式旋流煤粉燃烧器的结构

（a）剖面图；（b）实物图

　　3. 旋流煤粉燃烧器的布置和炉内空气动力工况

　　（1）旋流煤粉燃烧器的布置。旋流煤粉燃烧器在锅炉炉膛上的布置方式有前墙布置、两面墙（对冲或交错）布置、炉底布置和炉顶布置等，如图 3-16 所示。前墙布置时，燃烧器沿炉膛高度方向布置成一排或几排，火焰呈 L 形；两面墙（对冲或交错）布置时，燃烧器沿炉膛高度方向也布置成一排或几排，火焰呈双 L 形；炉顶布置时火焰呈 U 形，由于这种布置方式引向炉顶燃烧器的煤粉管道特别长，故应用很少；炉底布置则只在少数燃油锅炉或燃气锅炉中采用。

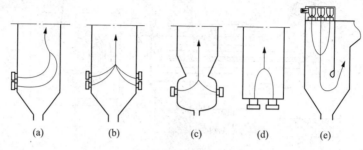

图 3-16　旋流煤粉燃烧器的布置方式

（a）前墙布置；（b）两面墙布置；（c）半开式炉膛对冲布置；（d）炉底布置；（e）炉顶布置

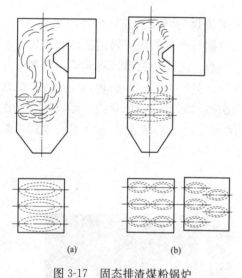

图 3-17　固态排渣煤粉锅炉
上旋流煤粉燃烧器的常见布置形式

（a）前墙布置；（b）两面墙（对冲或交错）布置

国内的固态排渣煤粉锅炉上，大多采用前墙布置和两面墙布置放置，如图 3-17 所示。

（2）旋流煤粉燃烧器形成的炉内空气动力特性（见图 3-18）。采用旋流燃烧方式的燃烧器，其射流在喷入炉膛时依靠射流旋转时产生的中心回流来稳定燃烧。其特点是单个燃烧器可以组织燃烧。各燃烧器在炉膛内形成的空气动力特性基本上是独立的，燃烧过程的稳定性和经济性主要取决于单个燃烧器的工作。

燃烧器的布置方式对炉内的空气动力场有很大影响，为了提高炉膛的利用率，应注意改善炉膛的火焰充满程度，并避免烟气冲墙贴壁。

旋流煤粉燃烧器稳定燃烧的关键是通过气流的切向旋转在燃烧器出口中心附近形成稳定的、合适的轴向回流区。旋流煤粉燃烧器的旋转强度决定着旋流煤粉燃烧器的工作特性，旋流强度既要足够大以满足稳定着火的需要，同时又要避免过大的旋流强度造成火焰刷墙，引起燃烧器区域炉壁结渣。在中、小容量的锅炉中，主要采用单面墙布置方式。在大容量锅炉中，因其炉膛容积较大，大都采用两面墙布置方式。从单个旋流煤粉燃烧器的特点来看，前期的混合比较强烈，后期的混合比较薄弱。利用两面墙对冲、相邻两个燃烧器的气流旋转方向相反的布置方式可以弥补后期混合的不足。

1）前墙布置的炉内空气动力特性。旋流煤粉燃烧器采用前墙布置时，从每个燃烧器射出的旋转射流最初是独立扩散的，其依靠中心回流卷吸高温烟气，以保证煤粉气流迅速稳定地着火；同时炉内射流速度衰减很快，在炉膛前上部和底部会形成两个非常明显的停滞旋涡区，如图 3-18（a）和图 3-18（b）所示。旋流煤粉燃烧器多排布置时形成的停滞旋涡区要比单排布置时的小些。

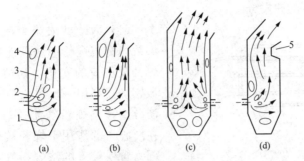

图 3-18 旋流煤粉燃烧器锅炉的炉内空气动力特性
（a）前墙单排布置；（b）前墙多排布置；（c）两面墙单排布置；（d）有折焰角的布置
1、4—停滞旋涡区；2—回流区；3—火炬；5—折焰角

前墙布置方式的优点是：磨煤机可以布置在炉前，煤粉管道较短且形状尺寸大体一致，可使分配到各燃烧器的煤粉均匀性好，沿炉膛宽度方向烟气温度偏差小。但其缺点是：整个炉内火焰扰动较弱，特别是燃烧后期混合较差；炉膛内形成的停滞旋涡区明显，火焰在炉膛中充满程度不佳；如果调节不当，前墙的燃烧火炬可能直冲后墙，造成后墙水冷壁结渣。为了改善这种布置的火焰充满程度，一般在后墙上部设置了折焰角结构，如图3-18（d）所示。

2）两面墙布置的炉内空气动力特性。旋流煤粉燃烧器的两面墙布置可分为两面墙对冲布置和两面墙交错布置两种，其炉内空气动力特性如图 3-18（c）所示。

当旋流煤粉燃烧器采用两面墙对冲布置时，两方火炬在炉膛中央相互撞击，气流的大部分向炉膛上方运动，只有少部分气流下冲到冷灰斗内，并在其中形成停滞旋涡区。如果对冲的两个燃烧器负荷不对称，可能导致炉内高温火焰偏斜，水冷壁结渣。

当旋流煤粉燃烧器采用两面墙交错布置时，由于两方炽热的火炬相互穿插，使得炉膛上部的停滞旋涡区基本消失，这就改善了炉内火焰的混合和充满程度。

上述两种布置方式的缺点是：风粉管道的布置比采用前墙布置时复杂；锅炉低负荷运行或切换磨煤机停运部分燃烧器时，沿炉膛宽度方向容易产生烟气温度偏差，影响炉膛出口受热面的工作状况；不布置燃烧器的两面墙，其水冷壁中部热负荷偏高，容易引起结渣。

三、煤粉稳定燃烧技术

燃煤锅炉在冷态启动、低负荷运行及燃用低挥发分的无烟煤、贫煤和劣质煤时，如何稳定煤粉气流的着火燃烧是锅炉运行中突出的问题。为了稳定燃烧，过去常采用投油助燃的方式，但采用这种方式需要消耗很多的燃料油，会大大增加电厂的运行成本。因此，研制各种节油型稳燃技术是煤粉燃烧器的重要发展方向之一。稳定煤粉气流着火燃烧的措施很多，但增强烟气回流和提高一次风煤粉浓度是最易实现、成本最低的方案。

1. 浓淡型煤粉燃烧器

所谓浓淡型煤粉燃烧器，就是利用离心力或惯性力将一次风煤粉气流分成浓煤粉和淡煤粉两股气流，然后分别通过不同的喷口进入炉膛内燃烧的煤粉燃烧器。使煤粉浓缩的方式主要有管道转弯分离浓缩、百叶窗锥形轴向分离浓缩、旋流叶片分离浓缩等。

采用浓淡分离方式的煤粉燃烧器，可以提高煤粉浓度，降低煤粉气流的着火热和着火温度，析出较高浓度的挥发分。

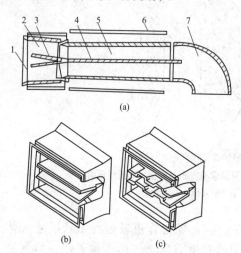

图 3-19　WR 型浓淡直流煤粉燃烧器的结构
(a) 一次风喷口；(b) V 形扩流锥；(c) 波形扩流锥
1—阻挡板；2—摆动式喷嘴；3—扩流锥；4—水平肋片；
5——次风管；6—燃烧器外壳；7—入口弯头

（1）WR 型浓淡直流煤粉燃烧器。WR 型浓淡直流煤粉燃烧器能在较大范围内适应煤种及负荷的变化，其结构如图 3-19 所示。该燃烧器利用一次风入口弯头对煤粉进行浓淡分离，当煤粉气流通过入口弯头转弯时，在离心力的作用下煤粉被分成浓淡两股，上部为含粉较多的浓煤粉气流，下部为含粉较少的淡煤粉气流。而且该燃烧器在一次风口内还装有一个 V 形扩流锥或波形扩流锥。扩流锥的作用是使喷口外的一次风气流形成一个回流区，使高温烟气不断回流到煤粉火炬的根部。这些都有利于煤粉气流的着火和在低负荷下保持燃烧稳定。扩流锥装在煤粉管道内，有一次风煤粉气流的连续流过，所以不易烧坏。此外，该燃烧器在一次风喷口上下布置有边风，其风量在运行中可以进行调节。

（2）径向浓淡旋流煤粉燃烧器。径向浓淡旋流煤粉燃烧器的结构如图 3-20 所示。这种燃烧器在一次风道内设置了百叶窗式煤粉浓缩器，其将煤粉气流分成两股，靠近中心的一股为浓煤粉气流，外侧的一股味淡煤粉气流。同时，二次风道也被分成内、外两个通道，一部分二次风经内通道的旋流器以旋转射流的形式进入炉内；另一部分二次风在外通道以直流射流的形式进入炉内。通过内、外通道的调节挡板可调节旋流强度和回流区的大小。这种燃烧器不仅着火稳定性好，低负荷稳燃能力强，煤种适应范围广，而且可降低 NO$_x$ 的排放量。

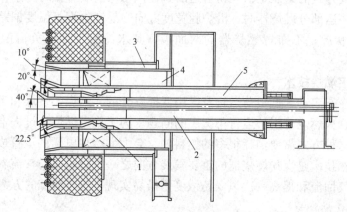

图 3-20　径向浓淡旋流煤粉燃烧器的结构
1—浓淡分离器；2—中心风管；3—直流二次风；4—旋流二次风；5——次风管

（3）百叶窗式锥形轴向分离浓缩煤粉燃烧器。百叶窗式锥形轴向分离浓缩煤粉燃烧器的原理如图 3-21 所示。煤粉气流流过百叶窗式分离浓缩器时，由于煤粉粒子的惯性较大，不易改变其直线流动的状态，而空气流则从百叶窗中小孔流出。这样，煤粉气流在通过百叶窗式分离浓缩器的后部，就将煤粉、空气分离，形成高煤粉浓度的富粉流，直接送入锅炉炉膛中燃烧。

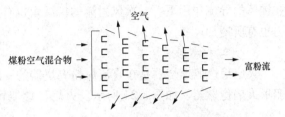

图 3-21 百叶窗式锥形轴向分离浓缩煤粉燃烧器的原理

（4）旋风式煤粉浓缩燃烧器。旋风式煤粉浓缩燃烧器的结构如图 3-22 所示。旋风式煤粉浓缩燃烧器是利用旋风子使煤粉浓淡分离。气粉混合物经分配箱分成两路进入旋风子，由于离心分离作用，被分成富粉流和贫粉流。贫粉流经过旋风子上部的抽气管进入炉膛，而富粉流则从旋风子下部经过燃烧器的喷嘴进入炉膛。

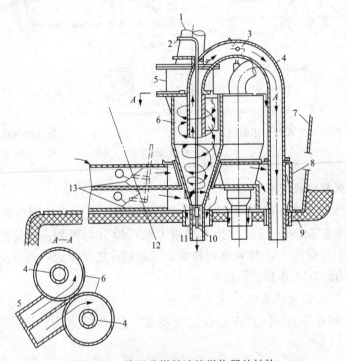

图 3-22 旋风式煤粉浓缩燃烧器的结构

1—一次风进口；2—燃烧器叶片调节杆；3—抽气控制挡板；4—抽气管；5—分配箱；6—旋风子；7—锅炉护板；8—燃烧器风箱；9—耐火砖块；10—叶片；11—喷嘴；12—点火油枪中心线；13—三次风挡板

2. 钝体燃烧器

钝体燃烧器喷口布置和工作原理如图 3-23 所示。该燃烧器在常规的一次风喷口外安装一个钝体（非流线型物体），一次风煤粉气流流过钝体后，在钝体的尾迹区形成回流旋涡，回流旋涡将炽热的高温烟气带回钝体附近，可使尾迹区的温度达 900℃ 以上。同时，煤粉气流从一次风喷口喷出遇到钝体后，由于惯性作用，使大量的煤粉颗粒在尾迹区边界附近集中，在尾迹区边界的煤粉浓度比原一次风中的煤粉浓度大 1.2～1.5 倍，煤粉高浓度区域与高温区同在回流区附近，从而使得钝体后部成为煤粉气流的稳定着火点。此外，在钝体的导流作用下，一次风射流的扩展角也有显著增大，射流外边界卷吸高温烟气的能力也有所增加。

3. 火焰稳燃船燃烧器

火焰稳燃船燃烧器是在直流煤粉燃烧器的一次风喷口内加装一个叫"火焰稳燃船"的船形火焰稳燃器，如图3-24所示。火焰稳燃船可在一次风喷口内前后移动，以调节燃烧工况。

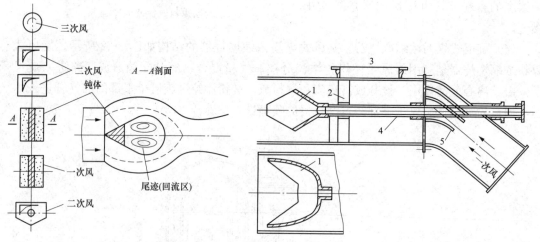

图 3-23 钝体燃烧器喷口布置和工作原理　　　　图 3-24 火焰稳燃船燃烧器

1—火焰稳燃船；2—支架；3—人孔门；4—油枪套管；5—均流板

四、低 NO_x 煤粉燃烧技术

氮氧化物 NO_x 对生态环境的危害极大，它是燃煤电厂要重点控制排放的污染物之一。目前燃煤电站锅炉控制 NO_x 排放的技术措施大致可以分为两类：一是控制燃烧过程中 NO_x 的生成量，多采用低 NO_x 煤粉燃烧技术；二是脱除燃烧生成的 NO_x，即烟气净化技术。这里重点介绍低 NO_x 煤粉燃烧技术。

1. 煤燃烧中 NO_x 的生成机理

煤在燃烧过程中所生成的 NO_x 有三种类型：热力型 NO_x、燃料型 NO_x 和快速型 NO_x。

（1）热力型 NO_x。在高温环境下，空气中的氮燃烧氧化生成的 NO_x，称为热力型 NO_x。燃烧区域的温度是影响其生成的主要因素：当温度低于 1350℃ 时，热力型 NO_x 的生成量很少；但当温度达到 1600℃ 时，热力型 NO_x 的生成量急剧增加。影响热力型 NO_x 生成的另一个主要因素是反应环境中的氧浓度。

（2）燃料型 NO_x。一般认为，燃料型 NO_x 是燃料中的氮化合物在燃烧过程中发生热分解，在燃烧器出口的火焰中心处进一步氧化生成的。在煤粉锅炉中，燃料型 NO_x 约占燃烧时产生的 NO_x 总量的 70%～80%。由于大部分煤粒中的挥发分在燃烧器出口附近析出，因此要控制该区域 NO_x 的生成量，就应控制好燃料着火初期的过量空气系数，让煤粉在开始着火阶段处于缺氧状态，这样实际生成的 NO_x 数量就可明显减少。

（3）快速型 NO_x。快速型 NO_x 是指空气中的氮和碳氢燃料先在高温下反应生成中间产物 N、NCH、CN 等，然后快速与氧反应生成 NO_x。这部分 NO_x 占 NO_x 总量的 5%。

图 3-25 所示为煤粉燃烧过程中 NO_x 的生成量与炉膛温度的关系。

2. 常见的低 NO_x 煤粉燃烧技术

根据 NO_x 的生成机理可知，要控制 NO_x 的生成量，主要应控制燃料型 NO_x 和热力型 NO_x 的生成量。影响 NO_x 生成量的因素主要有火焰温度、燃烧区段氧浓度、燃烧产物在高温区的停留时间和煤的特性（固定碳和挥发分的比值）。降低燃烧过程中 NO_x 生成量的途径主要有两个：一是降低火焰温度，防止局部高温；二是降低煤粉燃烧区域的过量空气系数。

目前常见的低 NO_x 煤粉燃烧技术主要有空气分级燃烧技术、低 NO_x 燃烧器技术、烟气再循环技术和燃料分级技术。这些技术均是通过燃烧组织及燃烧器结构的设计实现的。

（1）同轴燃烧技术。同轴燃烧技术又称同心圆燃烧技术，也可称径向空气分级燃烧技术，它是属于直流煤粉燃烧器上的空气分级燃烧技术。在采用四角布置切圆燃烧方式的直流煤粉燃烧器中，将二次风向外偏转一个角度，形成一个与一次风同轴，但直径较大的切圆。由于二次风向外偏转后，在煤粉气流喷口的出口处推迟了二次风与一次风的初期混合，一次风切圆形成了一个缺氧燃烧的火球，这样就达到了将空气分级送入煤粉燃烧火焰中心的目的，从而降低了 NO_x 的排放量。

同轴燃烧技术有两种形式：一种是偏转的二次风切圆与一次风切圆的旋转方向相同；另一种则是使偏转的二次风与一次风形成同心反切圆，如图 3-26 所示。

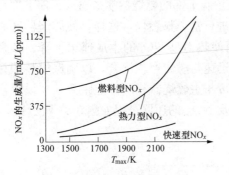

图 3-25 煤粉燃烧过程中 NO_x
的生成量与炉膛温度的关系

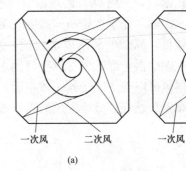

图 3-26 同轴燃烧技术的形式
（a）一、二次风同向；（b）一、二次风反向

（2）浓淡煤粉燃烧技术。浓淡煤粉燃烧技术也属于直流煤粉燃烧器上的空气分级燃烧技术。它是在直流煤粉燃烧器喷口前，将一次风煤粉气流分离成浓淡两股。燃烧时，燃料过浓的火焰部分因氧量不足，燃烧温度不高，所以燃料型 NO_x 和热力型 NO_x 均会减少。燃料过淡的火焰部分因空气量过大，燃烧温度低，热力型 NO_x 的生成量减少。因此，采用浓淡煤粉燃烧技术时，NO_x 生成量低于采用常规燃烧方式时 NO_x 的生成量。根据浓淡两股煤粉气流在燃烧器出口的相对位置的不同，浓淡煤粉燃烧技术可分为水平浓淡燃烧和垂直浓淡燃烧两种。

采用水平浓淡燃烧方式时，将浓相煤粉气流喷入向火侧，淡相煤粉气流喷入背火侧，如图 3-27 所示。该燃烧方式具有双重降低 NO_x 的特点：一是在燃烧器喷口的出口处组织浓淡燃烧，为降低 NO_x 生成量的提供了有利条件。二是浓相气流在切圆向火侧切向喷入炉内，形成内侧切圆富燃料燃烧，这属于还原性气氛，又进一步降低了NO_x的生成量；而淡相煤粉气流在切圆的背火侧切向喷入炉内，形成外侧切圆。

（3）双调风低NO_x旋流燃烧器技术。双调风低NO_x旋流燃烧器技术属于旋流煤粉燃烧器上的空气分级燃烧技术。为了降低传统旋流煤粉燃烧器的NO_x生成量，可使二次风逐渐混入一次风气流，实现沿射流轴向的分级燃烧，以避免形成高温、富氧的局部环境。图3-28所示为双调风旋流煤粉燃烧器空气分级燃烧的过程。

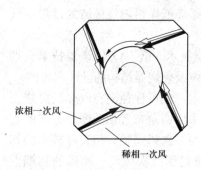

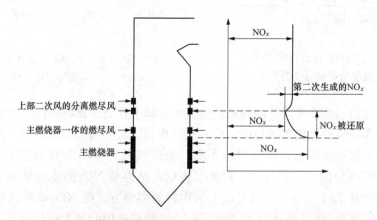

图 3-27　一次风水平浓淡燃烧方式　　　图 3-28　双调风旋流煤粉燃烧器空气分级燃烧的过程

（4）沿炉膛高度的空气分级燃烧技术。采用沿炉膛高度的空气分级燃烧技术，可实现在炉膛下部的整个燃烧区组织欠氧燃烧，直流煤粉燃烧器与旋流煤粉燃烧器均可以采用该技术。采用该技术时，大约80%的理论空气量从炉膛下部的燃烧器喷口送入，使下部送入的风量小于送入的燃料完全燃烧所需的空气量，进行富燃料燃烧，这样可使燃烧器区城的火焰峰值温度较低，局部的氧浓度也较低，进而使热力型NO_x的生成速率下降。其余约20%的空气从主燃烧器上部的燃尽风喷口送入，迅速与燃烧产物混合，以确保燃料的完全燃尽。上部燃尽风可以与主燃烧器一体布置，也可与主燃烧器相隔一定距离独立设置，或者两者相结合布置。燃烧器分级配风的喷口布置及NO_x的还原过程如图3-29所示。

图 3-29　燃烧器分级配风的喷口布置及NO_x的还原过程

（5）烟气再循环技术。烟气再循环技术是指从空气预热器前抽取部分烟气送入燃烧器，以降低氧浓度和火焰温度，从而控制NO_x的生成。PM型直流煤粉燃烧器采用了烟气再循环技术，其燃烧器一次风入口管道上的弯头分离器及喷口布置如图3-30所示。

一次风煤粉气流经燃烧器入口弯头进行惯性分离，分成浓淡两股煤粉气流，然后分别从淡煤粉喷口和浓煤粉喷口进入炉膛。在淡煤粉喷口和浓煤粉喷口上各有一个烟气再循环喷口，烟气再循环喷口的作用是推迟二次风与一次风的混合，以及浓煤粉气流与淡煤粉气流的混合，这样就在浓煤粉喷口附近形成了还原性气氛，从而降低了燃烧中心温度，抑制了 NO_x 的生成。

（6）燃料分级燃烧技术。在炉膛内采用燃料分级燃烧方式，就是通过合理组织燃料的再燃与还原 NO_x 的过程，使已生成的部分 NO_x 发生还原反应，从而减少 NO_x 在炉膛内的生成量，如图3-31所示。

采用燃料分级燃烧技术时，炉膛可以近似地划分为三个区域：主燃烧区、再燃

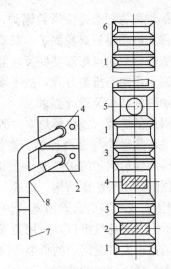

图 3-30　PM型直流煤粉燃烧器一次风入口
管道上的弯头分离器及喷口布置
1—二次风喷口；2—淡煤粉喷口；3—再循环烟气喷口；
4—浓煤粉喷口；5—油枪；6—燃尽风喷口；
7——次风煤粉管道；8—弯头分离器

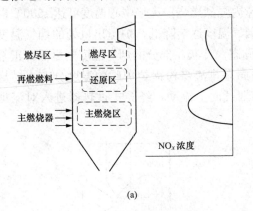

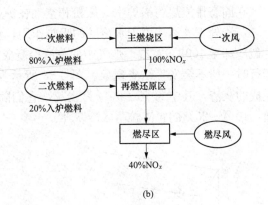

图 3-31　燃料分级燃烧技术原理
（a）燃料再燃与还原 NO_x 的过程；（b）炉膛内燃料分级燃烧的过程

还原区和燃尽区。通常可将燃烧所需燃料的约80%经主燃烧器送入主燃烧区，其余约20%的燃料作为还原燃料送入炉膛上部的富燃料再燃还原区（$\alpha < 1$），在该区域能将主燃烧区内生成的大部分 NO_x 还原为 N_2。最后在炉膛上部的燃尽区再送入相应的空气作为燃尽风，可使该区域形成富氧状态，促进所有剩余燃料的燃尽。

采用燃料分级燃烧技术，除了可以有效地还原已经生成的 NO_x 以外，还扩大了炉膛内的燃烧区域，降低了火焰的峰值温度，从而也降低了 NO_x 的原始生成量。

第三节　固态排渣煤粉锅炉的炉膛

煤粉锅炉按排渣方式的不同可分为两类：一类是将灰渣在固体状态下由锅炉中清除出

去，此类锅炉称为固态排渣煤粉锅炉；另一类是将灰渣在熔化状态下由锅炉中清除出去，此类锅炉称为液态排渣煤粉锅炉。只有对那些发热量较高、灰分不太多、在固态排渣锅炉上容易结渣的低灰熔点煤和某些反应能力较低的无烟煤才考虑采用液态排渣方式。大型电站锅炉普遍采用固态排渣方式，故下面只介绍固态排渣煤粉锅炉。

一、炉膛的结构及设计要求

煤粉锅炉的炉膛（或称燃烧室）既是煤粉燃烧的空间，又是锅炉的换热部件。

炉膛的形状尺寸与燃料种类、燃烧方式、燃烧器布置方式及火焰的形状、行程等有关。固态排渣煤粉锅炉的炉膛是一个由炉墙围成的立方体空间，如图 3-32 所示。大容量锅炉的炉顶都采用平炉顶结构。炉底是由前、后墙水冷壁弯曲而成的倾斜冷灰斗，水平倾角在 50°以上，便于灰渣自动滑落。炉膛上部空间悬挂有屏式过热器，炉墙四壁布满水冷壁。炉膛后上方为烟气出口，采用 Ⅱ 型布置的锅炉其炉膛出口下方有部分后墙水冷壁弯曲而成的折焰角，大容量锅炉的折焰角深度为炉膛深度的 20%～30%。

现代大容量锅炉炉膛的高度远大于其宽度和深度，炉膛的水平截面形状与燃烧器的布置方式有关。对于直流煤粉燃烧器采用四角布置切圆燃烧方式的锅炉，要求炉膛水平截面采用正方形或接近正方形（宽深比小于或等于 1.2）；对于采用旋流燃烧器的锅炉，其炉膛横截面呈长方形，在决定炉膛宽度时，应使炉膛宽度能适应过热器、再热器和尾部受热面布置的需要；而对于自然循环锅炉，其炉膛宽度还应能满足与汽包长度相匹配的需要。

在固态排渣煤粉锅炉中，煤粉和空气在炉膛内强烈燃烧，火焰中心温度可达 1500℃ 以上，灰渣处于液态。由于水冷壁的吸热作用，烟气温度逐渐降低，炉膛出口处的烟气温度一般冷却至 1000℃ 左右，烟气中的灰渣冷凝成固态。冷灰斗部分的烟气温度则更低，正常运行时一般不会发生结渣现象。图 3-33 所示为固态排渣煤粉锅炉炉膛的温度分布。燃烧生成的灰渣，其中 80%～90% 为飞灰，它们随烟气向上流动，经屏式过热器进入对流烟道，10%～20% 的粗渣粒落入冷灰斗。

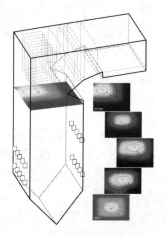

图 3-32　固态排渣煤粉锅炉的炉膛

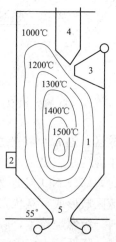

图 3-33　固态排渣煤粉锅炉炉膛的温度分布
1—等温线；2—燃烧器；3—折焰角；
4—屏式过热器；5—冷灰斗

炉膛设计是锅炉安全、经济运行的先决条件之一。炉膛设计时应满足以下几点要求：

（1）具有合适的热强度，以保证炉内有足够的温度，使煤粉气流进入炉膛后能迅速稳定地着火，同时使煤粉气流在炉内充分发展、均匀混合和完全燃烧。

（2）具有良好的炉内空气动力特性，一是避免火焰冲撞炉墙，确保水冷壁不结渣；二是使火焰在炉膛中有较好的充满程度，减少炉内停滞旋涡区，减少不完全燃烧热损失；三是尽可能减少污染物的生成量，保护环境。

（3）炉膛空间内能布置足够的受热面，将炉膛出口烟气温度降到灰分软化温度以下，以确保炉膛出口及其后受热面不结渣。

（4）炉膛结构紧凑，金属及其他材料用量少，便于制造、安装和检修。

（5）对煤质和负荷的变化有较宽的适应性。

二、炉膛结构参数

炉膛结构参数是炉膛设计时确定合理炉膛结构的重要指标，它们与锅炉运行的经济性、安全性密切相关。

1. 炉膛容积热强度

炉膛容积热强度是指在单位时间、单位炉膛容积内，燃料完全燃烧释放的热量，用q_V来表示，即

$$q_V = \frac{BQ_{net,ar,p}}{V_1} \tag{3-2}$$

式中　B——燃料消耗量，kg/h；

　$Q_{net,ar,p}$——燃料收到基低位发热量，kJ/kg；

　V_1——炉膛容积，m³。

炉膛容积V_1是由炉膛容积热强度q_V来决定的。对于一定参数、一定容量的锅炉，单位时间内燃料在炉内的放热量$BQ_{net,ar,p}$是一定的，因此q_V取得大，V_1就小；q_V取得小，V_1就大。

q_V在一定程度上反映了煤粉和烟气在炉内停留时间的长短和出口烟气被冷却的程度。q_V过大，V_1相对减小，煤粉在炉内停留的时间缩短，燃烧可能不完全；同时由于V_1相对减小，炉内所能布置的受热面少，烟气冷却不够可能引起炉膛出口受热面结渣。相反，如果q_V过小，V_1相对过大，不仅会使锅炉造价和金属耗量增加，而且还会导致炉膛温度过低，燃烧速度减慢，燃烧不完全。

2. 炉膛截面热强度

炉膛截面热强度是指在单位时间、燃烧器区域单位炉膛横截面积上，燃料完全燃烧放出的热量，用q_A来表示，即

$$q_A = \frac{BQ_{net,ar,p}}{A_1} \tag{3-3}$$

式中　A_1——炉膛截面面积，m²。

炉膛的大体形状常由炉膛截面热强度q_A和炉膛容积热强度q_V一起来确定。显然，当q_V一定时，q_A取得大，炉膛截面积A_1就小，炉膛就瘦高些；q_A取得小，炉膛截面积A_1就大，炉膛就矮胖些。

炉膛截面热强度反映了燃烧器区域的温度水平。如果q_A选得过大，炉膛截面积A_1过

小，燃烧器区域燃料燃烧放出的大量热量没有足够的水冷壁受热面来吸收，就会使燃烧器区域的局部温度过高，导致燃烧器区域结渣；而当q_A选得过小，燃烧器区域温度太低，又不利于燃料稳定着火。对低挥发分的煤，为改善着火条件，q_A应取大些；对灰熔点软化温度较低的煤，为避免结渣，q_A应取得小些。

3. 燃烧器区域壁面热强度

燃烧器区域壁面热强度是指在单位时间内、燃烧器区域的单位炉壁面积上，燃料完全燃烧放出的热量，用q_R来表示，即

$$q_R = \frac{BQ_{net,ar,p}}{A_R} \tag{3-4}$$

式中　A_R——燃烧器区域壁面面积，m^2。

燃烧器区域壁面热强度q_R与炉膛截面热强度q_A一样，反映了燃烧器区域的温度水平，但q_R还能反映燃烧器在不同布置方式下火焰的分散与集中情况。q_R越大，说明火焰越集中，燃烧器区域的温度水平越高，这对促进燃料的着火和维持燃烧的稳定是有利的。但是q_R过高，就意味着火焰过分集中，会致使燃烧器区域局部温度过高，容易造成燃烧器区域水冷壁结渣。

q_V、q_A与q_R三个特性参数可全面反映锅炉炉膛内的热力特性。

三、商洛电厂锅炉的炉膛

（1）商洛电厂锅炉炉膛的几何形状及参数见表3-6。

（2）商洛电厂锅炉炉膛的主要热力参数见表3-7。

表 3-6 商洛电厂锅炉炉膛的几何形状及参数

项目	符号	单位	数值
	a（宽度）	mm	22 162.4
	b（深度）	mm	16 980.8
	c	mm	11 853.6
	d	mm	14 813.8
	e	mm	26 732.6
炉膛几何形状	f	mm	15 500
	g	mm	11 554
	h	mm	38 834.9
	i	mm	1850
	j	mm	15 316.4
	k	mm	1243.2
	m	mm	13 718.8
	n	mm	4377.5
	o	mm	13 013.4
	p	mm	9112
	q	mm	11 538.4
	r	mm	4843.3
	s	mm	16 986.6
	t	mm	3967.4

项目	符号	单位	数值
相邻燃烧器中心线之间的水平距离		mm	3048
最外排燃烧器至侧墙的水平距离		mm	3461.2
顶层燃烧器至屏式过热器底部的距离	L_1	mm	26 732.6
底层燃烧器至冷灰斗折焰角的距离	L_2	mm	3259.8

表 3-7　　　　　　　　　商洛电厂锅炉炉膛的主要热力参数

项目	符号	单位	数值
炉膛截面面积	A_1	m^2	376.3
炉膛容积	V_1	m^3	22 492.2
燃烧器区域壁面面积	A_R	m^3	1162.8
炉膛有效投影辐射受热面（EPRS）面积	A_{EPRS}	m^3	7481
输入的净热量（BMCR）	Q	MW	1601.91
炉膛横断面热负荷	Q/A_1	MW/m^3	4.26
炉膛容积热负荷	Q/V_1	kW/mm^3	71
燃烧器区域壁面热负荷	Q/A_R	MW/m^3	1.38
炉膛有效投影辐射受热面热负荷	Q/A_{EPRS}	kW/m^3	214
炉膛出口烟气温度（FEGT）	t_{FEGT}	℃	989

第四节　商洛电厂的煤粉燃烧器

一、燃烧器的布置

商洛电厂采用的煤粉燃烧器为东方锅炉股份有限公司生产的双旋流 OPCC-Ⅱ 型燃烧器。该燃烧器采用两面墙对冲的分级燃烧技术，其布置如图 3-34 所示。具体布置情况为：在炉膛前墙分三层、后墙分三层布置该燃烧器，每层布置 6 只，全炉共设 36 只；在最上层燃烧器的上部布置了两层燃尽风喷口，在燃烧器靠近水冷壁侧设有 3 层贴壁风。每台磨煤机带 1 层 6 只燃烧器。燃烧器与磨煤机的连接关系为：前墙下层对应 B 磨煤机，前墙中层对应 D 磨煤机，前墙上层对应 C 磨煤机；后墙下层对应 F 磨煤机，后墙中层对应 A 磨煤机，后墙上层对应 E 磨煤机。

燃烧器层的间距为 4579.9mm，燃烧器列的间距为 3048mm。上层燃烧器中心线距屏式过热器底部的距离约为 26 732.6mm，下层燃烧器中心线距冷灰斗拐点的距离为 3259.8mm。燃烧器组的高为 11 853.6mm。最外侧燃烧器中心线与侧墙的距离为 3461.2mm。燃尽风距最上层燃烧器中心线的距离为 5980.7mm。

二、燃烧器的组成

该燃烧器主要由一次风弯头、文丘里管、煤粉浓缩器、燃烧器喷嘴、稳焰环、内二次风装置、外二次风装置（含调风器、执行器）及燃烧器壳体等部件组成，如图 3-35 所示。燃烧器配风分为一次风、内二次风和外二次风（也称三次风），它们分别通过一次风管、燃烧器内同心的内二次风、外二次风（三次风）环形通道在燃烧的不同阶段分别送入炉膛。其中内二次风为直流，外二次风（三次风）为旋流。

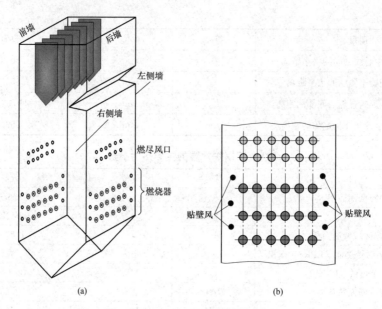

图 3-34　OPCC-Ⅱ型燃烧器的布置

（a）整体布置图；（b）单侧布置图

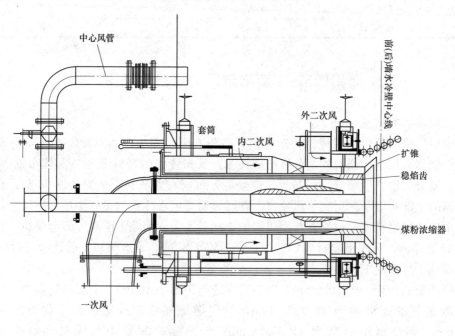

图 3-35　燃烧器的结构

前、后墙最下面一层燃烧器布置有等离子高能点火器。等离子高能点火器具有锅炉启动点火和锅炉低负荷稳燃两种功能，在锅炉达到最低稳燃负荷后，等离子高能点火器可以退出运行，等离子燃烧器作为主燃烧器使用。

该燃烧器将燃烧用风分为四部分：一次风、内二次风、外二次风和中心风。

煤粉及其输送用风（即一次风）经煤粉管道、燃烧器一次风管、煤粉浓缩器后喷入炉膛。燃烧器二次风箱为运行燃烧器提供内二次风和外二次风，为停运燃烧器提供冷却风。

内二次风和外二次风通过燃烧器内同心的内二次风、外二次风环形通道在燃烧的不同阶段分别送入炉膛。进入每个燃烧器的内二次风量可通过燃烧器上的二次风门进行调节，此为手动调节。通过调节内二次风门的开度可得到适当的内二次风量，以获得最佳燃烧工况，即获得良好的着火稳燃性能、高燃烧效率、低 NO_x 排放量，以及防止燃烧器结焦等。进入每个燃烧器的外二次风量可通过燃烧器上切向布置的叶轮式风门挡板进行调节。调节外二次风门挡板的开度，即可得到适当的外二次风量和外二次风旋流强度，以获得最佳燃烧工况。

为了提高燃烧器的低负荷稳燃性能，防止结渣并降低 NO_x 排放，该燃烧器采用了煤粉浓缩器、稳焰环及稳焰齿。安装在一次风管中的煤粉浓缩器可实现一次风气流的浓淡分离，还可使气流在稳焰环附近区域形成一定浓度的煤粉气流。为了防止煤粉浓缩器的磨损，通常在煤粉浓缩器上贴有耐磨陶瓷片。

该燃烧器的优点是：①采用浓缩煤粉燃烧技术，具有较高的燃烧效率；②采用稳燃环与稳焰齿，减轻了高温烟气的卷吸和回流，增加了燃烧器喷口附近的燃烧效率；③旋流二次风促进了火焰和外侧风的混合；④单个燃烧器形成"风包粉"的流场，使火焰不易刷墙；⑤单个燃烧火焰形状易于控制，提高了一次风的动量，使早期火焰不扩散，降低了二次风旋流强度；⑥合适的燃烧器扩锥角度，使火焰不飞边，不易发生火焰偏斜。

三、燃尽风及其结构

燃尽风主要由中心风、内二次风、外二次风、调风器及壳体等组成。燃尽风调风器结构如图 3-36 所示。其中，中心风为直流风，通过手柄调节套筒的位置来实现风量的调节；内二次风、外二次风为旋流风，通过调节挡板、调风器（其开度通过手动调节机构来调节）实现风量的调节。

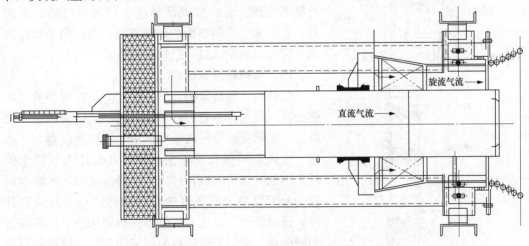

旋流气流

直流气流

图 3-36　燃尽风调风器结构

燃尽风及水平摆动的燃尽风调风器将燃尽风分为两股独立的气流送入炉膛，中央部位的气流为直流气流，其速度高、刚性大，能直接穿透上升烟气进入炉膛中心区域；外圈气流是旋转气流，其离开调风器后向四周扩散，用于和靠近炉膛水冷壁的上升烟气进行混合。外圈气流的旋流强度和两股气流之间的风量分配均可进行调节，它们的最佳状态应在锅炉试运行期间通过燃烧调节试验来确定；而且水平摆动的燃尽风中间的直流风喷口角度，可以通过手动调节装置进行左右调节，喷口角度调节范围为 $-15°\sim+15°$，通过调节喷口角度,可以改善炉内的混合状况,进一步降低飞灰含碳量。

另外,该燃烧器在水冷壁前后墙靠近侧墙处增加了贴壁燃尽风,这是一种防止侧墙水冷壁高温腐蚀的措施。贴壁燃尽风主要由中心风、外二次风、调风器及壳体等组成,其结构如图3-37所示。每个贴壁风支管均设置有手动调节装置,它们的最佳状态应在锅炉试运行期间通过燃烧调节试验来确定。推荐投运贴壁燃尽风时,初期风门开度定为35°,后期视情况再行调节。

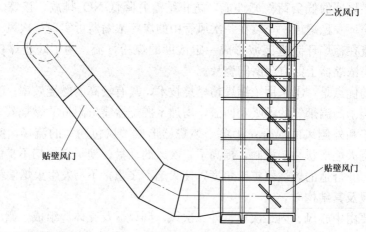

图 3-37 贴壁燃尽风的结构

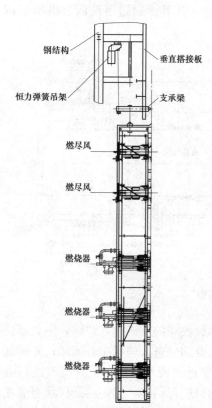

图 3-38 大风箱的结构

各层燃烧器总风量的调节可通过风箱入口风门执行器来实现。锅炉总风量的调节可通过送风机来实现,它不属于风门挡板的调节范围。燃尽风总风量的调节可通过风箱入口风门执行器来实现。

四、大风箱及其结构

为使每个燃烧器的空气分配均匀,在锅炉前后墙燃烧器区域对称布置有两个大风箱,其结构如图3-38所示。大风箱被分隔成单个风室,每层燃烧器一个风室。大风箱对称布置于前后墙,其设计入口风速较低,因此可以将大风箱视为一个静压风箱,风箱内风量的分配取决于燃烧器的自身结构特点及其风门开度,这样就可以保证各燃烧器在相同状态下自然得到相同风量,有利于燃烧器的配风均匀。大风箱和燃烧器的载荷通过风箱的壳体传递给支承梁;支承梁的一端与壳体相连,另一端与固定在钢结构上的恒力弹簧吊架相连。

五、燃烧器运行方式

该燃烧器采用前后墙对冲的燃烧方式。燃烧器的喷嘴使用寿命不低于80 000h。一次风喷口采用防止烧坏和磨损的新型合金材料来制造。顶层燃烧器与屏式过热器底部管子或底端的距离为 26.7m，以确保完全燃烧和防止火焰直接冲刷受热面。在脱硝装置不投运时，NO_x 排放浓度不超过150mg/mm³（标准状况下，含氧气量为 6％，干态），在燃烧器上部装设分离燃尽风。燃烧器的二次风挡板关闭严密，每个风门能在DCS 中单独控制。

锅炉点火方式为两层等离子点火，不设常规油系统。锅炉采用等离子点火方式，B、F 磨煤机为变频运行（两台磨煤机共用一套变频装置）。

煤粉燃烧系统在 25％～100％BMCR 时使用 2～5 台磨煤机运行。磨煤机的投入方式见表 3-8。投运磨煤机台数与锅炉负荷的关系如图 3-39 所示。

表 3-8　　　　　　　　　　　　磨煤机投入方式

工况	BMCR	BRL	THA	75％THA
磨煤机投运台数	5	5	5	4
燃烧器投运次序	上层：后 中层：前、后 下层：前、后	上层：后 中层：前、后 下层：前、后	上层：后 中层：前、后 下层：前、后	中层：前、后 下层：前、后
工况	50％THA	40％THA	30％BMCR	HPO
磨煤机投运台数	3	3	2	5
燃烧器投运次序	中层：前、后 下层：后	中层：前、后 下层：后	中层：前、后	上层：后 中层：前、后 下层：前、后

注　THA—热耗率验收功率；HPO—高压加热器切除工况。

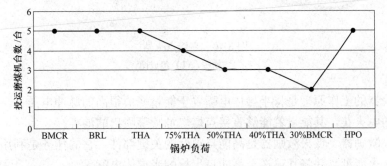

图 3-39　投运磨煤机台数与锅炉负荷的关系

第五节　点　火　系　统

煤粉锅炉点火系统的主要作用有两个：一是点火暖炉；二是稳定燃烧和助燃。锅炉启动时，可利用点火系统来预热炉膛及点燃主燃烧器中的煤粉气流，这个过程称为"点火暖炉"。另外，当锅炉担任调峰任务，需在较低负荷下运行或燃煤质量变差时，由于炉膛温度降低危及煤粉着火的稳定性，炉内火焰会发生脉动甚至有熄火的危险，此时可用点火系统来稳定燃烧和助燃。

长期以来，火电厂燃煤锅炉在点火和低负荷稳燃阶段普遍采用以燃油为过渡燃料的点火系统，这需要消耗大量的燃油。为了减少火电厂的燃油耗量，近几年相继出现了一些少油甚至无油点火技术，如等离子点火技术、微油点火技术和高温空气无油点火技术等，特别是等离子点火技术已成功地投入商业运行。

一、采用过渡燃料的点火系统

采用过渡燃料的点火系统有气—油—煤三级系统和油—煤二级系统两种。电厂燃煤锅炉多采用油—煤二级点火系统。

油—煤二级点火系统主要由点火器、油燃烧器、炉前油系统、控制系统和火焰检测设备组成。它一般是先用点火器点燃油燃烧器喷出的雾化油，点火器退出运行；然后通过油的燃烧放出热量加热炉膛，待炉膛温度水平达到煤粉气流的着火温度后，投入煤粉，将煤粉点燃；最后在煤粉气流燃烧稳定后，油燃烧器熄火并退出运行。

1. 点火器

点火器的任务是产生一定功率的点火能量，将过渡燃料（燃油）引燃。

根据电气引燃原理的不同，可将点火器分为电火花点火器、电弧点火器及高能点火器等类型，目前大型电站锅炉广泛使用的是高能点火器。

高能点火器主要由点火激励器、点火枪、点火电缆及伸缩装置组成，如图 3-40 所示。

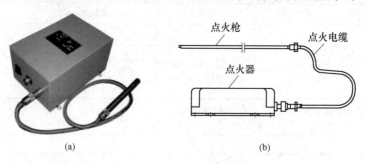

图 3-40　高能点火器
（a）实物图；（b）组成图

高能点火器的工作原理是将半导体电嘴置于能量峰值很高的脉冲电压下，使得电嘴表面产生强烈的电火花，其能量就能够直接点燃燃油喷嘴喷出的油雾。

（1）点火激励器。点火激励器是高能点火器的关键部件，它的任务是利用工频交流电产生一定的点火能量，并将其输送至高能点火枪的半导体电嘴。

（2）点火枪。点火枪由导电杆和半导体电嘴组成。导电杆的一端用插座与点火电缆连接，另一端与半导体电嘴连接。导电杆的作用是将点火激励器中储电电容释放出来的电能传递给半导体电嘴。半导体电嘴是点火装置的放电部件，它由中心电极外包陶瓷绝缘层构成。半导体电嘴的作用是当高压电施加在中心电极上时，使电极之间的空气被击穿电离形成电火花。

（3）点火电缆。点火电缆用于连接点火激励器和导电杆。点火电缆的工作环境温度不能过高，否则容易引起电缆故障。

煤粉锅炉的点火器大多放在主燃烧器内，其中直流煤粉燃烧器的点火器放在二次风燃烧器内，旋流煤粉燃烧器的点火器放在中心管内。图 3-41、图 3-42 所示是一种高能点火器的结构和组装图。其主要工作过程是：点火时，半导体电嘴和油喷嘴分别由电动或气动执行机构推进炉膛，由点火变压器产生的能量通过点火电缆输入点火枪的导电杆，在导电杆端头的半导体电嘴与套管端头之间的表面产生强烈电火花点燃油雾，然后再点燃主燃烧器喷出的煤粉气流。若主煤粉气流点火成功，则点火器和油喷嘴自动退出，以免停运时被烧坏。

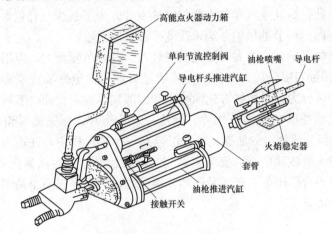

图 3-41　高能点火器的结构

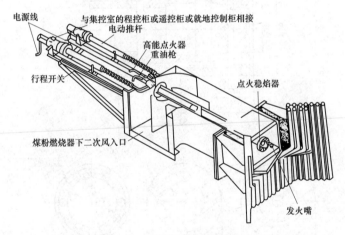

图 3-42　高能点火器的组装图

2. 油燃烧器

油燃烧器由油喷嘴和调风器组成。油喷嘴的作用是将燃油雾化成细小的油滴以增加油与空气的接触面积，强化燃烧，提高燃烧效率。调风器的作用是及时给油雾火炬根部送风，并使油与空气充分混合，造成良好的着火条件，保证油的燃烧能迅速完全地进行。

（1）油喷嘴。油喷嘴也称油枪或油雾化器。根据油雾化方式的不同，油喷嘴可分为蒸汽雾化式、压力雾化式、空气雾化式等类型。

1）蒸汽雾化式油喷嘴。蒸汽雾化式油喷嘴的结构如图 3-43 所示。该喷嘴头由油孔、汽孔

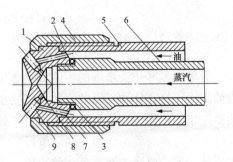

图 3-43　蒸汽雾化式喷嘴的结构
1—喷嘴头；2、3—垫片；4—压紧螺母；5—外管；6—内管；7—油孔；8—蒸汽孔；9—混合孔

和混合孔组成，这三者构成一个 Y 字形，故其又称 Y 形油喷嘴。油和蒸汽分别通过油孔和汽孔进入混合孔内相互撞击，形成乳化状油气混合物，再喷入炉内雾化成细小油滴。喷嘴头上装有多个油孔，因此空气和油雾能很好地混合。为了减少汽耗量并便于控制，蒸汽压力应保持不变，而用调节油压的办法来改变喷油量。

这种油喷嘴结构简单，出力大，雾化质量好，负荷调节幅度大，应用广泛。

2）压力雾化式油喷嘴。压力雾化式油喷嘴是靠油压强迫燃油流经雾化器喷嘴并使其雾化。该油喷嘴又可分为简单机械雾化油喷嘴和回油式机械雾化油喷嘴两种。

简单机械雾化油喷嘴主要由雾化片、旋流片、分流片、压紧螺母组成，其结构如图3-44所示。压力油经分流片（分油嘴）小孔汇合到一个环形槽中，并均匀分配到旋流片的切向槽里，然后进入旋流片中心的旋流室做高速旋转运动，最后从雾化片的中心孔喷出。油在旋转产生的离心力作用下克服了黏性和表面张力，被撕碎成细小油滴，并形成具有一定雾化角的圆锥状油雾。

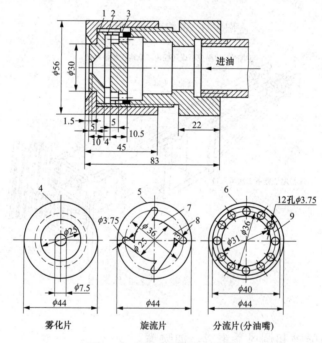

图 3-44　简单机械雾化油喷嘴

1—喷嘴头；2、3—垫片；4—雾化片；5—旋流片；6—分流片（分油嘴）；7—旋流室；8—切向槽；9—环形槽

简单机械雾化油喷嘴的喷油量是通过改变进油压力来调节的。当负荷减小时，需降低进油压力，这会使油喷出的旋转速度变小，雾化质量变差，油滴变粗，炉膛内不完全燃烧热损失增加。为了在低负荷时能保证一定的雾化质量，只有提高额定负荷下的进油压力，但进油压力提高后，会增大油泵电耗，加速雾化片的磨损，因此这种油喷嘴只适用于带基本负荷或不需要经常调节负荷的锅炉。

回油式机械雾化油喷嘴的主要特点是在分流片上装有回油孔，如图3-45所示。回油孔的作用是让一部分油在喷出油喷嘴前，从旋流室返回回油管路，用以调节喷油量。这种油喷嘴的调节特点是进油压力可保持不变，而只调节回油量就能改变喷油量，因此雾化质量不受喷油量变化的影响。

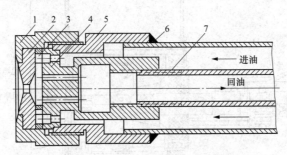

图 3-45 回油式机械雾化油喷嘴
1—压紧螺母；2—雾化片；3—旋流片；4—分流片（分油嘴）；5—喷嘴座；6—进油管；7—回油管

（2）调风器。调风器一般分为旋流式、平流式和文丘里式三种。

1）旋流式调风器。旋流式调风器又分为切向叶片式和轴向叶轮式两种。其中，切向可动叶片旋流式调风器的结构如图 3-46 所示。在这种调风器中，空气被分成两段：一次风通过多孔筒形风门进入一次风管，其出口处有一轴向叶片式稳焰器使动叶旋转；二次风通过切向可动叶片旋转进入二次风管。雾化器插在中心管内。

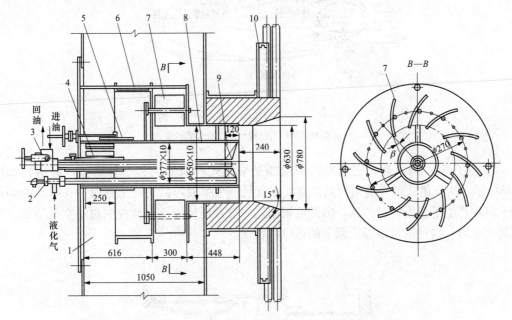

图 3-46 切向可动叶片旋流式调风器的结构
1—大风箱；2—点火嘴；3—主油嘴；4—筒形风门；5—套筒；6—叶片调节杆；
7—切向可动叶片；8——次风管；9—稳焰器；10—支架

2）平流式调风器。平流式调风器的结构如图 3-47（a）所示。二次风平行于调风器的轴线流动，为了加强后期混合，风速很高，为 50～70m/s。一次风通过固定式旋流叶片强烈旋转，以满足火焰根部油雾与空气的混合并产生中心回流区。这样既提供了着火热源，又可防止产生炭黑。其油火焰结构如图 3-47（b）所示。

平流式调风器的结构简单，操作方便，能自动控制风量，较适合大型电站锅炉。

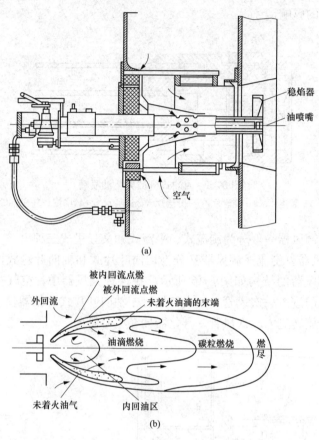

图 3-47 平流式调风器及油火焰的结构

(a) 平流式调风器结构；(b) 油火焰结构

3）文丘里式调风器。文丘里式调风器是平流式调风器的另一种形式，其结构如图 3-48所示。文丘里式调风器的特点是空气在流经一个缩放形的文丘里管时，在喉部与调风器入口端产生了较大的静差压，因此可根据这一静差压比较精确地控制过量空气系数。在负荷变化时，这种调风器燃烧调节的适应性较强。

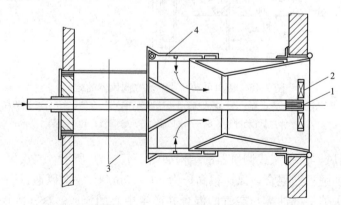

图 3-48 文丘里式调风器的结构

1—雾化器；2—稳焰器；3—大风箱；4—筒形风门

3. 炉前油系统

炉前油系统的作用是为点火设备输送合格的点火用燃油，并维持燃油压力的稳定。炉前油系统由燃油进油和回油管道、蒸汽管道、仪表空气管道、一次仪表、阀门和测温元件等组成。

锅炉燃油经进油母管送到炉前，然后接入锅炉前的环形管道，再用分管道送到锅炉四角，每个角有多个分支，分别送入该角的每支油枪。回油接入锅炉前的回油环形管道，再用回油母管送回。吹扫蒸汽来自锅炉的辅助蒸汽，其用管道送至炉前，再分别送入各个油枪。

4. 火焰检测设备

现代化大容量锅炉的燃烧器和炉膛内均装有火焰检测器。它通过光电原理来检测和监视点火器、主燃烧器着火情况及炉内燃烧火焰是否正常。当点火或燃烧异常时，检测信号反馈到锅炉安全监视保护系统，报警或发出相应处理指令，以防锅炉发生灭火和炉内爆炸事故，确保锅炉的安全运行。

二、等离子点火系统

等离子点火技术是在点火与稳燃过程中以煤代油的节油新技术，能应用于燃烧贫煤、烟煤、褐煤的锅炉。

等离子点火系统的优点是：①采用等离子点火系统，可以节约发电厂的运行费用；②电厂采用单一燃料后，减少了燃油的运输和储存环节，改善了电厂的环境；③由于点火时不燃油，电除尘装置可以在点火初期投入，减少了点火初期排放的大量烟尘对环境的污染；④等离子体内含有大量的化学活性粒子，可加速热化学转换，促进燃料的完全燃烧。但是，等离子点火装置一次性投资大，阴极头使用寿命短，对吹弧用压缩空气品质要求较高。

1. 等离子点火技术的机理

等离子点火装置利用直流电流（280～350A）在介质气压（0.01～0.03MPa）条件下通过阴极和阳极接触引弧，并在强磁场控制下获得稳定功率的直流空气等离子体射流。该等离子体射流在专门设计的燃烧器的中心筒一级燃烧室中形成温度大于6000℃的局部高温区（即等离子"火核"）。煤粉颗粒通过该等离子"火核"时受到高温作用，并在0.001s内迅速释放出挥发分，并使煤粉颗粒破裂粉碎。由于该反应是在气相中进行的，混合物组分的粒级发生了变化，因此使煤粉的燃烧速度加快，大大地减少了点燃煤粉所需的引燃能量，实现了锅炉的无油（或少油）点火和低负荷无油稳燃。

等离子体内含有大量的化学活性粒子，如原子（C、H、O）、原子团（H_2、O_2）、离子（OH^-、O^{2-}、H^+）和电子等，这些化学活性粒子可加速热化学转换，促进燃料的完全燃烧。等离子体可使煤粉的挥发分比通常情况下提高20%～80%，使得等离子体具有再造挥发分的效应，这对于点燃低挥发分煤、强化燃烧有特别的意义。

2. 等离子点火系统的组成

等离子点火系统由等离子点火设备及其辅助系统组成，如图3-49所示。其中，等离子点火设备由等离子发生器、等离子燃烧器、等离子电源系统及控制系统等组成；辅助系统由冷风加热系统、等离子载体风系统、等离子冷却水系统、图像火检系统、一次风在线监测系统及等离子燃烧器壁温监测系统等组成。

（1）等离子发生器。等离子发生器是等离子点火系统的核心部分。等离子发生器为强

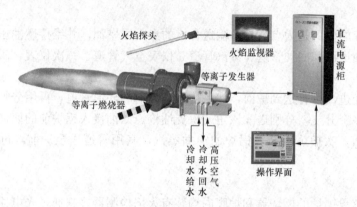

图 3-49 等离子点火系统的组成

磁场控制下的空气载体等离子发生器，主要由绕组、阳极组件、阴极组件三大部分组成，如图 3-50 所示。阴极和阳极材料采用具有高导电率、高热导率及抗氧化的金属材料制成，且均采用水冷方式，以承受电弧高温冲击。绕组的作用是产生一个磁场压缩等离子体，且绕组在 250℃的高温情况下具有抗 2000V 的直流电压击穿能力。等离子发生器电源采用的是全波整流电源，该电源还具有恒流性能。直线电动机的作用是在投运等离子点火器时，驱动阴极的进、退。

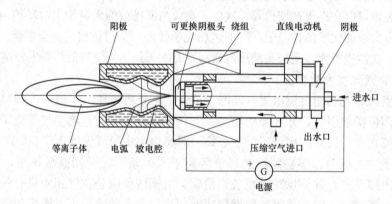

图 3-50 等离子发生器结构

拉弧原理为：首先设定输出电流，当阴极前进同阳极接触后，整个系统具有抗短路的能力且电流恒定不变；当阴极缓缓离开阳极时，在线圈磁力的作用下电弧拉出喷管外部。一定压力的空气在电弧的作用下，被电离为高温等离子体，其能量密度高达 105～106W/cm²，这就为点燃不同的煤种创造了良好的条件。

（2）等离子燃烧器。等离子燃烧器是与等离子发生器配套使用的煤粉燃烧器。目前等离子燃烧器有两种形式：一种是兼有主燃烧器功能的等离子燃烧器，它在锅炉启动时能采用等离子点火，正常运行时可作为主燃烧器；另一种是专门用于点火及稳燃的等离子燃烧器，它单独布置在主燃烧器旁边。

1）工作原理。等离子燃烧器采用逐级点火的内燃方式，它主要由中心筒一级燃烧室、内套筒二级燃烧室、圆形外套筒和煤粉浓缩结构组成，如图 3-51 所示。

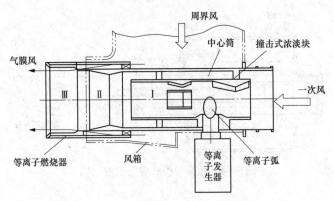

图 3-51 等离子燃烧器的结构

Ⅰ—中心筒一级燃烧室；Ⅱ—内套筒二级燃烧室；Ⅲ—圆形外套筒

等离子燃烧器的工作过程如图 3-52 所示。等离子发生器的引弧管首先将等离子体射流引至中心筒一级燃烧室，在此等离子体射流与经过浓缩的煤粉发生强烈的电化学反应，煤粉裂解产生大量挥发分并被点燃；然后中心筒一级燃烧室中燃烧着的煤粉火炬进入内套筒二级燃烧室，成为引入二级燃烧室煤粉的稳定点火源。

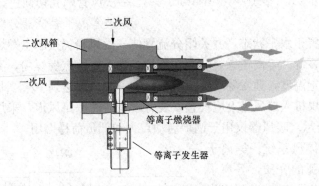

图 3-52 等离子燃烧器的工作过程

2）煤粉浓缩结构。在点火区适当提高煤粉浓度有利于点火，等离子燃烧器是通过采用煤粉浓缩结构来改变进入点火区的浓度分布的。常见的煤粉浓缩结构有弧形导板式、撞击分离式和百叶窗式叶栅式等。

撞击分离式煤粉浓缩结构如图 3-53 所示，它是在一次风管内布置起浓淡分离作用的撞击块，在分流管前布置隔断密封挡板，该挡板还兼有分流的功能。撞击分离式煤粉浓缩结构简单，分离效果好，且阻力和磨损小，因此应用较为广泛。

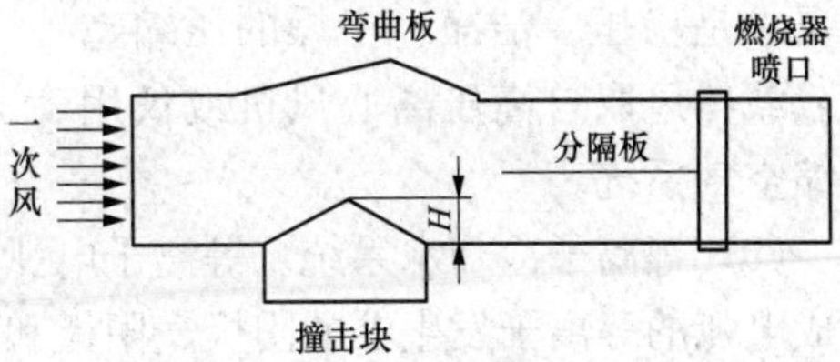

图 3-53 撞击分离式煤粉浓缩结构

弧形导板式煤粉浓缩结构如图 3-54 所示，它是利用一次风管道弯头的浓淡分离效果，用浓淡调节板将浓煤粉导入点火中心筒一级燃烧室内。改变调节板的角度，可调节进入一级燃烧室的煤粉浓度。

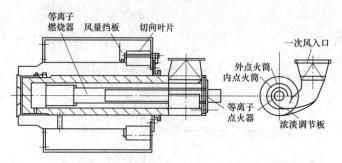

图 3-54　弧形导板式煤粉浓缩结构

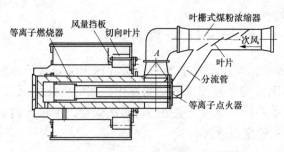

图 3-55　百叶窗式叶栅式煤粉浓缩结构

百叶窗式叶栅式煤粉浓缩结构如图3-55 所示，它是将百叶窗式叶栅布置在一次风粉进入燃烧器前的一次风管道的水平段；在叶栅处，从一次风管中分岔出分流管。点火时，风粉流经叶栅，被叶栅分离的浓煤粉由分流管进入中心筒一级燃烧室由等离子体点燃；淡煤粉经一次风管蜗壳切向进入内套筒二级燃烧室被等离子燃烧器分级点燃。点火完成后，将叶栅的叶片置于水平状态，并关闭分流管使一次风粉仍按原主燃烧器的方式工作。

（3）冷风加热系统。等离子燃烧装置在冷炉条件下直接点燃煤粉，要求磨煤机出口的风粉混合物具有一定温度，通常要求磨煤机出口的一次风温达到70℃。因此，在与等离子燃烧器相连接的磨煤机入口风道上应设置安装有暖风器的旁路风道，采用辅助蒸汽加热一次风，如图3-56 所示。暖风器仅用于锅炉启动点火和低负荷稳燃用。

（4）等离子载体风系统。等离子载体风是等离子电弧的介质，等离子电弧产生后，在绕组的强磁场压缩作用下，高压等离子载体风以一定的流速通过阳极形成可利用的等离子体射流，因此等离子点火系统需要配备载体风系统。等离子点火系统对载体风的要求是稳压、洁净、干燥的压缩空气，载体风取自高压离心风机或仪用压缩空气系统。

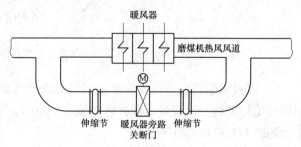

图 3-56　暖风器的布置

（5）等离子冷却水系统。等离子电弧形成后，弧柱温度一般在5000～10 000K，对于形成电弧的等离子发生器的阴极、阳极和绕组必须通过水冷的方式来进行冷却，否则很快会被烧毁。冷却水宜采用除盐化学水。

三、商洛电厂的等离子点火系统

商洛电厂锅炉的等离子点火装置对应前后墙最下层的燃烧器，相应磨煤机为B、F。

商洛电厂的整套等离子点火系统，主要包括点火燃烧器本体、压缩空气系统、高压助燃风系统、冷炉制粉系统（冷风加热系统）、图像火检及燃烧器壁温监测系统、控制及保护系统、点火系统仪表、控制柜（含设备、部件、管道及支吊等）等。

其中，冷炉制粉系统采用蒸汽加热方式，并设置暖风器旁路系统，以确保锅炉正常运行时不增加系统阻力。等离子点火装置的供回水接口在锅炉房闭式冷却水供回水母管上，载体风接口在锅炉压缩空气母管上，暖风器汽源接口在锅炉房辅助蒸汽母管上。等离子火检冷却风来自锅炉火检冷却风机。等离子点火控制系统与锅炉炉膛安全监控系统（furnace safeguardsupervisory system，FSSS）的控制和保护逻辑由 DCS 组态实现。

1. 等离子点火要求

（1）等离子点火系统能安全稳定地点燃煤粉，不发生爆燃和二次燃烧，满足锅炉启、停及正常运行的要求。

（2）等离子点火燃烧器不影响锅炉主燃烧器的设计性能，满足各燃烧器间阻力匹配的要求，满足与制粉系统接口的要求，在运行中满足主燃烧器的正常运行及低负荷稳燃的要求。

（3）等离子点火系统的相关设备匹配合理，设有图像火焰监视、一次风（气粉混合物）速的在线监测和壁温监测，保证整个系统的安全可靠运行。

（4）等离子点火控制系统具有与 FSSS、DCS 等的接口。

2. 等离子点火系统投运顺序

（1）启动一台火检冷却风机，检查等离子火检冷却风系统正常。

（2）启动一台等离子冷却水泵，检查等离子冷却水系统正常。

（3）检查、投入待启磨煤机一次风暖风器，做好启动磨煤机的准备。

（4）将待启磨煤机（B、F）切换至等离子方式。

（5）检查机组压缩空气系统正常，满足等离子载体风要求。

（6）检查等离子监控装置已投入运行，等离子图像火检投运正常。

（7）检查等离子拉弧条件满足后，依次将同层 6 个等离子拉弧正常。

（8）确认磨煤机（B、F）已切换至等离子方式，满足启动条件后，启动等离子对应磨煤机运行，注意保持给煤量适度。

3. 等离子发生器常见故障及处理方法

等离子发生器的常见故障及处理方法见表 3-9。

表 3-9　　　　　　　　等离子发生器的常见故障及处理方法

现象	可能的原因	处理方法
不能正常引弧，经常断弧	（1）阳极污染不导电； （2）阳极漏水； （3）电子发射枪枪头污染或损坏； （4）电子发射枪枪头漏水； （5）风压过高； （6）引弧电动机拒动； （7）功率组件故障； （8）控制电源失去	（1）清理阳极； （2）更换阳极，更换密封垫； （3）清理或更换枪头； （4）更换枪头，更换密封垫； （5）调节空气压力至 0.03～0.07MPa； （6）检查电动机接线，检查电动机是否损坏； （7）检查可能损失的元件并进行更换； （8）检查更换保险丝

现象	可能的原因	处理方法
功率波动大，易断弧	（1）阳极轻度污染； （2）电子发射枪头烧损，形状不规则； （3）风压波动大； （4）阳极渗水； （5）电子枪头渗水； （6）瓷环松动	（1）清理阳极； （2）更换枪头，清理枪头； （3）检查风压系统； （4）更换密封垫； （5）检查枪头是否松动，如松动用专用工具拧紧； （6）检查瓷环位置、卡簧及套筒是否损坏
启弧时阴、阳极接触没有反馈信号	（1）启弧电动机损坏； （2）瓷环脱落或损坏； （3）阴极、阳极污染严重； （4）阴极导管变形； （5）电源柜整流元件 V11 损坏； （6）继电器 K11 损坏	（1）检查电动机； （2）检查瓷环，更换瓷环； （3）清理阴极、阳极； （4）修理或更换阴极导管； （5）更换元件 V11； （6）更换继电器 K11
阴极不旋转	（1）旋转电动机损坏； （2）齿轮损坏； （3）阴极上的顶丝太紧	（1）更换电动机； （2）更换齿轮； （3）松顶丝半圈

第六节　燃烧设备的运行

一、炉膛吹扫

锅炉点火前必须对炉膛进行吹扫。吹扫开始时和吹扫过程中必须满足以下条件，若以下吹扫条件中任一条失去，则不得开始吹扫；若已在吹扫过程中则视为吹扫失败，吹扫计时中断，应排除故障后重新开始吹扫并重新计时。吹扫条件如下：

（1）总燃料跳闸（master fuel trip，MFT）条件不存在（不包括条件"全炉膛火焰丧失"和"临界火焰出现"）。

（2）炉膛安全监控系统电源正常。

（3）至少有一台送风机在运行，且相应送风挡板打开。

（4）至少有一台引风机在运行，且相应引风挡板打开。

（5）两台空气预热器都在运行。

（6）炉膛通风量为 30%～40%BMCR 所需的风量。

（7）所有风箱入口二次风门挡板处于可调节状态并在吹扫位置。

（8）全部一次风机、给煤机、磨煤机跳闸。

（9）所有煤粉管道上一次风门全关。

（10）炉膛中无"火焰存在"信号。

以上条件全部满足后发出"吹扫条件准备好"信号，然后可启动"吹扫"手动指令。炉膛吹扫时间不应小于 5min 或相当于炉膛（包括烟道）换气 5 次的时间，取其中较大值。吹扫计时完成后发出"吹扫完成"信号，"吹扫完成"信号发出后可使 MFT 复归，并发出复归信号。吹扫完成后应始终维持炉膛通风量为 30％～40％BMCR 所需的风量，直至锅炉负荷达到相应水平时止。

二、点火

锅炉启动点火前必须保证规定的"点火许可条件"满足，否则不得进行点火。部分点火许可条件如下：

(1) MFT 复归。

(2) 等离子模式投入。

(3) 等离子冷却水系统、冷却风系统、载体风系统压力正常。

(4) 等离子装置电源正常，具备拉弧条件。

(5) 等离子层对应磨煤机具备启动条件。

"点火许可条件"满足后，锅炉才能进行点火启动。具体做法是：首先将即将投运的磨煤机所对应的风箱入口二次风门及燃烧器外二次风门置于点火位置，然后等离子逐个进行拉弧，拉弧正常后启动对应磨煤机、给煤机，进行点火。

三、风门挡板的控制

在炉膛进行吹扫时，由炉膛吹扫发出的信号是使二次风门置于吹扫位置，而实际的吹扫位置在现场确定（推荐为 100％的开度），原则上是当所有的二次风门、燃尽风门在吹扫位置时锅炉总风量为 30％～40％BMCR 所需的风量。当一层煤粉燃烧器全部投入正常运行后，才能将该层风门挡板置于"自动控制"。当某层煤粉燃烧器停运且全炉至少还有两层煤粉燃烧器在运行时，可关该层二次风门挡板。

燃烧设备各层风箱入口均设有风门挡板，每个风箱的风门挡板均可通过各自的执行器实现调节。风室挡板的作用是分配燃烧器各层风箱之间的风量，它不能用于调节炉膛总风量。

图 3-57、图 3-58 所示为燃烧器风箱与 AAP 风箱入口压力（风箱入口风门挡板出口压力）与锅炉负荷关系曲线。风箱压力变化主要由燃烧器区域、燃尽风区域的过量空气系数（α）决定。燃烧器区域过量空气系数在 0.75～0.90。

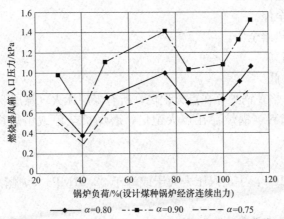

图 3-57　燃烧器风箱入口压力与锅炉负荷关系曲线

上述具体的值应由燃烧调节确定。锅炉进入启动程序后，当锅炉负荷大于或等于 30％BMCR 后，风箱入口风门挡板的开度是锅炉负荷的函数；炉膛吹扫时及锅炉停运阶段应将

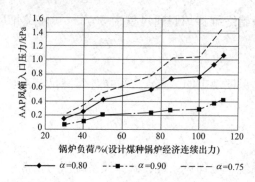

图 3-58　AAP 风箱入口压力与锅炉负荷关系曲线

风门置于吹扫位置。

四、总燃料跳闸（MFT）

总燃料跳闸（MFT）是指锅炉的安全运行条件得不到满足，需要紧急停炉而发出相应指令快速切断所有通往炉膛的燃料并引发必要的联锁动作，以保护锅炉炉膛、其他设备和人员的安全。满足总燃料跳闸的任意一个条件，就应立即引起总燃料跳闸。

1. 总燃料跳闸条件

（1）再热器保护（当蒸汽阻塞时，总燃料量大于 20%BMCR，延时 10s，蒸汽阻塞条件是"1 号主汽门全关或 1 号高压调节阀全关"且"2 号主汽门全关或 2 号高压调节阀全关"且"高压旁路阀全关"；或"1 号再热主汽门全关或 1 号再热调节阀全关"且"2 号再热主汽门全关或 2 号再热调节阀全关"且"低压旁路阀全关"）。

（2）锅炉给水泵停止。

（3）给水流量低。

（4）给水流量低低。

（5）总风量小于 25%BMCR 的风量。

（6）汽轮机跳闸（或）。

（7）两台引风机全停。

（8）两台送风机全停。

（9）两台空气预热器全停。

（10）炉膛压力高高。

（11）炉膛压力低低。

（12）失去全部火焰［锅炉存在点火记忆，所有煤层无火（煤层 6 取 3）］。

（13）失去全部燃料（锅炉存在点火记忆，磨煤机全停或给煤机全停或一次风机全停）。

（14）手动 MFT。

（15）脱硫请求 MFT，主蒸汽压力大于或等于 32.61MPa（炉侧高温过热器出口集箱 5 取 3）。

（16）MFT 柜两路电源失去。

（17）火检冷却风失去。

2. 总燃料跳闸时引发的部分联锁动作

（1）跳闸所有给煤机（含硬接线回路）。

（2）跳闸所有磨煤机（含硬接线回路）。

（3）跳闸磨煤机变频器 10kV 开关及变频器（含硬接线回路）。

（4）跳闸所有一次风机（含硬接线回路）。

（5）关闭所有磨煤机出口门（含硬接线回路）。

（6）关闭再热器减温水总门（含硬接线回路）。

（7）关闭过热器减温水总门（含硬接线回路）。

（8）关闭过热器辅助减温水电动截止阀（含硬接线回路）。

（9）汽轮机紧急跳闸系统（emergency trip system，ETS）跳闸（含硬接线回路）。

（10）跳闸 B、F 等离子点火（含硬接线回路）。

（11）关闭所有磨煤机入口冷一次风气动插板门。

（12）关闭所有磨煤机入口热一次风气动插板门。

（13）关闭选择性催化还原（selective catalytic reduction，SCR）系统入口供氨管道气动阀。

（14）退出所有吹灰器（关进汽门、退吹灰器、开疏水门）。

五、锅炉 MFT 后的炉膛吹扫

若不是由送风机和引风机跳闸引起的锅炉 MFT，则不能跳闸送风机和引风机。若此时炉膛总风量大于 30%BMCR 风量，则立即将所有燃烧器风门调至吹扫位置（即全开位置），并将炉膛总风量逐渐调至 30%～40%BMCR 的吹扫风量；若此时炉膛总风量小于 30%BMCR 的风量，则 5min 后将所有燃烧器风门调至吹扫位置（即全开位置），并将炉膛总风量逐渐调至 30%～40%BMCR 的吹扫风量。炉膛吹扫时间不得少于 5min。

若是由送风机和引风机跳闸引起的锅炉 MFT，则应延时一定时间再缓慢打开跳闸风机的挡板，并保持打开状态不少于 15min。锅炉 MFT 1min 后将所有燃烧器风门调至全开的吹扫位置，待风机恢复正常后按正常的炉膛吹扫程序对炉膛进行吹扫。

第四章 省 煤 器

省煤器是利用锅炉尾部烟气的热量来加热给水的一种热交换器。由于其最初的使用目的是降炉排烟温度，节约燃料，故称其为省煤器。省煤器有较高的温差和传热系数，因此可用廉价且管径小、壁薄的省煤器受热面来代替昂贵的部分蒸发受热面。目前，省煤器在电站锅炉中已成为锅炉本体的主要受热面之一。

第一节 省煤器的作用与分类

一、省煤器的作用

（1）节省燃料。在电站锅炉尾部烟道中装设省煤器来加热给水，可以降低锅炉排烟温度，减少排烟热损失，提高锅炉效率。

（2）延长锅炉的使用寿命。对自然循环汽包锅炉，采用省煤器可以改善汽包的工作条件；采用省煤器加热给水，可以提高进入汽包的给水温度，降低因温差而引起的热应力，进而延长汽包的使用寿命。对于直流锅炉，采用省煤器可以提高进入锅炉水冷壁的给水温度，减少给水与水冷壁之间的温差，降低水系统各受热面和集箱的热应力，这对延长锅炉的使用寿命有一定的作用。

（3）降低锅炉造价。由于给水进入蒸发受热面之前经过了省煤器加热，给水的温度要比给水压力下的饱和温度低得多，加上省煤器中的工质是强制流动、逆流传热的，因此省煤器与蒸发受热面相比，在同样的烟气温度条件下，其传热温差较大，传热系数较高。使用省煤器可以减少工质在蒸发受热面内的吸热量，在吸收同样热量的情况下，省煤器可以节省金属材料，也就是说以造价低的省煤器代替部分造价高的蒸发受热面，可以降低锅炉的制造成本。

二、省煤器的分类

（1）按照省煤器出口工质状态的不同，省煤器可以分为沸腾式省煤器和非沸腾式省煤器两种。

如果水在省煤器内被加热至饱和温度并产生部分蒸汽，则称该省煤器为沸腾式省煤器。对于中压锅炉，由于水的汽化潜热大，蒸发吸热量大，为了不使炉膛出口烟气温度过低，有时就要采用沸腾式省煤器。其生成的蒸汽量一般不应超过给水量的20%，以免省煤器中流动阻力过大和产生汽水分层。

如果省煤器出口水的温度低于该压力下的饱和温度，则称该省煤器为非沸腾式省煤器。对于超高压以上的大容量锅炉，因为水在蒸发时所需热量中预热所占比例增大，汽化潜热所占比例减少，所以省煤器都采用非沸腾式省煤器，而且省煤器出口水都有较大的欠焓。

（2）按照省煤器所用材料的不同，省煤器可分为铸铁式省煤器和钢管式省煤器两种。铸铁式省煤器和钢管式省煤器的优缺点见表 4-1。

表 4-1　　　　　　　　　　铸铁式省煤器和钢管式省煤器的优缺点

省煤器形式	优点	缺点
铸铁式	省煤器壁厚，硬度高，表面有一层铸皮，耐磨耐腐蚀，使用寿命长	加工复杂，造价高，维修量大，不耐水击，多用在除氧不完善的小型锅炉上
钢管式	制造工艺简单，体积小，质量轻，布置自由，安装方便，维修量小，能承受水击	耐磨耐腐蚀性差，寿命较短，多用在给水除氧完善的省煤器上

第二节　钢管式省煤器

一、钢管式省煤器的结构

钢管式省煤器是由许多并列的蛇形管和进、出口集箱组成的，其结构如图 4-1 所示。蛇形管一般用管径为 28~51mm、壁厚为 3~5mm 的无缝钢管弯制而成。

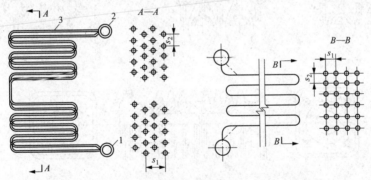

图 4-1　钢管式省煤器的结构
1—进口集箱；2—出口集箱；3—蛇形管
s_1—横向节距；s_2—纵向节距

省煤器管一般采用小的管间节距，以使省煤器结构紧凑。蛇形管束的纵向节距 s_2 就是管子的弯曲半径。当管子弯曲时，弯头的外侧管壁将减薄，弯曲半径越小，外壁就越薄，强度降低得就越厉害。因此，管子的弯曲半径一般不小于 $(1.5~2.0)d$，即纵向节距 $s_2 > (1.5~2.0)d$，其中 d 为蛇形管的外径。蛇形管束的横向节距 s_1 受管子支吊条件与堵灰的限制，一般不小于 $(2~3)d$。

若省煤器受热面较大，总高度较高，则可将其分成几段，每段高度为 1.0~1.5m，段与段之间留出 0.6~0.8m 的检修空间。此外，省煤器与其相邻的空气预热器之间也应留出 0.8～1.0m 的检修空间，以便进行检修和清除受热面上的积灰。

钢管式省煤器通常采用光管，其特点是结构简单，加工方便，烟气流过时阻力小。但为了增强传热并提高结构的紧凑性，有的锅炉采用了鳍片管、膜式管、肋片管、刺钉管等形式的钢管式省煤器。

图 4-2 （a）、（f）所示为在省煤器蛇形管上焊接矩形鳍片的鳍片管式省煤器。在金属用量、通风电耗相同的情况下，它的体积要比光管受热面的体积小 25%～30%，且传热量有所增加。而图 4-2 （b）所示的采用轧制鳍片的鳍片管式省煤器，它的外形尺寸可缩小 40%～50%。

图 4-2 （c）、（e）所示为膜式管省煤器，它是在蛇形管直段部分加焊扁钢制作而成的，扁钢条的厚度为 2～3mm。其优点与鳍片管式省煤器的相同。另外，鳍片管式省煤器和膜式省煤器还能减轻磨损，这是因为它们的体积较小，在烟道截面不变的情况下，可采用较大的横向节距，从而增大烟气流通截面，使烟气速度降低，如此磨损就可大幅减轻。

图 4-2 （d）、（g）所示为肋片管式省煤器，它是用带横向肋片（环状或螺旋状）的管子制成的。其优点是热交换面积大（可增大 4～5 倍以上），体积小，节省金属；其主要缺点是在含灰气流中积灰较严重，采用这种省煤器时应装设有效的吹灰设备。

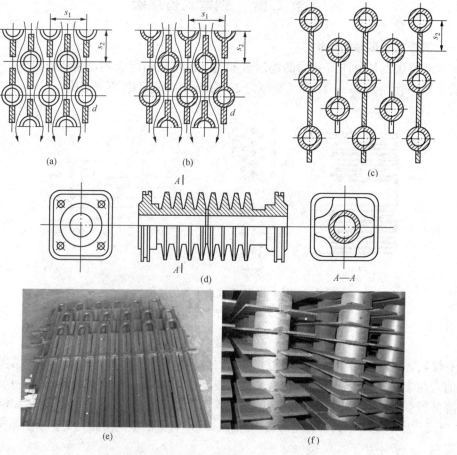

图 4-2　钢管式省煤器的结构形式和管子（一）

（a）、（f）焊接鳍片管；（b）轧制鳍片管；（c）、（e）膜式管；（d）肋片管

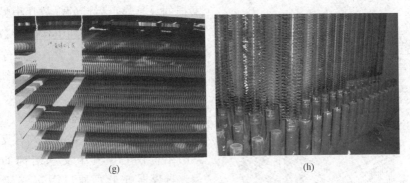

(g)　　　　　　　　　　(h)

图 4-2　钢管式省煤器的结构形式和管子（二）
（g）肋片管；（h）刺钉管

二、钢管式省煤器的布置

钢管式省煤器一般采用卧式布置在尾部垂直烟道中，烟气在管外自上而下横向冲刷管束，将热量传递给管壁；水在管内自下而上流动，吸收管壁放出的热量。这种逆流传热方式，能获得较大的传热温差，增大传热效果，节约金属用量；同时也便于疏水和排汽，以减轻腐蚀。另外，烟气自上而下流动，还有利于自吹灰。

省煤器蛇形管在烟道中的布置方式有纵向和横向布置两种。当蛇形管的布置方向垂直于炉膛前墙时称为纵向布置，如图 4-3（a）所示；当蛇形管的布置方向平行于炉膛前墙时称为横向布置，如图 4-3（b）、（c）所示。图 4-4 所示为实际现场安装中的省煤器管组。

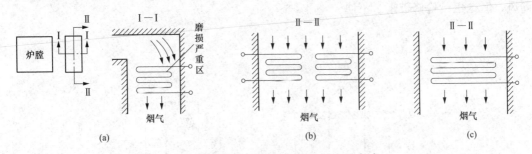

(a)　　　　　　　　(b)　　　　　　　　(c)

图 4-3　省煤器蛇形管在烟道中的布置方式
（a）纵向布置；（b）、（c）横向布置

纵向布置的优点是：由于尾部烟道的宽度大于深度，纵向布置时管子较短，支吊较简单，只需在管子两端的弯头附近支吊即可；且由于并列管子数目较多，故水的流速较低，流动阻力较小。纵向布置的缺点是：全部蛇形管都要穿过后墙，当烟气从水平烟道流入尾部烟道时由于离心力作用，使烟气中灰粒多集中在靠近后墙的一侧，从而容易造成全部蛇形管产生严重的局部磨损，检修时需更换全部磨损管段。

横向布置的优点是：磨损影响较轻，因为

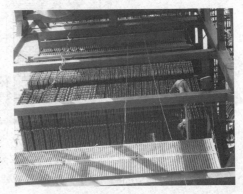

图 4-4　实际现场安装中的省煤器管组

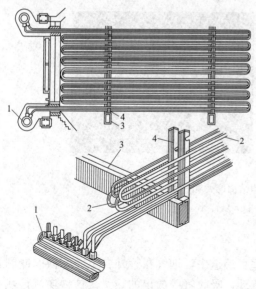

图 4-5 钢管式省煤器的支承结构

1—集箱；2—蛇形管；3—空心支承梁；4—支架

磨损的只是靠近后墙的少数几根蛇形管。横向布置的缺点是：并列工作的管数少，所以水速较高，流动阻力较大；且管子较长，支吊比较复杂。为改善这种布置的缺点，可采用双面进水的布置方案。

三、钢管式省煤器的支吊

钢管式省煤器的支吊方式有支承结构与悬吊结构两种，其中支承结构如图 4-5 所示。省煤器蛇形管通过固定支架（又叫支杆）支承在空心支承梁上，空心支承梁再支承在锅炉钢架上。空心支承梁布置在烟道内，为防止其变形和烧坏，空心支承梁内部是空心，中间通冷空气用于冷却，外部用绝热保温材料包裹。

电站锅炉的钢管式省煤器通常采用悬吊结构，如图 4-6 和图 4-7 所示。此时省煤器的集箱布置于烟道中间，用于吊挂省煤器。一般省煤器出口集箱的引出管就是悬吊管，而且省煤器的悬吊管同时也是垂直烟道中再热器和低温对流过热器的悬吊管，这样可以简化锅炉的悬吊结构。省煤器的集箱放在烟道内的最大优点是大大减少了因蛇形管穿墙造成的漏风，但这也给检修带来了不便。

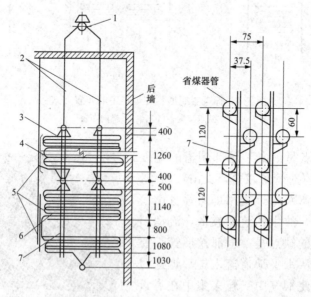

图 4-6 省煤器的悬吊结构（单位：mm）

1—出口集箱；2—引出管；3—上级省煤器；4—蛇形管；5—防磨罩；6—烟道侧墙；7—支架

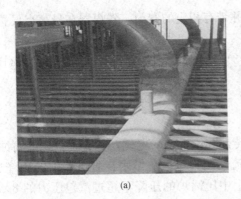
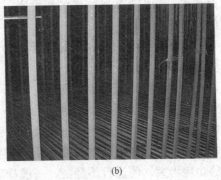

(a)　　　　　　　　　　　　　　　　(b)

图 4-7　省煤器悬吊管与出口集箱

(a) 悬吊管；(b) 出口集箱

第三节　商洛电厂的省煤器

一、商洛电厂省煤器的结构特点

（1）商洛电厂锅炉的省煤器布置于尾部竖井烟道前烟道低温再热器和后烟道低温过热器的下部，前烟道布置 1 组，后烟道布置 2 组；采用逆流、顺列布置，管束采用 $\phi51\times8$、材料为 SA-210C 的光管。

给水经省煤器的入口汇集集箱分别供至前后烟道的省煤器入口集箱。省煤器管组横向节距为 114.3mm，并联管束为 4×192 根，省煤器总水容积约 $145m^3$。

（2）为防止飞灰颗粒对省煤器管束的磨损，省煤器管束与四周墙壁间装设有防止烟气偏流的阻流板（见图 4-8），管束上设有可靠的防磨装置，即在边缘管处加防磨板（见图 4-9）。在吹灰器有效范围内，省煤器设有防磨护板，以防止吹坏管子。

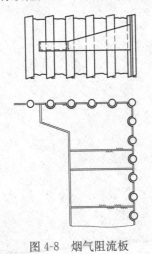

图 4-8　烟气阻流板

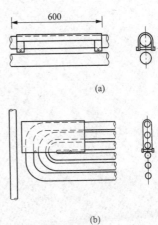

图 4-9　省煤器的防磨板

(a) 边缘管的防磨板；(b) 前、后墙处的防磨板

（3）省煤器入口有取样点，并有其相应的接管座及一次门。省煤器能自疏水，进口集

箱上装有疏水、锅炉充水和酸洗的接管座，并带有相应的阀门。省煤器在最高点设置有排放空气的接管座和阀门。

（4）省煤器设计压力（BMCR工况）为31.1MPa（表压），设计进/出口温度（BMCR工况）为308/340℃。

二、省煤器运行中应考虑的问题

1. 省煤器蛇形管中的水流速度

省煤器蛇形管中的水流速度不仅会影响传热和给水泵的电耗，对管子金属的腐蚀也会有一定的影响。若该水流速度过高，则会使流动阻力过大，给水在省煤器中的压降过大，给水泵的功耗增大，使运行不经济。一般规定中压锅炉的压降不超过汽包压力的8%，高压锅炉的压降不超过汽包压力的5%。若该水流速度过低，不仅管壁得不到良好的冷却，而且当给水除氧不良时，给水受热后析出的残余氧气不能被水流带走，它们将附着在管内壁上造成局部氧腐蚀，对于沸腾式省煤器还可能出现汽水分层，引起省煤器管子超温和金属热疲劳。从安全经济的角度考虑，省煤器蛇形管中的水流速度应保持在一定的范围内。根据运行实践，沸腾式省煤器蛇形管中的水流速度应大于1m/s，非沸腾式省煤器蛇形管中的水流速度应大于0.5m/s。

2. 省煤器蛇形管外的烟气速度

省煤器蛇形管外的烟气速度应综合考虑传热、管外磨损、烟气流动阻力和积灰等因素的影响。较高的烟气速度可增强传热，减轻受热面金属消耗，但管子的磨损也会较严重；随着烟气速度的增大，通风阻力也相应增大，从而增加了引风机的电耗。反之，过低的烟气速度会使传热较差，还会导致省煤器管子积灰严重。因此，省煤器蛇形管中的烟气速度一般为7～13m/s。

第五章 蒸 发 设 备

第一节 蒸发设备概述

自然循环锅炉的蒸发设备主要由汽包、下降管、水冷壁、集箱及其连接管道组成，如图 5-1 所示。工质在由这些蒸发设备组成的闭合回路中循环流动，这叫作水循环。

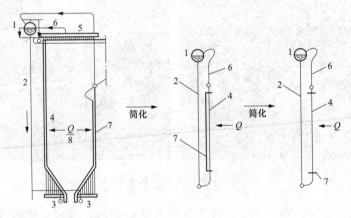

图 5-1 自然循环锅炉的蒸发设备
1—汽包；2—下降管；3—下集箱；4—水冷壁；5—上集箱；6—导汽管；7—炉墙；8—炉膛

一、水冷壁及其作用

水冷壁就是布置在炉膛四周的、管内流动介质一般为水或汽水两相混合物的受热面。由于管内工质一般向上流动，因此水冷壁常被称为上升管。锅炉水冷壁主要用于吸收炉膛火焰及烟气的辐射热量，使水转变为蒸汽。水冷壁是锅炉中烟气侧温度最高的受热面，所以保证管内工质良好的冷却是水冷壁在高温火焰辐射换热条件下安全工作的前提。

由水冷壁自身结构组成锅炉燃烧室，在炉膛四周吸收炉膛火焰热量，可以降低炉膛出口烟气温度，防止炉膛出口结渣，保护炉膛出口受热面安全工作。由于炉膛内火焰温度高，烟气流速低，因此水冷壁主要通过辐射方式吸热。此外，水冷壁吸热可以降低炉膛火焰温度，保护炉墙，还可以起到悬挂炉墙的作用。

二、膜式水冷壁

水冷壁可分为光管式和膜式两种类型，但膜式水冷壁由于有显著的优点，因此得到了广泛的应用，大型锅炉几乎全部采用膜式水冷壁。

1. 膜式水冷壁的结构

膜式水冷壁主要有两种形式，如图5-2所示。由光管加焊扁钢制成的膜式水冷壁管，工艺简单，但焊接量大；由鳍片管拼焊制成的膜式水冷壁热应力小，但工艺复杂，成本高。

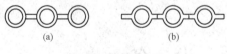

图 5-2 膜式水冷壁
(a) 光管焊成的膜式水冷壁；
(b) 鳍片管拼焊制成的膜式水冷壁

选择水冷壁管径和节距时，既要考虑降低钢耗，又要保证有足够的水冷壁受热面；要保证在同样的热负荷下，水冷壁不致被烧坏；肋片或扁钢的厚度也要适当，否则向火面和背火面温差大，会引起过大的热应力。一般应根据管径的大小选取适当的肋片或扁钢的宽度与厚度。通常锅炉水冷壁相对管间距 $s/d=1.2\sim1.4$。

大型电站锅炉的水冷壁与上下集箱直接焊接，将上集箱吊挂在锅炉钢架上，下集箱由水冷壁悬吊，下集箱自由向下膨胀，如图5-3所示。

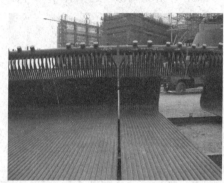

图 5-3 膜式水冷壁及其悬吊

为使水冷壁有足够的刚性，避免因受热产生结构变形，通常在炉墙外沿炉膛高度方向，每隔 3～4m 会设置一层环绕炉壁的工字钢制成的水平刚性梁，通过吊拉件与水冷壁连接。吊拉件能限制水冷壁管在水平前后方向的移动，同时又能保证其能左右和上下滑动。

2. 膜式水冷壁的优缺点

(1) 膜式水冷壁的优点。膜式水冷壁的优点主要包括：

1) 膜式水冷壁具有很好的严密性，可以显著降低炉膛的漏风系数，改善炉内燃烧工况。

2) 膜式水冷壁可以有效增加炉内辐射受热面，降低钢耗。

3) 采用膜式水冷壁后，只需保温材料而不需耐火材料，可大大减轻炉墙重量和金属耗量，也可减少炉墙蓄热量，缩短锅炉启停时间。

4) 膜式水冷壁增加了炉墙刚性，若发生异常时，膜式水冷壁可以承受一定的冲击压力。

5) 膜式水冷壁隔绝了高温烟气对炉墙紧固件的冲刷、腐蚀和烧坏，延长了紧固件的使用寿命。

6）膜式水冷壁可以在制造厂成片制造，大大减少了现场安装的工作量。

（2）膜式水冷壁的缺点。膜式水冷壁的缺点主要是制造工艺复杂，设计时必须保证相邻管子的金属温度差小于50℃，水冷壁能够自由膨胀，人孔、检查孔、看火孔及管子横穿水冷壁等处有绝对的密封性。

三、水冷壁折焰角

将后墙水冷壁在炉膛上部突入炉膛的部分称作折焰角，如图5-4所示。水冷壁折焰角的主要作用包括：

（1）增加烟气行程，延长燃料在炉内的停留时间，有利于燃料的燃尽。

（2）改善炉内火焰的充满度，使炉膛上部烟气更好地充满，增加了前墙和侧墙水冷壁的吸热量。

（3）使烟气在炉膛出口处沿高度方向均匀进入过热器，改善过热器的传热。

（4）增加了水平烟道的长度，便于布置受热面。

锅炉的水冷壁是主要的蒸发受热面，但炉膛顶部常布置过热器或再热器等辐射受热面。

图5-4 水冷壁折焰角

在超临界压力直流锅炉中，水冷壁的作用是加热水和过热蒸汽，其传热方式主要是辐射换热。

第二节 蒸发管内流动结构与传热恶化

一、水冷壁的壁温

水冷壁在炉膛高温火焰的辐射作用下，能否长期安全可靠运行，主要取决于管子的壁温，如果管壁工作温度超过管材的极限允许温度，管子就会烧坏。另外，有时由于管壁温度的周期性波动，即使管壁温度低于极限允许温度，也有可能因受到交变热应力的作用而发生热疲劳损坏。

管子的外壁温度t_{wb}可按传热学公式进行计算：

$$t_{wb} = t_b + q\left(\frac{1}{\alpha_2} + \frac{\delta}{\lambda}\right) \tag{5-1}$$

式中 t_b——管内工质的饱和温度，℃；

      q——受热面热负荷，$kW/(m^2 \cdot ℃)$；

      δ——管壁厚度，m；

      λ——管壁热导率，$kW/(m \cdot ℃)$；

      α_2——工质放热系数。

可以看出，影响水冷壁壁温的因素主要有以下四个：

（1）管内工质的温度。水冷壁管壁温度随管内工质温度的升高而升高。

（2）水冷壁管外烟气热负荷。水冷壁管壁温度随炉膛烟气热负荷的增大而升高，所以布置在高热负荷区工作的水冷壁时要采取一定措施，以控制壁温。

（3）水冷壁管的热导率。清洁的水冷壁管的热导率很大，因此传递到管壁金属的热量能够很快被管内工质带走，所以不容易超温。随着锅炉运行，管内结垢会导致管壁热阻几十甚至几百倍地增加，这将成为管子过热和超温的隐患。

（4）管内工质的对流放热系数。管壁与管内工质的对流放热系数越大，工质对管壁的冷却能力越强，管壁越不容易超温。而管壁对管内工质的对流放热系数与管内汽水两相流体流速及流型有关，当管内汽水两相流体流动正常时，水的沸腾换热系数就非常大，所以管壁的温度比工质温度高出不多，即使是亚临界参数的锅炉，在正常情况下，水冷壁外壁温度一般也不超过400℃，所以正常流动情况下蒸发管是能够安全工作的。

二、蒸发管内流动结构

水冷壁中大部分管段内是汽水两相流动的，而汽水两相流体在沿着水冷壁向上流动的过程中，并不是均匀混合的。

对于已经投运的自然循环锅炉，其蒸发系统的水冷壁的高度和阻力系数是一定的，运动压头主要取决于水冷壁中的含汽率。汽水混合物的含汽率越大，平均密度越小，循环回路的运动压头就越大。

汽水两相流的含汽率及流速不同，形成的汽水两相流体的流型也不同；而不同流型的汽水两相流体，其换热也有区别。

汽水两相流体的流型与汽水混合物的压力、质量含汽率、流速及流动方向等有关。水在水冷壁中流动的速度分布在横截面上表现为中间大、四周小。在相同的工作压力下，水冷壁中蒸汽的流速比水快，在靠近管壁处，汽水间的相对速度大，蒸汽流动阻力大；在管子中间，蒸汽流动阻力小。气泡总是往阻力小的地方运动，所以气泡趋向在管子中间运动，这个现象称作气泡趋中效应。随着压力的增加，汽与水的密度差减小，汽水间的相对速度也相应减小。

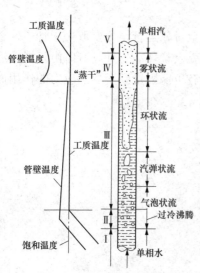

图 5-5　垂直管中的流型和传热工况

当汽水混合物在垂直管中做上升运动时，因不断吸收炉内的辐射热量，所以管中工质的流型和传热情况将发生变化。汽水混合物在垂直管中的流型主要有四种，即气泡状、汽弹状、环状及雾状，如图 5-5 所示。

区域Ⅰ：单相水的对流换热。在水冷壁下部，来自下降管或省煤器的具有欠焓的过冷水未达到饱和温度，管内工质为单相水，对流放热系数大，金属壁温稍高于水温。

区域Ⅱ：过冷沸腾换热。随着过冷水在水冷壁中上升吸热，紧贴壁面的水首先达到饱和温度并产生气泡，但管子中心的主流水仍处于未饱和状态，壁面所产生的气泡离开壁面向管子中部流动，在与中部未饱和水混合后凝结，放出潜热，将水加热。该区域的壁温高于水的饱和温度，发生过冷核态沸腾传热。沿管子高度方向，随过冷沸腾核心数目的增多，放热系数呈直线增大。

区域Ⅲ：饱和核态沸腾换热。随着工质向上流动并不断吸热，当管内的水全部达到饱和温度时，在管壁处产生的气泡不再凝结，含汽率逐渐增大，气泡分散在水中，这种流型称作气泡状流型。随着气泡增多，小气泡在管子中心聚和成大气泡，大气泡在水的阻力作用下形成上小下大的子弹状气泡，此称为汽弹状流型。此时，汽弹与汽弹之间有水层。随着产汽量的继续增多，汽弹相互连接，形成中心为汽而周围有一圈水膜的环状流型。环状流型的后期，管子中心蒸汽量很大，其中带有小水滴，同时周围的水环逐渐变薄，即为带液滴的环状流型。环状水膜减薄后的导热能力仍然很强，可能不发生核态沸腾而形成强制水膜对流传热，热量由管壁经强制对流水膜传到水膜与中心汽流之间的表面上，并在此表面上蒸发。在此区域，管壁温度略高于管内工质温度。

区域Ⅳ：传热恶化。壁面上的水膜被蒸汽完全撕碎成小水滴，形成雾状流型。这时汽流中虽有一些水滴，但对管壁的冷却不够，使得工质对管壁的传热恶化，管壁温度突然升高，严重时会导致管子烧坏。此后随着汽流中水滴的蒸发，蒸汽流速增大，管壁温度又逐渐下降。

区域Ⅴ：单相蒸汽过热区域。由于蒸汽温度逐渐上升，管壁温度又逐渐升高。

以上流型及换热工况是在工质压力、炉内热负荷不太高的情况下分析得出的。水冷壁在实际工作中，其管内的流型受到管外热负荷和管内工质流动状态的影响，不一定出现以上所有的流型。工质压力升高时，由于水的表面张力减小，不易形成大气泡，故汽弹状流型的范围将随压力的升高而减小。当压力达到 10MPa 时，汽弹状流型消失，直接从气泡状流动转入环状流动。如果热负荷增加，则蒸干点会提前出现，环状流会缩短甚至消失。

三、蒸发管内的传热和沸腾传热恶化

在蒸发过程的各个阶段，蒸发管内汽水两相流的流型是不断变化的。不同的流型，对应流体对管子壁面的热交换方式不同，冷却能力也不同。工质对管壁的放热系数越大，管壁温度越接近工质温度，管子也就越安全。当沸腾管中的汽水流动状态为气泡状、汽弹状和环状时，管子的内壁不断被水膜冲刷，工质的放热系数很大，管壁温度比管内工质的饱和温度一般只高出 25℃，管子工作一般是安全的。

对于蒸发管来说，在一定管外烟气热负荷下，清洁管外壁温度主要取决于管内工质对管壁的对流放热系数。正常工作条件下，水的沸腾放热系数很大，管壁温度只比饱和温度略高，不会超温。当管内汽水混合物流动不良，使水不能连续地冲刷并冷却管子内壁时，工质的放热系数显著降低，严重时会导致管壁超温。

在某些情况下，如果水冷壁管子内壁的水膜冷却条件被破坏，管子内壁直接与蒸汽接触，会导致工质对管壁的对流放热系数 α_2 急剧下降，管壁冷却条件恶化，进而导致管壁金属温度突然急剧升高，这种现象称为"沸腾传热恶化"。发生沸腾传热恶化时，管壁温度可能超过金属的许用温度，这会使管子寿命缩短，材质恶化，甚至即刻过热烧坏。根据产生原因的不同，沸腾传热恶化分为第一类沸腾传热恶化和第二类沸腾传热恶化两种。

（1）第一类沸腾传热恶化。当管外烟气热负荷很高时，在核态沸腾区汽化核心密集，管子内壁的气泡生成速度超过了气泡脱离壁面的速度，在水冷壁内壁局部产生了一层汽膜，工质对管壁的对流放热系数急剧下降，管壁温度迅速升高，严重时管壁会因过热而烧坏。这种传热恶化发生在管内工质质量含汽率 x 较低处，由于管外热负荷过高，使核态沸腾转变为膜态沸腾，此称为核态沸腾偏离，即第一类沸腾传热恶化，如图 5-6（a）所示。

管外烟气热负荷越高，发生核态沸腾偏离时的 x 值越小。发生第一类沸腾传热恶化必需的最低热负荷称为临界热负荷。对于电站锅炉，一般要达到临界热负荷的可能性不大，所以第一类沸腾传热恶化发生的可能性是比较小的。

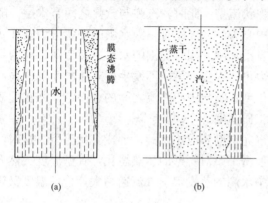

图 5-6　沸腾传热恶化

（a）第一类沸腾传热恶化；（b）第二类沸腾传热恶化

（2）第二类沸腾传热恶化。第二类沸腾传热恶化发生在含汽率较高的雾状流型区域。该区域的水膜很薄，可能被蒸干，也可能被速度较高的汽流撕破，管壁得不到水膜的有效冷却，从而使工质对管壁的对流放热系数 α_2 明显下降，这类传热恶化是由于汽水两相流体含水欠缺造成的，因此称为蒸干传热恶化，即第二类沸腾传热恶化，如图 5-6（b）所示。

发生第二类沸腾传热恶化的热负荷不像发生第一类沸腾传热恶化时的那么高，发生第二类沸腾传热恶化时的放热方式为强迫对流，蒸汽流量大、流速快，又有水滴撞击和冷却管壁，工质的放热系数比发生第一类沸腾传热恶化时的要高，所以壁温上升值没有发生第一类沸腾传热恶化时的那样大。电站锅炉常见的沸腾传热恶化是第二类沸腾传热恶化。

四、减轻和防止沸腾传热恶化的措施

对于亚临界锅炉，随着锅炉工作压力的提高，汽水密度差减小，要保证回路中有足够的运动压头，就必须使水冷壁中的截面含汽率增大。并且，随着锅炉参数的提高和锅炉容量的增大，炉内热负荷增加，有可能在水冷壁的局部区段发生沸腾传热恶化而导致管壁超温。为了防止沸腾传热恶化的发生，一方面可以设法提高发生传热恶化区段的工质对流放热系数，以保证工质对管壁有良好的冷却效果；另一方面可以设法推迟开始发生沸腾传热恶化的位置，使之远离高热负荷区域，从而可使蒸发管壁温控制在允许范围内。通常采用的措施：一是适当提高管内工质的质量流速，但这会增加循环阻力；二是采用内螺纹管，但其制造成本相对较高。

内螺纹管具有破坏膜态沸腾生成的作用，即使出现沸腾传热恶化，其壁温升高的幅度也远远低于光管，因此采用内螺纹管可以保证水冷壁在较低流速下的安全。

内螺纹管如图 5-7 所示。工质在流动过程中受到内螺纹管的作用产生旋转，增强管子

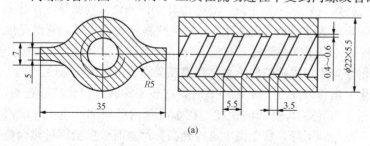

图 5-7　内螺纹管

（a）结构图；（b）实物图

内壁附近流体的扰动，从而将水压向壁面，强迫气泡脱离壁面并被水带走，从而破坏膜态汽层，防止传热恶化的发生。例如，当汽包压力为 20.58MPa 时，内螺纹蒸发管中最大允许的工质质量含汽率为 0.780，而相同工作条件下的内光管最大允许含汽率仅为 0.185。所以，采用内螺纹管，即使汽包压力达到 21MPa，仍能避免出现膜态沸腾，锅炉水循环也具有一定的安全裕度，使自然循环水冷壁工作的可靠性大大提高。

锅炉水冷壁在高热负荷区域布置内螺纹管，可以确保该区域处于核态沸腾状态，防止传热恶化，如图 5-8 所示。

采用内螺纹管具有以下优点：

（1）采用内螺纹管的目的是使传热恶化点后移。受热强的管子出现传热恶化的界限含汽率与管内工质的含汽率差值越大，则越不容易出现传热恶化。由于内螺纹管使传热恶化点移到了炉膛上部的低热负荷区，从而确保了水冷壁的安全。

（2）受热均匀的管子循环流速仍较高，不会低于 0.2m/s。采用内螺纹管后，工质流动阻力增加，水冷壁的总差压增加，各管吸热不均匀对管子流量变化的影响幅度减小。因此，采用内螺纹管后，受热弱的管子其循环流量与采用光管时的几乎一样。

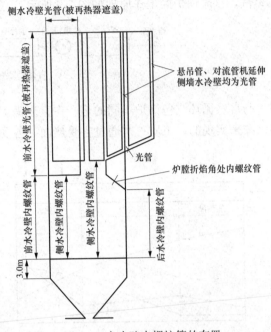

图 5-8　水冷壁内螺纹管的布置

（3）锅炉采用内螺纹管后，整个回路的总折算阻力系数增加了，但由于亚临界压力下采用了较大的截面含汽率，其运动压头值也比较大，因此循环倍率仍能保持在安全范围内。内螺纹管与光管相比，内螺纹管的摩擦阻力增加 1.4 倍，但运动压头增加 1.1 倍，两者综合可使循环流量减少 15%，但采用内螺纹管后，流通截面积减少，循环流速会有所提高，因而不必担心循环流速的降低。

（4）采用内螺纹管后，锅炉的循环倍率得以大幅度提高，在较小的分散引入管和分散引出管截面比情况下，此循环倍率仍能保证水循环的安全。

第三节　直流锅炉及其水冷壁

一、直流锅炉的概述

为提高发电厂的循环热效率，需要提高工质的初参数，即需要提高锅炉主蒸汽压力和主蒸汽温度。随着锅炉压力的提高，水与蒸汽间的密度差越来越小，自然循环运动压头也会随之减小。此外，随着锅炉参数和容量的提高，炉膛热负荷有增大的趋势，需要采用管径较小的蒸发受热面来提高管内工质的质量流速，以加强换热；但管径减小，流速提高，会使循环回路的流动阻力增大，自然循环的安全性将进一步下降。当工作压力高到 19MPa 以上时，采用自然循环就不可靠了。控制循环锅炉和直流锅炉就是为适应锅炉机组参数提高的需要而发展起来的。

直流锅炉是大容量锅炉的发展方向之一。在亚临界及其以下压力下，锅炉可以采用自然循环锅炉、控制循环锅炉或者直流锅炉。但是在超临界参数下，直流锅炉是唯一能采用的锅炉形式。

直流锅炉依靠给水泵的压头将锅炉给水一次通过预热、蒸发、过热各受热面而变成过热蒸汽，直流锅炉的工作原理如图 5-9 所示。

图 5-9　直流锅炉的工作原理

与自然循环汽包锅炉不同的是，在直流锅炉的蒸发受热面中，由于工质的流动是通过给水泵来实现的，工质一次通过各受热面，各受热面中的工质是强制流动的。按照循环倍率的定义，直流锅炉的循环倍率为 1，即在稳定流动时给水流量应等于蒸发量。此外，直流锅炉给水的加热、蒸发、过热在各受热面间无固定的分界点，当工况发生变化时，各受热面的长度会发生变化。沿直流锅炉的管子方向，工质的状态参数和变化情况如图 5-10 所示。

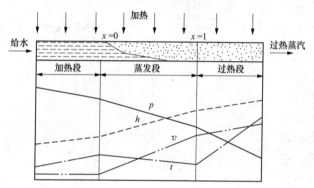

图 5-10　工质状态和参数变化情况

p—工质压力；h—工质焓；v—工质比体积；t—工质温度

要克服流动阻力，工质的压力沿受热面长度应不断降低，工质受热使其焓值沿受热面长度不断增加，工质的温度在预热段和过热段不断上升；而在蒸发段，由于压力不断降低，工质的温度也在降低，工质的比体积则沿受热面不断上升。

直流锅炉在启动前必须建立一定的启动流量和启动压力，强迫工质流经受热面，使其得到冷却。但是，直流锅炉不像汽包锅炉那样有汽包作为汽水固定的分界点，直流锅炉中的水在锅炉管中加热、蒸发和过热后直接向汽轮机供汽，而在启停或低负荷运行过程中锅炉提供的有可能不是合格的蒸汽，可能是汽水混合物，甚至是水。因此，直流锅炉必须配套一个特有的启动系统，以保证锅炉启停和低负荷运行期间水冷壁的安全和正常供汽。超临界、超超临界直流锅炉的启动流量一般为额定流量的 25%～35%。

二、直流锅炉的水冷壁

1. 直流锅炉受热面的布置难题

炉膛周界尺寸取决于输入炉膛的燃料的种类和特性、燃烧器的形式和布置。简言之，炉膛周界尺寸是由燃烧条件决定的。对垂直管水冷壁而言，炉膛周界长度、管子直径、管间节距决定了垂直管水冷壁质量流速的大小，而管子直径和节距的选择都有一定的限制。例如，管子的直径过细会导致水冷壁管热敏感性过高，继而使某些管子产生过大的管间流量偏差而超温，因此管子内径的不宜过小；同时，为了防止管间鳍片过热烧损，管间节距也不能太宽，一般以鳍端温度与管子正面顶点温度相等作为鳍片宽度的选择原则。因此，在一定的炉膛周界情况下，如采用垂直布置的水冷壁管，其管子根数基本固定，管间节距不能太大，管子直径也不能过细。为了保证水冷壁管子的安全，必须保证一定的工质流量，所以垂直管圈的质量流速大小是受到严格限制的。

直流锅炉面临的最大挑战是水冷壁的布置问题。对于汽包锅炉，由于水冷壁管中流动的汽水量远大于锅炉主蒸汽量（4～12 倍），所以这些锅炉的水冷壁一般并列、垂直地布置于炉膛周界，并采用较粗的管径，这样就能使管内有较大的质量流速，从而保证对水冷壁的冷却能力。而对于直流锅炉，由于水冷壁中的工质流量与主蒸汽流量相等，如果采用与汽包锅炉相同的水冷壁布置方案，相当于水冷壁管中的工质流量只有汽包锅炉的 1/12～1/4，水冷壁冷却能力会严重不足。为了保证水冷壁的安全，直流锅炉必须采取措施来提高水冷壁内的工质质量流速。

要想提高工质质量流速，只有两个方法，即提高流量或减少水冷壁的通流面积。

提高流量即提高了机组容量，但锅炉容量增大的同时也需要增大燃料量，从而就需要增大炉膛周界尺寸，这会使水冷壁的通流面积增加。炉膛周界主要由锅炉容量决定，锅炉容量越大，炉膛周界越长。但炉膛周界尺寸的增加与锅炉容量的增加不是成正比的，直流锅炉水冷壁往往存在单位容量炉膛周界尺寸过大，水冷壁管子内难以保证足够质量流速的问题。同时，直流锅炉的周界尺寸还受燃料的影响，若锅炉设计时若使用发热量高、挥发分高的燃料，则燃烧相对集中，燃烧区热负荷增大，这对直流锅炉的安全运行是不利的。为了降低燃烧区热负荷，保证直流锅炉的安全，直流锅炉设计时往往采用加大炉膛周界的方法来降低炉膛燃烧器区热负荷，使锅炉呈"矮胖"型；反之，锅炉周界较小，呈"瘦高"型。对于采用较粗管子的一次上升水冷壁结构，即使是 600MW 容量的直流锅炉，当负荷低于 60% 左右时其质量流速也显得不足。

单纯从提高流量的角度来保证直流锅炉水冷壁的安全性是不现实的，直流锅炉水冷壁设计成一次上升垂直管圈的极限容量最小应该是 700MW。因此，要想提高水冷壁工质的质量流速，主要还应从减少水冷壁的通流面积来入手。

2. 直流锅炉水冷壁的基本形式

减少水冷壁的通流面积也有两个方向：一是减少上升管的管径，二是不在整个炉膛周界上完全并列布置上升管受热面。由于管子变细后会带来刚性下降，引起直流锅炉的安全性问题，证明第一种设计思路是不安全的。因此，大多数直流锅炉在减少上升管直径的同时，又结合第二种思路进行设计。早期的直流锅炉水冷壁有三种基本形式，即垂直上升管屏式（本生式）、回带管圈式（苏尔寿式）及水平围绕上升管圈式（拉姆辛式），如图 5-11 所示。

（1）垂直上升管屏式。该类直流锅炉（通用压力 UP 型锅炉）的水冷壁很像自然循环锅炉的水冷壁，但其管屏为多次串联上升，每组管屏都有上下集箱。串联管屏之间用 2 根或 3 根不受热的下降管连接起来，若干个管屏串联成一组，整个直流锅炉由一组或几组管屏构成。这样，直流锅炉的周界并非一次全部并列所有由省煤器来的新水管屏，就可以大大减少并列水冷壁的通流面积，保证水冷壁内的工质质量流速。

这种锅炉既适用于亚临界压力也适用于超临界压力，其特点是各管壁间温差较小，适合采用膜式水冷壁，管系简单，流程短，汽水阻力小，可采用全悬吊结构，安装方便。但由于垂直管屏具有中间集箱，不适合做滑压运行。炉膛周界尺寸与锅炉容量不成正比增

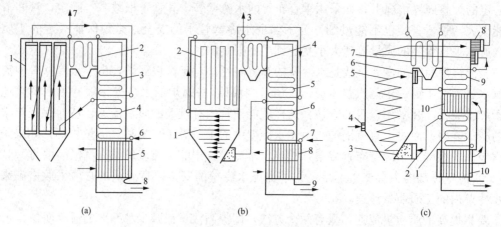

图 5-11 直流锅炉水冷壁的基本形式
（a）垂直上升管屏式；（b）回带管圈式；（c）水平围绕上升管圈式
（a）：1—垂直管屏；2—过热器；3—外置式过渡区；4—省煤器；5—空气预热器；
6—给水入口；7—过热蒸汽出口；8—烟气出口
（b）：1—水平回带管圈；2—垂直回带管屏；3—过热蒸汽出口；4—过热器；5—外置过渡区；
6—省煤器；7—给水入口；8—空气预热器；9—烟气出口
（c）：1—省煤器；2—炉膛进水管；3—水分配集箱；4—燃烧器；5—水平围绕管圈；
6—汽水混合物出口集箱；7—对流过热器；8—过热器；9—外置式过渡区；10—空气预热器

加，当机组容量大于 600～700MW 后，这种类型的锅炉水冷壁可以设计成一次上升垂直管圈，与汽包锅炉的水冷壁相同，可以变压运行。

（2）水平围绕上升管圈式。该类锅炉是为适应变压运行的需要发展起来的一种类型，其水冷壁采用螺旋围绕管圈，可以自由选择并列管圈的通流面积，以确保质量流速。其特点是管圈间吸热较均匀，蒸汽生成途中可不设混合集箱，滑压运行时不存在汽水混合物分配不均的问题。但是这种锅炉管程长、阻力大，易产生流量不均的现象，且安装困难，现场工作量大，因此只适用于容量 300MW 以下的小锅炉，300MW 以上机组很少采用。

（3）回带管圈式。该类锅炉是结合上面两种锅炉的优点发展起来的，包括冷灰斗在内的炉膛下部采用螺旋管圈水冷壁，上部采用垂直管屏式水冷壁，这样可使其在各种工况特别是启动和低负荷工况下，能够保证各水冷壁管内具有足够的质量流速，使管间吸热均匀，炉膛出口工质的温度偏差小，适合变压运行及锅炉调峰。但在早期，这种锅炉的下部水冷壁采用水平围绕上升管圈，在汽水流速较低时容易产生上部为汽、下部为水的汽水分层现象，对锅炉的安全不利。

三、超临界直流锅炉的水冷壁

由于超临界机组只能采用直流锅炉，所以超临界机组的发展过程，实际上就是现代直流锅炉的发展过程。随着科技的发展，锅炉主力机组容量及参数有了很大的提高，目前容量在 600MW 以上，蒸汽压力在 25～31MPa、蒸汽温度在 600℃ 的超临界、超超临界机组已在我国大量投产。这种机组能够较大幅度地提高循环热效率，降低发电煤耗。

现代变压运行的超临界直流锅炉的水冷壁都是基于图5-11（a）、（c）所示的两种基本形式发展成内螺纹垂直上升管屏式（内螺纹垂直管）和下部螺旋管圈上部垂直管屏式（螺旋管圈）的，如图 5-12 所示。内螺纹垂直管变压运行的超临界锅炉是日本三菱重工于 20 世纪 80 年代开发的产品，哈尔滨锅炉厂有限责任公司引进日本三菱重工的技术生产的 600MW 和 1000MW 超超临界锅炉采用的是内螺纹垂直管水冷壁。螺旋管圈水冷壁在超临界以上锅炉上的应用最为广泛，新建国产超临界锅炉大多采用的是螺旋管圈水冷壁。

1. 螺旋管圈水冷壁

螺旋管圈水冷壁是目前较流行的一种水冷壁，国内超临界压力机组采用下部螺旋管圈上部垂直管屏式布置方式（采用螺旋管圈水冷壁）的直流锅炉较多，如图 5-13 所示。采用螺旋管圈水冷壁的直流锅炉也与采用图 5-11（c）所示水冷壁的直流锅炉有所不同，其下部螺旋管圈不再采用水平管圈，而是采用倾斜向上的螺旋管屏，这样可以避免水平管圈在低工质流速时的汽水分层问题，增加了并列管的数量，加大了管屏宽度，同时减少了螺旋圈数，有利于减少整体阻力。

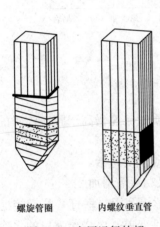

图 5-12　变压运行的超
临界直流锅炉的水冷壁

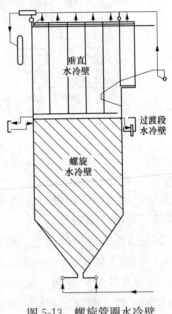

图 5-13　螺旋管圈水冷壁

（1）螺旋管圈水冷壁的优点。螺旋管圈水冷壁的优点主要包括：

1）管径和管数选择灵活，不受炉膛周界尺寸的限制，解决了周界尺寸与质量流速之间的矛盾。只要改变螺旋管的升角，就可改变工质的质量流速，从而可以适应不同容量机组和煤种的需要。

2）可采用较粗的（38mm 以上）管子，增加了水冷壁刚度，对由管子制造公差所引起的水动力偏差敏感性也较小，运行中不易堵塞。

3）可采用光管，不必用制造工艺较复杂的内螺纹管，从而可实现锅炉的变压运行和带中间负荷的要求。

4）不需在水冷壁入口处和水冷壁下集箱进水管上装设节流孔圈以调节流量。

5）水冷壁管间的吸热偏差小。由于同一管组以相同方式从下到上绕过炉膛的角隅部分和中间部分，吸热均匀，管间热偏差小，因此对于因燃烧偏斜或局部结焦而造成的热负荷不均，螺旋管圈水冷壁具有很强的抗衡能力。在炉膛上部虽然用了垂直管屏，但热负荷已明显降低，较低的质量流速已足以使管壁获得冷却。螺旋管圈与垂直管屏的交界处，设有中间混合集箱，以控制垂直管屏的壁温在许可范围内。同时下部冷灰斗的管圈也为螺旋管，热偏差小，这使得水冷壁的出口温度沿炉膛周界的偏差值较低。

6）抗燃烧干扰能力强。当切圆燃烧的火焰中心发生较大偏斜时，各管吸热偏差与出口温度偏差仍能保持较小值，与一次垂直上升管屏相比，要有利得多，如图5-14所示。

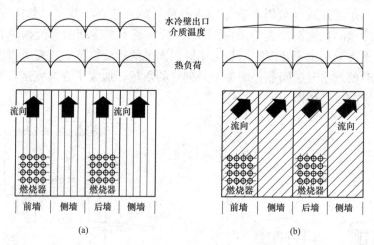

图5-14　水冷壁布置形式及其介质温度
(a) 垂直管布置水冷壁；(b) 螺旋上升式水冷壁

7）有良好的负荷适应性。即使在30％的负荷下，质量流速仍高于膜态沸腾的界限流速，能保持一定的壁温裕度。

（2）螺旋管圈水冷壁的缺点。螺旋管圈水冷壁的缺点主要包括：

1）水冷壁阻力较大，与垂直管屏水冷壁相比给水泵功耗需增加2％～3％。

2）水冷壁系统结构复杂，现场安装工作量大。因螺旋管圈与垂直管的交接处需装设中间混合集箱，管子要穿出和穿进炉墙，使得炉墙密封性变差。燃烧器喷口的水冷壁管形状复杂，经过每个喷口水冷套的管子根数为同容量垂直管屏的10倍，如图5-15所示。冷灰斗部分引出的管子与螺旋管圈之间需要有一个倾角较大的过渡段，两者之间单弯头过渡；在上部螺旋管圈与垂直管屏的过渡段也需采用过渡弯头，其弯曲半径小，因此需要采用锻造体或精密铸件，再进行机械加工。

3）水冷壁支承和刚性梁结构复杂。因水平管子承受轴向载荷的能力差，所以必须采用"张力板式"结构，刚性梁必须采用框架式结构，从而增加了安装工作量。

4）负荷波动时，水冷壁与吊件之间存在温度偏差。

5）水冷壁挂渣比垂直管严重。

2. 内螺纹垂直管水冷壁

如果垂直水冷壁管屏采用光管，管内较低的质量流速可能会使汽水侧产生"类膜态传热"，进而造成传热恶化。为了降低超临界锅炉炉内工质传热恶化的可能性，超临界锅炉水采用光管和内螺纹管组合的炉膛水冷壁结构，在高热负荷区大量采用内螺纹管，这在一定范围内可以消除光管的不足。内螺纹管与光管内蒸汽的特性参数对比如图5-16所示。

图 5-15　燃烧器喷口水冷套

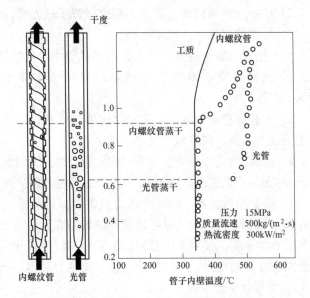

图 5-16　内螺纹管与光管内蒸汽的特性参数对比

流体（如水）在内壁光滑的管子中流动，在距管子内壁很小的范围内，会产生一层速度很低、基本不流动的流体膜（称为边界层），这层膜隔绝了热量从管壁到管内流体之间的传热（通过边界层时只能采用传导的方式，热阻很高）。为了达到良好的传热效果，光管必须采用更大的质量流速。

内螺纹管抵抗膜态沸腾和推迟传热恶化的机理是：因为工质受到内螺纹的作用而产生旋转，从而增强了管子内壁面附近流体的扰动，产生一种"摔打"作用，这样就不容易产生稳定的边界层，使水冷壁管内壁面上产生的气泡可以被旋转向上流动的液体及时带走，从而避免了气泡在管子内壁面上积聚形成"汽膜"；水流紧贴管子内壁面流动，保证了管子内壁面上有连续的水流冷却，从而避免了膜态沸腾。

（1）内螺纹管水冷壁的优点。内螺纹管水冷壁的优点主要包括：

1）水冷壁阻力较小，可降低给水泵耗电量。与螺旋管圈相比，内螺纹垂直管屏的质量流速较低 [内螺纹垂直管屏的质量流速为 1500kg/（$m^2 \cdot s$），螺旋管圈的为 3100kg/（$m^2 \cdot s$）]，管子总长也较短，所以内螺纹管水冷壁的总阻力仅为螺旋管圈水冷壁的一半左右。对 600MW 变压运行的超临界锅炉来说，采用螺旋管圈时，其水冷壁总阻力约为 2.0MPa；但采用垂直管屏时，其水冷壁的总阻力（包括节流孔圈阻力）约为 1.2MPa，给水泵功耗可减少 2%～3%。

2）与光管相比，内螺纹管的传热特性较好。在近临界区出现传热恶化状态时，内螺纹管管壁对工质的最小传热系数要比光管的高出 50%（指单侧受热工况）。在相同或相近的质量流速和热负荷下，无论在近临界区还是在亚临界区，内螺纹管开始出现膜态沸腾时的蒸汽干度和膜态沸腾后壁温的升高值均明显低于光管的，这增加了水冷壁的安全性。

3）安装焊缝少。对于同样容量的超临界机组，采用内螺纹垂直管屏的水冷壁，其安装焊口总数仅为螺旋管圈的 40% 左右，从而减少了安装工作量和焊口可能泄漏的概率。

4）水冷壁本身支吊、支承结构和刚性梁结构简单，可采用传统的支吊形式。

5）维护和检修较容易，检查和更换管子较方便。

6）比螺旋管圈水冷壁结渣轻。

（2）内螺纹管水冷壁的缺点。内螺纹管水冷壁的缺点主要包括：

1）内螺纹管水冷壁管径较细，相对于光管水冷壁来说，价格较高，一般高出10%～15%。

2）内螺纹管需装设节流孔圈，这增加了水冷壁和下集箱结构的复杂性。节流孔圈的加工精度要求高，调节较为复杂。

3）机组容量会受垂直管屏管径的限制。对容量较小的机组，其炉膛周界相对较大，无法保证必要的质量流速。一般认为，对内螺纹管垂直管屏来说，锅炉的最小容量为500～600MW。

4）沿炉膛周界和各面墙的水冷壁出口温度的偏差较螺旋管圈的大。虽可通过装设节流孔圈来调节各管子的流量，将偏差值控制在允许范围内，但这将导致阻力的增加。对同容量的锅炉来说，如果采用相同的炉膛出口温度，垂直管屏水冷壁出口温度偏差还是比螺旋管圈水冷壁的稍高，即使采用二级节流也要高出10～20℃。

3. 内螺纹螺旋管圈水冷壁

有的超临界锅炉为了强化传热，防止汽水分离造成的传热恶化，在炉膛热负荷高的区域采用了内螺纹螺旋管圈水冷壁，以使水冷壁运行更安全、更可靠。但是，这将使得水冷壁的成本增加10%～15%。

国产超临界、超超临界锅炉的水冷壁，以下部水冷壁采用内螺纹螺旋管圈布置，上部水冷壁采用垂直管圈布置，上下部水冷壁间采用混合集箱过渡的形式为主，如图5-11（b）所示。

（1）螺旋管圈螺旋上升角的选择。螺旋管圈的设计要求是：既要减少组成炉膛水冷壁管子的数量，保持较高的质量流速，又要不加大管子之间的节距，使管子和肋片的金属壁温在任何工况下都安全；同时，通过改变管子的上倾角还可以调节管子平行管的数量，保证容量较小的锅炉并列管束数量较小，从而获得足够的工质质量流速，使管壁得到足够的冷却，以消除传热恶化对水冷壁管子安全的威胁。这样水冷壁的设计就应避免采用热敏感性过大、直径过细的管子。

盘绕的圈数与螺旋角及炉膛的高度有关。圈数太少会部分丧失螺旋管圈在减少吸热偏差方面的效益；圈数太多会增加水冷壁的阻力，从而增加给水泵的功耗，而且在减少吸热偏差方面增益不大。盘绕圈数的推荐值为1.5～2.5。螺旋管圈数量与炉膛周界的关系如图5-17所示。

由图5-17可知，管子根数：

$$N = L\sin\alpha/t \tag{5-2}$$

式中　N——并列管子根数，根；

　　　L——炉膛周界，m；

　　　α——螺旋管上升角，（°）；

　　　t——水冷壁管子节距，m。

在管间节距不变的情况下，如要保持螺旋管的根数不变，则炉膛周界 L 减小，螺旋角 α 就要增加。如要保持炉膛周界 L 不变，螺旋角 α 减小，管子根数 N 也会减少。在管径一定的条件下，管子根数 N 决定了水冷壁的质量流速。当螺旋角 α 达到最大值（90°）时，螺旋管就变成垂直管了。此时，$N=L/t$，并列管子根数最大。

（2）过渡段水冷壁管屏。从倾斜布置的水冷壁转换到垂直上升的水冷壁就需要过渡结构，即过渡段水冷壁。冷灰斗区的螺旋管圈水冷壁与冷灰斗以上区域之间及螺旋管圈与垂直管屏之间都存在过渡。

炉膛下部水冷壁（包括冷灰斗水冷壁、中部螺旋水冷壁）都采用螺旋盘绕膜式管圈。图 5-18 所示为螺旋冷灰斗的结构，图 5-19 为螺旋冷灰斗的实物图。

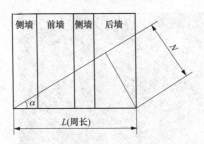

图 5-17 螺旋管圈与炉膛周界的关系

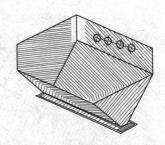

图 5-18 螺旋冷灰斗的结构

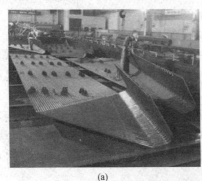

(a)

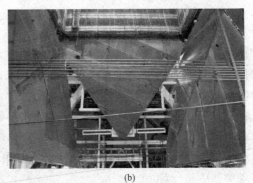

(b)

图 5-19 螺旋冷灰斗的实物图

（a）水平放置的螺旋冷灰斗；（b）现场即将合拢的螺旋冷灰斗

螺旋管与垂直管之间的连接方式有两种：一种是集箱连接，螺旋管出口接至集箱，垂直管由集箱接出；另一种是分叉管连接。目前多数水冷壁采用集箱连接方式，通过分配集箱分配到垂直水冷壁管内，如图 5-20 所示。

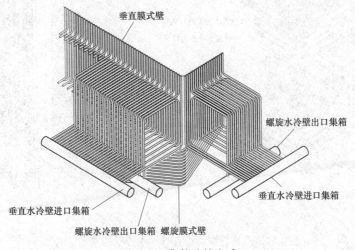

图 5-20 集箱连接方式

在图 5-20 中，螺旋水冷壁出口管几乎每间隔一根管子就直接上升成为垂直水冷壁，另一根抽出到炉外，进入螺旋水冷壁出口集箱，再由连接管从螺旋水冷壁出口集箱引入垂直水冷壁进口集箱，由垂直水冷壁进口集箱拉出两倍引入螺旋管数量的管子进入垂直水冷壁，螺旋管与垂直管的管数比为 3∶1。这种结构的过渡段水冷壁可以把螺旋水冷壁的荷载平稳地传递到上部水冷壁。图 5-21 所示为过渡段水冷壁的实物图。

图 5-21　过渡段水冷壁的实物图

螺旋水冷壁与垂直水冷壁相比，其自身能支承的垂直载荷非常小，因此在螺旋水冷壁部分采用了带膨胀张力板的垂直搭接板支承系统，下部炉膛和冷灰斗的荷载能传递给上部垂直水冷壁，然后再传递到顶部钢结构板梁。

这种刚性梁支承系统包括垂直刚性梁和水平刚性梁，可以保障炉膛水冷壁采用悬挂结构，使整个水冷壁和承压件向下膨胀。由于水冷壁的四周壁温比较均匀，因此水冷壁与垂直搭接板之间相对胀差较小，刚性梁与水冷壁相对滑动。图 5-22 所示为螺旋管圈与垂直管屏水冷壁的支承结构。

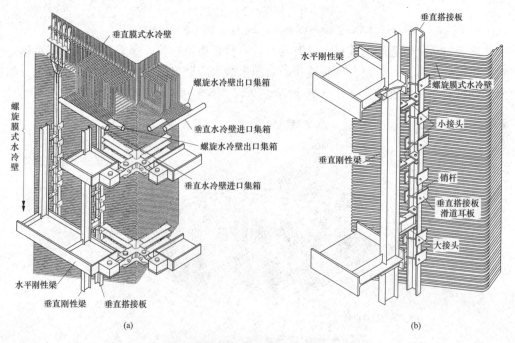

图 5-22　螺旋管圈与垂直管屏水冷壁的支承结构

(a) 螺旋管圈水冷壁；(b) 垂直管屏水冷壁

第四节　强制流动特性

直流锅炉的受热面是由许多根并联工作的管子组成的，各根管子之间的受热强度和流量分配不可能完全均匀，因此其管壁工作温度也不可能相同，只要其中有一根管子被烧坏，则整个锅炉的正常工作就不能继续进行。所以，必须从结构和运行两方面充分注意消除受热的不均匀性和流量分配的不均匀性。

受热不均主要是由炉内燃烧时火焰的充满程度和温度场分布决定的。在炉内燃烧的组织和调节方面，直流锅炉与自然循环锅炉并无差异。但是，由于燃烧组织不良导致的热偏差对蒸发管的安全性危害极大，不仅会使蒸发管内的流量分配不均程度增大，而且可能使蒸发管直接发生停滞、倒流和传热恶化现象，这是直流锅炉区别于自然循环锅炉的一个重要特性。

一、直流锅炉的水动力不稳定性

流量分配不均与许多因素有关，它不仅取决于受热面的结构形式和系统连接，而且取决于管内的质量流速、工质压力、汽水膨胀、受热面入口水的欠焓程度、管外的热流密度等因素的综合影响。

1. 水动力特性

强制流动蒸发受热面管屏中，一定热负荷条件下，管内工质流量 G（或质量流速）与管屏进出口差压 Δp 之间的关系，称为水动力特性。以 G 为横坐标，Δp 为纵坐标，绘制水动力特性函数关系式 $\Delta p = f(\rho w)$ 或 $\Delta p = f(G)$ 的曲线，称为水动力特性曲线，如图 5-23 所示。如果一个差压只对应一个流量，这样的水动力特性是稳定的，或者称水动力特性是单值性的，如图 5-23 中的曲线 1 所示。如果一个差压对应两个甚至多个流量，则水动力特性是不稳定的，或称水动力特性是多值性的，如图 5-23 中的曲线 2 所示。

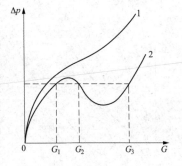

图 5-23　水动力特性曲线
1—单值性的水动力特性；
2—多值性的水动力特性

水动力多值性的具体表现是：对于一根管子，流量有时大有时小；对于并联工作的一组管子，有的管中流量大，有的管中流量小。这样就使并联工作的各管子出口的工质比体积、干度、温度等状态参数不均匀，有的管子的出口工质是不饱和的水，有的是过热蒸汽，有的是汽水混合物。对一根管子来说，出口工质有时是不饱和的水，有时是过热蒸汽，有时是汽水混合物。

当出现多值性流动时，流量少的管子可能会因管壁冷却不足而导致过热。如果工质流量时大时小，管子冷却情况经常变动引起的管壁温度的变动会引起金属疲劳破坏。

2. 蒸发管屏进出口压降

直流锅炉低负荷变压运行时，水冷壁内工质处于两相流动状态。随着加热的进行，蒸汽比例增大，重位压头减小，流动阻力变化不确定。当汽相比例增大时，汽水混合物流速增大，流动阻力增大，但是汽水混合物密度减小又使得流动阻力减小，这样综合影响的结果是使流量差压关系呈现三次方曲线的趋势，出现水动力特性不稳定的现象。

蒸发受热面进出口之间的压降 Δp 可表示为

$$\Delta p = \Delta p_{lz} + \Delta p_{zw} + \Delta p_{js} \qquad (5\text{-}3)$$

式中 Δp_{lz}——流动阻力压降，Pa；

Δp_{zw}——重位压头，工质上升流动时为"＋"，下降流动时"－"，Pa；

Δp_{js}——加速压降，Pa。

从式（5-3）可以看出，蒸发受热面管子进出口之间的压降由重力压降、重位压头和加速压降组成，受热面的布置方式不同，这三部分压降变化对进出口压降的影响也不同。自然循环流动时，管路压降中重位压头为主要部分；强制流动时，管路压降中流动阻力为主要部分。

多值性的流动特性是由于工质的热物理特性的变动，即当流量和重位压头改变时工质的比体积变化造成的。此外，工质的流动方式、管子系统的几何参数、压力、进口工质焓等对流动特性也有不同程度的影响。发生水动力特性不稳定时，对于并联工作的管子，虽然这时管屏进出口差压相等，管屏的总流量不变，但各管流量大小不等。各管出口工质状态参数不同，会造成严重的热偏差，进而导致管子损坏。

3. 垂直蒸发受热面中的水动力特性

垂直布置的蒸发受热面包括多次上升管屏、一次上升管屏等。由于垂直布置的管屏其高度相对较高，接近于管子长度，因此重位压头对水动力特性的影响很大，有时成为压降的主要部分。

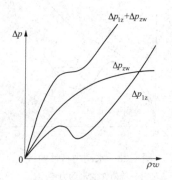

图 5-24　垂直一次上升管中重位压头对水动力特性的影响

在垂直一次上升管屏中，重位压头对水动力特性的影响如图 5-24 所示。管屏进出口高度是不变的，工质的平均比体积在热负荷一定时，总是随着流量的增大而减小，因此重位压头总是单值性地随流量一起增加。也就是说重位压头对水动力特性的影响是单值的，因此对总的水动力特性能起稳定作用。在垂直上升管中，如重位压头对压降的影响占主导地位，则其水动力特性一般是单值的。如重位压头还不足以使水动力特性达到稳定，则必须在管子入口处装节流孔圈，以保证水动力特性的稳定。

4. 水平蒸发受热面中的水动力特性

螺旋管圈式水冷壁和回带管圈式水冷壁的水平管子，其水动力特性和水平管子接近。水平管子的管长远大于围绕上升的高度，重位差压仅占流动阻力的 0.02%～2.00%，加速压降也只有总压降的 3% 左右。因此，在对其进行水动力特性分析时，这两项可略去不计，则水平蒸发受热面的压降 Δp 可表示为

$$\Delta p = \Delta p_{lz} = ZG^2 \bar{v} \qquad (5\text{-}4)$$

式中 Z——结构特性系数，与管子内径、长度和管子内壁粗糙度等有关；

G——管内工质质量流量，kg/s；

$\bar{v}$——管内工质平均比体积，m³/s。

当受热管的热负荷与结构特性不变时，Δp 与 $G^2\bar{v}$ 成正比，即流动阻力不仅与工质的流量有关，还与流体的比体积有关；对于蒸发管，进口工质是具有欠焓的热水，吸热后在出口成为具有一定含汽率的汽水混合物或过热蒸汽，热负荷一定时，随着流量增加，蒸汽量减少，汽水混合物的比体积下降，因此 Δp 随流量的变化具有不确定性。

水平蒸发受热面中的水动力特性具有多值性的主要原因是：当热负荷一定时，由于蒸发管内同时存在加热段和蒸发段，水和蒸汽的差别极大，这使得工质的平均比体积随流量的变化而急剧变化，从而产生了水动力特性的多值性。在直流锅炉的蒸发受热面进口，工质必须是未饱和水，否则可能引起各管圈中工质流量分配不均匀的问题。

5. 影响水动力多值性的主要因素

直流锅炉的水动力多值性，主要是由加热段和蒸发段的共同存在且蒸发段的工质比体积变化引起的。而加热段是客观存在的，所以产生水动力多值性的主要原因是汽水比体积的不同，即在蒸发段发生了较大的汽水比体积变化，进而导致了加热段和蒸发段的阻力比值 $\Delta p_{zf}/\Delta p_{rs}$ 发生变化。锅炉运行时，影响水动力多值性的因素比较复杂，主要因素有以下几个方面：

(1) 工质压力。工质压力对水动力多值性的影响具有多重性。即工质压力降低时，汽水比体积差增大，水动力多值性加剧。然而，因为此时工质汽化潜热也随之增大，在吸热量一定时，蒸发量减少；同时，工质压力降低，还会使受热面进口水欠焓减小，这又会减弱水动力多值性。因此综合影响是工质压力降低使汽水比体积差变化得多，从而加剧了水动力多值性。图 5-25 所示为工质压力对水动力特性的影响，即工质压力升高，水动力特性趋向单值性。

但是，超临界压力直流锅炉也可能发生水动力多值性。这是因为超临界压力的相变区内，工质的比体积随温度的上升而急剧增大，与亚临界压力下水汽化成蒸汽时比体积急剧上升而密度急剧下降的情况相似。因此，超临界压力直流锅炉的蒸发受热面也要防止发生水动力多值性。

(2) 质量流速。直流锅炉蒸发管内的质量流速随负荷而变。锅炉负荷越低，质量流速越小，工质流量在并列管中的分配越不均匀，越容易发生水动力多值性。

(3) 工质的入口焓值。加热段的存在，说明蒸发管进口工质有欠焓。当管圈进口工质欠焓为零，即进口工质为饱和水时，在热负荷一定的情况下，蒸汽产量不随流量而变，则压降随着流量的增加而单值地增加。工质的欠焓越小，或管圈进口工质的温度越接近对应管圈进口压力下的饱和温度，则水动力特性越趋向稳定。工质进口水焓值对水动力特性的影响如图 5-26 所示。

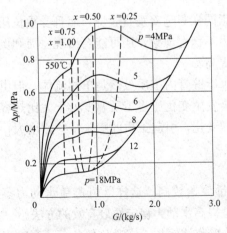

图 5-25 工质压力对水动力特性的影响

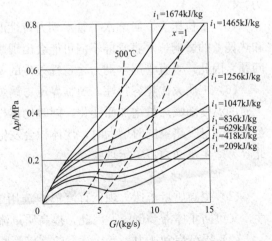

图 5-26 工质进口水焓值对水动力特性的影响

工质欠焓增大主要发生在高压加热器解列的运行方式下，如果此时质量流速过小，则水动力多值性就难以避免。

在超临界压力下，由于沿管圈长度方向工质焓值变化时，工质的比体积也发生变化，尤其在最大比热容区的变化很大。因此，与低于临界压力时的情况一样，管圈入口工质的焓值对水动力多值性也有影响。

（4）管圈热负荷和锅炉负荷。当管圈热负荷增加时，水动力特性趋向稳定。这是因为热负荷高时，缩短了加热段的长度，即相当于减少了工质欠焓的影响，管圈中产生的蒸汽量多，阻力上升也快，水动力特性曲线上升也要陡一些，水动力特性趋向稳定一些，如图5-27所示。

螺旋管圈式水冷壁在锅炉负荷高时，压力和热负荷都相应提高，水动力特性较稳定。在低负荷时，其压力低，质量流速小，进口工质欠焓大，热负荷降低，热偏差增大。此时在多种不利因素的同时作用下，水动力不稳定性程度必然增大。图5-28所示为负荷变化对水动力特性的影响。

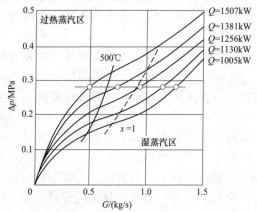
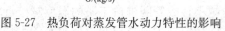
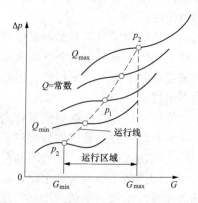

图5-27 热负荷对蒸发管水动力特性的影响　　　图5-28 负荷变化对水动力特性的影响

因此，在进行水平蒸发管圈的设计和调节时，更应注意锅炉在启动和低负荷时的水动力特性。

（5）重位压头。影响水平管水动力特性的因素同样影响着垂直管屏，而且受重位压头和热偏差的影响，垂直管屏不但可能会出现水动力不稳定现象，还可能会出现停滞和倒流问题。因此，垂直管屏水动力稳定性条件的要求更高。

（6）工质大比热容特性。超临界压力锅炉的水冷壁管内工质虽然是单相流体，但由于工质的温度随吸热量增加而变化，同时比体积也会发生变化。当工质温度处于大比热容区范围内，且吸热量同时增大时，比体积会发生剧烈变化，引起工质的膨胀量急剧增大，因此容易产生水动力不稳定现象。

6. 提高水动力稳定性的方法

（1）提高质量流速。现代直流锅炉选用的质量流速较高，这样既可避免水动力多值性，又可防止停滞和倒流。因此，提高质量流速是提高水动力稳定性最有效的方法。

（2）提高启动压力。变压运行的螺旋管圈水冷壁直流锅炉，应避免低负荷运行时工作压力过低。采用垂直管屏水冷壁的直流锅炉最好采用全压启动方式。

（3）采用节流孔圈。在水冷壁入口安装节流孔圈可增大加热段的阻力。加装节流孔圈后，当流量增大时，节流孔圈的阻力随之增大，使加热段的流动阻力总是占据优势，管子的总压降趋向单值性。节流孔圈对水动力稳定性的作用如图 5-29 所示。

（4）减小进口工质欠焓。对于直流锅炉，水冷壁进口工质欠焓是必然存在的。但减小欠焓，有利于提高水动力的稳定性。

（5）减小受热偏差。运行实践表明，水动力的不稳定性主要是由热偏差引起的。因此，减小水冷壁的受热偏差是确保水动力稳定性的重要条件。锅炉运行中，应及时吹灰，防止水冷壁积灰、结渣，防止火焰偏斜。在燃烧器区域投入再循环烟气，并使燃烧器多层布置且增大喷口间距等措施，可以减小水冷壁管外的受热偏差。尤其要注意在低负荷运行时热偏差增大的趋势。

（6）控制下辐射区水冷壁出口温度。下辐射区水冷壁处于热负荷最高的区域，吸热最强。为了避免工质的比体积剧烈变化，应将工质的大比热容区避开热负荷较高的燃烧器区。这就要求控制下辐射区水冷壁出口工质的温度，使其处于临界温度以下。

二、强制流动工质脉动

1. 脉动现象与危害

脉动现象是指在强制流动锅炉蒸发受热面中，流量随时间发生周期性变化的现象。由于流量的脉动，也引起了管子出口处蒸汽温度或热力状态的周期性波动，而整个管组的进水量及蒸汽量却无多大变化。流量的忽大忽小，使加热、蒸发和过热段的长度发生变化，受热面交界处的管壁交变地与不同状态的工质接触，致使该处的金属温度发生周期性变化，导致金属的疲劳损伤。蒸发管的脉动现象如图 5-30 所示。

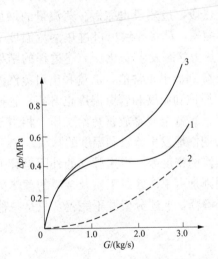

图 5-29　节流孔圈对水动力稳定性的作用
1—未加节流孔圈时的水动力特性；2—节流孔圈阻力特性；
3—加节流孔圈后的水动力特性

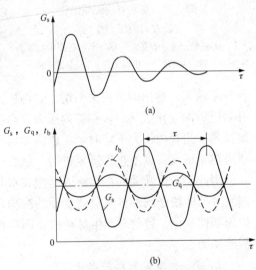

图 5-30　蒸发管的脉动现象
（a）衰减型脉动；（b）周期性脉动
G_s—水流量；G_q—蒸汽流量；t_b—壁温；τ—时间

从图 5-30（b）可知，对一根管子来说，发生管间脉动时，管子入口水流量 G_s 与出口蒸汽量 G_q 都发生周期性变化，而且 G_s 与 G_q 的变化方向相反。对于同一管屏，当一部分管子的入口水流量 G_s 减小时，另一部分管子的入口水流量 G_s 增加；相反，G_s 增加时，G_q 减小。同时，当一部分管子出口蒸汽量G_q增加时，另一部分管子出口蒸汽量G_q减小。也就是说，发生脉动时，管子内的G_s和G_q都有周期性的变化，但G_s与G_q的变化方向相差$180°$的相位角，这样就形成了管子之间的脉动。

脉动现象有管间脉动、屏间脉动和全炉脉动三种。

发生管间脉动时，管屏的总流量和进、出口集箱之间的差压均不发生变化，但是各管中的流量却会发生周期性变化。

屏间脉动是指发生在并列管屏之间的脉动现象。发生屏间脉动时，进出口总流量和总差压并无明显变化，只是各管屏间的流量发生了变化。

全炉脉动是指整个锅炉的并联管子中流量同时发生脉动，即进口水量、出口蒸汽量都发生周期性波动。这种脉动在燃料量、蒸汽量、给水量急剧波动时，以及给水泵、给水管道、给水调节系统不稳定时可能发生，但当这些扰动消除后即可停止。

2. 对脉动现象的解释

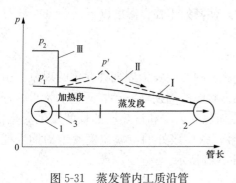

图 5-31　蒸发管内工质沿管
长方向的压力变化

Ⅰ—无脉动；Ⅱ—有脉动；Ⅲ—节流孔圈中的压力
1—进口集箱；2—出口集箱；3—节流孔圈

发生脉动的根本原因还有待进一步研究。简单而言，管内水和蒸汽的瞬时流量总是不一致的，那么管内一定存在着压力波动，如图 5-31 所示。以水平蒸发管内两相流动为例，若管子在蒸发开始部分突然出现热负荷短时升高，则该处蒸汽量增多，气泡增大，局部压力升高。将其前、后工质分别向管圈进、出口两端推动，因此进口水流量减少，加热段缩短，而出口蒸汽量增加。与此同时，由于局部压力的升高，将一部分汽水混合物推向过热段，过热段也缩短。蒸汽量的增加和过热段的缩短，都将导致出口过热蒸汽温度下降或者工质热力状态发生变化。上述过程的结果是使管子输入、输出能量失去平衡，管内压力一直下降到低于正常值，流量和出口蒸汽温度开始反方向变化。同时，在管内压力升高期间，工质饱和温度和管壁温度也升高，管壁金属蓄热。当管内压力下降时，工质饱和温度也下降，管壁金属释放蓄热给工质，相当于工质吸热量增大。以上过程重复进行，就会连续地周期性地发生流量和温度的脉动。

因此，产生脉动的根本原因是饱和水与饱和蒸汽的密度差。产生脉动的外因是管子在蒸发开始区段受到外界热负荷变动的扰动，而内因则是由于该区段工质及金属的蓄热量发生周期性变化。目前对产生脉动的原因存在着多种解释，上述分析并不完善，只是一种通俗的说明。

3. 防止和减轻脉动的措施

（1）提高工作压力。提高工作压力可减少脉动现象的产生。锅炉的工作压力越高，则汽与水的比体积越接近，局部压力升高的现象就不易发生。实践证明，当工作压力在14MPa 以上时，就不会发生脉动现象。

（2）增大加热段与蒸发段的阻力比值。增加管圈加热段的阻力和降低蒸发段阻力可减少脉动现象的产生。在管圈进口装节流孔圈，或者加热段采用较小直径的管子，都可增加加热段的阻力。此外，增加管圈进口工质欠焓，因加热段的长度会增加，从而增加了热水段阻力，这样对减少脉动现象也是有利的，但对水动力稳定性有不利影响。

（3）提高质量流速。提高工质在管圈进口处的质量流速，就可很快地把气泡带走而不会使其在管内变大，管内就不会形成较大的局部压力，从而可以保持稳定的进口流量，减小和避免管间脉动的产生。

（4）在蒸发段装中间集箱及呼吸集箱。当蒸发管中产生脉动时，由于各并列管子间的流量不同，沿各管子长度的压力分布也就不同。这是因为并列管子的进、出口端连接在其进、出口集箱上，具有相同的进口压力和出口压力，但在管子中部，由于各管工质流量互不相同，流动阻力则不同，因此流量大的管子加热段阻力增大，管子中部的压力较低；而流量小的管子加热段阻力较小，则中部压力较高。如果将各并列蒸发管的中部连接至一公共呼吸集箱（见图 5-32），则各管中部的压力会趋于均匀，从而可减轻脉动现象的发生。

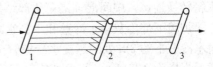

图 5-32　呼吸集箱

1—入口集箱；2—呼吸集箱；3—出口集箱

呼吸集箱应设置在并列管间差压较大的位置，一般装在相当于蒸汽干度 0.1～0.2 的位置，效果比较显著。呼吸集箱直径通常为连接管直径的 2 倍左右。

（5）锅炉启停和运行方面的措施。为了防止脉动的产生，直流锅炉在运行时应注意燃烧工况的稳定和炉内温度场的均匀，以减少各并列管的受热不均匀性；在启动时应保持足够的启动流量及一定的启动压力等。

第五节　商洛电厂锅炉的水冷壁

一、商洛电厂锅炉水冷壁结构

商洛电厂的锅炉具有先进的防止煤粉爆炸的措施和良好的防止内爆的特性。其燃烧室的设计承压能力不低于 ±6500Pa，瞬时不变形承载能力不低于 ±9800Pa。锅炉运行过程中任何部分都不出现异常振动。

在任意工况下，商洛电厂锅炉水冷壁的设计都能保证螺旋管出口任意两根管子之间的工质温度偏差不高于 25℃。水冷壁沿整个炉膛高度上装设中间混合集箱及两相流工质的均匀分配装置以改善水动力工况。

锅炉炉膛断面尺寸为 22 162.4mm×16 980.8mm。冷灰斗及炉膛下部水冷壁采用螺旋管圈，炉膛上部采用垂直管屏，如图 5-33 所示。渣斗底部有足够的加强型厚壁管，允许其磨蚀厚度不小于 1mm。渣斗喉部最小开口的宽度为 1.2m。冷灰斗水平夹角为 55°。燃烧室及冷灰斗的结构具有足够的强度与稳定性，冷灰斗处的水冷壁管和支持结构能承受大块焦渣的坠落撞击和异常运行时焦渣大量堆积的荷重。

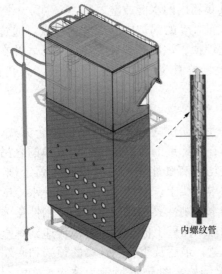

内螺纹管

图 5-33　水冷壁结构

经省煤器加热后的给水通过锅炉右侧单根下水连接管引至两个下水连接管分配集箱，再由 32 根螺旋水冷壁引入管引入两个螺旋水冷壁入口集箱。炉膛为全焊接密封膜式水冷壁，它由下部螺旋环绕上升水冷壁和上部垂直上升水冷壁两个不同的结构形式组成。水冷壁展开图如图 5-34 所示。螺旋水冷壁与垂直水冷壁之间由过渡段水冷壁和水冷壁过渡段集箱转换连接，中间混合集箱角部结构如图 5-35 所示。

炉膛下部冷灰斗水冷壁和中部水冷壁均采用螺旋盘绕膜式管圈，从水冷壁进口到折焰角水冷壁下约 3m 处的螺旋水冷壁管全部采用六头、上升角为 60°的内螺纹管，共 512 根，管子规格为 $\phi 38.1 \times 6.5$，材料为 15CrMoG。冷灰斗的倾斜角为 55°，除渣口的喉口宽度为 1243.2mm，冷灰斗处管子节距为 50.8mm、49.827mm。冷灰斗以外的中部螺旋盘绕管圈，其倾角为 19.471°，管子节距为 50.8mm。冷灰斗管屏、螺旋管屏膜式扁钢厚 $\delta 6.4mm$，材料为 15CrMoG，采用双面坡口形式。

炉膛上部垂直上升水冷壁管采用 $\phi 31.8 \times 7$、材质为 12Cr1MoVG 的管子（前墙 512 根，左右侧墙各 334 根，管子间节距均为 50.8mm）。炉膛中部螺旋水冷壁与炉膛上部垂直水冷壁之间由过渡段水冷壁及集箱过渡转换。

在任何工况（尤其是低负荷及启动工况）下，水冷壁内有足够的质量流速，保证水冷壁水动力稳定和传热不发生恶化，防止发生亚临界压力下的膜态沸腾和超临界压力下的类膜态沸腾现象，锅炉最低直流负荷为 25%BMCR。

为监视蒸发受热面出口金属温度，在水冷壁上装有足够数量的测温装置，水冷壁中间混合集箱上装设 150 个测温点，分离器上装设 8 个测温点，分离器出口蒸汽导管上装设 8 个测温点。

炉顶密封按先进成熟的二次密封技术制造，锅炉上部两侧水冷壁与顶棚、折焰角两侧水冷壁、斜灰斗两侧水冷壁等处比较难于安装的金属密封件在制造厂内焊好，以确保各受热面膨胀自由、金属密封件不开裂，避免锅炉炉顶漏烟和漏灰。炉顶大包内设计温度不大于 400℃，设计压力为 2.24kPa（229mmH₂O）。大包为气密性焊接结构，在环境温度为 27℃时，保温外表面温度不超过 50℃。

水冷壁的放水点装在最低处，以保证水冷壁及其集箱内的水能放空。

锅炉膨胀中心以密封罩壳顶部、后水冷壁中心线前 1m 的锅炉中心线处为原点，通过水平和垂直方向的导向与约束，实现三维膨胀，防止炉顶、炉墙开裂和受热面变形，并在需要监视膨胀的位置合理布置膨胀指示器。水冷壁上设置有观测孔、热工测量孔、人孔、吹灰器孔及相应的平台。

二、商洛电厂锅炉水冷壁特点

商洛电厂锅炉水冷壁采用下炉膛螺旋管圈水冷壁和上炉膛垂直管水冷壁的组合方式，这样一方面满足了变压运行性能的要求，另一方面可在水冷壁的顶部采用结构成熟的悬吊结构，如图 5-36 所示。每面墙的每层刚性梁水平上均设有膨胀中心，并以此为固定端，即导向点。炉膛及后竖井前后墙的固定端设置在锅炉中心线上。刚性梁两端与锅炉水冷壁间可相互安全滑动螺旋水冷壁刚性梁由垂直刚性梁和水平刚性梁构成网格结构，刚性梁体系及炉墙等的自重荷载完全由垂直搭接板支吊，作用在水冷壁上的炉膛压力被传递到垂直搭接板上，反作用力通过大、小接头传递给垂直刚性梁，最后从垂直刚性梁的顶端和底端传到水平刚性梁上。图 5-37 所示为垂直水冷壁刚性梁结构，图 5-38 所示为螺旋水冷壁刚性梁结构。

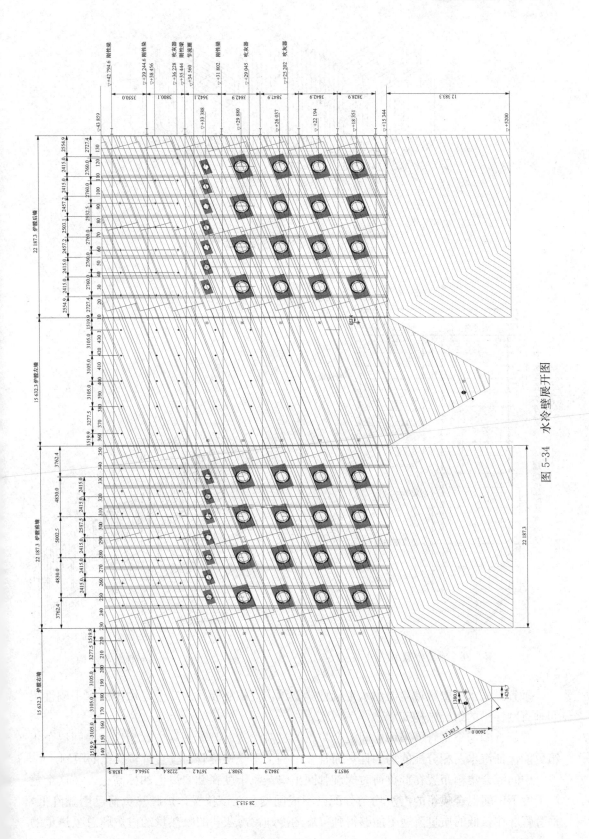

图 5-34　水冷壁展开图

143

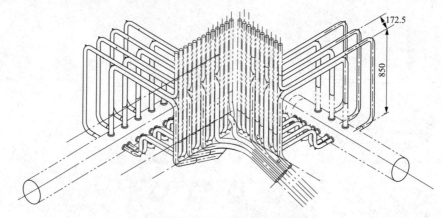

图 5-35　中间混合集箱角部结构

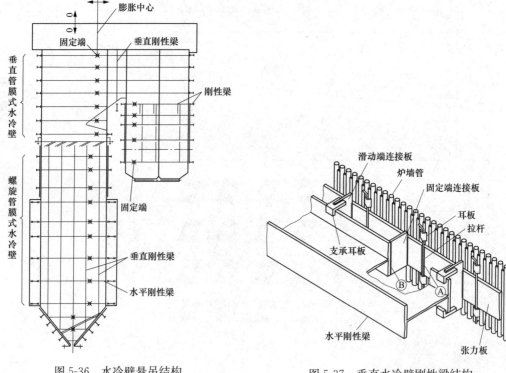

图 5-36　水冷壁悬吊结构

图 5-37　垂直水冷壁刚性梁结构

　　垂直膜式水冷壁区域主要由水平刚性梁支承，而螺旋膜式水冷壁区域则由水平刚性梁和垂直刚性梁的组合结构支承。

　　螺旋管圈与垂直管屏采用中间混合集箱的过渡形式。与分叉管方式相比，中间混合集箱更能保证汽水两相分配的均匀性，而且在结构上不受螺旋管与垂直管转换比的限制。

　　中间混合集箱布置在低负荷时螺旋管圈出口蒸汽干度在 0.8 以上的标高上，在这个蒸汽干度下中间混合集箱的汽水均匀分配已不成问题。在该位置，炉膛热负荷已明显降低，垂直管屏在较低的质量流速下能够得到可靠的冷却。冷灰斗的吸热量约占炉膛总吸热量的

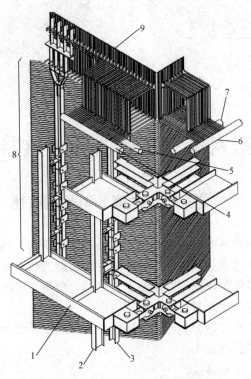

图 5-38 螺旋水冷壁刚性梁结构

1—水平刚性梁；2—垂直刚性梁；3—垂直搭接板；4、6—垂直水冷壁进口集箱；
5、7—螺旋水冷壁出口集箱；8—螺旋水冷壁；9—垂直水冷壁

10%，因此冷灰斗吸热不均匀引起的热偏差不可被忽视。冷灰斗采用螺旋管圈时，出口工质几乎没有温度偏差，这是垂直管冷灰斗不可比的。

第六章　过热器和再热器

第一节　过热器和再热器概述

过热器和再热器是锅炉各受热面中金属壁温最高的受热面,其出口蒸汽温度对于锅炉效率和整个发电厂循环热效率起着决定性的作用。提高蒸汽初温可以提高发电厂的循环热效率,但这又受到金属材料耐热性能的限制。过热器、再热器设计与运行的主要原则有:

(1) 防止受热面金属温度超过材料的许用温度。

(2) 过热器与再热器有良好的蒸汽温度特性,蒸汽温度易于调节,并在较大的负荷范围内能通过调节维持额定蒸汽温度。

(3) 防止受热面管束高温腐蚀。

(4) 节省钢材,尤其是合金钢。

(5) 较小的流动阻力。

(6) 运行安全可靠,制造、安装及检修方便。

一、过热器与再热器系统

过热器通过将饱和蒸汽加热成具有一定过热度的过热蒸汽来提高发电厂循环热效率。表 6-1 给出了蒸汽参数与发电厂循环热效率和热耗率的关系。有计算表明,对于亚临界压力机组,当过热蒸汽温度/再热蒸汽温度由 535/535℃提高到 566/566℃时,热耗率下降约为 1.8%。

表 6-1　　　　　　　蒸汽参数与发电厂循环热效率和热耗率的关系

项目	数　值			
过热蒸汽压力/MPa	9.8	13.7	16.7	24.1
过热蒸汽温度/℃	540	540	555	566
再热蒸汽温度/℃		540	555	566
热耗率/(kJ/kWh)	9254	8332	7972	7647.6
发电厂循环热效率/%	30.5	37	40	大于40

再热器将汽轮机高压缸排汽在锅炉中再次加热升温后送回汽轮机中压缸膨胀做功,以降低汽轮机末级叶片湿度。

过热器出口的过热蒸汽称为主蒸汽,其由主蒸汽管道送至汽轮机高压缸。高压缸的排汽由再热冷段管道送至再热器,经再一次加热升温后,由再热热段管道返回汽轮机中压缸继续膨胀做功。图 6-1 所示为过热器与再热器在热力系统中的位置。

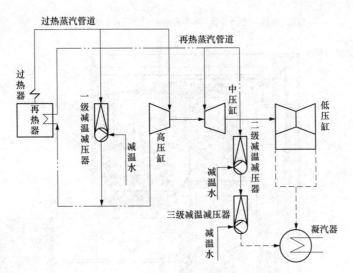

图 6-1　过热器与再热器在热力系统中的位置

蒸汽再热有一次再热和二次再热之分。目前，我国超高压及以上压力的大容量机组都采用一次中间再热系统。

过热器和再热器具有如下特点：

（1）过热器和再热器是锅炉中金属壁温最高的受热面，对材质要求高。

（2）过热器、再热器的阻力不能太大。

（3）高热负荷区的过热器与再热器工质流速高。

（4）过热器和再热器出口蒸汽温度将随锅炉负荷的改变而改变。

（5）过热器和再热器的布置受锅炉参数影响。

（6）在锅炉点火升压或汽轮机甩负荷时，过热器、再热器需要采取保护措施。

二、过热器与再热器的形式

过热器有多种结构形式，一般按照受热面的传热方式分为对流式（型）、辐射式（型）及半辐射式（型）三种。高压以上的大型锅炉多采用辐射式、半辐射式与对流式多级布置的联合过热器。再热器以对流式为主，并位于高温对流式过热器之后烟气温度较低处，因为再热蒸汽压力较低、蒸汽密度较小，放热系数较低，蒸汽比热容也较小，其受热面管壁金属温度比过热器的更高。有些锅炉的部分低温蒸汽段再热器采用辐射式，布置在炉膛上部吸收炉膛的辐射热。图 6-2 所示为过热器和再热器在锅炉中的一种布置方式。

第二节　过热器的结构与布置特点

一、对流式过热器

布置在锅炉对流烟道中，主要以对流传热方式吸收烟气热量的过热器，称对流式过热器。对流式过热器一般采用蛇形管式结构，即其由进出口集箱连接许多并列蛇形管构成。蛇形管一般采用外径为 32.0～63.5mm 的合金钢管，其壁厚由强度计算确定，一般为 3～9mm。

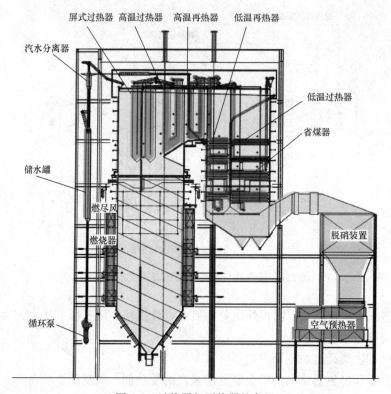

图 6-2 过热器与再热器的布置

1. 对流式过热器的结构

根据烟气与管内蒸汽的相对流动方向，对流式过热器可分为顺流、逆流和混合流三种结构形式。对流式过热器及其对应工质流动方向如图 6-3 所示。

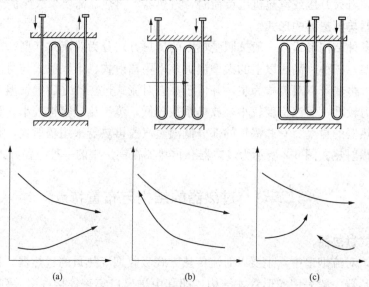

图 6-3 对流式过热器及其对应工质流动方向
(a) 顺流；(b) 逆流；(c) 混合流

图 6-3 (a) 所示为顺流形式，蒸汽温度高的一端处于烟气低温区，金属壁温较低，安全性好，但平均传热温差小，所需受热面较多，金属耗量最多。因此，顺流方式多用于蒸汽温度较高的最末级过热器。

图 6-3 (b) 所示为逆流形式，烟气的流向与蒸汽总体的流向相反。逆流方式烟气和蒸汽的平均传热温差较大，所需受热面较少，可节约钢材，但蒸汽最高温度处恰恰是烟气最高温度处，从而使该处受热面的金属管壁温度较高，工作条件差。因此，顺流方式常用于过热器的低温级。

图 6-3 (c) 所示是混合流形式，其综合了逆流和顺流方式的优点，蒸汽低温段采用逆流方式，蒸汽的高温段采用顺流方式。这种方式既可获得较大的平均传热温压，又能相对降低管壁金属最高温度，因此在高压以上锅炉中得到了广泛应用。

2. 对流式过热器的布置方式

对流式过热器在烟道内有立式与卧式两种布置方式。

立式过热器的支吊结构比较简单，它用多个吊钩把蛇形管的上弯头钩起，吊钩支承在炉顶钢梁上。立式过热器通常布置在炉膛出口的水平烟道中，如图 6-4 所示。

卧式过热器的蛇形管支承在定位板上，定位顶板与底板固定在有工质冷却的受热面上，如省煤器出口集箱引出的悬吊管，悬吊管垂直穿出炉顶墙通过吊杆吊在炉顶钢梁上。卧式过热器通常布置在尾部竖井烟道中。

立式过热器的支吊结构不易烧坏，蛇形管不易积灰，但是停炉后管内存水较难排出，升温时由于通汽不畅易导致管子过热；卧式过热器在停炉时蛇形管内存水排出简便，但是容易积灰。

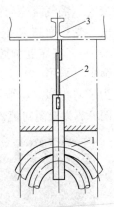

图 6-4　立式过热器的支吊
1—蛇形管上弯头；2—吊钩；
3—炉顶横梁

3. 对流式过热器的蛇形管束

对流式过热器受热面由数片并联的蛇形管组成。

管内工质冷却管壁的能力取决于工质流速及密度，其常用质量流速 ρw 来反映。蒸汽质量流速提高，流动压降增大。为了保证汽轮机的效率，整个过热器的压降应不超过其工作压力的 10%。对于一般锅炉，对流式过热器低温段的蒸汽质量流速 $\rho w = 400 \sim 800 \text{kg/(m}^2 \cdot \text{s)}$，高温段的蒸汽质量流速 $\rho w = 800 \sim 1100 \text{kg/(m}^2 \cdot \text{s)}$。

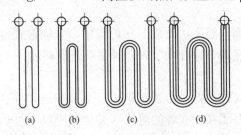

图 6-5　蛇形管的管圈数
(a) 单管圈；(b) 双管圈；
(c) 三管圈；(d) 四管圈

当烟道宽度一定时，管束的横向节距选定了，过热器并联的蛇形管数就确定了。若蒸汽的质量流速不在推荐范围内，则可用改变重叠的管圈数进行调节。根据锅炉容量的不同，对流式过热器的蛇形管可做成单管圈、双管圈和多管圈多种形式，以增加并联管数，如图 6-5 所示。大型锅炉对流式过热器的管圈数可达五圈。

对流式过热器的蛇形管束有顺列和错列两种排列方式，如图 6-6 所示。在其他条件相同时，错列管的传热系数比顺列管的高，但错列管的管间易结渣，积灰吹扫比较困难，同时支吊也不方便。国产锅炉的过热器，一般在水平烟道中采用立式顺列布置；在尾部竖井中

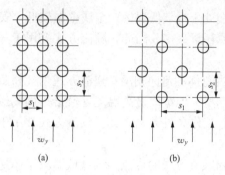

图 6-6 蛇形管束的排列方式
(a) 顺列；(b) 错列

采用卧式错列布置。目前，大容量锅炉的对流式过热器，其蛇形管束趋向全部采用顺列布置，以便支吊，并避免结渣和减轻磨损。

大多数锅炉的对流式过热器在高温水平烟道中采用立式顺列布置，相对横向节距 $s_1/d=2\sim3$，相对纵向节距 $s_2/d=2.5\sim4.0$。靠近炉膛的前几排的对流式过热器的蛇形管束，为了防止结渣应适当增大其管间节距，使 $s_1/d\geqslant4.5$、$s_2/d\geqslant3.5$。

通过对流式过热器的烟气流速设计取值由受热面的积灰、磨损、传热效果和烟气流动压降等因素决定。烟气流速与煤的灰分含量、灰的化学成分组成及颗粒物理特性等有关，还与锅炉形式、受热面结构有关。为防止蛇形管束积灰，额定负荷时对流受热面的烟气流速不宜低于 6m/s；在靠近炉膛出口烟道中，烟气温度较高，灰粒较软，受热面的磨损不明显，煤粉锅炉可采用 10~14m/s 的流速；当烟气温度降至 600~700℃ 时，灰粒变硬，磨损加剧，为了防止磨损，烟气流速不宜高于 9m/s。

图 6-7 为低温对流式过热器的现场安装图。

图 6-7 低温对流式过热器的现场安装图
(a) 安装前；(b) 安装后

二、辐射式和半辐射式过热器

在高参数大容量锅炉中，为了降低炉膛出口烟气温度，就需要在炉膛中布置辐射式过热器。在锅炉中布置辐射式过热器对改善蒸汽温度调节特性和节省金属消耗是有利的。

1. 辐射式和半辐射式的布置

辐射式过热器包括布置在水冷壁墙壁上的壁式过热器，布置在炉膛、水平烟道和垂直烟道顶部的炉顶（或顶棚）过热器，布置在炉膛上部靠近前墙的屏式（又称分隔屏）过热器，以及在垂直烟道和水平烟道的两侧墙上布置的大量贴墙的包墙管（包覆管）过热器。

屏式过热器有前屏、大屏及后屏三种，如图 6-8 所示。前屏或大屏过热器布置在炉膛前部，屏间距离较大，屏数较少，其吸收炉膛内高温烟气的辐射传热量。后屏过热器布置在炉膛出口处，屏间距相对较小，屏数相对较多，其既吸收炉膛内的辐射传热量，又吸收烟气冲刷受热面时的对流传热量，故又称半辐射式过热器。

现代大型锅炉广泛采用平炉顶结构，全炉顶上布置顶棚过热器，吸收炉膛及烟道内的辐射热量；水平烟道、转向室及垂直烟道的周壁也都布置包墙管过热器。由于贴墙壁的烟气流速极低，包墙管过热器所吸收的对流热量很少，主要吸收辐射热，故也属于辐射式过热器。

壁式过热器、顶棚过热器及包墙管过热器一般都采用膜式受热面结构，从而使整个锅炉的炉膛、炉顶及烟道周壁都由膜式受热面包覆，这简化了炉墙结构，并减少了炉膛和烟道的漏风量。

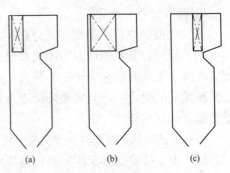

图 6-8　屏式过热器
(a) 前屏；(b) 大屏；(c) 后屏

图 6-9 所示为屏式过热器穿过顶棚过热器及屏式过热器在炉膛看到的布置。

图 6-9　屏式过热器的布置
(a) 屏式过热器穿过顶棚过热器；(b) 屏式过热器在锅炉内的布置

布置在炉膛内高热负荷区的屏式过热器，对改善蒸汽温度调节特性和节省金属材料有利，但由于炉膛热负荷很高，辐射式过热器管壁金属温度的最大值通常比管内蒸汽温度高出 $100 \sim 120℃$，尤其在锅炉启动和低负荷运行时，管内工质流量很小，问题更为突出。为改善其工作条件，一般将辐射式过热器作为低温段，同时采用较高的质量流速，一般取 $\rho w = 1000 \sim 1500 kg/(m^2 \cdot s)$；并将其布置在热负荷相对较低、远离火焰中心的区域等。锅炉启动时也要采取适当的保护措施，以防管子被烧坏。

2. 屏式过热器的优点

现代大型锅炉广泛采用屏式过热器,其优点是:

(1) 后屏过热器的横向节距比对流式过热器蛇形管束的大很多,接近灰熔点的烟气通过它时减少了灰黏结在管子上的机会,有利于防止结渣。利用屏式受热面吸收一部分炉膛的高温烟气的热量,能有效地降低进入对流式受热面的烟气温度,防止密集布置的对流式受热面管屏间结渣。

(2) 屏式过热器布置在高热负荷区域,传热效果好,减少了过热受热面的金属消耗量。

(3) 由于屏式过热器能吸收相当数量的辐射热量,使过热器辐射吸热的比例增大,改善了过热蒸汽温度的调节特性。

(4) 对于燃烧器四角布置切圆燃烧方式的炉膛,由于炉内气流的旋转运动,在炉膛出口处会发生烟气流动的偏转,烟气速度分布不均,烟温在烟道横向有偏差,从而导致过热蒸汽温度的热偏差。屏式过热器对烟气流的偏转能起到阻尼作用,并导流而分隔成多股烟气流,降低了烟气的旋转动量,所以屏式过热器也叫分隔屏过热器。

3. 屏式过热器的结构

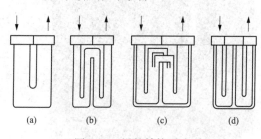

图 6-10　屏的结构形式
(a) U形;(b) W形;
(c) 双U形(并联);(d) 双U形(串联)

屏式过热器的每片屏由集箱并联 15～30 根 U 形管或 W 形管组成,如图 6-10 所示。管子外径一般为 32～57mm,管间纵向节距很小,一般 s_2/d＝1.10～1.25mm。为了将并列管保持在同一平面内,每片屏用自身的管子作为包扎管,将其余的管子扎紧。屏的下部根据折焰角的形状可做成三角形,也可做成方形。为了避免结渣,相邻管屏间的横向节距很大,一般 s_1＝600～

2800mm。相邻管屏间各抽一根管子互相连接,以保持屏间距离,如图 6-11 所示。为了屏

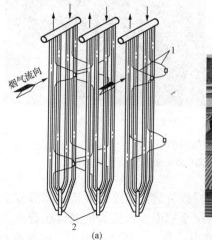

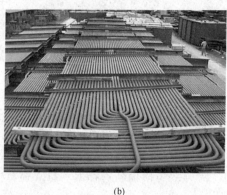

图 6-11　屏式过热器的包扎与定距连接
(a) 结构图;(b) 现场图
1—连接管;2—包扎管

式受热面管子的安全,蒸汽必须采用较高的质量流速 ρw 来冷却管子,一般推荐 $\rho w = 700\sim1200\text{kg}/(\text{m}^2 \cdot \text{s})$。

半辐射式过热器的热负荷很高,各并列管的结构尺寸和受热条件差异较大,管间壁温可能相差 $80\sim90℃$,往往成为锅炉安全运行的薄弱环节,因而在这些管子上应装设温度测点,以实现在运行中严密监视。

第三节 再热器的结构与布置特点

我国电站锅炉大多采用对流式再热器。随着大型电厂锅炉的发展,为了改善蒸汽温度调节特性,也采用辐射式和对流式多级布置的联合再热器。

由于再热器的蒸汽来自汽轮机高压缸的排汽,其压力为过热蒸汽压力的 $20\%\sim25\%$,流经再热器的蒸汽量约为过热蒸汽量的 80%,再热后的蒸汽温度一般与过热蒸汽温度相同。再热蒸汽属于中压高温蒸汽,其性质与高压高温的过热蒸汽有很大差别。

再热蒸汽压力较低,体积流量比过热蒸汽的大很多。再热器系统的流动阻力增加会使蒸汽在汽轮机内做功的有效压降减小,从而导致机组的热耗率增加。有计算表明,再热器的流动阻力增加 0.1MPa,热耗率将增加 $0.2\%\sim0.3\%$。因此,一般再热器的流动阻力不应超过再热器进口压力的 10%,也就是限制在 $0.2\sim0.3\text{MPa}$。将同一台锅炉的对流式过热器和再热器相比,再热蒸汽流量虽然比过热蒸汽流量小,但再热器管圈数多、集箱直径大,蒸汽质量流速小,见表6-2。这些结构布置上的特点,都旨在降低再热器系统的流动阻力。

表6-2 同一台锅炉对流式过热器和再热器的结构比较

受热面	蒸汽流量 /(t/h)	管径/mm	节距/mm	管圈数	管子金属材料	集箱直径(进/出)/mm
低温过热器	1000	$\phi 51 \times 7$	130/126	5	20 号,12Cr1MoV	$\phi 406 \times 50 / \phi 406 \times 50$
低温再热器	854	$\phi 60 \times 4$	342.9/70.0	9	12Cr2MoWVTiB,12CrMoV	$\phi 457.2 \times 25 / \phi 508 \times 25$
高温过热器	1000	$\phi 51 \times 8$	171.45/100.00	6	12Cr1MoV,102	$\phi 355.6 \times 50 / \phi 457.2 \times 80$
高温再热器	854	$\phi 60 \times 4$	228.6/153.0	7	102,SUS304HTB	$\phi 508 \times 25 / \phi 508 \times 30$

为了限制再热器的压降,一般可采取以下措施:

(1)适当降低再热器中蒸汽的质量流速,推荐对流式再热器的质量流速 $\rho w = 250\sim 400\text{kg}/(\text{m}^2 \cdot \text{s})$,辐射式再热器的质量流速 $\rho w = 1000\sim1200\text{kg}/(\text{m}^2 \cdot \text{s})$。

(2)再热器多采用大直径、多管圈结构,管径为 $42.0\sim63.5\text{mm}$,常用管圈数为 $5\sim9$。

(3)简化再热器系统,尽量减少蒸汽的中间混合与交叉流动次数。

再热蒸汽压力较低,质量流速也较低,所以再热器管壁的放热系数 α_2 很小(仅为过热器的1/5),再热蒸汽对管壁的冷却能力较差。由于再热器的压降受到一定限制,不宜采用提高工质流速的方法来加强传热,所以再热器中管壁温度与工质温度的温差比过热器的大。

此外，由于再热蒸汽压力低、比热容小，因而对热偏差特别敏感，在相同的热偏差条件下，再热器出口蒸汽温度的偏差比过热器的大。再热器由于流动阻力的限制，不能采用过多的混合、交叉来减小受热偏差。通常将对流式再热器布置在高温对流式过热器后的烟道内（一般烟温不超过850℃），选用允许温度较高的钢材，以提高再热器工作的可靠性。有的锅炉把部分再热器做成壁式再热器（见图6-12），布置在炉膛一面或三面墙上，主要吸收炉膛辐射传热量；或做成后屏再热器，布置在后屏过热器之后，将其作为第二后屏，这时壁式再热器和后屏再热器中的蒸汽均为低温段再热蒸汽。

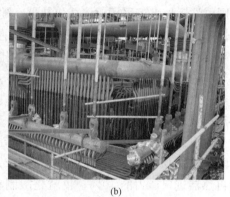

(a)　　　　　　　　　　　　　　　(b)

图 6-12　壁式再热器

（a）再热冷段至锅炉低温再热器；（b）锅炉后竖井包墙再热器分配集箱

第四节　　过热器和再热器的热偏差

一、热偏差的相关概念

在锅炉中，过热器和再热器的工质温度最高，其所处的区域烟气温度高，因而热负荷也很高，但是蒸汽的放热系数比较小，所以过热器或再热器是锅炉受热面中金属工作温度最高、工作条件最差的受热面，其管壁温度已经接近钢材的最高允许温度。因此，必须避免个别管子由于设计不良或运行不当而超温进而被破坏的情况。

过热器和再热器由许多并列的管子组成，管组中各管子的结构尺寸、内部阻力系数和热负荷可能各不相同。因此，每根管子中的蒸汽焓增和工质温度也就不同，这种现象称为过热器（或再热器）的热偏差。热偏差是指在过热器和再热器并列工作的管组中，个别管内工质的焓增偏离管组平均焓增的现象。焓增大于平均值的那些管子叫偏差管。

过热器的热偏差大小可以用热偏差系数 φ 来表示，它是并联管中个别管子工质焓增与并联管子平均焓增的比值，即

$$\varphi = \frac{\Delta h_{\mathrm{p}}}{\Delta h_0} \tag{6-1}$$

$$\Delta h_0 = \frac{q_0 A_0}{G_0} \tag{6-2}$$

$$\Delta h_{\mathrm{p}} = \frac{q_{\mathrm{p}} A_{\mathrm{p}}}{G_{\mathrm{p}}} \tag{6-3}$$

式中 Δh_0、Δh_p——偏差管中工质的焓增，kJ/kg；

  h_0、h_p——并联管、偏差管的单位面积平均吸热量，kJ/(m^2·s)；

  A_0、A_p——并联管、偏差管的平均受热面积，m^2；

  G_0、G_p——并联管、偏差管的平均流量，kg/s。

式（6-1）可转换为

$$\varphi = \frac{q_p}{q_0}\frac{A_p}{A_0}\frac{1}{G_p/G_0} = \frac{\eta_q \eta_A}{\eta_G} \tag{6-4}$$

式中 η_q——热负荷不均系数，$\eta_q = q_p/q_0$；

  η_A——结构不均系数，$\eta_A = A_p/A_0$；

  η_G——流量不均系数，$\eta_G = G_p/G_0$。

可见，热偏差系数与热负荷不均系数、结构不均系数成正比，与流量不均系数成反比。通常把管壁金属温度达到该金属材料的最高许用值时的热偏差称为允许热偏差 φ_r，即

$$\varphi_r = \Delta h_r / \Delta h_0 \tag{6-5}$$

式中 Δh_r——管壁金属温度达到该材料最高许用温度时的管内工质焓增，kJ/kg。

因此，并联管中各管子的安全工作条件为

$$\varphi_p \leqslant \varphi_r \tag{6-6}$$

显然，对于过热器来说，最危险的将是热负荷较大而流量又比较小，因而蒸汽温度又较高的那些管子。

二、热偏差产生的原因

热偏差是因并列工作管子的热负荷不均匀、结构不均匀和流量不均匀而造成的。大多数（屏式过热器除外）过热器、再热器受热面间的结构不均匀差异很小，即 $\eta_A \approx 1$，因此过热器、再热器的热偏差主要是因并列管子的热负荷不均匀和流量不均匀所造成的。并列管外热负荷不均匀，导致烟气侧热量分配不均匀；管内工质流量不均匀导致工质侧吸热不均匀，这两方面的原因共同造成了并列管的热偏差。

1. **热负荷不均匀**

过热器管组的各并列管是沿着炉膛宽度方向均匀布置的。因此，锅炉炉膛中沿着宽度方向烟气的温度场和速度场的分布不均匀，是造成过热器并列管子热力不均匀的主要原因。这些原因的产生，可能是由于结构特性引起的，也可能是由于运行工况引起的。

炉膛中部的烟温和烟速比炉壁附近的高，烟道内沿宽度方向的热负荷分布如图6-13所示，烟气温度场与速度场仍保持中间高、两侧低的分布情况。在炉膛出口处的对流式过热器沿宽度的热负荷不均匀系数一般达 $\eta_q = 1.2 \sim 1.3$。

由于设计、安装及运行等原因造成过热器的管子节距不同，使个别管排之间有较大的烟气流通截面，形成烟气走廊。这些地方由于烟气流通阻力较小，烟速较快，使得对流传热增强。同时，由于烟气走廊具有较大的辐射层厚度，又使辐射吸热增加，而其他部分管子吸热相对减少，从而造成热力不均匀。

受热面污染也会造成并列工作管子吸热的严重不均匀。显然，结渣和积灰较多的管子吸热减少；其余截面因为烟气流速增大，因而吸热增加。

在锅炉采用四角布置切圆燃烧方式时，炉膛内会产生旋转的烟气流，在炉膛出口处，烟气仍有旋转，即所谓的"残余旋转"。烟气流的残余旋转会使烟道内的烟气温度和流速

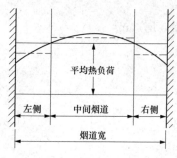

图 6-13 烟道内沿宽度方向的
热负荷分布

分布不均匀，烟道两侧的烟温和烟速存在较大的差值，烟温差可高达 100℃。

此外，锅炉运行时炉膛中火焰偏斜、各燃烧器负荷不对称、煤粉与空气流量分布不均匀等，都会引起并联管壁面热负荷偏差。

2. 流量不均匀

在并列工作的过热器蛇形管中，流经每根管子的蒸汽流量主要取决于该管子的管圈进出口压降、管圈阻力特性及管子中的工质密度。

（1）管圈进出口压降。过热器并联管进口集箱一般都水平布置。进口集箱又称分配集箱，出口集箱又称汇集集箱。在过热器进出口集箱中，蒸汽引入、引出的方式不同，各并列管圈的进出口压降就不同。压降大的管圈，蒸汽流量大。

图 6-14 所示为过热器集箱采用不同连接方式对集箱中压力分布的影响。

蒸汽从进口集箱左端引入，从出口集箱右端引出的连接方式，称 Z 形连接方式。在进口集箱中，沿集箱长度方向，由于蒸汽不断分配给并列管圈而使得蒸汽流量逐渐减少，蒸汽流速逐渐降低，部分动压转变为静压，因此静压逐渐升高。在出口集箱中，沿着蒸汽流向，速度逐渐升高，部分静压转变为动压，因此静压逐渐降低。采用 Z 形连接方式，其进出口集箱中的压力分布如图 6-14（a）所示。

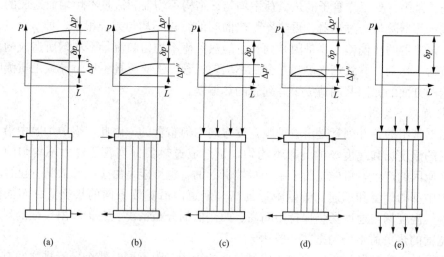

图 6-14　过热器集箱采用不同连接方式对集箱中压力分布的影响
（a）Z 形连接方式；（b）Π形连接方式；（c）多点引入连接方式；
（d）双Π形连接方式；（e）多点引入多点引出连接方式

进出口连箱中静压之差即为各并列管圈进出口压降。由图 6-14 可以看出，各并列管圈进出口压降有很大差异，左侧管圈压降小，流量也小；右侧管圈压降大，流量也大。可见采用 Z 形连接方式，各并列管圈的蒸汽流量偏差大。

各种连接方式下集箱的压力分布特性表明：图 6-14（b）所示的Π形连接，其各并列管圈的流量分配比 Z 形连接方式的均匀得多；图 6-14（d）所示的双 Ⅱ 形连接方式，又比 Ⅱ 形连接方式的好；流量分配最均匀的是图 6-14（e）所示的多点引入多点引出连接方式；图 6-14（c）所示的多点引入连接方式，可以更好地消除过热器蛇形管之间的流量不均，但采用这种连接方式，系统耗钢材较多，也会增加集箱上的开孔数量，布置也较困难。

在实际运用中，要综合考虑管道系统简单、蒸汽混合均匀和便于安装喷水减温器等，多采用从集箱端部引入或引出，以及从集箱中间径向单管或双管引入和引出的连接系统。

（2）管圈的阻力特性。管圈的阻力特性与管子的结构特性、粗糙度等有关。在进出口差压一定的条件下，管圈的阻力越大，则流量越小。屏式过热器的最外圈管最长，阻力最大，因而流量最小，但它却是受热强度最大的管，因此最外圈管的热偏差最大。

（3）管子中的工质密度。当并列管热负荷不均匀导致受热不均匀时，受热强度大的管吸热量多、工质温度高、密度小，由于蒸汽容积增大使阻力增加，因而蒸汽流量减小。也就是说，受热不均匀将导致流量不均匀，进而使热偏差增大。

三、减小热偏差的措施

现代大型锅炉由于几何尺寸较大，烟温很难分布均匀，炉膛出口烟温偏差可高达 200～300℃。而过热器和再热器的面积较大，系统复杂，蒸汽焓增又很大，导致个别管圈蒸汽温度的偏差可达 50～70℃，甚至更高。因此，必须针对造成热偏差的原因，采取相应的措施，设法减小热偏差，将金属壁温控制在允许范围内，保证过热器和再热器的安全运行。

对过热器和再热器设备常常采取以下措施来减小热偏差：

（1）受热面分级（段），级间进行中间混合。将受热面分级并控制各级受热面中蒸汽的焓增值，是减小热偏差的重要措施之一。受热面分级后，对某一级来说所有受热不同的管子都接在同一出口集箱，在集箱内使蒸汽混合，如图 6-15 所示。于是在该级中产生的热偏差经混合后可以得到消除，而不会带到下一级去。因此，级分得越多，每级的平均焓增越小，热偏差也就越小，但这会增加设备和系统的复杂性，故也不宜分级太多。

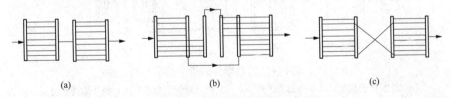

图 6-15　过热器和再热器的级间连接
（a）单管连接；（b）集箱端头连接左右交错；（c）多管连接左右交错

在蒸汽过热过程中，随着蒸汽温度的增加，其比热容不断下降，因而在最末级过热器中，蒸汽比热容最小，使得在同样的热偏差情况下，蒸汽温度偏差最大。同时考虑到末级过热器中蒸汽温度最高，工作条件最差，因而末级过热器蒸汽的焓增不宜过大，一般在 125～200kJ/kg。

再热蒸汽由于压力低，其比热容小。为此，各级蒸汽的焓增也不宜过大，尤其是布置在炉膛和靠近炉膛高热负荷区的再热器，否则将产生比过热器更大的蒸汽温度偏差。

现代锅炉的过热器和再热器都设计成多级串联的形式，不同级的过热器和再热器分别布置在炉膛或烟道的不同位置。有时某一级的过热器又沿烟道宽度方向分成冷热两段，以消除因吸热不均匀而引起的热偏差。一般再热器设计成 2～3 级，过热器设计成 4～5 级或更多。

在进出口集箱引入和引出的连接方式中，应尽量采用流量分配均匀的 Ⅱ 形连接方式、双 Ⅱ 形连接方式或多点均匀引入引出的连接方式，尽量避免 Z 形连接方式，以减小流量不均匀引起的热偏差。

级间进行左右交叉流动，可以消降两侧热偏差。采用如图6-15（b)所示的连接方式，可消除左右热偏差，但钢材耗量比较大。采用多管引入和多管引出的连接方式可使进出口集箱中沿长度方向的静差压分布比较均匀，从而可减小流量的不均匀性。采用如图 6-15（c）所示的连接方式，级间连接的管子较多，系统较复杂，钢耗较大，但热偏差小。

（2）采用定距装置，使屏间距离及蛇形管的横向节距相等。保持管子横向节距相等，可以消除蛇形管间的"烟气走廊"，从而避免因烟气走廊而使其相邻的蛇形管局部烟速过高、管间辐射层厚度增大，进而引起吸热量大于其他管子的热力不均匀现象。

（3）尽量避免结构设计不均匀。在过热器和再热器的结构设计中，要尽量防止因并列工作管的管长、流通截面积等结构不均匀引起的热偏差。

屏式过热器外圈管子受热较强，受热面积大，流动阻力较大。一般采用以下几种方法减小其热偏差：①最外两圈管子截短或外圈管子短路，如图 6-16（a）、（b），避免外圈管子吸热量过大；②内外圈管子交错或内外圈管屏交错，如图 6-16（c）、（d），使管屏的并列管吸热与流量分配趋于均匀。

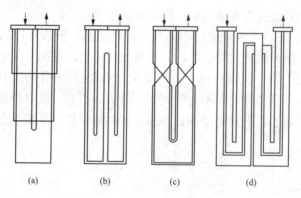

图 6-16　减小屏式过热器外圈管子热偏差的方法

（a）外圈管子截断；（b）外圈管子短路；（c）内外圈管子交错；（d）内外圈管屏交错

（4）增大集箱直径，减小附加静压。据管圈两端的不同差压在管子的入口处装设不同孔径的节流圈，控制各管内蒸汽流量，使流量不均匀系数趋近 1，从而减小热偏差。

（5）其他方法。在锅炉运行中，还应从烟气侧尽量使热负荷均匀，燃烧器负荷均匀，切换合理，确保燃烧稳定，火焰中心位置正常，防止火焰偏斜，提高炉膛火焰充满度。健全吹灰制度，定期进行吹灰，防止因积灰和结渣引起的受热不均匀。

第五节　商洛电厂过热器和再热器系统

商洛电厂过热器和再热器系统流程如图 6-17 所示。

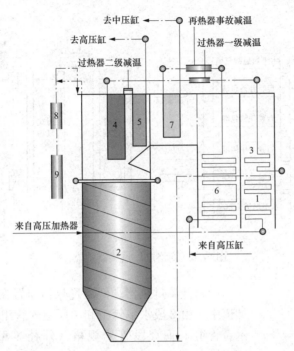

图 6-17 过热器和再热器系统流程

1—省煤器；2—炉膛；3—低温过热器；4—屏式过热器；5—末级过热器；
6—低温再热器；7—高温再热器；8—汽水分离器；9—储水罐

一、商洛电厂过热器系统

1. 过热器系统组成

商洛电厂过热器系统按蒸汽流向可分为四级：顶棚及包墙过热器、低温过热器、屏式过热器及高温过热器，如图 6-18 所示。其中主受热面为低温过热器、屏式过热器、末级过热器。屏式过热器布置在炉膛的上部，沿炉深方向并联了两排屏式过热器管屏（每排管屏为 15 片，共 30 片），主要用于吸收炉膛内的辐射热量。高温过热器布置在出口折焰角的上方，炉膛后墙水冷壁吊挂管之前，沿炉宽方向布置 35 片管屏。低温过热器布置在后竖井后侧烟道内，低温过热器顺列逆流布置，靠对流传热吸收热量。过热器系统的蒸汽温度调节主要采用燃料/给水比和两级四点喷水减温，一次左右交叉以减少左右侧蒸汽温度偏差。

（1）顶棚过热器。顶棚过热器布置在炉膛、水平烟道顶部，受热面积为 829m²。它由外径为 $\phi 219mm$ 的顶棚入口集箱引出的 194 根 $\phi 63.5mm$、材料为 15CrMoG、节距为 114.3mm 的管子组成，管子之间焊接 6mm 厚的扁钢，另一端接至外径为 $\phi 219mm$ 顶棚出口集箱。

（2）包墙过热器。顶棚出口集箱同时与后烟道前墙、后烟道顶棚相接，后烟道顶棚转弯下降形成后烟道后墙，后烟道前、后墙与后烟道下部环形集箱相接，并连接后烟道两侧包墙。侧包墙出口集箱的 24 根 $\phi 168mm$ 引出管与后烟道中间隔墙入口集箱相接，隔墙向下引至隔墙出口集箱，隔墙出口集箱与一级过热器相连。包墙过热器受热面积为 2264m²。除烟道隔侧墙的管径为 $\phi 34mm$ 外，烟道包墙的其余管子外径均为 $\phi 38.1mm$。

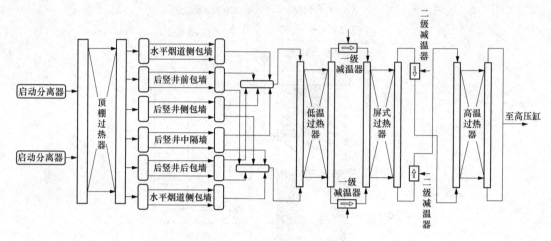

图 6-18　商洛电厂过热器系统

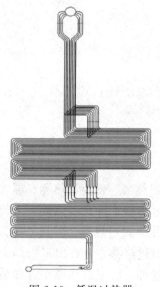

图 6-19　低温过热器

（3）低温过热器。低温过热器布置在尾部双烟道的后部烟道中，由 2 段水平管组和 1 段立式管组组成，如图 6-19 所示。管组 1 垂直段管子规格（外径×壁厚）45.0×9，节距（横向/纵向）228.6/64；管组 2 水平段管子规格（外径×壁厚）45.0×8.0，节距（横向/纵向）114.3/64；管组 3 水平段管子规格（外径×壁厚）45.0×7.5，节距（横向/纵向）114.3/64。三段低温过热器管材均为 12Cr1MoVG。2、3 段水平过热器沿炉宽方向布置 192 片，每片管组由 4 根管子绕成；至第 1 段垂直过热器，管组变为 96 片，每片管组由 8 根管子绕成，并引至出口集箱。

（4）屏式过热器。屏式过热器布置在上炉膛，沿炉宽方向排列，共有 2 组，每组 15 片管屏，由 20 根管子组成，如图 6-20 所示。管屏间距（横/竖）为 1371.6/57.0。管子规格为 51×8、45.0×7、51×11、45.0×10.5，对应材料为 HR3C；管子规格为 45.0×7、45.0×10.0，对应材料为 Super304H（喷丸）。

（5）高温过热器。高温过热器位于折焰角上方，沿炉宽方向排列，共 35 片管屏，如图 6-21 所示。管屏间距（横/竖）为 609.6/57。每片管组由 20 根管子绕制而成，管子规格为 54×8.5、54×12.0、45.0×10.5，对应管子材料为 HR3C；管子规格为 45.0×7.0、45.0×8，对应管子材料为 Super304H（喷丸）。高温过热器外 3 圈使用 HR3C，其余管圈使用 Super304H（喷丸）。

（6）末级过热器。蒸汽在末级过热器中加热到额定参数后，经出口集箱分两侧通过 2 根过热蒸汽管道进入汽轮机。

（7）减温器。一级喷水减温器装在低温过热器和屏式过热器之间的管道上，外径为 $\phi508$mm，壁厚为 80mm，材料为 12Cr1MoVG。二级喷水减温器装在屏式过热器和末级过热器之间的管道上，外径为 $\phi530$mm，壁厚为 100mm，材料为 SA-335P91。

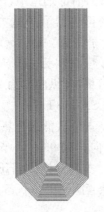

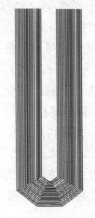

图 6-20　屏式过热器　　　　　图 6-21　高温过热器

2. 过热器结构特点

为消除蒸汽侧和烟气侧产生的热偏差，过热器各段进出口集箱采用多根小口径连接管连接，并进行左右交叉，以保证蒸汽充分混合。过热器采用二级喷水减温装置，且左右能分别调节。这样可保证过热器两侧蒸汽温度差小于 5℃。

过热器管排根据所在位置的烟温留有适当的净空间距，用以防止受热面积灰搭桥或形成烟气走廊，加剧局部磨损。处于吹灰器有效范围内的过热器管束设有耐高温的防磨护板，以防吹损管子。

在屏式过热器底端的管子之间安装膜式鳍片来防止单管的错位、出列，以确保管排平整，从而有效抑制了管屏结焦和挂渣，同时方便吹灰器清渣。

屏式过热器和高温过热器在入口和出口段的不同高度上，由若干根管弯成环绕管。环绕管贴紧管屏表面的横向管将管屏两侧压紧，以确保管屏的平整。过热器采用防振结构，在运行中保证没有晃动。

过热器在最高点处设有排放空气的管座和阀门。放空气门在炉顶集中布置。

各级过热器进出口集箱最低点处设置疏水管座和阀门（集中布置），以便疏放水。

二、商洛电厂再热器系统

商洛电厂再热器系统如图 6-22 所示。

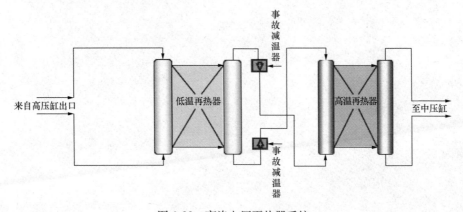

图 6-22　商洛电厂再热器系统

（1）低温再热器。低温再热器布置在尾部双烟道的前部烟道中，由3段水平管组和1段立式管组组成，如图6-23所示。1、2、3段水平再热器沿炉宽方向布置192片，节距（横向/纵向）为114.1/76.0，每片管组由6根管子绕成。1、2、3段的管子规格均为$\phi57\times4.0$，1段材料为SA-213T91/12Gr1MoVG，2段材料为15CrMoG，3段的材料为SA-210C。立式低温再热器的片数变为96片，节距（横向/纵向）为228.6/76.0，每片管组由12根管子组成，管子规格为$\phi57\times4.0$、材料为SA-213T91。

（2）高温再热器。高温再热器布置在水平烟道内，与立式低温再热器直接连接，逆顺混合换热布置，如图6-24所示。末级再热器沿炉宽方向排列96片，节距（横向/纵向）为228.6/70.0，每片管组由10根规格为$\phi51\times3.5$、$\phi51\times4.5$，材料为HR3C、Super304H（喷丸）的管子组成。高温再热器外三圈使用HR3C，其余管圈使用Super304H（喷丸）。

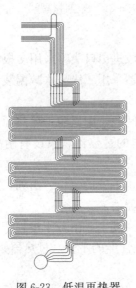

图6-23　低温再热器

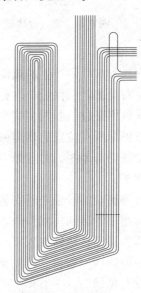

图6-24　高温再热器

第七章 空气预热器

第一节 空气预热器概述

空气预热器是利用尾部烟道烟气余热来加热燃料燃烧所需空气的一种热交换器。沿烟气流向，空气预热器一般布置在省煤器下游，是锅炉中的最后一级受热面。

一、空气预热器的作用

空气预热器的主要作用包括：

（1）降低排烟温度，提高锅炉效率。随着蒸汽参数的提高，给水温度提高，仅用省煤器难以将锅炉排烟温度降到合适的值，而使用空气预热器可进一步降低排烟温度，提高锅炉效率。

（2）改善燃料的着火与燃烧条件，降低不完全燃烧热损失。提高了燃烧所需空气的温度，也就提高了炉膛的温度水平，从而改善了燃料的着火与燃烧，同时也降低了不完全燃烧热损失 q_3、q_4。

（3）节约金属，降低造价。热风提高了炉膛温度，强化了炉内的辐射换热，在一定蒸发量下，炉内水冷壁可以布置得少一些，这就节约了金属，降低了锅炉造价。

（4）改善引风机的工作条件。由于排烟温度的降低，也就改善了引风机的工作条件，同时排烟容积的减小也降低了引风机的电耗。

二、空气预热器的类型

按照换热方式，空气预热器可分为两大类：传热式空气预热器和蓄热式（或称再生式）空气预热器。在电站锅炉中，传热式空气预热器常用的是管式空气预热器，蓄热式空气预热器常用的是回转式空气预热器。回转式空气预热器又分为受热面转动和风罩转动两种形式。大型锅炉均采用受热面转动的回转式空气预热器。

（1）管式空气预热器一般只在 200MW 以下的锅炉机组中使用，而对于 300MW 及以上的锅炉机组，通常都采用结构紧凑的回转式空气预热器。

（2）回转式空气预热器与管式空气预热器相比，结构紧凑，占地面积小，质量小，金属耗量少；布置灵活方便，在同样的外界条件下因其受热面金属温度较高，低温腐蚀的危险较管式空气预热器轻些；但回转式空气预热器漏风量较大，结构比较复杂，制造工艺要求高，运行维护工作较繁重，检修也较复杂。

第二节 回转式空气预热器

回转式空气预热器可分为受热面回转式空气预热器和风罩回转式空气预热器两种，目

163

前我国大容量机组锅炉常采用的是受热面回转式空气预热器。

一、受热面回转式空气预热器的结构

典型的受热面回转式空气预热器如图 7-1 所示，其主要由圆筒形的转子和固定的圆筒形外壳、烟风道及传动装置、密封装置等组成。圆筒形外壳和烟风道均不转动，只有内部的转子转动，转子中有规则地紧密排列着受热面传热元件，传热元件由波形板和定位板组成，间隔排列放在仓格内。对于三分仓受热面回转式空气预热器，圆筒形外壳的顶部和底部上下对应地分隔成烟气流通区、二次风空气流通区、密封区（过渡区）、一次风空气流通区及密封区五部分。烟气流通区和烟道相连，空气流通区和风道相连，密封区中既不流通空气，也不流通烟气，因而烟气和空气不会混合。转子受热面由电动机通过传动装置带动，以 1～4r/min 的转速旋转，转子交替地经过烟气区和空气区。烟气自上而下流过受热面，将烟气热量传递给转子内的传热元件；空气自下而上流动，传热元件又将蓄积的热量传递给空气。转子每旋转一周，就完成一次热交换过程。

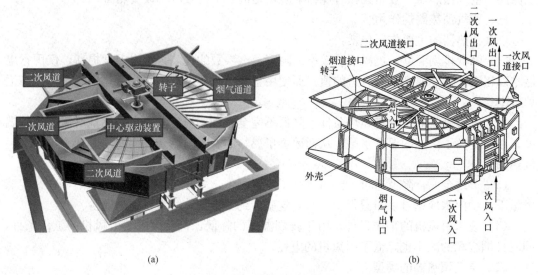

(a)   (b)

图 7-1　受热面回转式空气预热器
(a) 三分仓；(b) 四分仓

图 7-2 为受热面回转式空气预热器组件分解图。下面分别介绍受热面回转式空气预热器的各个组件。

1. 外壳

固定的外壳一般由多边形筒体、上下端板和上下扇形板等组成。

（1）多边形筒体。多边形筒体通常做成八边形，分别由两块主壳体板、两块副壳体板、四块侧壳体板拼接而成。受热面回转式空气预热器的重量通过立柱传给锅炉构架。在主壳体板内侧设有弧形轴向密封装置，在其中一块侧壳体板上装有驱动装置（当采用围带传动时），在每块侧壳体板上都装有人孔门，以便对轴向密封装置进行调节和维修。

（2）上下端板。上下端板上都留有烟风通道的开孔，并与烟道、风道相连。

（3）上下扇形板。对于二分仓受热面回转式空气预热器，转子横截面被扇形板（过渡区或密封区）分隔成烟气和空气两个流通区，烟气区和空气区分别与进出口烟道、风道相

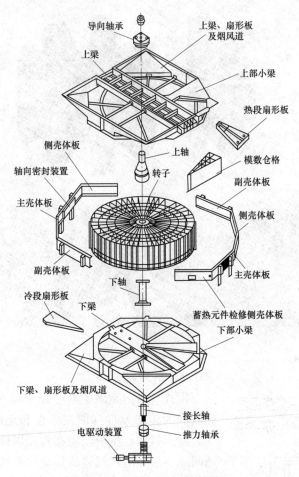

图 7-2　受热面回转式空气预热器组件分解图

连。由于烟气的容积流量比空气大，因而烟气区占 50% 左右，空气区占 30%～40%，其余为扇形板密封区。

当锅炉采用冷一次风机制粉系统时，由于一次风压比二次风压高许多，为了避免对一次风节流，减少节流损失和风机电耗，受热面回转式空气预热器采用三分仓结构，即转子横截面被扇形板分隔成烟气、一次风和二次风三个流通区。

2. 转子

转子是装载传热元件并能旋转的圆柱形部件，主要包括中心筒、端轴、外圆筒、隔板和传热元件等。

中心筒的上下端分别与导向端轴和支承端轴连接。导向轴承固定转子上端轴的旋转中心，支承轴承支承转子的全部重量并确定转子下端的旋转中心。这两种轴承共同承受由风烟差压引起的侧向推力，以及转子转动时因偏摆晃动而产生的不均衡的径向推力。

当采用模式分仓结构时，中心筒与外圆筒之间从上到下用径向隔板等分成 12 或 24 个互不相通的独立扇形分仓（模式仓格），每个扇形分仓再用横向隔板分隔成若干个小扇形仓格。模式仓格均为出厂前就加工好的，因而称模式分仓结构，如图 7-3 所示。

(a)

(b)

图 7-3 转子模式仓格

（a）结构图；（b）现场图

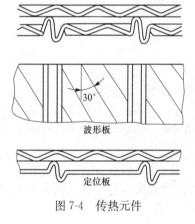

波形板

定位板

图 7-4 传热元件

模式仓格内装满了厚度为 0.50～1.25mm 的薄钢板轧制成的传热元件（即波形板和定位板），如图 7-4 所示。波形板和定位板间隔布置，以确保烟气和空气的流通间隙。为了增强气流的扰动，提高换热效果，同时又不使气流阻力过大，波形板的斜纹应与气流方向成 30°角，且两板的波纹顺向相同。为方便安装和更换转子，每个模式仓格又分若干层，上部高温段不易被腐蚀，可用普通碳钢，其厚度较小（0.6mm）；下部低温段易受低温腐蚀，应采用耐腐蚀的低合金钢，且厚度较大（1.2mm）。为了防止低温段积灰或堵灰，还可将波形板的波形放大，定位板则采用平板结构。

3. 密封装置

（1）漏风。漏风是受热面回转式空气预热器运行中面临的主要问题，主要有两种：间隙漏风（密封漏风）和携带漏风。

间隙漏风是指由于转动部件和静止部件之间存在着一定的间隙，而空气侧的压力高于烟气侧的压力，在差压的作用下使空气经过间隙漏入烟气中。间隙漏风分径向、轴向和环向（或称周向）三部分。间隙漏风量主要取决于密封装置的严密程度及烟气侧和空气侧的差压，设计和安装良好的受热面回转式空气预热器的间隙漏风量一般为 8%～10%，漏风严重时可达 20%～30%。

携带漏风是指旋转的受热面将存在于传热元件空隙间的空气或烟气携带到烟气侧或空气侧。为了提高换热效果，满足加热空气温度的需要，受热面回转式空气预热器的转速均设计得较低，因此携带漏风在总漏风量中所占比例很小，一般不会超过 1%。因此受热面回转式空气预热器的漏风主要是间隙漏风。

漏风对锅炉运行的经济性有很大影响。随着漏风量的增加，送风机和引风机的电耗增大，排烟热损失增加，锅炉热效率降低；如果漏风过大，还会使炉膛供风不足，不完全燃烧热损失 q_3、q_4 增大，锅炉的出力被迫下降，甚至还可能引起炉膛结渣。

（2）密封。为了减少漏风，受热面回转式空气预热器均装有密封装置，其主要由径向密封、环向密封和轴向密封等组成，如图 7-5 所示。

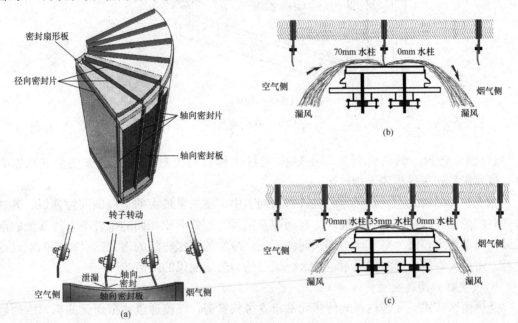

图 7-5 密封装置
（a）密封结构；（b）单密封；（c）双密封

1）径向密封。径向漏风占受热面回转式空气预热器总漏风量的 50% 左右。径向密封装置可以防止和减少空气沿转子的上下端面通过径向间隙漏到烟气区的漏风量，还可以减少一次风区沿转子的上下端面通过径向间隙漏到二次风区的漏风量。

径向密封装置主要由密封扇形板、径向密封片组成。径向密封片随转子一起旋转。径向密封装置的密封区域，对于热端而言，即为扇形板密封面下表面与其所覆盖的密封片所形成的区域；对于冷端而言，即为下扇形板的上表面与密封片相接壤的区域。密封区内密封片的数量直接影响着受热面回转式空气预热器的径向漏风量，密封片数量越多，相应的漏风量就越小。

2）环向密封。环向密封可分为外环向密封和内环向密封两种。外环向密封（旁路密封）可防止空气通过转子外圆筒的上下端面漏入外圆筒与外壳之间的间隙后再漏入烟气通道。内环向密封（中心筒密封）可防止空气通过轴的上下端面漏入烟气通道。外环向密封元件装在转子冷热端面的整个外侧圆周上，由旁路密封片与 T 字钢组成，T 字钢连接在转子外圆周的角钢上。旁路密封片由螺栓固定在转子外圆的静止部位，运行时 T 字钢与转子一起转动，而旁路密封片静止不动。受热面回转式空气预热器的环向密封如图 7-6 所示。

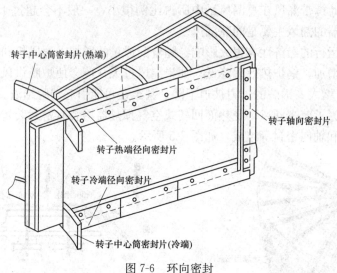

转子中心筒密封片(热端)

转子轴向密封片

转子热端径向密封片

转子冷端径向密封片

转子中心筒密封片(冷端)

图7-6 环向密封

3）轴向密封。轴向密封主要由轴向密封片和轴向密封板构成，防止空气从密封区（过渡区）转子外侧漏入烟气区。

在受热面回转式空气预热器的三种密封间隙中，漏风量最大的是径向间隙漏风；其次是环向间隙漏风；最小是轴向漏风。在间隙及漏风通流截面积相同的条件下，冷端处的漏风量较热端为大，因为空气区与烟气区的差压，冷端的要比热端的为大；且冷端的空气温度低、密度大，故冷端的漏风量也较大，通常约为热端漏风的两倍。

4. 吹灰器和清洗装置

受热面回转式空气预热器的传热元件布置得较紧密，气流通道狭窄而又曲折，因而运行中容易积灰甚至堵灰。为了减轻积灰，一般在其烟气侧上下端均装设吹灰器和清洗装置。吹灰器常用的吹灰介质为过热蒸汽或压缩空气，吹灰器在运行中定期投入。在不带负荷时，可用清洗装置冲洗，冲洗介质为水。

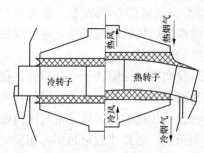

热烟气

热风

冷转子 热转子

过渡区

冷烟气

图7-7 回转式空气预热器的热变形

二、回转式空气预热器的热变形

回转式空气预热器在热态运行时，其转子上端的烟气温度、空气温度都比下端要高。转子上端叫热端，转子下端叫冷端，热端温度较高而冷端温度较低，热端膨胀量大于冷端膨胀量，再加上转子本身的重量，转子就会发生"蘑菇状"热变形，如图7-7所示。冷、热端的温差越大，热变形越严重。

热变形使回转式空气预热器的动静间隙在热态和冷态下存在不同。

为了保证回转式空气预热器的正常运行，对轴向密封、环向密封及冷端径向密封应采用在冷态下预留一定间隙的方法；对热端径向密封采用自动密封控制系统的方法来跟踪转子热变形，从而使密封间隙在运行中始终维持在规定范围。

第三节 商洛电厂的空气预热器

一、空气预热器简介

商洛电厂空气预热器为豪顿华工程有限公司制造的四分仓回转式空气预热器,如图 7-7 所示。该空气预热器型号 31.5VNQ2200,主轴垂直布置,烟气和空气以逆流方式换热。空气预热器按外拉式布置(即布置在锅炉钢架外)。转子采用模式分仓结构,蓄热组件制成较小的组件,以便检修和更换。

空气预热器传热元件波形(大通道)和材料、厚度配置按燃料参数设计,通过核算其堵灰参数,选择合理的烟气排放温度,保证在各工况下空气预热器冷端金属温度都高于烟气露点,做到传热元件不结露、不积灰、不腐蚀。空气预热器的冷端受热面是用抗腐蚀大波纹双表面衬搪瓷涂料的搪瓷板制成的,搪瓷层厚度不小于 0.2mm,公差＋0.05/−0.00,其总厚度不小于 1.2mm,使用寿命大于 50 000h。充分考虑了各种因素,以确保空气预热器冷端受热面不堵灰,不发生低温腐蚀。空气预热器内部(特别是冷端)安装有检修通道。

空气预热器采用可靠的支承和导向轴承(采用进口优质产品),结构便于更换,并配置润滑油和冷却水系统。空气预热器的导向轴承处要便于空气流通,并采取措施减少导向轴承处的热风泄漏,以防夏季轴瓦温度过高。空气预热器的润滑油管道及润滑油冷却水管道采用不锈钢材质并焊接连接。

每台空气预热器配备主驱动装置和辅助驱动装置,辅助气动马达带有电磁空气阀的自动离合器,能进行遥控或自动操作。空气预热器还配有变频装置,其执行机构便于检修。距空气预热器 1m 处的噪声不超过 85dB。空气预热器主、辅驱动减速箱采用进口优质设备,驱动装置配套电动机采用 ABB 产品。

空气预热器采用径向、轴向和环向密封系统。密封系统采用双密封技术。

在机组额定出力时,每台空气预热器的漏风率为投运第一年小于 4%,并在一年后小于 5%。空气预热器出口热风温度运行值与设计值偏差不超过 5℃。

按照锅炉启动烟气系统辅机的特殊要求或一台空气预热器因故障停运时,空气预热器及锅炉烟气系统能单侧运行,单台空气预热器运行可使锅炉带 60%BMCR 负荷。停运的空气预热器可采取防止变形和漏烟的措施。在空气预热器烟气侧入口设有隔离挡板,隔离挡板的动作灵活可靠。

空气预热器设置带有照明功能的窥视孔,有效可靠的火灾报警装置、消防系统(四个仓)和清洗系统。空气预热器的窥视孔处需安装清扫装置,以提高其使用率。

空气预热器配置有停转报警装置。

空气预热器在热端配置半伸缩式蒸汽吹灰器,冷端布置双介质吹灰器(蒸汽＋高压水),以及相应的高压冲洗水泵、管道、阀门、测点、电控箱、控制设备等所有辅助设备。两台空气预热器合用一台高压冲洗水泵。

空气预热器润滑油站位置应避免高温气流,便于换热,以防轴瓦超温。空气预热器减速机及电动机、轴承上方布置起吊装置,以便安装和检修。此外,检修时要有将空气预热器的驱动装置、蓄热元件吊至零米的手段及相应设施。空气预热器就地油站不配供就地控制箱，所有监控信号接至就地接线箱/盒中，控制由 DCS 实现。

空气预热器下不设排灰斗及连续除灰设施，只设冲洗用排水口。空气预热器出口烟道上设有便于检查维护的人孔门及通行平台、扶梯。

空气预热器进出口补偿器有以下选料要求：进出口烟道均采用非金属膨胀节，热二次风道采用不锈钢膨胀补偿器（波节材料为 1Cr18Ni9Ti，在空间布置条件允许的情况下厚度为 2.5mm）。

二、空气预热器的启动及停运

1. 空气预热器启动

首次启动空气预热器及以后每次启动前，必须保证：

（1）空气预热器内确证无人或无工具等杂物。

（2）经专人检查后，将所有人孔门、检修门孔关闭严密。

（3）用盘车手轮将空气预热器盘转，应无异常现象，再用辅助电动机低速盘转空气预热器数圈。

（4）导向及推力轴承油位正常，油温低于 55℃，导向轴承的冷却水循环正常。

（5）减速机油位正常。

（6）热端、冷端径向密封及轴向密封间隙已被调节好，热端径向密封控制系统也已被调节好并置于上限位置。

（7）吹灰装置、清洗管都已处于备用状态。

（8）指示仪表及控制、动力回路都工作正常。

2. 空气预热器停运

（1）如果锅炉仅做短期停炉（切断燃料，关闭送引风机）并处于热备用时，为避免锅炉热损失，通常要关闭烟道挡板，这就导致空气预热器内热滞留，增加了空气预热器的二次燃烧危险性。运行人员须按下列程序操作：

1）停炉前进行一次吹灰。

2）维持空气预热器运转。

3）严密监视烟气进口和空气出口处的温度指示，因为一旦空气预热器内着火，随着热气流上升，装设在空气预热器上部的温度测点会显示出温度持续上升的趋势。

4）为避免不必要的空气泄漏进入空气预热器，不应打开人孔门。

（2）如果锅炉要长时间停运直至冷态，应按下列程序操作：

1）停炉前对空气预热器进行一次吹灰，负荷小于 40% 时投入连续吹灰。

2）熄火后，维持空气预热器继续运转，直至进口烟气温度降低至 130℃ 以下时方可停运空气预热器。

3）空气预热器停转后，要确认导向、推力轴承油温在 45℃ 以下，方可切断油循环系统的冷却水。

4）当风机还在运行时应监视烟气和空气的出口温度，当风机停运后应监视烟气进口和空气出口的温度，以防空气预热器内部着火。

5）如果空气预热器需要清洗，应在停炉后空气预热器进口烟道温度降低至 200℃ 以下时方可进行，清洗完毕后可以利用锅炉余热来干燥蓄热元件。

三、空气预热器运行注意事项

（1）空气预热器启动前应检查支承轴承和导向轴承的润滑油是否正常，对于电气部分检修后的启动应校验电动机转动方向是否符合要求。每台空气预热器的上下轴承油箱油位正常，轴承浸在油中。适合的油温对空气预热器的运行是非常重要的。

（2）空气预热器运行时需监视的内容主要有：①转子运转情况有无异常振动、噪声；②传动装置有无漏油现象，电动机电流是否正常；③上下轴承有无漏油，油温和油位是否正常；④进出口烟气和空气温度是否在正常范围内，如发现异常应及时查明原因；⑤烟气侧及空气侧进出口差压是否正常，其反映了空气预热器通流部件的清洁情况，必须予以重视。

（3）空气预热器在排烟温度降至一定值时方可停运。停运前，需将气动盘车退出自启动状态，将漏风控制装置恢复后停止漏风控制装置，然后停运空气预热器。发生故障需立即停运空气预热器时，应检查盘车是否自动投入，如未投入，应立即采用手动盘车装置盘动转子，将空气预热器进口烟温降至130℃以下后停止盘车。

（4）空气预热器运行中面临的问题主要有漏风过大和机械故障两类。前者的原因主要是空气预热器变形，间隙过大，密封滑块卡涩；后者的原因主要是卡死，减速箱故障，传动围带销及大齿轮磨损，轴承损坏等。

（5）空气预热器常见的故障有：①驱动电动机电流异常升高，有可能是转子卡涩或导向轴承损坏；②空气预热器突然停转，如此时驱动电动机电流正常，电动机仍在转动，说明是减速机故障；③如电动机电流趋于最大，可能是外来物卡住密封间隙或导向轴承损坏；④空气预热器着火（二次燃烧），可能是由于在锅炉点火及低负荷时油燃烧不良（雾化不好）导致油蒸汽和未燃尽的炭沉积在波纹板上，在条件满足时产生燃烧。

四、空气预热器的清洁

空气预热器的传热元件布置紧凑，气流通道狭小，飞灰易集聚在传热元件中，进而造成堵塞，使气流阻力加大，引风机电耗增加，受热面腐蚀加剧，传热效果降低，排烟温度升高，严重时会使气流通道堵死，影响安全运行。对此问题，保证空气预热器传热元件的清洁，进行定期除灰是最有效的手段。此外，利用机组停运时对空气预热器受热面进行清洗也是保持其传热元件清洁的有效方式。空气预热器配置有水冲洗装置，该装置也兼有消防功能。

锅炉增加脱硝装置后，如果氨逃逸率偏高，空气预热器冷段容易被白色的结晶物硫酸氢铵堵塞且难以清理。对此，保持锅炉正常运行，维持较小的氨逃逸率，提高空气预热器冷段温度，加强空气预热器蒸汽吹灰能力是行之有效的手段。

运行实践表明，附在空气预热器受热面上的沉积物不管怎样加强吹灰，也不可能除去，而且空气预热器烟风阻力已比设计值高出70～100mm水柱时，就需要在正常停炉时对空气预热器进行一次清洗。空气预热器清洗方法如下：

（1）清洗在停炉后进行，启动辅助电动机，使空气预热器做低速旋转，将热端扇形板置于"紧急提升"位置（上限位置）。

（2）清洗应在空气预热器前的烟道气流温度降低到130℃时进行，同时关闭烟气入口及空气出口挡板。

（3）将空气预热器底部灰斗里的积灰排空，打开排水孔门。

（4）清洗水最好采用 $60\sim70℃$ 的温水，水压 $p=0.59MPa$，每根清洗水管流量约为 $4600kg/min$，每台空气预热器清洗管应同时投入。

（5）若受热面上的沉积物坚硬结块，在清洗过程中应中断供水半小时，以使沉积物软化。

（6）若遇酸性沉积物，可在清水中加入氢氧化钠（俗称苛性钠）以提高清洗效果。

（7）如清洗时有吹灰蒸汽可以利用，建议打开吹灰器阀门，这样可以获得更好的清洗效果，此时蒸汽温度允许低于 $250℃$。

（8）清洗后的受热面必须进行彻底干燥，否则会比不清洗更为有害。一般可将烟道挡板打开，利用锅炉余热进行干燥，干燥时间应为 $4\sim6h$，随后仔细检查干燥情况。

（9）清洗管路阀门时必须关闭严密，防止泄漏。

（10）为防止环境污染，应对清洗排放出来的废水进行处理。

清洗合格的判断标准：清洗时需要不断地检查排水的 pH，当排水中不含有灰粒，并且 pH 在 $6\sim8$ 时，可以认为清洗合格。作为估算，大约每恢复 1mm 水柱压降，需要 $1.0\sim1.5t$ 清洗水。

五、常见故障及解决措施

1. 驱动电动机电流异常升高

空气预热器正常运行时，主驱动电动机电流应稳定在额定电流（15.1A）以下的某一数值，其波动幅度不大于 1.5A。如果电流指示突然出现大幅度波动，且出现的频率约为半分钟一次，并伴有撞击摩擦声，则很可能是异物落入转子端面，或转子中某些零件松脱突出转子端面造成与扇形板的相擦而引起的。出现这种异常时，首先应将上部扇形板提升到"紧急提升"位置。如果电流最大值未超过电动机额定电流，而且波动情况逐渐趋缓和稳定，可以维持空气预热器继续运转，或者逐步降低负荷，停运该侧风机后关闭单侧空气预热器出入口烟风挡板直至停炉。在空气预热器前烟道温度低于 $130℃$ 之前，不能停转空气预热器。如果电流已经超过额定值，停运该侧风机后关闭空气预热器烟风挡板且无缓和趋势，则应紧急停炉，尽一切可能维持空气预热器转动，直到空气预热器前烟道温度低于 $130℃$。

如果出现电流摆动，其波动的频率约为每秒钟一次，那么很可能是冷端扇形板或热端扇形板或轴向密封装置调节不合适，造成与密封片相擦而引起的。这种情况往往出现在安装或大修后初次投入运行时，此时应设法找出是哪一块扇形板或轴向密封装置的预留间隙过小，在停炉时重新调节。对于热端扇形板则可以通过改变预留间隙的设定值或手动提升扇形板来消除电流波动现象。

如果电流最大值并未超过额定电流，但在波动很大的情况下长期运行，会造成密封片和扇形板、轴向密封装置的严重磨损。

驱动电动机电流增大也可能是导向轴承或推力轴承损坏的征兆，但此时往往伴有轴承油温异常升高，转子下沉，径向密封片与冷端扇形板相擦等现象。出现这种情况时应及时关闭空气预热器烟风挡板直至紧急停炉，并维持空气预热器转动，直至入口烟温降到 $130℃$ 以下。

2. 空气预热器突然停转

如果空气预热器在运行中突然停转，停转报警密封控制系统会在 25s 内送出报警信号，停转报警，此时密封控制系统会自动将热段扇形板提升到"紧急停升"位置。如果此时驱动电动机电流仍做正常指示，表示电动机仍在转动，说明是减速机故障。如果此时驱动电动机电流趋向最大值甚至跳闸，说明空气预热器负荷极大，这通常是外来异物卡住了密封间隙或导向、推力轴承损坏。

空气预热器停转后，仍处于烟气和空气流中，转子将发生不对称变形，再次启动时将会产生困难，甚至造成轴承和空气预热器严重损坏。因此，空气预热器一旦在运行中发生停转，应尽一切可能尽快恢复其转动，可以用手轮盘转空气预热器，也可以打开侧壳体板上的人孔门或蓄热元件壳体上的更换蓄热元件门孔，用撬杆拨动转子，使空气预热器转动。如能人力盘转一周以上，可以对主驱动电动机或辅助驱动电动机强行合闸 1～3 次；如果仅是厂用电中断，则只启动辅助驱动电动机（保安电源）。如果需要停炉，则必须在空气预热器前烟道温度降至 130℃ 以下时方可停运空气预热器。如果采取上述措施后仍不能启动转子，则应立即关闭空气预热器烟气进口及热风出口挡板，停运同侧送引风机，降低锅炉负荷，直至停炉。

3. 轴承油温异常升高

轴承油温超过 55℃ 时，油循环系统会自动启动油泵进行循环和冷却。如果因油循环系统漏油、油质恶化或轴承本身损坏等原因，导致油温不能下降时，应对整个油循环系统进行检查，观察冷却水流及水温，观察油温度计、视流计、压力表及轴承箱内油位。如上述部位无故障存在，油温继续上升到 70℃ 时，油循环系统将会发出超温报警。一旦油温超过 85℃，空气预热器应立即停止运行。空气预热器润滑见表 7-1。

表 7-1 空气预热器润滑

部件名称及润滑点		润滑形式	运行温度	润滑油量	常用牌号	润滑周期
空气预热器 主轴轴承	导向轴承	油浴	<55℃	约 30L	Mobil SHC 639	空气预热器正式投运时换油一次，以后每运行 4000h 换油
	推力轴承	油浴	<55℃	约 200L		

4. 辅助驱动电动机不能带动转子

辅助驱动电动机与减速箱之间装有超越离合器，由于离合器长期处于空转状态会出现磨损，一旦磨损超过限定值，辅助驱动电动机就不能带动减速机使空气预热器转动。因此，每次锅炉检修时，应用手轮在辅助驱动电动机尾轴上摇动，以检验离合器性能。离合器磨损过大时应予更换。

5. 空气预热器着火

由于锅炉不完全燃烧给空气预热器蓄热元件带来的可燃性沉积物，会在有氧气存在和一定温度的情况下开始燃烧，并导致金属熔化和烧蚀，这就是空气预热器着火，即二次燃烧。

金属受热面上可燃沉积物的着火温度通常在 250～400℃。空气预热器着火特别容易发生在锅炉频繁启停和热备用时期。空气预热器着火时的应急措施如下：

（1）切断锅炉燃料供应，紧急停炉，风机解列。

（2）打开上下清洗管路上的阀门，投入消防水，同时打开空气预热器下部灰斗排水口。

（3）关闭空气预热器烟气进口及空气出口挡板，不打开人孔门。

（4）维持空气预热器转动，以保证全部受热面得到消防水流。

（5）只有确认二次燃烧已被彻底熄灭时，才能关闭清洗水阀门。当进入空气预热器内部检查时，可以手持水龙，以确保扑灭任何残存的火源。

（6）留人看守，以防复燃。

防止空气预热器着火的措施：①减少启停次数；②缩短燃油百分比较高的低负荷运行时间；③坚持正常的吹灰和常规清洗；④加强烟风温度指标的监视，尤其在热备用状态和空气预热器突然故障停转的情况下，更应密切监视空气预热器上部烟风温度的变化。

第八章 泵与风机

泵与风机是将原动机（如电动机、汽轮机等）提供的机械能转换成流体的机械能，以达到输送流体或造成流体循环流动等目的的机械。泵用于输送液体，风机用于输送气体。

第一节 泵与风机的分类及原理与结构

一、泵与风机的分类

1. 按产生的压力分类

（1）泵的分类。按产生的压力分类，泵可分为低压泵、中压泵、高压泵三类。

1）低压泵：$p < 2MPa$。

2）中压泵：$2MPa < p < 6MPa$。

3）高压泵：$p > 6MPa$。

（2）风机的分类。按产生的压力分类，风机可分为通风机、鼓风机、压气机三类。

1）通风机：$p < 15kPa$，其根据产生的压力大小还可分为低压、中压和高压通风机等。

2）鼓风机：$15kPa < p < 340kPa$。

3）压气机：$p > 340kPa$。

2. 按火电厂的作用分类

（1）火电厂常用泵包括给水泵、凝结水泵、循环水泵等。

1）给水泵的作用是将经过加热除氧的高温水升压到某一额定压力后送往锅炉。给水泵必须不间断地向锅炉供水，以保证锅炉的安全运行。其工作特点：容量大（驱动功率大）、转速高、压力大、水温高。

2）凝结水泵的作用是将汽轮机排汽在凝汽器中凝结的水排出，并经低压加热器送至除氧器。凝结水泵工作状态特殊。由于凝结水泵从真空状态的凝汽器中抽吸凝结水，因此要求其抗空蚀性能和人口侧轴封装置要好。

3）循环水泵的作用是向凝汽器输送大量的冷却水，以保证冷却汽轮机排出的乏汽，使之凝结成水。工作特点：流量大，扬程低。一般一台汽轮机配两台循环水泵，不设备用泵。

（2）火电厂常用风机包括送风机、引风机、烟气再循环风机等。

1）送风机的作用是向锅炉炉膛输送燃料燃烧所需的空气。其工作特点：流量较大，压力不高，一般风压不超过 15kPa。

2）引风机的作用是把燃料燃烧后所生成的烟气从锅炉中抽出，送往烟囱并排入大气。其工作特点：由于烟气是有害气体，而且温度较高（150℃左右），引风机的轴承要保持良好的冷却；烟气中含有飞灰，为防止磨损，叶轮和机壳需采用耐磨材料。

3）烟气再循环风机的作用是将大容量再热机组锅炉省煤器出口的低温烟气抽出，然后送入炉膛，以调节过热蒸汽的温度。其工作特点：由于输送的烟气温度很高，通常在 300℃以上，而且含有大量烟灰，因此要求耐高温、耐腐蚀、耐磨损，结构上易于维修和更换。

3. 按工作原理分类

（1）叶片式泵与风机：根据流体的流动情况，可将其再分为离心式、轴流式、混流式（斜流式）泵与风机。

（2）容积式泵与风机：按结构不同，又可将其再分为往复式、回转式泵与风机。

（3）其他类型泵与风机：喷射泵、旋涡泵、真空泵等。

4. 其他分类

（1）按叶轮的个数分类：分为单级和多级泵与风机。一个叶轮称一级，两个叶轮称二级，等等。

（2）按吸入口分类：分为单吸和双吸泵与风机。一侧进水进气称单吸，两侧进水进气称双吸。例如，循环水泵和前置泵采用单级双吸结构；给水泵采用五级结构，其中第一级为双吸结构。

（3）按安装形式分类：分为卧式和立式泵与风机。主轴和水平面平行称卧式，主轴和水平面垂直称立式。例如，送风机、引风机采用卧式安装，凝结水泵采用立式安装。

二、泵与风机的原理与结构

1. 叶片式泵与风机

叶片式泵与风机的主要结构是具有可旋转的、带叶片的叶轮和固定的机壳。其通过叶轮的旋转对流体做功，从而使流体获得能量。

（1）离心式泵与风机。离心式泵与风机的工作原理是：叶轮高速旋转时产生的离心力使流体获得能量，即流体通过叶轮后，压力能和动能都得到提高，从而能够被输送到高处或远处。

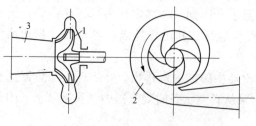

图 8-1 离心式泵的结构
1—叶轮；2—压水室；3—吸入室

离心式泵的主要部件有叶轮、压水室、吸入室、轴、轴承、密封装置和轴向平衡装置等，如图 8-1 所示。

离心风机的主要部件有叶轮、机壳（相当于泵的压水室）、集流器（相当于泵的吸入室）、入口导流器（安装在集流器前边或机壳出口处，通过改变导叶开度，调节风量）、轴、轴承等。

（2）轴流式泵与风机。轴流式泵与风机工作原理是：叶轮旋转时叶片对流体产生推力使流体获得能量。

轴流式泵的主要部件有叶轮、导叶、泵壳或风筒、主轴等，如图 8-2 所示。

轴流式泵与风机的适用于大流量、低能头的场合，常用作大型机组的循环水泵及送、引风机，一次风机等。

2. 容积式泵与风机

容积式泵与风机在运转时，机械内部的工作容积不断发生变化，从而吸入或排出流体。

（1）往复式泵与风机。往复式泵与风机的原理是：借活塞在缸内的往复作用使缸内容积反复变化，以吸入和排出流体，如活塞泵、柱塞泵等。适用于小流量、高压力的场合。图 8-3 所示为往复式泵的结构。

（2）回转式泵与风机。回转式泵与风机主要有齿轮泵、罗茨风机、水环式真空泵等。

1）齿轮泵具有一对互相啮合的齿轮，通常用作供油系统的动力泵，如图 8-4 所示。

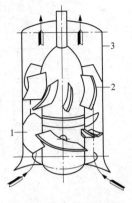

图 8-2　轴流式泵的结构
1—叶轮；2—导叶；3—泵壳

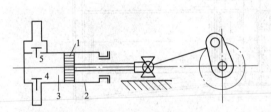

图 8-3　往复式泵的结构
1—活塞；2—泵缸；3—工作室；4—吸水阀；5—压水阀

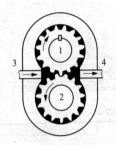

图 8-4　齿轮泵的结构
1—主动轮；2—从动轮；3—吸油管；4—压油管

2）罗茨风机依靠两个两叶或三叶的转子做相反方向的旋转，以达到传递能量于气体并增高其压力的目的。

3）水环式真空泵是一种压气机，其通过抽取容器中的气体并将其加压到高于大气压，从而能够克服排气阻力将气体排入大气。

3. 其他类型的泵与风机

例如，喷射泵利用能量较高的工作流体来输送能量较低的流体。工作流体可以为高压蒸汽，也可为高压水。采用前者的设备称蒸汽喷射泵，采用后者的设备称射水抽气器。

第二节　商洛电厂风机的结构

电厂所用的风机数目众多，结构形式众多。下面介绍商洛电厂现用的大型风机的结构。

现用送风机、引风机和一次风机都是由成都电力机械厂生产的 AP 系列动叶可调轴流式风机，其中送风机为单级，引风机和一次风机为二级（两个动叶）。单级动叶可调轴流式风机结构如图 8-5 所示，二级动叶可调轴流式风机结构如图 8-6 所示。

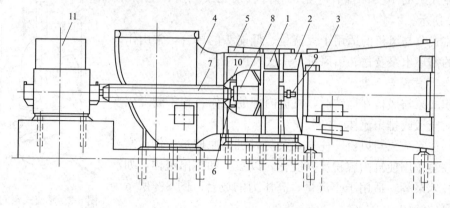

图 8-5　单级动叶可调轴流式风机结构

1—动叶片；2—导叶；3—扩压器；4—进气箱；5—外壳；6—主轴；

7—中间轴；8—主轴承；9—动叶调节控制头；10—联轴器；11—电动机

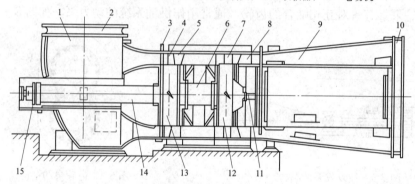

图 8-6　二级动叶可调轴流式风机结构

1—进风箱；2—膨胀节；3—软性连接器；4—Ⅰ级叶片；5—Ⅰ级导叶；

6—主轴承；7—Ⅱ级叶片；8—Ⅱ级导叶；9—扩压筒；10—膨胀节；

11—调节机构；12—Ⅱ级叶轮；13—Ⅰ级叶轮；14—中间轴；15—联轴器

第三节　泵与风机的性能参数

泵与风机的主要性能参数包括流量、能头、功率、效率、转速等。

一、流量

流量是指单位时间内所输送的流体数量。流量可分为体积流量 $q_V(\text{m}^3/\text{s})$、质量流量 $q_m(\text{kg}/\text{s})$ 两种，两者的关系为

$$q_m = \rho q_V \tag{8-1}$$

注意：因流体密度与大气压、温度等参数有关，在实际应用中，往往与泵、风机的产品说明书不一致，需要进行换算。

流量可通过装设在其管道上的流量计来进行测量。

二、能头

1. 泵与风机提供的能头

（1）泵提供的能头称扬程，指单位重量液体通过泵后所获得的能量，用 H 表示，单

位为 m。泵与管路的扬程分别如图 8-7、图 8-8 所示。

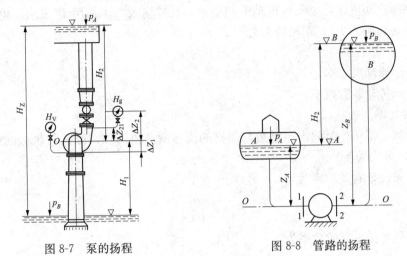

图 8-7　泵的扬程　　　　　　　图 8-8　管路的扬程

（2）风机提供的能头称全压，指单位体积气体通过风机后所获得的能量，用 p 表示，单位为 Pa。

全压与扬程的关系为

$$p = \rho g H \tag{8-2}$$

泵运行时，在其进口断面与出口断面列能量方程，即

$$H = \frac{p_2 - p_1}{\rho g} + Z_2 - Z_1 + \frac{c_2^2 - c_1^2}{2g} \tag{8-3}$$

式中　Z_1、Z_2——泵进口、出口断面中心至转轴线的位置高度；

$\quad$ c_1、c_2——泵的进、出口流量。

2. 管路系统中流体流动所需的能头

流体从吸入容器通过管路流至压出容器所需的能头是由泵或风机提供的，与泵或风机提供的扬程之间属于能量的供求关系，两者大小相等。

以泵为例，列 $A—A$、$B—B$ 两断面的能量方程得

$$H_c = \frac{p_A - p_B}{\rho g} + (Z_A - Z_B) + h_{w2} + h_{w1} \tag{8-4}$$

即

$$H_c = H_p + H_Z + h_w \tag{8-5}$$

式（8-5）表明，在已知管路系统的情况下，扬程主要由管路系统终端和始端液体的压力能头差和位置能头差及管路的总阻力损失这三部分的总和来确定。

对风机而言，所输送的气体密度较小，而风机吸入的周围环境压力与压出气体的周围环境压力相差不多，所以风机的全压为

$$p = \rho g H = p_w \tag{8-6}$$

式中　p_w——风道的压力损失，Pa。

三、功率

功率指单位时间内泵或风机所做功的能力。功率包括轴功率、有效功率和原动机功率。

1. 轴功率

轴功率指原动机传到泵与风机轴上的功率，又称输入功率，用 P 表示，单位为 kW。若原动机输入功率为 P'_g，则轴功率为

$$P = P'_g \eta_g \eta_d \tag{8-7}$$

式中　η_g——原动机效率；

　　　η_d——传动装置效率。

2. 有效功率

有效功率是指单位时间内通过泵与风机的流体所获得的功，即泵与风机的输出功率，用 P_e 表示，单位为 kW。

对于泵来说，有效功率为

$$P_e = \frac{\rho g q_v H}{1000} \tag{8-8}$$

对于风机来说，有效功率为

$$P_e = \frac{q_v p}{1000} \tag{8-9}$$

3. 原动机功率

原动机功率是指选配原动机的最小输出功率，用 P_0 表示，单位为 kW。原动机功率的表达式为

$$P_0 = K \frac{P}{\eta_d} \tag{8-10}$$

式中　K——原动机的安全容量系数，其值随轴功率的增大而减小，一般为 $1.05\sim1.40$。

原动机轴与泵、风机轴的连接存在机械摩擦，加之泵、风机运转时可能出现超负荷，所以原动机功率 P_0 通常比轴功率 P 大。

四、效率

效率是指泵与风机的输出功率与输入功率的比值，用 η 表示。效率反映的是泵与风机在传递能量过程中轴功率的有效利用程度，是衡量泵与风机经济性的重要指标。

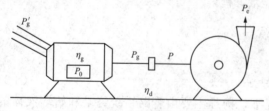

$$\eta = \frac{P_e}{P} \tag{8-11}$$

泵与风机的功率、效率关系如图 8-9 所示。

图 8-9　泵与风机的功率、效率关系

五、转速

转速是指泵与风机叶轮每分钟的转数，用 n 表示，单位为 r/min。

第四节　泵与风机的运行调节

一、泵与风机的工作点

泵与风机的性能曲线是以流量为横坐标，扬程或全压、轴功率、效率等参数为纵坐标，通过试验绘制的曲线，通常由制造厂家提供。泵与风机的性能曲线，只能说明泵与风

机本身的性能。但泵与风机在管路中工作时，实际运行时的流量、扬程或全压、轴功率、效率等参数不仅仅取决于其本身的性能，还取决于管路系统的性能，即管路特性曲线。通常由这两条曲线的交点来决定泵与风机在管路系统中的运行工况，即工作点。

1. 管路特性曲线

以水泵装置为例，管路所需扬程（又称装置扬程）由式（8-5）可知，可表示为

$$H_c = H_p + H_z + h_w$$

该式即为管路特性方程，由该式确定的流量扬程曲线称管路特性曲线。在管路特性方程中，前两项均与流量无关，这两者之和称静扬程，用 H_{st} 表示。

管路能量损失与流量的平方成正比，故管路所需扬程可写为

$$H_c = H_{st} + \varphi q_V^2 \tag{8-12}$$

对于某一特定的泵与风机装置而言，φ 为常数。

泵的管路特性曲线如图 8-10 所示，风机的管路特性曲线如图 8-11 所示。

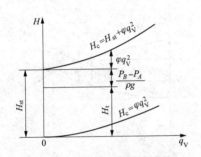
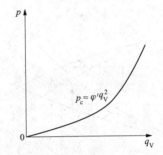

图 8-10 泵的管路特性曲线　　图 8-11 风机的管路特性曲线

可见，当流量发生变化时，装置扬程 H_c 也随之发生变化。

对于风机来说，因气体密度很小，可以忽略不计，H_t 形成的气柱压力为零，又因引风机是将烟气排入大气，故该风机的管路特性曲线方程可近视为 $p_c = \varphi' q_V^2$，管路特性曲线是一条过原点的二次抛物线。

2. 工作点

工作点是泵与风机在已知管路系统中实际运行时的工况点。泵与风机的性能曲线与管路特性曲线按同一比例画在同一张图上，则这两条曲线相交于 M 点，M 点即泵在管路中的工作点，如图 8-12 所示。

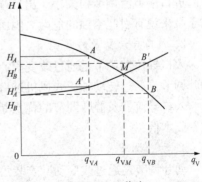

图 8-12 工作点

该点流量为 q_{VM}，总扬程为 H_M，这时泵的能量等于流体在管道中的阻力损失，所以泵在 M 点工作时达到能量平衡。

当泵或风机的性能曲线与管路特性曲线无交点时，则说明这种泵或风机的性能过高或过低，不能适应整个装置的要求。

二、泵与风机运行工况的调节

泵与风机运行时，由于外界负荷的变化而要求改变其工况，用人工的方法改变工况点的过程，称为运行工况调节，简称调节。

运行工况的调节，就是流量的调节，而流量的大小取决于工作点的位置，因此工况调节就是改变工作点的位置。

运行工况调节的原理：一是改变泵与风机本身的性能曲线，二是改变管路特性曲线，三是两条曲线同时改变。

运行工况的具体调节方法有节流调节、入口导流器及静叶调节、动叶调节、变速调节。

1. 节流调节

节流调节就是在管路中装设节流部件（各种阀门、挡板等），利用改变阀门开度，使管路的阻力发生变化而达到调节的目的。节流调节包括进口端节流调节和出口端节流调节两种，如图 8-13、图 8-14 所示。

（1）进口端节流调节是改变安装在进口管路上的阀门（挡板）的开度来改变输出流量的调节方法。它不仅能改变管路的特性曲线，而且能改变风机本身的性能曲线。

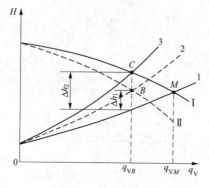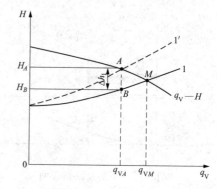

图 8-13　进口端节流调节　　　　图 8-14　出口端节流调节

（2）出口端节流调节是将节流部件装在泵或风机出口管路上的调节方法。这种调节方式不经济，而且只能向小于设计流量这一个方向调节；但其优点是可靠、简单易行，故仍广泛应用于中小功率泵。

进口端节流调节损失小于出口端节流调节。由于进口端节流调节会使进口压力降低，对于泵来说有引起空蚀的危险，因而进口端节流调节仅用于风机。

2. 入口导流器及静叶调节

入口导流器调节是通过改变离心风机入口导流器叶片的角度来改变风机的性能曲线。静叶调节是通过转动轴流式风机进口静叶的角度来改变风机的性能曲线。

入口导流器及静叶调节的优点是比节流调节经济（节约功率），且结构简单，便于维护，成本低。

3. 动叶调节

动叶调节是通过改变动叶安装角，改变性能曲线的形状，从而使性能参数随之改变。

动叶调节的优点：①当改变动叶安装角时，流量变化较大，扬程变化或全压变化不大，而对应的最高效率变化也不大，因此对动叶可调的轴流式泵与风机，可在较大的流量范围内保持高效率，调节效率高；②可以由额定流量向流量减小或增大的两个方向进行调节，调节范围大。

大型的轴流式、混流式泵与风机广泛采用动叶可调的方法。

4. 变速调节

变速调节是通过改变转速来改变泵与风机的性能曲线。变速调节的优点：转速改变，效率不变，经济性最好。近年来广泛使用的变频调节是变速调节的一种。

变速方法主要有以下几种：

（1）双速电动机变速。主要用于大容量的泵与风机，但不能连续平滑调速，即切换速度挡时电动机的电力必须瞬间中断。

（2）小汽轮机变速。大型给水泵采用汽轮机驱动进行变速调节的方法。采用该方法时必须配备备用的电动给水泵，以适应单元机组的点火启动工况。

（3）液力耦合器变速。液力耦合器是以液体为工作介质，将原动机的转矩传递给工作机的一种液力传动装置。

（4）油膜滑差离合器变速。油膜滑差离合器是一种以黏性流体为介质，依靠黏滞力来传递功率的变速传动装置。国外的给水泵、凝结水泵，送、引风机广泛采用油膜滑差离合器变速。

第五节 泵与风机的典型故障及处理

一、泵的空蚀

空蚀涉及的范围非常广泛，在水力机械、造船和水利等领域都要对此问题的机理和防止措施进行研究。对于流体机械，特别是工作对象是液体的流体机械，空蚀是其向高速化方向发展的一大障碍。因此，我们要对泵的空蚀问题给予足够的重视。

1. 空蚀现象

如果在流动过程中，某一局部地区的压力等于或低于与水温相对应的汽化压力，水就在该处发生汽化。汽化发生后，有大量的蒸汽及溶解在水中的气体逸出，形成许多蒸汽与气体混合的小气泡。当气泡随同水流从低压区流向高压区时，气泡在高压的作用下，迅速凝结而破裂。在气泡破裂的瞬间，产生局部空穴，高压水以极高的速度流向这些原气泡占有的空间，形成一个冲击力。

这种因在泵内反复地出现液体汽化（气泡形成）和凝结（气泡破裂）的过程，而引起的金属表面受到冲击剥蚀和化学腐蚀的破坏现象，称泵的空蚀。

水泵的安装高度过高，水温过高，进口管道阻力过大或者堵塞，都会引起泵的空蚀。

2. 空蚀对泵工作的影响

（1）破坏材料，缩短泵的使用寿命。

（2）产生噪声和振动。若水泵机组发生空蚀共振，则必须停止水泵的运行。

（3）工作性能下降。空蚀将导致泵的流量减少、扬程降低及效率下降。空蚀严重时，大量气泡将"堵塞"整个叶道过流断面，出现断流，进而造成事故。

3. 提高泵抗空蚀性能的措施

（1）降低泵的安装高度，即提高吸液面位置或降低泵的安装位置，必要时采用倒灌方式。

（2）减小吸入管路的阻力，如加大管径，减少管路附件、底阀、弯管、闸阀等。

（3）增加一台升压泵。

（4）降低泵送液体温度，以降低汽化压力。

（5）避免在进口管路采用节流阀

（6）采用抗空蚀性能好的水泵。

二、不稳定运行工况

泵与风机在管路系统中工作时，必须满足能量的供求平衡。如果这种平衡在外界干扰（电压、电频率、负荷、机组振动等）下能建立新的稳定平衡，干扰消除后仍能恢复原状的运行工况称为稳定运行工况；反之，受外界干扰或干扰消除后不能建立新的稳定平衡和恢复原状，而是出现流量跃迁或剧烈波动的运行工况，称不稳定运行工况。如果离心式泵与风机的 $H(p)$—q_V 性能曲线为驼峰形，轴流式性能曲线为马鞍形，在实际运行中可能出现不稳定运行工况。

1. 离心式泵与风机的不稳定运行工况

以有驼峰形性能曲线的离心式泵为例，如图 8-15 所示，K 为其性能曲线的最高点。若泵或风机在该性能曲线的下降区段工作，如在 M 点工作，则运行是稳定的。若工作点处于泵或风机性能曲线的上升区段时，如 A 点，则为不稳定工作点。稍有干扰（如电路中电压波动、频率变化造成转速变化、水位波动、设备振动等），A 点就会向右或向左移动，再也不能恢复到原来的位置 A 点，故 A 点称为不稳定工作点。

当具有驼峰形 q_V—H 性能曲线的泵与风机，当其在大容量的管路中，在其性能曲线上 K 点以左的范围内工作时，即在不稳定工作区工作时，往往会出现喘振现象（或称飞动现象），如图 8-16 所示。K 点为临界点。

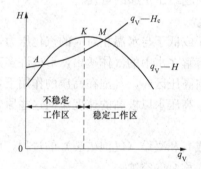

图 8-15 离心式泵与风机的不稳定运行工况

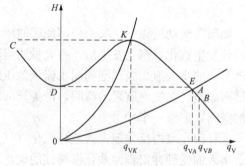

图 8-16 喘振现象

防止喘振的措施主要有：

（1）大容量管路系统中尽量避免采用具有驼峰形 q_V—H 性能曲线的泵与风机，而应采用性能曲线平直向下倾斜的泵与风机。

（2）使流量在任何条件下不小于 q_K。如果装置系统中所需要的流量小于 q_K 时，可装设再循环管，使部分流出量返回吸入口，或自动排放阀门向空排放，使泵或风机的出口流量始终大于 q_K。

（3）采用可动叶片调节。当外界需要的流量减小时，减小动叶安装角，性能曲线下移，临界点随着向左下方移动，最小输出流量相应变小。

2. 轴流式泵与风机的不稳定运行工况

轴流式泵与风机性能曲线的不稳定运行工况如图 8-17 所示。泵与风机进入不稳定工作区运行时，叶轮必定会产生一个或几个旋转失速。旋转失速使叶片前后压力发生变化，在叶片上产生交变作用力，这种交变作用力会使叶片产生疲劳损伤。如果作用在叶片上的交变作用力频率接近或等于叶片的固有频率，将发生共振，导致叶片断裂。因此，轴流式泵与风机运行时，应确保其工作流量 $q_V > q_{Vc}$，避免工作点进入不稳定工作区。为了及时发现风机进入旋转失速区工作，有些轴流式风机装设有旋转失速监测装置。

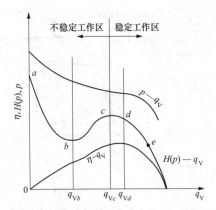

图 8-17　轴流式泵与风机性能曲线的不稳定运行工况

图 8-18 所示为轴流式风机旋转失速的形成。由工程流体力学可知，流体绕流叶形的冲角增大到某一临界值时，会产生失速现象，此时流叶形上的升力下降，阻力上升。流体通过泵与风机旋转叶轮的叶栅，当其入流角（冲角）改变到某值时也会发生失速现象。这种失速现象有其本身的特点，即所谓旋转失速现象（旋转脱流）。由于叶片的加工形状和安装等不可能完全相同，且流入叶栅流体的流向也不会完全一致、均匀，因此当运行工况变化使流体进入叶栅的入流角达到某临界值时，不可能同时在叶栅的所有叶片上同时发生失速现象。假设图 8-18 中叶轮的叶道 2 上首先出现失速而形成阻塞现象，其通过的流量将减少，部分流体将分流挤入叶道 1 与 3。这两股分流使得叶道 1 来流的入流角减小，不会发生失速；而叶道 3 来流的入流角增大，促使其发生失速，形成阻塞。叶道 3 阻塞后，部分来流又向叶道 4 和 2 分流，结果又使叶道 4 发生失速和阻塞，而叶道 2 的入流角减小，恢复正常流动。叶道 4 的失速形成后，又会使叶道 3 的失速消失，叶道 5 的失速发生。只要运行工况在性能曲线的上升段上，这种失速将逆叶轮旋转方向不断进行下去。

试验表明，失速沿圆周移动的相对速度 ω' 远小于叶轮本身的旋转速度 ω_0。因此，以机壳为参照系，可观察到失速的传播方向与叶轮转向相同，旋转速度为 $\omega_0 - \omega'$。叶轮中某叶片上首先出现的失速以 ω' 逆旋向逐个传递发生，并在叶轮旋向以 $\omega_0 - \omega'$ 角速度旋转的现象称旋转失速。

旋转失速与喘振是两个不同的概念：旋转失速与叶片的结构特点有关，与外界管路条件无关，且泵或风机输出流量、压头基本稳定时，泵或风机还可以维持正常运行；而喘振是由泵或风机性能与其工作的管路系统（大容量）共同决定的，且喘振时流量、压头会发生大幅度周期性波动，风机不能维持正常运行。但是旋转失速与喘振又是相关的，在出现喘振的不稳定运行工作区必定伴有旋转失速现象的发生。

3. 并联工作泵与风机的不稳定运行工况

（1）性能不同的驼峰形 $H(p)$—q_V 性能曲线的离心式泵与风机并联不稳定运行工况。如图 8-19 所示，Ⅰ 泵的 H_1—q_V 曲线为驼峰形，Ⅰ＋Ⅱ 表示两泵并联后的合成性能曲线。当合成性能曲线与 DE 特性曲线有两个以上交点时会出现不稳定运行工况，如图中 L 工况点。因为此工况对应 Ⅰ 泵的工作点为 L_1，Ⅱ 泵的工作点为 L_2，L_1 处于不稳定工作区，为不稳定工作点。

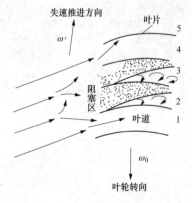

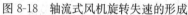

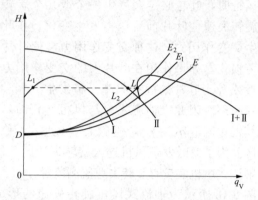

图 8-18　轴流式风机旋转失速的形成　　　图 8-19　驼峰形 $H(p)$—q_V 性能曲线离心
式泵与风机并联不稳定运行工况

　　(2)"抢风"与"抢水"现象。性能相同的马鞍形或驼峰形 $H(p)$—q_V 性能曲线的泵与风机并联运行时，可能出现一台泵或风机流量很大，另一台流量很小的状况。此运行工况若稍有调节或干扰，则两者迅速互换工作点，原来流量大的变小，流量小的变大。如此反复，从而导致两台泵或风机不能正常并联运行的不稳定运行工况，称"抢风"或"抢水"现象。

　　图 8-20 所示为轴流式风机并联运行抢风现象分析，其中两台同性能轴流式风机并联运行性能曲线为Ⅰ和Ⅱ（虚线），其合成性能曲线为Ⅰ+Ⅱ（实线）。图 8-21 所示为相同性能驼峰形离心式泵抢水现象分析，其中两台同性能驼峰形离心式泵并联运行的性能曲线为Ⅰ和Ⅱ（虚线），其合成性能曲线为Ⅰ+Ⅱ（实线）。如果合成性能曲线与 DE 曲线的交点为 M，则两台泵或风机的工作点均为 A，即运行工况相同，不会出现"抢风""抢水"现象。如果关小挡板或阀门的开度，使管道特性曲线与合成性能曲线有两个交点，如图 8-20 中的 OE_1 曲线及图 8-21 中的 DE_1 曲线，则风机（泵）的工作点可能是 M_1 点（B 点）或者是 L 点。若工作点为 M_1 点（B 点）时，每台风机所对应的工作点 A_1 相同，不过这是它们能处于稳定并联运行的极限情况（A_1 为性能曲线驼峰顶点）；工作点 B 的情况同工作点 M 点。若两台风机（泵）的管路阻力稍有差别，或者系统风量稍有波动，其结果会使风机（泵）处于 L 点并联运行，此时一台风机（泵）的工作点为不稳定工作区小流量的 L_1 点，而另一台的工作点为稳定工作区大流量的 L_2 点。这时，若稍有干扰就会出现两台风机或泵的流量忽大忽小，反复互换的"抢风"或"抢水"现象，使风机或泵的并联运行不稳定。

　　除了 $H(p)$—q_V 性能曲线具有驼峰的泵或风机并联运行时可能发生"抢水"或"抢风"现象外，$H(p)$—q_V 性能曲线无驼峰的同性能泵或风机并联运行，若采用变速调节时不能保持各泵或风机的转速相同，也可能产生上述现象。

　　为了避免泵或风机并联的不稳定运行工况，应限制其工作区域，保证并联运行泵或风机的工作点落在稳定工作区。采用变速调节的并联泵或风机手动调节时，应保持其转速一致。当泵或风机低负荷时可单台运行，在单台运行流量不能满足后再投入第二台并联运行。此外，可采用动叶调节，使工作点离开∞形区域。当"抢风""抢水"现象发生时，应开启排风门、再循环调节门等。

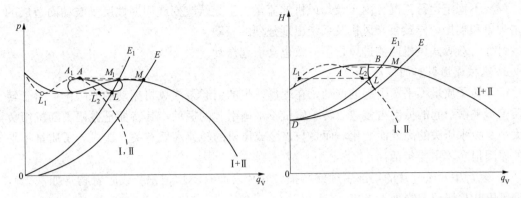

图 8-20 轴流式风机并联运行抢风现象分析　图 8-21 性能相同的驼峰形离心泵抢水现象分析

三、磨损

泵与风机在输送含有较多固体杂质的流体时，叶轮、机壳等部件就会发生磨损。火电厂磨损严重的泵与风机有灰渣（浆）泵、引风机、烟气再循环风机等。当叶轮磨损到一定程度时，由于各个叶片磨损情况不可能一致，会导致转子质量不平衡，从而引起泵与风机的振动，严重时会损坏设备，甚至伤及人身。

四、异常振动

异常振动是泵与风机运行中的典型故障，严重时将危及泵或风机的安全运行，甚至会影响整个机组的正常运行。泵与风机在运行中的异常振动（以下简称振动）原因很复杂，有时会是多种因素共同造成的。特别在当前，机组容量日趋增大，泵与风机的振动问题尤为突出。归结起来，泵与风机振动的原因大致可分为以下两类。

1. 流体流动引起的振动

在管路系统中，因泵与风机本身的性能、管路系统的设计情况及运行工况的变化，均会引起流体流动的不正常而导致泵或风机发生振动现象。

（1）水力冲击。由于给水泵叶片涡流脱离的尾迹要持续一段很长的距离，因此在动静部分会产生干涉现象。当给水由叶轮叶片外端经过导叶和蜗壳舌部时，就会产生水力冲击，形成有一定频率的周期性压力脉动。该压力脉动传给泵体、管路和基础，会引起振动和噪声。若各级动叶和导叶组装位置均在同一方位，则各级叶轮叶片通过导叶头部时的水力冲击将叠加起来，引起振动。如果这个振动频率与泵本身或管路的固有频率接近，将产生共振。

（2）反向流。当泵的流量减小达到某一临界值时，其叶轮入口处将出现反向流，形成局部涡流区和负压，并随叶轮一起旋转，在进口直径较大的叶轮中，小流量的反向流工况下运行时会发生低频的压力脉动，即压力忽高忽低，流量时大时小。这会使泵运行不稳定，导致压力管道振动，严重时甚至会损坏设备和管路系统。

（3）空蚀。当泵叶轮入口液体的压强低于相应液温的汽化压强时，泵会发生空蚀。一旦空蚀发生，泵就会产生剧烈的振动，并伴有噪声。

（4）旋转失速。当泵与风机在非设计工况下运行时，由于入流角（冲角）超过临界值，会使叶片后部流体依次出现边界层分离，产生失速现象，导致相应叶片前后流体压力变化而引起振动。

（5）不稳定运行工况。由于泵与风机的流量发生突跃改变或周期性反复波动而造成的水击现象和喘振，导致泵与风机及系统出现强烈的振动。

另外，双吸式风机两侧进风量不一致也会引起振动。

2. 机械原因引起的振动

（1）转子质量不平衡引起的振动。在现场发生的引起泵或风机振动的原因中，由于转子质量不平衡引起的振动占多数。转子质量不平衡引起的振动，其特征是振幅不随机组负荷大小及吸水压头的高低而变化，而是与该泵或风机的转速高低有关。造成转子质量不平衡的原因很多，主要包括：

1）运行中叶轮叶片的局部腐蚀或磨损，叶片表面有不均匀积灰或附着物（如铁锈），翼型风机叶片局部磨穿进入飞灰。

2）轴与密封圈发生强烈的摩擦，产生局部高温使轴弯曲致使重心偏移。

3）叶轮上的平衡块质量与位置不对，或检修后未找转子动、静平衡等。

为保证转子质量平衡，对高转速泵或风机必须分别进行静、动平衡试验。

（2）转子中心不正引起的振动。如果泵或风机与原动机联轴器不同心，接合面不平行度达不到安装要求（机械加工精度差或安装不合要求），就会使联轴器间隙随轴旋转而忽大忽小，因而发生和质量不平衡一样的周期性强迫振动。造成转子中心不正的主要原因有：

1）泵或风机安装或检修后找中心不正。

2）暖泵不充分造成温差使泵体变形，从而使中心不正。

3）设计或布置管路不合理，其管路本身重量使轴心错位。

4）轴承架刚性不好或轴承磨损等。

5）联轴器的螺栓配合状态不良或齿形联轴器的齿轮啮合状态不佳等。

（3）转子的临界转速引起的振动。当转子的转速逐渐增加并接近泵或风机转子的固有频率时，泵或风机就会猛烈地振动起来，而当转速低于或高于这一转速时，就能平稳地工作，通常把泵或风机发生猛烈振动时的转速称为临界转速 n_e。泵或风机的工作转速不能与临界转速相重合、相接近或成倍数，否则将发生共振现象而使泵或风机遭到破坏。

泵或风机的工作转速低于第一临界转速的轴称为刚性轴，高于第一临界转速的轴称为柔性轴。泵与风机的轴多采用刚性轴，以扩大调速范围；随着泵的尺寸增加或采用多级泵时，泵的工作转速则经常高于第一临界转速，一般采用柔性轴。

（4）油膜振荡引起的振动。滑动轴承里的润滑油膜在一定的条件下也能迫使转轴做自激振动，即油膜振荡。柔性转子在运行时有可能产生油膜振荡，其消除方法是使泵轴的临界转速大于工作转速的一半，现场处理方法常常是改轴瓦，如选择适当的轴承长径比，选择合理的油楔和油膜刚度，以及降低润滑油黏度等。

（5）平衡盘设计不良引起的振动。多级离心式泵的平衡盘设计不良也会引起泵组的振动。例如，平衡盘本身的稳定性差，当工况发生变动后，平衡盘失去稳定，将产生较大的左右窜动，造成泵轴有规则地振动，同时动盘与静盘产生碰摩。

（6）联轴器螺栓节距精度不高或螺栓松动引起的振动。在这种情况下，只由部分螺栓承担传递的扭矩。这样就使本来不该产生的不平衡力加在泵轴上，从而引起振动。此类振

动的振幅随负荷的增加而变大。

（7）动、静部件之间的摩擦引起的振动。若由于热应力造成泵体变形过大或泵轴弯曲，以及其他原因使转动部分与静止部分接触发生摩擦，则摩擦力作用方向与旋转方向相反，这对转轴有阻碍作用，有时会使轴剧烈偏转而产生振动。这种振动是自激振动，与转速无关，其频率等于转子的临界速度。

（8）基础不良或地脚螺栓松动引起的振动。基础下沉，基础或机座（泵座）的刚度不够或安装不牢固等均会引起振动。例如，泵或风机基础混凝土底座打得不够坚实，泵或风机地脚螺栓安装不牢固，则其基础的固有频率与某些不平衡激振力频率相重合时，就有可能产生共振。遇到这种情况就应当加固基础，紧固地脚螺栓。

（9）原动机不平衡引起的振动。驱动泵与风机的原动机由于本身的特点，也会产生振动。例如，泵由小汽轮机驱动，其作为流体动力机械本身也有各种振动问题，从而形成轴系振动。此外，原动机为电动机时，电动机也会因磁场不平衡、电源电压不稳、转子和定子的偏心等引起振动。

此外，转动部分零件松动或破损，轴承或轴颈磨损，轴瓦与轴承箱之间紧力不合适，滚动固定圈松动，管道支架不牢固，机壳刚度不够而产生晃动，轴流式动叶片位置不对，二级轴流式风机两级叶片调节不同步，因挡板误动或其他原因致使气道不畅通，风道损坏或风机内有杂物落下等，均会引起泵或风机运行时的振动。

泵或风机运行中出现振动现象，应及时查明原因，采取相应措施加以处理。

五、故障原因及处理

泵与风机在运行中出现的故障，主要分性能故障、机械故障两大类，此外还有电气和热工故障。

各种故障产生的原因较多，因此运行人员必须学会对这两类中的各种故障现象进行综合分析、判断和处理。表8-1～表8-4列出了叶片式泵与风机运行中常见的性能、机械两方面的故障现象、故障原因及处理方法，以便进行分析比较。

表8-1　　　　　　　　　　　叶片式泵的性能故障及处理方法

故障现象	故障原因	处理方法
泵不吸水，压力表及真空表的指针剧烈摆动	（1）启动前灌水排空气或抽真空不足，泵内有空气； （2）吸水管及真空表管、轴封处漏气； （3）吸水池液面降低，吸水口吸入空气； （4）叶轮反转或装反； （5）泵出口阀体脱落	（1）停机，重新灌水或抽真空； （2）查漏并消除缺陷； （3）降低吸入高度，保持吸入口浸没水中； （4）改变电动机接线或重装叶轮； （5）检修或更换出口阀门
泵不出水，真空表数值高	（1）滤网、底阀或叶轮堵塞； （2）底阀卡涩或漏水； （3）吸水高度过高，泵内发生空蚀； （4）吸水管阻力太大； （5）轴流式泵动叶片固定失灵、松动	（1）清洗滤网，清除杂物； （2）检修或更换底阀； （3）降低吸水高度，开大进口阀或投入再循环； （4）清洗或改造吸水管； （5）检修动叶片固定机构，调节叶片安装角

故障现象	故障原因	处理方法
运行中电流过大（功率消耗太多）	（1）泵体内动静部分摩擦； （2）泵内堵塞； （3）轴承磨损或润滑不良； （4）流量过大； （5）轴封填料压得太紧或冷却水量不足； （6）电压过高或转速偏高； （7）轴弯曲或转子卡涩； （8）联轴器安装不正确	（1）停机检修各部分动静间隙及磨损状况； （2）拆卸清洗； （3）修复或更换润滑油； （4）关小出口阀； （5）拧松填料压盖或开大轴封冷却水； （6）降低转速； （7）校轴并修理或检查转子，消除卡涩； （8）重新安装找正
压力表有指示，但压水管不出水	（1）输水管道阻力太大； （2）水泵反转或叶轮装反； （3）叶轮堵塞	（1）清洗或改造管道，减小管道阻力； （2）调节电动机接线相位或重新拆装叶轮； （3）清洗叶轮
流量不足	（1）吸水头滤网淤塞或叶轮堵塞； （2）泵内密封环磨损，泄漏太大； （3）转速低于额定值； （4）阀门或动叶开度不够； （5）动叶片损坏； （6）吸水管浸没深度不够； （7）底阀或止回阀卡涩或规格过小； （8）泵内发生空蚀	（1）清洗滤网或叶轮； （2）更换密封环； （3）清除电动机故障； （4）开大阀门或动叶； （5）更换动叶片； （6）降低吸水高度； （7）检修或更换底阀或止回阀； （8）检修吸入池液位及吸入管道有无阻塞
运行中扬程降低	（1）泵内密封环磨损； （2）压水管损坏； （3）叶轮或动叶片损坏； （4）转速降低	（1）检修或更换密封环； （2）检修压水管道； （3）检修或更换叶轮和动叶片； （4）检查电源电压和频率是否降低

表 8-2　　　　　**叶片式泵的机械故障及处理方法**

故障现象	故障原因	处理方法
轴承过热	（1）轴承安装不正确或间隙不适当； （2）轴承磨损或松动，轴弯曲； （3）轴承润滑不良（油质变坏或油量不足）； （4）带油环带油不良； （5）润滑油系统循环不良； （6）轴承或润滑油系统冷却器冷却水断水； （7）泵、耦合器和电动机轴不对中或不平行	（1）重新安装轴承，调节轴承配合及间隙； （2）检修或更换轴承，校轴或更换轴； （3）清洗轴承，更换润滑油； （4）检查油位及带油环，加、放油或更换带油环； （5）检查润滑油系统是否严密，油温、油压、油质及油泵、管道是否正常； （6）检查冷却水道、冷却水泵及水道阀门，疏通冷却水道； （7）检查连接轴，使之对中
泵不能启动或启动负荷太大	（1）轴封填料压得过紧； （2）未通入轴封冷却水； （3）离心式泵开阀、轴流式泵关阀启动	（1）调节填料压盖紧力； （2）开通轴封冷却水或检查水封管； （3）关闭或开启出口阀

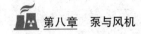

故障现象	故障原因	处理方法
振动	参见前文振动分析	
异声	(1) 轴承磨损； (2) 转动部件松动； (3) 动静部件摩擦	(1) 检修或更换轴承； (2) 紧固松动部件； (3) 检查原因或调节动静部件间隙
填料箱过热或填料冒烟	(1) 料压得过紧或位置不正； (2) 密封冷却水中断； (3) 水封环位置偏移； (4) 填料套与轴不同心； (5) 轴弯曲； (6) 轴或轴套表面损伤	(1) 调节填料压盖，以滴水为宜； (2) 检查有无堵塞或冷却水阀是否开启； (3) 重新装配，使水封环孔对正密封水管口； (4) 重新安装； (5) 校轴或更换泵轴； (6) 修复轴表面，更换轴套
轴封漏水过大	(1) 填料磨损； (2) 压盖紧力不足； (3) 填料选择或安装不当； (4) 冷却水质不良导致轴颈磨损	(1) 更换填料； (2) 拧紧填料压盖或加一层填料； (3) 选用适当填料，并正确安装； (4) 修理轴颈，采用洁净的冷却水

表 8-3　　　　叶片式风机的性能故障及处理方法

故障现象	故障原因	处理方法
压力偏高，风量减小	(1) 气体温度降低、含尘量增加，密度增大； (2) 风道或风门堵塞； (3) 风道破裂、法兰泄漏； (4) 叶轮磨损严重或入口间隙过大	(1) 测量气体密度，消除密度增大的原因； (2) 清扫风道，开大进风调节； (3) 焊补裂口，更换法兰垫； (4) 更换叶片或叶轮、重装导向器
压力偏低，风量增大	(1) 输气温度增高，气体密度减小； (2) 进风道破裂或法兰泄漏	(1) 测量气体密度，消除密度增大的原因； (2) 焊补裂口，更换法兰垫

表 8-4　　　　叶片式风机的机械故障及处理方法

故障现象	故障原因	处理方法
振动	参见前文振动分析	
轴承过热	(1) 轴与轴承安装位置不正，主轴连接不同心，导致轴瓦磨损； (2) 轴瓦研刮不良； (3) 轴瓦裂纹、破损、剥落、磨纹、脱壳等； (4) 乌金成分不合理，或浇铸质量差； (5) 轴承与轴承箱之间紧力不当，导致轴与轴瓦间隙不当； (6) 滚动轴承损坏； (7) 油号不适或变质，油中含水量增大； (8) 油箱油位不正常或油管路阻塞； (9) 冷却器工作不正常或未投入； (10) 风机振动	(1) 重新浇铸或补瓦，装配找正中心； (2) 重新浇铸，研刮轴瓦； (3) 重新浇铸、焊补或研刮轴瓦； (4) 重新配制合金浇铸； (5) 调节轴承与轴承箱孔或轴承箱之间的垫片； (6) 修理或更换滚动轴承； (7) 更换润滑油，或消除漏水缺陷，换油； (8) 向油箱加油或疏通油道； (9) 开启冷却器； (10) 查出振动原因，消除振动

故障现象	故障原因	处理方法
电动机电流过大和温升过高	(1) 启动时进气管道挡板或调节门未关; (2) 烟风系统漏风严重,流量超过规定值; (3) 输送的气体密度过大,全压增大; (4) 电动机本身的原因; (5) 电动机输入电压过低或电源单向断电; (6) 联轴器连接不正或间隙不均匀; (7) 轴承座剧烈振动	(1) 启动时关闭挡板或调节门; (2) 加强堵漏,关小挡板开度; (3) 查明原因,提高气温或减小流量; (4) 查明原因; (5) 检查电源是否正常; (6) 重新找正; (7) 消除振动
风机出力不能调节	(1) 控制油压太低(滤油器堵塞); (2) 液压缸漏油; (3) 调节杆连接损坏; (4) 电动执行机构损坏; (5) 叶片调节卡住	(1) 疏通滤油器; (2) 检修旋转密封; (3) 及时检修或更换连接杆; (4) 更换电动执行器; (5) 查明原因,清除卡涩

造成电气故障和热工故障的因素较多,因其事发比较突然,特别是给水泵,由于保护装置较多,问题更复杂。因此,运行人员必须了解相关的厂用电气接线方式、电动机及其断路器和保护装置、泵与风机的有关联锁和保护装置,作为正确判断故障的依据。对于泵与风机的各种保护装置所发出的报警信号,一定要对照现场设备的就地仪表和设备实际运行状况进行正确判断,识别电气、热工保护装置的误发误报警,联锁装置的误动、拒动,正确处理并避免扩大事故。

第九章 吹 灰 系 统

煤中的灰分是不可燃烧的物质。煤粉燃烧后，灰分经过一系列的物理化学变化过程，灰分颗粒会在高温下部分或全部熔化。除了一小部分灰分可能会附着在受热面上造成受热面结渣外，约10％的灰分相互黏结形成炉渣，其余约90％的灰分以飞灰的形式存在于烟气中。飞灰随烟气一起流动，在流动过程中，一部分飞灰会沉积在受热面（如水冷壁、屏式过热器、对流过热器、再热器、省煤器及空气预热器）上，造成受热面结渣和积灰。受热面结渣和积灰会影响受热面的传热效果，使锅炉经济性下降；严重时会造成管壁超温、烟道堵塞，使锅炉的安全性下降。空气预热器的严重积灰还会使其低温腐蚀加重，更严重时会迫使锅炉计划外停炉。因此，为了保证锅炉安全经济运行，必须对锅炉受热面进行定期吹灰，维持受热面的清洁。

吹灰系统的作用就是有效地除去受热面烟气侧沉积物，保持受热面的清洁。吹灰系统是大型锅炉机组一个很重要的辅助系统，主要由吹灰器、吹灰管道系统、控制装置等组成。

第一节 吹灰器的工作原理

吹灰器是指利用流体作吹灰介质，通过喷嘴的作用，形成高速射流，来吹扫锅炉受热面烟气侧沉积物的一种锅炉辅机。吹灰器是吹灰系统的主要设备。

一、吹灰器的工作原理

吹灰器的种类很多，按结构特征的不同，可分成简单喷嘴式、固定回转式、伸缩式（又有长伸缩式吹灰器、短伸缩式吹灰器之分）以及摆动式等几种。

吹灰器虽然种类很多，但工作原理基本相同，都是利用吹灰介质在吹灰器喷嘴出口形成的高速射流，冲刷锅炉受热面上的积灰。当蒸汽（空气、水）射流的冲击力大于灰粒与灰粒之间或灰粒与管壁之间的黏着力时，灰粒便会脱落，其中多数颗粒被烟气带走，少量的大颗粒或灰块掉至灰斗或烟道上。吹灰介质可选用过热蒸汽、饱和蒸汽、排污水或压缩空气。

目前电站锅炉较多采用过热蒸汽作为吹灰介质。中间再热锅炉可以利用再热器进口蒸汽作为某些吹灰器的汽源，该处蒸汽的压力和温度能较好满足吹灰蒸汽参数的要求，使吹灰设备的制造和使用都比较经济和安全。300MW以上等级的锅炉多采用过热蒸汽作为吹灰介质，过热蒸汽来源容易，对炉内燃烧和传热影响较小，吹灰系统简单，投资少，吹灰效果好。进入吹灰器的过热蒸汽压力一般为 1～2MPa。

单台吹灰器所能吹扫的面积是有限的，不同种类的吹灰器又具有不同的吹扫功能。而锅炉各级受热面面积、布置的位置、工作条件、结构等各不相同，所以应根据受热面的具体工作情况及其积灰或结渣的可能程度，分别布置适量的、不同种类的吹灰器。同时，还应拟定合理的吹灰制度，并认真执行。

二、不同位置的吹灰器

每一台锅炉上都安装有数量较多的吹灰器，用以确保锅炉各处受热面的清洁。通常在炉膛采用短吹灰器对水冷壁进行吹扫；在烟道则采用长伸缩式吹灰器对过热器和再热器等受热面进行吹扫；在回转式空气预热器的烟气侧则安装有专门的吹灰器。

1. 炉膛吹灰器

炉膛水冷壁或其他壁面一般选用短伸缩式吹灰器，它是一种行程短、可退回的吹灰器。这种吹灰器的工作特点是：吹灰管边行进边旋转，喷嘴做 360° 吹扫，到最大伸入位置后行走停止，然后吹灰管反向旋转和后退进行吹扫，至喷嘴头部退至停运位置后停止吹扫。吹灰器与炉墙通过安装法兰进行连接，其重量由水冷壁承受，热态时随水冷壁的膨胀一起同步位移。

（1）IR-3D 型炉膛吹灰器是一种常见的短伸缩式吹灰器，主要用于吹扫炉膛水冷壁上的积灰和结渣。该型号的吹灰器采用单喷嘴前行到位后定点旋转吹扫的工作方式。另外，可根据积灰和结渣的性质，以及锅炉不同部位的吹灰要求，对吹扫弧度、吹扫圈数和吹扫压力进行相应地调节，以达到最理想的吹扫效果。

IR-3D 型炉膛吹灰器主要由吹灰器阀门-鹅颈阀、内管（供汽管）、吹灰枪管（螺纹管）及喷嘴、驱动系统、导向杆系统、前支承系统及电气控制机构等部分组成，如图 9-1 所示。

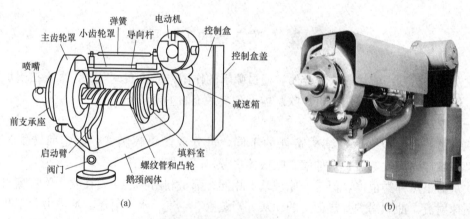

图 9-1　IR-3D 型炉膛吹灰器
（a）结构图；（b）实物图

1) 鹅颈阀。鹅颈阀是控制吹灰介质进入吹灰器的阀门，位于吹灰器的下部，因其形如鹅颈，俗称鹅颈阀。阀门内有压力调节装置，可根据现场的吹灰要求，进行压力调节。当阀门开启后，吹扫介质就被输送到装在吹灰器螺纹管端部的喷嘴，随即开始进行吹扫。

2) 内管。内管是表面高度抛光的不锈钢供汽管，与鹅颈阀连接，其作用是将吹灰介质输送到吹灰枪管。

3）吹灰枪管。IR-3D 型吹灰器的吹灰枪管是一根外面加工有螺纹的管子，一般称螺纹管。吹灰过程就是靠吹灰枪的伸缩运动自动打开和关闭鹅颈阀并输送吹灰介质至喷嘴的。它既是吹灰器的吹灰枪，也是传动部件。

4）驱动系统。驱动系统为吹灰枪的伸缩及旋转提供动力。

5）电气控制机构。电气控制机构用来调节吹灰器吹扫的圈数和吹灰角度。

（2）VS-H 型炉膛吹灰器也是一种常用的炉膛吹灰器，其由上海克莱德贝尔格曼机械有限公司生产，基本元件是一个装有两个文丘里喷嘴的喷头。当吹灰器从停运状态启动后，喷头向前运动，到达其在水冷壁管后的吹扫位置；同时阀门打开，喷头按所要求的吹扫角度旋转。喷头旋转完规定的圈数后，吹扫介质的供给被切断，同时喷头缩回到在墙箱的初始位置。喷头的前后和旋转运动是通过螺旋管实现的。

VS-H 型炉膛吹灰器主要由机架、螺旋管、内管和开阀机构、喷头、吹灰阀门、空气阀、负压墙箱、吹灰器驱动和控制系统等部分组成，如图 9-2 所示。

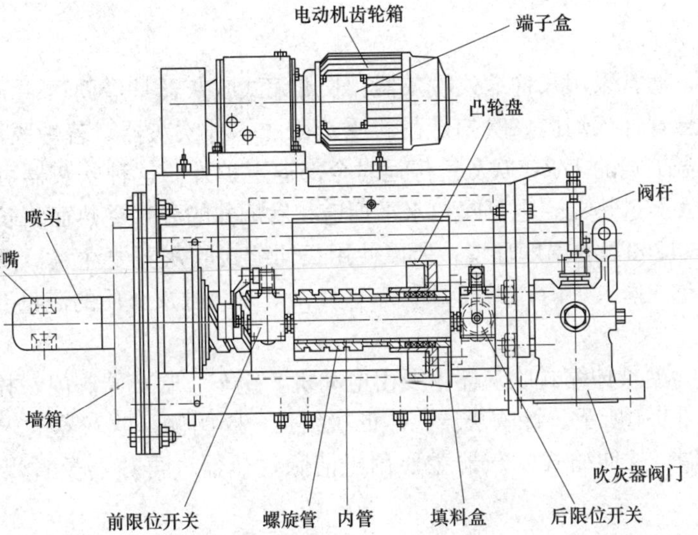

图 9-2　VS-H 型炉膛吹灰器的结构

图 9-3 所示为 VS-H 型炉膛吹灰器的运行。吹灰时，按下启动按钮，电源接通，减速传动机构驱动前端大齿轮顺时针方向传动，大齿轮带动喷头，螺纹管及后部的凸轮同方向转动。转动一定角度后，凸轮的导向槽导入后棘爪和导向杆，凸轮、螺纹管及喷头不再转动而沿导向杆前移，喷头及螺纹管伸向炉膛内。

当螺纹管伸到前极限位置即喷嘴中心距水冷壁向火面 38mm 时，凸轮脱开导向杆，拨开前棘爪，带动喷嘴，螺纹管一起再随大齿轮转动。随之，凸轮开启阀门，吹灰开始。吹灰过程由后端的电气控制箱控制。完成预定的吹灰圈数后，控制系统使电动机反转，喷嘴、螺纹管和凸轮同时反转，随之阀门关闭，吹灰停止。

凸轮继续转动，当凸轮的导向槽导入前棘爪和导向杆后，喷头、螺纹管和凸轮停止转动而退至后极限位置，然后凸轮脱开导向杆，拨开后棘爪继续做逆时针方向旋转，直至控制系统动作，电源断开，凸轮停在起始位置。至此，吹灰器完成了一次吹灰过程。

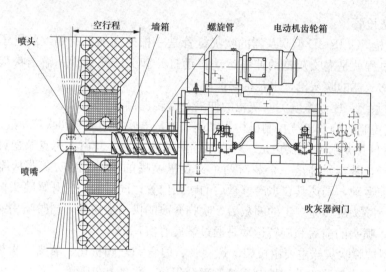

图 9-3　VS-H 型炉膛吹灰器的运行

2. 烟道吹灰器

在烟道中，通常采用长伸缩式吹灰器。长伸缩式吹灰器是借助顶端部带有喷嘴的长吹灰管，远距离悬臂伸入炉内，吹扫悬吊式受热面的一种吹灰器。若炉膛两侧墙对称装设，则吹灰管约覆盖炉宽的 1/2，吹灰管停运时全部退至炉外。这种吹灰器可以用来吹扫炉膛折焰角下方和大屏过热器，也可吹扫水平烟道和后烟井的各种受热面。长伸缩式吹灰器通常适用于 500～1200℃ 的温度环境，所以使用长伸缩式吹灰器要注意：没有吹扫介质进入时，吹灰管不允许伸入炉内；烟气温度高于 1100℃ 时，吹灰介质的流量要符合冷却管材需要的最少流量。

（1）IK-545 型长伸缩式吹灰器主要由电动机、跑车、吹灰器阀门、托架、内管、吹灰枪等组成，如图 9-4 所示。该吹灰器总体形状细长，阀门侧是吹灰器的末端，而喷嘴侧是吹灰器的最前端。长伸缩式吹灰器主要用于清除过热器、再热器及省煤器上的积灰和结

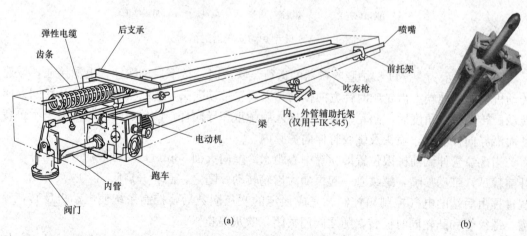

(a)　　　　　　　　　　　　　　　　(b)

图 9-4　IK-545 型长伸缩式吹灰器

(a) 结构图；(b) 实物图

渣，也可用来清除炉顶和管式空气预热器的积灰。

该吹灰器的工作过程大致如下：电源接通，电动机通过减速齿轮箱的若干次传动带动跑车沿梁向前移动，与其连接的吹灰枪同时前移并转动，如图9-5所示。当吹灰枪进入炉内一定距离时，位于末端的吹灰阀门自动开启，吹灰介质进入吹灰枪管，吹灰开始，蒸汽经过喷嘴以一定的方式喷入炉内。吹灰枪前后移动的行程范围由装在梁两端的行程开关限制。当跑车持续前进到一定位置时，前端支承板触及前端行程开关，此时电动机反转，跑车和吹灰枪退回；喷头后退到距炉墙一定距离时，吹灰器阀门又将自动关闭，停止吹灰。当跑车退回到起始位置时，触及末端行程开关，则电源切除，运动停止，吹灰器完成了一次吹灰动作。

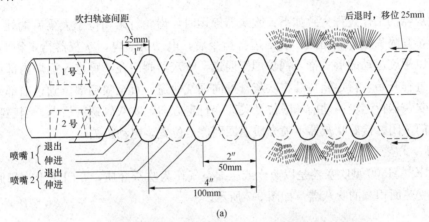

(a)

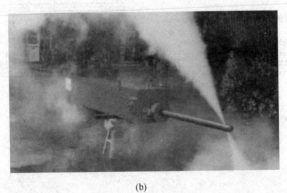

(b)

图 9-5　IK-545 型长伸缩式吹灰器工作过程

(a) 喷嘴吹扫轨迹（100mm 导程的螺旋线）；(b) 吹扫试验

（2）RK-SL 型长伸缩式吹灰器主要由大梁、齿轮箱、行走箱、吹灰管、阀门、开阀机构、前部托轮组及炉墙接口箱等组成，如图9-6所示。

这种长伸缩式吹灰器主要用于清洁锅炉屏式和管束受热面。在大梁上移动的齿轮行走箱带动吹灰管运动。吹灰器阀门通过固定的内管向吹灰管提供吹扫介质。吹灰元件是一根吹灰管，端部装有两个文丘里喷嘴。吹灰管伸入炉内烟气通道，到达前端位置后再退回到停运位置；同时两只喷嘴做螺旋运动。因为喷嘴间相距180°，故吹扫射流的螺旋线距离只有螺距的一半（双螺旋线）。由于锥形吹扫射流的延伸，吹扫距离内的受热面得以清洁。

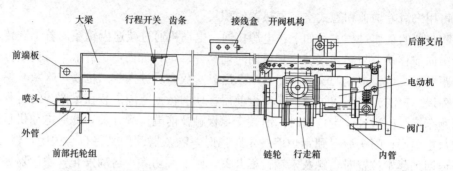

图 9-6 RK-SL 型长伸缩式吹灰器的结构

该吹灰器的工作过程大致如下：吹灰器停运时，齿轮行走箱位于大梁后端处，吹灰管是伸缩的，其喷嘴置于墙箱内。发出运行指令后，电动机通电，吹灰器行走箱向前运动，将吹灰管以螺旋运动的形式推入锅炉烟气通道。吹灰器阀门在喷嘴进入锅炉内部后立即打开，吹扫过程开始。行走箱持续将吹灰管推向烟气通道，直至喷嘴部位到达前部终点。在此终点，吹灰器行走箱拨动前端限位开关改变行走方向，吹灰管螺旋后退，当喷嘴退到炉墙处，阀门关闭。接着吹灰器不喷介质退回到停运位置，电动机关闭。

3. 回转式空气预热器吹灰器

（1）IK-AH500 型吹灰器是以蒸汽或压缩空气作为吹灰介质，专门用于吹扫回转式空气预热器受热面积灰的吹灰器，如图 9-7 所示。

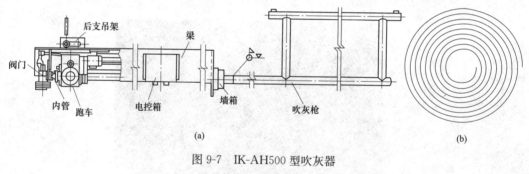

图 9-7 IK-AH500 型吹灰器

（a）结构图；（b）吹灰轨迹

IK-AH500 型吹灰器的吹灰枪管、枪管上的喷嘴口径及布置间距根据不同的回转式空气预热器和安装要求专门设计。运行时，吹灰枪管只做伸缩运动，而回转式空气预热器做旋转运动，因此每个喷嘴的吹灰轨迹是数圈阿基米德螺旋线，几个喷嘴一起，完成对整个回转式空气预热器的吹扫。

喷嘴喷出的气流有一扩散角，喷射覆盖面宽度随喷嘴到回转式空气预热器扇形板的距离而变化。

在确定 IK-AH500 型吹灰器的运行速度（即吹灰枪管的运行速度）时，必须根据回转式空气预热器的旋转速度和喷嘴到扇形受热面的距离，合理选择吹灰器的运行速度。当回转式空气预热器旋转一周时，喷嘴的前进距离必须小于其喷射覆盖面的宽度。例如，当喷嘴距受热面 300mm 时，回转式空气预热器每旋转一周，吹灰枪管前进约 75mm。这样，每圈螺旋线形吹扫覆盖面就有足够的重叠量，以确保吹灰效果。

（2）PS-AT 型吹灰器主要用于清洁回转式空气预热器的热交换面。该吹灰器由上海克莱德贝尔格曼机械有限公司生产，其动作原理为前进间歇式、后退直动式，前进时装有多个喷嘴的吹灰喷嘴管从回转式空气预热器外侧向前移动至回转式空气预热器中心做逐步吹扫，吹灰管每前进一步，即中止移动，对热交换面做一次或多次环状吹扫，可使每个区域都得到有效吹扫。

PS-AT 型吹灰器主要由大梁、齿轮箱、行走箱、吹灰外管、喷嘴管、阀门、开阀机构、前部托轮组及炉墙接口箱等组成，如图 9-8 所示。

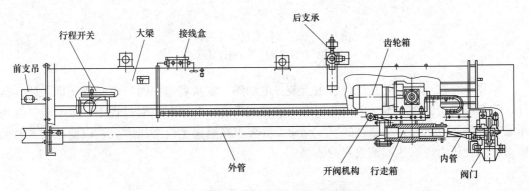

图 9-8　PS-AT 型吹灰器

该吹灰器可近操、远操和程控。按下启动按钮，电源接通，跑车前移，与之拴接的吹灰枪管也同时前移。随即跑车带动拉杆，开启吹灰蒸汽阀门，吹灰开始。当跑车前进至触及前端行程开关时，跑车退回，并使吹灰枪缩回，退至终点，阀门关闭，吹灰停止。在整个吹灰过程中，吹灰枪匀速前进、后退，在受热面上留下了阿基米德螺旋线形的吹灰轨迹。最后，跑车触动后端行程开关，跑车停止，吹灰器完成了一次吹灰过程。图 9-9 为吹灰器行走箱的位置示意图。

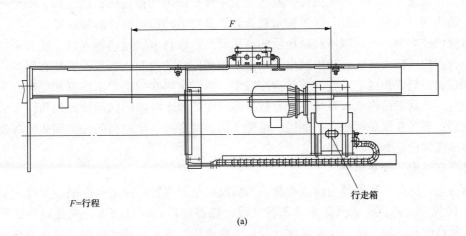

F=行程

(a)

图 9-9　吹灰器行走箱位置图（一）

（a）行走箱位于停运位置

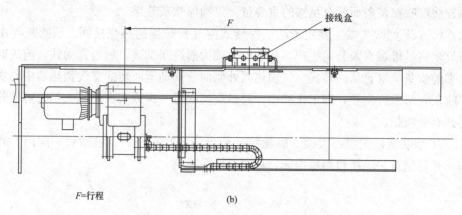

F=行程   (b)

图 9-9　吹灰器行走箱位置图（二）
（b）行走箱位于后退位置

需要单程吹灰时，可在汽源管道上装一电动阀，吹灰器退回时，电动阀随即关闭。这样，吹灰器自身的阀门虽未关闭，但由于汽源丧失，吹灰器在退回过程中并未吹灰。当用压缩空气吹灰时，要有足够大的空气储罐，并要求在管道上装一压力表，以监视吹灰时的压力，防止压力过低达不到吹灰的效果。

第二节　吹灰系统运行

一、吹灰系统的结构及布置

在一台锅炉上需要布置多台吹灰器，并与管道阀门一起构成一个或几个吹灰系统。

吹灰管道系统是指为所有吹灰器提供吹灰介质的输送管路和相应的控制装置。吹灰管道系统是吹灰系统的重要组成部分之一，该系统合理的设计、布置、安装，以及运行中正确的操作和控制对于充分发挥各个吹灰器的作用有着重要的意义。

吹灰管道系统包括从锅炉吹灰汽源出口开始到每台吹灰器和管道下部的疏水阀之间的全部设备、管道、阀门及其他附件。具体包括主辅汽源电动截止阀、减压阀、安全阀、止回阀、疏水阀，压力、温度、流量测量装置，以及管道的固定和支吊装置等。

蒸汽汽源均为经气动减压阀减压后的高压蒸汽，取自末级过热器入口。吹灰系统的疏水系统为温控式热力疏水，疏水阀由气动温度控制器自动控制。吹灰器安装在锅炉炉膛及水平烟道、后竖井包墙上及空气预热器冷段中，通过定时吹扫锅炉水冷壁和受热面来防止锅炉积灰。该锅炉蒸汽吹灰系统共设有数只布置在炉膛水冷壁的四面墙折焰角以下的炉膛短吹灰器；布置在锅炉两侧水平烟道、可伸入锅炉宽度的一半距离的长伸缩式吹灰器；空气预热器区域设有专用吹灰器。

二、商洛电厂吹灰系统

商洛电厂锅炉吹灰器分为蒸汽吹灰器和激波吹灰器两种。商洛电厂锅炉蒸汽吹灰系统如图 9-10 所示。蒸汽吹灰汽源正常来自低温再热器进口，经过减压、减温后输送至各吹灰器。蒸汽吹灰汽源一路送往空气预热器，一路送往炉膛，一路送往烟道对流受热面，还有一路送往脱硝催化剂。在锅炉负荷低于 30%BMCR 时，或在锅炉启动阶段，空气预热

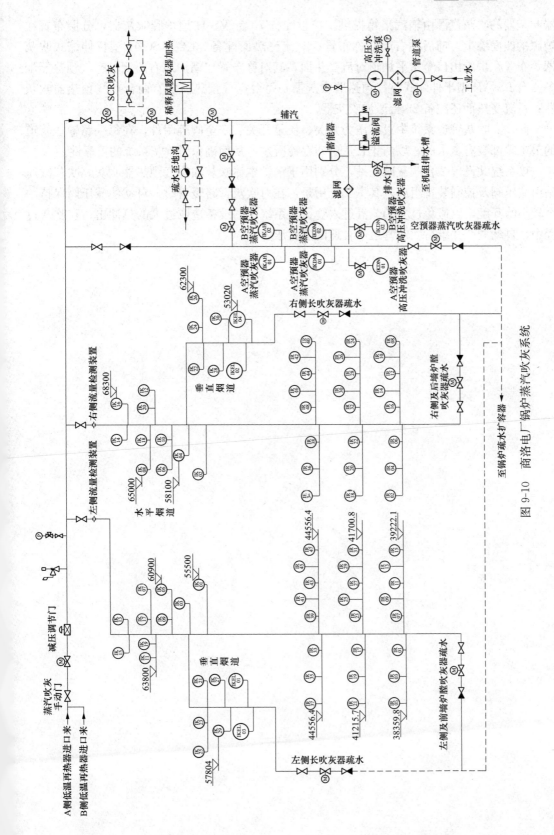

图 9-10　商洛电厂锅炉蒸汽吹灰系统

201

器吹灰器的吹灰汽源由辅汽集箱提供。炉膛配备 70 台 VS-H 型炉膛吹灰器,分层布置在炉膛的四面墙上,前后左右墙对称布置;对流受热面配备 40 台 RSG-H 型长伸缩式吹灰器,布置在炉膛出口至水平烟道对流受热面,其对称布置在锅炉左右两侧;空气预热器配备 4 台 PS-AR 型半伸缩式空气预热器吹灰器,每台空气预热器配有两台空气预热器吹灰器;对流受热面还配备 26 台激波吹灰器。

此外,吹灰管道系统中设有压力开关、流量开关、安全阀等附件,在每一路输送管道的最末端都装有疏水阀,以防止管道中残存冷凝水,从而确保了吹灰系统的可靠性。

该系统共设置 2 台吹灰减压站,分别用于锅炉本体吹灰和空气预热器吹灰。吹灰减压站由减压阀及控制装置组成,其主要作用是:在对吹灰管路暖管时,自动使减压阀保持一个较小的开度,以避免过多的蒸汽进入管道对系统中的设备造成过大的热冲击;在吹灰过程中,自动调节并维持吹灰管道中合适的蒸汽压力。

第十章 火电厂锅炉主要零部件用钢及损坏分析

在锅炉运行时，省煤器、水冷壁管、过热器管和再热器管（简称"四管"）中一侧是燃料燃烧所产生的高温烟气，另一侧是高温、高压的水或蒸汽，其材料的使用环境相当恶劣，因而由材料失效所引起的事故时有发生。特别是当锅炉燃煤多变、煤质差的时候，锅炉受热面产生超温、磨损、积灰、结渣、腐蚀等问题的可能性更大，这会造成受热面管使用寿命降低，进而导致"四管"爆破泄漏的现象发生。因此，深入研究锅炉受热面失效机理及防治措施，对提高火力发电厂安全经济性具有十分重要的意义。

火电厂锅炉中的主要零部件是在高温、高压和腐蚀介质中长期工作的。材料在高温下运行，其性能表现与室温下相比有很大差异，根本原因是高温使材料内部原子活性增强、扩散加快，从而导致材料产生组织变化和化学变化，最终表现为机械性能下降和易受腐蚀。因此，高温运行的火电厂锅炉设备的材料必须使用耐高温的特殊钢——耐热钢。钢在高温下能够保持化学稳定性（耐腐蚀、不起皮）的品质，叫钢的热稳定性；钢在高温下具有足够强度的品质，叫钢的热强性。具有热稳定性和热强性的钢叫耐热钢。

第一节 火电厂锅炉主要零部件用钢

一、锅炉受热面管及蒸汽管道用材的性能要求

锅炉受热面管及蒸汽管道在高温、应力及水汽介质的作用下长期工作，会产生蠕变和氧化腐蚀，尤其以过热器管和蒸汽管道最为典型。由于其布置在锅炉内，过热器管子外部要承受高温烟气的腐蚀和烟气中夹带的烟灰带来的磨损作用；内部则流动着高温、高压蒸汽，管壁温度比管内介质的温度要高出 $20\sim90℃$。蒸汽管道主要需承受管内过热蒸汽温度和压力的作用，以及由钢管重量、介质重量和支承悬吊等引起的附加载荷的作用，管壁温度与管内介质温度相近。虽然蒸汽管道的工作条件没有过热器管工作环境恶劣，但是蒸汽管道在锅炉外，一旦发生事故，后果将不堪设想。因此，同一牌号的金属材料，用于蒸汽管道时所允许的最高使用温度比用于过热器管时的最高使用温度要低 $30\sim50℃$。

为了热力设备的安全运行，对锅炉受热面管及蒸汽管道用材的性能要求如下：

（1）足够高的蠕变极限、持久强度和持久塑性。持久强度高，可以保证在蠕变条件下安全运行，同时管壁无须很厚，便于制造，有利于提高热效率。高的蠕变极限能保证管道在规定时间内蠕变变形量不超过允许值。持久塑性（A 值）一般不小于 $3\%\sim5\%$，以防

止材料产生蠕变而使其脆性破坏。

（2）组织稳定性好。

（3）高的抗氧化性能和耐腐蚀性能。一般要求在工作温度下的氧化速度应小于0.1mm/a。

（4）良好的工艺性能，特别是焊接性能要好。

上述要求是相互制约的。要保证热强性和组织稳定性，需要加入合金元素，但这往往会使工艺性能尤其是焊接性能降低。在这种情况下，应优先考虑使用性能要求，对焊接性能则可以通过改善焊接工艺来补救。

二、锅炉受热面管及蒸汽管道用材的化学成分与力学性能

锅炉受热面管及蒸汽管道用材的化学成分见表10-1，力学性能见表10-2。

三、锅炉受热面管及蒸汽管道的选材依据

锅炉受热面管及蒸汽管道的选材应以适用、经济为原则，在满足性能要求的前提下，尽量选用较为经济的钢材。蒸汽温度在450℃以下的低压锅炉管道，主要使用10钢、20钢。中、高压以上机组的水冷壁管和省煤器管的工作温度不是很高，因此这两种零部件可用20钢。省煤器管还要承受烟气的磨损作用，一般在管排的外圈加装防磨瓦。其他锅炉管道均采用合金钢管，如低合金耐热钢、马氏体耐热钢和奥氏体耐热钢。

下面按工作温度的不同来分述过热器管及蒸汽管道的选材：

1. 壁温不大于450℃的过热器管及壁温不大于425℃的蒸汽管道

这些管道一般采用优质的碳素结构钢，常用的是20钢、20G钢。20G钢除基本性能与20钢相同外，还增加了对高温性能的要求。该类钢的塑性、韧性及焊接性良好，在450℃以下具有足够的强度，在530℃以下具有满意的抗氧化性能，无回火脆性。但长期在450℃以上使用，该类钢会发生珠光体的球化和石墨化，使钢的蠕变极限和持久强度降低。国外同类钢种有美国的SA-210C、日本的STB42、德国的St45.8/Ⅲ钢等。

2. 壁温不大于550℃的过热器管及壁温不大于510℃的蒸汽管道

钼钢15Mo、16Mo是成分最简单的低合金热强钢。该类钢的热强性能、抗腐蚀性能和稳定性能都优于碳素钢，工艺性能与碳素钢的相当。但在500~550℃下长期使用时，该类钢的组织稳定性不佳，有珠光体球化和石墨化倾向，这会使钢的蠕变极限和持久强度降低，严重石墨化还会导致钢管的脆性断裂。这些原因限制了钼钢在高压蒸汽管道上的应用，所以它已被铬钼钢所取代。国外同类钢种有日本的STBA12、STPA12，美国的T1、P1，德国15Mo3钢等。

在钼钢的基础上加入Cr元素，发展成了铬钼钢15CrMo。由于加入了Cr元素，提高了碳化物的稳定性能，有效地阻止了石墨化的倾向，因此铬钼钢的热强性能得到了提高，但又不影响其他的工艺性能。但铬钼钢会发生珠光体球化和合金元素再分配的现象，从而导致材料热强性能下降。当温度超过550℃时，该类钢抗氧化性能变差，热强性能明显下降。国外同类钢种有日本STBA22、STBA23、STPA22、STPA23，美国T12、T1、PI2、PI1，德国13CrMo44钢等。

3. 壁温不大于580℃的过热器管及壁温不大于550℃的蒸汽管道

在该温度范围内的锅炉管道可选用低合金热强钢12Cr1MoVG、2.25Cr-1Mo等。

表 10-1

锅炉受热面管及蒸汽管道用材的化学成分

钢号 技术条件	化学成分（%）									
	C	Mn	Si	S	P	Mo	Cr	V	W	其他
20G GB 5310—2017①	0.17~0.24	0.35~0.65	0.17~0.37	≤0.030	≤0.030					
15MoG GB 5310—2017	0.12~0.20	0.40~0.80	0.17~0.37	≤0.030	≤0.030	0.25~0.35				
15CrMoG GB 5310—2017	0.12~0.18	0.40~0.70	0.17~0.37	≤0.030	≤0.030	0.40~0.55	0.80~1.10			
12Cr1MoVG GB 5310—2017	0.08~0.15	0.40~0.70	0.17~0.37	≤0.030	≤0.030	0.25~0.35	0.90~1.20	0.15~0.30		
10CrMo910 DIN 17155—1983	0.06~0.15	0.40~0.70	≤0.50	≤0.030	≤0.035	0.90~1.10	2.00~2.50			
12Cr2MoWVTiB GB 5310—2017	0.08~0.15	0.45~0.65	0.45~0.75	≤0.030	≤0.030	0.50~0.65	1.60~2.10	0.28~0.42	0.30~0.55	Ti: 0.08~0.18 B: 0.02~0.08
T23 ASTM A213/A213M—2019a②	0.04~0.10	0.10~0.60	≤0.50	≤0.010	≤0.030	0.05~0.30	1.90~2.60	0.20~0.30	1.45~1.75	Nb: 0.06~0.10 B: 0.0005~0.0006 N: ≤0.030 Al: ≤0.03
T24 ASTM A213/A213M—2019a	0.05~0.10	0.30~0.70	0.15~0.45	≤0.010	≤0.020	0.90~1.10	2.20~2.60	0.20~0.30		Ti: 0.05~0.10 B: 0.0015~0.0070 N: ≤0.012 Al: ≤0.02
10Cr9Mo1VNb GB 5310—2017	0.08~0.12	0.20~0.50	0.30~0.60	≤0.010	≤0.020	0.85~1.05	8.00~9.50	0.18~0.25		N: 0.030~0.070 Nb: 0.06~0.10 Al: ≤0.040 Ni: ≤0.40
T92 ASME SA213	0.07~0.13	0.30~0.60	≤0.50	≤0.010	≤0.020	0.30~0.60	8.00~9.50	0.15~0.25	1.50~2.00	N: 0.030~0.070 Nb: 0.04~0.09 B: 0.001~0.006 Al: ≤0.040 Ni: ≤0.40
X20CrMoV121 DIN 17175—1979	0.17~0.23	≤1.00	≤0.50	≤0.030	≤0.030	0.80~1.20	10.00~12.50	0.25~0.35		Ni: 0.30~0.80
T122 ASME SA213	0.07~0.14	≤0.70	≤0.50	≤0.010	≤0.020	0.25~0.60	10.00~12.50	0.15~0.30	1.50~2.50	N: 0.04~0.10 Nb: 0.04~0.10 B: Max.0.005 Al: ≤0.040 Ni: ≤0.50 Cu: 0.3~1.7
1Cr19Ni9 GB 5310—2017	0.04~0.10	≤2.00	≤1.00	≤0.030	≤0.035		18.00~20.00			Ni: 8.00~11.00
1Cr19Ni11Nb GB 5310—2017	0.04~0.10	≤2.00	≤1.00	≤0.030	≤0.030		17.00~20.00			Ni: 9.00~13.00 Nb+Ta: ≥8* C,%: ≤1.00
Super304H 住友	0.07~0.13	≤1.00	≤0.30	≤0.030	≤0.045		17.00~19.00			Ni: 7.5~10.5 Cu: 2.5~3.5 Nb: 0.2~0.6 N: 0.05~0.12

① GB 5310—2017《高压锅炉用无缝钢管》。

② ASTM A213/A213M—2019a《无缝铁素体和奥氏体合金钢锅炉、过热器和换热器管的标准规范》。

* 钢的 A 值为 $A_{11.3}$。

表10-2　锅炉受热面管及蒸汽管道用材的力学性能

钢号 技术条件	热处理制度	取样位置	R_M (MPa)	σ_s (MPa)	A (%)	A_{kv} (J)	σ_{10}^{5} (MPa)			$\sigma_{1\times10^{-5}}$ (MPa)		
20G GB 5310—2017	900~930℃正火	纵向 横向	419~549 ≥402	245 215	24 22	49① 39①	400℃ 128	450℃ 74	500℃ 39			
15MoG* GB 5310—2017	910~940℃正火	纵向 横向	450~600	270	22 20	35 27	450℃ 245②	500℃ 73②	520℃ 46②	450℃ 245②	500℃ 93②	520℃ 59②
15CrMoG GB 5310—2017	930~960℃正火 680~720℃回火	纵向 横向	440~640	235 225	21 20	35 27	500℃ 145	530℃ 91	550℃ 61			
12Cr1MoVG GB 5310—2017	980~1020℃正火 720~760℃回火	纵向 横向	470~640 ≥440	255 255	21 19	35 27	520℃ 157	560℃ 98	580℃ 78	520℃ 128	550℃ 78	
10CrMo910 DIN 17175—1979	正火 高温回火	纵向 横向	450~600	280	20 18	48④ 31④	500℃ 135	550℃ 68	580℃ 44	500℃ 103	550℃ 49	580℃ 30
12Cr2MoWVTiB* GB 5310—2017	1000~10350℃正火 760~790℃回火	纵向	540~735	≥345	≥18	35	550℃ 162	600℃ 82	630℃ 59	570℃ 140	600℃ 47	620℃ 48
T23 ASTM A213	1050~1070℃正火 745~775℃回火		≥510	≥400	≥20	280						
T24 ASTM A213	990~1010℃正火 735~765℃回火		≥585	≥450	≥20	370						
T92 ASME SA213	1040~1060℃正火 770~790℃回火	纵向 横向	≥585	≥415	≥20	35 27						
10Cr9Mo1VNb GB 5310—2017	1040~1080℃正火 750~780℃回火	纵向	≥620	≥440	≥20		590℃ 112	620℃ 74	650℃ 44	590℃ 86③	610℃ 68③	620℃ 61③
X20CrMoV121 DIN 17175—1979	1020~1070℃正火 730~780℃回火	纵向 横向	690~840	490	17 14	34④	580℃ 82	600℃ 59	620℃ 42	580℃ 61	600℃ 43	620℃ 30
T122 ASME SA213	≥1040℃正火淬火 ≥730℃回火		≥620	≥400	≥20							
1Cr19Ni9* GB 5310—2017	固溶处理		520	205	35		621℃ 79	649℃ 63	677℃ 48			
1Cr19Ni11Nb* GB 5310—2017	固溶处理		520	205	35		630℃ 100	670℃ 66	710℃ 43			
Super304H 住友	固溶处理		≥515	≥205	≥35							
TP347HFG ASME	固溶处理		≥550	≥205	≥35							

① 冲击韧性 α_k。

② 德国 15Mo3 钢管数据（DIN 17175—1979，DIN17155—1983）。

③ 德国 X10CrMoVNb91 数据。

④ DVM试样，德国 DIN 50115 标准，U形缺口，缺口深 3mm。

* 钢的 A 值为 $A_{11.3}$。

12Cr1MoVG 钢具有较高的热强性能和持久塑性，其在 580℃时表面能形成致密的氧化物保护膜，有足够的抗氧化性能、良好的焊接性能。该钢在高温下长期运行，会出现珠光体球化现象和合金元素的重新分配。轻度的球化对钢的持久强度影响不大，但完全球化的组织就会显著降低钢的热强性。在铬钼钢中，当 Mo 的含量为 1%、Cr 的含量为 2.25%时，即形成 12Cr2MoG 钢时，该钢具有最佳的热强性能。国外同类钢种有俄罗斯的 12×1Mφ 钢。

2.25Cr-1Mo 钢在美、日、英、德等国家早已广泛用于锅炉钢管和蒸汽管道。该钢具有良好的加工工艺性能和较好的焊接性能，持久塑性好，但其蠕变极限和持久强度比 12Cr1MoVG 钢的稍低，因此在相同参数下使用时，其壁厚要比 12Cr1MoVG 钢的厚。该类钢的淬透性大，有一定的焊接冷裂倾向。国外同类钢种有日本 STBA24、STPA24，美国 T22、P22，德国 10CrMo910 钢等。

4. 壁温不大于 600℃的过热器管及再热器管

在该温度范围内使用的钢材，我国研制成功的有 12Cr2MoWVTiB 钢（钢研 102），此外还有美国的 T23（类似的有三菱住友 HCM2S）、T24。目前该类钢多用于壁温不大于 600℃的过热器管和再热器管，很少用于蒸汽管道。

钢研 102 具有良好的综合力学性能、工艺性能和抗氧化性能及良好的组织稳定性。在工作温度下长期运行后，钢管的组织和性能变化不大。钢研 102 的热强性对热处理工艺较为敏感，所以对热处理工艺控制要求严格。钢研 102 主要用于壁温不大于 600℃的高压锅炉的过热器管、再热器管及其他耐热部件。

T23（HCM2S）是在 T22 钢的基础上，吸收了钢研 102 的优点改进的。它在 600℃时的强度比 T22 钢的高 93%，与钢研 102 的相当。但由于含碳量低于钢研 102，所以其焊接性能和加工性能都优于钢研 102。

T24 钢是在 T22 钢的基础上研发的钢种。与 T22 钢的化学成分比较，TT24 增加了 V、Ti、B 的含量，减少了碳含量，于是焊接时其热影响区的硬度随之降低，因此提高了焊接接头的蠕变断裂强度。因为降低了碳含量，所以 T24 的焊接性能良好。当壁厚小于或等于 8mm 时，其焊后可不做热处理。

T23、T24 钢金相组织在焊态下得到贝氏体和马氏体。但如果在冷却速度极端缓慢的情况下，T23、T24 钢金相组织得到高温转变组织 F+P（铁素体和珠光体）时，材料的力学性能将被破坏，这是我们不希望看到的。

T23、T24 的允许使用温度为 570℃。在超临界和超超临界压力锅炉中，水冷壁的壁温有时会达到 550℃，所以 T23、T24 钢将成为这类锅炉水冷壁的最佳选材。

5. 壁温不大于 650℃的过热器管及壁温不大于 620℃的蒸汽管道

当锅炉蒸汽温度提高到 570℃时，高温段过热器的壁温可达 620℃或更高。这时低合金耐热钢已经不能满足要求，需要采用高合金耐热钢。马氏体耐热钢可选用 X20CrMoV121(F12)、X20CrMoWV121(F11) 钢。该类钢是德国的 12%铬型马氏体耐热钢，由于钢中添加了 Mo、V、W 等合金元素，因此其具有较高的抗氧化性能、抗腐蚀性能，且组织稳定性能良好，但工艺性能和焊接性能较差。F11 钢已经很少生产了。F12 钢主要用于壁温在 540～560℃的集箱、蒸汽管道，以及壁温达 610℃的过热器管和壁温达 650℃的再热器管。

9Cr1Mo 型马氏体耐热钢与 12％铬型马氏体耐热钢一样，其合金元素介于珠光体钢与奥氏体钢之间，具有高抗氧化性能、抗蚀性能，但高温强度下焊接性能差。该类钢一般用于壁温不大于 650℃的过热器管、再热器管及蒸汽管道等。在我国单机容量在 300MW 以上大机组上应用的同类钢种有美国 T9、P9，日本 STBA26、STPA26，德国 X12CrMo91，瑞典 HT-7 钢等。

日本的 HCM9M 钢属于 9Cr2Mo 型铁素体钢，是在 9Cr1Mo 型马氏体钢的基础上发展起来的。该钢具有较高的抗氧化和抗高温蒸汽腐蚀性能，在高温和压力作用下不易发生应力腐蚀开裂。该钢还具有较高的热强性和组织稳定性，可用于壁温不大于 620℃的亚临界参数、超临界参数锅炉过热器管、再热器管、集箱和导汽管等。

美国 T91、P91 钢属于改良型 9Cr1Mo 高强度马氏体耐热钢，这种高强度马氏体耐热钢是美国首先研制的。我国也已研制成功 10Cr9Mo1VNb 钢，该钢已纳入 GB 5310—2017 标准。该钢通过降低碳含量，添加合金元素 V 和 Nb，控制钢中 N 和 Al 的含量，使钢具有高抗氧化性能和抗蚀性能，而且具有高冲击韧性和高而稳定的持久塑性和热强性能。此外，该钢的线膨胀系数小，导热性能好。这类钢主要用于亚临界参数、超临界参数锅炉中壁温不大于 625℃的高温过热器管、壁温不大于 650℃的高温再热器管，以及壁温不大于 600℃的集箱和蒸汽管道等。同时，T91、P91 钢是代替 T22、P22、X20CrMoV121、12Cr1MoV 钢的理想材料，又是用于改造现役机组高温部件的最有前途的替换材料，其中 T91 可部分地代替 TP304H 用于制造锅炉过热器管、再热器管，且有明显的经济效益。类似美国 T91、P91 的钢种有德国 X10CrMoVNb91，日本火 STBA28、火 STPA28 钢等。

日本为解决调峰机组管材的疲劳失效问题，开发了新的大机组锅炉用钢。日本在 T91 钢的基础上通过减少 Mo、增加 W 含量，并控制 B 含量而研发出铁素体耐热钢 NF616 钢。美国同类钢种有 T92 钢，该钢的常温力学性能与 T91 钢相当，其焊接性能比 T91 钢有所改善；在 600～650℃温度环境下，该钢的蠕变强度有很大提高；在 600℃时，该钢许用应力比 T91 钢高 34％，强度是 SUS347H（相当于 TP347H）的 1.12 倍。所以，T92 钢有望在大型锅炉再热器、过热器高温段代替 TP304H、TP347H 钢。

6. 壁温不小于 650℃的过热器管及壁温不小于 600℃的蒸汽管道

在该温度范围内需要使用奥氏体耐热钢，常用的有 1Cr19Ni9、0Cr19Ni9、1Cr19Ni11Nb、0Cr17Ni12Mo2、0Cr18Ni11Ti、1Mn17Cr7MoVNbBZr 钢等。奥氏体耐热钢具有很高的热强性能、抗氧化性能及耐腐蚀性能，且焊接性能良好，但价格昂贵，在高温下长期运行容易产生晶间腐蚀、蒸汽侧氧化剥落。此外，奥氏体耐热钢还存在导热性低、线膨胀系数大及异种钢焊接等问题。

1Cr19Ni9 钢的最高使用温度可达 650℃。类似 1Cr19Ni9 和 0Cr19Ni9 钢的钢种有美国 TP304、TP304H，日本 SUS304TB、SUS304TP 钢等。1Cr19Ni11Nb 钢的最高使用温度为 650℃，与之类似的钢种有美国 TP347、TP347H，日本 SUS347TB、SUS347TP 钢等。0Cr17Ni12Mo2 钢是各国通用的奥氏体不锈耐热钢，该钢在酸、碱、盐中的耐蚀性非常显著，在海水和其他介质中的耐蚀性比 0Cr19Ni9 钢的要好。该钢在高温下具有良好的蠕变强度、冷变形和焊接性能。与该钢类似的钢种有美国 TP316、TP316H，日本 SUS316TB、SUS316TP 钢等。0Cr18Ni11Ti 钢是用钛稳定的铬镍奥氏体热强钢，与 1Cr18Ni9Ti 钢相比，含有较多的镍，因此组织较为稳定，并具有较好的热强性和持久塑性。与之同类的钢种有美国 TP321H，日本 SUS321TB、SUS321TP，俄罗斯 12X18H12T 钢等。上述这些钢常用于大型锅炉过热器管、再热器管、蒸汽管道等，用于锅炉管道时允许的抗氧化温度为 705℃。

1Mn17Cr7MoVNbBZr 钢是锰铬型奥氏体热强钢，具有较高的热强性和组织稳定性，良好的抗氧化性和焊接性，可用于工作温度为 620～680℃ 的锅炉过热器管道、再热器管道、蒸汽管道与集箱等。

上述传统的奥氏体不锈钢，存在一些未解决的问题，如高温强度稳定但强度低，蒸汽侧氧化皮易脱落而造成小管径弯头堵塞等。为此，人们又开发出新型的奥氏体耐热钢，如 Super304H、TP347HFG 钢等。

Super304H 是 TP304H 的改进型，由于添加了 3% 的 Cu 和 0.4%Nb，因此其获得了极高的蠕变断裂强度，其在 600～650℃ 下的许用应力比 TP304H 的高 30%。这主要是由于在此温度下富铜相，NbCrN，Nb(C、N) 和碳化物的析出强化作用所致。在高温下长期运行后，该钢组织和力学性能稳定，而且价格便宜，是超超临界锅炉过热器管、再热器管的首选材料。

TP347HFG 钢是细晶奥氏体热强钢，其成分和 TP347H 钢一样，但通过特定的热加工和热处理工艺使其晶粒细化到 8 级以上，大大提高了材料的抗蒸汽氧化能力。该钢比 TP347H 粗晶钢的许用应力高 20% 以上，具有比 TP347H 钢更优良的抗疲劳和抗蠕变疲劳性能，因此在许多超临界机组上得到了大量应用。

第二节　锅炉受热面过热损坏分析

锅炉受热面管在高温、应力及水汽介质作用下长期工作。在运行过程中，管子可能由于材质本身缺陷、运行工况恶劣、煤质不良、超温、水处理不佳等原因，使材料不能抵抗其承受的负荷，从而发生各种不同形式的损坏，进而造成事故。

一、锅炉受热面管长期过热爆管

1. 锅炉受热面管长期过热爆管的原理

锅炉受热面管长期在高温、高压下运行，管材金相组织会发生老化，性能逐步退化，当达到一定程度时就会发生长期过热爆管。长期过热爆管实际是蠕变损伤的一种形式，对于过热器管、再热器管和水冷壁管，在正常运行温度情况下，或者存在一定超温幅度的情况下，金属会发生蠕变现象。

长期过热爆管最容易发生在过热器、再热器的烟气一侧，有时也发生在水冷壁管。锅炉钢在高温下长期使用中发生的组织变化，主要有珠光体的球化和碳化物聚集、失效，新相的形成、合金元素在固溶体和碳化物相之间的重新分配。此外，不含铬的珠光体耐热钢还会发生石墨化现象。在正常情况下，以上的老化过程是缓慢的，在设计寿命之内钢的组织和性能可以满足要求，设备可以安全运行。如果发生超温，钢的老化就会加快。例如，钢发生球化过程的时间和温度关系可由以下指数关系式表示

$$\tau = A \mathrm{e}^{\frac{b}{T}} \tag{10-1}$$

式中　τ ——一定球化程度所需的时间，h；

　　　A ——与材料成分和组织有关的常数；

　　　b ——与材料有关的常数，对碳钢而言，$b = 33\,000$；

　　　T ——温度，K。

对于碳钢来说，温度对珠光体球化的影响极大。如果温度提高几十度，球化时间会减少到只有原来的几百分之几。在有应力的作用下，完全球化所需要的时间比无应力还要减少约1/3。超温运行往往会导致高温过热器中的一些管排严重老化，使这些管子中的珠光体完全球化，钢中合金元素大部分转入碳化物中，钢的常温及高温短时机械性能明显下降，持久强度将不能满足要求。

锅炉管子在高温下运行所受的应力主要是内压力所造成的对管子的径向应力，在该应力的作用下，管径会发生胀粗。过热器在正常的设计压力和额定温度下运行时，管子以相当于 10^{-7} mm/h 数量级的蠕变速度发生正常的径向蠕变。当管子超温运行时，即使管子所受压力不变，管子的蠕变速度也会加快而发生管径胀粗，至蠕变加速阶段管子就会很快发生断裂而发生爆管。

长期过热爆管的过程可以短至数十小时，也可以长达数千小时，甚至数万小时，这主要取决于管壁超温幅度及所承受的应力大小。

2. 锅炉受热面管长期过热爆管的特征

(1) 宏观特征。锅炉受热面管长期过热爆管的破口形貌具有蠕变断裂的一般特征，如图10-1所示。管子破口呈脆性断口特征，破口粗糙，边缘为不平整的钝边，破口处管壁厚度减薄不多。破口及其附近的管子内外壁有一层较厚的氧化皮，易剥落。破口附近的管子外壁有许多与破口方向一致的纵向裂纹，整个破口张开程度不大。

图 10-1　锅炉受热面管长期过热爆管破口处的形貌

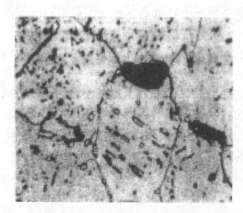

图 10-2　锅炉受热面管长期过热爆管破口处的显微组织

管子在长期过热过程中，管径发生蠕胀。管子胀粗是不均匀的，向火面与背火面不同。向火面管壁温度高，蠕变速度快。爆管后背火面的管壁厚度几乎未变，从背火面往破口方向逐渐减薄，破口处管子截面成不规则的椭圆形。管径胀粗情况与管子材料有关，碳钢管子的胀粗较大。

(2) 微观特征。锅炉受热面管长期过热发生爆管时，钢的显微组织中发生珠光体球化和碳化物集聚长大现象，如图10-2所示。钢的碳化物呈球状或链状分布于铁素体的晶界上，因而往往出现"双晶界"现象。管子的向火侧球化程度比背火侧严重。

3. 锅炉受热面管长期过热爆管的主要原因

锅炉受热面管长期过热爆管的主要原因是运行中发生超温。运行中造成过热器管超温的主要原因有以下几个：

（1）锅炉启动点火时，操作不当。如燃烧器使用不当，投入主火嘴过多，在蒸汽量还小时，易造成过热器管壁超温。

（2）运行中火焰中心上移，导致部分过热器管管壁热负荷过高。

（3）运行中蒸汽温度过高，使过热器管管壁温度升高。

（4）过热器管内蒸汽流量过小。

（5）炉膛结焦，燃烧器调节不当等。

4. 锅炉受热面管长期过热爆管的检查

为了防止锅炉受热面管长期超温运行而爆破，除了要按照锅炉各受热面管的参数（温度和压力）正确选用钢材外，大修时对受热面管要进行防爆检查，认真观察管壁颜色变化、磨损和胀粗等情况；对过热器管还要进行管径测量，明显胀粗的管子，要及时更换。有的电厂还指定几根过热器管子作为监视段，定期割取试样，进行机械性能试验和金相组织检查，防止因长期超温运行而爆破。长期超温爆管事故发生后，要检查爆管的金相组织、裂纹的性质和爆破口的宏观特征，还要检查核对钢管的钢号和质量，了解当时的运行工况，认真进行事故原因分析，并进行事故处理。

二、锅炉受热面管短期过热爆管

1. 锅炉受热面管短期过热爆管的原理

锅炉受热面管在运行中由于工作条件的恶化，使部分管壁温度短期内突然上升，温度可达钢的下临界点，甚至上临界点以上。在这样高的温度下，管子的向火侧首先产生塑性变形、管径胀粗、管壁减薄，然后产生动态再结晶型蠕变断裂而爆管。管子爆破时管内介质对高温管壁产生激冷作用，使破口处金属出现相变或不完全相变的组织。这种类型的管子爆破事故称为短期过热爆管。

短期过热爆管大多发生在锅炉水冷壁管上。锅炉运行不正常时，在锅炉辐射或半辐射式过热器管（如屏式过热器管）或省煤器管上有时也会发生。短期过热爆管也会发生在其他受热面上。短期过热爆管的发生部位，一般都是锅炉内直接与火焰接触的热负荷最高的地方，特别是水冷壁管燃烧带附近及燃烧器附近。造成短期过热爆管的主要原因是锅炉工质流量偏小，炉膛热负荷过高或炉膛局部偏烧，管子堵塞等。

超（超）临界锅炉的过热器、水冷壁管的内径较小，异物堵塞是其经常发生短期过热爆管的主要原因。当管子内壁焊口根部存在焊瘤、错口等微小焊接缺陷时，很容易挂住异物堵塞管子而发生爆管。过热器、水冷壁入口集箱的节流圈孔径小，是水循环的喉径，一旦存在异物，就容易堵塞此处。异物还会堵塞管排的下弯，当堵塞面积较大时，会严重影响热量交换，从而发生短期过热爆管。奥氏体不锈钢在高温下会形成氧化皮脱落，从而导致发生堵塞的现象，这已经成为短期过热爆管的重要原因。

2. 锅炉受热面管短期过热爆管的特征

（1）宏观特征。锅炉受热面管短期过热爆管的破口具有完全延性断裂的特征，如图10-3所示。破口呈刀刃形断裂，边缘锋利，管壁减薄很多，爆管破口胀粗明显，张开很大，呈喇叭状。破口表面比较光滑，外壁一般呈蓝黑色，内壁由于爆管时汽水混合物的高速冲刷而十分光洁。破口附近没有裂纹。

图 10-3　锅炉受热面管短期过热
爆管破口处的形貌

短期过热爆管破口处的宏观特征，说明管子在短期超温时发生了很大的塑性变形和完全延性断裂。管子在短期内达到很高的温度，使金属的强度变得极低，而由于其塑性和延性非常好，因此在管内介质压力作用下管子不断发生变形使管径胀粗。在变形中由于温度很高，管子可以发生动态回复过程，使钢软化；管子在不断胀粗和减薄的过程中应力不断增加，而在高温时钢的弹性模量 E 降低，使得 σ/E 比值升高，因此其断口是一种完全延性断口。

短期超温爆管的过程类似高温短期拉伸试验：首先在管壁温度最高的一侧胀粗，管壁减薄，这样介质压力所造成的应力就更大，很快在局部地区出现收缩现象，形成剪切裂纹而爆破。爆破口附近的氧化铁厚度，则要从运行情况来分析，如果管子一直是在设计温度下运行的，氧化铁层就较厚，而且爆破口的背部还会出现碳化物球化等组织变化。

（2）微观特征。锅炉受热面管短期超温爆管的温度要高于钢材的 A_{C1} 临界点，甚至有时要达到或超过 A_{C3} 临界点，爆管后又被介质迅速地冷却下来，因此就好像进行了不同程度的淬火处理。短期过热爆管破口处的显微组织发生了变化，其特征与管壁过热温度范围和冷却速度有关。

管壁超温达到或超过钢的上临界点 A_{C3} 时，管子向火侧炙热的管壁被管内高速喷出的汽水混合物迅速冷却，相当于进行了完全淬火。破口处钢的显微组织中出现马氏体、贝氏体、屈氏体之类的淬硬组织，如图 10-4 所示。通常这些组织已不同程度地被回火处理。

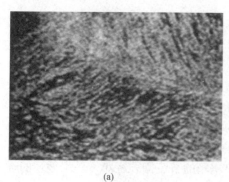
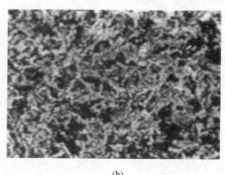

(a)　　　　　　　　　　　(b)

图 10-4　锅炉受热面管短期爆管破口处的显微组织（超温 A_{C3} 以上）
（a）板条马氏体和贝氏体；（b）低碳马氏体

当管壁超温的温度在钢的 $A_{C1} \sim A_{C3}$ 时，相当于将破口处的钢材做了一次不完全淬火处理。因此破口处钢的显微组织中，除观察到一些淬硬组织外，还有一部分块状的自由铁素体，如图 10-5 所示。一般管径大、管壁薄的水冷壁爆管时，超温的范围往往位于两相区，爆管后破口处的组织为不完全的相变组织。

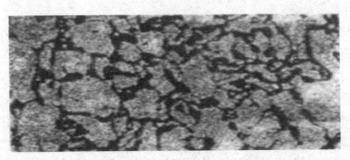

图 10-5　锅炉受热面管短期过热爆管破口处的显微组织（$A_{C1} \sim A_{C3}$）

管壁超温未超过钢的下临界点 A_{C1} 时，破口的显微组织为铁素体和珠光体，如图 10-6 所示。由于爆管时发生明显变形，铁素体沿变形方向被拉长。由于爆管前管子已超温一段时间，故珠光体有一定程度的球化。

图 10-6　锅炉受热面管短期超温爆管破口处的显微组织（超温未达到 A_{C1}）

破口对面的组织仍为钢的原始组织，即铁素体和珠光体。按爆管后破口的组织特征可估计爆管前的超温幅度。

3. 锅炉受热面管短期过热爆管的原因

造成锅炉受热面管短期过热爆管的主要原因有以下几个：

（1）锅炉的结构布置不合理。

（2）锅炉水冷壁管或集箱被焊渣、泥沙、铁锈，甚至工具等异物堵塞。

（3）运行中未维持良好的水汽循环。当汽水混合物在管内倒流时，使蒸气泡停止上升，并合并为大气束，充塞于管间，即出现汽塞现象，部分管壁被迅速加热而超温。

（4）燃烧室工况不稳定，火焰中心偏斜。

4. 锅炉受热面管短期过热爆管的检查

锅炉受热面管短期超温爆管的爆破口边缘有明显的宏观和微观组织特征，检查时要对爆破口做重点分析，对爆破口背火侧和远离爆破口未超温部位的组织也要进行检查分析。此外，对运行工况也要进行了解检查。

三、材质不良造成的过热爆管

锅炉在制造、安装和检修中，不慎错用钢材、使用了性能不合格的钢材或有缺陷的钢管，在运行中会引起受热面管的过热爆管。

1. 错用钢材引起爆管

在选用锅炉受热面管材时，就技术而言，要综合考虑以下几个方面的因素：一是高温蠕变性能；二是抗烟气腐蚀性能；三是抗蒸汽氧化性能；四是加工性能、焊接性能和短时力学性能等；此外，受热面材料的使用都是有极限温度的，对于超（超）临界机组的安装，受热面的安全性非常重要。不同成分的受热面管材料，上述性能是不同的。例如，在470℃时，20碳钢的持久强度为69.6MPa，12Cr1MoV钢的则为226.4MPa。所以，在制造、安装和检修时，未经过计算就选用低一级的钢管，即认为是错用钢材。受热面管错用钢材后，由于使用温度超过了该钢材允许的工作温度，因此使蠕胀速度过快，进而发生爆管事故。

2. 管子有缺陷引起爆管

使用了有裂纹、严重夹杂物、严重脱碳等缺陷的管子，在蠕变条件下的较短时间内，这些缺陷处就会产生裂纹，最后导致爆管。有缺陷的管子爆管时，破口大多沿缺陷方向裂开，破口很整齐平直，断口由两部分组成：缺陷部分及靠近缺陷的部位，为脆性断口；其他部分为韧性断裂，破口处壁厚减薄不多，如图10-7所示。

做金相实验时，在破口处或破口延伸方向，可发现缺陷，如为夹杂物，通常为连续的或密集的夹杂物。破口处组织是否发生球化则取决于是否超温及运行时间的长短。

对有缺陷的管子爆破后作显微分析时，有时能检查出在裂纹延伸部分或爆破口上有连续性或密集性的非金属夹杂物，有时还可看到在裂纹周围有脱碳等异常组织。图10-8所示为某火力发电厂锅炉水冷壁爆破后的显微组织。

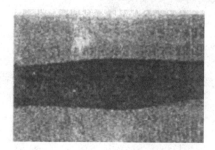 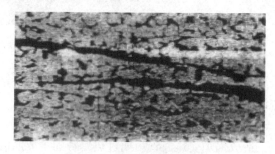

图10-7 有缺陷的锅炉受热面 　　　图10-8 锅炉水冷壁管爆破
　　　管爆管破口处的形貌 　　　　　　　　后的显微组织

使用有缺陷的管材而发生的爆破事故，主要是由于技术管理不严、管材进库时验收项目不全和使用时复查不够严格所造成的。

第三节　锅炉受热面腐蚀损坏分析

根据腐蚀部位和环境的不同，锅炉受热面的腐蚀可分为水汽侧腐蚀和向火侧腐蚀两大类，以下分别介绍这两大类腐蚀的类型、形态、原因、部位和机理等，以及防止高温腐蚀的技术措施。此外，本节还介绍了过热器和再热器内壁氧化皮早期剥落的相关知识。

一、锅炉受热面水汽侧腐蚀

水和蒸汽是火力发电厂的主要工作介质，同时也是锅炉受热面水汽侧产生腐蚀而影响其使用寿命的主要原因。锅炉受热面水汽侧腐蚀常见的腐蚀类型有碱腐蚀、酸腐蚀、氧腐蚀、氢腐蚀、应力腐蚀破裂等。

1. 碱腐蚀

引起碱腐蚀的原因有两个：一是炉水中存在游离氢氧化钠；二是炉水的局部浓缩。

碱腐蚀常见于锅炉的水冷壁管，其通常发生的部位也就是炉水局部浓缩经常发生的部位，包括水流紊乱易于停滞沉积的部位（如焊缝、弯管、易于汽水分层的水平或倾斜管段、靠近燃烧器的高负荷部位）等。

（1）碱腐蚀的机理。碱腐蚀包括保护膜的破坏和保护膜破坏后的金属腐蚀。

1）保护膜的破坏：

$$Fe_3O_4 + 4OH^- \rightarrow 2FeO_2^{2-} + 2H_2O$$

2）保护膜破坏后的金属腐蚀：

阳极反应：

$$Fe + 3OH^- \rightarrow HFeO_2^- + H_2O + 2e$$

$$3HFeO_2^- + H^+ \rightarrow Fe_3O_4 + 2H_2O + 2e$$

阴极反应：

$$2H^+ + 2e \rightarrow H_2 \uparrow$$

碱腐蚀的腐蚀部位呈皿状，充满了松软的黑色腐蚀产物，这些产物在形成一段时间后，会烧结成硬块，常含有磷酸盐、硅酸盐、铜等成分。将沉积物和腐蚀产物去除后，在管子上便会出现不均匀的减保和半圆形的凹槽，表面呈现凹凸不平的状态，如图 10-9 所示。碱腐蚀部位金属的机械性能和金相组织一般没有变化。

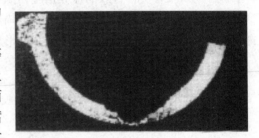

图 10-9　锅炉水冷壁碱腐蚀断面

（2）碱腐蚀的鉴别。碱腐蚀可用以下手段进行鉴别：

1）在扫描电镜下观察，碱腐蚀的腐蚀产物为结晶体 $NaFeO_2$。

2）碱腐蚀不易形成明显的腐蚀产物层。

（3）碱腐蚀的预防。预防水冷壁管的碱腐蚀可从两方面着手：一是控制水中游离的 NaOH 浓度；二是尽量消除炉水的局部浓缩，包括保持受热面清洁、防止汽水分层、维持稳定燃烧。

2. 酸腐蚀

引起酸腐蚀的原因主要是炉水 pH 过低且炉水局部浓缩。导致炉水 pH 过低的原因有：由于凝汽器泄漏而进入锅炉的氯化物水解产生的酸；树脂再生操作未置换干净而通过给水带进锅炉的酸；锅炉酸洗未彻底（特别是未洗掉的垢下部分）；进入锅炉的有机物或离子交换树脂高温高压下分解产生的酸；发生磷酸盐隐藏现象后，磷酸盐再溶出时的低 pH 现象；管理不当漏入系统的酸；炉水的缓冲性太小（如全挥发性处理、中性加氧处理）等。

（1）酸腐蚀的机理。酸腐蚀也包括保护膜的破坏和保护膜破坏后的金属腐蚀。

1）保护膜的破坏：

$$Fe_3O_4 + 8H^+ \rightarrow 2Fe^{3+} + Fe^{2+} + 4H_2O$$

2）保护膜破坏后的金属腐蚀：

阳极反应：

$$Fe \rightarrow Fe^{2+} + 2e$$

阴极反应：

$$2H^+ + 2e \rightarrow H_2 \uparrow$$

（2）酸腐蚀的影响。酸腐蚀可对整个水冷壁表面产生影响，在有局部浓缩的地方（如垢下）尤其严重。发生酸腐蚀时一般管壁呈均匀减薄的形态，向火侧减薄比背火侧严重，表面无明显的腐蚀坑，腐蚀产物也较少，腐蚀部位一般金属表面粗糙，呈现如酸浸洗后的金属光泽。对管壁进行金相组织检查可发现有脱碳现象。酸腐蚀的另一重大影响是引发氢损伤。

（3）酸腐蚀的预防。防止水冷壁管酸腐蚀的主要措施有：防止凝汽器铜管的泄漏及凝结水精处理系统碎树脂的漏入，保持受热面的清洁等。

3. 氧腐蚀

锅炉受热面水汽侧在正常运行时，除省煤器有可能发生氧腐蚀外，其他部位极少发生氧腐蚀，除非锅炉水化学工况控制严重失当（如加氧处理时氧浓度过低或过高等）。但锅炉停运后，如没有实行有效的保养措施，则所有的部位都有可能发生氧腐蚀。

（1）氧腐蚀的机理。氧腐蚀机理可以描述为：由于表面的电化学不均匀性（如氧化膜的不完整等）导致各部分电位不同，从而形成微电池，发生腐蚀反应。

阳极反应：

$$Fe \rightarrow Fe^{2+} + 2e$$

阴极反应：

$$O_2 + 2H_2O + 4e \rightarrow 4OH^-$$

阳极反应产物 Fe^{2+} 可进一步水解氧化，生成的产物不能形成保护膜，却可以阻碍氧的扩散。腐蚀产物下面的氧在反应耗尽后，得不到补充而形成闭塞区，闭塞区内因为 Fe^{2+} 的水解呈酸性，并且为保持电中性，其他侵蚀性离子会向闭塞区富集，从而加速了闭塞区内的金属腐蚀速度，进而形成腐蚀坑并向纵深发展。

（2）氧腐蚀的表现。氧腐蚀在金属表面会形成点腐蚀或溃疡状腐蚀。氧腐蚀的腐蚀坑呈火山口形状，上面覆盖着凸起的腐蚀产物。有时腐蚀产物连成一片，从表面上看似乎是一层均匀而较厚的锈层，但酸洗去锈层后，便会发现锈层下的金属表面有许多大小不一的点腐蚀坑。腐蚀坑上腐蚀产物的颜色和形状随着条件的变化而不同。一般低温时腐蚀产物的颜色为黄褐色（FeOH），高温时为砖红色或黑褐色（Fe_2O_3 和 Fe_3O_4）；在给水 pH 较低，含盐量较高的情况下，腐蚀产物往往全部呈黑色，并且呈坚硬的尖齿状；由于设备停运中保养不良造成的氧腐蚀，其腐蚀产物在刚形成时呈黄色或黄棕色，但经过运行后则会变成红棕色。

省煤器在运行中所造成的氧腐蚀，通常是入口处或低温段较严重，高温段轻些；在停运中造成的氧腐蚀，一般水平管的下侧较多，有时形成一条带状的锈斑。

（3）氧腐蚀的预防。要防止热力设备的氧腐蚀，必须控制好锅炉给水的水质指标（溶解氧含量），并做好锅炉的停炉保养工作。

4. 氢损伤

氢损伤是由于金属腐蚀产生的氢向水冷壁管内表面扩散，氢原子进入金属组织中与铁的碳化物作用生成甲烷，较大的甲烷分子聚集于晶界间，形成断续裂纹的内部网状组织。该裂纹不断增长并连接起来，会造成金属贯穿脆性断裂。

氢损伤一般伴随着酸性腐蚀而出现。碱性腐蚀时虽然也有氢产生，但一般不会导致氢损伤，这是由于碱腐蚀时，氢是在腐蚀产物表面生成的，不像酸腐蚀那样是直接在金属表面生成的。

氢损害经常发生的部位与酸性腐蚀或碱性腐蚀发生的部位类似，包括水流易于停滞沉积的部位（如焊缝、弯管或附有沉积物的部位等），易于沉积和汽水分层的水平或倾斜管段，靠近燃烧前的高热负荷部位。

氢损害在腐蚀过程中会产生大深坑或沟槽，并为多层致密的氧化物所覆盖，有时该氧化物积垢是疏松的，在发生破裂时会随汽流吹走。氢损害破裂通常为方形裂口，也称"窗形裂口"，如图 10-10 所示。裂口边缘粗钝且不减薄，呈脆性断口，沿断口边缘可以看到许多细微裂纹，断口附近金属有脱碳现象，脱碳层从管内壁向外逐渐减轻。

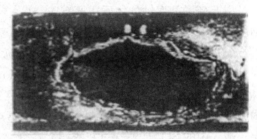

图 10-10　氢损害的窗形裂口

防止水冷壁管的氢损害需要做好两方面的工作：一方面是要消除锅炉水的低 pH 环境，包括防止凝汽器泄漏等；另一方面是要尽量减少锅炉水的局部浓缩。

5. 应力腐蚀破裂

应力腐蚀破裂（SCC）是指敏感材料在特定的腐蚀介质环境中，由于应力和电化学腐蚀的相互作用，使材料表面生成裂纹并迅速发展，直至脆性断裂的现象。发生应力腐蚀破裂的必要条件有三个：拉应力、敏感材料及特定腐蚀介质环境。

应力腐蚀破裂开始时的裂纹细微致密，肉眼一般很难发现，需要用显微镜检查。裂纹方向垂直于所施加的应力方向，大多从介质接触表面向机体内发展，裂纹可以是沿晶界的，也可以是穿晶的，具体由金属环境条件决定，碳钢多为晶间裂纹，奥氏体不锈钢则为穿晶裂纹。裂纹形成后发展较快，会在大范围形成多个分支，裂纹深且窄，一定阶段后突然断裂，断口呈脆性，无任何塑性变形的特征。由于在断裂之前没有明显的征兆，因此破坏性与危害性相当大。

过热器和再热器的弯管及直管的低位置管束最容易发生应力腐蚀破裂损害，并且应力腐蚀破裂故障多发生在锅炉初启动时或投运后的很短时间内，这可能是由于启动时汽包水位的波动使得蒸汽携带加剧，从而使进入蒸汽中的苛性污染物（氢氧化钠和磷酸三钠等）增多所致。

要防止应力腐蚀破裂事故的发生，必须设法降低或消除诱发应力腐蚀破裂的三个必要因素，包括合理设计、正确施工以消除不必要的应力；尽量减少炉水中的腐蚀性离子（特别是氯离子）；加强机组水质监测，发生水质异常时按照规程"汽水品质劣化三级处理"要求执行，提高机组汽水品质。

二、锅炉受热面向火侧腐蚀

锅炉受热面向火侧由于受高温烟气和悬浮于其中的灰分的作用，各部位也会遭到不同类型、不同程度的腐蚀。这些腐蚀按习惯分为高温腐蚀和低温腐蚀两大类。高温腐蚀又分纯气体腐蚀和熔融盐腐蚀两类。纯气体腐蚀包括腐蚀性气体（为燃烧产物）腐蚀和高温氧化两种形式；熔融盐腐蚀则包括金属熔融盐溶解和金属熔融盐氧化两种形式，前者是纯物理过程，后者属电化学腐蚀。由于金属熔融盐氧化是锅炉受热面向火侧高温腐蚀的主要形式，造成的腐蚀损坏事故最多，因此我们通常所说的锅炉高温腐蚀就是熔融盐腐蚀中的金属熔融盐氧化。熔融盐腐蚀按反应机理又可分为硫腐蚀（包括硫酸盐腐蚀和硫化物腐蚀）和钒腐蚀两类，下面我们对其进行重点介绍。

1. 硫酸盐腐蚀

引起硫酸盐腐蚀的物质主要有 M_2SO_4、$M_2S_2O_7$、$M_3Fe(SO_4)_3$，其中 M 代表碱金属。M_2SO_4、$M_2S_2O_7$ 腐蚀常见于水冷壁管，$M_3Fe(SO_4)_3$ 腐蚀则多发生于过热器和再热器。

（1）M_2SO_4 的形成及腐蚀机理。炉膛水冷壁管壁由于氧化形成 Fe_2O_3 层，燃料燃烧时升华出来的碱金属氧化物 Na_2O 和 K_2O 凝结在管壁上，与烟气中的 SO_2 反应生成 Na_2SO_4 和 K_2SO_4。将这两种生成物统一用 M_2SO_4 来表示，M_2SO_4 在水冷壁管温度范围内有黏性，可捕捉灰粒，黏结成灰层，于是灰表面温度上升，外面形成渣层，最外层为流层。烟气中的 SO_3 能够穿过灰渣层，在管壁和灰渣层的接触面，与 M_2SO_4、Fe_2O_3 反应，生成 $M_3Fe(SO_4)_3$，反应式为：

$$3M_2SO_4 + Fe_2O_3 + 3SO_3 \rightarrow 2M_3Fe(SO_4)_3$$

然后，管壁再形成新的 Fe_2O_3 层。这样，管壁就受到了腐蚀。

（2）$M_2S_2O_7$ 的形成和腐蚀机理。管壁结渣中的 M_2SO_4 和 SO_3 反应，生成焦性硫酸盐 $M_2S_2O_7$。焦性硫酸盐在 $310\sim400℃$ 温度环境下成熔化状态，腐蚀性很强。它和管壁上的 Fe_2O_3 发生如下反应：

$$3M_2S_2O_7 + Fe_2O_3 \rightarrow 2M_3Fe(SO_4)_3$$

在灰渣层的硫酸盐中，只要有 5% 的焦性硫酸盐存在，管壁就将受到严重的腐蚀，形成不同形状圆周方向的沟槽和裂纹。

（3）$M_3Fe(SO_4)_3$ 的腐蚀机理。引起过热器和再热器烟气侧腐蚀的物质是 $M_3Fe(SO_4)_3$，其在 $550\sim710℃$ 温度环境下内成熔融状态，熔融状态的 $M_3Fe(SO_4)_3$ 可以通过腐蚀产物层到达金属表面。它与金属基体的反应为：

$$4Fe + 2M_3Fe(SO_4)_3 + O_2 \rightarrow 3M_2SO_4 + 2Fe_3O_4 + 3SO_2$$

反应可能是先生成 FeS，FeS 再和氧气作用生成 SO_2 和 Fe_3O_4。

反应产物 SO_2 可以氧化为 SO_3，所生成的 SO_3 又和飞灰中的 Fe_2O_3、反应产物 M_2SO_4 起化学反应，生成 $M_3Fe(SO_4)_3$，继续腐蚀金属。

$M_3Fe(SO_4)_3$ 腐蚀最严重的部位是过热器和再热器管子偏离烟气流动方向 $30°\sim50°$ 的位置。管子在迎风面生成黏结很牢的灰垢，灰垢成锥形，可清晰地分为三层：最外层为沉积的飞灰，疏松多孔；中间层为 Fe_2O_3 红色垢层；最内层为带黑色光泽的 Fe_3O_4 和硫化物硬垢。

2. 硫化物腐蚀

硫化物腐蚀常见于水冷壁管，其与还原条件有关，在还原气氛下，硫在炉烟中以 H_2S

和 SO_2 的形式出现。硫化物腐蚀的过程如下：

（1）燃料中的 FeS_2 在燃烧过程中分解生成 FeS 和原子 S；同时，燃料中硫分在还原性气氛的条件下也可生成 H_2S，一部分 H_2S 又和 SO_2 反应生成原子 S。

（2）在还原气氛中，没有过剩的氧原子，S 原子便和铁反应生成 FeS，从而使管壁遭受腐蚀。

（3）H_2S 也可透过疏松的 Fe_2O_3 层，与较致密的 Fe_3O_4 层中的 FeO 反应，引起 Fe_3O_4 保护层的破坏，其反应式为：

$$FeO + H_2S \rightarrow FeS + H_2O$$

（4）FeS 熔点为 1195℃，在较高温度下和介质中发生氧反应，生成 Fe_3O_4，其反应式为：

$$3FeS + 5O_2 \rightarrow Fe_3O_4 + 3SO_2$$

图 10-11 所示为锅炉水冷壁管向火侧遭受腐蚀的断面外观。该管原壁厚 5.70mm，腐蚀后仅剩下 1.07mm，管壁向火侧形成很厚的氧化铁和流火铁积垢。此类情形多见于风口区、燃烧器区或燃烧器上方的炉管上，可能兼有硫酸盐和硫化物腐蚀的作用。

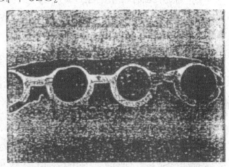

图 10-11 锅炉水冷壁管向火侧遭受
腐蚀的断面外观

3. 钒腐蚀

钒腐蚀主要发生在燃油锅炉的过热器和再热器管子上，燃煤锅炉在使用燃油点火或掺烧燃油的情况下也会发生。钒腐蚀的机理是：燃油中的含 V 化合物燃烧后变为 V_2O_5，其熔点为 670℃。熔化的 V_2O_5 能够溶解金属表面的氧化膜，也能穿过氧化物层和铁反应生成 V_2O_4 及铁的氧化物，V_2O_4 可再次被氧化为 V_2O_5。这一过程的反应式为：

$$V_2O_5 \rightarrow V_2O_4 + [O]$$
$$Fe + [O] \rightarrow FeO$$
$$V_2O_4 + 1/2O_2 \rightarrow V_2O_5$$

在 600～650℃，V_2O_5 还可以与烟气中的 SO_2 和 O_2 反应生成原子态氧，氧与铁反应产生腐蚀，此处 V_2O_5 仅作催化剂之用。另外，V_2O_5 和硫酸钠或氧化钠的混合物还将使熔点大大降低，加剧腐蚀。

三、防止高温腐蚀的技术措施

（1）低氧燃烧。锅炉低氧燃烧可以提高锅炉效率和机组的经济性。锅炉燃烧空气减少后，烟气体积减小，可使排烟温度下降。同时，燃烧风量的减少也有利于风机节约电耗。另外，低氧燃烧可降低烟气中的 SO_3 和 V_2O_5 含量，从而较大地降低腐蚀量。采用低氧燃烧时，应尽可能实现均匀配风，防止局部缺氧导致燃烧不完全。

（2）均匀分布各燃烧器间的煤粉浓度。

（3）防止受热面壁温局部过高。防止受热面壁温局部过高的主要措施有：

1）控制炉内局部火焰最高温度及热流密度，特别是燃烧器附近的火焰中心处。

2）降低炉膛出口扭转残余、烟温偏差及过热蒸汽流量偏差，以免出现局部过高的壁温。

3）减少由于热流密度不均和水冷壁流量偏差所引起的水冷壁内部结垢不均而导致的壁温超温，在适当的运行时间后应进行酸洗以消除水垢。

4）运行壁温最好控制在钢材允许范围以内，对于在腐蚀温度范围内（大于700℃）工作的管子，可采用耐腐蚀性能更佳的钢材或在管子外加装不锈钢防护罩。

（4）在壁面附近形成"风包粉"。为防止水冷壁烟侧的高温腐蚀，可采用一次风切小圆，二次风切大圆的"风包粉"结构。另外，也可以采用一种在腐蚀区喷入热风的装置，其工作原理是：在腐蚀部位的炉管和炉墙的间隙中装设散风管，管上布置很多小孔，热风可在附壁区造成富氧气氛，防止腐蚀性介质靠近管壁。为解决燃烧器区域水冷壁表面缺氧的问题，也可以采用侧壁风技术。

（5）合理控制燃烧器区域热负荷和炉膛出口烟温。

（6）受热面的用材选择。对易产生高温腐蚀的煤种或易发生高温腐蚀的局部区域，常采用抗腐蚀、耐高温的合金材料。

（7）正常投运吹灰器并加强化学监督。吹灰器的正常投运，可减轻管子表面灰的催化作用。在运行中应加强化学监督，避免锅内结垢，控制壁温在正常范围内，可以避免因结垢而使壁温升高导致高温腐蚀。

（8）对壁面进行高温喷涂防磨防腐。

（9）采用添加剂。对于含硫量特别高的煤种，在煤中加入或在燃烧过程中喷入石灰石可大幅降低 SO_3 的形成，同时还可以减少 SO_2 的排放。

四、过热器和再热器内壁氧化皮早期剥落

超级临界机组和超超临界机组会因氧化皮早期脱落造成堵管而发生过热器、再热器爆管事故。

1. 固体颗粒（氧化皮）产生的原因

金属在高温蒸汽中会发生严重的氧化。在温度大于450℃时，热力系统金属铁与蒸汽反应，生成铁氧化物。其反应式为：

$$3Fe + 4H_2O = Fe_3O_4 + 4H_2$$

与金属发生氧化的氧来源于 H_2O，H_2O 与 O_2、H_2 存在如下平衡关系：

$$H_2O = H_2 + 1/2O_2$$

因此，蒸汽氧化性的强弱取决于 $p(H_2)/p(H_2O)$ 的比值。在 600℃ 下，与 FeO 平衡的 $p(H_2)/p(H_2O)$ 值约为 7，对应于平衡氧分压 $p(O_2) = 10^{-26}$ atm 左右（约 1.01×10^{-21} Pa）。在锅炉用管的实际工况下，蒸汽的流量很大，生产的氢气很少，而且会随着蒸汽带出，因此 $p(H_2)/p(H_2O)$ 要远远低于 7，这会促使反应向右进行，导致铁的氧化。从热力学角度分析，铁的高温蒸汽氧化是自然过程，不可避免。金属在蒸汽中形成氧化膜结构与在氧气中形成氧化膜结构的差异主要在于前者存在氢缺陷。

（1）铁素体钢高温蒸汽氧化膜的结构。高温蒸汽与铁素体钢氧化形成氧化膜结构的机制如图 10-12 所示。氧化层内层称为原生膜，外层称为延伸膜，这是由于铁离子向外扩散，水的氧离子向里扩散而形成的。内层的原生膜是水的氧离子对铁直接氧化的结果。其氧化铁结构由钢表面起向外依次为 Fe_3O_4、Fe_3O_4 或 Fe_3O_4、Fe_2O_3。内层为尖晶型细颗粒结构，氧化层外层为棒状型粗颗粒结构，并含一定量的空穴。随着时间的延长，最外层

有少量不连续的 Fe_2O_3。

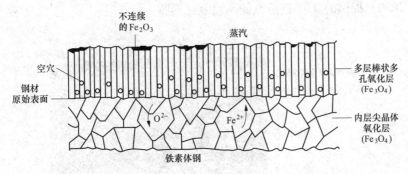

图 10-12 高温蒸汽与铁素体钢形成氧化膜结构的机制（570℃以下）

在某些不利的运行条件下，如超温或温度压力波动条件下，金属表面的双层膜就会变成多层膜结构，这时氧化和时间就会变成直线关系。双层膜先是变为两个双层膜，然后再进一步发展成为多个双层膜的多层氧化层结构，然后便开始发生剥落。铁素体钢在高温蒸汽形成的多层氧化层如图 10-13 所示。由于钢中的合金成分，如 Cr、Mo 等在形成双层膜时，均富集在下面一层，因此该层很致密，氧化层的剥落，就发生在此二层膜中间。

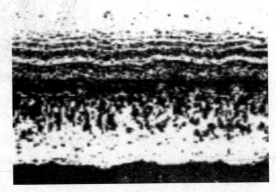

图 10-13 铁素体钢在高温蒸汽形成的多层氧化层

超临界机组常用的 T91 钢（铁素体）在高温蒸汽中氧化，内层为极薄的含有大量阳离子空位的 $CrFe_2O_4$ 的单相无晶界非晶体结构；中层为较厚的 $CrFe_2O_4$ 的单相细等轴晶和在上生长的粗柱状晶结构；外层为 Fe_3O_4-Fe_2O_3 的细等轴晶和在上生长的粗柱状晶结构，如图 10-14 所示。氧化层的三层结构依顺序而生成，三层结构可只出现前一层（内层）或前二层（内层和中层），也可全部出现。$CrFe_2O_4$ 的无晶界非晶体内层的致密度、强度、

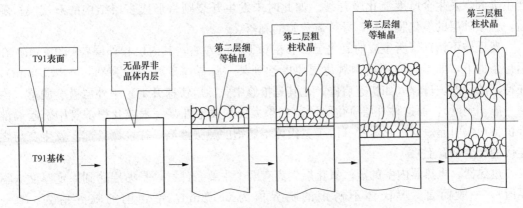

图 10-14 T91 钢在高温蒸汽中的氧化层形成过程

对基体的附着力和抗氧化的保护能力是最好的，$CrFe_2O_4$ 粗柱状晶层次之，而 Fe_3O_4-Fe_2O_3 的粗柱状晶层最差。图 10-15 所示为美国电力研究学会（Electric Power Research Institute，ERPI）提供的 T91 钢蒸汽侧高温氧化形貌。

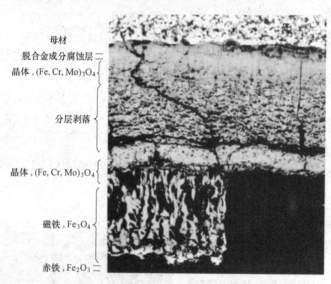

母材
脱合金成分腐蚀层
晶体，$(Fe, Cr, Mo)_3O_4$

分层剥落

晶体，$(Fe, Cr, Mo)_3O_4$

磁铁，Fe_3O_4

赤铁，Fe_2O_3

图 10-15　T91 钢蒸汽侧高温氧化形貌

（2）奥氏体钢高温蒸汽氧化膜的结构。奥氏体不锈钢的氧化膜结构与铁素体的有所不同，其往往由内外两层组成，内层的尖晶石结构往往呈不规则形状，外层的 Fe_3O_4 层中存在许多气孔。

这两种钢氧化膜基本结构都是"双层膜"结构，在刚开始形成的紧靠基体金属的氧化膜中都含有 Cr 的氧化产物，即 $M_3O_4(FeFeXCr_2-XO_4)$。钢中 Cr 元素在形成双层膜时，均会富集在双层膜的下层，靠近基体的一侧。多层结构双层膜只发生在铬钼铁素体钢，而不会发生在奥氏体钢。对于奥氏体钢，位于外层的 Fe_3O_4 运行时间延长、外层氧化膜的增长将产生"节点"，也即发生龟裂和鼓包。在内层与外层的分界面产生"空穴"，和已开裂的外层氧化膜沿裂纹部分碎裂，形成氧化膜的剥落碎片。铁素体钢剥落的特点为：随着运行时间的增加，氧离子向里扩散发生二次氧化。此时在温度和应力波动下，氧化膜有可能产生隆起，发生全厚度氧化膜开裂。如此时未发生开裂则将形成多层结构的双层膜；随后，位于外层的氧化膜开裂，导致氧化膜的剥落。

奥氏体不锈钢管所生成的氧化层一般在 0.10mm 左右，其内层和外层各 0.05mm。在运行条件下，如奥氏体不锈钢氧化层厚度达到某一临界厚度（一般为 0.05～0.10mm），在特定的启停炉过程（如快速启停，尤其是抢修中急冷后快速升炉）中外层就会脱落（内层一般不剥落），而这种外层氧化膜脱落如果大面积发生在某一根或几根炉管中引起局部堆积将很快引起短期过热爆管（由于奥氏体不锈钢的热强性高，往往爆管部位发生在与之连接的合金钢管上）。

过热器、再热器内壁的蒸汽氧化层剥离有两个主要条件：一是垢层达到一定厚度（临界值），一般而言，奥氏体不锈钢的临界值为 0.10mm，铬钼钢的临界值为 0.2～0.5mm（运行 2 万～5 万小时可以达到）；二是母材基体与氧化膜或氧化膜层间应力（恒温生长应力或温降引起的热应力）是否达到临界值（与管材、氧化膜特性、温度变化幅度、速度、频度等有关）。

2. 固体颗粒（氧化皮）侵蚀的危害

固体颗粒侵蚀（SPE）也称硬质颗粒侵蚀（HPE），它是超超临界汽轮机面临的主要问题之一。固体颗粒侵蚀一般发生在锅炉启动或长期低负荷运行情况下，特别是在锅炉启动时，锅炉过热器管和再热器管由于受热冲击会引起管子水汽侧氧化皮脱落而形成固体颗粒，使汽轮机高压与再热第一级叶片产生固体颗粒侵蚀。

超超临界机组选用直流锅炉。直流锅炉相对于汽包锅炉，给水品质要求比较高。当凝结水处理设备发生故障时，杂质和污染物进入锅炉，给水中的杂质可能对汽轮机的高温叶片等部件造成固体颗粒侵蚀。超超临界机组温度高，锅炉高温受热面管内易产生氧化垢（Fe_2O_3、Fe_3O_4）。英国中央电力局（Central Electricity Generating Board，CEGB）的试验结果表明：当蒸汽温度高于 600℃时，锅炉受热面管子高温腐蚀和水汽侧氧化的问题十分显著；奥氏体管材最大腐蚀（水汽侧腐蚀）出现在 640～700℃。超超临界锅炉的过热器、再热器、主蒸汽管道和再热蒸汽管道内表面剥离的微型固体颗粒，会随着蒸汽进入汽轮机内。固体颗粒以蒸汽的流速通过汽轮机的流通部分时，会造成喷嘴和动叶损伤。超超临界汽轮机高压第一级喷嘴和动叶、中压第一级喷嘴和动叶的固体颗粒侵蚀比较严重。

固体颗粒侵蚀不仅会影响超超临界汽轮机的效率，而且会影响超超临界汽轮机的可靠性。国外有的机组运行 3～4 年就要进行焊接修补，受损伤的叶片必须予以更换。固体颗粒侵蚀率与撞击速度和入射角有关，也与材料耐腐蚀性有一定关系。冲动式叶片的固体颗粒侵蚀比反动式叶片的更为严重，定压运行机组的比变压运行机组的更为严重。固体颗粒侵蚀还与锅炉启动系统有关，美国早期超超临界汽轮机普遍存在固体颗粒侵蚀现象，这些电厂大多缺少旁路系统。

3. 固体颗粒（氧化皮）侵蚀的预防措施

（1）采用耐氧化的合金。金属材料的抗氧化、抗腐蚀性能主要决定于金属表面能否形成稳定、致密的金属氧化膜。Cr 含量越高，奥氏体不锈钢抗高温氧化能力越强（包括炉外氧化），当 Cr 含量高于 20％时，合金表面才会形成致密的保护性氧化膜 Cr_2O_3。

（2）设计中考虑适当增大内圈管子的弯曲半径以防止剥落的氧化物沉积。

（3）防止超温，通过不同负荷中间点温度、过热度调节水煤比，特别是要防止热负荷不均匀引起流量偏差管的大幅度超温。

（4）注意干湿态转换过程，稳定给水流量，小步增加燃料量（2t/3min），锅炉过热度大于或等于 4℃，参照水煤比大于或等于 6.5，否则增加给水。

（5）启动过程中，严格执行各分系统的清洗，不允许将凝结水、给水和锅炉整体串联一次清洗，本级水质不合格不允许进入下一阶段清洗。

（6）合理使用减温水，不出现猛开猛关，避免管束温度大幅度交变造成氧化皮脱落，尤其是低负荷时慎用再热器减温水，防止形成水塞管道。

（7）完善水煤比控制逻辑，加入减温水修正水煤比等，以稳定蒸汽温度。

（8）在高压加热器组解列、锅炉快速减负荷（runback，RB）等特殊工况下，分析各段受热面温升，提前控制减温水或烟气挡板。

（9）在无特殊情况时，控制锅炉升降负荷速率，减少热应力变化幅度和梯度。

（10）在锅炉运行的任意时刻，均需保证给水品质合格，并保证指标准确可靠。水质不合格严格执行三级水处理规定。

（11）每年至少进行一次燃烧优化调节试验，磨煤机运行超 4000h 进行一次煤粉浓度测试，尽可能减少燃烧热偏差。

（12）避免频繁启停以减少热冲击。停炉过程伴随着氧化皮的剥落，应尽量采取较低的温降速率（小于或等于 1.5℃/min），严格锅炉降温操作，热炉放水后再执行锅炉自然通风工作。

（13）采用高、低压旁路系统，减少启动时过热器的温度变化，从而减少固体颗粒剥落。启动时利用旁路系统进行大流量"吹管"，尽可能将产生的固体颗粒全部排入凝汽器。

（14）在过热器和再热器管材内表面喷丸或镀铬，可以减少水汽侧氧化物的形成。

（15）在对 Ⅱ 型锅炉水冷壁区域进行化学清洗时，要做好过热器、再热器区域（不参与化学清洗）的保护（通常采用注满保护液的方法），清洗结束后取过热器水样进行化验，以防止发生二次污染；清洗完成后及时安排进行钝化（不超过 1 周）。

第十一章　超临界直流锅炉启动与停运

第一节　超临界直流锅炉的启动特征

直流锅炉的工作原理：为工质一次通过各受热面，被加热到所需的温度。直流锅炉的本质特点为：①没有汽包；②工质强制流动，一次通过；③受热面无固定界限。

由于直流锅炉结构和工作原理上的特殊性，使其启动过程也具有一定的特殊性。直流锅炉的启动与汽包锅炉的相比，有相近的地方，但也具有一些不同的特征：

（1）为保证受热面安全工作，直流锅炉启动一开始就必须建立启动流量和启动压力。在启动过程中，顺次出来的工质是水、汽水混合物和蒸汽。为减少热量损失和工质损失，直流锅炉装设有启动旁路系统。

（2）直流锅炉没有汽包，升温过程可以快一些。但超临界大容量直流锅炉的集箱、汽水分离器等部件的壁面较厚，故升温速度也受到一定的限制。在直流锅炉热态冲洗到建立汽轮机冲转参数的过程中，汽水分离器入口升温速度不应超过 $2℃/min$。

一、启动流量和启动压力

当直流锅炉没有采用辅助循坏泵时，在全负荷范围内水冷壁工质质量流速是靠给水流量来实现的。直流锅炉启动时的最低给水流量称为启动流量，它由水冷壁安全质量流速决定。启动流量一般为 $25\%\sim35\%$ BMCR 的给水流量。锅炉点火前由给水泵建立启动流量。

锅炉启动时的压力称为启动压力。不同类型的直流锅炉建立启动压力的方法不同。

不同类型锅炉水冷壁启动流量和启动压力的建立方法见表 11-1。

表 11-1　　　　不同类型锅炉水冷壁启动流量和启动压力的建立方法

锅炉类型	启动流量建立方法	启动压力建立方法
自然循环锅炉	点火后逐渐建立自然循环流量	燃烧加热水冷壁逐渐产汽升压
控制循环锅炉	由锅炉循环泵在点火前建立循环流量	燃烧加热水冷壁逐渐产汽升压
螺旋管圈、内置分离器的直流锅炉	点火前由给水泵建立启动流量	燃烧加热水冷壁逐渐产汽升压
螺旋管圈、内置分离器的直流锅炉，有辅助循环泵	点火前由给水泵和辅助循环泵共同建立启动流量	燃烧加热水冷壁逐渐产汽升压
一次上升型直流锅炉	点火前由给水泵建立启动流量	给水泵建立压力

二、启动水工况

直流锅炉给水通过蒸发受热面一次蒸发，在热力循环中，水中杂质有三个去向：①沉积在受热面内壁；②沉积在汽轮机通流部；③进入凝汽器。

锅水中杂质除了来自给水，还有管道系统及锅炉本体的沉积物和氧化物被溶于锅炉水。因此，每次启动都要对管道系统和锅炉本体进行冷、热态循环清洗。

直流锅炉启动水工况包括以下几个方面：

（1）给水品质。直流锅炉给水按联合水处理工况设计。给水由凝结水和补给水组成，并执行相关的水质标准。给水品质标准见表11-2。

表 11-2 给水品质标准

名称	单位	指标	说　　明
总硬度	$\mu mol/L$	≈0	
溶解氧	$\mu g/L$	30~50	加氧工况
铁	$\mu g/L$	≤5	期望值小于或等于$3\mu g/L$
铜	$\mu g/L$	≤2	期望值小于或等于$1\mu g/L$
二氧化硅	$\mu g/L$	≤10	期望值小于或等于$5\mu g/L$
钠	$\mu g/L$	≤3	期望值小于或等于$2\mu g/L$
pH（25℃）		8.0~9.0	无铜系统
氢电导率（25℃）	$\mu S/cm$	≤0.15	

（2）省煤器进口水品质。炉前给水系统管道中的杂质会对水产生污染，使省煤器进口水品质下降。因此，启动前首先要对炉前给水系统进行循环清洗。当省煤器入口水的电导率小于$1\mu S/cm$或含铁量小于$50\mu g/L$时，清洗完成。

（3）蒸发受热面出口处（分离器出口）水品质。锅炉本体氧化铁也会污染水质，因此启动时还要对锅炉本体进行循环清洗。当分离器出口水的电导率小于$1\mu S/cm$或含铁量小于$100\mu g/L$时，清洗完成。

（4）点火后水质控制。锅炉点火后水温逐渐升高，锅内氧化铁等杂质也会进一步溶解于水中，因此点火后还要进行热态循环清洗。当储水罐出口水含铁量小于或等于$50\mu g/L$、SiO_2含量小于$25\mu g/L$时，热态清洗结束。

三、受热面区段变化与工质膨胀

直流锅炉的三大受热面（省煤器、水冷壁、过热器）串联连接。直流锅炉的三大受热面在结构上是分清的，但其工质状态没有固定的分界，是随工况而变化的。直流锅炉启动过程中水的加热、蒸发及蒸汽的过热在三个受热面区段是逐渐形成的，整个过程历经三个阶段，如图11-1所示。

第一阶段：启动初期，锅炉点火后，全部受热面用于加热水。其特点为工质相态没有发生变化，锅炉出水流量等于给水流量。

第二阶段：随着燃料投入量的增加，水冷壁内工质温度逐渐升高，水冷壁中某处工质温度达到该处压力所对应的饱和温度，就形成蒸发点。此时，蒸发点后的受热面内仍为水；产汽点局部压力升高，将后部的水挤压出去。在此过程中，锅炉排出工质流量远大于给水流量，当产汽点后部的受热面内水被汽水混合物代替后，锅炉排出工质流量恢复到等于给水流量，受热面分为水加热和水汽化两个区段。在第一阶段到第二阶段的过渡期，锅炉排出工质流量远大于给水流量的现象称为工质膨胀。

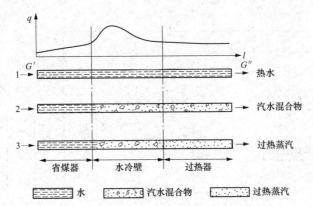

图 11-1　直流锅炉启动过程中受热面区段的变化
1—第一阶段；2—第二阶段；3—第三阶段；
G'—给水流量；G''—出水流量；l—锅炉排除流量；q—受热面热负荷

第三阶段：锅炉出口工质被加热成过热蒸汽时，锅炉受热面形成水加热、水汽化及蒸汽的过热三个区段。

工质膨胀是直流锅炉启动过程中特有的现象，影响启动过程汽水膨胀的主要因素有：

（1）汽水分离器的位置。汽水分离器前受热面越多，膨胀量越大。膨胀发生时，汽水混合物的排出量及膨胀持续时间都与汽水分离器前的蓄水量有关。汽水分离器越靠近水冷壁出口，参与膨胀的受热面越少，蓄水量越少，总的膨胀量就越小，膨胀持续时间就越短。

（2）启动压力。汽水比体积不同是引起工质膨胀的物理原因。压力越高，汽水比体积差越小，膨胀量越小。压力越高，相应的水的饱和温度就越高，膨胀开始时间就晚。

（3）启动流量。启动流量增加，膨胀流出量的绝对值就增加。

（4）锅炉形式。螺旋上升型水冷壁管的长度较长，因此比一次上升型水冷壁的膨胀量大。

（5）燃料投入速度。燃料投入速度越快，工质升温也越快，水冷壁内的水温也越早达到饱和，膨胀发生就越早，蒸发点前移，其后受热面蓄水量越大，其瞬时的排出量也越大。

（6）给水温度。给水温度越高，工质越早达到饱和温度，蒸发点前移，膨胀开始越早，其瞬时的排出量也越大。

在启动过程中，为合理控制工质膨胀，操作中燃料投入速度不宜过快、过大；在启动过程中，给水温度逐渐上升是正常的，应避免在膨胀阶段有引起给水温度突然升高的操作。

四、启动旁路系统的功能

直流锅炉点火前要进行冷态循环清洗，点火后要进行热态循环清洗，启动过程给水流量不能低于启动流量，汽轮机冲转后还要排放多余的蒸汽量。启动过程中锅炉排放的水和蒸汽的量是很大的，这会造成工质与热量的损失。因此，应考虑采取一定的措施对排放工质与热量进行回收，如将水回收入除氧水箱或凝汽器，蒸汽回收入除氧水箱或加热器等。为此，可设置相应的启动旁路系统，如图 11-2 所示即为某 600MW 机组的启动旁路系统，其功能如下：

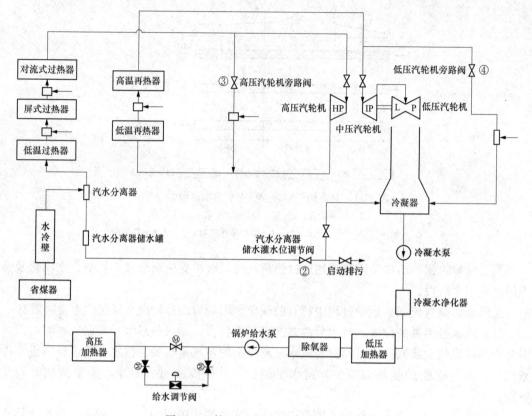

图 11-2　某 600MW 机组启动旁路系统

（1）辅助锅炉启动。①辅助建立冷态和热态循环清洗工况；②辅助建立启动压力与启动流量，或建立水冷壁最低质量流速；③辅助工质膨胀；④辅助管道系统暖管。

（2）协调机炉工况。①满足直流锅炉启动过程自身要求的工质流量与工质压力；②满足汽轮机启动过程需要的蒸汽流量、蒸汽压力与蒸汽温度。

（3）热量与工质回收。借助启动旁路系统回收启动过程中锅炉排放的热量与工质。

（4）安全保护。启动旁路系统能辅助锅炉、汽轮机安全启动。有的启动旁路系统还能用于汽轮机甩负荷保护、带厂用电运行或停机不停炉等。

五、汽水分离器干、湿态转换

锅炉启动时，需要保证直流锅炉水冷壁的最小流量（保证质量流速）。如启动流量为25%BMCR，则只要产汽量小于25%BMCR，就会有剩余的饱和水通过汽水分离器排入除氧器或扩容器，汽水分离器就处于有水位状态，即湿态运行。此时，直流锅炉的控制方式为汽水分离器水位控制及最小给水流量控制，其控制相当于汽包锅炉的控制方式。

当负荷上升至等于或大于25%BMCR时，给水流量与直流锅炉产汽量相等，为直流运行方式，汽水分离器已无疏水，进入干态运行，汽水分离器变为蒸汽集箱使用。此时，直流锅炉的控制方式转为蒸汽温度控制及给水流量控制。

直流锅炉的控制方式从汽水分离器水位控制及最小给水流量控制转换为蒸汽温度控制及给水流量控制，应该是很平稳地进行的。但直流锅炉的过热蒸汽温度与给水流量有密切关系，如果控制方式转换得不好，将会造成蒸汽温度的剧烈变化。

要平稳地实现这个转换，必须首先增加燃料量，而给水流量保持不变，这样过热器入口焓值随之上升，当过热器入口焓值上升到设定值时，温度控制器参与调节使给水流量增加，从而使蒸汽温度达到与给水流量的平衡（煤水比控制蒸汽温度）。

图 11-3 所示为直流锅炉湿态向干态转换的过程。

第Ⅰ阶段：保持最小给水流量，燃料量逐渐增加，汽水分离器出口饱和蒸汽产量也随之增加，疏水量逐渐减少，过热器入口蒸汽的焓值增加。锅炉的控制方式为汽水分离器水位控制及最小给水流量控制。

临界点 1：水冷壁出口蒸汽焓值升至饱和蒸汽焓，蒸汽干度为 1，进入汽水分离器的是饱和蒸汽，没有疏水被分离而使疏水门关闭，汽水分离器仅起到通道的作用。

第Ⅱ阶段：给水保持最小流量，随着燃料量的增加，进入汽水分离器的蒸汽逐渐过

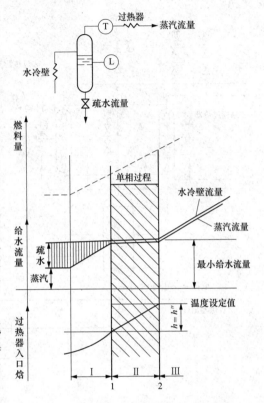

图 11-3　直流锅炉湿态向干态转换过程

热，过热器入口蒸汽焓继续上升，但还没达到设定值。此时燃料的增加已不是用以增加产汽量，而是用来使蒸汽达到更高的能量水平。

临界点 2：过热器入口蒸汽焓升高至设定值。

第Ⅲ阶段：连续的燃料量增加，使蒸汽温度超过设定值，温度控制器参与调节，直流锅炉的控制方式转为蒸汽温度控制及给水流量控制，使给水量增加。

第二节　商洛电厂的启动旁路系统

一、启动旁路系统的组成

商洛电厂锅炉配有容量为 25%BMCR 的内置式启动系统，以与锅炉水冷壁最低直流负荷的质量流量相匹配。该启动系统由 2 台汽水分离器、1 台储水罐、高低压旁路阀、1 个疏水扩容器、1 个疏水箱、2 个水位控制阀（361 阀）、截止阀、管道及附件等组成，如图 11-4 所示。

（1）汽水分离器。汽水分离器布置在炉前，垂直于水冷壁混合集箱出口，采用旋风分离形式。经水冷壁加热以后的工质分别由连接管沿切向向下倾斜 15°进入这两台汽水分离器，分离出的水通过汽水分离器下方的连接管进入储水罐，蒸汽则由汽水分离器上方的连接管引入顶棚入口集箱。汽水分离器下部水出口设有阻水装置和消旋器。汽水分离器和储水罐端部均采用锥形封头结构，封头均开孔与连接管相连。汽水分离器及其引入、引出管

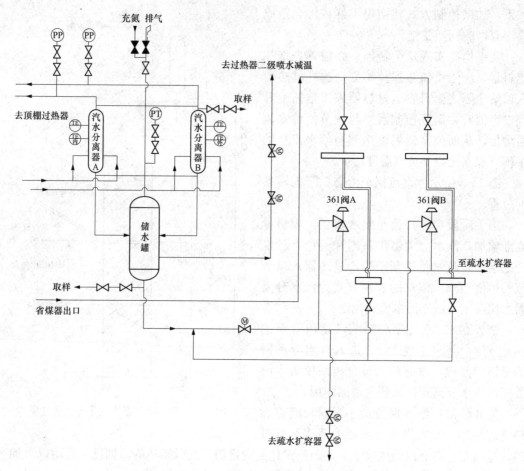

图 11-4　商洛电厂锅炉启动旁路系统

的连接如图 11-4 所示。汽水分离器结构如图 11-5 所示。

汽水分离器共 2 台，圆筒形，垂直布置。其设计压力为 33.08MPa（表压），设计温度为 453℃，尺寸（外径×壁厚）950×120，总长度为 4.7m，材质为 SA-336F12，钢板脆性转变温度（FATT）为 5℃；水进口尺寸（外径×壁厚）260×70，数量为 6×2 个；疏水出口尺寸（外径×壁厚）520.7×86，数量为 2 个；蒸汽出口尺寸（外径×壁厚）520.7×86，数量为 2 个；汽水分离器水容积（汽水分离器+储水罐）约为 14.8m³，总质量（含内部装置）约为 20t。

（2）储水罐。储水罐起到锅炉水的中间储存作用，汽水分离器下部的水空间及两根通往储水罐的水连通管均包括在储水系统的容量内，其容量必须保证能储存在打开通往冷凝器的 361 阀前的全部工质，包括水冷壁汽水膨胀期间的全部工质，以保证过热器无水进入。储水罐尺寸（外径×壁）φ890×120，储水罐长度约为 19m，总质量（含内部装置）约 60t。储水罐结构如图 11-6 所示。

（3）疏水扩容器。一体式疏水扩容器，容积约为 107m³，设计压力为 1.0MPa，设计温度为 200℃。

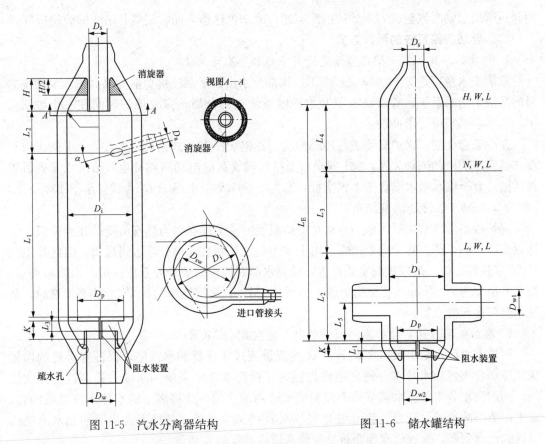

图 11-5　汽水分离器结构　　　　　图 11-6　储水罐结构

（4）两只汽水分离器及其引入、引出管系统。每只汽水分离器上部切向引入两根由后烟道后包墙出口集箱出来的管道，在锅炉处于 25％BMCR 负荷以下运行方式时，进行汽水分离。分离出的蒸汽送入过热器，水进入储水罐。在锅炉处于 25％BMCR 负荷以上时蒸汽通过汽水分离器直接送入过热器。

由汽水分离器来的两根水连通管自储水罐上部引入，由储水罐底部引出，储水罐筒身上装有水位控制用管接头，其顶部装有放汽管。由储水罐底部引出的疏水总管跟水位控制阀（361 阀）相连。由 361 阀去往扩容器的疏水管道，一共有两根，每根上均装有止回阀，与每个 361 阀相匹配。每根疏水管的直径与 361 阀管相同，用于启动初期锅炉给水量为 25％BMCR，且锅炉负荷达到 25％BMCR 前向冷凝器疏水回收工质，以及在水冷壁产生汽水膨胀阶段向冷凝器疏水回收工质。由疏水总管引出的两根支管上均装有疏水调节阀，在启动初期可用于控制汽水分离器水位。由储水罐底部引出的疏水管道上装有化学清洗用管接头。

（5）加热管道（暖管管路）。用于将省煤器出口的热水在启动期间和锅炉热备用状态下加热送去冷凝器的疏水调节阀（361 阀）及其管道。

（6）启动旁路系统热备用管道。此时锅炉负荷已正常，由于储水罐冷凝的作用，其水位缓慢上升，通过此管的热备用水位调节阀将积水送往二级喷水减温器。

（7）高、低压旁路阀。高压旁路阀是将末级过热器出口蒸汽经过减压减温后引到低温再热器入口，低压旁路阀是将末级再热器出口蒸汽经过减压减温后引到冷凝器。其主要作用包括解决启动时汽轮机与锅炉的匹配问题，冷却再热器，回收工质并防止锅炉超压等。

二、启动旁路系统的运行方式

1. 初次启动或长期停炉后启动前进行冷态和热态水冲洗

总清洗水量可达 25%～30%BMCR，这部分水由给水泵或锅炉前置泵提供。水冲洗的目的是清除给水系统、省煤器系统和水冷壁系统中的杂质，只要停炉时间在一个星期以上，启动前必须进行水冲洗。

在冷态启动前，锅炉必须进行冷态冲洗。在锅炉冷态开式清洗过程中，361 阀出口至凝汽器管路的电动闸阀关闭，361 阀出口至排污箱管路的电动闸阀开启，清洗水排到机组排污槽。直至储水罐水质优于下列指标：水的电导率小于 $1\mu S/cm$，含铁量小于 $100\mu g/L$，pH 为 9.3～9.5，冷态清洗结束。

锅炉冷态清洗结束后，锅炉点火，提高温度的清洗过程称为热态清洗。在此阶段，应注意水质检测，防止管子内壁结垢。由于水中的沉积物在 190℃时达到最大，因此升温至 190℃（顶棚出口）时应进行水质检查，检测水质时停止锅炉升温升压。进行水质检查后，控制升温率为 2℃/min，直至锅炉压力达到 8.4MPa，温度达到约 374℃。热态清洗时，清洗水全部排至凝汽器。

2. 启动初期（从启动给水泵到锅炉出力达到 5%BMCR）

锅炉点火后，给水泵以 25%BMCR 的流量流过省煤器和水冷壁，保证有必要的质量流速冷却省煤器和水冷壁，使之不致超温，并保证水冷壁系统的水动力稳定性。在此期间，利用汽水分离器疏水调节阀来控制储水罐内的水位，并将多余的水排入冷凝器回收。疏水调节阀的管道设计容量除考虑 25%BMCR 的疏水量外，还要考虑启动初期水冷壁内出现的汽水膨胀，这种汽水膨胀将导致储水罐内水位的波动。

3. 从储水罐建立稳定的正常水位到锅炉达到 25%BMCR 的最小直流负荷

当储水罐已建立稳定的水位后，361 阀开始逐步关小；当锅炉出力达到 25%BMCR 时，361 阀应完全关闭。主蒸汽的压力与温度由燃料量来控制，并采用过热器喷水作为主蒸汽温度的辅助调节手段。对于冷态启动，一旦主蒸汽压力（即汽轮机冲转压力）达到 8.4MPa，主蒸汽压力将由汽轮机旁路系统来控制以与汽轮机进汽要求相匹配。当锅炉出力达到 25%BMCR 后，通过汽水分离器的工质已达到完全过热的单相汽态，因此锅炉的运行模式从原来汽水二相的湿态运行，转为干态运行（即直流运行模式），此时锅炉达到最小直流负荷（25%BMCR）。此后，主蒸汽的压力与温度分别由给水泵和煤水比（锅炉运行中燃料量与给水量的比值，用 B/G 来表示）来控制，锅炉的出力也逐步提高。

4. 启动旁路系统热备用

当锅炉达到最低直流负荷（25%BMCR）后，应将启动旁路系统解列，启动旁路系统转入热备用状态，此时通往冷凝器的汽水分离器疏水支管上的两只疏水调节阀，也即水位调节阀和电动截止阀已全部关闭。随着直流工况运行时间的增加，为使管道保持在热备用状态，省煤器出口到 361 阀的加热管道上的截止阀始终开启，用来加热 361 阀。另外，在锅炉转入直流运行模式时，汽水分离器及储水罐已转入干态运行，汽水分离器和储水罐因冷凝作用可能积聚少量冷凝水，汽水分离器中的水位会缓慢上升，此时可通过疏水管道支管上的热备用泄放阀将汽水分离器和储水罐内积水送往过热器二级喷水减温器。

第三节　锅炉启动方式

一、锅炉启动与停运的要求

锅炉在启动和停运过程中既有安全问题又有经济问题。锅炉的启动和停运均是不稳定的变化过程。一方面，为了保证锅炉受热面及厚壁部件的安全性，要求限制加热和冷却的速度，以防产生过大的热应力；但另一方面，为了减少启动和停运过程中的损失，尽快并网发电，则要求加快启动和停运的速度。原则上应在确保安全的前提下尽量缩短启动和停运的时间，节约燃料和工质，使锅炉尽早投入运行。通常单元机组冷态启动时间为 6～8h，温态启动时间为 3～4h，热态启动时间为 1～2h。为此，对现代大型锅炉的启动和停运提出如下要求：

（1）缩短启动和停运过程的时间，以适应机组所承担的负荷性质的要求。

（2）燃烧稳定，燃烧热损失小。

（3）蒸汽流量与蒸汽参数要满足汽轮机的要求。

（4）锅炉各级受热面金属的工作温度不超过其材料的允许温度。

（5）厚壁部件温升均匀，减少寿命损耗。

（6）给水品质、锅炉水品质与蒸汽品质合格，防止锅内腐蚀和杂质对阀门、管道与汽轮机叶片的侵蚀。

（7）工质和热量排放量要少，并尽可能多地回收工质和热量。

（8）技术指令和运行操作正确无误。

二、锅炉启动方式的分类

1. 按启动前设备的状态分类

按照启动前设备的状态，锅炉启动可分为冷态启动和热态启动。冷态启动是当锅炉经过较长时间检修或较长时间的停运后，锅炉蒸汽系统没有表压，其温度与环境温度相接近的情况下的启动。热态启动则是锅炉经过较短时间的停运，锅炉蒸汽系统还保持有一定表压，温度高于环境温度情况下的启动。

各个火电厂根据机组制造厂家的资料，通常会把启动前机组在热备用状态程度上不同的热态启动加以详细划分，如分为温态启动、热态启动、极热态启动。冷态启动和热态启动的差别仅在于锅炉的备用状态不同，因而热态启动和冷态启动相比，其部分工作可以简化和省略，可以将其视为以冷态启动过程中的某中间状态作为起点的启动过程。由于启动前设备的状态（温度和压力）不同，故在锅炉启动过程中对升温升压的速度等要求也是不同的，所以在机组启动之前，必须首先确定设备所处的状态，然后按照相应的启动要求进行操作，以保证启动过程的安全。

不同机组启动状态划分的具体标准是不同的，既可以按照停运时间的长短进行划分，也可以按照启动前金属温度的高低来划分。例如，某 600MW 机组对启动状态的划分如下：

（1）按停机时间划分。该机组的启动状态可分为：

冷态：停机超过 72h。

温态：停机 10～72h。

热态：停机 1～10h。

极热态：停机不到 1h。

（2）按汽轮机状态划分。该机组的启动状态可分为：

冷态：汽轮机高压缸第一级内上缸金属温度为 150～290℃。

温态：汽轮机高压缸第一级内上缸金属温度为 290～350℃。

热态：汽轮机高压缸第一级内上缸金属温度为 350～400℃。

极热态：汽轮机高压缸第一级内上缸金属温度大于 400℃。

综上，锅炉、汽轮机均处于冷态时，机组为冷态启动；锅炉、汽轮机均处于热态时，机组为热态启动；当锅炉冷态而汽轮机热态时，汽轮机冲转前锅炉按冷态启动时的要求选择升压率、升温率，汽轮机冲转后锅炉、汽轮机均为热态启动。

锅炉的启动时间（从点火到机组并网），与汽轮机相匹配，一般满足以下要求：

冷态启动：5～6h。

温态启动：2～3h。

热态启动：1.0～1.5h。

极热态启动：小于 1h。

2. 按蒸汽参数分类

按照蒸汽参数的不同，锅炉启动方式可以分为额定参数启动和滑参数启动两种。

（1）额定参数启动是机炉分别启动的方式，用于母管制机组。锅炉点火后升温升压，直到蒸汽的参数达到了额定参数时方才允许并入蒸汽母管，而汽轮机启动时从蒸汽母管中取用高参数蒸汽。额定参数启动方式的安全性和经济性都较差。

（2）单元制机组通常采用滑参数启动，这种启动方式又称"机炉联合启动"。滑参数启动又可以分为真空法启动和压力法启动两种。

1）真空法滑参数启动是在锅炉点火前，把锅炉与汽轮机之间的所有空气阀全部关闭，把从锅炉至汽轮机进口蒸汽管道上的阀门全部打开。汽轮机投入油系统，利用盘车装置低速回转汽轮机，以便在蒸汽进入汽轮机时转子能得到均匀加热。启动凝结水泵，并投入相应的系统，凝汽器抽真空，真空一直抽到锅炉饱和蒸汽输出点，从而将锅炉受热面内的空气同时抽走。待真空达 40～50kPa 时，锅炉开始点火，锅炉水在真空状态下汽化，在不到 0.1MPa 的蒸汽压力下就可冲动汽轮机。随着锅炉燃料量的增大，提高蒸汽温度和蒸汽压力，用低参数蒸汽暖管、暖机、汽轮机升速和带负荷，蒸汽温度是从低到高逐渐上升的，这既可使过热器和再热器得到充分冷却，促进锅炉水循环及减小汽包壁的温差，也可使锅炉产生的蒸汽得到充分利用。但由于真空法启动存在疏水困难，蒸汽过热度低，转速难以控制，易引起水击，真空系统庞大等缺点，故目前一般不采用这一方法。

2）压力法滑参数启动，是指待锅炉所产生的蒸汽具有一定的压力和温度后，才开始冲转汽轮机，然后再转入滑压运行的启动方式。采用压力法滑参数启动方式，初始阶段冲转汽轮机的蒸汽压力较高，大机组冲转压力一般在 3～9MPa，蒸汽过热度在 50～100℃。冲转参数的提高，有利于汽轮机升速和通道湿度控制，可以消除转速波动和水冲击对汽轮机的损伤。同时，由于再热蒸汽温度升高，对高、中压缸合缸的汽轮机而言，非常有利于减少其汽缸热应力。但在启动过程中由于汽轮机存在应力和胀差问题，因此冲转参数也不宜过高。

采用压力法滑参数启动方式可以提高启动过程的经济性与安全性：①锅炉点火后产生的低参数蒸汽得到了充分利用，减少了启动过程的工质和热量损失；②蒸汽进入汽轮机时，参数较低，阀门开度较大，减少了节流损失；③机炉同时启动，缩短了启动时间，减少了启动过程的热量损失；④蒸汽的参数低，允许的通流量较大，有利于过热器的冷却，还有效地减小了汽轮机的热应力。所以，大型单元制机组普遍采用压力法滑参数机炉联合启动方法。

第四节 直流锅炉的冷态滑参数启动

对于单元制超超临界直流锅炉机组，锅炉的冷态启动过程一般包括启动前的检查与准备、点火前清洗与吹扫、点火、升压等几个阶段，如图 11-7 所示。

但若出现以下任一情况，锅炉禁止启动：①DCS 系统工作异常，影响锅炉的运行操作和监视；②热控主要仪表工作异常，机组重要参数无法监视；③FSSS 不能正常投运；④锅炉水压试验不合格；⑤FSSS、大联锁保护功能试验不合格；⑥仪用压缩空气系统不正常，压缩空气压力低于 0.6MPa；⑦主要设备交接试验项目中有关启动前的测量及试验不合格；⑧发现有其他威胁锅炉安全启动或安全运行的严重缺陷。

一、启动前的准备

锅炉大、小修工作结束后，再次启动之前，首先要对检修后的锅炉设备进行验收；其次要做转动机械的试转，完成相关校验和试验工作；最后在启动锅炉之前，要对设备和系统做全面的检查与相关准备，以确认符合启动的条件。启动前的具体检查和准备工作如下：

1. 锅炉设备检修后的验收

锅炉机组大、小修后，应按验收制度规定的项目和标准对其设备进行逐项验收，以确保检修质量，并确认可以投入运行。

（1）锅炉的内部验收。①炉墙及烟、风道应完整无裂缝，且无明显的磨损和腐蚀现象；②内部无明显焦渣、积灰和其他杂物；③各受热面无裂缝及明显的超温、变形、腐蚀和磨损减薄现象；④各紧固件、管夹、挂钩完整；⑤所有脚手架均已拆除等。

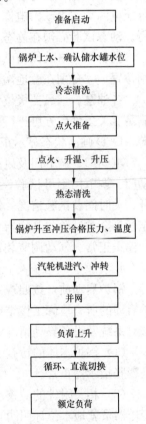

图 11-7 锅炉的冷态启动

（2）锅炉的外部验收。①拆除为检修工作而搭设的临时设施，设备、系统已恢复原状，临时孔、洞已封堵；②现场整齐、清洁、无杂物堆积；③所有栏杆应完整，各平台、通道、楼梯均应完好且畅通无阻；④现场照明良好，光线充足；⑤各看火孔、检查孔、人孔门应完整，开关灵活且关闭后的密封性能良好；⑥锅炉各处保温应完全，无脱落现象；⑦锅炉钢架、炉顶大梁及吊攀、刚性梁等外观无明显缺陷，所有膨胀指示器完整良好；⑧现场设备铭牌齐全、编号正确等。

2. 锅炉辅机的试运转

锅炉的辅机很多，为保证锅炉辅机在启动过程中可按时、顺利地投入运行，在锅炉启动之前应对辅机进行试运转。锅炉最重要的辅机有空气预热器、风机等。

任何一台辅机的试运转必须在以下条件下方可进行：①该辅机的相关附属设备已完成检查、校验和试运转；②该辅机的通道、系统能满足试运转要求。

3. 完成各项校验和试验工作

在锅炉启动之前，必须完成的校验和试验项目主要有：①锅炉的水压试验；②风机的动平衡校验；③各煤粉管道的阻力调节试验；④炉内空气动力场试验；⑤空气预热器冷态漏风试验；⑥电除尘器的电场空载升压试验；⑦锅炉辅机电气联锁及热机保护校验；⑧锅炉联锁保护试验和事故按钮试验等。

设备试验方法分静态、动态两种：静态试验时，10kV 以上设备仅送试验电源，400V 低压电源均送上动力电源；动态试验时，控制、动力电源均送上。试验在机组检修后进行。动态试验必须在静态试验合格后方可进行。

拉合闸及事故按钮试验（静态）：①分别启动各辅机，做拉合闸试验应良好，恢复合闸位置；②分别在就地用事故按钮停止各辅机，各相应辅机应跳闸，声光信号报警正常。

各油泵、烟风挡板位置等应满足顺控要求条件，保护、联锁试验前，热工人员应强制满足有关条件后方可进行试验。各联锁、保护及事故按钮试验动作应准确、可靠，声光报警、LCD 画面状态显示正常。

电动门、调节门及风门挡板试验合格。试验要求：已投入运行的系统及承受压力的电动门、调节门不可试验；有近控、远控的伺服机构，远控、近控都要试验，并专人记录开、关时间及试验情况。试验方法：按照试验卡对所有电动门及风门挡板进行远控和近控全开、全关试验，开度指示与就地指示应一致，有中间停止的电动门及风门挡板要试验中间停止正常。气动调节装置应动作灵活，无漏气及异常现象。

4. 完成全面检查确认工作

锅炉启动前，按照规定的内容和标准对锅炉及其系统做全面的检查确认工作，影响锅炉启动的所有检修工作结束，工作票终结；检修设施拆除，现场卫生清理干净；运行人员核对系统及设备异动情况，使相关设备和系统处于随时投入运行的准备状态。具体包括：

（1）锅炉本体的检查。锅炉本体无人工作；各人孔门、检查门、观火门全部关闭；各处膨胀指示器正常。

（2）相关附件的检查。①汽包或储水罐水位计（就地水位计、电接点水位计、各水位变送器及就地水位计照明）完好；②所有安全门完好；③所有吹灰器和烟温探针完好并处于退出状态；④炉膛火焰检测器和摄像头完好；⑤油枪完好并进退无卡涩；⑥燃烧器二次风挡板位置正确等。

（3）主要系统的检查。启动前确认下列系统符合规程规定的启动条件：锅炉的汽水系统、过热器和再热器减温水系统、锅炉的疏水与排气系统、风烟系统、制粉系统、暖风器系统、辅汽系统、吹灰蒸汽系统、锅炉闭式水系统、厂用气和仪用气系统、服务水系统、风机油系统、燃油系统、空气预热器及其辅助系统等。

5. 对锅炉辅助系统的准备和检查

锅炉启动前，按相关规定的项目和标准对相关的辅助系统做必要的准备和检查：①输煤系统给煤仓上煤；②做好油系统的必要检查；③除灰除渣系统的检查和准备；④脱硫系统的检查和准备；⑤脱硝系统的检查和准备；⑥化学水处理系统准备好除盐水和化学药品。

二、冷态启动过程

1. 锅炉附属设备与系统启动

（1）投入辅机冷却水系统。

（2）投入闭式冷却水系统。

（3）投入仪用压缩空气系统，检查气压正常。

（4）投入辅助蒸汽系统，检查压力、温度正常。

（5）启动风烟系统润滑油站，检查油压正常。

（6）启动制粉系统油站，原煤仓上煤至10m以上。

2. 锅炉上水

锅炉上水方式有两种：采用汽动给水泵前置泵上水和在凝汽器真空建立以后启动一台汽动给水泵向锅炉上水。

（1）采用汽动给水泵前置泵上水：

1）检查除氧器水温，加温至80℃以上。

2）按《汽动给水泵启动检查卡》将汽动给水泵恢复至启动前状态。

3）投入汽动给水泵润滑油和控制油系统。

4）投入汽动给水泵密封水冷却水。

5）开启汽动给水泵进口电动门向汽动给水泵注水。

6）注水完毕，确认汽动给水泵再循环门开启，启动该前置泵运行打循环。

7）开启汽动给水泵出口门和锅炉给水旁路调节阀向锅炉上水。

8）投入汽动给水泵盘车。

（2）在凝汽器真空建立以后启动汽动给水泵向锅炉上水：

1）将汽动给水泵恢复至启动前状态。

2）启动汽动给水泵。

3）开启汽动给水泵出口门和锅炉给水旁路调节阀向锅炉上水，根据锅炉需要控制给水流量。

4）给水泵汽轮机低流量运行过程中要注意排汽温度控制在120℃以内。

（3）锅炉上水的具体方法：

1）检查361阀处于自动状态。

2）检查储水罐水位小于12m。

3）检查给水系统所有疏放水门关闭，锅炉汽水分离器前所有疏放水门关闭，锅炉一、二次汽水系统疏水门开启。

4）检查所有锅炉手动排空气门全开，电动排空气门处于开启状态，关闭所有充氮门。

5）检查锅炉疏水扩容器、疏水泵及其管路系统均处于备用状态。

6）关闭启动疏水泵至凝汽器管路的电动闸阀，开启361阀进口总管的电动闸阀。

7）检查汽动给水泵组正常，具备启动条件。

8）启动汽动给水泵前置泵向锅炉上水，或者冲转给水泵汽轮机向锅炉上水。

9）开启锅炉给水旁路调节阀控制上水流量为不大于 10%BMCR，上水至储水罐水位达到 12m 时，关闭锅炉汽水分离器前所有排空气门，锅炉上水完成。

10）锅炉疏水扩容器冷却水调节阀投入自动控制，控制锅炉疏水扩容器排水温度不超过 80℃。

11）省煤器入口水质含铁量小于 200μg/L。

（4）锅炉上水注意事项：

1）上水时间：夏季不少于 2h，冬季不少于 4h。

2）控制锅炉上水流量，严格控制汽水分离器内外壁温差不大于 28℃。

3）进入锅炉的给水必须是合格的除盐水且需化学加药。

4）上水过程中应该就地检查水冷壁的振动情况，以及系统管道阀门有无泄漏。

5）上水时应防止过热器、再热器进水。

6）上水前、后和启动过程中应分别记录锅炉各个膨胀指示器。

3．锅炉冷态清洗

锅炉清洗主要是清洗沉积在受热面上的杂质、盐分和因腐蚀生成的氧化铁等。锅炉清洗包括冷态清洗和热态清洗。锅炉上水完成后进入锅炉冷态清洗阶段，冷态清洗过程又分为开式清洗（清洗水全部通过 361 阀后经疏水泵排出系统外）和循环清洗两个阶段。

（1）冷态清洗条件。锅炉冷态清洗前要满足以下条件：

1）储水罐压力低于 686kPa。

2）已完成给水系统管道（省煤器前）清洗。

3）锅炉上水完毕。

4）储水罐水位控制阀（361 阀）处于自动状态。

5）锅炉疏水冷却水门及其旁路门关闭。

6）361 阀去凝汽器电动闸阀关闭，去机组排水槽电动闸阀开启。

（2）冷态开式清洗阶段。接受开始锅炉清洗的指令后，维持储水罐水位在 7000～10 000mm，关闭 361 阀出口至凝汽器电动闸阀。同时，开启 361 阀出口至排污扩容器电动闸阀，启动系统清洗水切换至凝汽器。提高除氧器出口水温至 110℃。启动汽动给水泵前置泵供水，提供锅炉清洗用水。在锅炉第一次冷态开式清洗过程中，先不安装 361 阀阀芯，待锅炉冷态开式清洗完成后再装。在锅炉冷态开式清洗过程中，锅炉疏水排至机组排水槽，直至储水罐下部出口水质优于下列指标：含铁量小于 500μg/L，pH 小于或等于9.5，冷态开式清洗结束。

（3）冷态循环清洗阶段。锅炉疏水回收至凝汽器，维持 25%BMCR 清洗流量进行循环清洗，直至汽水分离器排水水质优于下列指标：含铁量小于 100μg/L，pH 为 9.3～9.5，水的电导率小于或等于 1μS/cm，冷态循环清洗结束。

4．锅炉风烟系统投入

（1）检查确认锅炉本体、各风烟道人孔门、看火门均已关闭严密，炉底水封投运正常。

（2）启动 A、B 空气预热器主电动机。检查 A、B 空气预热器主电动机转动正常，确认烟气挡板已开启，投入 A、B 空气预热器气动马达联锁。

（3）启动一侧引风机，检查其一切正常。调节炉膛负压至 -100Pa 左右，将静叶（动叶）调节投入自动。启动同一侧送风机，检查其一切正常。

（4）启动另一侧引风机，检查其一切正常。调节炉膛负压至－100Pa 左右，将静叶（动叶）投入自动。启动另一侧送风机，检查其一切正常。

（5）通过配合调节引风机静叶（动叶）、送风机静叶（动叶）开度，调节炉膛负压在－100Pa 左右，维持炉膛通风量为 30％～40％BMCR 所需的风量。

（6）启动一台交流火检风机，将备用风机投入备用。

5. 炉膛吹扫

（1）炉膛吹扫条件。炉膛吹扫应满足以下条件：

1）MFT 条件不存在。

2）FSSS 电源正常。

3）至少有一台送风机、一台引风机在运行。

4）两台空气预热器运行。

5）炉膛风量为 30％～40％BMCR 所需的风量。

6）全部等离子点火系统停运。

7）全部一次风机、给煤机、磨煤机跳闸。

8）所有磨煤机煤粉分离器出口挡板全关。

9）炉膛中无"火焰存在"信号。

10）炉膛压力正常。

11）火检冷却风压力正常。

12）所有烟气挡板在吹扫位置。

13）所有二次风箱入口挡板处于可调节状态并在吹扫位置。

以上条件全部满足后发出"吹扫条件准备好"信号。

（2）手动启动"吹扫"指令。炉膛吹扫时间为 5min，吹扫计时完成后发出"吹扫完成"信号，自动复归 MFT 继电器。若吹扫过程中，上述任一条件失去，即"吹扫中断"；条件满足后，重新吹扫计时。吹扫完成后，应始终维持炉膛通风量为 30％～40％BMCR 所需的风量，直至锅炉负荷达到相应水平时止。

6. 锅炉点火

（1）点火前，启动汽动给水泵运行，将锅炉给水流量调节至 487t/h。

（2）投入炉膛红外线测温仪。

（3）启动一次风机运行，调节一次风压正常，投入一次风压自动。

（4）启动一台密封风机，另一台密封风机投备用。

（5）B、F 制粉系统选择"等离子点火模式"，磨煤机暖风器已将一次风温提至 150℃。

（6）等离子拉弧点火成功，检查正常后，以变频方式启动对应制粉系统运行，检查着火正常，将未投运的燃烧器的二次风挡板和燃尽风挡板关小，注意燃烧调节。

（7）投入空气预热器连续蒸汽吹灰。

（8）通知化学值班员注意检测水质。

（9）通知辅网投入电除尘除灰系统运行。

（10）调节燃烧，控制水冷壁金属温度温升率不超过 2.0℃/min、蒸汽压力以 0.05MPa/min 的速率升温升压。

(11) 主蒸汽压力达 0.2MPa，关闭锅炉汽水分离器后所有排空气门；主蒸汽压力达 0.5MPa，关闭锅炉一次汽水系统所有疏水门；再热蒸汽压力达 0.5MPa，关闭锅炉再热蒸汽系统所有疏水门。检查凝汽器允许进汽条件满足，投入高、低压旁路，检查高、低压旁路阀开启到最小开度（10%）。

(12) 锅炉点火后，汽水分离器压力达到 0.5～0.7MPa 时，储水罐水位会因汽水膨胀突然升高，应注意 361 阀能否正常控制水位。监视储水罐水位，在膨胀前将储水罐水位调节到 5000～7000mm，防止储水罐和汽水分离器满水。

(13) 当锅炉热一次风温达 180℃时，退出磨煤机暖风器运行。根据磨煤机出力情况及时启动第二台磨煤机，注意两台磨煤机出力调节均衡。

7. 锅炉热态冲洗

(1) 锅炉热态冲洗步骤。具体如下：

1) 汽水分离器压力在 1.25～1.50MPa，汽水分离器出口温度达到 190℃时，锅炉开始进行热态清洗，联系化学值班员取样化验汽水分离器储水罐的水质。

2) 冲洗流程：给水系统→省煤器→水冷壁→汽水分离器→储水罐→361 阀→疏水扩容器→凝汽器或外排。

3) 热态清洗时控制给水流量约为 487t/h。

4) 汽水分离器排水水质含铁量小于或等于 50μg/L，热态清洗结束，继续升温升压。

(2) 锅炉热态冲洗注意事项。当汽水分离器进口温度达到 190℃，维持蒸汽温度稳定，锅炉开始热态冲洗，联系化学值班员取样化验汽水分离器和储水罐的水质。热态清洗阶段应控制锅炉的燃料量，维持水冷壁出口温度在 190℃。当水冷壁出口温度升高时，应适当减少燃料量，以便水冷壁出口温度能维持在 190℃。

当汽水分离器中产生蒸汽时，汽轮机旁路阀应处于自动状态。由于水中的沉积物在 190℃时达到最大，因此升温至 190℃时应进行水质检查，检测水质时停止锅炉升温升压。锅炉点火后，应注意出现汽水受热膨胀会导致储水罐水位突然升高，应保证 361 阀能正常控制储水罐水位；锅炉点火后，应打开顶棚出口集箱及后包墙下集箱疏水阀进行短时间的排水以确保该处无积水。热态清洗时，清洗水全部排至凝汽器。

8. 升温、升压

热态清洗结束后锅炉按"冷态启动曲线"增加 B(F) 给煤量。以旁路控制压力、燃料量控制温度的方法进行升温、升压，严格控制升温、升压速度，汽水分离器入口升温速率小于或等于 2℃/min。

升压、升温阶段，主蒸汽温度在 100℃以下时，温升率不得超过 1.1℃/min；在汽轮机冲转前，控制汽水分离器出口温度温升率不大于 1.5℃/min，汽水分离器和储水罐金属内壁温升率不大于 5℃/min，内外壁温差不大于 25℃，各相邻屏间温差不大于 50℃。

汽轮机旁路控制升压时，将按小于或等于 0.10MPa/min 的速率将主蒸汽压力升至汽轮机冲转所需的压力，即 8.73MPa。

在主蒸汽压力达 8.7MPa 后，汽轮机旁路的升压结束而进入冲转压力阶段。在达到冲转压力后，主蒸汽压力仍由汽轮机旁路控制在 8.7MPa。在汽轮机进行冲转、升速、暖机和并网时，均由汽轮机旁路控制主蒸汽压力。

当主蒸汽压力在 8.7MPa 时，主蒸汽温度达 380℃（汽轮机冷态冲转所要求的参数），应适当减少燃料量，保持参数稳定，等待汽轮机冲转。

从点火至并网，应控制炉膛出口烟温小于 540℃，否则应及时减少燃料量。

在锅炉升压过程中，应加强与化学值班员的联系，当汽水品质超标时，应停止升压并采取措施，待水质合格后方可继续升压。

9. 汽轮机冲转

当主蒸汽压力为 8.0MPa、主蒸汽温度为 380℃，再热蒸汽压力为 0.8MPa、再热蒸汽温度为 320℃，主蒸汽品质合格（含铁量小于或等于 20μg/kg、含钠量小于或等于 20μg/kg、SiO_2 含量小于或等于 50μg/kg、电导率小于或等于 1μS/cm、含铜量小于或等于 5μg/kg）时，汽轮机进行冲转，推荐采用中压缸启动。

汽轮机冲转后升速至 1500r/min 时进行中速暖机。暖机过程应通过燃烧调节、旁路系统维持主蒸汽压力、主蒸汽温度和再热蒸汽温度稳定。

中速暖机时间约 145min，然后升至 2350r/min，暖机约 75min。

10. 发电机并列初负荷暖机

(1) 中速暖机结束，汽轮机升速至 3000r/min 时准备并网，增强燃烧，主蒸汽压力逐渐升至 10.63MPa，保持稳定。

(2) 发电机并网后自动加负荷至 20MW（3%额定负荷）时进行初负荷暖机，暖机时间约 50min。

11. 机组升负荷至 165MW（25%额定负荷）

(1) 初负荷暖机结束后，逐步增加给煤量，以 33MW/min（0.5%额定负荷）速率增大负荷至 198MW（30%额定负荷），继续维持主蒸汽压力为 10.63MPa，主蒸汽温度、再热蒸汽温度按小于 1.5℃的温升率提升。

(2) 新机组或机组大修后的首次启动，应在 20%～30%额定负荷以上稳定运行 3～4h，然后解列发电机做主机超速试验。

(3) 当负荷达到 132MW（20%额定负荷），确认汽轮机高压加热器水侧投入，开始投入高压加热器水汽侧，注意燃烧调节、蒸汽温度控制。

(4) 当锅炉给水旁路调节门开度大于 75%时，开启给水操作台主给水电动门，当主给水电动门全开后，关闭给水旁路调节门。

(5) 两台磨煤机出力均达 50t/h（75%最大出力）时，启动第三台磨煤机，注意适当减少已运行磨煤机出力。

(6) 负荷达到 165MW 后，锅炉开始由湿态运行转为干态运行。

12. 锅炉由湿态转干态

(1) 机组负荷在 165MW 左右时，汽水分离器入口蒸汽开始出现过热度，汽水分离器的储水罐水位降至 8.8m 以下，检查 361 阀自动关闭，锅炉进入干态直流运行模式。开启省煤器出口至 361 阀暖管手动门及其电动门和汽水分离器的储水罐至过热器二级减温水暖管门。检查给水自动调节跟踪正常，通过煤水比控制中间点温度。

(2) 在转为干态运行的过程中，应严防给水流量和燃料量的大幅波动，造成干、湿态的交替转换。

(3) 机组进入干态直流运行工况后，应严密监视中间点温度（水冷壁出口混合集箱）的变化，保持合适的水煤比，控制过热蒸汽温度稳定。所有锅炉自动投入运行，各联锁保护投入，机组运行稳定。

（4）机组负荷在 198MW（30％额定负荷）以下时定压运行，主蒸汽压力为10.63MPa。

（5）机组负荷在 200MW（30％额定负荷）以上时，根据脱硝入口烟温情况（305℃），及时投入脱硝系统运行。

（6）根据再热冷段入口压力（1.5MPa 以上）、温度（300℃以上）情况，将空气预热器吹灰汽源由辅汽切为正常汽源。

13. 升温、升压、升至额定负荷

（1）机组负荷在 198MW（30％额定负荷，主蒸汽压力 9.93MPa，主蒸汽温度 435℃，再热蒸汽温度 420℃）以上时开始滑压运行，达到 90％及以上负荷时在额定压力下定压运行。

（2）机组负荷在 198MW（30％额定负荷）停留 10min，然后按 33MW/min 的负荷率（0.5％额定负荷）加负荷，按小于 0.15MPa/min 的升压率、小于 1.5℃/min 的升温率提升主蒸汽、再热蒸汽参数。

（3）机组负荷在 330MW（50％额定负荷，主蒸汽压力 17.31MPa，主蒸汽温度505℃，再热蒸汽温度 485℃）以上时根据燃烧情况，调平三套制粉系统运行出力，将B(F) 磨煤机运行方式由等离子运行方式切换为正常运行方式，根据燃烧情况逐渐停运等离子运行方式。

（4）机组负荷在 330MW（50％额定负荷）以上时检查各自动投入正常，一次调频、自动增益控制（AGC）根据当值值长命令投入，注意负荷波动、加强燃烧调节。

（5）机组负荷在 400MW（60％额定负荷，主蒸汽压力 17.5MPa，主蒸汽温度 555℃，再热蒸汽温度 545℃）时，根据情况投运第四套制粉系统，此时应密切注意炉膛火焰状况，必要时及时调节。

（6）机组负荷在 500MW（75％额定负荷，主蒸汽压力 21.36MPa，主蒸汽温度575℃，再热蒸汽温度 570℃）时，根据情况投入第五套制粉系统。

（7）机组负荷在 600MW（90％额定负荷，主蒸汽压力 28MPa，主蒸汽温度 605℃，再热蒸汽温度 623℃）时，主蒸汽压力、主蒸汽温度和再热蒸汽温度升至额定值。视情况可投入第六套制粉系统。

（8）全面检查锅炉运行正常，受热面全面吹灰一次。

三、启动注意事项

（1）锅炉启动过程中，要严格控制汽水分离器、储水罐等厚壁元件的温升率（小于或等于 2℃/min）。汽轮机启动后，要防止主蒸汽温度、再热蒸汽温度波动，严防蒸汽带水。锅炉在 25％以下低负荷运行时，要保持空气预热器连续吹灰。

（2）锅炉启动过程中，化学值班员应定期检测给水、蒸汽品质。投运等离子时同层全部投运，保证锅炉热负荷分布均匀。燃料量、给水量的调节应均匀，以防储水罐水位、主蒸汽温度、再热蒸汽温度、炉膛负压波动过大。

（3）锅炉启动过程中，要注意监视空气预热器各部参数的变化，防止发生二次燃烧，当发现出口烟温不正常升高时，投入空气预热器连续吹灰，并进行减少燃料量等必要处理。

（4）要注意监视炉膛负压、送风量、给煤机等自动控制的工作情况，发现异常及时处理。

（5）要注意监视燃烧情况，及时调节燃烧，使燃烧稳定，特别是在投入启停磨煤机时。锅炉启动和运行中，应注意监视过热器、再热器的壁温，严防过热爆管。等离子停运后，要注意保持良好备用，随时可投。

（6）大修后、长期停运后或新机组的首次启动，要严密监视锅炉的受热膨胀情况。从点火直到带满负荷，要做好膨胀记录，发现问题及时汇报。在下列时间应记录膨胀指示：上水前、后和过热蒸汽压力分别为 0.50、1.50、14.4、29.4MPa 时，检查锅炉膨胀情况，若发现膨胀不均，应调节燃烧。若膨胀异常增大，应停止升压，查明原因，待消除后，继续升压。

四、温态、热态和极热态启动过程

温态启动、热态启动和极热态启动时，锅炉还保持有一定的压力和温度，启动时的工作内容与冷态启动大致相同。它们是以冷态启动过程中的某一阶段作为启动的起始点，而起始点以前的某些工作内容在此处可以省略或简化，因此它们的启动时间可以较短。

热态启动前的检查及准备和冷态启动相同，但不必进行炉内检查及联锁等一些试验，热备用炉点火前严禁冲洗煤粉管道。

和冷态启动相比，温态启动、热态启动和极热态启动的循环清洗过程一般可省略，要防止部件反被工质冷却降温。热态启动时，负荷率、升压升温率可适当快一些。其余的启动过程操作和前面所述的冷态启动过程相关部分基本相同。

五、商洛电厂锅炉的启动曲线

锅炉点火以后，由于燃料燃烧放热而使锅炉各部分逐渐受热，受热面和其中工质的温度也逐渐升高。水开始汽化后，蒸汽压力逐渐升高。从锅炉点火直到蒸汽压力升高到工作压力的过程，称为升压过程。与此同时，工质的温度也在不断升高，由于水和蒸汽在饱和状态下温度和压力之间存在对应关系，所以蒸发受热面的升压过程也就是升温过程。通常用控制升压速度的方法来控制升温速度。

在锅炉的升压过程中，升压速度太大，将影响各部件（特别是厚壁部件）的安全；但如果升压速度太小，将延长机组的启动时间，增加启动时的经济损失。直流锅炉由于没有汽包这个厚壁部件，因此其升压升温比较快。

对于不同类型的锅炉，应当根据其具体的设备条件，通过启动试验，确定升压各阶段的温升值或升压所需要的时间，由此制定出锅炉的启动曲线，用以指导锅炉启动时的升压升温操作。

商洛电厂锅炉冷态、温态、热态、极热态启动、滑参数停机曲线如图 11-8～图 11-12 所示。其中温度值仅为设计值，在此基础上可考虑 ±20℃ 的偏差。

六、直流锅炉干、湿态转换控制

超（超）临界直流锅炉的启动和停运中需要经过一个干、湿态转换的过程（即转态过程），这是直流锅炉启停过程中的一个关键控制点，只有保证锅炉顺利通过干、湿态转换，才能继续后续的工作。

超（超）临界直流锅炉干、湿态转换是启停过程中必须经过的一个较为特殊的阶段，

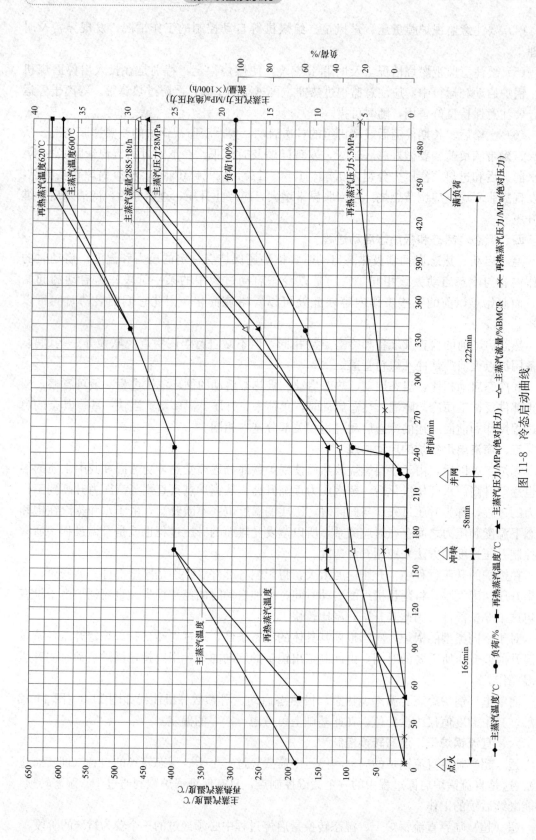

图 11-8 冷态启动曲线

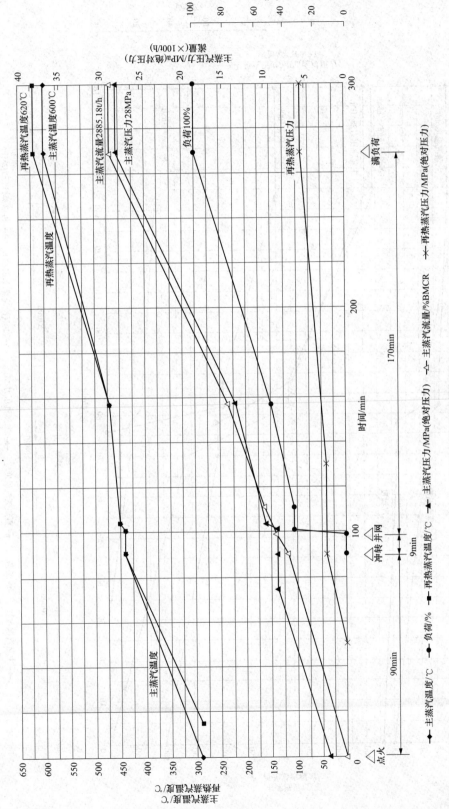

图 11-9　温态启动曲线

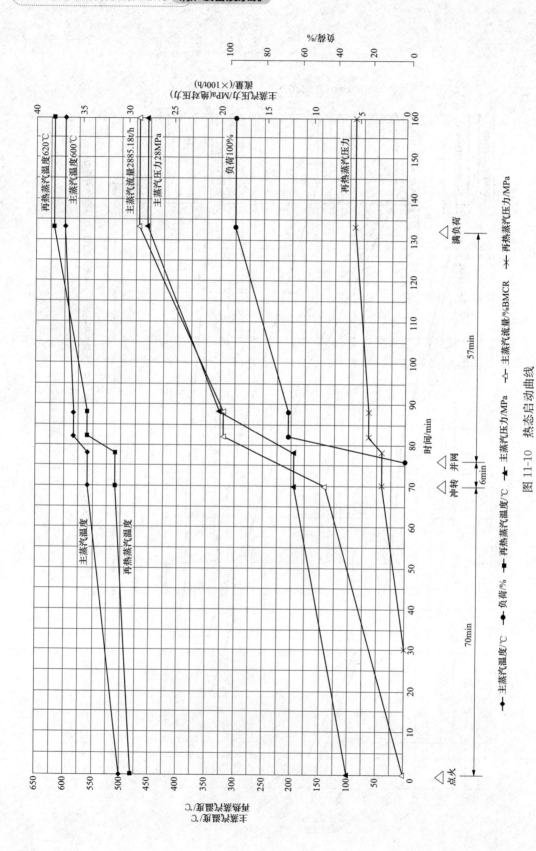

图 11-10 热态启动曲线

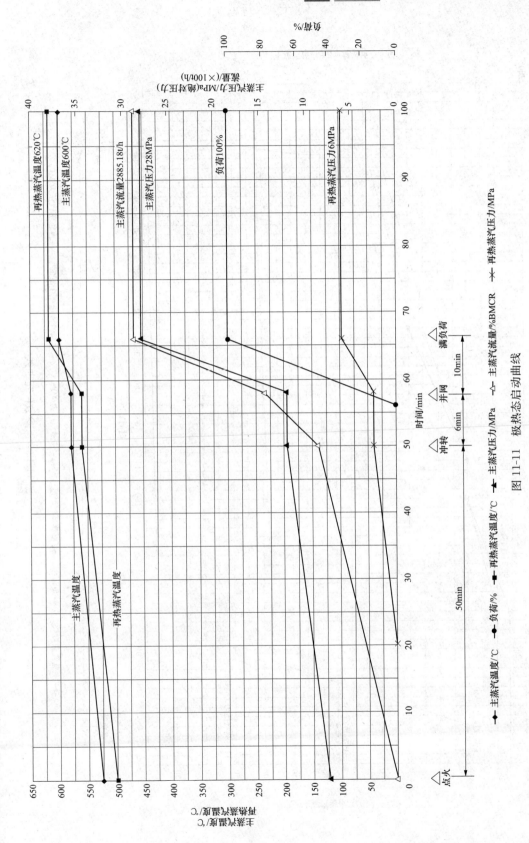

图 11-11　极热态启动曲线

图例：
- 主蒸汽温度/℃
- 负荷/%
- 再热蒸汽温度/℃
- 主蒸汽压力/MPa
- 主蒸汽流量/%BMCR
- 再热蒸汽压力/MPa

（图中标注）
再热蒸汽温度620℃
主蒸汽温度600℃
主蒸汽流量2885.18t/h
主蒸汽压力28MPa
负荷100%
再热蒸汽压力6MPa
主蒸汽温度
再热蒸汽温度

点火　冲转　并网　满负荷
50min　6min　10min

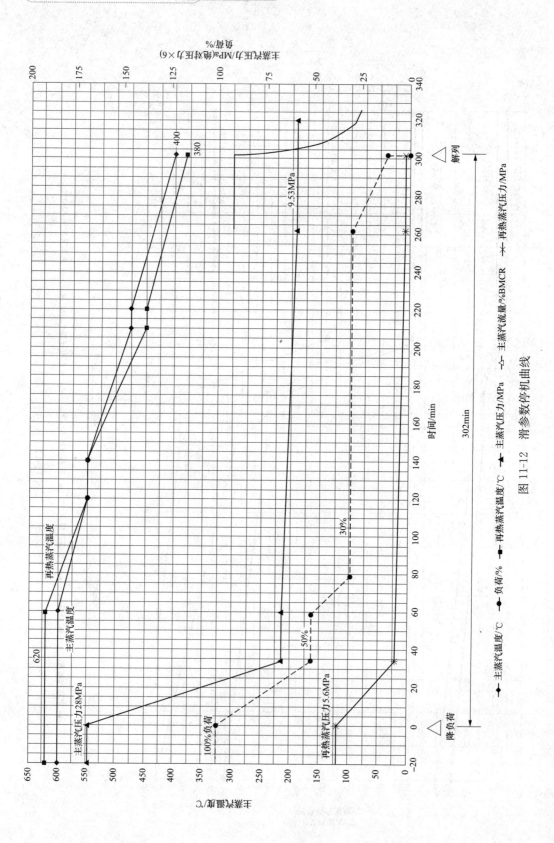

图 11-12　滑参数停机曲线

这个阶段是一个工质循环流动和一次强制流动相互转换的阶段，在此转换过程中主蒸汽压力、主蒸汽温度、过热度、储水罐水位及燃料量等参数均会变化。如果干、湿态转换控制较好，则以上参数均会平稳变化，进而顺利完成干、湿态转换；否则，会造成诸如储水罐水位剧烈波动等不稳定工况，严重时会造成干、湿态的交替转换，延误启停时间，进而威胁机组安全。

干、湿态转换过程中，要维持给水量不变，逐渐增加燃料量，升负荷维持主蒸汽压力在13MPa左右。待361阀自动关闭至0%，汽水分离器进口过热度变化率大于0.5℃/min，出现过热度，开始转态。直至汽水分离器过热度维持在30℃左右时，关闭361阀及阀前电动门，转态完成。

转态过程中，可通过升负荷控制升压速率，使主蒸汽压力稳定在13MPa左右，防止汽水分离器压力大于15MPa，361阀及阀前电动门保护关闭，无法打开。

燃料量增加速率控制在0.5~1.0t/min，过热度变化率不宜超过2℃/min，防止燃料量增加过快而导致过热度升高过快，水冷壁受热面超温。

转态过程中，过热蒸汽温度会先下降再上升，应提前减增减温水进行预控。

转态过程中，要维持给水量不变，当出现过热度升速过快时，可适当增加给水量，但给水量增加不宜过大，防止干湿态频繁转换或蒸汽压力升速过快。

宜在机组负荷200MW以下完成转干态运行。

汽水分离器过热度大于20℃时，过热蒸汽会缓慢蒸干储水罐内存水，也可手动小开度开启361阀进行放水，直至液位低于1m。开启储水罐至过热器二级减温水电动门后，应注意储水罐水位变化。

转态完成后，要注意疏水扩容器液位，及时停止疏水泵，并将疏水切至机组排水槽，防止影响凝汽器真空。

第五节　超超临界锅炉的停运

锅炉停运是指锅炉从运行状态逐步转入停止燃烧、降压和冷却的过程。在停炉过程中应注意的主要问题是使机组缓慢冷却，防止由于冷却过快而使锅炉部件产生过大的温差热应力，造成设备损坏。

一、锅炉停运的方式

锅炉停运可分为正常停炉和事故停炉两种。

1. 正常停炉

锅炉设备运行的连续性是有一定限度的。当锅炉运行一定时间后，为了恢复或提高锅炉机组的性能，预防事故的发生，必须停止运行，进行有计划的检修，此称为检修停炉。当外界负荷减少，为了保证发电厂及电网运行的经济性和安全性，经调度计划，要求一部分锅炉停止运行转入备用，此称为热备用停炉。这两种停炉都属于正常停炉。

按照停炉方式的不同，正常停炉一般又分为额定参数停炉和滑参数停炉两种。

（1）额定参数停炉。额定参数停炉是指随着锅炉减弱燃烧，汽轮机逐渐关小调节阀降负荷，维持主蒸汽压力和主蒸汽温度基本不变，当负荷达到解列负荷时，机组解列，锅炉停止燃烧，此时锅炉依然保持较高的温度水平。这种停炉方式的特点是停炉过程参数基本不变，通常用于紧急停炉和热备用停炉。因为锅炉熄火时蒸汽的温度和压力很高，有利于下一次启动。

（2）滑参数停炉。滑参数停炉指汽轮机主汽门、调速汽门全开，锅炉滑压、滑温、降负荷，保证蒸汽压力、蒸汽温度、流量适应于汽轮机滑压、滑温、降负荷的要求，直至负荷至零，汽轮机停机，锅炉熄火停炉，随后进入冷却阶段。机组停炉一般采用滑参数停炉的方式。

单元机组滑参数停炉的主要优点如下：

1）缩短了停运时间。在滑参数停炉时，将锅炉负荷减到零时的蒸汽参数已经很低，这就缩短了锅炉和汽轮机的冷却时间，以便及早开工检修。

2）增加了机组的安全可靠性。在机组降负荷过程中，随着锅炉出口蒸汽参数逐渐降低，各部分工质的温度和压力也降低，锅炉各部件冷却均匀，但是工质的流量减少得较慢；由于停运的最终参数低，过热器、再热器、省煤器的冷却得到保障；由于停止供汽时的蒸汽参数低，锅炉和汽轮机的热应力很小。

3）能提高经济性。采用滑参数停炉，除了减少停运时间并减少燃料和工质损耗外，还可利用锅炉的余热发电。

2. 事故停炉

在锅炉运行中，发生异常时，为防止事故的进一步扩大，进而导致设备损坏或危及人员安全，就必须停止锅炉机组的运行，这种情况下的停炉称为事故停炉。若事故严重，需要立即停炉，称为紧急停炉；若事故不严重，但为了安全不允许锅炉机组继续长时间运行下去，必须在一定时间内停止运行时，称为故障停炉。故障停炉的时间，应根据故障的大小及影响程度决定。

二、锅炉停运时的冷却

锅炉停运时降压、减温、冷却的时间，与锅炉设备的运行状况、结构形式等因素有关。锅炉停运时的冷却是当锅炉停止运行以后，储存在锅炉机组内部工质、金属和炉墙构架中的热量，逐渐耗费于下列几方面而使机组逐步冷却：①经锅炉外表面散失到周围介质中；②由冷却过热器的排汽带走；③经锅炉放水带走；④由进入炉膛和烟道的冷空气带走。

实践证明，锅炉机组与冷空气之间的对流热交换是锅炉停运时冷却的主要原因之一。当机械通风停止以后，即使锅炉烟道挡板关闭，但由于存在不可避免的缝隙，冷空气仍然可能借自然通风作用而漏入锅炉。因此，在停炉冷却的初期必须严密关闭烟道挡板和所有的人孔门、检查门、看火门和除灰门，保证水封水等，防止冷空气大量漏入炉内而使锅炉急剧冷却。

在停炉冷却过程中，锅炉汽包或汽水分离器等厚壁部件温度工况的特点是壁温和其内的水长时间地保持在饱和温度。由于厚壁部件向周围介质的散热很小，冷却较慢，因而造成了部件温度的不均匀性。在停炉过程中，应控制厚壁部件上下壁、内外壁温差在50℃以下，如果冷却过快，会引起厚壁部件产生很大的热应力。在停炉过程中，必须严格监视和控制厚壁部件的内外壁温差，使之不得超过规定值。

在停炉冷却过程中，过热器由于受到通风冷却，蒸汽便会在过热器蛇形管内凝结成水，可能会引起过热器管腐蚀。

当通过放水和补水冷却锅炉时，由于进入的水温较低，使蒸汽压力的下降和锅炉的冷却加快。在停炉冷却的过程中，不可随意增加放水和补水的次数，尤其不可大量放水和进水而使锅炉受到急剧的冷却。

锅炉停运后，如需进行快速冷却，通常在锅炉熄火后的一定时间内，可启动引风机对锅炉进行强制通风冷却，并适当增加放水和进水的次数。

对锅炉进行快速冷却时，将造成机组热力状况急剧变化，并可能出现危险的温差热应力。因此，快速冷却只能在事故停炉后必须对设备进行抢修时方可采用。

三、锅炉滑参数停运

在锅炉滑参数停运过程中，为防止机组由于降压降温速度过快而产生的热应力使设备损坏，应严格按照制造厂规定的降压降温速度，即按照滑参数停机曲线停运，滑参数停机曲线如图 11-12 所示。各个机组都有各自的滑参数停机曲线，这是一组关于锅炉停运过程中温度、压力和负荷随时间降低的曲线。

1. 正常停运前的基本要求

（1）接到机组停运命令后，应明确停炉方式：

1）机组额定参数停炉。适用于调峰或进行辅助设备检修而停炉，锅炉和汽轮机本体无停运检修项目，不需要对锅炉和汽轮机及相关的管道进行冷却。

2）机组滑参数停炉。适用于机组需要进行检修而停炉，为缩短开工检修时间进行的停炉。锅炉和汽轮机本体相关的管道存在缺陷，需要尽快冷却进行处理，采用滑参数停炉。

3）紧急停炉。适用于机组发生事故、危急人身和设备安全运行、突发的不可抗拒的自然灾害而停炉。

（2）机组停运前，在条件允许的情况下应正常完成各项试验工作。

（3）机组停运前，应考虑将原煤仓的存煤清空。

（4）在滑参数停炉时，再热蒸汽温度应同主蒸汽温度同步下降并匹配。

2. 停运前的主要准备工作

（1）对于停运后要进行检修或作为冷备用的正常停运的锅炉，在停运前应当停止向原煤仓上煤。一般要求停炉时将原煤仓的煤用完。

（2）做好投入油枪的准备工作，试油枪一次，以便在锅炉减负荷过程中稳定燃烧；对等离子点火系统进行一次全面检查，确认正常，并逐个试投，保证随时能投运，防止灭火。

（3）停运前记录锅炉各部膨胀指示。全面记录机侧一次蒸汽及金属壁温，然后从减负荷开始，在减负荷过程中每小时记录一次金属壁温。

（4）检查各自动调节系统，确认其状态正常。

（5）检查旁路系统。通知化学车间，关闭采样、加药门。

（6）机组在 70% 以上负荷时，对锅炉受热面进行全面吹灰，以保证各受热面在停运后处于清洁状态。投入空气预热器蒸汽吹灰，直到锅炉熄火。

（7）对锅炉进行一次全面检查。如发现设备缺陷，做好记录，以便检修时消除。

（8）锅炉停运过程应严格按照停运操作票执行。

（9）与其他岗位联系，做好锅炉停运准备工作，并提前通知相关人员到现场。

3. 机组减负荷

（1）接到停炉命令后，检查机组处于协调控制方式（coordinated control system，CCS）和滑压运行方式，在协调控制画面上设定目标负荷为330MW，以9MW/min的速率开始减负荷。确认旁路控制在跟踪状态。

（2）当机组负荷在594MW时，观察机组由定压区域进入滑压区域，主蒸汽压力随着机组负荷以0.75MPa/min的速率同步下降。

（3）当机组负荷在500MW时，停运一台上层磨，保留四套制粉系统。

（4）当机组负荷在400MW时，停运一台中层磨煤机，保留三套制粉系统。将给水泵汽轮机汽源切换为辅汽集箱供汽。注意辅汽集箱压力保持稳定。

（5）在降负荷过程中，监视所有给煤机煤量均降至50%时，根据燃烧情况将B(F)层等离子投入。

（6）当机组负荷减至330MW时，主蒸汽压力降至11.5MPa，主蒸汽温度和再热蒸汽温度保持在额定值。保持15min，然后视磨煤机出力情况，再停运一台中层磨煤机，保留两套制粉系统。检查各系统运行参数、自动控制正常。锅炉主控切换至手动，汽轮机主控在自动将机组控制方式切为汽轮机跟踪（turbine follow，TF）模式。当选择性催化还原脱硝（SCR）系统入口烟温低于305℃时，喷氨系统跳闸，做好脱硝系统停运其他工作。

（7）以6.6MW/min的速度减负荷至198MW，保持约190min。

（8）当机组负荷低于180MW时，给水切至旁路运行。将10kV厂用电源由工作厂高压变压器切至启动备用变压器，供用电由高压厂用变压器切至启动备用变压器。

（9）当机组负荷降到175MW时，缓慢减少燃料量，随着储水罐水位的上升锅炉转入湿态运行。当储水罐水位大于2.4m后，首先应关闭361阀暖管管路，储水罐的水位由361阀自动控制。维持锅炉给水流量大于487t/h。

（10）主蒸汽温度以0.8℃/min的速度降至555℃，再热蒸汽温度以1.2℃/min的速度降至550℃，保持20min；然后主蒸汽温度以1.0℃/min的速度降至485℃，再热蒸汽温度以1.1℃/min的速度降至473℃，继续保持20min；接着主蒸汽温度以1.0℃/min的速度降至405℃，再热蒸汽温度以1.3℃/min的速度降至380℃。

（11）主蒸汽压力在200min内由11.5MPa稍降至10.0MPa左右。

（12）继续以3.3MW/min的速度减负荷至66MW，主蒸汽压力维持10.0MPa不变，主蒸汽温度以1.0℃/min的速度、再热蒸汽温度以1.3℃/min的速度下降。

4. 发电机解列

机组负荷减至66MW，最后一台磨煤机停运后，停运A、B一次风机。汽轮机打闸，锅炉MFT动作灭火，逆功率来后解列发电机。

5. 锅炉MFT后操作

（1）机组解列，锅炉MFT动作后，确认MFT光字牌亮，炉膛熄火。

（2）确认锅炉MFT后，过热器一、二级及再热器减温水门关闭，两台一次风机停止运行，密封风机停止运行，所有进入锅炉的燃料全部切除。解列等离子系统。

（3）为防止水冷壁局部过热，在熄火前省煤器入口流量必须大于487t/h。

（4）保持30%以上额定风量，对炉膛进行5～10min的吹扫，停止送、引风机运行，将风烟系统严密封闭，进行闷炉。

（5）锅炉熄火后，严密监视空气预热器电流和进、出口烟气与空气温度，防止空气预热器二次燃烧。

（6）汽水分离器压力在 1.0MPa 左右，或锅炉水温度低于 170℃ 时，进行热炉放水，冬季可适当提高放水压力至 1.6～2.4MPa。

（7）短期停炉，为了保持锅炉压力，锅炉低点疏水必须尽快关闭。

（8）引风机停运后停止电除尘。

（9）对于温态停炉或热态停炉，空气预热器在没有工作的情况下，应继续运行。长期停炉，空气预热器入口烟气温度低于 80℃ 时，停止两台空气预热器运行。

（10）过热器出口压力未到 0MPa 以前，应有专人监视和记录各段壁温。

（11）锅炉停运及冷却过程中应严密监视汽水分离器和对流过热器出口集箱的内外壁温差，如发现这两处的内外壁温差超过允许范围时应减缓冷却速度。

（12）短期停炉，火检冷却风机保持运行；长期停炉在炉膛出口烟气温度低于 60℃ 时，方可停运火检冷却风机。

6. 锅炉热态闷炉

（1）当锅炉各受热面及风烟道无检修工作时采用热态闷炉，目的是缩短再启动时间。

（2）确认一次风机、密封风机跳闸。

（3）确认各减温水门、主给水电动门关闭。

（4）锅炉熄火后，立即将空气预热器扇形板强制退出到高限位置。

（5）吹扫完毕，停止送、引风机运行，将风烟系统及汽水系统严密封闭。

7. 锅炉强冷操作

锅炉停运后一般不进行强冷操作，除非锅炉设备高温部分有检修工作时才采用强冷操作，目的是缩短检修工期。锅炉强冷操作步骤如下：

（1）锅炉正常采用滑参数停运，吹扫 5～10min 后风烟系统密闭。汽动给水泵保持运行，除氧器加热继续进行，锅炉小流量上水。

（2）利用高低压旁路控制汽水分离器降压、降温速度，控制汽水分离器金属温度下降速率在 3℃/min 左右，降压速度不大于 0.3MPa/min，各管金属温度偏差不大于 50℃。

（3）锅炉强冷过程中，起初应控制给水量在 100t/h，同时控制给水温度使水冷壁温差不大于 25℃。随着汽水分离器前工质温度的降低，可适当加大给水量。

（4）当汽水分离器前工质温度达到 180℃ 时，启动引、送风机对炉膛进行强制通风冷却。

（5）当汽水分离器进口温度接近给水温度时，停止上水，锅炉强冷结束。

（6）炉膛各部分的烟气温度和排烟温度达到 50℃ 时，停止引、送风机运行。

（7）当水冷壁出口温度小于 100℃ 时，打开锅炉本体所有看火孔及人孔门。

（8）当过热器出口蒸汽压力降至 0.1MPa 时，打开水冷壁各放水阀、省煤器各放水阀和过热器、再热器排空阀，将锅炉水放尽。如需热炉放水，当过热器压力降至 0.8MPa 以下，锅炉水温度小于 170℃ 时，应快速热炉放水。

（9）锅炉放水后全开炉底渣斗关断门，开启风烟系统各风门、挡板，保持炉膛自然通风。

四、正常停运的注意事项

（1）在机组停运过程中及 MFT 时注意炉膛负压调节正常。

（2）在减负荷过程中，应加强对风量、中间点温度、储水罐水位及主蒸汽温度的监视和调节。

（3）在滑参数停炉过程中，要严密监视锅炉的膨胀情况。做好膨胀记录，发现问题及时汇报。应分别在 50%、30%、20% 负荷和停炉熄火后记录膨胀指示，若发现膨胀不均，应调节燃烧。

（4）在降负荷过程中，应注意各水位正常，及时解列高压加热器。汽动给水泵最小流量阀可根据负荷情况提前手动打开。

（5）在滑参数停炉过程中，汽轮机、锅炉要协调好，降温、降压不应有回升现象。

（6）停运磨煤机时，应密切注意主蒸汽压力、主蒸汽温度、炉膛压力的变化。注意蒸汽温度、汽缸壁温下降速度，蒸汽温度下降速度应严格符合滑参数停炉曲线的要求。蒸汽温度在 5min 内急剧下降 50℃时，应打闸停机。控制主蒸汽、再热蒸汽始终要有 50℃以上的过热度。过热度接近 50℃时，应开启主蒸汽、再热蒸汽管道疏水门，并稳定蒸汽温度。

（7）在降负荷过程中，应注意除氧器、凝汽器、高低压加热器水位变化，保持正常水位运行。锅炉完全不需要上水时，停止除氧器加热，停运汽动给水泵。

（8）若锅炉热备用，吹扫完成后停止送、引风机，关闭所有风烟挡板闷炉。

（9）锅炉熄火后，应严密监视空气预热器进、出口烟温，发现烟温不正常升高和炉膛压力不正常波动等再燃烧现象时，应立即采取灭火措施。

（10）空气预热器入口烟温低于 80℃时，可停止空气预热器运行；炉膛出口烟温低于 60℃时，停止火检风机。

五、超临界直流锅炉紧急停运

1. 紧急停运条件

（1）主蒸汽管道、再热蒸汽管道、给水管道等发生爆破。

（2）尾部烟道或空气预热器着火。

（3）锅炉安全阀动作，无法使其回座，蒸汽参数或各段工质温度变化不允许运行时。

（4）锅炉蒸汽压力升高至安全门动作压力，而安全阀拒动。

（5）炉管爆破，威胁人身或设备安全。

（6）锅炉给水中断。

（7）锅炉所有给水流量表损坏，造成过热蒸汽温度异常，或过热蒸汽温度正常，但半小时内给水流量表未恢复时。

（8）机组范围发生火灾，直接威胁机组的安全运行。

（9）机组的运行已经危及人身安全，必须停炉才可避免发生人身事故时。

（10）达到 MFT 保护动作条件，MFT 拒动。

2. 紧急停运步骤

（1）手动 MFT。

（2）检查相关设备动作正常。

（3）锅炉 MFT 后送、引风机未跳闸，则自动进行炉膛吹扫。MFT 时炉膛总风量大于 30%BMCR 风量，所有二次风挡板置吹扫位（全开或 80%），自动将炉膛总风量调节至

30%～40%BMCR 风量，进行吹扫。MFT 时炉膛总风量小于 30%BMCR 风量，5min 后所有二次风挡板置吹扫位（全开或 80%），自动将炉膛总风量调节至 30%～40%BMCR 风量，进行吹扫，炉膛吹扫 5min，吹扫结束。

（4）由于送、引风机引起的 MFT 或 MFT 后送、引风机跳闸，1min 后开启二次风挡板，吹扫 15min；然后检查确认磨煤机出口挡板全部正确关闭、等离子全部退出，通过工业电视和火检探头检查炉膛无火，MFT 联跳设备跳闸正常后，缓慢开启引风机、送风机挡板不少于 15min。送、引风机恢复正常后按正常程序进行炉膛吹扫。

（5）过热器压力达到 30.7MPa，压力释放阀（PCV）不动作时要开启 PCV 阀泄压。

（6）其他操作按正常停炉及相关事故处理规定进行。

第六节　超超临界锅炉停运后的保养

当锅炉停运后，进入冷备用或检修状态，如保护不好会发生腐蚀，这种腐蚀称为停运腐蚀。因此，锅炉停运后必须采取适当的保养措施，否则受热面的金属会较快腐蚀，使锅炉设备的安全和寿命受到影响。

锅炉在冷备用期间所受到的腐蚀主要是氧化腐蚀（此外还有二氧化碳腐蚀等）。氧的来源有两个：一是溶解于水中的氧气；二是从外界漏入锅炉的空气中所含的氧气。减少溶解氧和外界漏入的氧气，或者减少氧气和受热面接触的机会，就能减轻腐蚀。

当受热面清洁时，腐蚀是均匀的。而当受热面上某些部位有沉积物时，这些部位将发生局部腐蚀，它比均匀腐蚀的危害性更大。所以在锅炉停运后，将受热面上的沉积物清除干净，可以大大减轻局部腐蚀的机会。

一、锅炉停运后的保养原则

锅炉停运期间应给予保养，保养方式取决于停运季节和停运时间的长短，在保养方案确定后，应及早做好保养准备，并通知化学值班员等有关人员。锅炉停运后的保养原则如下：

（1）不让空气进入锅炉的汽水系统。

（2）在金属表面形成具有防腐作用的薄膜，以隔绝空气。

（3）保持停运后锅炉汽水系统金属表面干燥或使金属浸泡在含有保护剂的水溶液中。

（4）根据锅炉停运时间长短、停运后有无检修工作，以及当时的环境条件来确定锅炉停运后的保养方法。

（5）锅炉在冬季停运，在做好保养的同时，也要做好锅炉的防冻。

（6）在锅炉停运保养期间，不仅要注意管内的防腐，也应重视受热面外部的防腐。

二、锅炉停运后的保养方法

对备用锅炉进行保养所采用的方法，应当简便、有效和经济，并能使锅炉（备用状态）在短时间内投入使用。应根据锅炉机组冷备用的不同情况和相关条件，在锅炉停运期间进行防腐保护。锅炉常用的停运保养方法有湿式防腐法、气体防腐法和余热烘干法。

1. 湿式防腐法

（1）蒸汽压力法。该方法适用于停运时间少于 3 天的锅炉，其实质是停运锅炉处于热备用状态，锅炉运行设备作为短期备用，承压部件没有检修工作，并且准备随时启动时采用的保养方法，也叫"加热充压法"。此方法是保持炉内蒸汽压力在 $0.50\sim0.98MPa$，定期检查锅炉水中的溶解氧，严密关闭各门孔风烟挡板，尽量减少压力下降。实践表明，该方法不但能保证锅炉不会产生氧腐蚀，而且比较经济。蒸汽压力法的主要操作程序如下：

1) 停炉前，化学值班员进行锅炉水水质检验，水质若不合格，应进行换水，直至合格。

2) 停炉后，关闭炉膛各风门、挡板、检查孔、放水阀、取样阀，减少锅炉蓄热量的散失。

3) 关闭主蒸汽管道疏水门，切断所有主蒸汽用户，并确认高低压旁路关闭严密。

4) 开启再热器系统的疏水门和空气门，自然蒸干再热器。

5) 锅炉热备用期间应注意监视主蒸汽压力，若主蒸汽压力小于 $0.5MPa$，锅炉应点火升压，维持蒸汽压力在 $0.5MPa$ 以上。

(2) 给水压力法。该方法适用于冷热备用锅炉，其停运期限在一周左右，锅炉停运后，待压力降至零，锅炉进满水顶压，保持压力在 $0.50\sim0.98MPa$。如果压力下降，应重新启动汽动给水泵顶压。

(3) 联氨防腐法。长期备用的锅炉采用联氨防腐法效果较好。联氨（N_2H_4）是较强的还原剂；联氨与水中的氧或氧化物反应后，生成不具腐蚀性的化合物，从而达到防腐的目的。

采用该方法时，在加联氨的同时还应该加氨水。停炉后，待压力降至零，锅炉进满水顶压，保持压力在 $0.98MPa$ 以上，化学值班员将氨-联氨溶液加入锅炉水中。联氨是剧毒品，配药必须在化学值班员的监督下进行，并做好防护工作。

采用联氨防腐法进行锅炉保养时，在锅炉转入启动或检修时，锅炉应将联氨排放干净，并进行清洗，只有当蒸汽中氨含量小于 $2\mu L/L$ 时，方能转入启动或检修。转入检修时，应先点火升压至锅炉额定压力，并带负荷运行一段时间，然后再将锅炉停下，放尽锅炉水，将锅炉烘干再检修。

(4) 碱液防腐法。碱液防腐法是采用加碱液的方法，使锅炉中充满 pH 达到 10 以上的水，常用碱液为氢氧化钠或磷酸三钠。碱液的配制及送入锅炉以现场实际情况而定，一般可用三种方法：一种是在锅炉加药处理的设备处，安装临时的溶药箱配制碱液，然后用原有的加药泵将锅炉充满碱液；一种是安装一个溶药箱配制浓碱液，然后利用专用泵将锅炉充满碱液；另一种是安装大一些的溶药箱来配制稀碱液，然后用专用泵将碱液送入锅炉。

湿式防腐法还包括氨液防腐法、磷酸三钠和亚硝酸钠混合溶液防腐法。无论锅炉采用哪一种湿式防腐法，都应当注意在冬季不能使锅炉内部温度低于零度，以防锅炉被冻结损坏。

2. 气体防腐法

(1) 充氮防腐法。锅炉停运超过一个月以上时，在氮气来源比较方便的条件下，可以采用"充氮法"进行保养。氮气（N_2）为惰性气体，本身不会与金属发生化学反应。当锅炉内部充满氮气并保持适当压力时，空气便不能漏入，就可以防止氧气与受热面金属内表面接触，从而避免腐蚀。该方法在冬季也比较适用。充氮时，锅炉可以一面放水一面充氮，称为湿式充氮；也可以将锅炉水放尽，然后充氮，称为干式充氮。

干式充氮是在锅炉停运后，锅炉进行热炉放水后采用的方法。首先开启水冷壁出口集箱、储水罐、过热器、再热器等所有疏水门、排空气门，将管内积水及残余的蒸汽排尽后，严密关闭各放水门、疏水门、电动门及手动门，然后通过充氮系统对省煤器、水冷壁、过热器、再热器系统充氮，当充氮压力达 $30\sim50kPa$ 时结束充氮。

当锅炉金属温度降至 $100℃$ 以下时，向锅炉进保养水至汽水分离器见水。锅炉进水前充氮未结束时应暂停充氮，进水时速度应缓慢；储水罐水位高时，可开启储水罐水位调节阀控制水位；进水结束后，恢复充氮并立即关闭储水罐水位调节阀。保养期间，始终保持储水罐水位正常。

保养期间应有专人负责监视，每班都检查锅炉内氮气压力，使其维持在 $30\sim50kPa$；定期由化学值班员在汽水分离器出口放空气管上取样化验，充入的氮气中氧气的体积含量不应大于 1%，氮气纯度大于 98%，不合格时，应重新补入氮气。充氮完毕，要做好记录并挂"禁止操作"标示牌。

(2) 充氨防腐法。当锅炉放尽水并马上充入一定量氨气后，氨气（NH_3）即溶入金属表面的水珠内，在金属表面形成一层氨水保护层（NH_4OH）。该保护层具有极强烈的碱性反应，可以防止腐蚀。

采用充氨防腐法时，锅炉内应保持的过剩氨气压力约为 1.333×10^3Pa。当锅炉需要重新点火启动时，点火以前应先将氨气全部排出，并用水冲洗干净。

3. 余热烘干法

锅炉停运超过十天时，宜采用"带压放水余热烘干法"（简称余热烘干法）进行保养。这种方法简单易行，适用于锅炉短期检修，在实际中较为常用。热炉放水时压力越高效果越好，但放水压力受到锅炉允许放水温度的限制。锅炉采用带压放水后，在过热器受热面的弯头处就有大量的积水。余热烘干法的主要操作程序如下：

(1) 机组解列后，锅炉维持一定的燃烧率（炉膛出口烟温小于 $540℃$），当再热器压力降到 $0.2MPa$ 时开启所有排空气阀，蒸干再热器。

(2) 锅炉熄火，炉膛吹扫结束后，立即停止引、送风机运行，关闭风烟系统挡板，维持炉底水封正常，防止锅炉蓄热量的散失。只有到烘干结束后，方可开启风、烟道挡板或引风机进行通风冷却。

(3) 锅炉停运以后，确认锅炉上水管道均已隔绝。锅炉主蒸汽压力降到 $0.8MPa$ 时，开启锅炉水冷壁、省煤器放水门，开启过热器系统所有疏水门，进行锅炉热炉放水。汽水分离器压力降至 $0.2MPa$ 时，打开锅炉汽水系统所有空气门。利用锅炉余热将锅内的湿气排出，在烘干过程中要定期测量空气湿度，直至锅炉内空气湿度小于 70% 或等于环境相对湿度。锅炉放水结束后，尽快关闭过热器、再热器所有空气门、疏水门，关闭水冷壁放水门，关闭过热器、再热器减温水总门，不严者关手动门。

(4) 启动水环真空泵对锅炉进行抽真空排汽防腐。确证锅炉具备抽真空条件，汽轮机重新送汽封，经旁路系统抽真空。维持排汽装置真空压力在 $-50kPa$ 以上，抽真空 $4h$。抽真空结束，对锅炉汽水系统再次放水。放水结束后，关闭锅炉各疏水、放水、排空、减温水门，锅炉自然冷却。

(5) 清除沉积在锅炉汽水系统中的水垢和水渣，然后在锅炉中放入干燥剂并将锅炉上的阀门全部关严，以防外界空气进入。常用干燥剂有无水氯化钙、生石灰或硅胶等。

三、炉侧防冻措施

当大气温度低于 2℃时，应执行防冻措施。炉侧防冻措施一般有以下内容：

（1）每年十一月初，进行一次全面防冻检查。厂房各处门窗玻璃完好，厂房区暖气系统正常投入。特别是引、送、一次风机的油系统电加热装置必须做投运试验，确保能可靠投运。

（2）机组及公用汽水系统管道、油管道保温良好。蒸汽管道各处疏水器疏水正常。仪表伴热正常投入，疏水正常。过热一、二级减温水管道、再热事故喷水管道应定期防冻通流。过热一、二级减温水、再热事故喷水管路最低处的放水门微开过流。

（3）检查所有蒸汽、电缆伴热装置可靠投入。把对伴热装置运行情况、伴热蒸汽供汽集箱压力和伴热电缆端部温度检查作为正常巡检的项目认真对待。

（4）停炉至锅炉灭火后，引、送风机保持运行，通风 5min 后停运，并检查关闭所有风门挡板。

（5）停炉后锅炉放水必须采用热炉放水，全面放水工作要执行彻底，放净汽水管道可能存水的地方。水放净后关闭各处放水门、疏水门，并做好与其他汽水系统的隔离工作。放净各表管中的存水。辅机部分冷却水系统若停运，则要放净冷却器及冷却水管道中的存水，若冷却水系统未停运，则需关小阀门保持过流。

（6）放水结束后开启过热器、再热器减温水管路放水门；联系热控和化学值班员将各仪表和化学取样表管放水；确保所有管路水放尽。

（7）备用磨煤机应增加运行次数，防止煤仓冻结。机组停运前应烧空各原煤仓，防止原煤仓冻结。

第十二章　超临界直流锅炉的运行调节

在直流锅炉中，工质依次通过加热、蒸发和过热三个阶段，三个阶段的分界点不固定，是随着工况的变化而变化的，这就使得直流锅炉的运行特性也不同于自然循环锅炉。

锅炉机组的运行参数主要有过热蒸汽压力、过热蒸汽温度和再热蒸汽温度、锅炉蒸发量等，其运行过程则表现为一个复杂的参数变动过程。在锅炉的实际运行中，各种原因都会引起工况变动，而最后则表现为运行参数的变动。如当单元机组汽轮机所需的蒸汽流量变化时，在其他条件未变的情况下，锅炉蒸汽压力、蒸汽温度都会随之发生变化。此时，必须对锅炉的给水量和燃料量、风量（即燃烧）等做相应的调节，才能使锅炉的蒸发量与汽轮机的负荷相适应，运行参数保持在额定值或规定的范围内。另外，即使在外界负荷不变的情况下，锅炉机组内部某一工况或因素的改变，同样也会引起运行参数的改变，因此也需要对锅炉机组进行必要的调节。

在锅炉工况变动之初进行及时适当的调节，运行参数就不会有大的变动。锅炉自动调节设备就是根据运行参数和负荷的变动进行自动调节的。自动调节设备没有投运时，所有这些调节工作都要由运行人员来操作。

对锅炉机组运行的总要求是安全、经济，这需要通过对运行锅炉的监视和调节来达到。对运行锅炉进行监视和调节的主要任务是：①保证蒸汽品质，保持正常的过热蒸汽压力和温度；②保证蒸汽产量（蒸发量），以满足外界负荷的需要；③及时进行正确的调节，消除各种异常、障碍和隐形事故，保持锅炉的正常运行；④维持燃料经济燃烧，尽量减少各种热损失，提高锅炉效率；⑤尽量减少厂用电消耗；⑥尽量减少污染物的生成。

为了完成上述任务，运行人员必须充分了解各种因素对锅炉工作的影响，掌握锅炉运行变化规律，根据设备的特性及各项安全、经济指标，严格按照运行规程进行监视和调节。

第一节　直流锅炉的运行特性

一、直流锅炉运行特性概述

锅炉运行中的各种条件组成了运行工况，运行工况总是处于不断变化之中。例如，锅炉的负荷、炉膛负压、给水温度及过量空气系数等，一般都在一定范围内波动、变化，从而引起锅炉蒸汽参数和运行指标的变化，这些工况变化可以用锅炉的运行特性来描述。锅炉的变工况运行特性有静态特性和动态特性两种。

（1）静态特性。锅炉在各个稳定状态下，各种状态参数都有确定的数值。各参数（或指标）与锅炉工况的对应关系称为静态特性，它与到达稳定状态之前的历程无关。一定的燃料供应量下就对应一定的蒸汽流量、炉膛出口烟温、受热面吸热量、蒸汽温度与蒸汽压力等。

（2）动态特性。锅炉从一个工况变动到另一个工况的过程中，各状态参数是变化的。状态参数随着时间而变化的过程，称为动态特性。动态特性描述的是各状态参数随着时间变化的方向、速度和历程。例如，锅炉燃料量发生变化后，蒸汽流量、蒸汽压力、蒸汽温度都相应地以不同的速度和方向发生变化，最终达到新的平衡状态。

研究锅炉的动态特性，着眼于工况变化的过程；而研究锅炉的额静态特性，则着眼于工况变化的结果。锅炉的静态特性与动态特性表明了各种状态参数的变化和偏离设计值的规律。锅炉在运行中，随时会受到各种内外因素的干扰，在一个动态过程尚未结束时，往往又会遇到另一个干扰，各状态参数的变化是绝对的，而稳定是相对的。

在锅炉运行中，要求各状态参数不论在静态或动态情况下都应保证锅炉的安全性、经济性，即各状态参数都应在规定允许的范围内波动，这需要通过调节手段才能实现。锅炉调节可分人工调节和自动调节两种方式。现代大型锅炉采用高质量的自动调节来确保在大多数运行工况下各状态参数被控制在允许范围内，同时也要求运行人员掌握锅炉的静态特性和动态特性，从而能及时分析、正确判断，并在手动情况下做出正确的操作。

二、直流锅炉的静态特性

1. 蒸汽温度静态特性

如果不考虑中间再热，锅炉热平衡公式可简化为

$$G(h_{sh} - h_{fw}) = B Q_{net,ar} \eta_b \tag{12-1}$$

式中　G——给水流量，等于过热蒸汽流量，kg/s；

　　　h_{sh}——过热蒸汽焓值，kJ/kg；

　　　h_{fw}——给水焓值，kJ/kg；

　　　B——燃料消耗量，kg/s；

　　$Q_{net,ar}$——燃料的收到基低位发热量，kJ/kg；

　　　η_b——锅炉的热效率，%。

对于一个新工况（上角加 $'$），令

$$\frac{B'}{B} = \mu; \quad \frac{G'}{G} = g; \quad \frac{h'_{sh}}{h_{sh}} = r; \quad \frac{h'_{fw}}{h_{fw}} = s; \quad \frac{Q'_{net,ar}}{Q_{net,ar}} = q; \quad \frac{\eta'_b}{\eta_b} = \eta$$

则新工况的热量平衡式为

$$Gg(rh_{sh} - sh_{fw}) = B\mu Q_{net,ar} q\eta_b \eta$$

整理后得

$$rh_{sh} = \frac{\mu}{g}q\eta \frac{B}{G}Q_{net,ar}\eta_b + sh_{fw} \tag{12-2}$$

通过对式（12-2）分析可知：

（1）假设新工况的燃料发热量、锅炉热效率、给水焓值都和原工况的相同，即 $q=1$、$\eta=1$、$s=1$，而负荷不同。若 $\mu/g=1$，即原工况和新工况的燃料量和给水流量比例保持不变，则 $r=1$、$h'_{sh}=h_{sh}$。因此，在上述假定条件下，直流锅炉保持燃料量和给水流量比

例不变，主蒸汽焓（温度）可保持不变，如图
12-1 所示。

（2）假设新工况的燃料发热量变大，$q>$
1，则 $r>1$，使得 $h'_{sh}>h_{sh}$，主蒸汽温度升高；
如果新工况的锅炉热效率下降 $\eta<1$，则 $r<1$，
使 $h'_{sh}<h_{sh}$，主蒸汽温度下降；如果新工况的
给水焓下降，$s<1$，则 $r<1$，即 $h'_{sh}<h_{sh}$，主
蒸汽温度下降。

对于有再热器的直流锅炉，不同工况会影
响辐射、对流传热形式传热量的分配，使再热
器所占的锅炉吸热份额发生变化。因此，为维
持主蒸汽温度不变，不同负荷下的 μ/g 比值要
做适当的修正。

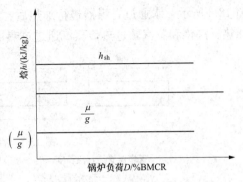

图 12-1　直流锅炉主蒸汽焓静态特性

h_{sh}—主蒸汽焓；μ—新工况燃料量比值；
g—新工况给水流量比值

在燃料发热量不变，且锅炉热效率和给水焓值保持不变的前提下，过热蒸汽的焓值只
与燃水比有关。运行中如果维持煤水比不变，则过热蒸汽温度可保持不变；如果煤水比增
大，则过热蒸汽焓值升高，过热蒸汽温度升高，煤水比则减小。

如果考虑中间再热及不同负荷下锅炉效率和给水温度的变动等因素，那么在不同的负
荷下，就应保持不同的煤水比，过热蒸汽温度才能维持稳定。例如，当给水温度降低或锅
炉效率下降时，必须增大煤水比才能维持过热蒸汽温度的稳定。

2. 蒸汽压力静态特性

直流锅炉工质串联通过各级受热面，主蒸汽压力取决于系统的物质平衡、能量平衡及
管路系统的流动压降等因素。

（1）燃料量扰动对蒸汽压力的影响。假设汽轮机调速汽阀开度不变，燃料量增加，
$B>1$，则新工况下蒸汽压力的变化规律如下：

1）给水流量随燃料量增加，保持煤水比不变，则由于蒸汽流量增大使蒸汽压力上升。

2）给水流量保持不变（$G=1$），煤水比上升，为维持蒸汽温度必须增加减温水流量，
由于蒸汽流量增大同样使蒸汽压力上升。

3）给水流量和减温水流量都不变，则蒸汽温度升高，蒸汽体积增大，蒸汽压力也有
些上升。如蒸汽温度升高在许可范围内，则蒸汽压力无明显变化。

（2）给水流量扰动对蒸汽压力的影响。假设汽轮机调速汽阀开度不变，给水流量增
加，$G>1$，则新工况下蒸汽压力的变化规律如下：

1）燃料量随给水流量增加，保持煤水比不变，则蒸汽流量增大使蒸汽压力上升。

2）燃料量不变，煤水比降低，如果减少减温水量，则蒸汽流量变化较小，蒸汽压力
的变化也不明显。

3）燃料量不变，煤水比降低，此时如果不改变减温水量，主蒸汽温度降低，如蒸汽
温度下降在许可范围内，则蒸汽压力上升。

三、直流锅炉的动态特性

1. 炉内工质储存量变化

直流锅炉受热面可简单看成由省煤器、水冷壁、过热器三个受热管段串联组成的，如

图 12-2 所示。水通过省煤器进行加热后，进入水冷壁（此时为欠焓水），在水冷壁中进行加热、汽化和蒸汽微过热，蒸汽通过过热器过热。

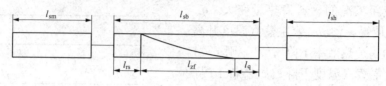

图 12-2 直流锅炉受热管段

l_{sm}—省煤器受热管段长度；l_{sb}—水冷壁受热管段长度；l_{sh}—过热器受热管段长度；
l_{rs}—热水段长度；l_{zf}—蒸发段长度；l_q—蒸汽微过热段长度

燃料量或给水流量扰动，会使水冷壁热水段、蒸发段和微过热段长度发生变化，从而使锅炉内工质储存量发生变化。例如，燃料量增加使受热面热负荷增大，水冷壁热水段 l_{rs} 缩短、蒸发段 l_{zf} 缩短、微过热段 l_q 增长，部分空间的储水转变成蒸汽，短时间内蒸汽质量流量大于给水质量流量。又如，给水流量增大，使 l_{rs} 增长、l_{zf} 增长、l_q 缩短，部分蒸汽空间转变成水空间，储存水量增大，短时间内蒸汽质量流量小于给水质量流量。由于锅炉内储存水量发生变化而使蒸汽质量流量增加或减小的部分称为附加蒸发量。

当直流锅炉的热负荷与给水量不相适应时，出口蒸汽温度会显著地变动。因此，一方面，在运行中热负荷与给水量应很好地配合，也就是要保持精确的煤水比。另一方面，只要保持适当的煤水比，直流锅炉就可以在任何工况下维持一定的过热蒸汽温度。这种情况与自然循环锅炉有较大的区别。

2. 蒸汽温度和蒸汽压力的动态特性

锅炉运行中，燃料量、给水量及汽轮机调节阀开度等是经常变动的，以下分别分析这三个因素影响下蒸汽压力、蒸汽温度及蒸汽流量的动态变化特性。

（1）汽轮机调节阀开度的扰动。汽轮机调节阀开度扰动下的动态特性曲线如图 12-3（a）所示。

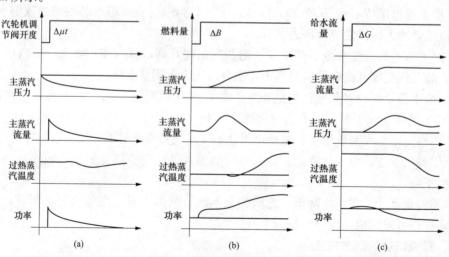

图 12-3 直流锅炉的动态特性曲线

（a）汽轮机调节阀开度扰动下的动态特性；（b）燃料量扰动下的动态特性；（c）给水量扰动下的动态特性

　　锅炉的燃料量和给水流量保持不变，当汽轮机调节阀开度阶跃增大时，主蒸汽流量随之突增，随后由于主蒸汽压力降低，蒸汽流量又随之下降，直至与给水量重新达到平衡；主蒸汽压力开始下降很快，后来因为蒸汽流量减少，蒸汽压力下降趋于平缓，最终稳定在一个较低水平；主蒸汽温度并始由于蒸汽流量的增大而降低，但煤水比未改变，最终蒸汽温度又恢复到原值。

　　（2）燃料量的扰动。燃料量扰动下的动态特性曲线如图 12-3（b）所示。

　　如给水量和汽轮机调节阀开度保持不变，而燃料量阶跃增大时，蒸发量增加，大于给水流量，将使水冷壁内水储存量减少，但最终由于给水量未增大，蒸汽流量又恢复至原来的水平；由于汽轮机调节阀开度未变，则蒸汽压力明显升高，使蒸汽流量增加；蒸汽温度的变化则经历了先下降后升高的过程，开始的下降是由于蒸汽流量的增加引起的，最终升高并稳定在较高水平是因为煤水比增大造成的。

　　（3）给水量的扰动。给水量扰动下的动态特性曲线如图 12-3（c）所示。

　　当燃料量和汽轮机调节阀开度不变，给水流量阶跃增大时，主蒸汽流量经一段时间后逐渐增大，最终稳定在较高水平，与给水量保持一致；煤水比减小，蒸汽温度将降低，但同样是有一个明显的滞后；蒸汽压力首先由于蒸发量的增大而明显升高，后来由于蒸汽温度降低，蒸汽比体积减小，蒸汽压力又有所回落，最终稳定在一个新的较高值。

第二节　直流锅炉的调节任务

　　由于直流锅炉加热、蒸发、过热三个阶段之间没有固定的分界点，使得锅炉的蒸汽温度、蒸汽压力及蒸发量之间互相依赖、相互关联，一个调节手段，往往不仅仅影响一个被调参数，因此蒸汽温度与蒸汽压力的调节不是相互独立的。除此之外，与汽包锅炉的不同之处还在于，直流锅炉没有汽包，储热能力小，运行工况一旦变化，参数变化很快、很敏感。

　　直流锅炉运行调节的任务是要保证向汽轮机提供所需要的蒸汽量，同时维持蒸汽温度和蒸汽压力的稳定。直流锅炉的调节任务主要包括：①用最迅速的方法使蒸发量满足汽轮机负荷的要求；②保持蒸汽的压力和温度；③保持最佳的空气工况，使锅炉具有最高的燃烧效率；④保持炉膛负压一定；⑤保持汽水行程中某些中间点的温度。

　　根据前面对直流锅炉的状态参数特性的分析，直流锅炉蒸汽参数的调节可以归纳为蒸汽压力的调节和蒸汽温度的调节两部分。蒸汽压力的调节实质就是保证锅炉蒸发量与汽轮机负荷相适应。对直流锅炉进行正确可靠的操作和配用自动调节系统，首先应正确选择调节信号和调节手段。

一、主调节信号的选择

　　主调节信号是指被调节参数或被调量。在直流锅炉蒸汽参数调节中，被调量是蒸汽压力和蒸汽温度。但仅仅把锅炉出口蒸汽温度和蒸汽压力作为主调节信号，调节质量差，不能稳定地保证它们维持在规定值，因此还必须选择必要的辅助信号进行调节。

　　对于直流锅炉，各个区段（加热、蒸发和过热）在动态特性上紧密联系，所以可把整个锅炉作为一个调节段来处理。此时，蒸汽参数调节的主要任务是使燃料输入的热量与蒸汽输出的热量相匹配，也即控制燃料与给水的比例，其通常用蒸汽温度来间接判定。由于燃料与给水比和蒸汽温度之间不是简单的正比关系而是累积关系，每一工况的扰动要经过一定的时间之后才显现出来，即扰动后被调参数（蒸汽温度）总有一段延迟才开始变化。为了提高调节质量和便于操作人员判断，还应选用其他测量值作为主调节信号。

直流锅炉常用的主调节信号包括过热器后烟气温度、蒸发量、过热器出口蒸汽压力和各级过热器出口蒸汽温度。

调节蒸汽参数时，要求能迅速判断燃料释放的热量的变化。但电厂很难及时测出燃用燃料在锅炉中释放热量的变化。利用过热器后烟气温度和锅炉蒸发量，可以迅速判断出燃料释放热量的变化方向和大小。过热器后烟气温度的变化和锅炉蒸发量有关，锅炉负荷升高时，燃料量增加，引起过热器后烟气温度上升。利用过热器后烟气温度作为主调节信号，比过热器出口蒸汽温度的迟延要小得多。

蒸发量的变化并不一定是由燃料量的变化引起的。外部扰动引起汽轮机功率变化时，同样会引起锅炉蒸发量的暂时增大或减少。因此，要正确判断蒸发量的变化是由燃料扰动引起的，还是由汽轮机功率扰动引起的，主调节信号就必须再加入过热器出口蒸汽压力。由直流锅炉动态特性可知：燃料量扰动引起蒸发量与过热器出口蒸汽压力的变化方向相同；汽轮机功率扰动引起蒸发量与过热器出口蒸汽压力的变化方向相反。

因此，利用蒸发量、过热器后烟气温度和过热器出口蒸汽压力三个主调节信号，在锅炉带不变负荷时，可以用来稳定燃料量；当锅炉带变动负荷时，可以用来调节给水量。

直流锅炉的一个特点是，它是一次强制流动，因此给水量和燃料量直接影响着汽水通道内各点的温度。反之，根据这些温度，可以正确地控制燃料和给水的比例；尤其在锅炉负荷变动时，它们能校正两者的比例关系。但是，因为过热器出口蒸汽温度的迟延相当大，只有在过热开始截面的工质温度的迟延在30s以内才有可能参与校正蒸汽温度的调节。因此，直流锅炉的调节过程必须全面使用上述几个主调节信号。

直流锅炉的另一个特点是，锅炉出口和汽水通道所有中间截面的工质焓（温度）值的变化是相互关联的。例如，当给水与燃料的比例发生变化时，引起蒸发终点的移动，首先反映出变化的是过热区段开始截面处的蒸汽温度的变化，这必然引起过热区段各中间截面蒸汽温度的改变，最后导致过热器出口蒸汽温度的变化。直流锅炉的调节质量，不仅在于准确地保持给定的蒸发量及额定的蒸汽压力和蒸汽温度，而且在于只有保持住这些中间截面的工质温度，才能较好地稳定出口蒸汽温度。因此，在直流锅炉的蒸汽温度调节中还必须选择适当的中间点蒸汽温度作为主调节信号。中间点蒸汽温度一般是用汽水分离器的出口工质温度或低温过热器的入口工质温度来表示的。

二、蒸汽参数调节

锅炉运行必须保证汽轮机所需要的蒸汽量，以及过热蒸汽压力和过热蒸汽温度稳定不变。由动态特性分析可知，直流锅炉蒸汽参数的稳定主要取决于汽轮机功率和锅炉蒸发量的平衡，以及燃料与给水的平衡。前者能稳住蒸汽压力，后者则能稳住蒸汽温度。

直流锅炉的蒸汽压力、蒸汽温度和蒸发量之间互相依赖、紧密相关，一个调节手段不仅仅只影响一个被调参数。因此，蒸汽压力和蒸汽温度这两个被调参数的调节不能分开，而是一个调节过程的两个方面。直流锅炉的蓄热能力小，运行工况一旦被扰动，蒸汽参数的变化很快。

第三节　蒸汽压力调节

在锅炉运行中，蒸汽压力是必须监视和控制的主要运行参数之一。运行中如蒸汽压力波动过大，将直接影响到锅炉和汽轮机的安全与经济运行。蒸汽压力降低，会减少蒸汽在汽轮机中膨胀做功的焓降，汽耗增大，电厂运行的经济性降低。蒸汽压力过高，机械应力过大，将危及锅炉和蒸汽管道的安全。当蒸汽压力高到安全阀动作时，会造成大量的排汽损失，同时还会引起汽包水位发生较大的波动，以及影响送往汽轮机的蒸汽品质。若蒸汽压力调节不当或误操作时，也容易引起锅炉满水或缺水事故。因此，运行中应严格监视锅炉蒸汽压力并维持其稳定。锅炉运行时的正常蒸汽压力通常为锅炉的额定压力，而允许变化为± $(0.05\sim0.10)$MPa。

直流锅炉蒸汽压力调节的实质，就是保持锅炉出力和汽轮机所需蒸汽量相等。蒸汽压力变化是由汽轮机负荷与锅炉出力不匹配引起的，反映了两者的不平衡。在直流锅炉中，炉内放热量的变化并不直接引起出力的改变，只是当给水量改变时，才会引起锅炉出力的变化。因此，直流锅炉的出力首先应由给水量来保证，然后燃料量相应调节以保持其他参数。在手动操作时，因为燃烧调节还牵涉风量调节等，往往先用给水量作为调节手段稳住锅炉蒸汽压力，然后再调喷水保持蒸汽温度。带基本负荷的直流锅炉，如果采用自动调节，还可以采用调节汽轮机调节阀的方法来稳定蒸汽压力。

一、蒸汽压力波动的原因

引起蒸汽压力波动的原因主要有两个：一是锅炉外部的因素，称为外扰；二是锅炉内部的因素，称为内扰。

（1）外扰。外扰主要是指外界负荷的正常增减及事故情况下的大幅度甩负荷。当外界负荷突然增加时，汽轮机调速汽门开大，蒸汽量瞬间增大。如燃料量未能及时增加，锅炉的蒸发量小于汽轮机的蒸汽流量，蒸汽压力就要下降。即便锅炉的燃料量已做了相应调节，但是从燃料量变化至锅炉蒸汽压力变化需要一定的时间（锅炉本身存在热惯性），所以蒸汽压力还是会下降。如果燃烧调节得及时、锅炉的热惯性较小，则蒸汽压力的波动幅度会小些。相反，当外界负荷突减时，蒸汽压力就要上升。在外扰的作用下，锅炉蒸汽压力与蒸汽流量（发电负荷）的变化方向是相反的。

（2）内扰。内扰主要是指炉内燃烧工况的变化（如给水压力、送入炉内的燃料量、煤粉细度、煤质等发生变化），或出现风粉配合不当现象（如炉膛结渣、漏风等）。在外界负荷不变的情况下，蒸汽压力的稳定主要取决于炉内燃烧工况的稳定。在内扰的作用下，锅炉蒸汽压力与蒸汽流量的变化方向开始时相同，然后又相反。例如，锅炉燃烧率扰动增加，将引起蒸汽压力上升，在调速汽门未改变以前，必然引起蒸汽流量的增大，机组出力增加，调速汽门随之要关小，以维持所需的出力，蒸汽流量与蒸汽压力则会向相反方向变化。

影响蒸汽压力变化速率的因素有：①负荷变化速度；②锅炉的蓄热能力，即当外界负荷变化而燃烧工况不变时，锅炉能够放出热量或吸收热量的大小；③燃烧设备的惯性，即从燃料开始变化到炉内建立起新的热负荷平衡所需要的时间，与调节系统的灵敏度、燃料的种类和制粉系统的形式有关。

二、蒸汽压力的调节方式

单元机组蒸汽压力控制的要求与调节方式与机组的运行方式有关。机组的基本运行方式主要有两种：定压运行和滑压运行。定压运行是指当外界负荷变化时，机前的新蒸汽压力维持在额定值范围内，依靠改变汽轮机调速汽门的开度来适应负荷的变动；滑压运行是指在外界负荷变化时，汽轮机的调速汽门开度不变，依靠改变机前新蒸汽压力来适应负荷的变化。

1. 定压运行的调节

对于定压运行，蒸汽压力的变化反映的是锅炉燃烧工况（即蒸发量）与机组负荷不相适应的程度。蒸汽压力下降，说明锅炉燃烧出力小于外界负荷的需求；蒸汽压力升高，说明锅炉燃烧出力大于外界负荷的需求。因此，无论引起蒸汽压力变化的因素是锅炉外部的还是锅炉内部的，都可以通过调节锅炉的燃烧来达到调节蒸汽压力的目的。

一般情况下，蒸汽压力的调节是以改变锅炉的燃烧量为基本手段的。当锅炉蒸发量已超过允许值时才用增、减汽轮机负荷的方法来调节。在异常情况下，如果靠燃烧调节来不及，则可以开启旁路或过热器疏水、排汽门以尽快降压。

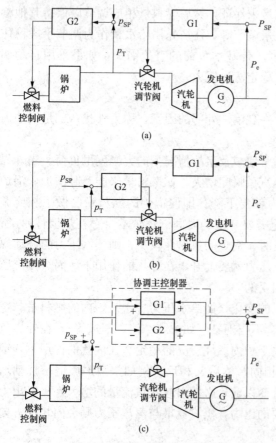

图 12-4 单元机组的负荷（蒸汽压力）控制方式
(a) 锅炉跟随；(b) 汽轮机跟随；(c) 机炉协调控制

定压运行的锅炉在不同负荷下运行时，蒸汽压力维持在一定范围以内，锅炉调压的过程就相当于适应外界负荷的过程。单元机组调节负荷、控制蒸汽压力的方式有三种：锅炉跟随方式（锅炉调压）、汽轮机跟随方式（汽轮机调压）和机炉协调控制。

（1）锅炉跟随方式（锅炉调压），如图 12-4（a）所示。当外界负荷变化时，如外界负荷增大，功率定值信号 P_{SP} 增大，功率调节器 G1 首先开大汽轮机调节阀，增大汽轮机进汽量，使实发功率 P_e 与 P_{SP} 一致。由于蒸汽流量增加，引起机前压力 p_T 下降，使机前压力低于蒸汽压力定值 p_{SP}（即额定蒸汽压力），锅炉按照此压力偏差信号，用压力调节器 G2 增加燃料量，以保持主蒸汽压力恢复到给定值。在这种调节方式中，用汽轮机来调节机组功率，锅炉来调节主蒸汽压力。

锅炉跟随方式的优点是在改变机组出力时，利用了一部分锅炉的蓄热量，使机组功率及时响应变化，在锅炉压力的允许范围内，可以快速做出反应，有利于系统调频。但由于锅炉燃烧延迟大，对主蒸汽压力的调节不可避免地有滞后现象，当锅炉开始调节时，机前压力已变化较大，因此调节过程中蒸汽压力波动较大，在较大的负荷变动情况下，只能限制负荷的变化率。

（2）汽轮机跟随（汽轮机调压）方式，如图 12-4（b）所示。当外界负荷增大时，功率调节器按新的功率设定值首先开大燃料调节器 G1，增加燃料量，使锅炉蒸汽流量增大，蒸汽压力升高并高于压力调节器 G2 的设定值，此时压力调节器将开大汽轮机调节阀，使进入汽轮机的蒸汽流量增加、功率提高。在这种调节方式中，用汽轮机来调节蒸汽压力，锅炉来调节负荷。

汽轮机跟随方式的优点在于锅炉的蒸汽压力比较稳定，但汽轮机的功率要等到主蒸汽压力升高后才能增加，故机组负荷响应速度比较慢，适合带基本负荷机组的调节。

（3）机炉协调控制方式，如图 12-4（c）所示。当外界负荷增大时，功率定值与实发功率的偏差信号同时送至锅炉调节器 G1 和汽轮机调节器 G2，受该信号的作用，G1 开大燃料调节阀，增加锅炉燃料量和蒸发量；G2 则开大汽轮机调节阀，使实发功率增加。

汽轮机调节阀开大会立即引起机前压力下降，这时锅炉虽已增加了燃料量，但蒸发量有时间延迟。因此，此时会出现正的压力偏差信号（蒸汽压力定值高于机前压力），该信号按正方向加在锅炉调节器上，促使燃料调节阀开得更快；按负方向加在汽轮机调节器上，使调节阀向关小的方向变化，使机前压力得以较快恢复正常。当同时作用于汽轮机调节器上的功率偏差和蒸汽压力偏差信号相等时，汽轮机调节阀就不再继续开大，避免了动态过开。当然，这种情况只是暂时的，因为从锅炉调节器来看，无论是功率偏差信号还是蒸汽压力偏差信号，其作用均是使锅炉燃料量增大，经过一定时间延迟后，主蒸汽压力将升高。在主蒸汽压力恢复时，增加汽轮机出力，使功率偏差也逐渐缩小，直至功率偏差和蒸汽压力偏差均趋于零，机组在新的功率下达到新的稳定状态。

机炉协调控制方式综合了前两种调节方式的优点：一方面可以利用汽轮机调节阀的迅速动作和炉内的蓄热量，快速加负荷；另一方面又向锅炉迅速补进燃料。因此，机组协调控制方式既有较快的负荷跟踪能力，又可以控制主蒸汽压力在允许范围之内。

2. 滑压运行的调节

当锅炉采用滑压运行方式时，主蒸汽压力由滑压运行曲线来控制。滑压运行曲线给出了不同负荷下主蒸汽压力的给定值，运行中要求主蒸汽压力与给定值保持一致。

滑压运行时主蒸汽压力的调节，除却压力定值是一个变量（即锅炉负荷的函数），与定压运行的调节没有太大的区别。具体的调节方式也分为锅炉跟随、汽轮机跟随和机炉协调控制三种。

图 12-5 所示为滑压运行时的机炉协调控制系统。该系统主要包括一个协调主控制器（由锅炉主控制器 G1 和汽轮机主控制器 G2 组成）、一个压力定值生成回路。协调主控制器负责改变锅炉的燃料量和改变汽轮机调节阀开度；压力定值生成回路则负责按滑压运行曲线制定不同负荷下的主蒸汽压力给定值。

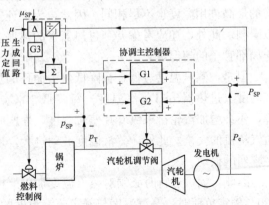

图 12-5　滑压运行时的机炉协调控制系统

当外界负荷增大时（功率给定值 P_{SP} 增大）：一方面，实发功率 P_e 与 P_{SP} 的偏差信号同时输出给 G1 和 G2。G2 开大汽轮机调节阀以迅速增加机组的实发功率，满足外界负荷要求；G1 增大锅炉的燃料量，提高机前蒸汽压力 p_T。另一方面，增大了的功率给定值 P_{SP} 还经过压力定值生成回路，生成了新的主蒸汽压力给定值 p_{SP}。由于压力定值生成回路采用了积分环节，所以当负荷增加时，p_{SP} 的增大速度明显快于 p_T 的增加速度，其好处在于可以防止汽轮机调节阀的过开。

机组的滑压运行曲线是根据安全经济运行的原则拟订的，如果运行偏离该曲线，一定会影响机组的经济运行。采用滑压运行对于机组在低负荷下维持额定蒸汽温度总是有利的。

三、蒸汽压力调节的注意事项

锅炉运行中，维持额定的蒸汽压力无论是对机组的安全还是经济运行都有重要意义。在进行蒸汽压力调节的过程中，特别需要注意以下事项：

（1）锅炉在运行中，蒸汽压力应根据负荷变化及时调节，严防蒸汽压力大幅度变动。

（2）如果运行中安全阀拒动，造成锅炉压力超过最高安全门动作值且继续上升时，应立即手动进行 MFT。

（3）密切注意再热器进、出口压力变化，当再热蒸汽压力以不正常的速度升高时，锅炉应及时减少燃料量，降低机组负荷，防止再热系统超压。

（4）锅炉运行中，机组负荷变化、制粉系统启停、煤质变化、高压旁路开关、过热器或主蒸汽管道疏水门开关、燃烧器摆角变化等情况，都可能造成蒸汽压力变化，要对蒸汽压力加强监视并适当调节。

第四节　蒸汽温度调节

过热蒸汽温度是锅炉安全、经济运行的另一个重要指标。锅炉运行中，蒸汽温度升高可能会引起过热器和再热器管壁及汽轮机汽缸、转子、汽门等金属的工作温度超过其允许温度，金属的热强度、热稳定性都将下降，会使钢材蠕变速度加快，寿命损耗加快。

锅炉过热器、再热器一般由若干级受热面组成。各级受热管子常采用不同的材料，对应的最高许用温度也不尽相同。因此，为保证安全，应当对各级受热面出口的蒸汽温度加以限制。此外，还应考虑并列过热器管的热偏差及烟道两侧布置的过热蒸汽温度偏差，防止局部管子的超温爆破。

但是，蒸汽温度过低，会降低热力循环的热经济性，如蒸汽压力在 12～25MPa，主蒸汽温度（过热器出口蒸汽温度）每降低 10℃，循环热效率下降 0.5％。再热蒸汽温度下降，还会增加汽轮机末级叶片蒸汽湿度，加剧叶片侵蚀作用，严重时还会发生水冲击，威胁汽轮机的安全。此外，蒸汽温度波动过大，还会加速部件的疲劳损伤，甚至使汽轮机发生剧烈的振动。

因此，锅炉运行时必须对蒸汽温度加以严格控制。电厂锅炉一般要求当负荷在 50％～100％额定负荷时，蒸汽温度与额定蒸汽温度的偏差值应为 -10～+5℃；此外，烟道两侧受热面的蒸汽温度偏差不能超过 15℃。

一、蒸汽温度特性

蒸汽温度特性是指过热器和再热器出口蒸汽温度与锅炉负荷之间的关系，即 $t_q =$

$f(D)$。当锅炉负荷变化时，不同传热方式的过热器和再热器，其出口蒸汽温度的变化规律是不同的，如图 12-6 所示。

对于布置在炉膛中的辐射式过热器，其吸热量取决于炉膛烟气的平均温度。当锅炉负荷增加时，辐射式过热器中蒸汽流量按比例增大，而炉膛火焰的平均温度却变化不大。若要保持蒸汽温度不变，则辐射传热量的增加小于蒸汽流量的增加所需要的吸热量，因此单位质量的蒸汽获得的热量减少，即蒸汽焓增减少。所以，随着锅炉负荷的增加，辐射式过热器的出口蒸汽温度下降，如图 12-6 中曲线 1 所示。

对于对流式过热器，锅炉负荷增加时，需要的燃料消耗量增大，烟气量随着增大，在对流式过热器中的烟气流速加快，对流放热系数增大。若要保持蒸汽温度不变，则对流传热量的增加大于蒸汽流量的增加所需要的吸热量，因此单位质量的蒸汽获得的热量增大，对流式过热器中蒸汽焓增增大。所以，随着锅炉负荷的增加，对流式过热器出口蒸汽温度升高，如图 12-6 中曲线 3 所示。

半辐射式过热器则介于辐射式过热器与对流式过热器之间，蒸汽温度变化特性比较平坦，但一般具有一定的对流特性，如图 12-6 中曲线 2 所示。

电厂锅炉的过热器组中，在蒸汽过热过程的不同阶段，分别采用对流式、辐射式、半辐射式的过热器。在一般的汽包锅炉中，对流式过热器的吸热仍然是主要的，过热蒸汽温度的变化具有对流特性，即过热蒸汽温度随锅炉负荷的增加而增加，但由于过热器组中采用了辐射式过热器，使得蒸汽温度随负荷的变化比纯对流特性平缓。

在过热器中，负荷变化时，其进口工质温度基本保持不变，等于汽包压力下的饱和温度。而在再热器中，其工质进口参数随汽轮机高压缸排汽参数的变化而变化。当负荷降低时，汽轮机高压缸排汽温度降低，再热器的进口蒸汽温度也随之降低。因此，为了保持再热器出口蒸汽温度不变，必须吸收更多的热量。一般当锅炉负荷从额定值降到 70% 负荷时，再热器进口蒸汽温度下降 30~50℃。此外，对流式再热器一般都布置在烟温较低的区域，加上再热蒸汽的比热容小，因此再热蒸汽温度的变化幅度比过热器大，如图 12-7 所示。

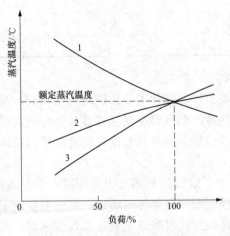

图 12-6 蒸汽温度特性曲线
1—辐射式；2—半辐射式；3—对流式

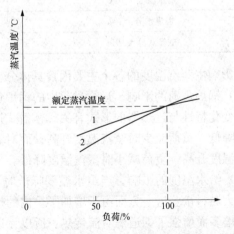

图 12-7 过热蒸汽温度和再热蒸汽温度特性曲线
1—过热蒸汽温度；2—再热蒸汽温度

当锅炉采用滑压运行时，随着锅炉负荷的下降，主蒸汽压力也按一定的规律下降，而压力的降低使得蒸汽的汽化潜热增大而过热热减少。此时，影响过热器出口蒸汽温度的因素有两个：一是燃料量和风量的减少使对流传热减弱，从而有使过热蒸汽温度下降的趋势；二是由于压力降低而过热热减少，又有使蒸汽温度上升的趋势。所以，过热器出口蒸汽温度的最终变化取决于以上两个因素的综合作用。

例如，某600MW控制循环锅炉，当锅炉的负荷在60%～100%时，随着锅炉负荷的降低，蒸汽温度是升高的（即呈现辐射式的蒸汽温度特性）；而当负荷低于60%以下时，蒸汽温度将随负荷的降低而降低（即呈现对流式蒸汽温度特性）。

锅炉低负荷运行时，滑压运行的过热器出口蒸汽温度比同负荷时定压运行的过热器出口蒸汽温度高。也就是说，机组采用滑压运行更容易在低负荷下维持额定蒸汽温度。

二、蒸汽温度变化的原因

1. 过热蒸汽温度变化的原因

蒸汽温度是否变化取决于流经过热器的蒸汽量（包括减温水量）的多少和同一时间内烟气传给它热量的多少。如果在任一时间内能保持这一关系的平衡，则蒸汽温度将维持不变；而当平衡遭到破坏时，就会引起蒸汽温度的变化。不平衡的程度越大，蒸汽温度的变化幅度也越大。

引起蒸汽温度变化的基本原因有两个：一是烟气侧传热工况的改变；二是蒸汽侧吸热工况的改变。影响主蒸汽温度的主要因素有锅炉负荷、给水温度、燃料性质、炉膛出口过量空气系数、炉膛出口烟温及受热面的污染情况等。此外，锅炉给水量、燃料量和送风量的扰动也会引起锅炉蒸汽温度的波动。以过热器系统呈对流特性的高压煤粉锅炉为例，各种因素对蒸汽温度影响的大概量化值见表12-1。

表 12-1   过热器系统呈对流特性时各种因素对蒸汽温度影响的大概量化值

影响因素	蒸汽温度变化/℃
锅炉负荷±10%	±10
炉膛出口过量空气系数±10%	±（10～20）
给水温度±10℃	±（4～5）
燃煤水分±1%	±1.5
燃煤灰分±10%	±5

对影响主蒸汽温度的各个主要因素具体分析如下：

（1）锅炉负荷的影响。运行过程中的锅炉负荷是经常变化的。锅炉负荷变化时，蒸汽温度的变化特性与过热器的形式有关。辐射式过热器的蒸汽温度变化特性是负荷增加时蒸汽温度降低，负荷减少时蒸汽温度升高；而对流式过热器的蒸汽温度变化特性是负荷增加时蒸汽温度升高，负荷减小时蒸汽温度降低。

（2）给水温度的影响。当给水温度降低时，为了维持锅炉的出力（即蒸发量）不变，总要增大燃料量。这一方面由于增加了炉内的热强度而使辐射传热增加；另一方面由于烟气量的增多而增强了烟道的对流传热。所以无论是辐射式过热器还是对流式过热器，其出口的蒸汽温度都升高了。显然这个因素对蒸汽温度的影响比单纯地增加负荷（燃料量）而给水温度不变时要大得多。相反，当给水温度升高时，过热蒸汽温度将降低。

（3）减温水量或水温变化的影响。当减温水阀开度不变而给水压力波动时，减温水量将发生变化，减温水量增大时，过热蒸汽温度将下降。在采用减温器的过热器系统中，当减温水量或水温发生变化时，将引起蒸汽在过热器内总吸热量的变化，当烟气侧传给蒸汽的热量基本不变时，蒸汽温度就会相应地发生变化。

（4）饱和蒸汽湿度变化的影响。从汽包出来的饱和蒸汽总是带有少量的水分。在蒸汽压力、水位稳定，锅炉负荷又不高的情况下，饱和蒸汽湿度变化甚小。当锅炉运行工况不稳定，尤其是水位过高或负荷突增，汽包内汽水分离设备的分离效果又不佳时，饱和蒸汽的湿度将大大增加。这样，饱和蒸汽增加的水分在过热器内要吸收汽化热，使蒸汽温度降低。蒸汽若大量带水，将引起蒸汽温度急剧下降。

（5）燃料性质的变化。当燃料含碳量或煤粉变粗时，燃料在炉内燃尽时间延长，火焰中心上移，炉膛出口烟气温度升高，对流传热温压增大，过热蒸汽温度将升高。如果燃煤水分增加，水分在炉内蒸发吸收的热量增加，使炉膛平均温度降低，蒸发受热面的辐射吸热量减少，此时要保持蒸发量不变，就需要增加燃料量，加上水分在炉内蒸发使得烟气体积增加，对流吸热量增加，过热蒸汽温度将升高。

（6）受热面清洁程度的影响。如果炉内水冷壁被污染，则炉内的辐射吸热量将减少，炉膛出口烟温升高，过热蒸汽温度则升高；如果过热器本身被污染，则由于其吸热量减少而使其出口蒸汽温度降低。

（7）过量空气系数的变化。炉内过量空气系数增大，烟气量增多，炉膛平均温度将降低，辐射吸热量减少，对流传热增加，过热蒸汽温度将升高。在总风量不变的情况下，配风工况的变化也会引起蒸汽温度的变化。对于燃烧器采用四角布置形式的锅炉，当上层二次风量增大，下层二次风量减小时，上层二次风的压火作用明显，炉膛出口烟温相应下降，蒸汽温度降低。

（8）炉膛火焰中心位置的变化。当因某种原因使炉膛的火焰中心发生变化时，将影响炉内辐射传热和烟道对流传热的比例，从而影响过热蒸汽温度。火焰中心上移时，炉膛出口温度将升高，所以增强了烟道的对流传热，过热蒸汽温度将升高。反之，则降低。距离炉膛出口越近的受热面受火焰中心位置的影响越大。导致火焰中心位置改变的因素有很多，如煤质的变动、燃烧器运行方式的变动及炉膛的漏风等。运行中也常常将改变炉膛火焰中心位置作为一种蒸汽温度调节的手段。

2. 再热蒸汽温度变化的原因

影响过热蒸汽温度的因素也同样会影响再热蒸汽温度。机组在定压方式下运行时，随着机组负荷的增大，汽轮机高压缸排汽温度升高，再热器出口蒸汽温度将升高。另外，主蒸汽压力升高，蒸汽在汽轮机中焓降增大，高压缸排汽温度则相应降低。

对于再热蒸汽温度呈对流特性的锅炉，当流经再热器的烟气量增大时，再热器的吸热量就越大。锅炉负荷降低，辐射受热面的吸热比例增加，对流再热器吸热比例减少。

在其他工况不变时，再热器减温水流量越大则再热蒸汽温度越低。

三、过热蒸汽温度的调节

蒸汽温度调节是指在一定的负荷范围内（对过热蒸汽而言，一般为 $50\%\sim100\%$ 额定负荷；对再热蒸汽而言，一般为 $60\%\sim100\%$ 额定负荷）通过调节手段保持蒸汽温度在要求的温度范围内。

过热蒸汽温度的调节方法有很多，大体可以分为蒸汽侧调节和烟气侧调节两大类。蒸汽侧调节是指通过改变蒸汽的焓值来调节蒸汽温度；烟气侧调节是指通过改变流经受热面的烟气量或改变对流受热面的吸热比例来调节蒸汽温度。大机组锅炉蒸汽侧调节通常采用喷水减温的方法，而烟气侧调节通常采用改变火焰中心位置、改变烟气量等方法。

对过热蒸汽温度调节方法的基本要求是：①调节惯性或时滞要小；②调节范围要大；③调节设备的结构要简单可靠；④对循环效率的影响要小；⑤附加的设备和金属消耗要少。

1. 蒸汽侧调节方法

（1）喷水减温器结构。喷水减温器结构简单，调节幅度大，惯性小，调节灵敏，有利于自动调节，因此在现代大型锅炉中得到广泛的应用。由于减温水直接与蒸汽接触，因而对水质要求很高。我国13.6MPa以上锅炉的给水都经过除盐处理，可直接用给水作减温水。

减温水经过喷嘴雾化后直接喷入蒸汽的方法称为喷水减温。喷水减温器的结构形式有很多，按喷水方式分有下列四种：喷头式减温器、文丘里管式减温器、旋涡式喷嘴减温器和多孔喷管式减温器等。图12-8所示为双喷头式减温器，它由雾化喷水头、减温水连接管、内套管等组成。减温水从喷水头中喷出雾化；保护套管长3～4m，保证水滴在套管长度内蒸发完毕，防止水滴接触外壳产生热应力。

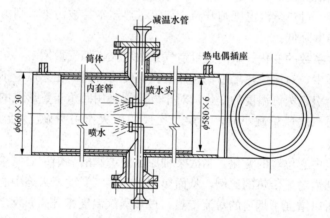

图12-8 双喷头式减温器

在大机组锅炉中，多采用多孔喷管式减温器，如图12-9所示。多孔喷管式减温器主

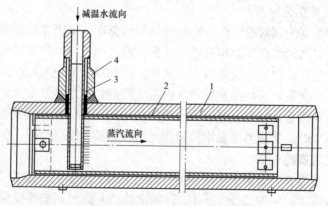

图12-9 多孔喷管式减温器

1—筒体；2—内套管；3—喷管；4—管座

要由多孔喷管（喷嘴）和混合管组成，布置在蒸汽连接管道内。多孔喷管式减温器的喷水方向与汽流方向一致，为避免管壁直接与喷管焊接后在连接处产生热应力，在喷管和管壁间加装保护套管，使水滴不直接与蒸汽管壁相接触。为了防止减温器喷管的悬臂振动，喷管采用上下两端固定，故其稳定性较好。多孔喷管式减温器结构简单，制造安装方便，但有时水滴雾化质量可能差些，因此保护套管（混合管段）的长度宜适当长些。

文丘里管式减温器、旋涡式喷嘴减温器如图 12-10、图 12-11 所示。

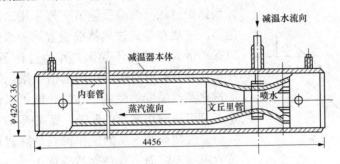

图 12-10　文丘里管式减温器

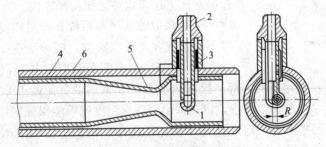

图 12-11　旋涡式喷嘴减温器

1—旋涡式喷嘴；2—减温水管；3—支承钢碗；4—减温器管道；5—文丘里管；6—内套管

（2）喷水减温器布置。喷水减温器的作用是降低蒸汽温度。因此，采用喷水减温器调节蒸汽温度时，锅炉负荷高于一定范围时，过热器的设计吸热量要比实际需要量大些，如图 12-12 中曲线 1 所示。这样，在高负荷时采用减温器，可以维持蒸汽温度在要求范围内变化。

喷水减温器在过热器系统中的布置如图12-13所示。

当喷水减温器位于过热器系统出口端时，可以及时、灵敏、准确地调节蒸汽温度，但是无法避免布置在喷水减温器之前的过热器金属超温，如图 12-13 中曲线 a 所示。

当喷水减温器布置在过热器系统进口端时，可保持过热器金属温度较低，但是由改变减温水量至过热器出口蒸汽温度改变所需时间长，蒸汽温度调节延迟大，不灵敏，准确度

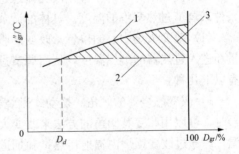

图 12-12　减温器调节蒸汽温度的原理

1—蒸汽温度特性；2—额定蒸汽温度；

3—减温器减温部分

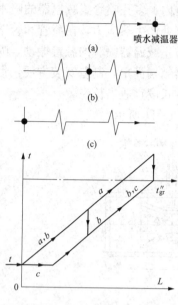

图 12-13　喷水减温器在过热器
系统中的布置
（a）出口布置；（b）中间布置；
（c）进口布置

差，如图 12-13 中曲线 c 所示。

当喷水减温器位于过热器系统中间位置，能降低高温段过热器的管壁金属温度，蒸汽温度调节也较灵敏，如图 12-13 中曲线 b 所示。

（3）喷水减温调节的特点。喷水减温器的位置越接近过热器出口端，蒸汽温度调节的灵敏度就越好。现代大型锅炉过热蒸汽温度调节一般采用二级或三级喷水减温器。一般在屏式过热器前设置第一级喷水减温器，用以保护屏式过热器不超温，作为过热蒸汽温度的粗调；在最后一段高温对流式过热器前装第二级喷水减温器作为过热蒸汽温度的微调。这样，既可以保证过热器的安全，又可以减小调节的迟滞，提高调节的灵敏度。

蒸汽侧调节方法的工作特点是降温调节，即只能使蒸汽温度下降而不能使蒸汽温度上升。因此，当锅炉按额定负荷设计时，过热器的受热面积是超过需要的，通过减温的方法可以使之维持额定值。当锅炉负荷降低时，由于一般锅炉的过热器系统具有对流特性，所以蒸汽温度下降，减温水量也减少。锅炉制造厂一般保证锅炉负荷在 70%～100% 额定负荷时过热蒸汽的出口温度保持额定值，也就是说，在此范围内都要投入减温器。如果锅炉负荷低于 60%～70% 额定负荷，由于失去了喷水减温调节手段，过热器出口蒸汽温度就不能保证额定值了。喷水减温器的使用，虽然在经济上有一定的损失（主要表现为增加了过热量的金属消耗量），但是由于设备简单、操作方便、反应灵敏，所以还是得到了广泛应用。

2. 烟气侧调节方法

烟气侧调节方法的原理是改变流经过热器烟气的温度和流速，从而改变过热器的传热条件来调节过热蒸汽的温度。具体的调节方法有改变火焰中心的位置和改变烟气量两种。

（1）改变火焰中心的位置。改变炉膛内火焰中心的位置，可以改变炉膛内的辐射吸热量和进入过热器的烟气温度，从而调节过热蒸汽的温度。改变炉膛内火焰中心位置的方法有以下几种：

1）改变燃烧器的倾角。摆动式燃烧器的调节机构如图 12-14 所示。采用摆动式燃烧器时，可以用改变其倾角的方法来改变火焰中心沿炉膛高度的位置，从而改变炉膛出口烟温，即通过改变锅炉内辐射传热量和烟道中对流传热量的分配比例，达到调节蒸汽温度的目的。在锅炉负荷高时，将燃烧器向下倾斜某一角度，使火焰中心位置下移，从而使炉膛内辐射吸热量增加、炉膛出口烟气温度下降、蒸汽温度降低。在锅炉负荷低时，将燃烧器向上倾斜适当角度，使火焰中心提高，可以使过热蒸汽温度升高。

2）改变燃烧器的运行方式。在沿着炉膛高度布置多排燃烧器时，可以将不同高度的燃烧器组投入或停止运行，也就是可以通过上下排燃烧器的切换或改变燃烧器负荷来改变火焰中心的位置。蒸汽温度高时，尽量投入下排燃烧器；蒸汽温度低时，可以使用上排燃烧器。

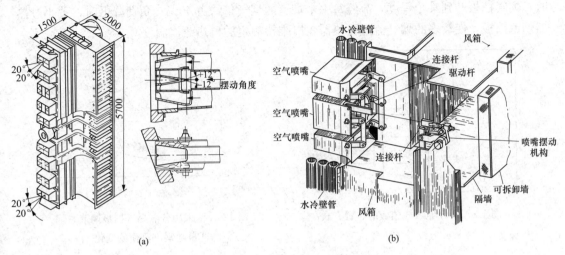

图 12-14　摆动式燃烧器的调节机构
(a) 正体布局；(b) 摆动式的动作连杆

3）改变配风工况。对于采用四角布置切圆燃烧方式的锅炉，在总风量不变的条件下，可以通过改变上下排二次风的分配比例来改变火焰中心的位置。当蒸汽温度高时，可以加大上排二次风、关小下二次风、压低火焰中心；当蒸汽温度低时则相反，即抬高火焰中心。

（2）改变烟气量。改变流经过热器的烟气量，则烟气流速必然下降，这就改变了烟气对过热器的放热系数和放热量，达到了调节过热蒸汽温度的目的。这类方法主要用于调节再热蒸汽温度。

四、再热蒸汽温度的调节

再热蒸汽温度的调节原理和调节方法，在原则上与过热蒸汽温度调节的相同，但国产机组一般不采用喷水减温作为再热器的基本调温手段。这是因为把水喷入中等压力的再热器中，就相当于在高参数的蒸汽循环中加进了一部分（等于喷水量的）中等参数工质的循环，这将使整个机组的循环热效率降低。因此，再热器大都采用烟气侧调节方式，喷水减温只作为事故喷水减温（防止再热器管壁超温）手段或对再热蒸汽温度进行微调之用。

再热蒸汽温度的调节方法有分隔烟气挡板、烟气再循环、炉底注入热风、改变火焰中心位置等。

1. 分隔烟气挡板

这是再热器调温应用最广泛的一种调节方式。这种调节方式设备结构简单、操作方便。使用该方式时，要把对流后烟道分隔成两个并联烟道，用分隔墙把后竖井烟道分隔成前后两个平行烟道，在一侧布置低温过热器，另一侧布置低温再热器，在两平行烟道的出口处装设可调的烟气挡板，两侧的烟道挡板采用反向联动调节，如图 12-15 所示。当锅炉工况发生变动引起再热蒸汽温度变化时，调节低温再热器侧烟气挡板的开度，并相应改变低温过热器侧的烟气挡板开度，从而改变两平行烟道的烟气流量分配，以改变低温再热器的吸热量，使再热蒸汽温度被调节至所需的数值。

图 12-16 所示为锅炉负荷变化时，流经两个烟道的烟气量的变化情况。在额定负荷

时，烟气挡板开到某个程度，流经每一个烟道的烟气量约占50％。负荷降低时，关小过热器烟道挡板，使较多的烟气流经再热器，以维持额定的再热蒸汽温度。

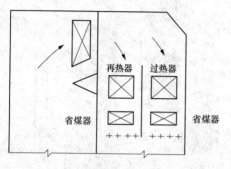 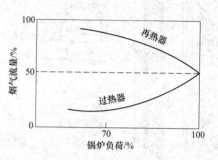

图 12-15　分隔烟气挡板的布置方式　　　　图 12-16　采用分隔烟气挡板调节时烟
　　　　　　　　　　　　　　　　　　　　　　　　　气量随锅炉负荷的变化

　　烟气挡板通常设置在省煤器下方。由于该处烟气温度较低，挡板不易过热、变形量小，工作安全好；而且省煤器出口的烟道截面积小，使得挡板的尺寸小、质量小、刚性强，从而使调节时所需的驱动力矩小。

　　图 12-17 所示为采用分隔烟气挡板调节时，过热蒸汽温度和再热蒸汽温度随负荷的变化情况。其中曲线 A 表示额定负荷时的蒸汽温度特性，曲线 B 表示挡板调节以后的蒸汽温度特性。低负荷时，再热蒸汽温度偏低较多，只有在额定负荷时才可保持额定蒸汽温度，而过热蒸汽在额定负荷下超温以保证部分负荷下能维持额定蒸汽温度。由图 12-17 可见，在低负荷范围内，再热蒸汽可以维持额定蒸汽温度，但是过热蒸汽温度稍稍偏高，可以用喷水减温器维持过热蒸汽温度的额定值。

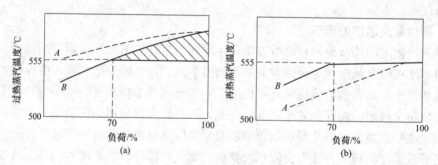

图 12-17　采用分隔烟气挡板调节时蒸汽温度随负荷的变化
（a）过热蒸汽；（b）再热蒸汽
A—挡板全开时蒸汽温度特性；B—挡板调节后蒸汽温度特性

　　除此之外，再热蒸汽温度调节还可以采用旁通烟道和再热器、省煤器并联的方式。它们调节再热蒸汽温度的原理都是通过调节烟气挡板改变流经再热器的烟气流量，使烟气侧的放热系数发生变化，从而改变其传热量，使再热器出口蒸汽温度随之发生变化。

　　2. 烟气再循环

　　烟气再循环的工作原理是在锅炉低负荷时采用再循环风机从锅炉尾部低温烟道中（一般为省煤器后）抽取一部分温度为250～350℃的烟气，由炉膛下部送入炉膛，来改变锅炉的辐射和对流受热面的吸热分配，从而达到调节蒸汽温度的目的，如图 12-18 所示。当锅炉高负荷时，再热蒸汽温度已经达到额定值，再循环烟气从炉膛上方给入，此时其只起到保护屏式过热器的作用，不起调节蒸汽温度的作用。

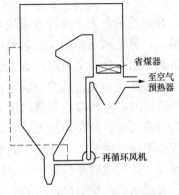

由于低温再循环烟气的掺入，炉膛内的火焰温度降低，炉膛内辐射吸热量减少。此时，炉膛出口烟气温度一般变化不大。在对流受热面中，因为烟气量的增加，使得其对流吸热量增加。因为再热器离炉膛出口比较远，加之再热器对流特性的影响，所以它的对流吸热量增加就特别显著。

图 12-18　烟气再循环调节蒸汽温度

采用烟气再循环后，各受热面吸热量的变化与再循环烟气量、烟气抽取位置及送入炉膛的位置有关。一般每增加 1% 的再循环烟气量，可以使再热蒸汽温度升高 2℃。如再循环率为 20%～25%，可以调节蒸汽温度 40～50℃。

采用烟气再循环调节的优点是在不增加炉膛过量空气系数的情况下，增加炉内烟气流量且调温幅度较大，能够节省受热面，调节反应也较快，同时还可以均匀炉膛热负荷。采用烟气再循环调节的缺点是使用再循环风机，增加了厂用电耗，同时由于风机在高温下运行，维护费用也较大，尤其在燃煤锅炉上，再循环风机的磨损问题是相当严重的；此外，从炉膛下部送入再循环烟气时，会使炉膛温度降低，因此可能增大不完全燃烧热损失，当燃用低挥发分的煤种时，对燃烧工况的稳定不利。

3. 炉底注入热风

炉底注入热风的调节方法与烟气再循环的形式相似，但是原理却不大相同。烟气再循环是借调节对流受热面的烟气流量来调节蒸汽温度的；而从炉底注入热风，并且随着锅炉负荷的改变相应地改变炉底热风量，同时调节二次风量，就可以使炉膛内的过量空气系数尽量维持最佳值。也就是说，当自炉底注入热风时，通过适当的调节，就可使炉内生成的烟气量不变或基本不变，但是改变了炉膛温度，减少了辐射吸热；同时抬高了炉膛中火焰中心的位置，提高了炉膛出口烟气温度和再热器的吸热量。在锅炉最大负荷时，调温空气量为零。随着锅炉负荷的降低，相应增加调温空气量，可以使再热蒸汽温度维持在额定值。

4. 改变火焰中心位置

和调节过热蒸汽温度一样，改变火焰中心位置也可以调节再热蒸汽温度，且这种方法常作为再热蒸汽温度的主要调节手段。改变火焰中心位置的方法有：调节摆动燃烧器的倾角、改变燃烧器的运行方式及运用二次风量的分配方式等。

五、直流锅炉蒸汽温度调节

1. 直流锅炉过热蒸汽温度调节

直流锅炉过热蒸汽温度的调节主要是调节燃料量与给水量。由于直流锅炉效率、燃料发热量和给水焓（温度）在运行中会发生变化，加上给煤量和燃料量在运行中有波动，在实际直流锅炉运行中很难保证煤水比的精确值。因此，直流锅炉除采用煤水比作为过热蒸汽温度的粗调手段外，还必须采用喷水减温作为辅助调节手段。有些直流锅炉也采用烟气再循环、分隔烟气挡板和燃烧器摆动等作为调节手段，但国内常用这些方法调节再热蒸汽温度。

在运行中，为了维持直流锅炉出口过热蒸汽温度的稳定，通常在过热蒸汽区段取一温度测点，将它固定在相应的数值上，这就是通常所说的中间点温度。国产机组一般采用汽水分离器出口处的工质温度或低温过热器的入口工质温度作为中间点温度。

综上所述，直流锅炉带固定负荷时，压力波动小，主要的调节任务是蒸汽温度调节；在变负荷时，蒸汽温度与蒸汽压力的调节必须同时进行。例如，当汽轮机功率增加引起蒸汽压力降低时，就必须加大给水量来提高压力，此时若燃料量不相应增加，就会引起蒸汽温度的下降。因此，直流锅炉调压的同时必须调温，即燃料量必须随给水量的增加而相应地增加，才能在调压过程中同时稳定蒸汽温度。

直流锅炉过热蒸汽调节的手动操作包括给水调压，燃料配合给水调温，抓住中间点，喷水微调，并以这种"协调控制"的方法来达到蒸汽参数的稳定。

2. 直流锅炉再热蒸汽温度调节

再热蒸汽流量与燃料量之间无直接的单值关系，不能用燃料量与蒸汽流量的比值来调节蒸汽温度。因为大部分再热器布置在烟温相对较低的区域，再热器的蒸汽温度特性表现为对流蒸汽温度特性，即随着锅炉负荷升高，蒸汽温度升高，锅炉负荷降低，蒸汽温度下降。所以，再热蒸汽温度一般通过烟气侧蒸汽温度调节方法进行调节，主要以分隔烟气挡板调节或摆动式燃烧器调节为主，喷水减温作为事故情况下的紧急调节手段使用。

3. 直流锅炉蒸汽温度调节的注意事项

（1）直流锅炉运行中要控制好蒸汽温度，首先要监视好蒸汽温度，并经常根据有关工况的改变分析蒸汽温度的变化趋势，尽量使调节工作恰当地做在蒸汽温度变化之前。如果等蒸汽温度变化以后再采取调节措施，则必然形成较大的蒸汽温度波动。应特别注意对过热器中间点蒸汽温度的监视，中间点蒸汽温度保证了，过热器出口蒸汽温度就能稳定。

（2）虽然现代锅炉一般都装有自动调节装置，但运行人员除应对有关表计加强监视外，还需熟悉有关设备的性能，如过热器和再热器的蒸汽温度特性，喷水调节门的阀门开度与喷水量之间的关系，过热器和再热器管壁金属的耐温性能等，以便在必要的情况下由自动切换为远程操作时，仍能维持蒸汽温度的稳定并确保设备的安全。

（3）在进行蒸汽温度调节时，操作应平衡均匀。由于直流锅炉储水量少，锅炉运行中的储热量小，所以对工况变化反应灵敏，当直流锅炉运行工况发生变化时，直流锅炉参数变化迅速、剧烈。例如，对于减温水调节门的操作，不可大开大关，以免引起急剧的温度变化，危害设备的安全。

（4）由于蒸汽量不均或者受热不均，过热器和再热器总存在热偏差，在并联工作的蛇形管中总可能有少数蛇形管的蒸汽温度比平均壁温高，因此运行中不能只满足于平均蒸汽温度不超限，而应该在调节上力求做到不使火焰偏斜，避免水冷壁或凝渣管发生局部结渣。要注意烟道两侧的烟温变化，加强对过热器和再热器受热面壁温的监视等，以确保设备的安全并使蒸汽温度符合规定值。

第五节　锅炉燃烧调节

锅炉燃烧调节的主要内容有燃料量的调节、风量（送风量和引风量）的调节、配风方式的调节及燃烧器运行方式调节等。

一、锅炉燃烧调节的目的和任务

锅炉炉内燃烧的好坏，不仅关系着锅炉运行的可靠性，而且在很大程度上决定着锅炉运行的经济性。进行锅炉燃烧调节的目的和任务是：

（1）保证燃烧供热量适应外界负荷的需要，以维持蒸汽压力、蒸汽温度在正常范围内。

（2）保证着火和燃烧稳定、火焰中心适当、分布均匀、不烧损燃烧器、不引起水冷壁及过热器结渣和超温爆管、燃烧完全，使机组运行处于最佳经济状况。

（3）对于平衡通风的锅炉，应当维持一定的炉膛负压。

（4）减少燃烧所产生的 NO_x 等污染物排放。

保证锅炉安全与经济运行是锅炉燃烧调节的目的，其实际上就是要在运行中始终保持炉内良好的燃烧工况。所谓良好的燃烧工况，主要是指煤粉细度合格，风煤比合适；炉内火焰明亮而稳定（若负荷高，则火色偏白，若负荷低，则火色偏黄）；火焰中心应在炉膛中部；火焰均匀充满整个炉膛，但不触及周围水冷壁；火焰中没有明显星点（星点可能是煤粉离析所致，表明煤粉太粗或炉温过低）。如果火色白亮刺眼，表明风量偏大或负荷太高，或是炉膛结渣；如果火焰暗红闪动，则可能是风量太小或漏风使炉温偏低，也可能是煤质方面的原因等。锅炉燃烧调节是锅炉运行调节的核心内容，锅炉运行中应根据锅炉应用燃料的性质、燃烧设备的性能及运行工况等因素，综合分析和判断，从而找到最合适的燃烧调节方式，达到锅炉安全、经济运行的目的。

二、燃烧调节的原理

燃烧过程的经济性要求保持合理的风、粉配合，一、二、三次风配合，送、引风配合；同时还要保持较高的炉膛温度。

单元机组锅炉的燃烧调节原理如图 12-19 所示。来自锅炉主控制器的负荷指令，按预先设置的静态配合指令同时去调节燃料量和进风量，并以送风机的位置指令作为引风调节的前馈信号，引风机同时按比例动作，使锅炉对机组负荷变化做出快速响应。在调节燃料量时，比较主控制指令与进风量后，取两者中变化幅度小的为依据；在调节送风量时，又在主控制指令与燃料量中选择数量较大的为依据。这样就可保证在任何情况下，锅炉内的空气都不致过小。

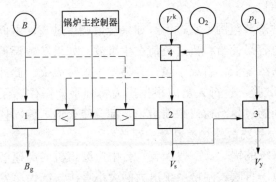

图 12-19　单元机组锅炉的燃烧调节原理

B—燃烧率信号；V^k——、二次风总流量信号；O_2—烟气中氧量信号；p_1—炉膛负压信号

1—给煤 B_g 的调节装置；2—送风 V_s 的调节装置；3—引风 V_y 的调节装置

因为按主控制指令一次做的各种调节都不可能达到互相精确配合，所以还要根据各被调参数的偏差反馈，分别进行精确调节。例如，在将小值选择出来的前馈信号送达燃料调节机构的同时，还要把当时的燃料量也反馈给燃料调节机构，这样燃料调节机构就根据两者差别的大小进行燃料调节。

燃烧过程是否正常，直接关系到锅炉运行的可靠性。例如，燃烧不稳，将引起蒸汽参数的波动；火焰偏斜，会造成炉内温度场和热负荷的不均匀；如果火焰偏斜过大，可能引起水冷壁局部区域温度过高，出现结渣甚至爆管现象，引起过热器热偏差过大，产生超温坏损；炉膛温度过低，则着火困难、燃烧不稳，容易造成炉膛灭火、放炮等。

三、燃料量的调节

燃料量调节的目的是使进入锅炉的燃料量随时与外界负荷要求相适应。因为蒸汽压力是锅炉燃烧率是否与汽轮机能量需求相平衡的标志，因此燃烧自动控制系统常根据蒸汽压力来调节锅炉的燃料量。

燃料量调节的方法与制粉系统的种类有关，也与锅炉负荷变动的幅度有关。对于配置直吹式制粉系统的锅炉，制粉系统的出力大小将直接影响锅炉的蒸发量。磨煤机及制粉系统与锅炉燃烧过程密切相关。这也是直吹式制粉系统与中间储仓式制粉系统的区别所在。

1. 配置中间储仓式制粉系统的锅炉燃料量调节

对于配有中间储仓式制粉系统的锅炉，因为制粉系统的出力变化与锅炉没有直接关系，所以当锅炉负荷改变而需要调节进入锅炉内的煤粉量时，只要通过改变给粉机转数和燃烧器投入的只数即可，不必涉及制粉系统负荷变化。

当负荷变化较小时，改变给粉机转数就可以达到调节的目的；当负荷变化较大，改变给粉机转数不能满足调节的需要时，应先采用投入或停止数只燃烧器做粗调，然后再用改变给粉机转数的方法做细调。在投、停燃烧器时，要对称进行，以免破坏锅炉内动力工况。

在投入备用燃烧器和给粉机时，应先开启一次风门至所需开度，并对一次风管进行吹扫，待风压指示正常后，方可启动给粉机送粉，并开启二次风门；相反，在停运燃烧器时，应先停止给粉机，然后关闭二次风，而一次风应继续吹扫数分钟后再关闭，防止一次风管内出现煤粉沉积。为防止停运的燃烧器被烧坏，可把一、二次风门保持一个微小的开度，来冷却燃烧器的喷口。

给粉机转数的正常调节范围不宜过大。如果转数调得过高，不但煤粉浓度过大容易引起不完全燃烧，而且也容易使给粉机过负荷发生事故；如果转数调得太低，在炉膛温度不高的情况下，因为煤粉浓度低，着火不稳，容易发生炉膛灭火。此外，各台给粉机事先都应做好转速-出力特性试验，运行人员应根据出力特性平衡操作，保持给粉均匀，避免大幅度调节。任何短时间的过量给粉或中断给粉，都会使火焰不稳，甚至引起灭火。

2. 配置直吹式制粉系统的锅炉燃料量的调节

配置直吹式制粉系统的锅炉，一般配有数台中速磨煤机或高速磨煤机，相应地具有数个独立的制粉系统。由于直吹式制粉系统出力的大小直接与锅炉蒸发量相匹配，所以当锅炉负荷有较大变动时，需要启动或停运一套制粉系统。在制订制粉系统启停方案时，必须考虑到燃烧工况的合理与均衡。当锅炉的负荷变动不大时，可通过调节运行的制粉系统的出力来解决。现代大型磨煤机中通常有一定的蓄粉量，磨煤机内装载的煤越多，则蓄粉量越大。

因一次风量的变化快于实际煤量的变化，机组加负荷时先增加给煤机转速，再增加一次风量，从而达到磨煤机中蓄粉暂态适应负荷变化的目的。而机组负荷减小时，则应先降低给煤机的转速，然后再减少一次风量。这样调节的好处有：①无论是增负荷还是减负荷，都保持了磨煤机中较充分的风量，避免了因工况变动而导致的炉内燃烧恶化；②利用了磨煤机内的存煤，提高了制粉系统对锅炉负荷的响应速度；③增负荷时先加风，减负荷时先减煤，有利于减少磨煤机的石子煤排量（保证了风环速度）。

不同种类的中速磨煤机，其内存煤量不同，响应锅炉负荷的速度也不同，存煤量越多，负荷响应越快。例如，磨煤机内存煤量较多的双进双出钢球磨煤机直吹式制粉系统，其负荷响应就最为快。当需要改变磨煤机的出力时，可以先改变磨煤机入口的一次风量来改变磨煤机内蓄粉量，这样可以缩短对负荷的响应时间，然后再改变给煤机的转速以达到新负荷要求下的燃料量。对于带直吹式制粉系统的煤粉锅炉，其燃料量的调节最终是要用改变给煤量来实现的。

磨煤机都有最低允许出力和最大出力。磨煤机的最低允许出力取决于制粉的经济性和燃烧的稳定性。当锅炉在低负荷下运行时，出于对燃烧稳定性的考虑，要求煤粉较集中地送入炉内，所以当锅炉负荷低到一定程度时，应当停掉一套制粉系统，而将它的出力分摊给其余运行的制粉系统，以保证所有运行着的磨煤机都在各自的最低出力以上工作。磨煤机的最大出力取决于其碾磨能力及所要求的煤粉细度。单台磨煤机出力过高，会导致煤粉质量变差、石子煤过多等问题，还会使炉内局部热负荷过高。所以，当锅炉负荷升高到一定程度时，应重新启动一套制粉系统，以分散各磨煤机的出力，同时分散炉内热负荷。

在调节给煤量及风门挡板的开度时，应注意辅机的电流变化、挡板开度的指示、风压的变化，以防止电流超限和堵管等异常现象的发生。

四、配风方式的调节

配风是指当总的送风量一定时，各层二次风喷口之间的风量分配。合理的配风，对于建立良好的炉内燃烧工况有着重要的意义。配风的方式与燃烧器的种类和布置都有密切的关系。

某 600MW 机组锅炉采用直流燃烧器，其结构如图 12-20 所示。该燃烧器采用四角切圆布置，每组燃烧器沿高度共布置有 17 个喷口，采用均等配风方式，有 6 层一次风喷口。60％～70％的二次风与一次风相间布置，从二次风喷口送入炉膛，此称为"辅助风"，共 9 层；约 15％的二次风布置在整组燃烧器的顶部，并与一次风燃烧器保持一定的间距，此称为"燃尽风"，共 2 层；还有约 15％的二次风从一次风喷口的四周送入炉膛，作为一次风的周界风，此称为"燃料风"。

二次风由辅助风、燃尽风和燃料风三部分组成，各层二次风入口处均布置有百叶窗式的调节挡板，在总二次风量一定时，分别改变挡板开度，即可调节各二次风喷口的风量和风速，实现锅炉合理的配风。

1. 辅助风的调节

辅助风是二次风中最主要的部分。它的调节原理是通过调节二次风箱和炉膛之间的差压，从而保持进入炉膛的二次风有合适的流速，以便入炉后使煤粉气流形成很好的扰动和混合，保证良好的燃烧工况。

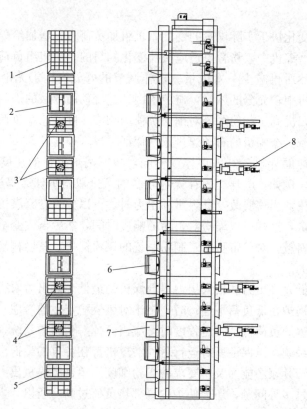

图 12-20　600MW 机组直流燃烧器结构

1—燃尽风（消旋风）；2——次风；3—油枪；4—辅助风；5—最下层辅助风；
6——次风喷口；7—二次风喷口；8—油枪及点火器

　　辅助风的风量和风速较一次风要大得多，因此辅助风是形成各角燃烧器出口气流总动量的主要部分。辅助风动量与一次风动量之比是影响炉内空气动力场结构的重要指标。二、一次风动量比过大，一方面容易导致下游一次风气流的偏斜，引起结渣；另一方面由于气流的偏斜使炉膛中心的实际切圆直径变大，有利于相邻气流的相互点燃。二、一次风动量比过小，则气流的贯穿能力较弱，一次风和二次风不能很好地扰动混合。对于挥发分低的难燃煤，着火稳定是燃烧过程的主要矛盾，应适当增大辅助风量，使火球边缘贴近各燃烧器出口（切圆变大），尤其是对于设计中取了较小假想切圆直径的锅炉，增大辅助风二、一次风动量比的作用可能更为明显；而对于挥发分大的易燃煤，防止结焦和提高燃烧经济性是最重要的，燃烧调节时要注意不可使辅助风过大。

　　当锅炉在低负荷运行时，有部分燃烧器停运，为了防止这些喷口被烧坏，必须投入一定量的冷却风，冷却风占据了一部分二次风，所以此时的辅助风量将降低；相反，锅炉高负荷运行时的辅助风量较高。

　　布置在不同位置的辅助风，其作用也不同。上层辅助风能压住火焰，不使其过分上飘，是控制火焰位置和煤粉燃尽的主要风源；中层辅助风则为煤粉旺盛燃烧提供主要的空气量；下层辅助风可防止煤粉离析，托住火焰不致下冲冷灰斗，减少固体不完全燃烧热损失。

现代锅炉普遍采用炉膛/风箱差压控制的方式自动调节各层辅助风挡板的开度，从而控制辅助风量与风速。锅炉运行中，不同的锅炉负荷要求有不同的炉膛/风箱差压设定值。锅炉运行中按所设定的炉膛/风箱差压自动改变风门挡板开度。

油辅助风（伸缩油枪的辅助风口）的风门开度有两种控制方式：①油枪投入运行后，该油枪的油辅助风挡板会根据燃油压力来调节辅助风挡板开度；②油枪停运时，则与煤辅助风一样，按炉膛/风箱差压进行调节。通过风量调节，可使锅炉在调节范围内任一负荷下运行时，都能保持合理的风量和风速，满足燃烧的需要。

2. 燃尽风的调节

燃尽风也称过燃风（OFA）。电站锅炉设计过燃风的目的是遏制 NO_x 和 SO_3 的生成量，提高锅炉的低负荷稳燃性能，以及降低污染物的排放。

从理论上讲，燃尽风的使用相当于在全炉膛采用了分段燃烧。在燃尽风未混合前，燃料在空气相对不足的条件下燃烧，在火焰中心部分燃料燃烧缺氧，抑制了火焰中心 NO_x 的产生率；当燃烧过程移至燃尽风区域时，虽然氧浓度有所增加，但火焰温度却因大量辐射放热而降低，使这一阶段的 NO_x 生成量也得到控制，从而避免了高的温度与高的氧浓度这两个条件的同时出现，实现了对 NO_x 生成量的控制。

燃尽风的风量调节与锅炉负荷和燃料性质有关。锅炉在低负荷下运行时，炉内温度水平相对较低，NO_x 的产生量较少，此时是否采用分段燃烧影响不大；又因为各停运的喷嘴都保持一定的风量（5%～10%），燃尽风的投入会使正在燃烧的喷口区域供风不足，影响燃烧的稳定，所以燃尽风的挡板开度应随负荷的降低而逐步关小。

锅炉燃用较差煤种时，燃尽风的风量也应减小。否则，燃尽风的风量过大会使主燃烧区相对缺风，燃烧器区域炉膛温度降低，不利于燃料着火。在燃用低灰熔点的易结焦煤时，燃尽风风量的影响是双重的：随着燃尽风量的增加，强烈燃烧的燃烧器区域温度降低，这对减轻炉膛结焦是有利的；但由于火焰区域呈较高的还原气氛，又会使灰熔点下降，这对减轻炉膛结焦是不利的。因此，应通过燃烧调节确定较合宜的燃尽风风门开度。

适当增加燃尽风的风量还可使燃烧过程推迟、火焰中心位置提高。因此，燃尽风的风量调节必要时也可作为调节过热蒸汽温度、再热蒸汽温度的一种辅助手段。

锅炉调节燃尽风的方法有两种：一种是独立手动调节，即根据调试结果，确定一个合适的燃尽风调节阀开度，手动调节其开度，运行中不再改变开度，而运行中燃尽风的风量只随着大风箱的差压而改变。这种调节方式的特点是燃尽风的开度与锅炉负荷无关。另一种是负荷调节方法，即将燃尽风的挡板开度设为锅炉负荷的函数，锅炉运行中根据负荷自动调节其风门挡板开度。

3. 燃料风的调节

燃料风是在一次风口内或者四周补入的空气，前者叫作夹心风（或十字风）；后者叫作周界风。燃料风是二次风的一部分。

在一次风口的周围布置一圈周界风，不但可以增大一次风的刚性，而且可以托浮煤粉、防止煤粉离析、避免一次风贴墙，还可以及时补充煤粉着火初期所需要的氧气。

一般说来，对于挥发分较大的煤，周界风的挡板可以稍开大些，这样有利于阻碍高挥发分的煤粉与炉内烟气混合，以推迟着火，防止喷口过热和结渣；同时，对于着火快的高挥发分煤，周界风还可以及时补氧。但对于挥发分较低的煤，则应减少周界风的比例，因为过多的周界风会影响一次风着火的稳定性。

在风量调节投自动的情况下，周界风门的开度与燃料量按比例变化，每层燃料风挡板的开度都是相应层给煤机转速的函数。当负荷降低时，周界风也相应减少，这样有利于稳定着火。当喷口停运时，周界风则保持在最小开度以冷却喷口。

夹心风可以增强一次风的刚性，并从一次风中心补充氧。它避免了周界风阻碍气流卷吸炉内烟气的弊端。但过多的夹心风相当于增大了一次风量，所以当煤挥发分少时，应将其关小或关闭。

五、燃烧器运行方式的调节

除了配风方式，燃烧器的运行方式也是影响炉内燃烧工况的重要因素。燃烧器运行方式的调节是指燃烧器的负荷分配和停投方式。负荷分配是指在总燃料量一定的前提下，各层喷口的燃料分配问题；而停投方式是指投入、停运燃烧器的只数和位置选择。

1. 燃烧器的负荷分配

各层燃烧器的负荷分配方式不同，炉内的温度分布不同。通常根据煤种、参数调节的需要，并参考以下原则进行调节：

（1）均匀分配方式。将总煤粉量均匀分配到各层燃烧器，有利于均匀炉内热负荷，防止局部温度过高而导致的结渣。但是由于热量较分散，当锅炉低负荷运行或者燃用低挥发分煤时，容易发生燃烧不稳定。

（2）不均匀分配方式。在一些特殊情况下，可以利用各燃烧器负荷不均匀的分配方式。例如，增大上层喷口的负荷，减少下层喷口的负荷，可以提高火焰中心，有利于低负荷下维持蒸汽温度；相反，下层喷口的负荷高于上层喷口，火焰中心靠下，可以防止炉膛出口受热面结渣，还可以增加燃料在炉内的停留时间，有利于燃尽。

2. 燃烧器的停投方式

锅炉在额定负荷下运行时，所有燃烧器均投入运行，当锅炉负荷降低到一定程度时，则需要停运部分燃烧器，此时需要根据以下原则做出合理的选择。

（1）停上投下，降低火焰中心，有利于低负荷稳燃和燃尽；停下投上，有利于在低负荷下保持额定蒸汽温度。

（2）停中间、投两端，可以减轻一次风的偏斜，防止炉膛结渣。

（3）分层停投、对角停投，可以均衡炉内热负荷。

（4）低负荷时减少运行燃烧器的只数，可以稳定燃烧，提高燃烧效率。

六、商洛电厂燃烧调节系统

锅炉燃烧调节系统是主控制系统的子系统，它接受来自主控制系统发出的锅炉负荷指令，将该指令分别送往燃料和风量调节系统，使燃料和风量按预先设置好的静态配合按比例同时动作，以保证合适的风/燃料配比；并通过燃料控制和风量控制的交叉限制作用，满足增负荷先增风，减负荷先减燃料的生产工艺要求，以保证锅炉既安全又经济地正常运行。风量调节系统的位置指令又可作为炉膛压力控制系统的前馈信号，实现送风机和引风机的协调动作，以减小炉膛压力波动，从而在外界负荷需求发生变化时，燃料、送风和炉膛压力三个控制子系统同时成比例地动作，以共同适应外界负荷的需求。

锅炉燃烧调节系统分别以给煤机转速、送风机动叶、引风机动叶和二次风挡板为控制手段来实现对锅炉燃料量、总风量、炉膛压力和风量配比等的控制。锅炉燃烧调节系统由燃料、送风、炉膛压力、一次风和二次风等几个子系统组成。

1. 燃料和风量主控制

燃料和风量主控制协调各个磨煤机组的出力，用以维持炉膛内适当的放热量和过量空气量，如图 12-21 所示。

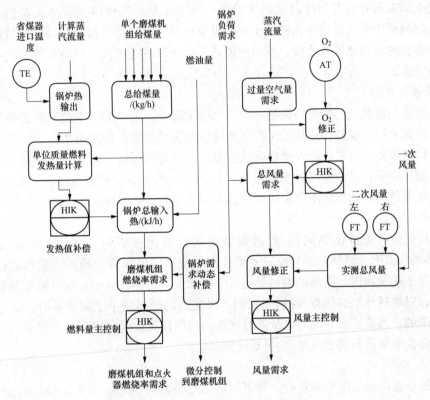

图 12-21 燃料和风量主控制

2. 磨煤机组燃烧率需求

将机组负荷需求子系统发出的锅炉能量需求信号与实际进入锅炉的能量比较，对所得差值进行积分就获得了各个磨煤机组的燃烧率需求。控制器的积分设定是自动地基于磨煤机组的数量，这样在负荷变化时就能提供与需求更一致的响应。

由于煤的发热值和水分是变化的，因此由给煤机测定的给煤量仅近似地反映了进入锅炉的能量。为了对此进行补偿，可用锅炉输出热量来计算燃料每单位质量的能量。通过比较基于锅炉蒸汽流量的热输出和基于给煤量的热输入，就能进行热量的补偿。将这两个能量信号进行比较，将它们的差输入热量积分器，如煤的发热值高，则热量积分器就减少给煤需求量（相对于蒸汽流量来说）；反之，如煤的发热值低，则热量积分器就相对地增加给煤需求量。锅炉蒸汽流量是由给水量和减温水量计算得出的。由于点火器也向锅炉提供能量，因此当点火器投运或退出时，为了避免偏差，应将实测的燃油量折算成等效煤量加到给煤量上。

3. 动态性能补偿

为了校正锅炉和磨煤机的响应特性，应将锅炉（负荷）需求变化的微分控制应用于：

（1）磨煤机组的燃烧率需求，以提供必要的过烧或欠烧，进而改变锅炉的储能。

（2）给煤机和一次风量需求，以改变磨煤机的存煤量。

这样就可避免当进入炉膛的等效燃料量没有变化时而调节二次风量。

4. 风量控制

燃烧率需求信号也可用作风量需求的基本前馈信号。当机组正常减负荷和机组跳闸时，风量控制程序允许风量变化滞后于它的需求信号。将经过氧量标定后的风量需求值与经温度补偿后的实测总风量比较，所得差值就可用于调节送风机的控制叶片，进而满足锅炉风量的要求。

5. 风量需求标定

风量需求是指燃烧过程所需要的正确的总风量需求。由于烟气中的氧量能很好地反映总风量，因此氧量应该被当作稳态工况下连续标定风量整定值的控制指标，以考虑由燃料测量误差和风量测量误差，以及燃料发热值变化所引起的扰动。将氧量的整定值作为负荷的函数被编入程序，且该程序可根据需要进行调节。氧量整定值应限制在一定的范围内，以防止风量不足引起的燃烧不完全或风量过大而造成的火焰不稳定。控制系统应允许手动改变氧量整定值。

在任何时候，维持正确的风量/燃料量比例都是保证锅炉良好运行所必需的。从30%～100%BMCR，燃料和风量控制子系统都应根据需要保持正确的风量和燃料量整定值。如果由于某种原因，实测的燃料量超过了需求量，则燃料量偏差信号将立刻修正风量需求信号，以维持预期的风量/燃料量比例。当实测的燃料量小于需求量时，由于富氧条件总是安全的，因此不必立刻对风量进行修正；当燃料流量受到限制时，如果需要，控制系统将减负荷来维持预期的风量/燃料量比例。

6. 最小风量

炉膛最小通风量设定为满负荷（BMCR）工况风量的30%，为确保锅炉的安全运行，任何时候，无论锅炉负荷是多少，通过炉膛的风量都不应低于这个最小值。

7. OFA喷口控制

对各种燃料来说，采用分级燃烧都是减少NO_x排放的有效办法。为了减少NO_x排放，将进入燃烧器的风量分流到OFA喷口，在燃烧器区形成缺氧燃烧，不仅能抑制燃料中氮的氧化，而且能降低火焰温度，进而减少热力型NO_x的生成。

所有OFA喷口的开度都需经现场调试决定。一般来说，OFA喷口的控制是由机组负荷的函数来决定的，当机组负荷增加时，OFA风量增加。在自动控制状态下，进入每个OFA风箱（前后墙各一个）的风量都由其左右两侧进风管上的风量测量装置和控制挡板来控制。

每个OFA喷口的内外通道中都装有测速装置。各个OFA喷口上的差压计所反映出的相对风量指示可用于调节各OFA喷口之间的风量分配及设定气流穿透性。

双通道OFA喷口有中心风通道和外环通道之分。外环通道在OFA喷口的中心风管和外套管之间形成，在外环通道中装有旋流叶片，该叶片可以通过装在OFA喷口前部面板上的外调风机构来调节，以优化燃烧。在OFA喷口的初期调节中，应优化其开度设定，并做标记以供未来参考。在机组正常运行时，叶片不需要再调节，该叶片不带电动或气动执行机构和其他仪表。

在每个 OFA 喷口的外套筒和内套筒外壁上各焊有一个壁温热电偶，用来监测 OFA 喷口的金属温度，以确保任何时候都有足够的冷却风通过喷口。热电偶为不锈钢铠装，并通过 OFA 喷口引出大风箱，以防运行和检修时损坏。热电偶的终端连接到装在 OFA 喷口面板上的热电偶接线盒。在 OFA 喷口调试期间，应监视这些热电偶以确保有足够的冷却风通过 OFA 喷口，使喷口金属在任何运行工况下都不超过 700℃。这些热电偶应进行定期检查，以确定是否超过温度限值。

第六节　商洛电厂锅炉运行维护

一、运行维护的内容

各岗位运行人员应按运行日志要求定时、正确抄录参数，并将值班中机组发生的异常及操作情况完整记录在值班记录内。

机组运行或备用时，应定时、定线对设备进行巡回检查，发现问题及时汇报、联系相关部门进行消除，并把设备缺陷输入计算机，针对设备缺陷积极做好事故预案。做隔离措施时，应注意不要影响热工取样，必要时，由热工确认、解除可能误动的保护。运行值班人员应按规定做好设备的定期试验、切换工作，并有权监督有关人员做好设备的预防性维护工作，如设备的定期加油、介质的化验、定期紧固螺栓、冲洗表管等。

对新投入运行的设备或带病运行的设备要加强巡检和监视。设备出现故障时，应及时联系、汇报，并采取必要措施。要经常检查机组运行情况和监视表计指示。当发现表计指示和正常值有差异时，应查明原因。各运行设备的电流、声音、温度、振动、轴承油位等应正常。备用设备应处于良好的备用状态，联锁在投入位置，轴承油质良好，油位正常。

设备运行中应严密监视其运行参数和运行状态，及时合理调节运行方式，分析处理设备异常，确保设备安全经济运行。在下列情况下应特别注意机组的运行情况：①负荷急剧变化；②蒸汽参数或真空急剧变化；③汽轮机内部有不正常的声音；④系统发生故障；⑤自动不能投入时。除事故处理外，严禁设备超出力运行。值班人员在遇到异常工况或机组运行工况大幅度变化时，必须视情况解除有关自动调节，进行手动调节，使机组各项运行参数稳定。在解除自动进行手动操作时，必须小心谨慎。

锅炉的引、送风机并列操作时，待并列风机启动后，逐渐增加其动叶开度，同时关小运行风机的动叶，直至两风机出力相等。当引风机并列操作完成，运行稳定后，将引风机动叶调节投入自动，方可再投入送风机的动叶自动。锅炉的引、送、一次风机并列运行中因故需停止一侧进行检修时，首先应逐渐将锅炉热负荷降至 330MW 以下，然后再逐渐将需停运风机的负荷转移到运行风机，根据负荷情况决定是否停止磨煤机的运行。待各项运行参数调节稳定后，然后再停止需停运的风机。单侧风机运行正常稳定后，可根据运行风机及磨煤机出力情况，决定是否增、减电气负荷。锅炉在启停及正常运行过程中，必须严格按照总风量大于 30%BMCR 的风量进行控制。

调节磨煤机负荷、风机出力、锅炉给水量，以及调节主蒸汽温度、再热蒸汽温度减温水时，注意不要过调，防止水煤比失调；且应互相联系，做好配合协调，避免运行参数大范围的波动，以免造成机组异常或事故扩大。磨煤机正常运行中发生跳闸时，应立即检查煤粉分离器出口挡板、一次风关断挡板确已关闭，给煤机已跳闸，否则应立即手动关闭或停运，联系热工人员进行检查处理。运行中发生一台或多台磨煤机跳闸时，应视负荷情况及时投油助燃，及时调节运行磨煤机出力，尽可能稳定机组各参数。

二、运行调节的方式

对于锅炉运行的调节，要确保各主要参数在正常范围内运行，合理安排设备、系统的运行方式，及时调节运行工况，及时发现和处理设备存在的缺陷，充分利用计算机的监控功能，使机组安全、经济、高效地运行；调节燃烧，保持炉内燃烧工况良好，使其满足机组负荷的要求，各受热面清洁，降低排烟温度，减少热损失，提高锅炉效率；均衡给煤、给水，维持正常的水煤比，保持稳定和正常的蒸汽温度和蒸汽压力，保持合格的锅炉水和蒸汽品质。

1. 蒸汽温度的调节

（1）在稳定工况下，过热蒸汽温度在 $35\%\sim100\%$ BMCR 温度、再热蒸汽温度在 $50\%\sim100\%$ BMCR 负荷温度时，保持稳定的额定值差，其允许偏差均在 $\pm5℃$ 之内。

（2）过热器的蒸汽温度是由水煤比和两级喷水减温来控制的。水煤比控制温度用顶棚过热器出口蒸汽温度、屏式过热器出口蒸汽温度及一、二级减温水流量偏差来修正。

（3）第一级减温器位于低温过热器出口集箱与屏式过热器进口集箱的连接管上，第二级减温器位于屏式过热器与末级过热器进口集箱的连接管上。每一级各有两只减温器，分左右两侧分别喷入，可分左右分别调节，以减少烟气偏差的影响。一级减温器在运行中起保护屏式过热器的作用，同时也可调节低温过热器左右侧的蒸汽温度偏差。二级减温器用来调节高温过热蒸汽温度及其左右侧蒸汽温度的偏差，使过热器出口蒸汽温度维持在额定值。

（4）正常运行时，再热器出口蒸汽温度是通过调节低温再热器和省煤器烟道出口的烟气调节挡板来调节的。对于煤种变化的差异带来的各部分吸热量的偏差，可通过调节烟气分配挡板的开度，稳定地控制再热蒸汽温度。

（5）蒸汽温度投入自动调节时应加强监视，发现异常或事故工况时要及时解除自动，手动进行调节。

（6）再热器喷水流量调节阀在通常的负荷下，设定为再热蒸汽温度 $+\alpha℃$，在出现紧急情况或再热蒸温度异常高时使用再热器喷水流量控制。

（7）再热器喷水量过多，再热器入口温度可能会降到饱和温度以下，应根据再热器入口蒸汽压力，确定饱和温度设定值；在再热器入口蒸汽的过热度降低时，限制温度偏差，使再热器喷水调节阀往全闭方向动作。

（8）当锅炉出现 MFT 动作或蒸汽中断时，检查再热器喷水调节阀是否关闭，若未关闭则手动关闭。

（9）减少减温器的热应力，应考虑以下事项：负荷大幅度上升时，为防止再热器的喷水延迟，应下调喷水设定值；但在负荷变化很微小时，应锁定设定值的转换，以免喷水阀频繁地开启、关闭。一旦减温水调节阀打开，应待其蒸汽温度稳定后再关闭。

2. 负荷的调节

（1）机组带负荷运行时，应兼顾蒸汽压力，防止蒸汽压力大幅度波动。升负荷时，应先增加风量再增加燃料量；减负荷时应先减少燃料量再减少风量。任何情况下，都要保证风量大于燃料量。

（2）机组带负荷运行时，应根据运行磨煤机的负荷情况决定磨煤机台数，以保证燃烧良好且磨煤机在稳定、经济工况下运行。

（3）要保持热负荷分配均匀，保证运行磨煤机一次风量在 60%～80%。若运行磨煤机的一次风量低至 40%，燃烧不稳时，应及时投入等离子助燃。

（4）升降负荷时，应严格控制好煤水比，防止煤水比严重失调造成蒸汽压力和蒸汽温度大幅度的波动。

（5）启停汽动给水泵、启停磨煤机、启停风机等重大操作应分开进行。

（6）锅炉负荷允许的变化速率：

1）在 50%～100%BMCR 时：±5%BMCR/min。

2）在 30%～50%BMCR 时：±3%BMCR/min。

3）在 30%BMCR 以下时：±2%BMCR/min。

4）负荷阶跃：大于 10%汽轮机额定功率/min。

3. 燃烧的调节

（1）锅炉运行时应了解燃煤、燃油品种及有关工业分析，根据燃料特性及时调节燃烧，保证燃烧器的配风比率、风速、风温等符合设计要求，保持锅炉排烟温度和烟气中的氧量在规定的范围内。

（2）正常运行时，需保持炉内燃烧稳定，火焰呈光亮的金黄色，火焰不偏斜，不刷墙，具有良好的火焰充满度。正常运行中发现燃烧不稳定应及时投油助燃或投入等离子稳燃。

（3）运行中的制粉系统各自动控制应投入，注意检查火焰监测器、燃烧器套筒挡板、磨煤机一次风关断挡板、煤粉分离器出口挡板的运行状态。定期就地检查各燃烧器、二次风箱、风门运行情况，发现问题及时联系处理。

（4）锅炉负荷变化时，及时调节风量、煤量、给水量以保持蒸汽温度、蒸汽压力的稳定。增负荷时，先增加风量，后增加给煤量；减负荷时，先减给煤量，后减风量，其幅度不宜过大，尽量使同层煤粉量一致。负荷变化幅度大，调节给煤量不能满足要求时，采用启、停磨煤机的方法。

（5）正常运行时，同一层标高的前后墙燃烧器应尽量同时运行，不允许长时间出现前后墙燃烧器投运层数差为两层及以上的运行方式。

（6）锅炉正常运行时，应将炉膛负压、风量投入自动控制，氧量投入自动控制。正常运行时炉膛负压维持在 −100Pa。

（7）锅炉运行中，等离子点火系统应处于良好备用状态。

（8）为减少漏风，锅炉运行过程中，炉膛各人孔门、观察孔应处于严密关闭状态。

（9）经常观察锅炉是否结焦，如发现有结焦情况，应及时调节燃烧；如果结焦严重，采取措施无效时，应汇报有关领导，并联系锅炉检修机构进行处理。

三、中间点温度控制

对于直流锅炉来说，在干态运行时，汽水分离器出口蒸汽温度是微过热蒸汽，这个区域的蒸汽温度变化，可以直接反映出燃料量和给水蒸发量的匹配程度，以及过热蒸汽温度的变化趋势。所以在直流锅炉的蒸汽温度调节中，通常选取汽水分离器出口蒸汽温度作为主蒸汽温度调节回路的前馈信号，此点的温度称为中间点温度。

依据该点温度的变化可对燃料量和给水量进行微调。大多数直流锅炉给水指令的控制逻辑是这样的：给水量按照煤水比跟踪燃料量，用中间点温度对给水量进行修正。

众所周知，过热蒸汽温度与再热蒸汽温度直接影响机组的安全性与经济性。蒸汽温度过高可能导致受热面超温爆管，而蒸汽温度过低将使机组的经济性降低，严重时可能使汽轮机产生水冲击。超临界直流锅炉的运行调节特性有别于汽包锅炉，其给水控制与蒸汽温度调节的配合更为密切。

根据锅炉的运行方式、参数，直流锅炉的运行调节可分为三个阶段：第一为启动及低负荷运行阶段，第二为亚临界直流锅炉运行阶段，第三为超临界直流锅炉运行阶段。每个阶段的调节方法和侧重点有所不同。

1. 启动及低负荷运行阶段

不同容量的锅炉其转干态直流运行的最低负荷有所不同，一般在 25％～35％BMCR。此阶段蒸汽温度的调节主要依赖于燃烧控制，即通过燃料量、减温水、烟气挡板等手段来调节主蒸汽温度和再热蒸汽温度。在第一阶段，水位控制已可投入自动，但是大多数锅炉的水位控制逻辑还不够完善，只是单纯的控制一点水位，还没有投三冲量控制，当扰动较大时水位会产生较大的波动，甚至根本无法平衡。在此阶段，要注意尽量避免太大的扰动，扰动过大要及早解除自动，手动控制。

在第一阶段需要掌握好以下几个关键点：

（1）工质膨胀。工质膨胀产生于启动初期，水冷壁中的水开始受热、初次达到饱和温度并产生蒸汽的阶段，此时蒸汽会携带大量的水进入汽水分离器，造成储水罐水位快速升高，锅炉有较大的排放量，此过程较短，一般在几十秒之内，具体数值及产生时间与锅炉点火前压力、温度、水温度、投入的燃料量等有关。此时要及时排水，同时减少给水流量，在工质膨胀阶段附近，应保持燃料量的稳定。

（2）虚假水位。虚假水位在整个第一阶段都有可能发生。由于蒸汽压力突然下降的情况较多，运行中应对虚假水位有思想准备，以及时增加给水以满足蒸发量的需要，加强燃烧恢复蒸汽压力。运行中造成蒸汽压力突然下降的原因主要有汽轮机调节阀、高压旁路突然开大，安全阀动作，机组并网，切缸过程中都有可能造成虚假水位，这一点和汽包锅炉是基本相同的。

（3）投退等离子的时机及速度。投退等离子时要及时协调沟通，及时增减给水。保持一定的煤水比就基本上能维持蒸汽温度的稳定。为保持水位稳定，应避免在低水位时连续投入多个等离子。

（4）并网及初负荷。机组并网及升负荷过程中负荷上升很快，此时应加强燃烧，及时增加给水。必要时要手动关小高压旁路，稳住蒸汽压力，避免蒸汽压力下降过大。

（5）给水主旁路切换。此时应保持锅炉负荷稳定，切换过程匀速稳定，保持省煤器入口有足够流量及储水罐水位的稳定，必要时排放多余给水。水位下降时及时提高汽动给水泵转速，开大调节阀。手动开大给水主电动门，每开一点，就关小一点旁路门，在相当长的时间内保持给水主旁路都有一定的开度，这样调节起来裕度较大，安全性更高。

（6）投入制粉系统。投入制粉系统后负荷会升得很快，储水罐水位波动很大，很难控制。此时最重要的是要控制好给煤量和一次风量，避免进入炉膛的煤粉过多；同时控制好升负荷速度，及时控制给水。启动磨煤机时要提前打开主蒸汽、再热蒸汽减温水手动门，联系热工人员解除减温水负荷闭锁，必要时投入减温水控制蒸汽温度，防止超温及主机差胀增大。

锅炉点火后要密切监视过热器、再热器的金属壁温和出口蒸汽温度，具体应注意以下两点：①出口蒸汽温度忽高忽低，说明还有积水，应加强疏水；②出口蒸汽温度稳定上升，说明积水已经消除。

各受热面的金属壁温在点火后会出现不均匀现象（如水冷壁，其一般中间温度高，两侧温度低），这时不应再增加燃料，当所有温度均超过该蒸汽压力下对应的饱和温度40℃，以及各管间最大温差在50℃以内时，才允许增加燃烧强度。从增加省煤器入口给水流量到储水罐水位增加要经过比较长的时延，所以在手动控制给水时重在提前干预，要根据水位变化速度，蒸汽流量（主蒸汽流量及高压旁路流量）变化情况，以及燃烧情况等提前调节，否则很难调平衡。此时，361阀可投自动，单调给水，控制水位，必要时可有一定排放。给水旁路调节阀前后要保持一定的差压，但也不应太高，以免导致调节阀开度过小而工作在非线性区域，进而使调节阀工作环境恶劣而减少使用寿命。此过程中要始终保持省煤器入口流量是一个大于锅炉MFT流量的一个数值，一般来说高出100t/h就可以。

2. 亚临界直流运行阶段

在负荷大于25%BMCR以上时锅炉即转入直流运行模式，此后锅炉运行在亚临界压力以下。锅炉进入直流状态后，给水控制与蒸汽温度调节的方式和前一阶段相比有较大的不同：给水不再控制汽水分离器水位而是和燃料一起控制蒸汽温度，即控制煤水比。如果煤水比保持一定，则过热蒸汽温度基本能保持稳定；反之，煤水比的变化，则是造成过热蒸汽温度波动的基本原因。因此，在直流锅炉中蒸汽温度的调节主要是通过给水量和燃料量的调节来实现的。但在实际运行中，考虑到上述其他因素对过热蒸汽温度的影响，要保证煤水比的精确值是不现实的。特别是在燃煤锅炉中，由于不能很精确地测定送入炉膛的燃料量，所以仅仅依靠煤水比来调节过热蒸汽温度，则不能完全保证蒸汽温度的稳定。

一般来说，在蒸汽温度调节中，将煤水比作为过热蒸汽温度的一个粗调手段，然后将过热器喷水减温作为蒸汽温度的细调手段。

3. 超临界直流锅炉运行阶段

直流锅炉一定要严格控制好水煤比和中间点过热度。一般来说在机组运行工况较稳定时只要监视好中间点过热度就可以了，不同的压力下中间点温度是不断变化的，但中间点过热度可以维持恒定，一般在10℃左右（假设饱和温度最高不是374℃，过临界后仍然上升）。中间点过热度是水煤比是否合适的反馈信号，中间点过热度变小，说明水煤比偏大，中间点过热度变大，说明煤水比偏小。在运行操作时要注意积累中间点过热度变化对主蒸汽温度影响大小的经验值，以便超前调节时有一个度的概念。但在机组出现异常情况时，如给煤机、磨煤机跳闸等应及时减小给水时，要保持水煤比基本恒定，防止水煤比严重失调造成主蒸汽温度急剧下降。总之，水煤比和中间点过热度是直流锅炉监视和调节的重要参数。从转入直流到锅炉满负荷，水燃比因煤质变化、燃烧状况不同、炉膛及受热面脏污程度等不同有较大变化，一般从7.6~9.0℃不等。

如果机组协调性能不好，可在锅炉转入直流状态后进行手动控制，通过手动增、减给水泵汽轮机转速来调节给水，控制中间点温度。在负荷变动过程中，利用机组负荷与主蒸汽流量作为前馈粗调，此时主蒸汽流量是根据调节级压力计算出来的，不是很准确，推荐使用机组负荷作为前馈粗调之用。一般用机组负荷（万kW）乘以30t，得出该负荷所对应的大致给水流量，然后根据汽水分离器出口蒸汽温度细调给水流量。调节汽水分离器出口蒸汽温度时，包括调节给水时都要兼顾过热器减温水的用量，使之保持在一个合适的范围内，不可过多或过少，要留有足够的调节余地。

第十三章　循环流化床锅炉设备及运行调节

循环流化床锅炉采用新一代高效、低污染的清洁燃烧技术，其主要特点在于燃料及脱硫剂经多次循环，反复地进行低温燃烧和脱硫反应，炉内湍流运动强烈，不但能达到低 NO_x 排放、90%的脱硫效率，以及与煤粉锅炉相近的燃烧效率，而且具有燃料适应性广、负荷调节性能好、灰渣易于综合利用等优点。在目前我国环保要求日益严格、电厂负荷调节范围较大、煤种多变、原煤直接燃烧比例高、国民经济发展水平不平衡、燃煤与环保的矛盾日益突出的情况下，循环流化床锅炉已成首选的高效低污染燃烧设备。

第一节　循环流化床锅炉概述

一、固体颗粒的流态化

流态化是固体颗粒在流体作用下表现出的类似流体状态的一种现象。固体颗粒的流态化，就是使固体颗粒通过与气体或液体的接触而转变成类似流体的一种运行状况。固体颗粒、流体及完成流态化的设备称为流化床。流化床锅炉与其他类型燃烧锅炉的根本区别在于其燃料处于流态化运动状态，并在流态化过程中进行燃烧。当气体穿过颗粒床时，该床层随着气流速度的变化会呈现不同的流动状态。随着气流速度的增加，固体颗粒分别呈现出固定床、起始流态化、鼓泡流态化、节涌、湍流流态化及具有气力输送的稀相流态化等状态，如图13-1所示。

1. 固体颗粒床层的流态化过程

当气流速度较低时，气流从静止的固体颗粒的缝隙中流过，称为固定床，如图13-1（a）所示。当气体速度增加到一定值时，颗粒被上升的气流托起，床层开始松动，进入起始流态化，如图13-1（b）所示。此时的气流速度称为最小流化速度或临界流化速度。当气流速度超过最小流化速度时，非常细而轻的颗粒床会均匀膨胀，床料内将出现大量气泡，此时气固两相强烈混合，犹如水被加热至沸腾状，这样的流态化称为鼓泡流化床，如图13-1（c）所示。鼓泡流化床分为两个区域：下部的密相区称为沸腾段（有明显的床层表面）；上部的稀相区称为自由空间或悬浮段。当气流速度达到一定数值时，颗粒将被夹带流动，如图13-1（d）所示。在该状态下，床层表面基本消失，颗粒夹带变得相当明显，床层底部颗粒浓度较大，上部空间颗粒浓度要小很多；可以观察到大小不同的颗粒团（乳化相）和气流团（气泡相）的紊乱运动。此时，气流速度称为终端速度，床层呈现出湍流流态化，如图13-1（e）所示。当气流速度进一步增大，颗粒就由气体均匀带出床层，这种状态称为具有气力输送的稀相流态化，如图 13-1 （f）所示。此时床内颗粒上下浓度基本分布均匀。在湍流流态化和稀相流态化状态下，大量的颗粒被携带出床层。为了稳定操作，必须用分离器把这些颗粒从气流中分离出来，然后再返回床层，这样就形成了循环流化床。

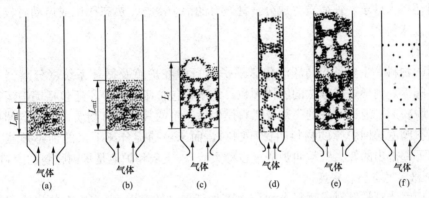

图 13-1 不同气流速度下固体颗粒床层的流动状态

(a) 固定床；(b) 起始流态化；(c) 鼓泡流态化；

(d) 节涌；(e) 湍流流态化；(f) 具有气力输送的稀相流态化

上述的流态化过程仅仅是针对单一尺寸的固体颗粒而言的，对于燃煤循环流化床锅炉，由于床内为一定尺寸范围的宽筛分颗粒，在床的下部形成主要由较大颗粒组成的湍流流化床，而较细颗粒则由气流携带进入输送状态，经分离器和返料器构成颗粒的循环；另外某些小颗粒在上行过程中，产生凝聚、结团，以及与壁面的摩擦碰撞而沿壁面回流，从而形成循环流化床的内部循环。

2. 循环流化床的流体动力特性

当颗粒处于流态化状态时，作用在固体颗粒上的重力与气流的拽力相互平衡，此时颗粒处于一种悬浮状态，从而使流化床具有类似流体的性质，如图 13-2 所示。循环流化床的流体动力特性主要有以下几点：

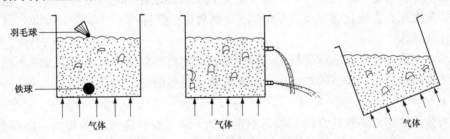

图 13-2 流化床具有类似流体的性质

(1) 在任意高度的静压近似于在此高度的单位床截面内固体颗粒的重量。

(2) 无论床层如何倾斜，床表面总是保持水平，床层的形状也保持容器的形状。

(3) 床内固体颗粒可以像流体一样从底部或侧面的孔排出。

(4) 密度高于床层表观密度的物体会下沉，密度小的固体颗粒会浮在床面上。

(5) 当加热床层时，整个床层的温度基本均匀。

二、循环流化床锅炉的相关概念

1. 床料

锅炉启动前，要先在布风板上铺有一定厚度、一定粒度的"原料"，即床料。床料的成分、颗粒粒径和筛分特性因锅炉而定。床料一般由燃煤、灰渣、石灰石粉等组成，有的锅炉床料还掺入砂子、铁矿石等成分，甚至有的锅炉冷态、热态调试或启动时仅用一定粒度的砂子做床料。

2. 物料

所谓的物料，主要是指循环流化床锅炉运行中在炉膛及循环系统（分离器、回料立管、回料阀等）内燃烧或载热的固体颗粒。它不仅包含床料成分，还包括锅炉运行中给入的燃料、脱硫剂、返送回来的飞灰及燃料燃烧后产生的其他固体物质。分离器捕捉分离下来通过回料阀返送回炉膛的物料叫循环物料，而未被捕捉分离下来的细小颗粒一般叫飞灰，炉床下部排出的较大颗粒叫炉渣（也称大渣）。飞灰和炉渣是炉内物料的废料。

3. 堆积密度与颗粒密度

如果把固体颗粒燃料或物料自然堆放不加任何"约束"，那么这时单位体积的燃料质量就叫堆积密度（也称表观密度），一般用 ρ_d 来表示，单位为 kg/m^3。单个颗粒的质量与其体积的比值叫颗粒密度（或真实密度），一般用 ρ_p 来表示，单位为 kg/m^3。

4. 空隙率

不论是固体燃料煤还是其他颗粒物料，尽管粒径大小不同，但粒子间都有空隙，因此堆积密度总是比颗粒密度小。燃料、床料或物料堆积时，其粒子间的空隙所占的体积比例为堆积空隙率。在流化状态下，空隙率 ε 被定义为气体所占的体积 V_g 与整个两相流体总体积 V_m 之比。对于某种固体燃料或其他固体颗粒，其颗粒密度是不变的，而堆积密度是随空隙率的变化而变化的，堆积密度与孔隙率成反比。同一种燃料，因粒径和筛分不同，其堆积密度可能不同；而不同种的燃料，堆积密度有时却可能相同。

在循环流化床锅炉技术中，常常以物料在锅炉内的空隙率和流化速度来确定其流化状态。如对于某一种床料，当其流化速度 $u<3m/s$ 时，空隙率 ε 在 0.45 左右，这时的流化床称作鼓泡床；当流化速度 $u=4\sim7m/s$ 时，其对应的空隙率 $\varepsilon=0.65\sim0.75$，这时的流化床称作湍流床；当流化速度 $u>8m/s$ 时，其对应的空隙率 $\varepsilon=0.75\sim0.95$，这时的流化床称作快速床。

显然，在锅炉冷态试验或运行中，炉内床料或物料的空隙率与堆积空隙率不同，前者是床料或物料在流化状态下的空隙率，是随着流化速度的变化而变化的。

5. 燃料筛分

进入锅炉的燃料颗粒的直径一般是不相等的。如果粒径粗细范围较大，即筛分较宽，就称作宽筛分；粒径粗细范围较小，即筛分较窄，就称作窄筛分。

如某一台循环流化床锅炉，其燃煤颗粒要求为 0.1~13.0mm，粒径在 0.1~13.0mm 的煤粒都可以，允许范围较宽，所以该炉的燃料筛分可以称作宽筛分；而另一台锅炉，燃料粒径要求 2~6mm，小于 2mm 和大于 6mm 的颗粒都不允许，因此该炉的燃料筛分称作窄筛分。宽筛分和窄筛分是相对而言的，但燃料的筛分对锅炉运行的影响很大。一般来说，一旦锅炉确定，其燃料筛分基本也就确定了，而当煤种变化时其筛分也有所变化。通常情况下，对于挥发分较高的煤，粒径允许范围较大，筛分较宽；对于挥发分较低的无烟煤、煤矸石，一般要求粒径较小，相对筛分较窄。国内目前运行的循环流化床锅炉，其燃料粒径要求一般在 0.1~15.0mm，特殊的要求在 0.1~20.0mm，这些燃料粒径要求范围较大，均属宽筛分。

6. 燃料颗粒特性

燃煤循环流化床锅炉，不仅对入炉煤的筛分有一定的要求，而且对各粒径的煤颗粒占总量的百分比也有一定要求。如某循环流化床锅炉燃用劣质烟煤，要求筛分为 0~10mm，其中直径小于 1mm 的颗粒占 60%左右，1.1~8.0mm 的颗粒占 30%左右，8~10mm 的颗粒占 10%左右。各粒径的颗粒占总量的比值称作粒比度。因此，这台锅炉燃料的粒比度就为 60：30：10。当然，还可以把燃煤各粒径占总量的百分比划分得更细一些。实际上原煤经过破碎机破碎后各粒径大小是连续的，按照粒比度在坐标图上做出的就是一条连续的曲线。

燃煤的粒比度也叫燃料颗粒特性，连续的曲线也称颗粒特性曲线。燃煤的颗粒特性曲线可以很直观地反映入炉煤的各粒径颗粒占总量的百分比。对锅炉设计和运行来说，燃煤颗粒特性曲线比燃煤筛分和粒比度更直观、更确切，是选择制煤设备和锅炉运行的重要参数。

7. 流化速度

流化速度是指床料或物料流化时动力流体的速度。对于循环流化床锅炉来说，动力流体就是经风机产生一定能量，通过布风板和风帽使床料（或物料）流化起来的这部分空气，也称一次风。

流化速度的大小是假设炉内没有床料或物料时，空气通过炉膛的速度，因此也称空塔速度。如果没有特殊注明，所谓的流化速度是指热态时的速度。锅炉热态时，进入炉内的空气变为烟气，因此有的流化速度又称烟气速度，用 u 来表示，单位为 m/s。

$$u = \frac{Q}{A} \tag{13-1}$$

式中　Q——空气或烟气的体积流量，m^3/s；

　　　A——炉膛截面积，m^2。

由于炉膛截面积 A 沿炉膛高度可能有所变化，而且锅炉运行中炉内温度也不尽相同，因此 Q 也在发生变化，所以从广义上讲，锅炉流化速度不是一个常数。但一般给出的流化速度是床内空气速度，因此假如 Q、A 不变，u 就基本确定了。

流化速度是循环流化床锅炉最基本的概念。运行中通过控制和调节风量，就可以控制和调节流化速度，进而控制炉内物料的流化状态，所以一次风量的控制和调节是非常重要的。

8. 临界流化风速与临界流化风量

临界流化风速是床料开始流化时的一次风风速，这时的一次风风量即为临界流化风量。临界流化风速和临界流化风量的关系为

$$G_{临} = u_{mf}A \tag{13-2}$$

式中　$G_{临}$——临界流化风量，m^3/s；

　　　u_{mf}——临界流化风速，m/s；

　　　A——通风截面积，m^2。

临界流化风速和临界流化风量是循环流化床锅炉运行中的重要参数。对于不同型号的锅炉或相同型号锅炉而不同物理性质的床料，其临界流化风速和临界流化风量是有差别的。其值可以通过锅炉冷态和热态试验来测定；没有条件测试时，可借助经验数据查表计

算获得。

临界流化风速、临界流化风量是床料开始流化时的一次风风速和风量，即由固定床转化为鼓泡床的临界风速和风量。当循环流化床锅炉正常运行时，炉内呈湍流床和快速床状态。从鼓泡床转化为湍流床，由湍流床进入快速床，以及最终达到具有气力输送的稀相流态化，均有相对应的流化速度和风量。尽管这种风速和风量在锅炉运行操作中也极为重要，但不被称为临界流化风速和临界流化风量。

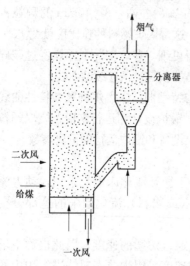

图 13-3　循环流化床锅炉原理简图

9. 物料循环倍率

物料循环倍率是循环流化床锅炉独有的概念。图 13-3 为循环流化床锅炉的原理简图。对于鼓泡床锅炉，未布置有物料分离器和返送系统。这是因为鼓泡床锅炉流化速度较低，炉膛出口烟气含尘浓度也较小，且尘粒较细，不必分离和不易分离的缘故。而循环流化床锅炉一般流化速度 $u > 4m/s$，甚至达到 $u > 8m/s$，这时大量的物料被烟气带出炉膛，其中含有未被燃尽的煤粒和焦炭颗粒，若不收集返送回炉膛再燃烧，必然降低锅炉燃烧效率，并且炉内的物料也很快被烟气带走。因此，物料分离收集和返送回炉膛就显得十分重要。

物料循环倍率直接影响锅炉的燃烧和传热，其因炉型、系统及研究方法的不同，有不同的定义。物料循环倍率最简单、最通用的定义是由物料分离器捕捉下来且返送回炉内的物料量与给进的燃料量之比，即

$$K = \frac{W}{B} \tag{13-3}$$

式中　K ——物料循环倍率；

　　　W ——返送回炉内的物料量，t/h；

　　　B ——燃煤量，t/h。

如某台 220t/h 的循环流化床锅炉，其额定负荷设计燃煤量为 35t/h，物料分离器分离下来且返送回炉内的物料量为 500t/h，那么该炉的循环倍率就为

$$K = \frac{W}{B} = \frac{500}{35} \approx 14$$

通过这种定义计算出来物料循环倍率，对于那些未布置飞灰和炉渣返送系统，以及未单独设立石灰石和添加床料仓的循环流化床锅炉来说是非常简单和适用的。

三、循环流化床锅炉组成及工作过程

1. 循环流化床锅炉的组成

循环流化床锅炉是由锅炉本体和辅助设备组成的。锅炉本体主要包括启动燃烧器、布风装置、炉膛、旋风分离器、物料回送装置、汽包（汽水分离器）、下降管、水冷壁、过热器、省煤器及空气预热器等；辅助设备包括送风机、引风机、返料风机、碎煤机、给煤机、冷渣器、除尘器及烟囱等。一些循环流化床锅炉还有外置床热交换器（EHE，也称外置式冷灰床）。图 13-4 所示为带有外置床热交换器的循环流化床锅炉系统。

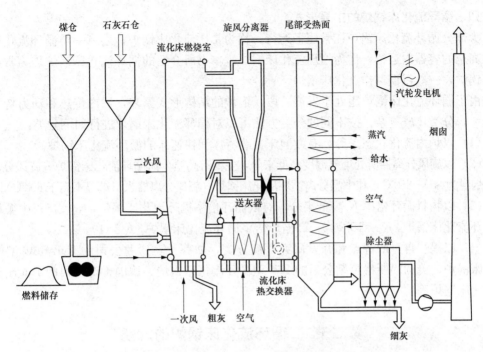

图 13-4 带有外置床热交换器的循环流化床锅炉系统

与煤粉锅炉不同，循环流化床锅炉的炉膛在燃烧室底部有炉箅把炉膛封住，防止炉内床料从下部漏掉。燃烧主要在炉膛中完成，燃料和脱硫剂由炉膛下部进入锅炉，一次风和二次风分别从炉膛的底部和侧墙送入。炉膛四周布置有水冷壁，用于吸收燃烧所产生的 50% 左右的热量。炉膛内的燃烧过程集流化、燃烧、热交换、脱硫及脱硝反应于一体。气流带出炉膛的固体物料在旋风分离器内被分离和收集，通过返料装置送回炉膛再燃烧，烟气则进入尾部烟道。

旋风分离器是循环流化床锅炉的核心部件之一。其主要作用是将大量高温固体物料从气流中分离出来，送回炉膛，以维持燃烧室的快速流化状态，保证燃料和脱硫剂多次循环、反复燃烧和反应。

循环流化床锅炉返料装置的基本任务是将旋风分离器分离下来的高温固体颗粒稳定地送回风压较高的炉膛内，并且保证气体反窜进入旋风分离器的量为最小。另外，返料装置还担负着调节物料循环倍率的任务。

2. 循环流化床锅炉的工作过程

如图 13-4 所示，燃料及石灰石脱硫剂经破碎至合适粒度后，由给煤机和给料机从流化床燃烧室布风板上部给入，与燃烧室内炽热的沸腾物料混合被迅速加热，燃料迅速着火燃烧。石灰石则与燃料燃烧生成的 SO_2 反应生成 $CaSO_4$，从而起到脱硫作用。燃烧室温度控制在 850℃ 左右，在较高气流速度的作用下，燃料充满整个炉膛，并有大量固体颗粒被携带出燃烧室，经高温旋风分离器分离后，一部分热炉料直接送回流化床燃烧室继续参与燃烧，另一部分则送至冷灰床，在冷灰床中与埋管受热面、空气进行热交换，被冷却至 400~600℃ 后，经送灰器送回燃烧室或排出炉外。经旋风分离器导出的高温烟气，在尾部烟道与对流受热面换热后，通过布袋除尘器或静电除尘器，由烟囱排出。

四、循环流化床锅炉的主要形式

大部分循环流化床锅炉在常压下运行，称为常压流化床锅炉；还有一类循环流化床锅炉在高压的容器内运行，称为增压流化床锅炉。本书所介绍的循环流化床锅炉均为常压流化床锅炉，一般习惯称作流化床锅炉。

由于循环流化床锅炉还处于发展阶段，锅炉的结构形式繁多，炉内传热和动力特性差异较大，分类比较复杂。按不同的分类方法可以对循环流化床锅炉进行如下分类：

（1）以炉内流化状态来分，有鼓泡床、湍流床和快速床的循环流化床锅炉。

（2）以旋风分离器所处烟气温度高低来分，主要有高温分离循环流化床锅炉（旋风分离器入口烟温为 800～850℃）和中温分离循环流化床锅炉（旋风分离器入口烟温不高于 600℃）。

（3）以物料循环倍率 K 高低来分，有低循环倍率循环流化床锅炉，$K < 15$；中循环倍率循环流化床锅炉，$K = 15～40$；高循环倍率循环流化床锅炉，$K > 40$。

（4）以锅炉自身的特点和开发研究厂商分类，如芬兰奥斯龙公司的 Pyroflow 型循环流化床锅炉、美国福斯特惠勒公司的 FW 型循环流化床锅炉、德国鲁奇公司的 Lugri 型循环流化床锅炉等。

第二节　循环流化床锅炉的燃烧

燃烧与炉内传热是循环流化床锅炉运行时的两大基本过程，通过燃烧才能把燃料的化学能转变为热能，通过传热才能把热量传递给工质，产生一定量的参数符合要求的蒸汽。但循环流化床锅炉的燃烧和炉内传热与链条锅炉、煤粉锅炉有很大的不同，正是这些不同造成了循环流化床锅炉燃烧与炉内传热的独有特点。下面将分别介绍循环流化床锅炉中的燃烧特点、循环流化床锅炉中煤粒的燃烧过程、循环流化床锅炉的燃烧区域与燃烧比例、影响循环流化床锅炉燃烧的因素。

一、循环流化床锅炉的燃烧特点

循环流化床锅炉在较短的时间内能够在国内外得到迅速发展和广泛应用，是因为它独特的燃烧特点使其具有一般常规锅炉所不具备的优势。循环流化床锅炉的燃烧特点主要有以下几点：

（1）燃料适应性广。在循环流化床锅炉中，新加入燃料仅占床料的 1%～3%（质量分数），其余是未燃尽的焦炭和不可燃的固体颗粒，如脱硫剂、灰渣或砂。这些炽热物料为新加入燃料提供稳定的点火热源，由于新加入的燃料混合性很好，所以燃料一般会迅速着火，而不会导致床温下降。因此，不同设计的循环流化锅炉可燃用各种优、劣质煤（如泥煤、褐煤、烟煤、贫煤、无烟煤、洗煤厂的煤泥），以及洗矸、煤矸石、焦炭、油页岩、树皮、废木头、垃圾等，并能达到很高的燃烧效率。这对充分利用劣质燃料具有重大意义。

（2）燃烧效率高。循环流化床锅炉燃烧效率一般高达 98%。燃料在循环流化床锅炉内的燃烧情况是：较小的煤粒（直径小于 0.4mm）随烟气流动，在炉膛内完全燃尽；大的煤粒（直径大于 0.6mm）在燃烧时相互摩擦碎裂，小颗粒在炉膛内燃尽，大颗粒停留在炉膛内继续燃烧，较大颗粒飞出炉膛，在返料装置的作用下送回燃烧室重新燃烧。实测数据表明，循环流化床锅炉的炉渣中含可燃物仅有 1%～2%，锅炉效率可达 88%～90%。

（3）脱硫效率高。与燃烧过程相比，脱硫反应进行得较为缓慢。为了达到较高的脱硫效率，烟气中的 SO_2 气体必须与脱硫剂有充分的接触时间和尽可能大的反应比表面积。在循环流化床锅炉中，直接加入石灰石、白云石等脱硫剂，可以脱去燃料在燃烧过程中产生的 SO_2。烟气在炉膛内部停留的时间较充分，脱硫剂的颗粒较小（0.1~0.3mm），反应比表面积较大。根据燃料中含硫量的大小确定加入的脱硫剂量，可使循环流化床锅炉脱硫效率达到 90%，而所需钙硫比值在 2.0~2.5。另外，循环流化床锅炉燃烧温度一般控制在 850~950℃，也有利于脱硫。与煤粉锅炉加脱硫装置相比，循环流化床锅炉的投资可降低 1/4~1/3，这也是其在国内外受到重视并得到迅速发展的主要原因。

（4）氮氧化物（NO_x）排放低。运行数据表明，循环流化床锅炉的 NO_x 排放为 50~150μL/L。其主要原因是：①低温燃烧，燃烧温度一般控制在 850~950℃，有利于抑制氮氧化物（热反应型 NO_x）的形成；②分段燃烧，抑制燃料中的氮转化为 NO_x，并使部分已生成的 NO_x 得到还原，控制燃烧型 NO_x 的产生。在一般情况下，循环流化床锅炉 NO_x 的生成量仅为煤粉锅炉的 1/4~1/3，NO_x 的排放量可以控制在 $300mg/m^3$（标准大气压下）以下。

（5）燃烧强度高，炉膛截面积小。炉膛单位截面积的热负荷高是循环流化床锅炉的主要优点之一。循环流化床锅炉燃烧热强度比常规锅炉高得多，其截面热负荷可达 $3~6MW/m^2$，是鼓泡床锅炉的 2~4 倍，是链条锅炉的 2~6 倍。循环流化床锅炉炉膛容积热负荷为 $1.5~2.0MW/m^2$，是煤粉锅炉的 8~11 倍。所以，循环流化床锅炉可以减小炉膛体积，降低金属消耗。

（6）炉内传热能力强。循环流化床锅炉的炉内传热主要是上升的烟气和流动的物料与受热面的对流传热和辐射传热。炉膛内气固两相混合物对水冷壁的传热系数比煤粉锅炉炉膛的辐射传热系数大得多，一般在 $50~450W/(m^2·K)$。如果床内（炉膛内或炉膛外）布置有埋管，可更大幅度地节省受热面金属耗量 [埋管传热系数可达 $233~326W/(m^2·K)$]，这为循环流化床锅炉大型化提供了可能。

（7）负荷调节性能好。煤粉锅炉负荷调节范围通常在 70%~110%，而循环流化床锅炉负荷调节幅度比煤粉锅炉大得多，一般在 30%~110%。即使在 20% 负荷情况下，有的循环流化床锅炉也能保持燃烧稳定，甚至可以压火备用。这一特点对于调峰电厂或热负荷变化较大的热电厂来说非常有利，可以据此选用循环流化床锅炉作为动力锅炉。

（8）灰渣综合利用性能好。循环流化床锅炉燃烧温度低，灰渣不会软化和黏结，活性较好。另外，炉内加入石灰石后，灰渣成分也会有变化，会含有一定的 $CaSO_4$ 和未反应的 CaO。循环流化床锅炉灰渣可以用作制造水泥的掺合料或其他建筑材料的原料，有利于灰渣的综合利用。

二、循环流化床锅炉中煤粒的燃烧过程

煤粒的燃烧过程是循环流化床锅炉内一个最基本又最重要的过程，也是一个非常复杂的过程。由于循环流化床锅炉内温度较煤粉锅炉的低（一般不超过 950℃），而且煤粒直径又相对较粗，所以当煤粒进入燃烧室后大致经历以下四个连续的过程：①煤粒的加热和干燥；②挥发分的析出和燃烧；③煤粒膨胀和破裂（一级破碎）；④焦炭燃烧和再次破裂（二级破碎）及炭粒磨损。

图 13-5 定性地给出了煤粒燃烧所经历的各个过程。虽然图 13-5 中大致示出了各个阶段的时间量级，但实际上煤粒在流化床中的燃烧过程并不能简单地以上述步骤绝对地划分

为各个孤立的阶段，往往有时几个过程会同时进行，如许多研究者业已发现，挥发分和焦炭的燃烧阶段存在着明显的重叠现象。

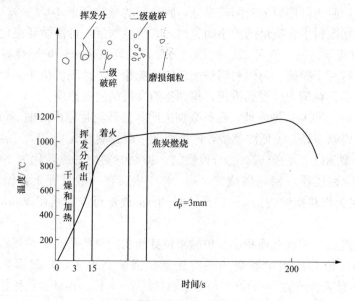

图 13-5　煤粒燃烧所经历的各个过程

根据以上分析，煤粒送入循环流化床锅炉内会迅速受到高温物料及烟气的加热。首先是水分蒸发，接着是煤中的挥发分析出并燃烧，以及焦炭的燃烧，其间还伴随着煤粒的破碎、磨损等现象，并且大量实验表明挥发分的析出燃烧过程与焦炭燃烧过程有一定的重叠。由于循环流化床锅炉内煤粒燃烧是一个错综复杂的过程，要十分精确地定量描述整个燃烧过程还很困难。在这里，简单介绍一下各阶段的过程及特点。

1. 煤粒的干燥和加热

循环流化床锅炉燃用的成品煤中水分一般较大，当燃用泥煤浆时其水分就更大，甚至超过40%。当新鲜煤粒被送入流化床后，立即被不可燃的大量灼热的床料包围，水分蒸发并被加热至接近床温，加热速率在 $100 \sim 1000℃/s$。

虽然循环流化床与常规的鼓泡流化床在床内流形结构上有差异，但两者也有一定的类同点，特别是对于循环倍率不高，床料粒度分布较宽，且平均粒度较大的情形，此时循环流化床床内沿高度方向依然非常显著地可划分为密相床层（布风板以上）和稀相空间（炉膛上部），并且密相床层往往仍运行在鼓泡床和湍流床状态。大量的实验证实，循环流化床床内床料绝大部分是惰性的灼热灰渣，其可燃物含量只占了很小一部分，因此加到流化床内的新鲜煤粒被相当于一个大"蓄热池"的灼热灰渣颗粒所包围。由于流化床内混合剧烈，这些灼热的灰渣颗粒迅速把煤粒加热到着火温度而开始燃烧。在这个加热过程中，所吸收的热量只占床层总热量的千分之几，因而对床层温度影响很小；而煤粒的燃烧，又释放出热量，从而能使床层保持一定的温度水平，这也是流化床着火一般没有困难，并且煤种适应性很宽的原因。

2. 挥发分的析出和燃烧

当煤粒被加热升温到一定温度时，首先析出挥发分。挥发分析出过程是指煤分解并产生大量气态物质的过程。挥发分由多种碳氢化合物组成，并在不同阶段析出。挥发分的第一个稳定析出阶段发生在 500～600℃；第二个稳定析出阶段则发生在 800～1000℃。煤的工业分析为挥发分含量提供了一个大致范围，但挥发分的精确含量和构成受许多因素的影响，如加热速率、初始温度和最终温度、最终温度下的停留时间、煤的粒度和种类、挥发分析出时的压力等。

对于细小的微粒，挥发分的析出释放非常快，而且释放出的挥发分将细小煤粒包围并立刻燃烧，产生许多细小的扩散火焰。这些细小的微粒燃尽所需要的时间很短，一般从给煤口进入炉床，到从炉膛出口飞出炉膛的过程就可燃尽，不需要循环返送炉内再燃烧。但对于那些不参加物料再循环也未被烟气携带出炉膛的较大颗粒，其挥发分的析出就慢得多。如平均直径 3mm 的煤粒需要近 15s 的时间才可析出全部的挥发分。另外，大颗粒在炉内的分散掺混也慢得多。由于大颗粒基本沉积在炉膛下部，给入氧量又不足，因此大颗粒析出的挥发分往往有很大一部分在炉膛中部燃烧。这一点，对于中小煤粒的燃烧和炉内温度场分布及二次风口的高度设计都非常重要。

实际上挥发分析出和燃烧是重叠进行的，很难把这两个过程的时间区分开来。挥发分燃烧在氧和未燃挥发分的边界上，呈扩散火焰，燃烧过程通常是由界面处挥发分和氧的扩散所控制的。对于煤粒，扩散火焰的位置是由氧的扩散速率和挥发分的析出速率所决定的。氧的扩散速率低，火焰离煤粒表面的距离就远。对于粒径大于 1mm 的大颗粒煤，挥发分析出时间与煤粒在流化床中的整体混合时间具有相同的量级。因此，在循环流化床锅炉中，在炉膛顶部有时也能观察到大颗粒煤周围的挥发分燃烧火焰。

3. 焦炭燃烧

焦炭燃烧通常发生在挥发分析出完成之初，有时这两个过程也有所重叠。在焦炭燃烧过程中，气流中的氧先被传递到颗粒表面，然后在焦炭表面与碳发生氧化反应生成 CO_2 和 CO。焦炭是多孔颗粒，有大量不同尺寸和形状的内孔，这些内孔面积要比焦炭外表面积大好几个数量级。有些情况下，氧通过扩散进入内孔并与内孔表面的碳发生氧化反应。

在不同的燃烧工况下，焦炭燃烧可在外表面或内孔表面发生。燃烧工况由燃烧室的工作条件和焦炭特性决定，具体可分为以下三种：

(1) 动力控制燃烧。在动力控制燃烧中，化学反应速率远低于扩散速率。无孔大颗粒焦炭在 900℃左右燃烧或者多孔大颗粒焦炭在 600℃以下燃烧均属于该工况。对于细颗粒多孔焦炭，如果传质速率很高，可能在 800℃温度范围内燃烧才属于动力控制燃烧。对于多孔焦炭，氧扩散到整个焦炭颗粒，使燃烧在整个焦炭内均匀进行。因此，随着燃烧的进行，焦炭密度降低而直径不变，氧浓度在焦炭颗粒内是均匀的。循环流化床锅炉启动过程和细颗粒燃烧属于动力控制燃烧。

(2) 过渡燃烧。在过渡燃烧中，化学反应速率与内部扩散速率相当。在此工况下，氧在焦炭中的透入深度有限，接近外表面处的小孔消耗掉大部分氧。这种燃烧工况常见于鼓泡流化床和循环流化床某些区域中的中等粒度焦炭的燃烧，此时微孔传质速率和化学反应速率相当。

(3) 扩散控制燃烧。在扩散控制燃烧中，传质速率远低于化学反应速率。由于化学反应速率很高，因此传递相对较慢的有限的氧在刚到达焦炭外表面就被化学反应所消耗。这种燃烧工况常见于大颗粒焦炭的燃烧。

我国循环流化床锅炉燃煤的粒径大部分为 0～13mm，颗粒在循环流化床中得到高度混合，传质速率较高。随着燃烧的进行，焦炭颗粒缩小、传质速率增加，燃烧状况也从扩散控制燃烧转移到过渡燃烧，最后到动力控制燃烧。

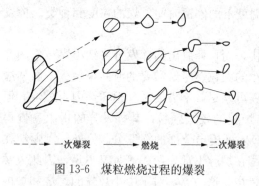

------→ 一次爆裂　　——→ 燃烧　　- →- 二次爆裂

图 13-6　煤粒燃烧过程的爆裂

4. 煤粒的膨胀、破碎和磨损

在循环流化床锅炉的实际运行中，给入炉内的煤粒燃烧是相当复杂的，对于那些热爆性比较强的煤种，不论是大颗粒还是中等颗粒，在进入炉床加热干燥、析出挥发分的同时，将爆裂成中等或细小颗粒，甚至在燃烧过程中再次发生爆裂，如图 13-6 所示。由于大多数煤种的热爆性比较强，使那些初期不参与循环的大颗粒爆裂成中等颗粒后参与物料的外循环；同样，中等直径的颗粒爆裂后转化成细小微粒后，将可能不参加再循环（旋风分离器捕捉不到）而随烟气进入尾部烟道。

煤粒中析出的挥发分有时会在煤粒中形成很高的压力而使煤粒产生破碎，这种现象称一级破碎。经过一级破碎，煤粒分裂成数片碎片，碎片的尺寸小于母体煤粒。当焦炭在动力控制燃烧或过渡燃烧工况时，焦炭内部的小孔增加，这样就削弱了焦炭内部的连接力。当连接力小于施于焦炭的外力时，焦炭就产生碎片，这个过程称二级破碎。二级破碎是在挥发分析出后的焦炭燃烧阶段发生的。破碎的粒度要比磨损所产生的细炭粒大一个数量级。如果煤粒在动力控制燃烧工况，即燃烧在整个焦炭颗粒内均匀进行，那么某一时刻整颗焦炭粒会同时产生破碎，这种二级破碎又称穿透性破碎。

较大的颗粒与其他颗粒机械作用产生细颗粒（一般小于 $100\mu m$）的过程称为磨损。细颗粒一般会逃离旋风分离器，因而构成不完全燃烧损失的主要部分。细颗粒燃烧着逃离旋风分离器时，会使磨损加强。由于床料的机械作用，焦炭燃烧形成的连接细颗粒之间的细连接臂被破坏，这个过程称有燃烧的磨损或燃烧辅助磨损。在快速流化床中，机械力与焦炭和床料间的相对速度成正比，因此焦炭的磨损速率也与这个相对速度成正比。煤粒在炉内循环掺混中不断地碰撞磨损使颗粒变小，同时将炭粒外表层不再燃烧的"灰壳"摩擦掉，这些都有助于煤粒的燃烧和燃尽，提高燃烧效率。

三、循环流化床锅炉的燃烧区域与燃烧比例

1. 燃烧区域

对于带高温旋风分离器的循环流化床锅炉，燃烧主要存在于三个不同的区域，即炉膛下部密相区（二次风口以下）、炉膛上部稀相区（二次风口以上）和高温旋风分离器区。

采用中温旋风分离器的循环流化床锅炉只有炉膛上下部两个燃烧区域。循环流化床锅炉其他部分，如旋风分离器、返料装置等，对燃烧的贡献很小，不再将其划为燃烧区域。

炉膛下部密相区由一次风将床料和加入的煤粒流化。一次风量约为燃料燃烧所需风量的 $40\%～80\%$。新鲜的燃料及从高温旋风分离器收集的未燃尽的焦炭被送入该区域。燃料的挥发分析出和部分燃烧也发生在该区域。该区域内通常呈还原性气氛，为了防止锅炉钢管的腐蚀，受热面用耐火混凝土覆盖。

炉膛下部区域的固体颗粒浓度要比上部区域高得多，因为该区域充满灼热的物料，是一个稳定的着火热源，也是一个储存热量的热库。当锅炉负荷增加时，要增加一次风与二次风的比值，使其能够输送数量较大的高温物料到炉膛的上部区域燃烧并参与热质交换。焦炭颗粒在炉膛截面的中心区域向上运动，同时沿截面贴近炉墙向下移动，或者在中心区随颗粒团向下运动。这样，焦炭颗粒在被夹带出炉膛之前已沿炉膛高度循环运动了多次，在炉膛内停留时间增长，十分有利于焦炭颗粒的燃烧。

被夹带出炉膛的未燃尽的焦炭进入覆盖有耐火混凝土的高温旋风分离器，焦炭颗粒在旋风分离器内停留时间很短，而且该处的氧浓度很低，因此焦炭在高温旋风分离器中的燃烧比例很小。不过，一部分一氧化碳和挥发分常常在高温旋风分离器内燃烧。

循环流化床锅炉中的焦炭按照燃烧模式可分为以下三类，它们主要发生的燃烧区域也不完全相同。

（1）细颗粒焦炭燃烧。当燃用 0～13mm 的宽筛分煤粒时，其中必然有一部分细颗粒。煤种不同，细颗粒所占比例也会不同。另外，粗颗粒煤在燃烧时经一级、二级破碎和磨损也会产生一部分细颗粒焦炭。细颗粒焦炭一般小于 $50\sim100\,\mu m$。细颗粒焦炭的燃烧处于动力控制燃烧工况。燃烧区域大部分在炉膛上部的稀相区，也会有少量在高温旋风分离器内燃烧。部分细颗粒由于随颗粒团运动而被高温旋风分离器捕集，其余部分则逃离高温旋风分离器，构成锅炉飞灰未燃尽损失的主要部分。

固体物料除了通过炉膛、高温旋风分离器和再循环系统进行外循环以外，也在炉膛内部形成内循环。细颗粒焦炭在中心区随气流向上运动，在贴近炉墙区向下运动。因此，细颗粒焦炭在炉内停留的时间取决于内循环、炉膛高度和分离装置的性能。为使细颗粒焦炭充分燃尽，其停留时间必须大于燃尽所需的时间。细颗粒焦炭燃尽时间取决于其反应表面积和反应特性。

（2）焦炭碎片燃烧。焦炭碎片由一次破碎和二次破碎产生。焦炭碎片的尺寸相对较大，代表性尺寸为 $500\sim1000\,\mu m$。焦炭碎片通常在过渡燃烧工况下燃烧。碎片在炉内的停留时间与平均床料的停留时间也很接近。对于焦炭碎片，由床层底部冷渣口排出炉膛和作为飞灰逃离炉膛的可能性不大。因此，外循环倍率是影响焦炭碎片停留时间的主要因素。高温旋风分离器的效率高，固气比高，循环倍率也会提高，这样有利于焦炭碎片的燃尽。

（3）粗颗粒焦炭燃烧。粗颗粒焦炭直径大于 1mm。粗颗粒焦炭与流化气体间的相对速度高，处于扩散燃烧或过渡燃烧状态。这些粗颗粒一部分在炉膛下部密相区燃烧，一部分被带往炉膛上部稀相区继续燃烧。被夹带出炉膛的这些颗粒也很容易被高温旋风分离器捕集后送回炉膛内再燃烧，因此粗颗粒在炉内的停留时间长，燃尽程度高。

2. 燃烧比例

燃煤在各燃烧区域的燃烧比例表示燃煤在各燃烧区域的燃烧程度，一般按燃煤在各区域释放出的发热量占燃煤总发热量的百分比表示。循环流化床锅炉的燃烧主要发生在密相区和稀相区，两个区域的燃烧比例之和接近于 1。其中，燃煤在密相区的燃烧比例影响着料层温度控制、炉内传热及锅炉连续、安全运行。

在其他条件不变的情况下，当密相区燃烧比例增加时，也就是燃煤在密相区放热比例增加时，为保持密相区出口温度不变，必然要增加密相区的吸热量，相应地要增加密相区受热面积。如果密相区受热面无法增加，必然会使密相区出口烟气温度增加，即带入稀相区的焓增加。如果这部分热量不能有效地被密相区受热面吸收或被带走，则密相区的热量平衡必遭破坏，从而使密相区炉膛温度升高。

影响密相区燃烧比例的主要因素有：

（1）煤种。无烟煤及劣质煤的挥发分低，燃烧比例大；褐煤的挥发分高，燃烧比例最小，即褐煤挥发分在密相区析出后，一部分来不及在床层中燃烧就被带往稀相区燃烧了，因此其燃烧比例小。

（2）粒径和粒径分布。粒径小的煤，其在密相区的燃烧比例会比较小。对于同样筛分范围的煤，由于细颗粒所占比例不同，燃烧比例也会不一样。当细粒比例增加，被扬析到稀相区燃烧的煤增多，密相区的燃烧比例会减少。

（3）流化速度。当密相区断面缩小，流化速度增加时，同样粒径的燃煤颗粒的燃烧比例也会减小。当前国内有不少循环流化床锅炉为了减少破碎的困难和降低成本，采用宽筛分煤粒，一般用 $0\sim13mm$ 的颗粒。因此，在密相区选用较高的流化速度，使细颗粒被带往稀相区燃烧，这样便降低和维持了密相区的热量平衡，并使放热和吸热分配趋于合理。

（4）一、二次风配比。一次风从密相区的布风板进入，一次风量应满足密相区燃烧比例的需要，也就是说应根据燃烧比例配一次风；为减少 NO_x 和 N_2O 的生成量，密相区的实际过量空气系数应接近1，使密相区主要呈还原性气氛。二次风从密相区和稀相区交界处进入，以保证燃料完全燃烧。

当一次风比例增加后，由于氧供应量增加，密相区的燃烧比例会有所上升，但是受密相区气泡相和乳化相之间传质阻力的限制，燃烧比例并未按同等比例增加。具体一、二次风配比对燃烧比例分布的影响程度与燃料性质有关。一、二次风比固定，在一定范围内增加过量空气系数，密相区的燃烧比例有所增加，床内物料的含碳量降低，整个床内的燃烧效率升高。

（5）床温。床温增高会使密相区的燃烧比例有所增加，但增加的幅度并不大。这是由于床温越高，煤粒反应速率会加快，并且气体扩散速率也有所增加，这样有利于气体和固体的混合，因此密相区的燃烧比例会稍有上升。

（6）分离器分离效率。分离器是循环流化床锅炉运行的关键部件，它的分离效率直接影响着燃烧比例的分布。分离器分离效率降低，密相区的燃烧比例会增加，而且如果分离器分离效率过低，在循环流化床内就无法形成大的循环量，此时循环流化床的运行会类似于鼓泡流化床。这是目前国内密相床温度超温的一个很重要的原因。分离器分离效率提高以后，物料循环量明显增加，密相区物料的粒径明显变细，密相区的燃烧比例有所下降。

四、影响循环流化床锅炉燃烧的因素

影响循环流化床锅炉燃烧的因素很多，如燃煤特性、燃煤粒径、布风装置和流化质量、给煤方式、床温、床体结构和飞灰再燃、运行水平等。

1. 燃煤特性

燃煤的结构特性、挥发分含量、发热量和灰熔点等均会对循环流化床锅炉的燃烧带来影响。

对于挥发分含量较高、结构比较松软的烟煤、褐煤和油页岩等燃料，当煤粒进入流化床受到热解时，首先析出挥发分，煤粒变成多孔的松散结构，周围的氧向粒子内部扩散的阻力小，同时燃烧产物向外扩散的阻力也小，从而使燃烧速率提高。对于挥发分含量少、结构密实的无烟煤、石煤等，当煤粒受到热解时，分子的化学键不易破裂，内部挥发分不易析出，四周的氧气难以向粒子内部扩散，从而使燃烧速率降低。对于挥发分含量少，挥发分析出后对煤质结构影响不大，灰分高、含碳量又低的石煤、无烟煤等，煤粒表面燃烧后形成一层坚硬的灰壳，阻碍着燃烧产物向外扩散和氧气向内扩散，煤粒燃尽困难。

当循环流化床锅炉燃用不结焦性燃料时，一些呈粉末状的焦炭还未燃尽就有可能被带出炉膛，如果未采用回燃，会使飞灰含碳量增加，固体未完全燃烧损失增加。

当一台循环流化床锅炉燃用比设计煤种发热量低得多的煤种时，可能会使流化床密相区温度偏低而对燃烧带来影响。当煤的发热量降低时，其折算灰分和折算水分必然增加，每千克燃料带出密相区的热焓增加，这可能使密相区燃料放热和吸热失去平衡。如果其发热量低至 7500kJ/kg 以下，会更加敏感。对于新设计的循环流化床锅炉，燃用低发热量的煤，应在密相区少布置受热面，才能保证密相层温度维持在正常燃烧所需要的温度范围。

不同的燃料具有不同的灰熔点。当温度达到灰分的软化温度（ST）时，灰分开始有黏性。在循环流化床锅炉中最忌讳结渣，结渣后流化床难以维持正常的流化状态，更无法保证燃煤在炉膛内有效燃烧，最终可能导致被迫停炉。

2. 燃煤粒径

对单位质量的燃料而言，粒径减小，粒子数增加，炭粒的总表面积增加，燃尽时间缩短，燃烧速率增加。单颗炭粒的燃烧速度随着炭粒尺寸的增大而急剧增加，这是炭粒表面积增大的结果，但粒径的增加却会延长煤粒的燃尽时间。假定流化床中较粗煤粒（大于1mm）的挥发分析出和碳的燃烧受扩散控制，挥发分完全析出时间和炭粒完全燃尽时间减少，可燃物损失减小，在尽量降低颗粒扬析的情况下，适当减少燃煤粒径，缩小筛分范围都是提高燃烧效率的有效措施。

我国循环流化床锅炉大多燃用 0～13mm 的宽筛分煤粒。不同粒径的燃料，有着各自的临界速度和飞出速度。为使粗颗粒不至沉积，保证流化良好，一般选用的运行速度为平均粒径为 d_p 的颗粒临界速度的 1.5～2.0 倍。计算表明，直径为 2.0mm 的颗粒的运行速度已经超过 0.5mm 颗粒的飞出速度。因此，燃料中 0.5mm 以下的细煤粒送入流化床后很快就会随烟气带出床层，固体不完全燃烧损失主要来自这部分细煤粒的不完全燃烧。为提高循环流化床锅炉的燃烧效率，应采取措施力求减少被带出炉膛的细煤粒，并把带出炉膛的细煤粒收集起来，再送回炉膛循环燃烧。

3. 布风装置和流化质量

流化床要求布风装置配风均匀，以消除死区和粗颗粒沉积，使底部流化质量良好。进入床层的空气不仅要求分配均匀，而且要形成细流，以减小初始气泡直径。合理的布风结构是减小气泡尺寸、改善流化质量、减少细粒带出量、提高燃烧效率的有效途径。采用小直径风帽、合理布置风帽数量和风帽排列方式、设计良好的等压风室等，对提高流化质量均有明显的效果。

4. 给煤方式

加入床层的燃料要求在整个床面上播散均匀，防止局部热负荷过高，以免造成局部缺氧。因此，给煤点应分散布置，给煤不宜集中投入。目前，多数循环流化床锅炉的每个给煤点负担 3～4m² 的床面，给煤口附近煤量过于集中，煤热解后挥发分首先析出和燃烧，消耗了大量氧气，在给煤口附近形成缺氧区，使该处的细颗粒因缺氧而无法燃烧，随上升气流直接穿过床层进入稀相区。如果在稀相区没有足够的停留时间和较高的温度，就会形成飞灰的固体不完全燃烧损失，燃煤的细颗粒组分越高，这种损失也越大。对于挥发分含量很高的烟煤、褐煤及洗煤矸石等，由于局部缺氧，甚至析出的挥发分都不能在床层内完全燃尽，进入锅炉尾部受热面后受到冷却，形成焦胶和灰分黏附在受热面上，进而堵塞烟气通道，影响锅炉的安全运行。对采用这类燃料的循环流化床锅炉，正压给煤时，在给煤口加装播煤风。在给煤口上加二次风，可以改善燃烧工况，减少挥发分和细颗粒的不完全燃烧损失，提高燃烧效率。

5. 床温

在床层中，煤粒挥发分的析出速率和碳的反应速率随床温的升高而增大。因此，提高床温有利于提高燃烧速率和缩短燃尽时间。但床温的提高受到灰熔点的限制，通常要求床温比煤的变形温度（DT）低 $100\sim200$℃，一般床温控制在 $850\sim950$℃，最高不超过 1050℃。对于在床内采用添加剂进行脱硫的循环流化床锅炉，脱硫的最佳反应温度为 $850\sim870$℃，床温过高，会使脱硫效率急剧降低，钙硫比增大。

稀相区的温度也特别重要。对于燃烧细颗粒比例较高和挥发分含量较大的燃料，提高稀相区温度，可以使这部分可燃物进一步燃烧，降低烟气中的可燃物损失。尤其对于循环流化床锅炉，通过旋风分离器收集送回炉膛的细颗粒，燃烧区域主要在稀相区，且这些细颗粒的主要组成分为固定碳，其必须在 800℃ 以上的温度才会着火、燃烧，因此应保持稀相区温度在 $850\sim900$℃。提高稀相区温度的主要措施是根据稀相区热量的平衡，适当匹配稀相区受热面。

6. 床体结构和飞灰再燃

床体结构对燃烧效率有很大影响，除影响流化质量外，还影响细颗粒在炉膛内的停留时间。设计床体结构时，应合理组织气流，使可燃物与空气在床内得到充分混合与搅拌，便于细颗粒在床内进行重力分离。

在设计时，应适当减少循环流化床锅炉稀相区截面积，使稀相区达到一定的气流速度和一定的粒子浓度，在炉膛内形成内循环，延长粒子在炉膛内的停留时间。对飞出炉膛的细粒子，采用分离性能好的旋风分离器，将细粒子捕集下来，送回炉膛循环燃烧，也就是组织好炉膛的外循环。

7. 运行水平

循环流化床锅炉的燃烧与运行水平也有密切关系。一台设计比较好的循环流化床锅炉，如运行水平不高，技术管理不善，有可能降低燃烧效率。循环流化床锅炉在运行中应根据负荷和煤质的变化，随时调节燃烧工况，保持正常的床温和合理的风煤比，以降低气体和固体不完全燃烧损失。

为保证循环流化床锅炉飞灰循环系统的正常运行，多采用自动调节型的送灰器。当采用流化密封回料器时，应小心地调节松动风和送灰风，维持回料立管中有一定的灰位高度。这股风过大会吹空回料立管，造成烟气短路，送灰器结渣，并且分离器分离效率会明显降低。这股风太小，回送的飞灰太少，会达不到设计的循环倍率，影响循环流化床锅炉的负荷和燃烧效率。松动风的作用只是松动料柱，而送灰风的作用是输送飞灰进炉膛，送灰风量应大于松动风量。另外，还要认真调节一、二次风的比例，很好地组织煤粒在密相区和稀相区的燃烧。

第三节 循环流化床锅炉的炉内传热

循环流化床锅炉的炉内传热是与流化床燃烧同时发生的一个重要过程。目前对于循环流化床锅炉炉内传热机理尚不十分清楚，加之锅炉结构布置的多样化，以及炉内物料浓度、粒度和流化速度的差别，使这一问题变得更加复杂。锅炉受热面的布置和设计基本上是利用实验数据和经验公式来完成的。

一、循环流化床锅炉炉内传热的机理

循环流化床锅炉内热量的传递通常是通过以下三种受热面之一或它们的组合来实现的：①悬挂于锅炉顶部出口附近的管式换热表面；②形成锅炉部分壁面的垂直膜式水冷壁；③外置流化床换热器中的换热管束。

虽然目前对循环流化床锅炉炉内传热的机理还不十分清楚，难以用数学公式来定量表达，但是大量的研究、试验和工业实践，使得人们在以颗粒对流换热为主导传热方式、炉内各受热面传热系数的大小范围，以及对传热系数的影响因素等方面都取得了可喜成果。

循环流化床锅的炉内传热机理与鼓泡流化床锅炉的炉内传热机理有些相似却不完全相同。这主要是因为循环流化床内物料流化工况发生了变化，气固两相呈湍流床和快速床状态。循环流化床锅炉内物料的动力特性与鼓泡流化床锅炉的有很大差别，其炉内物料浓度分布（尤其稀相区颗粒浓度）比鼓泡流化床锅炉的大得多，气固两相流速也有所增加，物料在炉内的掺混也比鼓泡流化床锅炉的强烈得多，一部分颗粒参与炉内外部循环，还有一部分固体颗粒在炉内循环并与受热面间形成"面壁流"等，这些因素的变化都对炉内传热产生了影响。

目前，对于循环流化床锅炉炉内传热机理的分析主要有两种观点：一种是气膜理论，即认为炉内传热主要是依靠烟气对流、固体颗粒对流和辐射来实现的。这里所说的固体颗粒对流的作用可解释为颗粒对热边界（即气膜）的破坏，当颗粒在壁面滑动时实现热量的传递。而另一种是颗粒团理论，即认为是颗粒团沿壁面运动时实现了热量传递。颗粒团理论得到了大多数学者的认可。

颗粒团理论认为，可以将流化床中的物料看成是由许多"颗粒团"组成的，传热热阻来自贴近受热面的颗粒团。颗粒团在气泡作用下，在换热壁面附近周期性地更替，流化床与壁面之间的传热速率依赖于这些颗粒团的放热速率及颗粒团同壁面的接触频率。传热系数与流化风速的关系曲线上出现的最大传热系数 h_{max}，是由于颗粒团在壁面上接触的频率增加和换热壁面上气泡数的增加同时发生的缘故。图 13-7 所示为颗粒团换热理论模型。

但是无论哪种观点，都可总结为炉内传热主要是通过物料对受热面的固体对流和固体、气体辐射换热实现的。因此沿炉膛高度方向，随着炉内两相混合物的固气比不同，不同区段的主导传热方式和传热系数均不相同。图 13-8 所示为沿炉膛高度方向主导传热方式随固体物料浓度的变化关系。沿炉膛高度方向，随着固体所占比例的减小（浓度降低），主导传热方式由炉膛下部的固体对流传热为主转变为固体对流和辐射传热为主，继而转变为炉膛上部的固体、气体的辐射传热为主。

二、影响循环流化床锅炉炉内传热的主要因素

经验表明，循环流化床锅炉的炉内传热受诸多设计因素和操作条件的影响。正是由于影响因素繁多且相互作用，人们所得到的传热系数在相似操作条件下往往有较大的差别，传热系数的范围相当宽。下面讨论影响循环流化床锅炉的炉内传热的主要因素。

（1）颗粒浓度。炉内传热系数随着物料浓度的增大而增大，这是因为炉内热量向受热面的传递是由四周沿壁面向下流动的固体颗粒团和中部向上流动的含有分散固体颗粒的气流来完成的，由颗粒团向壁面的传热比起由分散相的对流传热要高得多。较密的床和较疏的床相比有较大比例的壁面被这些颗粒团所覆盖，受热面在密的床层会比在稀的床层受到更多的来自物料的热交换。

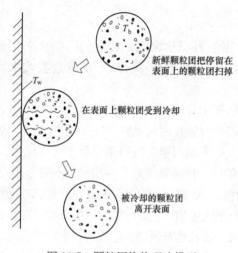

图 13-7　颗粒团换热理论模型

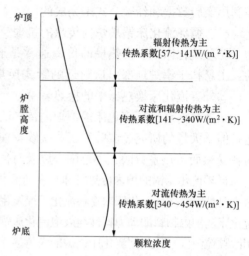

图 13-8　沿炉膛高度方向主导传热方式
随固体物料浓度的变化关系

实验表明，在循环流化床内所发生的传热强烈地受到床内粒子浓度的影响。研究表明，传热系数随着粒子浓度的增大而增大，物料浓度对炉内传热系数的影响是比较显著的。这是因为固体颗粒的比热容要比气体的大得多，在传热过程中起着重要的作用。了解这一点对循环流化床锅炉的运行和改造是非常重要的。

循环流化床燃烧室中的粒子浓度是随着床高的变化而变化的。所以，在循环流化床锅炉的运行中，可通过调节一、二次风的比例来控制床内沿床高方向的颗粒浓度分布，进而达到控制温度分布和传热系数及负荷调节的目的。

（2）流化速度。对常规鼓泡流化床，床层和换热表面间的传热系数在开始时随着流化速度的增大而增大，在达到一个最大值以后，再增大流化速度，对小颗粒床传热系数会减小，而对于大颗粒床传热系数基本保持不变。然而对于循环流化床则呈现不同的情形，流化速度对传热没有明显的直接影响。在一定的物料浓度下，不同的流化速度对传热系数的影响很小。当流化速度增大时，若保持固体颗粒的循环量不变，床层内的颗粒浓度就会减小，从而造成传热系数的减小。而与此同时，由于流化速度的增大又会引起传热系数的增大。这两个相反趋势的共同作用使得当床层粒子浓度一定时传热系数在不同流化速度下变化很小。

在实际的循环流化床锅炉中，空气是分级加入炉膛的。二次风速度的改变对锅炉上部的传热系数并无多大影响，而增大一次风速度会增大传热系数。这是因为增加一次风可将更多的固体颗粒输送到炉膛的上部去，从而增加那里的粒子浓度。但在实际中，流化速度变化对循环倍率是有影响的，这主要是由物料粒度和分离器特性决定的。因此在循环流化床锅炉运行时，一般增大（或减小）一次风量和增大（或减小）给料量是同时进行的，这样才能调节锅炉负荷。

（3）床层温度。床温增高，不仅可以减小气体和颗粒的热阻力，而且辐射传热随着床温的增高而增大。由于在较高的温度下热导率和辐射传热都会增强，这两个因素的综合作用在相对高的粒子浓度（20kg/m³）时，传热系数随温度成线性增长。而在辐射传热起主要作用的炉膛上部就不是这样的情况。

（4）循环倍率。循环倍率对炉内传热的影响，实质上就是物料浓度对炉内传热系数的影响。循环倍率与炉内物料浓度是成正比的。返送回炉床内的物料越多，炉内物料量越大，物料浓度越高，传热系数也越大，反之也是。因此，循环倍率越大，炉内传热系数也越大。所以影响循环倍率的因素也必然影响炉内传热。

（5）颗粒尺寸。小颗粒的传热系数要比大颗粒的传热系数大。但是，与鼓泡流化床的情况不同，在循环流化床中颗粒尺寸对传热系数的影响并不非常明显。但是，在宽筛分的循环流化床锅炉中，如果细颗粒所占的比例增大，则有较多的颗粒被携带到床层的上部，增加了截面颗粒浓度，从而间接地加强了传热。

（6）传热面长度。颗粒团在换热面的停留时间取决于它的速度和换热面的长度。从实验测量观察到，传热系数随换热表面长度的增大而减小。接触时间与换热面的长度和颗粒团的下降速度之比成正比。测量表明，在壁面区内颗粒团的下降速度大多数为 0.5~3.0m/s。

所观察到的这种趋势可解释为当固体颗粒沿壁面下降时会受到冷却，温度梯度就会减小，从而造成传热系数减小。这个趋势会持续到温度梯度达到一个渐近值或固体颗粒被新的颗粒所替换。因为在实际的循环流化床锅炉中，换热面的长度要比实验时的长度大，所以在这些锅炉中就不会观察到长度的影响。但是，局部传热系数要受截面平均颗粒浓度的影响，这样就会观察到锅炉下部传热系数较大的情况。

如果换热表面较短，颗粒团在整个长度上保持与换热面相接触，由于固体颗粒的热惯性，在它的顶部局部传热系数最大，并沿着换热面向下而减小，然而其变化的速率逐渐减小。但是，当超过一定的高度（1.5~2.0m），就观察不到传热系数进一步减小的现象。这是由于超过这个长度，颗粒团通常会发生弥散，并由新的颗粒团所取代。

（7）肋片对传热的强化。循环流化床锅炉的壁面换热可因采用肋片而得到加强。肋片的形式可以是焊接于管子表面的竖直的金属条，也可以是针肋，它们统称为扩展表面。而焊接到相邻管子之间的金属片与管子一起构成膜式水冷壁，这种肋片称为"侧向肋"。

膜式水冷壁构成了循环流化床锅炉的包覆面，而侧向肋也增加了壁面的吸热强度。试验表明，在膜式水冷壁上，局部热流在不同的地方是变化的。它在管子顶部是最大的，而在肋片的宽度方向随着到管子焊缝距离的减小而逐渐减小。这在一定程度上是因为相邻的管子构成了小的浅槽，阻碍了颗粒团的更新。如果管子的间距增大，则肋片的温度就要上升。当肋片宽度的一半达到管子的外径值时，肋片中部的温度就会接近于炉子的温度。所以一味地加宽肋片宽度，并不能增加热量的吸收，反而有可能使膜式水冷壁的强度降低。侧向肋仅有一个面从炉膛吸收热量，面向绝热壁的另一面没有得到利用。对于大容量的循环流化床锅炉，在其壁面不能布置足够的受热面时，就需要使用流化床外部热交换器或在炉内悬挂受热面。在管子顶部焊接的扩展肋片可使两面都得到利用。在冷态和热态条件下的测量表明，扩展肋片的效率达 40%~70%。与侧向肋不同的是，扩展肋片可以相对方便地增加或移去，从而可对循环流化床锅炉内的换热面积进行细调。肋片顶部和根部不同的热膨胀可能是扩展肋片的一个问题。为了避免可能的磨损，肋片应沿整个膜式水冷壁的高度焊接。所以，制造厂必须解决好焊接中的变形问题。

（8）悬挂受热面的传热。不少循环流化床锅炉在炉内悬挂受热面，它们或者集中在炉子的一边（管屏），或者水平布置在炉子中部（Ω管）。不少研究者在试验台上测量了室温下传热系数的横向分布，发现在越靠近壁面的地方传热系数越大，这与局部颗粒浓度的变化相一致。但是在高温工业性循环流化床锅炉中，情况就会发生改变。这时辐射传热变得越来越重要，甚至起主导作用。在离开壁面的地方，颗粒的对流传热是低的，但是因为在炉子中心的角系数最大，辐射传热作用大。总传热系数在离开壁面处稍高于或大致等于壁面处的传热系数，这在颗粒浓度较低时尤其是这样。在高颗粒浓度的情形下由于颗粒对流的增强其变化趋势会发生逆转。

第四节 　循环流化床锅炉的燃烧室与布风装置

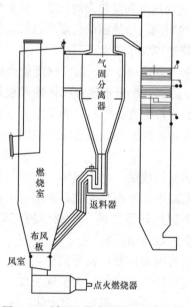

图 13-9　循环流化床锅炉的燃烧系统

循环流化床锅炉与煤粉锅炉相比，在"锅"的部分基本上没有太大差别，虽然汽水系统设备在布置位置、局部结构上有些差异，但其原理和作用是完全相同的。因此本节重点介绍"炉"的部分，对于汽水系统、受热面的布置与结构等"锅"的部分，见前述煤粉锅炉，这里不再赘述。

循环流化床锅炉的燃烧系统主要由燃烧室、点火装置、一次风室、布风板和风帽、气固分离器及回料装置等设备组成，如图 13-9 所示。其中，燃烧室、气固分离器及回料装置被称为循环流化床锅炉的三大核心部件，它们构成了循环流化床锅炉的颗粒循环回路（又称主循环回路），这也是循环流化床锅炉在结构上区别于其他锅炉的独具特色的系统。

一、循环流化床锅炉的燃烧室

目前循环流化床锅炉燃烧室的结构形式主要有圆形炉膛、方形炉膛（又可分正方形和长方形两种）、下圆上方形炉膛三种。

立式方形燃烧室是最常见的炉膛结构，炉膛四周由水冷壁围成。为了防止烟气和物料向外泄漏，一般采用膜式水冷壁。这种结构常常与风室、布风板连成一体悬吊在锅炉钢架上，可以上下自由膨胀。立式方形燃烧室的优点是密封好，锅炉体积相对较小，锅炉启动速度快，但水冷壁磨损较大。为了减轻水冷壁受热面的磨损，常在炉膛下部密相区的水冷壁上喷涂耐磨耐蚀涂层或在内侧衬以耐磨耐火材料，耐磨层厚度一般小于 50mm，高度根据锅炉容量的大小和流化状态来确定，一般为 2～4m，如图 13-10 所示。图 13-11 所示为水冷壁热喷涂耐磨耐蚀涂层的施工现场。

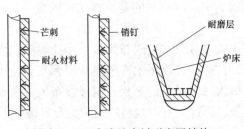

图 13-10　水冷壁内衬耐磨层结构

图 13-11　水冷壁热喷涂耐磨耐
蚀涂层的施工现场

　　随着循环流化床锅炉容量的不断增大，单一炉床和布风板已不能满足大容量的要求。为了获得良好的流化状态和增加蒸发受热面的布置，近几年又出现了多种炉膛结构，如具有共同尾部烟道的多个炉膛结构，如图 13-12（a）所示；采用裤衩腿设计的炉膛结构，如图 13-12（b）所示；在单一炉膛内采用全高度带有开孔的双面曝光膜式水冷壁分隔墙的炉膛结构，如图 13-12（c）所示。

　　无论是圆形结构还是方形结构的炉膛，大多都采用不等截面积形式（有的循环流化床锅炉也采用等截面），即炉膛中、上部截面积较大，下部较小，如图 13-13 所示。下部烟气截面流速大于上部烟气截面流速，其主要目的是使炉膛下部形成一个密相区，以利于燃烧和降低上部截面烟速，减小受热面磨损，增大物料在炉内的停留时间，提高燃烧效率。

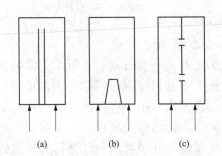

图 13-12　大型循环流化床锅炉的炉膛结构
（a）双炉膛；（b）裤衩褪单炉膛；
（c）带开孔的模式水冷壁分隔墙的炉膛

图 13-13　不等截面积的炉膛结构

二、循环流化床锅炉的布风装置

　　循环流化床锅炉燃烧室下部的炉篦被称作布风板。布风板的主要作用：一是支承静止的炉内物料；二是给通过布风板的气流以一定的阻力，使布风板上具有均匀的气流速度，合理分配一次风，使物料达到良好的流化状态；三是以布风板对气流的阻力，维持流化床层的稳定。

　　布风板的结构设计、布置形式及风帽分布对锅炉燃烧、物料掺混、炉内传热都起着重要作用，布风装置的合理设计是循环流化床锅炉燃烧达到稳定与安全运行的关键。

　　1. 布风装置的主要形式

　　目前循环流化床锅炉采用的布风装置主要有风帽式和密孔板式两种。风帽式布风装置是由风室、花板、风帽和隔热层组成的，通常把花板和风帽合称布风板。密孔板式布风装置是由风室和密孔板构成的。在我国循环流化床锅炉中广泛应用的是风帽式布风板，如图13-14所示。

风帽式布风板有水冷式布风板和非水冷式布风板之分。水冷式布风板采用拉稀膜式水冷壁形式，在管与管之间的鳍片上开孔布置风帽。拉稀管可以由水冷壁直接弯管布置，也可由独立集箱与水冷壁连成一体。非水冷式布风板为一定厚度的钢板，钢板按布风要求和风帽形式开设一定数量的圆孔，即通常所说的花板。因此，有时也将花板称为布风板。

图13-15所示为水冷式布风板的布置形式。水冷式布风板常由拉稀膜式水冷壁构成，是循环流化床锅炉中最常见的形式。由于炉内流化速度较高，物料本身掺混能力很强，一般不再采用非均等配风方式。

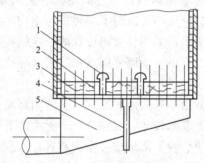

图13-14　风帽式布风装置
1—风帽；2—隔热层；3—花板；4—冷渣管；5—风室

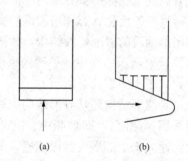

图13-15　水冷式布风板的布置形式
（a）水平式；（b）倾斜式

2. 布风装置的工作过程

图13-16　风帽式布风装置
的工作过程

风帽式布风装置的工作过程如图13-16所示。由风机送入的空气从位于布风板下部的风室通过风帽底部的通道，从风帽上部径向分布的小孔流出。由于小孔的总截面积远小于布风板面积，因此气流在小孔出口处取得远大于按布风板面积计算的气流速度。从风帽小孔中喷出的气流具有较高的速度和动能，进入床层底部，会使风帽周围和帽头顶部产生强烈的扰动，并形成气流垫层，使床料中的煤粒与空气均匀混合，强化了气固间热质交换过程，建立了良好的流化状态。

因此，对布风装置的布风要求是：

（1）能均匀密集地分配气流，避免在布风板上形成停滞区。

（2）能使布风板上的床料与空气产生强烈的扰动和混合，要求风帽小孔出口气流具有较大的动能。

（3）空气通过布风板的阻力损失不能太大，但又需要一定的阻力。

（4）具有足够的强度和刚度，能支承本身和床料的重量，压火时防止布风板受热变形，避免风帽烧损，并考虑到检修清理方便。

3. 布风装置的组成部件

（1）花板。花板的作用是支承风帽和隔
热层，并初步分配气流。花板通常是由厚度
为 12～20mm 的钢板，或厚度为 30～40mm
的整块铸铁板或分块组合而成的。花板上的
开孔也就是风帽的排列应以均匀分布为原则，
因此开孔节距通常是等边三角形，节距的大
小取决于风帽的大小（一般为风帽帽沿直径
的 1.50～1.75 倍）、风帽的个数及气流的小
孔流速。图 13-17 所示为一个典型的花板结

图 13-17　花板结构
1—风帽孔；2—花板；3—冷渣管孔

构。当采用多块钢板拼接时，必须用焊接或用螺栓将其连接成整体，以免受热变形，发生
扭曲、漏风和隔热层裂缝的现象。为及时排除床料中沉积下来的大颗粒和杂物，如渣块、
石块和铁屑等，要求在花板上开设若干个大的冷渣管孔，以便安装冷渣管。

（2）风帽。风帽是循环流化床锅炉的一个小元件，但它直接影响着炉床的布风，也就
影响着炉内气固两相流的动力特性及锅炉的安全经济运行。随着循环流化床锅炉的发展，
现已出现多种结构形式的流化风帽。由于大直径风帽容易造成流化质量不良的现象而逐渐
被淘汰，因此目前风帽主要有小孔径风帽和导向风帽两类。

1）小孔径风帽。图 13-18 所示为小孔径风帽的几种形式，小孔径风帽又分为圆顶式
和柱形等多种形式。

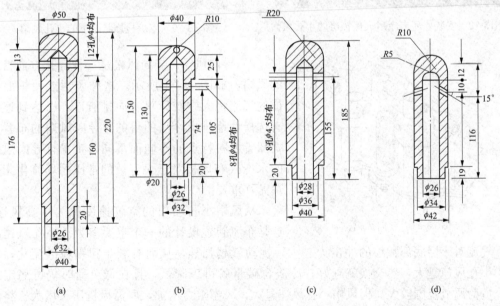

图 13-18　小孔径风帽示意图（单位：mm）
(a)、(b) 圆顶式；(c)、(d) 柱形

图 13-18（a）、（b）所示为圆顶式风帽，这种风帽阻力大，但气流的分布均匀性较好；
但连续运行时间较长后，一些大块杂物容易卡在帽檐底下，不易清除，冷渣也不易排掉，
积累到一定程度，风帽小孔将被堵塞，导致阻力增加，进风量减少，甚至引起灭火，需要

及时停炉清理。图13-18（c）、（d）所示为柱形风帽，这种风帽阻力较小，制造容易，但气流分配性能略差。

每种形式的风帽，其出风方式又分为平孔出风和斜孔出风两种。斜孔出风对于根部床料的流化优于平孔出风。小孔径风帽一般流速较高，对于流化床料有利，但阻力较大。

风帽小孔采用四周侧向开孔，每个风帽开孔6～12个。风帽小孔可以一排或双排均匀布置，小孔直径一般为4～6mm，小孔中心线成水平，也可向下倾斜15°，以便风帽间粗颗粒的扰动，如图13-18（d）所示。由于一个风帽开有多个小孔，尽管小孔中气流速度较大但刚性较小，因此对于小孔风帽上开多少孔、孔径为多大，都需要经计算和试验来确定，并在实践运行中逐步改进。安装好还未涂耐火保护层的小孔风帽如图13-19所示。图13-20所示为停炉检修状态下的小孔风帽。

图13-19　安装好还未涂耐火保护层的小孔风帽

图13-20　停炉检修状态下的小孔风帽

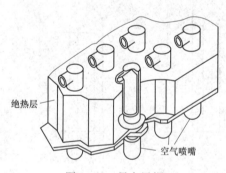

图13-21　导向风帽

2）导向风帽。导向风帽是一种开孔方向特定的风帽，如图13-21所示。这种风帽能使炉底形成的气流将大颗粒床料吹向排渣口，以达到连续有选择性地排出冷渣的目的。导向风帽的布置方式随着燃料特点的不同而不同，布置有导向风帽的水冷式布风板对于大容量的常压循环流化床锅炉尤其重要。

从风帽小孔喷出的空气速度称为小孔风速，这是布风装置设计的一个重要参数。小孔风速越大，气流对床层底部颗粒的冲击力越大，扰动就越强烈，从而有利于粗颗粒的流化；同时，小孔风速越大，热交换就越好，冷渣含碳量就可以降低，且在低负荷时仍可稳定运行，负荷调节范围较大。但风帽小孔风速过大，风帽阻力增加，所需风机压头增大，将使风机电耗增加。反之，小孔风速过低，容易造成粗颗粒沉积，底部流化不良，冷渣含碳量增大，尤其当负荷降低时，往往不能维持稳定运行，造成结焦灭火。所以小孔风速的选择，应根据燃煤特性、颗粒筛分特性、负荷调节范围和风机电耗等全面综合考虑。

根据经验，对粒度为0～10mm的燃煤，一般取小孔风速为35～40m/s；而对于粒度为0～8mm的燃煤，一般取小孔风速为30～35m/s。对相对密度大的煤种取高限，相对密度小的燃煤取低限。

风帽小孔风速确定之后，小孔总面积就可以确定了。一般小孔直径为 4～6mm，因此在确定小孔总面积之后，小孔总数随之就可得出。风帽小孔直径和孔数设计常用开孔率（%）来表示，即各风帽小孔面积的总和与花板有效面积之比值，即

$$\eta = \frac{\sum f}{A_b} \times 100\% \tag{13-3}$$

式中　$\sum f$——各风帽小孔面积的总和，m^2；

　　　　A_b——花板有效面积，m^2。

对于循环流化床锅炉，由于采用高流化风速，对布风条件相对宽松，故开孔率有时设计得较高。开孔率是布风板设计中很重要的参数，而开孔率与布风板的阻力及与床层流化特性有关。一个均匀稳定的流化床层要求布风板具有一定的压降，而这个压降主要由风帽上的小孔提供，压降的大小与布风板上风帽的小孔开孔率平方成反比。这个布风板的压降既是为取得一个均匀稳定的流化床层所必需的，也意味着给风机造成了压头损失与电耗。根据大量的运行经验，布风板阻力为整个床层阻力（布风板阻力加料层阻力）的 25%～30% 才可以维持床层稳定的运行。

（3）耐火保护层。为避免布风板受热而挠曲变形，在花板上必须有一定厚度的耐火保护层。耐火保护层厚度根据风帽高度而定，一般为 100～150mm。风帽插入花板以后，花板自下而上涂上密封层、隔热层和耐火层，直到距风帽小孔中心线以下 15～20mm 处，如图 13-22 所示。这一距离不宜超过 20mm，否则运行时容易结渣，但也不宜离风帽小孔太近，以免堵塞小孔。

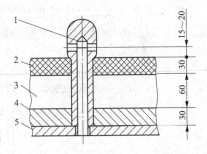

图 13-22　耐火隔热保护层在布
风板上的设置
1—风帽；2—耐火层；3—隔热层；
4—密封层；5—布风板

（4）风室。风室的布置一般要求满足以下三点：①具有一定的强度、刚度及严密性，在运行条件下不变形，不漏风；②具有一定的容积，使之具有一定的稳压作用，消除进口风速对气流速度分布不均匀性的影响，一般要求风室内平均气流速度小于 1.5m/s；③具有一定的导流作用，尽可能地避免形成死角与涡流区。

图 13-23 所示为几种常见的风室布置形式。如图 13-23（a）、（b）、（c）所示形式布置的风室，气流均是从底部进入风室的，风室呈倒锥体形，具有布风容易均匀的优点，但其既要求较大的高度，又要求适合圆形炉膛的布风板。因此，在流化床锅炉中常见的是图 13-23（d）、（e）、（f）所示的三种风室布置形式。如图 13-23（d）、（e）所示形式布置的风室，结构上较为简单；而如图 13-23（f）所示形式布置的风室较如图 13-23（d）、（e）所示形式布置的风室增加了气流的导向板，使气流的分布更易于均匀，但也由于导向板的存在，落渣管必须穿过导向板而引出，在结构上变得较为复杂。

（5）风道。风道是连接风机与风室所必需的部件。在风道的布置过程中，必须尽可能地设法减少风道中的压力损失，减少风机的电耗。

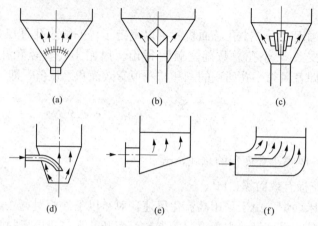

图 13-23　风室布置形式

第五节　循环流化床锅炉的物料循环系统

物料循环系统是循环流化床锅炉独有的系统，也属锅炉燃烧系统范畴，是锅炉本体的一个组成部分。该系统主要包括气固分离器、回料立管和回料阀三部分，如图 13-24 所示。其作用是将烟气携带的大量物料分离下来并返送回炉内形成循环床燃烧。

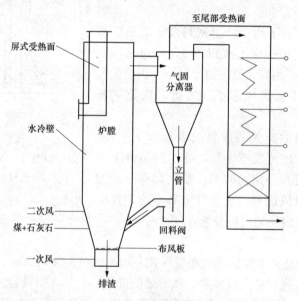

图 13-24　物料回送装置在锅炉中布置

物料循环系统是循环流化床锅炉一个非常重要的系统，它直接影响锅炉的燃烧、传热和运行稳定，因此它必须具备以下条件：

（1）保证物料高效分离。无论锅炉是高负荷运行还是低负荷运行，系统中的气固分离器均应有较高的分离效率，捕捉烟气中的固体物料并返送回炉内，减小飞灰量，降低尾部受热面磨损和机械不完全燃烧热损失。

（2）稳定回料。炉膛内的流化状态、燃烧和传热都与回料有关。要保证锅炉的安全稳定运行，达到较高的燃烧效率和额定出力，就必须保持一定的回料量及回料的连续稳定。

（3）防止炉内烟气由回料系统窜入气固分离器。物料通过回料立管和回料阀由低压部位送入炉膛下部的高压部位，因此系统必须有一足够的压头来克服这个差压。

（4）回料量应连续并可调。调节回料量可以控制炉内燃烧过程，改变炉内物料浓度，从而控制炉内传热，以适应锅炉负荷及参数变化的需要。

因此，固体物料回送装置就要完成以下任务：①将循环物料从压力较低的区域（气固分离器）送到压力较高的区域（炉膛）；②起密封作用，保证回料立管、回料器中的气固两相流向炉膛方向流动，防止炉膛烟气短路进入气固分离器，破坏物料循环；③在有外置换热器时调节物料循环量，以适应锅炉负荷的变化需要。

一、气固分离器

气固分离器是循环流化床锅炉的关键部件之一，其主要作用是将大量的高温固体物料从气流中分离出来，送回炉膛，以维持燃烧室的快速流态化状态，保证燃料和脱硫剂多次循环、反复燃烧和反应。这样，才有可能达到理想的燃烧效率和脱硫效率。因此，气固分离器的性能将直接影响整个循环流化床锅炉的运行。

气固分离器根据其布置方式的不同可分为惯性分离器和旋风分离器两种。有时为了达到一定的分离效率和循环倍率，以及满足锅炉运行调节的需求，需要同时采用两种分离器组成两级物料分离循环系统。

1. 惯性分离器

惯性分离器结构简单，热惯性小，运行费用低，广泛应用于循环流化床锅炉中。在惯性分离器内，主要是使气流急速转向或冲击在挡板上后急速转向，其中颗粒由于惯性效应，运动轨迹与气流轨迹不同，从而使两者获得分离。气流速度高，这种惯性效应就大。气流回转半径越小，回转角越大，分离效率就越高。

惯性分离器大体上可分为两大类：无分流式惯性分离器和分流式惯性分离器。前者依靠较为急剧的转折，使颗粒在惯性效应下分离出来，其结构较为简单，但分离效率偏低。后者是使任意一股气流都有较小回转半径及较大回转角，可以采用各种挡板，包括采用典型的百叶挡板构成的百叶窗分离器和采用迷宫式挡板的撞击式分离器。

（1）百叶窗分离器。百叶窗分离器是一种分流式惯性分离器，其主要部分是一系列平行排列的对来流气体呈一定倾角的叶栅，如图 13-25 所示。百叶窗分离器的基本原理是：从入口进入的含尘气流依次流过叶栅，当气流绕流过叶片时，尘粒因惯性的作用撞在叶栅表面并反弹而与气流脱离，从而实现气固分离，被净化的气体从另一侧离开百叶窗分离器。

百叶窗分离器的特点是结构简单、体积小、布置方便、气流阻力小等。百叶窗分离器对于粗颗粒的分离效率比较高，细颗粒对其分离效率的影响较大。为了达到高分离效率，一般使百叶窗分离器与旋风分离器配合，组成两级分离的物料循环系统。有的循环流化床锅炉就采用两级分离的物料循环系统，第一级为高温粗颗粒百叶窗分离器，分离效率约85%；第二级为低温细颗粒百叶窗旋风分离器，分离效率约90%，这样两级总体的分离效率约为98.5%。

（2）撞击式分离器。撞击式分离器也是分流式惯性分离器的一种，它依靠撞击横向布

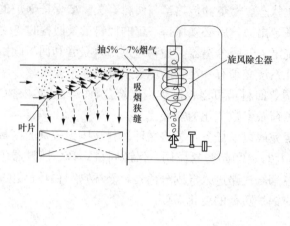
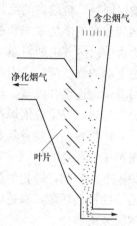

图 13-25　百叶窗分离器

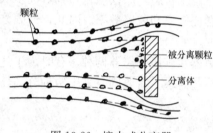

图 13-26　撞击式分离器

置在气体通道上的分离体来分离固体，如图 13-26 所示。撞击式分离器通常用于分离粗颗粒（大于 10~20μm）和阻力较低的场合（0.25~0.40kPa）。

撞击式分离器的基本原理是：当气固两相流流经撞击式分离器时，气流可绕着分离体流动，固体颗粒由于携带的动量要比气体大，它们得以继续按原来方向运动，因而偏离主气流方向，最后撞击在分离体上。

撞击式分离器结构简单，建造费用低，在高温下能运行稳定，压降低，放大容易。这些特征使撞击式分离器特别适用于大型循环流化床锅炉。

2. 旋风分离器

旋风分离器结构简单，分离效率高，广泛应用于循环流化床锅炉中。其典型结构有耐火材料制成的高温旋风分离器和水冷、汽冷高温旋风分离器。

用于循环流化床锅炉的典型旋风分离器以上圆下锥、气流切向进入为基本形式，如图 13-27 所示。由于其没有转动部件，结构简单，效率高，运行性能稳定，维护方便。

旋风分离器是利用旋转的含尘气体所产生的离心力，将颗粒从气流中分离出来的一种干式气固分离装置。旋风分离器的工作原理如图 13-27 所示，一定速度的（一般为 20m/s）烟气携带物料沿切线方向进入旋风分离器后做旋转运动，固体颗粒在离心力和重力的作用下被分离下来，落入料仓或回料立管，经回料阀返回炉膛。

图 13-28 所示为现场未安装的旋风分离器。图 13-29 所示中间部分为带水冷套的高温旋风分离器，其中左边是未封闭的炉膛，可见水冷壁和悬挂在炉顶的屏式过热器。

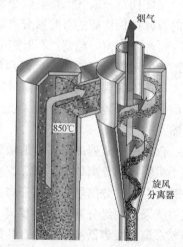

图 13-27　旋风分离器的基本形式

图 13-28　现场未安装的旋风分离器　　　　　图 13-29　带水冷套的高温旋风分离器

为了确保锅炉的安全可靠运行，特别是对高温旋风分离器，在炉膛至旋风分离器入口烟道四周易磨损区，采用密焊销钉加低绝热性能的耐磨耐火材料结构予以防磨。有时还在旋风分离器出口烟道内部都敷设两层耐火耐磨材料，其中靠近外层金属板的是保温层，内层是耐磨耐火层。

旋风分离器的特点是分离效率高，特别是对细小颗粒的分离效率远远高于惯性分离器，因此绝大多数循环流化床锅炉采用旋风分离器作为物料分离器。但是旋风分离器的体积比较庞大，采用炉外循环的厂房占地面积较大，另外大容量的循环流化床锅炉因受旋风分离器直径限制，往往需要布置几台旋风分离器。

二、回料立管

通常把物料循环系统中气固分离器与回料阀之间的回料管称作回料立管（简称立管），也称竖管或料腿，如图 13-30所示。回料立管的作用是输送物料，产生一定的压头防止回料风或炉膛烟气从气固分离器下部进入，与回料阀配合使物料由低压向高压（炉膛）处连续稳定地输送。

回料立管的设计和运行是依据回料立管的有效压头和管内物料的流动状态，设计确定其立管高度和管径等参数的。

回料立管内物料的流动状态主要有移动床流动和流态化流动两种，它与回料立管的高度、直径和回料阀充气点位置、料位等因素有关。因此在运行中，若要稳定地回料，必须控制调节好管内物料的流动。

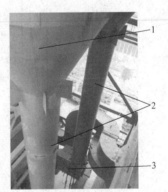

图 13-30　回料立管
1—气固分离器；2—回料立管；
3—回料阀

（1）移动床流动。回料立管中的物料伴随有一定的气体一起向下流动，当气固两相流未达到流态化状态时，物料处于移动床状态向下滑动。这时回料阀的最大传递物料量取决于回料立管中物料的高度。在移动床流动状态时，回料立管内不允许出现气泡或移动床状态转变为流化床状态的现象，否则物料向下的移动将受阻。对于移动床流动，由于回料立管中物料流速低，回料能力受到限制。采用移动床流动，立管窜气量小，通过调节回料风可调节回料量，实现回料量的控制，调节裕度较大。

（2）流态化流动。流态化流动就是回料立管中的物料不再是移动床流动状态而是进入流化床运动状态。当回料立管中的物料为流态化流动时，循环物料达到自平衡状态，进入一种自然循环，自动回料，物料收集多少将返回炉内多少。回料系统一般不具备控制能力，回料量的调节裕度较小，运行中若要改变回料量，只能通过调节系统内存料量的方法来实现。

回料立管内物料在流态化流动状况时，对于回料立管高度的要求并不像在移动床流动状态时那样严格，也就是传送同样的回料量，它可以有较短的回料立管高度，或者同样的回料立管高度它能够传递更多的物料。对于流态化流动，回料立管内固体颗粒下滑的速度应该小于产生节涌之前的气泡速度，不然其将失去有效压头和系统稳定。

三、回料阀

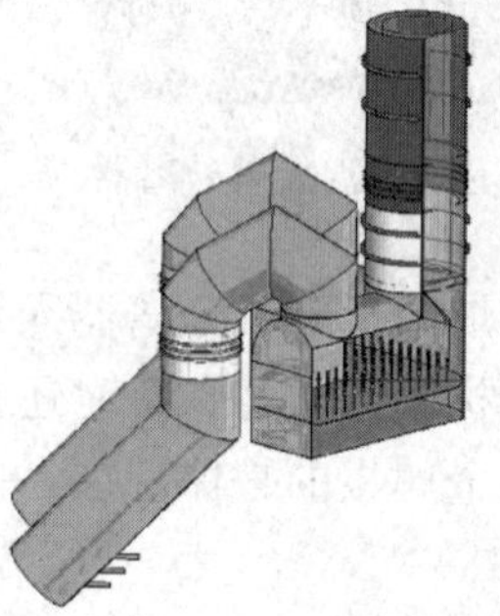

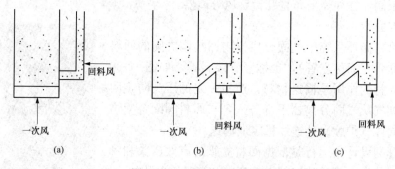

回料器是物料循环系统的另一部件，通常称作回料阀。回料阀分为机械回料阀和非机械回料阀两种。由于物料温度一般在800～850℃（高温分离），金属机械回料阀常被烧红、过热、卡涩，磨损也比较严重，因此目前普遍使用非机械回料阀。非机械回料阀没有机械运动部件，靠回料风气力输送物料，运行中主要靠改变通气量来调节回料量，结构简单，运行可靠，便于自动控制，如图 13-31 所示。

图 13-31　非机械回料阀

回料阀地结构形式繁多，使用较多的有 L 形阀、U 形阀和 V 形阀。这些阀的名称是根据阀的结构与某些英文字母比较相像而得来的。图 13-32 所示为三种常用结构形式的非机械回料阀。

图 13-32　回料阀结构形式
(a) L 形阀；(b) U 形阀；(c) V 形阀

1. L 形阀

L 形阀是最简单的一种非机械回料阀，它由垂直管、直角弯管和水平管组成，如图 13-33 所示。L 形阀的垂直段与气固分离器相连，水平段与炉膛相连；回料风充气点以上为回料立管，以下为阀体。一定温度和压力的回料风由充气点进入阀体，推动物料返回炉膛，调节回料风可以控制回料量的多少。由于 L 形阀回料立管内物料为移动床流动，回料立管必须有一定高度，因此回料风的充气点位置既不能太高，也不宜过低，一般充气点至水平段中心线的高度为 $h = (2 \sim 4)D$，以保证一定的有效压头。另外，L 形阀对水平段长度也有一

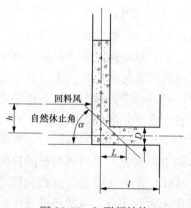

图 13-33　L 形阀结构

定的要求，最小长度应保证不产生自流，最小值应大于不自流时底边长度的 2 倍。若水平段的管路太长，会使阀内物料流动不稳定，忽大忽小进而形成浪涌流动。水平段长度最大值应为 (8~10)D。

L 形阀的优点是结构简单，回料量调节范围宽；但在运行中对回料立管内物料高度的监测要求较严格，由于回料量通过充气点回料风来控制，为了防止回料立管中气体向上流动，就必须保持一定的物料高度。由于固体物料流量变化，保证不窜气的物料高度也随着变化，因此采用 L 形阀的循环流化床锅炉应装设回料立管料位计，回料量采用自动控制手段，保证物料循环系统的稳定运行。

2. U 形阀

U 形阀是一种应用比较普遍的非机械回料阀，如图 13-34 和图 13-35 所示。U 形阀的底部布置有一定数量的风帽，阀体被隔板和挡板分成三部分：隔板的右侧与回料立管连通，左侧为上升段，两侧之间有一长方形孔口使物料通过。

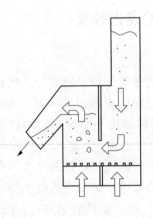

图 13-34　U 形阀结构

图 13-35　安装中的 U 形阀

U 形阀实际上是一个小流化床，下降段与回料立管连通，物料在其中向下移动；上升段为一鼓泡流化床，通过回料管与炉膛连通；下降段和上升段之间有水平孔口使物料通过。物料在 U 形阀内先向下运动，通过水平通道再折转向上，物料在流化状态下向上溢流进入炉膛，整个流动路线像字母 U，故称 U 形阀。回料风一般由下部两个小风室通过流化风帽进入阀体，运行中通过调节回料风量就可调节回料量的大小。

U 形阀在调节上更为可靠，出料一侧小流化床所需的流化气体也很少。在 U 形阀的设计中，应注意小流化床出料口位置不能过低，应该保持一定的流化床高度，以防止压力脉动时炉烟反窜和保持传送物料量的稳定。U 形阀左右两侧通道的高度、宽度均与回料量成正比，宽度和高度越大时，传送物料量越多。U 形阀属于自平衡阀，即流出量根据进入量自动调节，U 形阀自身调节流量的功能较弱。

3. V 形阀

V 形阀是近年来提出的新型回料阀，该回料阀由立管、孔口和截面为 V 形的小流化床组成，如图 13-36 所示。回料风由回料立管底部经布风板、风帽送入，固体物料和气体经孔口进入炉膛，V 形阀回料立管中物料为流态化流动，因此 V 形阀称为自动阀。

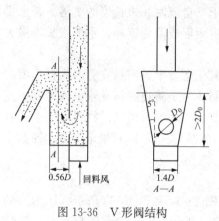

图 13-36　V 形阀结构

V 形阀启动时，要经过移动床流动阶段，为了缩短这一过程的时间，启动前应降低料层厚度（高度）。该回料阀在物料流量较低时，回料量不太稳定，只有物料达到一定流量时才能稳定运行。由于小流化床在回料立管下部及回料立管内物料为流态化流动，因此在调节回料风时要特别注意防止回料立管内产生节涌。为了使 V 形阀回料系统稳定运行，对该回料阀结构尺寸有一定要求：回料阀出料侧深度在 $0.56D_0$ 左右，回料阀宽度约为 $1.4D_0$，出料侧高度应至少大于 $2D_0$，而且出料侧做成 5°的斜侧面。V 形阀可在较大的差压下运行，对于防止炉内烟气反窜提供了较好的保障。

第六节　循环流化床锅炉的点火装置

一、点火启动过程

流化床中燃料从点燃到正常燃烧是一个动态的过程，在此过程中燃用的主燃料通常是难以着火的劣质煤，因此流化床的点燃要比煤粉锅炉中煤粉的点燃困难得多。循环流化床锅炉的点火方式与煤粉锅炉的点火方式不同，它是将床料加热至燃料所需的最低温度以上，然后用床料加热给入的燃料，使燃料稳定燃烧。

点火初期，床料和风的温度都较低，同样尺寸的颗粒达到流化状态需要的风量要比热态正常运行时约大一倍，而根据点火时颗粒燃烧和传热的要求，又希望风量小些以减少热损失。故必须妥善处理各种影响因素，如流化床的结构特性、加热启动方式、配风操作、给煤时机和给煤量等，以防止熄火和结焦，使点火过程顺利、平稳地过渡到正常燃烧。

这些影响因素相互制约，任何一个环节的失误都会导致点火失败。在流化床结构设计时就要考虑到利于点火操作这一点，如采用合适的布风结构使整个床面布风均匀；对大面积流化床采用分床结构，便于点火床均匀地布风并加热底料；使用严密的快速风门和调节特性较好的调节风门，以利于风量控制等。

一般可将点火启动过程分成以下三个阶段：

（1）床料加热。用外来燃料作为热源，把床料从室温加热到投煤可以燃烧的温度。

（2）试投燃料。床料达到一定温度后，试投燃料，观察是否着火，利用燃料燃烧放热使床温进一步上升。

（3）过渡到正常运行。适时给煤，调节好风煤比，控制床温，逐步过渡到正常运行参数。

二、点火启动方式

床料的点火启动方式有固定床点火启动和流化床点火启动。循环流化床锅炉的点火启动方式主要为流态化点火启动，即燃料先不给入，启动风机，在流化状态下启动点火油枪，将惰性床料加热到燃料燃烧所需的最低温度（这个温度随燃料不同而异），然后投入固体燃料，使燃料着火、燃烧。随着固体燃料的不断投入，床温不断增加，相应地减少启动燃烧器的燃油量，直至最后停止启动燃烧器的运行，并将床温稳定在 $850\sim900℃$。流态化点火启动方式是循环流化床锅炉最常用、最基本的点火启动方式。床料在流化状态下被加热，效率高，加热均匀，不易结焦。

流态化点火启动又分为床上点火和床下点火。以布风板为界，在布风板上部点火加热床料就为床上点火；在布风板下部点火，通过烟气加热床料为床下点火。此外，还有同时具有床上点火装置和床下点火装置的联合点火启动方式。

三、燃烧器布置方式

与三种点火启动方式相对应，燃烧器主要有三种不同的布置方式，即床上布置、床下布置、床上＋床下布置。图 13-37 所示为床上启动燃烧器的布置方式。

一般用于循环流化床锅炉的冷态启动燃烧器是燃油或燃烧天然气等气体燃料，多数是燃烧轻柴油。

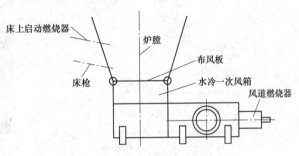

图 13-37　床上启动燃烧器的布置方式

1. 床上启动燃烧器

床上启动燃烧器布置在流化床层上面的两侧墙上，燃烧器略向下倾斜，以便火焰能与流化床接触，更好地加热床料。启动油燃烧器通常是向下倾斜安装在炉墙上的。床上启动燃烧器一般设有油枪、点火器和火焰检测器。油枪和点火器均是可伸缩的，配有气动或电动执行机构。循环流化床锅炉点火器不仅用于加热炉内空气，更主要的是在一次风流化中加热炉内床料。

2. 床下启动燃烧器

为了简便操作，节省燃料，加快启动速度，许多循环流化床锅炉采用了床下启动燃烧器，如图 13-38 所示。点火燃料在烟气发生器内点燃，由一次风送氧助燃转化为 850℃ 左右的热烟气。热烟气通过布风板和风帽边流化边加热床料，这样床料加热和流化同时进行，使操作简便。由于烟气从下部进入床料并经过全料层厚度，加热效果更好，减少了热损失。但是由于点火装置比较庞大，烟气温度高，对烟气发生器内套筒和布风板风帽材质要求较高，因此设备投资相对较大。

图 13-39 所示为床下烟气发生器的外观，图 13-40 所示为床下烟气发生器的结构。每只床下启动燃烧器都有三级配风：第一级风为点火风，经点火风口和稳燃器进入预燃室内，用来满足油枪点火初期燃烧的需要，点火风量要随油枪负荷的改变用挡板来调节。第二级风为混合风，经预燃室的内、外筒之间的风道进入预燃室内，与油燃烧所产生的高温烟气混合，将油燃烧产生的高温烟气降到启动所需的温度；部分混合风作为根部风，位于预燃室后部、邻近预燃室内壁处与预燃室轴线平行吹入预燃室，防止油枪点燃时炽热的油火焰贴壁，使预燃室内筒壁过热。第三级风为一次风，用以降低烟气温度。第一级和第二级配风是不经过空气预热器的"冷风"，第三级风是经过空气预热器的"热风"。启动成功后，第一级和第二级配风关闭，只通一次风。当启动风逐渐减小（调节置于风道中的挡板）直至关闭，而一次风逐渐增加时，风量切换要平稳。床下启动燃烧器的油点火装置主要由机械雾化油枪、高能点火器及其进退机构组成。油枪为固定式，高能点火器将油点着

后，由伸缩机构带动，向炉外退出一定距离。每个床下启动燃烧器都配有火焰检测器，用来监视油枪的着火情况。此外，每个床下启动燃烧器后部都有看火孔用来观察火焰。

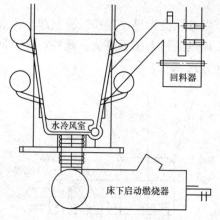

图 13-38 床下烟气发生器布置

图 13-39 床下烟气发生器外观

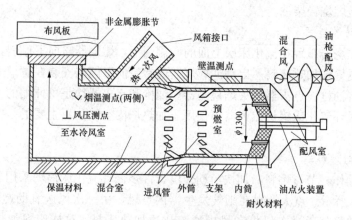

图 13-40 床下烟气发生器结构

烟气发生器的运行操作比较简单，主要是控制烟气温度不得超过给定的允许温度，防止设备和风帽烧坏。循环流化床锅炉水冷风室设置若干温度和压力测点，在保护水冷风室不致因超温或超压运行而损坏的同时，更考虑到了运行时的风煤比和退出运行时风量的无扰切换。

3. 床上＋床下联合启动燃烧器

采用热烟气发生器的循环流化床锅炉，其布风板下的水冷风室实际上是一个燃烧室，故又带来了燃烧室的安全保护等问题。另外，只使用热烟气发生器不会把床料温度加热得太高，对烧无烟煤或贫煤等低挥发分煤质的循环流化床锅炉，热烟气发生器还要在床上启动燃烧器或床枪的配合下才能把床料加热到投煤温度。

图 13-41 所示为床上＋床下联合启动燃烧器的布置方式。

床下启动燃烧器布置在水冷风箱下部，床上启动燃烧器布置在布风板上部。每个床下启动燃烧器用一个耐高温非金属补偿器与水冷风箱连接。床下启动燃烧器主要由风箱接口、非金属补偿器、热烟气发生器、一次风入口和油点火装置组成。风箱接口、非金属补偿器、热烟气发生器、一次风入口等内部敷设有耐火和保温材料；预燃室内仅敷设有耐火材料，其外部敷设有保温材料。

床上启动燃烧器布置在床上距离布风板约 3m 处的两侧墙上。床上启动燃烧器主要由油枪及其伸缩机构、点火枪及其伸缩机构、配风器及其支吊、火焰检测器和看火孔等几部分组成。床上启动燃烧器向下倾斜 30° 置于二次风口内，与床下启动燃烧器一起构成

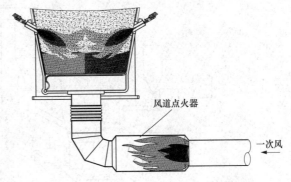

图 13-41 床上＋床下点火联合启动燃烧器的布置方式

"床上＋床下"的联合启动燃烧器，以缩短锅炉启动时间。床上启动燃烧器与床下启动燃烧器一样，也可用于循环流化床锅炉的低负荷稳燃，其火焰直接与炽热的物料接触，使用更加方便、灵活、有效。在床上启动燃烧器入口处，另设有流量计和风门调节装置，以便对床上油枪配风进行测量和调节，使之更好地与油枪负荷相匹配。另外，床上及床下油枪后部皆有密封风，在循环流化床锅炉运行及油枪抽出进行检修时，需通入该密封风以防油枪头堵塞和磨损及炉内热烟气反窜出来。

循环流化床锅炉采用热烟气发生器或以热烟气发生器为主配以床上启动燃烧器的设计方案，使循环流化床锅炉对煤种的适应性更强，也给循环流化床锅炉启动和运行带来了方便。

第七节　循环流化床锅炉的风烟系统

相对于煤粉锅炉而言，循环流化床锅炉的风烟系统比较复杂，风机数量也相对增多。尤其对容量较大且燃用煤种范围较宽的循环流化床锅炉，风烟系统就更复杂，所采用的风机更多。根据其作用和用途，循环流化床锅炉采用的风机主要分为一次风机、二次风机、引风机、冷渣风机、回料风机、石灰石输送（给料）风机、外部换热器流化风机、飞灰或炉渣返送风机及烟气回送风机等。循环流化床锅炉的风烟系统如图 13-42 所示。当两项或几项功能合用一台（或一种）风机时，风系统的设计就会更复杂。由于循环流化床锅炉烟气系统比风系统简单，除了烟气回送系统和风机选型与常规煤粉锅炉有所不同外，其余并没有更大的差异，故本节只介绍风系统。

一、一次风

循环流化床锅炉的一次风与煤粉锅炉的一次风在概念和作用上均有所不同。煤粉锅炉中的一次风是风粉混合的气固两相流，其主要作用是输送煤粉（燃料）并供给其燃烧的一定氧量；而循环流化床锅炉的一次风是单相的气流，其主要作用是流化炉内床料，同时给炉膛下部密相区送入一定的氧量供燃料燃烧。一次风由一次风机供给，经布风板下一次风室通过布风板、风帽进入炉膛。由于布风板、风帽及炉内床料（或物料）阻力很大，并要使床料达到一定的流化状态，因此一次风压头要求很高，一般在 14～20kPa。一次风压头大小主要与床料成分、固体颗粒的物理特性、床料厚度及炉床温度等因素有关。一次风量

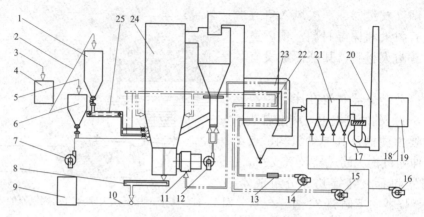

图 13-42 循环流化床锅炉的风烟系统

1—原煤仓；2—输煤设备；3—原煤；4—破碎站；5—石灰石粉；6—石灰石仓；7—石灰石输送风机；
8—冷渣器；9—渣仓；10—输渣设备；11—启动燃烧器；12—返料高压风机；13—暖风器；
14—一次风机；15—二次风机；16—气力输送风机；17—引风机；18—输灰设备；19—灰仓；
20—烟囱；21—除尘器；22—二次风空气预热器；23——次风空气预热器；24—炉膛；25—给煤机

取决于流化速度、燃料特性及炉内燃烧和传热等因素，一次风量一般占总风量的 $50\%\sim$ 65%。当燃用挥发分较低的燃料时，一次风量可以调节大一些。

由于一次风压头高，风量也较大，一般的鼓风机难以满足其要求，特别是较大容量的循环流化床锅炉，一次风机的选型比较困难，因此有的循环流化床锅炉一次风由两台或两台以上风机供给；对压力要求更高的循环流化床锅炉，也可采用串联一次风机的方式以提高压头。通常一次风为空气，但有时会掺入部分烟气，特别是循环流化床锅炉低负荷运行或煤种变化较大时，为了满足物料流化的需要，以及控制燃料在密相区的燃烧比例，往往采用烟气再循环方式。一次风压和风量的调节对循环流化床锅炉至关重要。

二、二次风

循环流化床锅炉的二次风的作用与煤粉锅炉的二次风的作用基本相同，主要是补充炉内燃料燃烧需要的氧气和加强物料的掺混。另外，二次风能适当调节炉内温度场的分布，对防止局部烟气温度过高，降低 NO_x 的排放量有很大作用。

二次风一般由二次风机供给，有的循环流化床锅炉一、二次风机共用。为了达到上述的作用，二次风通常分级布置，最常见的是分两级从炉膛不同高度给入；有的也分三级送入燃烧室。二次风口根据炉型的不同，有的布置于侧墙，有的布置于四周炉墙，还有的四角布置，但无论怎样布置和给入，绝大多数布置于给煤口和回料口以上的某一高度，其作用都是相同的。运行中通过调节一、二次风比和各级二次风比，就可控制炉内燃烧和传热。由于二次风口一般处在正压区，所以二次风机压头也高于煤粉锅炉的送风机压头；若一、二次风共用一台风机，其风机压头按一次风的需要选择。

三、播煤风

播煤风的作用是使给煤比较均匀地播撒入炉膛，提高燃烧效率，使炉内温度场分布更为均匀。

播煤风一般由二次风机供给，运行中应根据燃煤颗粒、水分及煤量大小来适当调节，使煤在床内的播撒更趋均匀，避免因风量太小使给煤堆集在给煤口，导致床内因局部温度过高而结焦，或因煤粒烧不透就被排出而降低燃烧效率。

播煤风还起着密封和防止堵煤的作用。播煤风压力高于炉膛内的压力，将其送入给煤皮带，可以在给煤皮带中形成稳定压力，防止炉烟的反窜，以保护上部的称重式皮带给煤机等给煤装置。高速气流向播煤口方向吹送，可以避免燃料在播煤槽内停留、堆积，保证给煤的畅通。

四、回料风

非机械回料阀均由回料风作为动力输送物料返回炉内。回料阀的种类不同，回料风的压头和风量大小及调节方法也不尽相同。

对于自平衡回料阀，当调节正常后，一般不再做大的调节；对于 L 形回料阀，往往根据炉内工况需要调节其回料风，从而调节回料量。回料风占总风量的比例很小，但对压头要求较高，因此中小循环流化式锅炉的回料风一般由一次风机供给；较大容量的循环流化床锅炉因回料量很大（每小时上千吨甚至更大），为了使回料阀运行稳定，常设计回料风机独立供风。图 13-43 所示为一典型的 J 形回料阀回（返）料风系统。回料风机多采用高压头、小流量的罗茨风机。对回料阀和回料风应经常监视，防止因风量调节不当而导致回料阀内结焦。

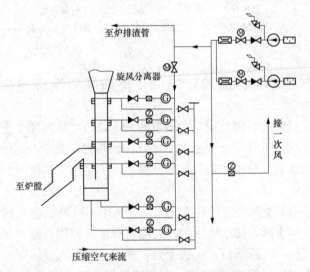

图 13-43　J 形回料阀回（返）料风系统

五、冷渣器流化风

冷渣器流化风专门供给风冷式冷渣器冷却炉渣之用。风冷式冷渣器种类很多，但实际上都是采用流化床原理（鼓泡床），用冷风与炉渣进行热量交换，把炉渣冷却至一定的温度，冷风加热后携带一部分细小颗粒作为二次风的一部分再送回炉膛。因此，对冷却风要有足够的压头以克服流化床和炉内的阻力，冷却风常由一次风机出口（未经空气预热器）引风管供给，或单设冷渣风机。

六、石灰石输送风

循环流化床锅炉的主要优点之一，就是利用廉价的石灰石粉在炉内直接脱硫。石灰石输送风是针对采用气力输送石灰石粉的系统而设计的。循环流化床锅炉通常在炉旁设有石灰石粉仓，虽然石灰石粉的粒径一般小于1mm，但因其密度较大，若用气力输送时，应经过计算来选择较高压头的风机类型。常见的石灰石输送风系统如图13-44所示。

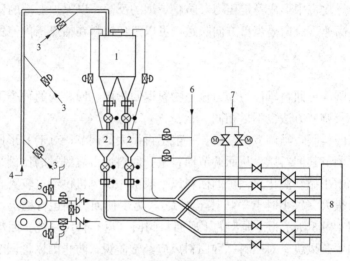

图 13-44 常见的石灰石输送风系统
1—日用仓；2—缓冲仓；3—压缩空气；4—石灰石粉；
5—石灰石风机；6—检修压缩空气；7—二次风；8—炉膛

第八节 DG 1121/25.73-Ⅱ1 型超临界循环流化床锅炉

东方锅炉（集团）股份有限公司自主研发的 DG 1121/25.73-Ⅱ1 型超临界循环流化床锅炉，采取单炉膛、M 型布置、平衡通风、一次中间再热、全紧身封闭、循环流化床燃烧方式，采用蒸汽冷却式旋风分离器进行气固分离，锅炉整体支吊在锅炉钢架上。

一、整体布置

DG 1121/25.73-Ⅱ1 型超临界循环流化床锅炉采用不带再循环泵的内置式启动循环系统，由汽水分离器、储水罐、储水罐水位控制阀、疏水扩容器、疏水泵等组成。在负荷大于等于最低直流负荷后，直流运行，一次上升，汽水分离器入口具有一定的过热度。

图 13-45 所示为 DG 1121/25.73-Ⅱ1 型超临界循环流化床锅炉的模型。水冷壁采用全焊接的垂直上升膜式管屏，炉膛四周水冷壁采用光管，双面水冷壁采用内螺纹管。炉膛内前墙布置 12 片高温过热器管屏，靠近炉膛中心布置 12 片中温过热器管屏，靠近左右侧墙布置 16 片高温再热器管屏（每 2 片小屏组成 1 个大屏，共 8 片大屏），在前墙布置 3 片双面水冷壁，在后墙布置 8 片双面水冷壁。管屏采用膜式壁结构，垂直布置，在下部转弯段、密相区及穿墙处的受热面管子上均敷设耐磨材料，防止受热面管子的磨损。

锅炉前墙布置 10 个给煤口，在前墙水冷壁下部收缩段沿宽度方向均布。下炉膛布置单布风板，布风板下是由水冷壁管弯制围成的水冷风室。该锅炉设有两个床下点火风道，分别从水冷风室两侧进风。每个点火风道配置 2 只油燃烧器，高效加热一次流化风，进而加热床料。下部后墙布置 5 个排渣口，分别对应 5 台滚筒式冷渣器。

炉膛与尾部竖井之间，布置 3 台高温汽冷式旋风分离器，其下方各布置 1 台 U 形阀回料器，回料器为一分为二的结构，保证了沿炉膛宽度方向上回料的均匀性。

尾部采用双烟道结构，前烟道布置低温再热器，后烟道布置低温过热器和第三级省煤器。第一、二级省煤器布置在前后烟道合并后的竖井区域。第一、二级省煤器为 H 形鳍片管，第三级省煤器为光管。脱硝方案采用选择性非催化还原（SNCR）技术，尾部烟道设置选择性催化还原（SCR）预留空间。烟气调节挡板布置在 H 形鳍片管式省煤器上方，省煤器底下设置有冷灰斗，烟气经尾部烟道流经回转式空气预热器烟气侧，将热量传递给转动的模式仓格加热一、二次风。

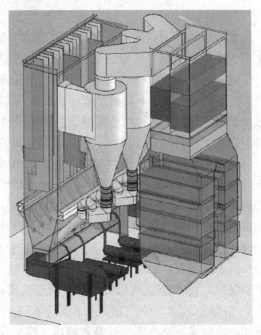

图 13-45　DG 1121/25.73-Ⅱ1 型超临界循环流化床锅炉的模型

二、汽水流程

图 13-46 所示为 DG 1121/25.73-Ⅱ1 型超临界循环流化床锅炉的汽水流程。

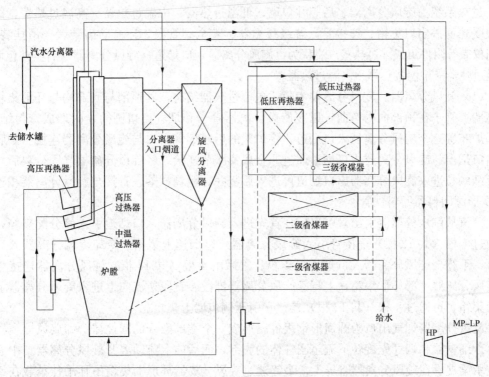

图 13-46　DG 1121/25.73-Ⅱ1 型超临界循环流化床锅炉的汽水流程

1. 水冷壁

水冷壁构成炉膛的前墙、后墙、侧墙、顶棚及双面水冷壁（水冷隔墙），总体而言分上部、中部、下部、风室、双面水冷壁。水从省煤器出口集箱右侧引出至集中下水管，通过三通连接管引至炉前2只集中下水管分配集箱，通过下水连接管引至水冷壁前后墙下集箱、6只水冷壁侧墙下集箱及双面水冷壁下集箱。介质向上流动并在炉膛吸热，进入水冷壁前后墙上集箱、2只水冷壁侧墙上集箱及双面水冷壁上集箱后，由连接管引至水冷壁出口混合集箱，再通过连接管引入汽水分离器。

风室由前墙水冷壁管拉稀弯制围成，由水冷壁管加扁钢组成的膜式壁结构，加上两侧水冷壁及水冷布风板构成水冷风室。水冷风室和燃烧室之间布置有水冷布风板（其上敷设有耐磨可塑料），布风板上部四周均为由耐磨浇注料砌筑而成的台阶。布风板由内螺纹管加扁钢焊接而成，扁钢上设置柱状风帽，其作用是均匀流化床料。锅炉点火风道近水冷壁处设计让管结构，形成热风通道；点火风道与侧墙水冷壁用金属膨胀节进行连接。

因功能需要，在锅炉前墙、后墙水冷壁、炉膛上设置各种开孔让管。前墙下部有10个给煤口，10个上二次风口，8个下二次风口。后墙下部有6个回料口，5个排渣口，8个上二次风口，7个下二次风口。风室和下炉膛还有4个人孔，顶棚水冷壁有12个绳孔，还有炉内屏式受热穿墙开孔及各种热工测点开孔。为了防止受热面管子磨损，在下部密相区的四周水冷壁、炉膛上部烟气出口附近的后墙、两侧墙和顶棚及炉膛开孔区域、炉膛中上部四个拐角处、炉膛内屏式受热面转弯段、双面水冷壁下部、风室等处均敷设有耐磨材料。耐磨材料均采用高密度销钉固定。

2. 过热系统

过热系统由旋风分离器、后竖井包墙、低温过热器、中温过热器、高温过热器，以及各级受热面进出口集箱、连接管，各级减温器、安全阀管段，还有防磨装置、吊挂装置、阀门仪表等附件组成。过热蒸汽流程为：旋风分离器入口烟道→旋风分离器→后竖井包墙→低温过热器→中温过热器→高温过热器。

（1）旋风分离器。旋风分离器为膜式包墙过热器结构，其顶部与底部均与环形集箱相连，墙壁管子在顶部向内弯曲，以在旋风分离器管子和烟气出口圆筒之间形成密封结构。该锅炉布置三个旋风分离器入口烟道，将炉膛的后墙烟气出口与旋风分离器连接。炉膛后墙出口烟窗与旋风分离器入口烟道通过非金属膨胀节连接。经旋风分离器气固分离后，烟气及细颗粒进入旋风分离器出口烟道再进入后竖井。粗颗粒落入直接与旋风分离器相连接的U形阀回料器回料立管。

蒸汽从汽水分离器引出管引出后，首先进入旋风分离器入口烟道引入管分配集箱，然后通过4根（共12根）连接管引入旋风分离器入口烟道上集箱，冷却旋风分离器入口烟道后，下行至旋风分离器入口烟道下集箱；之后由4根（共12根）旋风分离器连接管引至旋风分离器下部环形集箱，上行经旋风分离器锥段、直段逆流向上进入旋风分离器上部环形集箱，再通过4根（共12根）连接管引至侧包墙上集箱。

旋风分离器烟气出口为圆筒形钢板件，形成一个端部敞开的圆柱体，即旋风分离器中心筒。细颗粒和烟气先旋转下流至圆柱体的底部，而后向上流动离开旋风分离器。中心筒由支承梁支承在旋风分离器管屏上，最终通过旋风分离器环形上集箱吊耳吊挂承载在钢结构上。中心筒可以自由膨胀，中心筒出口设置金属膨胀节和旋风分离器出口烟道护板相连。中心筒上部密封装置内分层填充绝热、保温浇注料及硅酸铝耐火纤维毡。

（2）后竖井包墙。后竖井包墙由四侧包墙及中隔墙组成。中隔墙将烟道均分为前、后烟道，前烟道布置低温再热器，后烟道布置低温过热器和第三级光管省煤器，它们均通过支承块支吊与包墙相连，一起膨胀。

蒸汽从 3 只汽水分离器上部环形集箱通过 12 根连接管引至 2 只侧包墙上集箱，经侧包墙下行至 2 只侧包墙下集箱，再通过挤压弯头连接进入 2 只前、后包墙下集箱，往上经过前、后、顶包墙进入顶棚过热集箱（中隔墙上集箱），再下行经中隔墙至中隔墙下集箱，从集箱两端引出，通过包墙到低温过热器连接管引入低温过热器进口集箱。

后竖井包墙分前包墙、后包墙、侧包墙、中隔墙、顶包墙，在高度方向或炉深方向均分为两段。其中前包墙、后包墙、中隔墙和顶包墙每段由 7 屏管屏组成，侧包墙每段由 4 屏管屏组成。在后竖井包墙的前墙上部烟气进口及中间包墙上部烟气进口处，管子拉稀使节距由 121mm 增大为 363mm，形成进口烟气通道。

（3）低温过热器。低温过热器位于尾部对流竖井后烟道，通过支承块固定在中隔墙和后包墙上，随包墙一起膨胀。低温过热器采用四圈绕、顺列、逆流方式布置。低温过热器共分为二级管组，沿炉宽方向布置了 146 排，横向节距为 121mm；纵向布置了 64 排，纵向节距为 65.5/135mm。

蒸汽从中隔墙下集箱两端引出，通过包墙到低温过热器连接管从锅炉两侧引入布置于炉后的低温过热器进口集箱的两端，通过穿墙管穿过后包墙与烟气呈逆向流动经过低温过热器管束，穿出后包墙进入同样布置于炉后的低温过热器出口集箱；再从低温过热器出口集箱的两端引出，通过锅炉两侧的低温过热器出口管道、低温过热器至中温过热器连接管、过热器一级减温器后进入中温过热器进口集箱。在低温过热器迎烟气流管子和吹灰器行程周围管子上设置有防磨装置，在管排与后包墙和中隔墙之间设有固定装置。

（4）中温过热器。中温过热器共 12 片，屏宽为 1752.6mm，单屏 24 根，管子规格为 $\phi63.5\times11.5$，材质为 12Cr1MoVG/SA-213T91，在炉膛内靠近炉膛中心、对称锅炉中心线布置。

蒸汽从低温过热器至中温过热器连接管引来，从炉顶 2 只中温过热器进口集箱端部引入，向下分别经过靠近炉膛中心的 12 片中温过热器管屏，穿出前墙水冷壁后进入布置于炉前的 12 只中温过热器出口分配集箱，每 6 只中温过热器出口分配集箱汇入 1 只中温过热器出口汇集集箱，左右两侧分别从中温过热器出口汇集集箱单端引出后通过过热器二级减温器、中温过热器至高温过热器连接管引至 2 只高温过热器进口汇集集箱。

中温过热器采用膜式壁结构，高度方向分为 4 段，下部转弯区域和靠炉后管子敷设有耐磨材料，整个中温过热器由下至上膨胀。中温过热器管屏支吊通过梳形板和管子上的套管连接承力的吊梁结构，每个管屏使用两个吊点吊到顶板，集箱单独吊到顶板。

（5）高温过热器。高温过热器共 12 片，屏宽为 1752.6mm，单屏 24 根管子。高温过热器布置在炉膛上部靠近炉膛前墙的位置，与 12 片中温过热器一一对应，两屏相距 600mm。

蒸汽从中温过热器至高温过热器连接管引入，左右两侧分别从 2 只高温过热器进口集箱单端引入，进入 12 只高温过热器进口分配集箱，穿过前墙水冷壁向上流经靠近炉膛前墙的 12 片高温过热器管屏。在炉顶每 6 片高温过热器管屏直接汇入 1 只高温过热器出口集箱，在2只高温过热器出口集箱中部分别引出高温过热器出口管道。

高温过热器采用膜式壁结构，高度方向分为4段，在下部转弯区域设置耐磨材料，整个高温过热器自下向上膨胀。高温过热器管屏支吊通过梳形板和管子上的套管连接承力的吊梁结构，每个管屏使用两个吊点吊到顶板，集箱单独吊到顶板。

(6) 减温器、安全阀管段。在低温过热器至中温过热器连接管上装设一级喷水减温器。一级喷水减温器内部设有喷管和混合套筒。混合套筒装在喷管的下游处，用以保护减温器筒身免受热冲击。在中温过热器至高温过热器连接管上装设二级喷水减温器。二级喷水减温器的结构与一级喷水减温器的基本相同。过热器系统喷水来自省煤器出口，辅助减温水来自汽轮机高压加热器前。

在低温过热器至中温过热器连接管上布置中温过热器安全阀管段，左右各布置2只安全阀。主蒸汽出口管道上布置高温过热器出口安全阀管段，左右各布置1只PCV阀和1只安全阀。

3. 再热系统

再热系统由低温再热器、高温再热器及其进出口集箱、蒸汽连接管道、吊挂装置、安全阀等附件组成。从汽轮机高压缸排汽通过再热冷段管道及布置在锅炉两侧的低温再热器进口管道、低温再热器进口安全阀管道引入低温再热器进口集箱两端，流经尾部竖井前烟道布置的三级低温再热器管组，由低温再热器出口集箱两端引出，经锅炉两侧布置的低温再热器至高温再热器连接管引至炉前高温再热器进口集箱，进入高温再热器进口分配集箱，向上冷却布置在炉膛上部靠近侧墙的16片高温再热器后，进入布置在炉顶的高温再热器出口分配集箱，汇入高温再热器出口集箱，合格的再热蒸汽从高温再热器出口集箱双侧引出，通过高温再热器出口安全阀管道、再热热段出口管道引回汽轮机中压缸。

(1) 低温再热器。低温再热器管束通过支承块固定在尾部前烟道的前包墙和中隔墙上，随包墙一起膨胀。低温再热器采用五圈绕、顺列、逆流方式布置，共分为三级管组，沿炉宽方向布置了146排，横、纵向节距为75.5/172mm；纵向布置了70排。

再热蒸汽通过锅炉两侧低温再热器进口管道、低温再热器进口安全阀管道后，从低温再热器进口集箱两端引入，穿过前包墙向上逆流通过三级低温再热器蛇形管组后，穿出前包墙并进入低温再热器出口集箱，从集箱两端引出并通过锅炉两侧低温再热器至高温再热器连接管引至高温再热器进口集箱。

(2) 高温再热器。高温再热器有8片大屏，共16片小屏（每片大屏分为2片小屏），布置在炉膛上方靠近侧墙的位置。每2片高温再热器小管屏共用一个进口分配集箱和一个出口分配集箱。小屏屏宽为1602mm，单屏19根管子。高温再热器采用膜式壁结构，高度方向分为4段。

从布置在锅炉两侧的低温再热器至高温再热器连接管引来的蒸汽，分别进入布置在炉前32 652.5mm标高处的2只高温再热器进口集箱，进入8只高温再热器进口分配集箱，向上经过16片高温再热器，进入炉顶8只高温再热器出口分配集箱，分别汇入2只高温再热器出口集箱，最后合格的再热蒸汽经高温再热器出口安全阀管道、再热热段出口管道引回汽轮机中压缸。在高温再热器下部转弯区域和靠近炉前、炉后的管子敷设有耐磨材料，整个高温再热器由下至上膨胀。

(3) 减温器、安全阀管段。再热器设有一级事故喷水减温器。再热器蒸汽温度通过烟气调节挡板控制，低温再热器入口布置一级事故喷水减温器。再热器事故喷水仅用于事故工况，不作为正常运行的调温手段。低温再热器至高温再热器连接管道上布置有微调喷水减温器。

在再热冷段进口管道和再热热段出口管道上，分别布置有低温再热器进口安全阀管段和高温再热器出口安全阀管段，低温再热器进口左右各布置 2 只安全阀，高温再热器出口左右各布置 1 只安全阀。

三、风烟系统

该锅炉的风烟系统主要由一次风系统、二次风系统、高压流化风系统、空气预热器、引风机等组成。

1. 一次风系统

一次风主要用于流化炉膛床料并为燃料提供初始燃烧空气。一次风主要由两台双吸双支承离心式风机提供。从一次风机出来的空气分成四路：第一路，约占总风量 37% 的空气经空气预热器加热后，作为风道燃烧器燃烧用风和流化风进入炉膛底部的水冷风室，通过布置在布风板上的风帽使床料流化，并形成向上通过炉膛的气固两相流；第二路，未经预热的冷一次风作为给煤皮带密封风；第三路，经过空气预热器加热的热一次风作为给煤装置播煤风，防止给煤堵塞；第四路，未经预热的冷一次风作为空气预热器中心筒的密封风。

2. 二次风系统

二次风主要用于燃料的分级燃烧和调节，同时为锅炉的物料循环提供动力。二次风系统主要由两台双吸双支承离心式风机、空气预热器、前后墙二次风箱等组成。从二次风机出来的空气经空气预热器加热后（热二次风）进入二次风箱，再通过上下二次风管进入炉膛，作为燃烧及燃烧调节用风。二次风机之间通过二次风联络风道相连，风量约为二次风总风量的 25%。

3. 高压流化风系统

高压流化风系统主要由三台高压流化风机、高压流化风母管、支管、风量调节挡板、非机械式回料器组成。每台风机出力为 50%，正常运行时为两台运行、一台备用。高压流化风主要用作回料器的流化风、油枪冷却风和火检冷却风，通过调节挡板可以保证各支路要求的风量。

4. 空气预热器

该锅炉的空气预热器采用东方锅炉股份有限公司自主开发、设计和制造的新型四分仓空气预热器，每台锅炉布置一台空气预热器。该空气预热器的型号为 LAP14236/2000，表示其为容克式回转式空气预热器，转子直径为 $\phi 14\,236$mm，蓄热元件高度为 2000mm，热端为 900mm，冷端为 1100mm，冷端为搪瓷材质。

5. 引风机

每台锅炉设置两台 50% 容量（动叶调节）轴流式引风机。由燃料燃烧产生的热烟气将热传递给炉膛内布置的各受热面，切向流入旋风分离器，通过旋风分离器中心筒进入后竖井包墙，烟气经过空气预热器后，依次进入脱硫岛、除尘器，然后流向烟塔，最终排向大气。

该锅炉采用平衡通风，压力平衡点位于炉膛出口，在整个烟风系统中均设有调节挡板，以便运行时控制、调节。

四、物料循环过程

该锅炉冷态启动时，在流化床内加装启动物料后，首先启动风道点火器，将点火风道中的燃烧用空气加热至870℃，然后通过水冷布风板送入流化床，启动物料被加热。床温上升到约550℃并维持稳定后，粒度合格的煤粒开始从位于前墙的多点分布式给煤口送入炉膛下部的密相区，脱硫用石灰石也由回料器同时送入炉膛。燃烧用空气分为一、二次风，分别由炉底和前后墙送入。在BMCR工况下正常运行时，约占总风量37％的一次风，经床底水冷风室，作为一次燃烧用风和床内物料的流化用风送入燃烧室；二次风在前后墙沿炉高方向分两层布置，以保证提供给煤粒足够的燃烧用空气并参与燃烧调节。同时，分级布置的二次风在炉内能够营造出局部的还原性气氛，从而抑制燃料中氮氧化物的生成，降低氮氧化物的排放量。

在890℃左右的床温下，空气与燃料、石灰石在炉膛密相区充分混合，煤粒着火燃烧释放出部分热量，石灰石煅烧生成CaO和CO_2。未燃尽的煤粒被烟气携带进入炉膛上部稀相区内进一步燃烧，这一区域也是主要的脱硫反应区，在这里CaO与燃烧生成的SO_2反应生成$CaSO_4$。燃烧产生的烟气携带大量床料经炉顶转向，通过位于后墙水冷壁上部的三个烟气出口，分别进入三个冷却式旋风分离器进行气固分离。分离后含少量飞灰的干净烟气由旋风分离器中心筒引出通过前包墙拉稀管进入尾部竖井，对布置在其中的低温过热器、低温再热器、省煤器及空气预热器放热，到锅炉尾部出口时，烟温已降至130℃左右。被旋风分离器捕集下来的灰，通过旋风分离器下部的回料立管和非机械式回料器送回炉膛实现循环燃烧。炉膛后墙设有5个排渣口，通过对排渣量大小的控制，可使床层压降维持在合理范围内，以保证锅炉良好的运行状态。

第九节 循环流化床锅炉的启动与停运

一、循环流化床锅炉的冷态试验

1. 冷态试验前的准备

冷态试验前必须做好充分的准备工作，使循环流化床锅炉具备一定的条件，以便冷态试验能顺利进行。冷态试验前的准备工作主要包括：

（1）与试验及运行有关的风量表、压力表及测定布风板阻力和料层阻力的差压计、风室静压表等必须齐全并完好。

（2）准备好足够试验用的炉床底料。底料一般用燃料的冷灰渣料或溢流灰。床料粒度要求应和正常运行时燃料的粒度要求大致相同。如果试验后底料作为启动的床料，还应增加一定量的易燃烟煤细末和脱硫剂石灰石，掺入的燃煤一般不超过床料总量的10％。

（3）检查和清理炉墙及布风板。要求不应有安装、检修后的遗留物；布风板上的风帽间无杂物；绝热和保温的填料平整、光洁；风帽安装牢固，高低一致，风帽小孔无堵塞。

2. 冷态试验的主要内容

冷态试验项目主要有布风板阻力测定、布风均匀性检查、临界流化风量测定及物料循环系统回送性能试验、冷渣输渣系统性能试验等。在冷态试验进行时，首先要检验风机性能，即通过试验，绘制出风量、风压特性曲线，判定风机是否符合设计和运行要求。

（1）布风板阻力测定。测定布风板阻力时，布风板上无床料，一次风道的挡板除留有一个做调节之用外，其余全部开放（一般留送风机出口的调节挡板）。具体操作是：启动一次送风机后，逐步开大调节风门，增加风量，记录下风量和风压的各对应数据。试验时调节引风机使炉膛下部测压点处压力为零，此时风室静压计上读出的风压即可认为是布风板阻力。测定时应缓慢、平稳地开启挡板，增加风量。一般每增加 $500\text{m}^3/\text{h}$ 风量记录一次，从全关做到全开，再从全开做到全关。一般选 $10\sim15$ 个挡板开度进行测量，把两次测量的平均值作为布风板阻力的最后值，并做出布风板阻力与风量变化关系的特性曲线。

（2）布风均匀性检查。布风板布风均匀与否，将直接影响料层阻力特性及运行中流化质量的好坏。对于电站循环流化床锅炉，现在一般采用脚试法和沸腾法检查布风的均匀性。

1）脚试法。在布风板上平铺 $300\sim400\text{mm}$ 厚的床料。有经验的检查人员赤着脚，带上防尘面具进入炉内，站在料层上。启动一次风机，并逐渐增大风量，料层开始流化沸腾。检查人员随着风量的增加，逐渐下沉，最后站在风帽上。此时通知操作人员保持送风不变，检查人员在沸腾的料层中移动。如果检查人员停到哪里，哪里的料层马上离开，像淌水一样，而且脚板能站到风帽和布风板上，脚一抬起立刻被床料填平，说明布风板布风均匀，流化良好。如果检查人员停到哪里，感到有明显的阻滞，脚又踏不到风帽或布风板上，表明这些地方流化不好，布风不均，应查找原因，消除后再进行试验。

2）沸腾法。沸腾法再中、大型循环流化床锅炉中应用较为普遍。首先在布风板上平铺 $300\sim400\text{mm}$ 厚的床料，启动一次风机把料层沸腾起来并保持一段时间，然后停止风机，立即关闭挡板。当床料静止后观察料层。若料层表面平坦，就表明布风均匀，流化良好；若料层表面凹凸不平，表明布风不均匀，流化不良。炉型不同，布风板的结构、风帽的形式不同，流化不良所表现出来的凹凸程度也不相同。实际上，冷态测试时局部小范围布风不均匀，对热态运行的影响也不太大，因为热态运行时的流化程度要远高于冷态试验时的流化程度。

（3）临界流化风量测定。循环流化床锅炉的燃料为宽筛分燃料，一般冷态试验时采用如下办法：在布风板上分别铺上不同厚度的床料，料层的厚度应根据锅炉的设计和运行中料层的厚度来确定，一般选取 200、300、400、500、600mm 五个厚度，然后就每一确定的料层厚度分别测量料层阻力，确定风量、风压和料层厚度三者之间的关系。此时测出的风室风压所代表的风阻是料层阻力与布风板阻力之和，将测得的该风阻减去同一风量下的布风板阻力，就得到了该料层的阻力。把它们描绘在同一坐标系中，并用光滑曲线连接起来，就得到了不同料层厚度下料层阻力与风量的关系，即床层压降—流化风速的关系曲线，一般形状如图 13-47 所示。其中曲线上有一近似水平段，这时床料处于流态化状态，即沸腾状态。固定床与流化床两条压降线的延长线交点对应的一次风机流量即为冷态临界流化风量 u_{mf}。

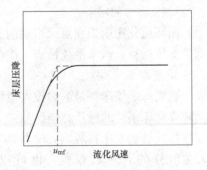

图 13-47　宽筛分颗粒床层压降—流化风速关系曲线

为了保证测量的准确性，可利用当床截面和物料颗粒特性一定时，流化床临界流化风速与料层厚度无关的性质，采用不同的床料厚度进行测量，不同料层厚度下测出的临界流化风速应基本相同，如有明显偏差，则需找出原因并解决。

（4）物料循环系统回送性能试验。物料系统的正常循环非常重要，分离器和回料阀是该系统的核心。回料阀的工作特性对循环流化床锅炉的效率、负荷的调节性能及正常运行都有着十分重要的影响。

对于一台已建成的循环流化床锅炉，其分离器及飞灰循环系统的结构已定，因此本试验的主要内容为检验回料阀能否正常返料。

具体方法是：在燃烧室布风板上铺上已经准备好的粒径为 $0\sim3mm$ 的床料，其中 $500\sim1000\mu m$ 的床料要占 50% 以上（若粒径过大，冷态下不易吹起，影响试验效果），厚度 $300\sim500mm$。启动引风机，此时送风机应将风量开到最大，运行 $10\sim20min$ 后停止送风机。此时绝大部分物料将扬析，飞出炉膛的物料经分离器分离后，在回料立管中存有一定的高度；然后调试回料阀，调节送风量，通过观察口观察回料阀出口是否畅通（回料阀可以一个一个依次开通检查）；最后再调节回料阀布风管的风压和风量，如发现返料不畅或有堵塞情况，则应查明原因，消除故障后，再次启动回料阀继续观察返料情况，直到整个物料循环系统物料回送畅通、可靠为止。

对不同容量和结构的循环流化床锅炉，回料形式可能有所不同。采用自平衡回料方式时，冷态试验只要观察物料通过回料阀能自行通畅地返回到燃烧室即可。对采用J形阀回料的，要注意J形阀送风的地点和风量，有必要在J形阀送风管上设置转子流量计，就地监测送风量，通过冷态试验确定最佳送风量。必要时应在锅炉试运行阶段对送风位置再做适当调节，在运行初始即开启J形阀，保持确定风量后一般不再变动，这样可尽量减少烟气回窜，防止J形阀内结焦。

（5）冷渣输渣系统性能试验。对冷渣输渣系统，要在循环流化床锅炉整体启动前单独进行试验，试验检查项目主要有：

1）排渣阀开启、关闭是否灵活，能否顺利排渣。

2）冷渣器内冷却介质（如空气、水）是否正常流通，流化床式冷渣器能否正常流化。

3）事故排渣口能否正常工作。

4）输渣系统运转是否正常，气力输送装置能否正常工作等。

二、循环流化床锅炉的启动

1. 启动前的准备

循环流化床锅炉在点火启动前必须做一次全面的外部检查，以确保设备、人身安全。锅炉本体检查、汽水系统检查、锅炉上水等的检查与煤粉锅炉的启动前检查基本相同。

2. 装填床料

燃烧室装填床料是锅炉投入使用所必需的先期步骤之一，没有足够的床料就不能实现循环流化床锅炉的循环燃烧。

（1）燃烧室床料装填。向燃烧室装填床料时，初始床料可以是河沙（其磨损性小）、较宽筛分的石灰石颗粒，也可以是炉渣，河沙和石灰石粒径 $d_{max}=3mm$，$d_{50}=0.6mm$（见图 13-48）；炉渣最大粒径控制在约 $6mm$，$D_{50}\approx0.85mm$。床料中的 Na_2O 不超过 0.2%，K_2O 不超过 1%，以减轻床料对炉内金属表面的腐蚀和磨损。此外，还应控制床料中可燃物含量不超过 5%，以防点火时出现爆燃。

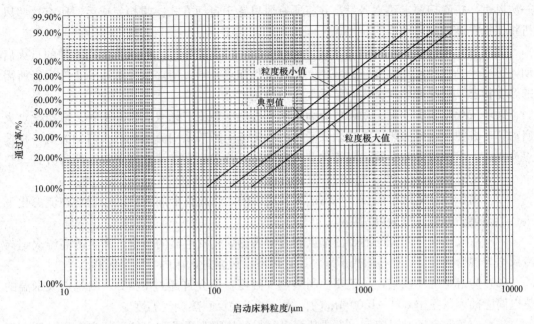

图 13-48　床料粒径分布

典型值：$d_{max} = 3mm$，$d_{50} = 0.6mm$

如采用气力输送，应控制启动床料中水分小于 1%。

在启动前，向炉膛装填床料约 122t，床料高度至少为 0.8m（距布风板表面）。床料通过锅炉配置的床料装填系统管路送入炉膛，也可以通过人孔门人工加入。

通过床料装填系统装填床料，结束前可开启引风机、二次风机、高压流化风机和一次风机。二次风机的投运可以防止床料堆积在二次风喷口；一次风机则提供床料流化所需的压头，使床料分布更加均匀。

随着床料高度的增加，炉膛总床压也在改变。当显示的炉膛总压降达到约 9.4kPa 时〔风室到炉膛出口，炉底一次流化风量约 168km³/h（标准状态下）〕，停止向炉膛加入床料。

在锅炉启动过程中（油枪投运后），床压可能会持续下降，应通过床料装填系统向炉膛装填床料，保持最低床压。初步设定最低床压（贴近布风板上的压力与炉膛出口压力的差值）为 6kPa（床料和入炉煤粒径达到设计要求），后续可根据床料和入炉煤粒径及运行经验进行适当调节。

（2）回料器床料装填。通常情况下，回料器无须预先装填床料。在锅炉冷态启动过程中（风机开启后），旋风分离器捕集下来的床料可使回料器自动装填物料。随着回料器料位的建立和上升，应缓慢加大回料器流化风挡板开度，保持恒定的回料器流化风量，观察回料器料位情况。

3. 点火启动

在风机启动前，首先保证从送风机入口到烟囱的空气通路畅通无阻，以防止炉膛及烟风道由正压或负压引起损坏。如采用回转式空气预热器，则风机启动前应确认回转式空气预热器已经启动。风机启动总的顺序为先启动 U 形阀风机，然后启动引风机、二次风机、一次风机，按吹扫要求建立风量，并将所有风机置于自动方式。吹扫完成后，所有这些风机将保持在随后的启动运行状态。

循环流化床锅炉的点火启动是锅炉运行中的一个重要环节。循环流化床锅炉的点火启动，实质上是在冷态试验合格的基础上，将床料加热升温，使之从冷态达到正常运行所需的温度状态，以保证燃料进入炉膛后能正常稳定燃烧。

循环流化床锅炉点火启动可分为固定床点火启动和流态化点火启动两种。流态化点火启动简单方便，床料加热速度快。大型循环流化床锅炉都采用流态化点火启动方式。根据点火方式、点火位置的不同，流态化点火启动又可分为床上点火和床下点火两种方式。整个点火启动过程均在流态化下进行，具体过程如下：

（1）由于热量是从布风板下均匀送入料层中的，因此整个加热启动过程均在流态化下进行，不会引起低温或高温结焦。

（2）点火用油宜用轻柴油，油枪点燃后喷入热烟气发生器内筒中，产生的高温火焰与冷风均匀混合成850℃左右的热烟气，通过风室、风帽进入床内，加热床料。

（3）为避免烧坏风帽，一定要控制热烟气温度，不允许超过870℃。测量点火烟温的热电偶应插入风室中800～1000mm的位置，以正确反映热烟气温度。

（4）应控制启动升温速度，主要从耐火材料的热膨胀要求和水循环的安全要求两方面考虑，特别是冷态启动初期更应严格控制床温，上升速度不大于100℃/h（1.67℃/min）。锅炉容量越大，启动时间越长，热态启动较快。

（5）油枪在首次使用前应先做雾化试验，根据使用的油质情况，选择大小合适的油喷嘴。调节油枪油压和喷油量，改变热烟气发生器风道的燃烧风和混合风的风量和风比，可控制热烟气温度和烟气量。为提高热烟气的热利用率，减少油耗，点火的热烟气量使床料呈流化状态即可，流化速度不宜太高。

（6）在冷态启动中，当床温大于450℃时，可向炉内试投煤。间断投入燃料，当继续升温时，由于煤中的挥发分大量释放，在450～600℃时，床温会迅速上升。该阶段的温度区间与燃用煤种有关，当床温升到650～700℃，燃煤稳定后，加强燃烧调节，根据锅炉床温逐步降低油枪出力，床温大于700℃时可以逐步退出油枪。

三、循环流化床锅炉的压火备用

1. 压火

当需要循环流化床锅炉暂时停止运行时，可以对锅炉进行压火操作。压火操作能够降低锅炉再次启动时点火能源的消耗，如果停炉时间较短，压火后可不投油启动。

当锅炉准备压火时，应将锅炉负荷降至50%，维持运行30min以上。应根据蒸汽温度、蒸汽压力降低负荷，降负荷过程中，调节燃烧，保持高床温运行，维持床温850℃以上，床压7～8kPa。当锅炉准备压火时，停运石灰石输送系统，快速停运所有给煤机，继续保持引风机、二次风机、一次风机和高压流化风机运行；使床中的燃料燃尽，烟气含氧量升至断煤前的一倍或升至8%～10%，床温开始下降时，说明炉内大部分燃料已经燃尽。按下锅炉跳闸（boiler trip，BT）按钮，检查一次风机停运、二次风机停运、引风机停运一台，手动停运另一台引风机。检查所有风机出、入口挡板关闭，减少锅炉热量散失，检查并复归联跳设备。当回料器回料温度降至260℃以下时，停运高压流化风机。根据主蒸汽温度、再热蒸汽温度下降情况及时关闭减温水，如不需停机，根据蒸汽温度、蒸汽压力情况，降低汽轮机负荷至最小，降低给水流量，维持主蒸汽温度、再热汽温度在正常范围内，减少锅炉热量散失。

压火时间的长短取决于静止料层温度降低的快慢。料层较厚，压火前温度较高，压火后静止料层温度降低较慢，压火后静止料层热量损失较小，压火时间就可长一些。一次压火时间一般可维持 8～10h，如需延长压火时间，在床温不低于 700℃时，可将床再启动一次，运行 1h 左右，待床温上升到 850～900℃时，再压火。

2. 压火后启动

压火后如需再次启动，可根据不同情况进行操作：如料层温度低于 500℃且料层较厚时，则可直接投运床下油枪，能很快启动。如料层温度在 500～700℃时，用小风量松动料层，并适当加一些引火烟煤屑，料层能很快升温。随着温度升高逐渐增加送风量，到超过"最低风量"时，启动给煤机，逐渐过渡到正常运行状态。如静止料层温度较高时（不低于 700℃），可直接把风量加到略高于运行的"最低风量"，然后开动给煤机即可。

四、循环流化床锅炉的停运

停炉操作方法基本上和压火操作方法相同，所不同的地方在于停止给煤后仍应继续适当送风，直到料层中的燃料基本烧完，待床温下降后（一般在 700℃以下）关闭送风门，停止送、引风机，最后打开落渣管的放灰装置，将床内炉渣排尽。

循环流化床锅炉的停运分为临时停炉、正常停炉和紧急停炉三种。

1. 临时停炉

临时停炉，又称压火停炉。当锅炉负荷暂时停止时，压火一段时间后，如果需要恢复运行时，可随时进行启动。在锅炉停止供汽后，关闭主蒸汽阀。压火期间，应经常检查锅炉内的蒸汽压力、水位的变化情况；检查烟、风道挡板是否关闭严密，防止被压火的煤熄灭或复燃。

锅炉需要重新启动时，开启烟、风道挡板和灰门，接着启动引风机和一次风机，加入新煤，恢复正常燃烧。

2. 正常停炉

正常停炉，就是有计划地检修停炉。其操作步骤是：

（1）逐渐降低负荷，减少供煤量和风量。原煤仓及称重式给煤机拉空后，停运给煤机，及时调节风量控制床温下降速度。给煤机停运后，停止石灰石输送系统。继续向锅炉通风（至少 5min），吹扫炉内可燃物，停止向炉膛送风前，应确保烟气含氧量在 13％以上。停止排渣系统运行。解除高压流化风机备用联锁，手动按下 BT 按钮，检查两台一次风机、两台二次风机、一台引风机停运，通风 5min 后手动停运另一台引风机，密闭各烟风挡扳，防止急剧冷却。维持高压流化风机运行，直至回料器被冷却到 260℃以下时停运。

（2）完全停炉之前水位应保持稍高于正常水位线。因为这时炉膛温度很高，炉水仍在继续蒸发，如果汽水系统不严密，锅炉水位会逐渐下降，甚至会造成锅炉缺水事故。关闭烟风道挡板，防止锅炉急剧冷却。过热器出口蒸汽压力降至 0.80MPa，炉水温度小于 150℃，打开各疏放水门，锅炉热炉放水；当蒸汽压力降至 0.20MPa 时，开启空气门；放水完毕后关闭各空气门和疏水门，密闭汽水系统。

（3）停炉放水后应及时清除受热面水侧的污垢。锅炉冷却后，打开人孔门进行全面检查，及时清除各受热面烟气侧上的积灰和烟垢。根据锅炉停运时间的长短确定其保养方法。

（4）停炉 8h 内应保持引、一、二次风机入口挡板及各人孔门、检查孔严密关闭，避免锅炉急剧冷却；停炉 8h 后，开启各风烟挡板进行自然通风冷却。

（5）空气预热器进口烟温小于 150℃时，停止空气预热器运行。

（6）严密监视烟道各部温度变化，发现烟温有不正常回升现象时，应立即停止通风，密闭烟道，投入空气预热器消防水。

3. 紧急停炉

紧急停炉，是当锅炉或相关设备发生事故时，为了阻止事故的扩大而采取的应急措施。紧急停炉启动时，应立即执行以下操作：①燃料切除（包括主燃料和辅助燃料）；②石灰石系统切除；③一次风机切除，关闭下二次风挡板；④开启汽轮机高压旁路，确认旁路流量至少为 10%BMCR 和限制高温过热器出口压力在 25.73MPa；⑤关闭锅炉喷水减温截止阀；⑥若给水泵故障，如有紧急给水系统（或备用给水泵），应开启紧急给水系统向锅炉及汽轮机旁路减温水系统供水，尽可保证锅炉水冷壁最小流量要求，尽可能提高锅炉再热器蒸汽流量；⑦延时切除二次风机；⑧延时切除高压风机，此时引风机维持运行，通过上二次风口保证炉膛通风。

以上所有这些措施都是为了使循环灰在炉膛尽快沉降下来，但沉积的灰和耐火耐磨材料仍含大量的蓄热，与受热面间的热交换并未停止，大量的蒸汽不断产生并存在受热面超温的危险。因此，紧急停炉过程必须保证：

（1）排放沉积的灰和耐火耐磨材料蓄热产生的蒸汽。汽轮机高压旁路可以起到这一作用。锅炉跳闸后，汽轮机高压旁路开启，限制高温过热器出口压力在 25.73MPa。当高温过热器出口压力超过 26.16MPa 时，汽轮机旁路快开（如果有此功能）。这一保护措施分为三个阶段：①在高压旁路流量达到 10%BMCR［如锅炉在 100%BMCR 工况下跳闸，该过程约几分钟，此时产生的大量蒸汽（约 50%BMCR）可能无法全部通过汽轮机高压旁路，应及时开启 PCV 阀泄压，避免安全阀动作］时，高压旁路处于压力控制状态；②在高压旁路流量达到 10%BMCR 后，高压旁路处于流量控制状态，保持这一流量 20min（从锅炉 MFT 开始）；③20min 后，高压旁路恢复压力控制状态，此时流量应能保护尾部受热面。

（2）避免承压部件超温的危险。对于蒸发受热面（炉膛），避免受热面管子超温的主要措施是通过给水泵补水。对于布置在炉膛内的屏式受热面，主要的保护措施是保证在中部炉膛温度大于 650℃时，必须有蒸汽流经屏式受热面，流量至少为 10%BMCR。

第十节 　循环流化床锅炉的运行调节

一、循环流化床锅炉的调节

循环流化床锅炉的调节，主要是通过对给煤量，一次风量，一、二次风分配，风室静压，沸腾料层温度，物料回送量等的控制和调节，以保证锅炉稳定、连续运行及脱硫脱硝。对于采用烟气再循环系统的循环流化床锅炉，也可通过改变再循环烟气量的办法来进行控制与调节。

1. 给煤量的调节

给煤量与负荷相对应，给煤量的调节往往和风量的调节同时进行。这一调节方式，与煤粉锅炉基本相似，这里不再赘述。

2. 风量调节

循环流化床锅炉的风量调节不仅仅是对一次风量的调节，还包括对二次风量，二次风上下段和三次风及回料风的调节与分配，较为复杂。

（1）一次风量的调节。一次风的作用是保证物料处于良好的流化状态，同时为燃料燃烧提供部分氧气。基于这一点，一次风量不能低于运行中所需的最低风量。实践表明，对于粒径为 $0\sim10mm$ 的煤粒，每平方米截面所需的最低风量约为 $1800m^3/h$。风量过低，燃料不能正常流化，锅炉负荷受到影响，而且可能造成结焦；风量过大，又会影响脱硫，炉膛下部难以形成稳定燃烧的密相区，导致飞灰损失增大。因此，无论锅炉在额定负荷下运行还是在最低负荷下运行，都要严格控制一次风量在良好的沸腾风量范围内。

锅炉运行中，通过监视一次风量的变化，可以判断一些异常现象。例如，风门未动，送风量自行减小，说明炉内物料层增多，可能是物料返回量增加的结果；风门未动，风量自动增大，表明物料层变薄，阻力降低。原因可能是煤种发生变化，含灰量减少；料层局部结渣；风从较薄处通过；也可能物料回送系统回料量减少。

一次风量出现自行变化时，要及时查明原因，进行调节。

（2）风量配比的调节。把燃烧所需要的空气分成一、二次风，从不同位置分别送入流化床燃烧室。在密相区内造成欠氧燃烧形成还原性气氛，大大降低热力型 NO_x 的生成；同时分段送风控制燃料型 NO_x 的生成，这是循环流化床锅炉的主要优点之一。但分成一、二次风的目的还不仅仅在此，一次风比（一次风占总风量的比例）直接决定着密相区的燃烧比例。在同样的条件下，一次风比较大，必然导致高的密相区燃烧比例，此时就要求有较多的温度较低的循环物料返回密相区，带走燃烧释放的热量，以维持密相床的温度。如果循环物料不足，必然会导致床温过高，无法多加煤，负荷带不上去。根据煤种的不同，一次风量一般占总风量的 $50\%\sim70\%$，二次风量占 $20\%\sim40\%$，播煤风及回料风约占 15%。若二次风分段布置，上下二次风也存在风量分配问题。

二次风一般在密相床的上部喷入炉膛，其作用主要是：一是补充燃烧所需要的空气；二是可起到扰动作用，加强气固两相的混合；三是改变炉内物料浓度分布。二次风口的位置也很重要，如设置在密相床上部过渡区灰浓度相当大的地方，就可将较多的炭粒和物料吹入燃烧空间，增大炉膛上部的燃烧比例和物料浓度。

播煤风和回料风是根据给煤量和回料量的大小来调节的。负荷增加，给煤量和回料量必须增加，播煤风和回料风也相应增加。播煤风和回料风是随负荷的增加而增大的，因此只要设计合理，在实际运行中只根据给煤量和回料量的大小来做相应调节就可以了。

一、二次风的配比，对循环流化床锅炉的运行非常重要。锅炉启动时，先不启动二次风，燃烧所需的空气由一次风供给。实际运行时，当负荷在稳定运行变化范围内下降时，一次风按比例下降，当降至最低负荷时，一次风量基本保持不变，而大幅降低二次风。这时循环流化床锅炉进入鼓泡床锅炉的运行状态。

如果二次风分段送入，第一段的风量必须保证下部形成一个亚化学当量的燃烧区（过量空气系数小于1），以便控制 NO_x 的生成量，降低 NO_x 的排放。

341

3. 风室静压的调节与控制

循环流化床锅炉运行时，维持一定厚度的料层是必不可少的。料层厚度可根据风室静压的变化来判断，当风量一定时，静压增高说明阻力增大，料层增厚，反之也是。在送风机压头给定时，运行料层厚度取决于床料堆积密度和运行负荷，床料（煤、石灰石、灰或其他外加物料）密度小，料层可厚一些；密度大，料层薄一些。满负荷时，物料循环量大，料层应厚；低负荷时，循环量小，料层应薄。当床层流化正常时，风室静压指针呈周期摆动；当料层过厚时，风室压力指针不再摆动，表明流化恶化。

当料层过厚时应适当放掉部分冷渣，降低料层厚度；当风室压力指针大幅度波动时，可能出现结焦或炉底沉积大量冷渣，应及时排除；在运行中如料层自行减薄，可适当外加床料。

对循环流化床锅炉应尽量采取连续或半连续排渣的运行方式，即勤排少排原则，这样可保证床内料层稳定，防止循环有效颗粒的流失，有利于锅炉的稳定运行。

在运行中，有时随负荷的增加，一次风量维持不变。如料层厚度增加，风量表指示下降，应适当开大风门，维持一次风量指示不变，绝不能仅凭风室静压的变化为判断依据，任意开大风门。

4. 流化料层温度的调节与控制

维持正常床温是循环流化床锅炉稳定运行的关键。目前国内外研制和生产的循环流化床锅炉，床温大都选在800～950℃。温度太高，超过灰变形温度，就可能产生高温结焦；温度过低，对煤粒着火和燃烧不利，在安全运行允许范围内应尽量保持高些。燃用无烟煤时，床温可控制在950～1050℃；燃用较易燃烧的烟煤时，床温可控制在850～950℃。

对于加脱硫剂进行炉内脱硫的锅炉，其床温一般控制在850～950℃。选用这一床温主要基于两个原因：一是该床温低于绝大多数煤质结焦温度，能有效避免炉床结焦；二是该床温是常用的石灰石脱硫剂的最佳反应温度，能最大限度地发挥脱硫剂的脱硫效率。

循环流化床锅炉在实际运行中如出现床温的超温状况，可能产生如下不良后果：①使脱硫剂偏离最佳反应温度，脱硫效果下降；②床温或局部床温超过燃料的结焦温度，炉膛出现高温结焦，尤其是布风板上和回料阀处的结焦处理十分困难，只能停炉后人工清除；③使锅炉出口蒸汽超温，影响后继设备运行。

循环流化床锅炉在实际运行中如出现床温的降温状况，也会产生如下不良后果：①脱硫剂脱硫效果下降；②炉膛温度低于燃料的着火温度，锅炉熄火；③锅炉出力下降。

由以上的分析比较可知，炉床的超温后果比降温后果严重得多。有鉴于此，循环流化床锅炉的床温控制重点是避免超温。

影响炉内温度变化的原因是多方面的。例如，负荷变化时，风、煤未能很好地及时配合；给煤量不均或煤质变化；物料返回量过大或过小；一、二次风配比不当等。归纳起来，主要还是风、煤、物料循环量的变化引起的。在正常运行中，如果锅炉负荷没有增减，而炉内温度发生了变化，就说明煤量、煤质、风量或循环物料量发生了变化。风量一般比较好控制，但给煤量和煤质（特别是混合煤）则不易控制。因此在运行中要随时监视炉内温度的变化，及时调节。

循环流化床锅炉的燃烧室是一个很大的"蓄热池"，热惯性很大，这与煤粉锅炉不同，所以在炉内温度的调节上往往采用"前期调节法""冲量调节法"和"减量调节法"。

所谓前期调节法，就是当炉温、蒸汽压力稍有变化时，就要及时地根据负荷变化趋势小幅度地调节燃料量，不要等炉温、蒸汽压力变化较大时才开始调节，否则运行将不稳定，波动较大。

所谓冲量调节法，就是指当炉温下降时，立即加大给煤量。加大的幅度是炉温未变化时的1～2倍，维持1～2min后，恢复原给煤量。在2～3min内炉温如果没有上升，将上述过程再重复一次，炉温即可上升。

所谓减量给煤法，则是指炉温上升时，不要中断给煤量，而是把给煤量减到比正常时低得多，维持2～3min，观察炉温，如果温度停止上升，就要把给煤量恢复到正常值，不要等温度下降时再增加给煤量。

对于采用中温分离器或飞灰再循环系统的锅炉，用返回物料量和飞灰来控制炉温是最简单有效的。因为中温分离器捕捉到的物料温度和飞灰再循环系统返回的飞灰的温度都很低，当炉温突升时，增大循环物料或飞灰再循环量进入炉床，可迅速抑制床温的上升。

有的锅炉采用冷渣减温系统来控制床温。其做法是利用锅炉排出的废渣，经冷却至常温干燥后，由给煤设备送入炉床降温。因该系统的降温介质与床料相同，又是向炉床上直接给入，冷渣与床温的温差很大，故降温效果良好而且稳定。但该方法因需经锅炉给煤设备送入床内，故有一定的时间滞后。

对于有外置式换热器的锅炉，也可通过外置式换热器进行调节；对于设置烟气再循环系统的锅炉，也可用再循环烟气量进行调节。

5. 负荷的调节

循环流化床锅炉因炉型、燃料种类、性质的不同，负荷变化范围和变化速度也各不相同。对于循环流化床锅炉，负荷可在25%～110%内变化，升负荷速度一般为每分钟5%～7%，降负荷速度为每分钟10%～15%。循环流化床锅炉的变负荷能力与煤粉锅炉的相比要大得多。因此，对调峰电站和供热负荷变化较大的中小型热电站，循环流化床锅炉得到了广泛的应用。

对于无外置式换热器的循环流化床锅炉，其变负荷调节一般采用如下方法：

(1) 采用改变给煤量的方法来调节负荷。

(2) 通过改变一、二次风比，以改变炉内物料浓度分布，从而改变传热系数，控制对受热面的传热量来调节负荷。炉内物料浓度改变，传热量必然改变。

(3) 通过改变循环灰量的方法来调节负荷。通过循环灰量收集器或炉前灰渣斗，增负荷时加煤、加风、加灰渣量；减负荷时减煤、减风、减灰渣量。

(4) 采用烟气再循环，改变炉内物料流化状态和供氧量，从而改变物料燃烧比例的方法来调节负荷。

二、物料循环系统的运行

物料循环系统能否正常投入运行，对锅炉负荷和燃烧效率具有十分重要的影响。在运行中，因分离器的结构已定，其分离灰量随负荷的变化而有所波动，因此系统的正常运行主要取决于回料器的工作特性。

1. 回料阀料封的形成

一般在运行前，循环流化床锅炉的U形阀阀内应填充料封，否则烟气反窜会引起分离器效率下降，导致循环物料量太少，回料立管料位不能建立，回料阀料封不能形成，进而导致恶性循环。因此，回料阀何时投入运行便显得非常重要。一般的做法是回料阀内先有足够料封后再启动返料。但回料阀内物料量无法方便地监视，若料位太高，风机压头不够，可能无法返料，这对大型循环流化床锅炉尤其不利。为解决这一问题，大型循环流化床锅炉回料阀的运行首先要保证回料通畅，不发生堵塞。为保证回料畅通，运行时采取如下措施：

(1) 锅炉启动时，先启动返料流化风，保证回料阀内不积存过多的物料。

(2) 锅炉停运时，最后停返料流化风，使回料阀内积存物料尽可能排空。

但这样一来，可能就不利于料封的形成。实践证明，这种担心是多余的。因为大型循环流化床锅炉物料存量大，细物料绝对量多，参与外循环的物料量就大，可以使大型锅炉获得更高的物料循环倍率，更容易形成料封。

一般情况下，锅炉正式启动时回料阀内都有一定物料，其来源是上次停炉时回料阀内未排空的物料。即使检修时回料阀内物料全部清理后，启动前进行冷态临界流化风量测定时，也会使回料阀内有物料存留，自然形成料封。

2. 回料阀的启停

许多大中型循环流化床锅炉的回料阀采用高压罗茨风机单独供风，所以回料阀的运行其实就是罗茨风机的运行。

一般地，锅炉启动时风机的启动顺序是：引风机→高压返料风机→二次风机→一次风机。风机停运顺序是：一次风机→二次风机→引风机→高压返料风机。

在回料阀的启停操作中，防止返料堵塞是关键。锅炉启动时，应先启动高压返料风机以保证回料阀畅通；停炉时，应尽可能减少回料阀内存料以利于下次启动，所以高压流化风机应在所有风机中最后关闭，但即使如此回料阀内仍有相当物料存留，这些物料能在回料阀启动时减少料封的形成时间。

图 13-49 给出了 U 形回料阀的启动（停止）过程，可分为如下阶段：

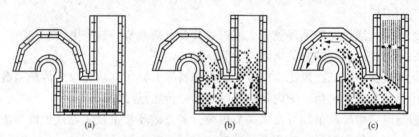

图 13-49　U 形回料阀的启动（停止）过程

(a) 启动前/停止后；(b) 回料阀启动初期（循环物料量很小，料封尚未形成）；

(c) 回料阀正常运行（料封形成）

(1) 回料阀内物料由静止到流化 [见图 13-49 (a)、(b)]。高压流化风机启动时仅有引风机已启动。炉膛内床料处于静止状态，无循环物料。高压流化风机启动，压力迅速提高，流量也迅速增大，直到足以流化回料阀内物料，此时返料风压力达到最大。一旦物料流化，压力便有所回落，这是因为起始流化静止物料的"解锁"过程需要比正常流化时更高的压力。

(2) 回料阀内存料量减少阶段 [见图 13-49 (b)]。流化形成后，回料立管料封并未形成，回料立管内物料也处于流化状态。一次风机未启动前，因无循环物料，回料阀内物料可少量返回炉内，回料阀内存料量减少，所以返料风压呈缓慢下降趋势。

（3）回料立管料封形成阶段［见图 13-49（c）］。一次风机启动后，炉膛内床料流化，开始有循环物料被分离器收集进入回料阀。对回料阀来说，流进物料量大于流出物料量，回料立管料位逐渐升高，阻力增大，回料立管流化停止，转为移动床，形成料封。松动风转向上升管，返料风压力提高。

（4）一次风量增大，回料量增大，返料风压继续升高，调节风门使风量保持不变。

回流阀的停运过程与此相反，返料风最后关闭。

由此可见，先启后停回料阀并没有对料封的形成造成明显影响，而且简化了运行操作，故这种启动方式优点较明显。回料阀采用容积式风机单独供风，能使风压特性、风量特性满足回料阀运行要求，有条件的应尽量采用此种供风方式。

3. 返料控制

锅炉正常投运后，回料阀与分离器相连的回料立管中应有一定的料柱高度，其作用是一方面阻止床内的高温烟气反窜入分离器，破坏正常循环；另一方面料柱高度又具有压力差，使之维持系统的压力平衡。回料阀运行时要求回料立管内料位不能处于流化状态，而是整体向下移动，这种状态称为移动床；上升管中物料处于流化床状态，物料不断溢流入炉膛。运行时，回料阀回料立管侧压力高于上升管侧，其下风室供风仅起松动物料的作用，在回料立管内物料的阻挡下，这股风不是向上流动，而是转向上升管，同时推动水平通道中的物料向上升管侧移动，最后与上升管流化风合并，共同流化物料。所以回料立管松动风的压力要高，流量不宜过大，而上升管的风量则大一些好。循环物料多时，回料立管中料位高，松动风压头也相应增高，能把更多的物料推向上升管，适应高循环倍率的要求；循环物料少时，回料立管中料位低，松动风压头也低，回送物料量减少，适应低循环倍率的要求。

当炉内运行工况变化时，回料阀的输送特性应能自行调节。如锅炉负荷增加时，飞灰夹带量增大，分离器捕灰量增加；如回料阀仍维持原输送量，则料柱高度上升，此时物料输送量应自动增加，使之达到平衡。反之，如负荷下降时，料柱高度随之减小，物料输送量也应自动减少，飞灰循环系统达到新的平衡。

U 形阀也是一种能自平衡返料的非机械回料阀，在正常运行中，一般无须去调节回料阀的风门开度。当然，U 形阀的物料回送量也可以通过控制流化返料风量调节，许多中小型锅炉启动时要控制返料风量。但对大型循环流化床锅炉而言，为运行简单可靠，一般采用固定的流化返料风量，运行中不进行调节，但要保证有足够高的风压以松动物料。罗茨风机是一种容积式风机，它可以在供风压力变化很大的情况下保持流量基本不变，这正适合 U 形阀的运行要求。故现代大型循环流化床锅炉流化返料风多采用高压罗茨风机单独供给。

回灰系统如采用 J 形阀时，应先在冷态试验和热态低负荷试运行中调节送风位置和送风量。由于煤的粒度和燃料特性不同，这种试验是必要的。J 形阀也是一种自平衡阀，其优点是无须监控料位，缺点是如果回料立管中灰位高度很高时再启动比较困难，需要较高压头的空气，且在热态运行初始就要开启，实行定风量运行，以免回料立管中结焦。

因此在实际运行中，回料阀的操作一般采用定风量运行，但要经常监视回料阀及分离器内的温度状况，因为高温旋风分离器下的回料阀内物料温度较高，运行时要防止结焦。此外，还要防止出现返料风机跳闸，以免造成运行中返料突然停止的事故。

第十一节　循环流化床锅炉运行中的常见问题及处理

一、床层结焦问题

在循环流化床锅炉的实际运行中，如果炉内温度超过灰渣的熔化温度，就会导致出现结焦现象，进而破坏正常的流化燃烧状况，影响锅炉正常运行。对于大多数循环流化床锅炉，结焦现象主要发生在炉床部位。结焦要及时发现、及时处理，不可使焦块扩大或全床结焦时再采取措施，否则不但清焦困难，而且易损坏设备。

1. 循环流化床锅炉结焦的现象

（1）床温急剧上升，达到或超过煤的灰熔点温度。

（2）床压异常，布风板阻力增大。

（3）氧量波动大，伴随有爆燃现象。

（4）一次风机、引风机电流相对减小，带负荷能力降低。

（5）燃烧在料层表面进行，从观察孔观察有明显的火焰且呈现白色。

（6）排渣困难。

2. 循环流化床锅炉结焦的原因

循环流化床锅炉结焦的直接原因是局部或整体温度超出灰熔点或烧结温度。结焦一般分为高温结焦和低温结焦两种。高温结焦是指当料层或物料整体温度水平高于煤质变形或熔融温度时所形成的结焦现象。高温结焦的根本原因是料层含碳量超过了热平衡所需要的数量。高温结焦的特点是结焦面积大，焦块硬度高，区域之间连成片甚至波及整个床面。低温结焦是指当料层或物料整体温度水平低于煤质变形温度，但局部超温而引起的结焦现象。低温结焦的根本原因是局部流化不良，使局部热量不能迅速传出。低温结焦的特点是结焦仅涉及炉内料层、分离器、回料阀和冷渣器等局部范围，焦块硬度较低，区域之间互相的连片程度较差，结焦区域焦块松散。

循环流化床锅炉结焦的主要原因有：

（1）给煤过多、过快，未及时加大一、二次风量，或风煤比失调造成床料超温。

（2）床面料层太薄，造成煤给进炉膛后不能正常流化，形成堆积燃烧。

（3）外置床或回料阀返料不正常或堵塞。

（4）燃料特性突然发生变化，没有来得及减少给煤量，造成温升过快，达到结焦温度。

（5）锅炉启动前没有很好地清理检查风帽，造成局部流化不良而结焦。

（6）炉内大物料太多或耐磨耐火材料脱落，无法形成良好的流化而造成结焦。

（7）锅炉跳闸或压火过程中，床层内没有燃烧完全的煤太多。

（8）运行中热工控制系统不完备，仪表配置不合理，测点不足等。

必须说明，对循环流化床锅炉来说，燃煤中灰分高在运行上是一个有利条件，即使分离器效率略低，也能保持循环物料量的平衡。而煤的挥发分低是不利条件，炉膛下部密相区容易产生过多热量。解决的办法是将一部分煤磨细些，使之在悬浮段燃烧。而对既定的燃料制备系统来说，一般都是根据某一设计煤种来选取的，虽然有一定的煤种适应性，但如果煤种的变化范围过大，肯定有一定不适合这种破碎系统的煤种，而这种煤的挥发分恰恰比较低，运行人员又没及时发现，时间一长就会导致结焦。因此可以概括地说，循环流化床锅炉可以烧用各种燃料，但这对某一台循环流化床锅炉及其燃料制备系统来说，却是不适用的。

3. 防止循环流化床锅炉结焦的主要措施

循环流化床锅炉一旦产生结焦，焦块便会迅速增长，焦块长大的速度会越来越快。因此，预防结焦和及早发现结焦并及时进行处理是非常必要的，也是运行操作人员必须掌握的。

防止循环流化床锅炉结焦的主要措施主要有：

（1）在启动和正常运行过程中保证良好的流化工况，防止床料沉积。

（2）保证临界流化风量。必须在每次锅炉启动前，认真检查风帽、风室，清理杂物。启动时，应进行冷态临界流化试验，确认床层布风均匀，流化良好，床料面平整。

（3）确保燃烧系统正常运行，给煤粒径符合设计的要求（0～50mm），随时查看入炉煤粒情况并加强煤控联系。

（4）启动前，所有床面物料按规程要求添加完成，粒径满足要求；启动和正常运行过程中严格控制料层差压在规定范围内。

（5）合理配风，保证床温、氧量等参数在规定范围内。

（6）加强外置床、冷渣器与回料阀的运行调节。

（7）提高设备的健康水平，特别是耐磨耐火材料、风帽和主要热工表计的健康水平。

（8）积极改善燃煤的结焦特性，做到科学、均匀搭配对经济运行和预防循环流化床锅炉结焦具有明显的实用意义。

（9）运行人员认真监盘，如果发现有结焦现象立即汇报相关领导；同时减少煤量，加大一次风量吹扫，并加强排渣或进行床料置换。

（10）如果确认炉内已经局部结焦，经过处理仍然没有好转，应立即汇报相关领导申请停炉。

二、回料系统常见问题

循环流化床锅炉目前应用最为普遍的回料系统由高温旋风分离器、回料立管和U形阀回料器组成。回料系统的结构大同小异，但随锅炉容量、布置的不同，其结构尺寸有所差异，主要是回料立管高度和回料器流通截面积大小的不同。设计时要求回料立管有一定高度，以便积存一定高度的料柱，用来提供物料由高温旋风分离器返回燃烧室的动力。但小容量锅炉因炉膛高度较低，回料立管一般也较短；而大容量锅炉有足够空间，回料立管高度一般能够保证。回料阀流通截面积也是设计中需要注意的问题，应根据物料循环量大小设计合适的流通截面，使物料在回料通道中能有一定充满度，并以适当的速度移动，以防燃烧室烟气进入回料器，造成结焦；或因物料移动速度太慢，停留时间过长而引起结焦。

锅炉运行中回料系统的常见问题主要表现在以下几个方面：

1. 回料系统结焦

结焦是高温旋风分离器回料系统的常见故障。其根本原因是物料温度过高，超过了灰渣的变形温度而黏结成块。结焦后形成的大渣块能堵塞物料流通回路，引起运行事故。结焦部位可发生在高温旋风分离器内、回料立管内和回料阀内。

（1）回料系统结焦的主要原因主要有：

1）燃烧室超温。高温旋风分离器运行时温度与燃烧室温度相近，有的甚至高于燃烧室温度。如果燃烧室运行时超温，则进入高温旋风分离器的循环灰温度容易超过灰的变形温度，甚至引起未燃碳的二次燃烧，从而引发结焦。

2）回料系统漏风。正常工况下回料系统应无漏风，旋风筒内烟气含氧量少，循环灰以一定速度移动，停留时间较短，因此不足以引起循环灰燃烧；反之若有漏风，则易引起循环灰中碳的燃烧而结焦。

3）循环灰中含碳量过高。如锅炉点火启动时燃烧不良，或运行中风量与燃煤粒径匹配不佳，或燃用矸石、无烟煤等难燃煤，因其挥发分少、细粉量多、着火温度高、燃烧速度慢等原因，都可导致过多未燃细碳粒进入高温旋风分离器而使循环灰中含碳量增加。灰中含碳量高则增大了结焦的可能性。

4）循环灰量太少。灰量少使得循环灰在回料系统中移动太慢，几近静止，易引起结焦；同时灰量太少易使燃烧室烟气携带煤粒倒卷吹入回料器，也易引起结焦。

5）回料通路塌落或有异物大块堵塞，或返料风量太小，物料无法回送，积聚起来导致结焦。

（2）防止回料系统结焦的措施主要有：

1）使用煤种及其粒径配比尽量与设计一致；如果煤种变化后灰熔点降低，则燃烧室运行温度应进行相应调节；燃用矸石、无烟煤时尽早按一、二次风比例投入二次风，以加强煤在燃烧室中的燃烧，减少在回料系统中的后燃；制煤设备应及时调节以达到粗细颗粒的合理配比。

2）运行中应密切监视高温旋风分离器温度，若发现高温旋风分离器超温，调节风煤比以控制燃烧室温度，如不能纠正则立即停炉查明原因。

3）检查回料系统的密封是否良好，发现漏风及时解决。

4）检查回料系统是否畅通，有异物及时排除。

5）保证适当的返料风量。风帽堵塞、返料风室中有落灰等，均会引起返料风量减小。发现此类问题要及时解决。

2. 分离效率下降

高温旋风分离器结构简单，分离效率高，是循环流化床锅炉应用最广泛的一种气固分离装置。影响高温旋风分离器分离效率的因素有很多，如形状、结构、进口风速、烟温、颗粒浓度与粒径等。已建成的循环流化床锅炉高温旋风分离器结构参数已定，且一般经过优化设计，故结构参数的影响不再讨论。

（1）运行中高温旋风分离器分离效率如有明显下降，则可考虑以下因素：

1）高温旋风分离器内壁严重磨损、塌落从而改变了其基本形状。

2）高温旋风分离器有密封不严之处导致空气漏入，产生二次携带。

3）床层流化速度低，循环灰量少且细，分离效率下降。

在此需强调的是，漏风对分离效率的影响较大。正常状态下，高温旋风分离器旋风筒内静压分布特点为外周高、中心低，锥体下端和灰出口处甚至可能为负压。高温旋风分离器筒体尤其是排灰口处若密封不佳，有空气漏入，就会增大向上流动的气速，并把筒壁上已分离下来的灰夹带走直接由排气管排出，严重影响分离效率，且漏风还可引起结焦。

（2）防止高温旋风分离器分离效率下降的措施有：

1）若发现分离效率明显降低，先检查是否有漏风、窜气现象，如有则解决漏风和窜气问题。

2）检查高温旋风分离器内壁磨损情况，若磨损严重则需进行修补。

3）检查燃煤粒径和流化风量，应使流化风量与燃煤粒径相适应，以保证一定的循环物料量。

3. 回料阀烟气反窜

U 形阀属自动调节型非机械回料阀，是目前循环流化床锅炉中应用最广泛的一种物料回送装置，是回料系统的关键部件。在运行中其把循环灰由压力较低的高温旋风分离器灰出口输送到压力较高的燃烧室，并防止燃烧室烟气反窜进入高温旋风分离器。一旦出现烟气从燃烧室经回料器短路进入高温旋风分离器，则说明回料系统的正常循环被破坏，回料阀也就无法完成其使命。

（1）出现回料阀烟气反窜现象的原因有：

1）回料阀回料立管料柱太低，不足以形成料封，被返料风吹透。

2）返料风调节不当，使回料立管料柱流化。

3）回料器流通截面较大，循环灰量过少，燃烧室烟气会吹进回料器。

从原理上说，U 形阀属自调节型通流阀，循环灰量大则回料立管内积存料柱高，差压增大，物料输送量自动增加，最后达到平衡；反之，循环灰量少则回料立管料柱高度随之减小，物料输送量自动减少，飞灰循环达到新的平衡。如此看来，似乎循环灰量无论大小料封都能维持，而不会被破坏。而实际运行中往往不注意返料风的调节，料柱降低时易被返料风吹透，从而引起回料阀烟气反窜，飞灰循环被破坏。结构尺寸不合理，如回料立管截面较大，也是促成烟气反窜的重要原因。

（2）防止回料阀烟气反窜的措施有：

1）设计时应保证一定的回料立管高度，回料器流通截面应根据循环灰量适当选取。

2）对小容量锅炉，因回料立管较短，应注意启动和运行中对回料阀的操作：①锅炉点火前，返料风关闭，回料阀及回料立管内要填充细循环灰，形成料封；②点火投煤稳燃后，等待高温旋风分离器下部已积累一定量的循环灰，缓慢开启返料风，注意回料立管内料柱不能流化；③正常循环后，返料风一般不须调节；④压火后热启动时，应先检查回料立管和回料阀内物料是否足以形成料封；⑤其他操作同冷态启动。总之，回料阀操作的关键是保证回料立管的密封，保证回料立管内有足够的料柱能够维持正常循环。

（3）对大容量锅炉，回料立管一般有足够高度，但应注意返料风量的调节。发现烟气反窜可关闭返料风，待回料器内积存一定循环灰后再小心开启返料风，并调节到适当大小。

4. 回料阀堵塞

回料阀是循环流化床锅炉的关键部件之一，如果回料阀突然停止工作，会造成炉内循环物料量不足，蒸汽温度、蒸汽压力急剧降低，床温难以控制，危及正常的运行。为防止回料器堵塞，保证锅炉稳定、安全运行，应勤检查、勤调节，及时发现问题，及时处理。

一般回料阀堵塞有以下两种情况：

（1）第一种情况是由于流化风和回风量不足，造成循环物料大量堆积而堵塞。特别是L形回料阀，由于它的回料立管垂直段较长，储存量较大，如果流化风量不足，不能使物料很好地进行流化，很快就会堵塞。因此对于L形回料阀来说，对监控系统的监控能力要求较高。通风不足的原因有以下几方面：①回料阀下部风室落入冷灰使流通面积减小；②风帽小孔被灰渣堵塞，造成通风不良；③风帽的开口率不够，不能满足流化物料所需的流化风；④回料系统发生故障；⑤风压不够。这些因素有可能造成物料流化不良而最终使回料系统发生堵塞。回料阀堵塞要及时发现、及时处理，否则堵塞时间一长，物料中可燃物质可能会再燃，造成超温、结焦，扩大事态，给处理增加难度。处理时，要先关闭流化风，利用下面的排灰装置放掉冷灰，然后再采用间断送风的形式投入回料阀。

（2）第二种情况是回料阀处的循环灰结焦而堵塞。这种结焦与流化程度、循环物料的温度、循环物料量都有关系。如果回料阀处漏风，也会造成局部超温而结焦。为避免此类事故的发生，应对回料阀进行经常性检查，监视其中的物料温度，特别是采用高温旋风分离器的回料系统，应选择合适的流化风量和松动风量，并防止回料阀处漏风。

循环流化床锅炉发生故障，有设计原因，也有运行原因。作为设计单位，应力求解决结构隐患，优化结构设计；而作为运行人员，则应努力提高关于循环流化床的理论水平，在运行中勤动眼、勤动脑，用心积累操作经验以充分发挥循环流化床这一清洁燃烧技术的优势。

第十四章 启 动 锅 炉

第一节 启动锅炉概述

一、商洛电厂启动锅炉简介

商洛电厂启动锅炉为天津宝成机械制造股份有限公司的产品，配备二台启动锅炉，两台启动锅炉共用两台给水泵。启动锅炉的型号为 KDZS35-1.27/350-Y（Q）Ⅱ燃油蒸汽锅炉，即锅炉额定蒸发量为 35t/h，额定工作压力为 1.27MPa；给水温度为 20℃时，过热蒸汽温度为 350℃；属于快装型燃油锅炉。给水品质指标要求：溶解氧小于或等于 15μg/L，含铁量小于或等于 50μg/L，含铜量小于或等于 10μg/L，pH 为 9.2～9.6。蒸汽品质符合以下要求：含钠量小于或等于 15μg/kg；二氧化硅含量小于 20μg/kg；电导率为 0.3μS/cm（25℃下）；含铁量小于 20g/kg；含铜量小于 5g/kg。

启动锅炉水冷壁采用密封焊结构，膜式水冷壁、炉管穿顶或炉墙处有良好的隔热密封。启动锅炉本体的散热量不应大于 290W/m^2，炉膛设计压力为 5227Pa（533mmH_2O）。启动锅炉的炉膛处设有两个防爆门，在省煤器烟道处设一个膜片式防爆门。

轻油燃烧器采用简单机械雾化喷嘴，油燃烧器要求雾化良好，燃烧完全，不允许污染启动锅炉尾部受热面。两台启动锅炉共用一台直径 φ1750mm 的钢制烟囱，烟囱高度不应低于 30m。烟囱底部应设置放水管及阀门或可关闭放水孔。锅炉烟气 NO_x 排放浓度限值为 200mg/m^3，符合大气环境质量标准。

二、启动锅炉的特点与功能

作为启动锅炉，其特点是：①启停频繁，能随时启动并满负荷安全运行；②运行中负荷变化大，能在 30%～110%额定负荷下运行；③过热蒸汽温度能达到 350℃，过热蒸汽温度采取喷水减温的方式调节；④蒸汽压力能达到 1.27MPa，稳定运行，并有良好的调节和快速启停特性；⑤启动时间要求短，保养时间长；⑥结构上要求能将炉水彻底排净，并设有停炉后的保护措施。

启动锅炉采用 DCS 控制，与全厂控制系统协调一致。控制室内有重要运行参数的显示、报警及调节功能。锅炉的主要调节功能包括锅炉燃烧负荷自动调节、汽包水位连续给水自动调节、过热蒸汽温度自动调节、过热蒸汽压力自动调节。

锅炉的安全保护包括：①灭火保护程序；②自动火焰探测、保护程序；③电机过载、短路保护；④紧急停炉功能；⑤燃烧器故障熄火报警、联锁保护；⑥蒸汽压力超高报警停炉、联锁保护；⑦高、低水位报警提示；⑧极限低水位报警停炉和联锁保护；⑨排烟温度高报警提示；⑩炉膛压力高报警提示；⑪过热温度超高报警提示。

三、启动锅炉的技术规范与参数指标

（1）启动锅炉的技术规范见表 14-1。

表 14-1　　　　　　　　　　启动锅炉规范

序号	名称与参数	单位	规格、数量及材质
1	锅炉型号		KDZS35-1.27/350-Y(Q)Ⅱ
2	额定工作压力	MPa	1.27
3	锅筒工作压力	MPa	1.62
4	水压试验压力	MPa	2.07
5	锅炉水容积	m³	20
6	额定蒸发量	t/h	35
7	锅炉容积热负荷	kW/m³	925
8	断面热负荷	MW/m²	1520
9	给水水质		除盐水（暂定）
10	给水温度	℃	20（最高40℃）
11	过热蒸汽温度	℃	350
12	过热蒸汽温度偏差	℃	−5～+10
13	锅炉超负荷10%运行时间	h	≤2
14	锅炉通风方式		强制通风
15	炉膛压力	Pa	1960.58
16	适用燃料		燃料油
17	燃烧方式		微正压燃烧，机械压力雾化，高能电子点火
18	油燃烧器油压	MPa	2.5
19	最大耗油量	kg/h	2800
20	排烟温度	℃	161
21	排烟损失	%	6.92
22	计算热效率	%	91.5（按低位发热量计算）
23	保证效率	%	91
24	散热损失	%	1.08
25	未完全燃烧损失	%	0.5
26	机组启动、运行控制方式		自动
27	炉膛基本尺寸	mm	8100×2250×1950（深×宽×高）
28	锅炉最大件运输尺寸	mm	9353×3740×4091
29	锅炉安装后最大尺寸	mm	11 300×5360×6740
30	炉膛本体总重量	t	110
31	锅炉最低运行负荷	t/h	10
32	停炉保护方式		短期湿保养，长期干保养
33	噪声	dB	≤85

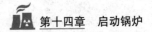

（2）启动锅炉的主要设备参数见表 14-2。

表 14-2　　　　　　　　　　　　　　　主要设备参数

序号	名称与参数	单位	规格
送风机 （宁波瑞百利风机有限公司）	型号		D-7N0-900-LS
	送风机进出口风温	℃	常温
	风量	m³/h	45 000
	风机全压	Pa	9200
	配套电动机额定功率	kW	200
	配套电动机额定电压	V	380
	额定转速	r/min	2980
	防护 IP		55
	绝缘等级		F
给水泵 （南方泵业股份有限公司）	型号		CDLF42-100FSWSC
	进出口水温	℃	常温
	流量	t/h	42
	扬程	MPa	2.3（203）
	配套电动机额定功率	kW	37
	配套电动机额定电压	V	380
	额定转速	r/min	2490
	防护 IP		55
	绝缘等级		F
	加药泵		胜瑞兰工业设备（苏州）有限公司生产

（3）燃油启动锅炉的烟尘、SO_2、NO_x 等污染物排放应按 GB 13271—2014《锅炉大气污染物排放标准》执行。启动锅炉的主要污染物排放标准见表 14-3。

表 14-3　　　　　　　　　　　主要污染物排放标准

污染物项目	限值	污染物排放监控位置
	燃油锅炉	
颗粒物	30	烟囱或烟道
二氧化硫	100	
氮氧化物	200	
汞及其化合物		
烟气合度（林格曼黑度，级）	≤1	烟囱排放口

第二节　启动锅炉结构系统

启动锅炉本体为单锅筒、纵置式、室燃 A 形结构，本体为中间炉膛、两侧单级对流管束、前出烟布置结构，锅炉尾部采用高效换热翅片管式省煤器。

一、锅炉汽水设备

上锅筒直径为 $\phi1200mm$，厚度为 20mm；左右两侧下锅筒直径为 $\phi800mm$，厚度为 16mm。上下锅筒纵向布置，横断面为 A 形结构，上锅筒出汽由 6 根 $\phi108\times4$ 连通管分别引入两侧过热器。上锅筒和下锅筒之间由 $\phi51\times3$ 的对流管束连接。上锅筒设有两个安全阀（DN100），一个放气阀（DN50）；两侧下锅筒分别设有两个排污阀管座（DN40）。上锅筒内部有水下孔板和汽水分离器等内部装置，以便分离蒸汽和水，进而保证出口蒸汽达到标准的干饱和蒸汽；两侧下集箱采用小型锅筒结构，通过活动支座固定在轻型钢制底盘上，以保证锅炉本体的自由膨胀；上下锅筒前后均设有人孔，以便设备的检修。为了提高锅炉效率，在锅炉烟道尾部布置一个翅片管式省煤器以增加换热面积，该省煤器由两个垂直布置的 $\phi133\times6$ 集箱和带翅片的 $\phi38\times3$ 的管子组成。

在上下锅筒之间，布置有密集的单回程顺列对流管束作为对流受热面，此区间全部采用 $\phi51\times3$ 的钢管构成，横向节距 $s_1=90mm$，纵向节距 $s_2=90mm$，两侧墙分别布置两个吹灰器。

上锅筒两侧前后各设有一个 $\phi159\times6$ 的横集箱，并用 $\phi51\times3.5$ 管子与下锅筒连接；下锅筒前后各设有一个 $\phi219\times10$ 的横集箱，连通两侧下锅筒，并组成下部刚性结构。后部上集箱与下锅筒和后部下集箱与上锅筒连接的水冷壁管组成密闭的后墙膜式水冷壁；前部上集箱与下锅筒和前部下集箱与上锅筒连接的水冷壁管组成密闭的前墙膜式水冷壁。锅炉底盘为型钢和钢板组成的轻型结构，上有 16 个活动支座，支承着两侧的下锅筒。

锅炉四周是均由 $\phi51\times3.5$ 管子和鳍片组成的膜式水冷壁，顶部有锅筒，底部有可膨胀的密封板，共同组成一个完全封闭的锅炉本体。中置炉膛两侧为切向管膜式水冷壁，管间采用 $\phi6mm$ 圆钢与水冷壁钢管焊接，以保证该水冷壁将炉膛与对流管束完全隔开且具有双面换热功能；在炉膛后部两侧有拉稀的凝渣管束，凝渣管束后面有顺列布置的过热器管束。中间炉膛燃烧产生的烟气垂直冲刷管束，使管束内的饱和蒸汽转变为 350℃的过热蒸汽。对流管束区为单回程顺列结构，对称的布置在锅炉两侧。烟气冲刷管束使管内水转变为汽水混合物上升到上锅筒。

过热器布置在炉膛尾部两侧出口转弯烟道内，它是采用 $\phi38\times3$ 的 12Cr1MoVG 不锈钢管弯制的双管圈蛇形管结构。饱和蒸汽通过连通管分别进入两侧过热器进口集箱，经两侧对称布置的蛇形管加热后进入两侧过热器出口集箱，两侧过热器出口集箱通过 8 个 $\phi108mm$ 的连通管将过热蒸汽引入过热蒸汽出口集箱。过热蒸汽出口集箱上布置有一个安全阀（DN150），两个压力测点、两个温度测点、一个放汽阀（DN80 兼反冲洗阀）、一个旁通阀（DN80），蒸汽取样器、过热蒸汽出口阀门为 DN250。

锅炉给水进入省煤器进水集箱，经翅片管式省煤器换热后，热水进入省煤器出水集箱，再进入上锅筒；进入上锅筒的水由给水分配管沿锅筒长度方向均布喷出，流经水下孔板从受热较弱的对流下降管下降至下锅筒，再从水冷壁管和受热强烈的对流管换热后上升形成汽水混合物返回上锅筒，形成自然循环的换热过程。蒸汽在上锅筒内经水下孔板锅炉水的清洗和汽水分离器的分离，饱和蒸汽由蒸汽连通管引入两侧减温器集箱，经两侧对称的过热器蛇形管换热后形成过热蒸汽进入两侧过热器出口集箱，再经过热蒸汽连通管汇集到过热蒸汽出口集箱，通过电动闸阀输入用汽外网。

二、锅炉炉膛及燃烧设备

炉膛截面呈"□"形，其上下左右四面和后墙均是用 $\phi51\times3$ 的钢管构成的辐射受热面，其中炉膛底部为两侧相互交叉的密排水冷管，直接接收炉膛辐射热量；前墙布置单台燃烧器；后墙设有检修人孔、带冷风的看火孔、烟温测量孔和炉膛压力测量孔；炉膛后部转弯烟道处设有两个弹簧式防爆门，可有效降低炉膛爆燃对锅炉的破坏。

锅炉微正压燃烧，单燃烧器布置于前墙，燃烧器采用全自动比例燃烧调节，调节比可达 1∶4 或更高，适合连续负荷的调节，从而使燃烧充分、稳定、完全。风机布置在锅炉后部（一般放置在风机房内可进一步减少锅炉房内噪声），在锅炉底盘下部基础墩之间设有从锅炉尾部引至前部的钢制风道，将布置在锅炉后部的鼓风机送风直接引入前置的燃烧器风箱，进风在燃烧器内与燃料充分混合燃烧，在炉膛内形成热的烟气；热烟气在炉膛后部分成左右两路，分别冲刷左右过热器管束，再转弯进入左右对流管束区域，横向冲刷对流管束，至炉前向炉顶转弯从两侧出烟口离开锅炉本体进入连通烟道，然后合并后进入省煤器冲刷蛇形管束，最后经过烟道进入烟囱，排入大气。

锅炉在两侧对流管束各布置有两个吹灰器，吹灰装置可用压缩空气或蒸汽吹灰，吹灰压力为 $0.7\sim1.0$ MPa。由于锅炉为膜式水冷壁密封结构，而在所有开孔部位，如燃烧器火口、检查门孔和防爆门孔等部位，膜式水冷壁的鳍片被取消，在该部位布置了"水冷壁密封结构件"。

第三节　锅　炉　运　行

一、锅炉运行的准备

锅炉运行由取得锅炉值班员合格证的人员分班进行，要熟悉各系统的流程，建设单位应派有经验的司炉人员参加操作。各岗位操作人员要分工明确，责任分明，各司其职。

全部工程安装结束并进行了各种检查，在检查和分段试验中发现的缺陷，已按改进意见处理完毕且改进质量合格。对于烘炉、煮炉、单体试运过程中发现的辅机、附件问题及故障全部进行了排除、修复或更换，设备处于备用状态。

锅炉的供水、供电、燃油系统等均已准备就绪，满足锅炉满负荷连续运行的要求。锅炉机组整套运行的各种电气仪表、记录仪表已准备就绪，并调节完毕；锅炉操作盘各仪表、信号装置、指示灯、操作开关等指示正确，动作良好。

对锅炉进行内外部检查，特别是锅筒集箱内部是否有遗留的物品，各水、汽阀门上暂时装置的隔板、堵头是否拆除，烟道、灰门、防爆门、灰室等是否关严，炉墙应完整无裂缝，受热面管上无焦渣、堵灰。各看火门、检查门、人孔门应完整并关闭严密，无裂纹、无明显的凹凸、变形和磨损，焊口应无渗水的痕迹。防爆门应关闭严密，上面无影响其动作的杂物。

对水处理设备和水质监督工作要进行检查，对燃料质量应做出分析。这两项工作应不影响机组连续试运行。

汽水管路系统各阀门应完整，动作灵活，手轮开关方向应与指示标志相符。放水阀应关闭。进出水管路及排污管等管道上，不需要的堵板应拆除。管道的支吊架应完整牢固。

汽水管路系统各阀门应调节至启动位置，点火前应先启动给水泵，锅炉进水到正常水位时间不少于 2h。锅炉在注水过程中应打开排气阀，水温不低于 5℃，进水应缓慢进行，使水位处于正常水位状态。

启动油泵前应对管路上的电磁阀进行加电测试，保证电磁阀能够按照要求动作。将进回油截止阀置于打开位置。

二、锅炉的启动

在启动锅炉前，应事先将过热器出口集箱上的放气阀打开，锅筒水位在正常水位线上，关闭省煤器与锅筒间的阀门，开启再循环回路阀门，关闭减温器阀门。

燃油锅炉的启动过程如下：

（1）全部准备工作就绪后，启动锅炉，锅炉将根据程序自动启动燃烧器，具体请参照燃烧器和自动控制系统使用说明资料进行调试。

（2）油燃烧器投入工作后，点火过程结束，及时调节油风配比，保持燃烧正常。

（3）锅炉启动后，应控制在低负荷运行，严格控制过热器进口的烟气温度在 500℃ 以下，防止烧毁过热器；在锅炉产汽压力大于主蒸汽管道压力后，方可逐渐向主蒸汽管道供汽，逐渐关闭过热器出口集箱的放汽阀门，并严密监视过热蒸汽出口温度，调控燃烧负荷。

（4）喷水减温器设计在过热器进口集箱内，可通过向干饱和蒸汽中喷入细小的水雾，增加饱和蒸汽的湿度；在吸收等量过热器热量条件下，降低过热器出口蒸汽温度值。喷水减温器使用过程中应注意以下几点：

1）水质要求。进入喷水减温器的水质应严格保证达到除盐水或蒸馏水的要求。

2）压力要求。为保证喷入的水形成水雾状，减少大的水颗粒对过热器管的损坏，喷水管压应比饱和蒸汽压力高出 0.1MPa。

3）喷水温度要求。喷水温度应为常温，且不低于 10℃。

4）喷水流量要求。可根据锅炉实际出力适当调节喷入水量，不允许过量喷入，使过热蒸汽温度急剧降低，一般过热器出口蒸汽温度降低速率控制在 5℃/min。

5）运行时间限制。减温器只有在锅炉不正常运行，过热器严重超温时方可投入使用，投入减温器后应尽快调节锅炉进入正常运行状态，并停止减温器投入。减温器一般运行时间限制在 3h 以内。

三、锅炉的正常运行

燃烧器将根据设定的蒸汽压力或温度自动调节进油量与进风量的比例，保持风量配比合理（约为 1∶1.15），混合良好，使燃烧处于正常、稳定。此时，应符合以几点要求：

（1）油雾不与火口相碰，也不离开火口过远，不得有飞边现象；燃烧器及炉内燃油火焰呈橘黄色，不得有忽明忽暗及火星等现象。

（2）火焰应在炉膛前部至中段燃烧完成，不得有拉长或吹散油雾现象。

（3）负荷调节完全由燃烧器自己的比例调节仪完成，具体调节方式可参照燃烧器使用说明书和电控系统使用说明书。

（4）为使锅筒受热面、过热器管和炉墙的温升不过快，以免由于温差过大而产生较大的热应力而引起设备发生变形，故锅炉的启动升压应缓慢平稳，升压过程中应注意检查受热面各部分的膨胀情况,如发现有膨胀不正常的情况,必须查明原因并消除不正常情况后方可继续升压。

(5) 锅炉的控制应参照电器控制使用说明书的要求进行,不能有结焦,火焰不应有偏斜和明亮不均现象。

四、锅炉运行的注意事项

(1) 各岗位人员要严格按照操作规程操作。点火前,打开炉膛门、烟道门,自然通风 15min;点火后,缓慢升压。为使燃烧室内水冷壁管受热均匀,防止产生热偏差,应将集箱排污阀打开 1～2 次,放出高温水使锅炉水温度均匀上升。当加热升压至 0.05～0.10MPa 时,进行就地水位计的冲洗工作;当压力升至 0.15～0.20MPa 时,应关闭锅筒及过热器集箱上的空气阀,并冲洗压力表导管;当压力升至 0.3～0.4MPa 时,应对锅炉进行蒸汽严密性试验。应对锅炉范围内的法兰、阀门、人孔、手孔和其他连接部分的螺栓进行一次热状态下的紧固。随着压力升高应及时消除人孔、手孔、阀门等处的渗漏缺陷。检查锅炉本体各管道、支架、支座等是否有妨碍热膨胀的地方,以免造成损坏。

(2) 升火时应将过热器出口集箱上的疏水阀打开,以冷却过热器,待正常送汽后再关闭。由于水温上升,水的体积膨胀,水位将逐渐升高,应注意监视水位并及时对水位进行调节。

(3) 锅炉的燃烧工况趋于稳定后,可以逐渐升压和增加负荷。锅炉升压速度不能太快,因为压力升高很快,蒸汽温度必然上升很快,使汽包内外壁温差增大。升压速度越快,温差会越大,会使锅筒壁承受额外的热应力,这对锅炉的安全工作是不利的。因此,必须要限制锅炉启动时的升压速度,一般控制在 0.06～0.80MPa/h。

(4) 在锅炉运行中,当锅炉机组设计参数达到满负荷运行时,应检查设备是否能达到规定的出力与参数,各受压元件在额定工作压力下的连续运行是否有变化,各项性能是否符合设计要求;检查炉墙在满负荷情况下有无变形、裂纹、漏烟、漏风等情况;检查配套辅机、附属设备运转情况是否达到设计性能和预期效果。

(5) 在启动过程中,由于锅炉水的蒸发,水位会下降,需要给锅炉进行补水。在启动过程中,通过省煤器进入汽包的给水温度较低,大量给水会使锅炉给水管和汽包连接处骤然冷却,对胀口及连接焊口产生不利影响。因此,补水时应小量连续给水,以确保锅炉的正常运行。在锅炉运行中,应加强对锅炉各部位的巡视,按操作规程及时给水、排污及吹灰,并认真做好运行记录。

第四节 锅炉的停运和保养

一、锅炉的停运

(1) 锅炉停运时,通过控制系统,燃烧器将自动按照程序完成关停动作。如锅炉处于热备用状态,其燃油管路进回油截止阀不要关闭。

(2) 燃烧器停止后,要继续监视尾部的烟温,以防止锅炉尾部烟道发生二次燃烧。

(3) 锅炉停运后,应保证水泵在自动上水状态,并监视锅炉压力的变化。

(4) 在锅炉停运的最初 4～8h 内,关闭锅炉各烟风道门,维护炉内温度不急剧下降。

（5）如锅炉需长期停运，必须开启油泵将日用油箱中的柴油清扫回主回油管线。

（6）锅炉停运冷却 4～8h 后，打开各烟风道门，以使锅炉各部件均匀冷却，待锅炉气压缓慢降为零，炉水温度降至 70～80℃以下，方完成整个锅炉停运过程。

二、锅炉的保养

锅炉停运后，为防止受热面内部腐蚀，应采取措施，认真做好保养工作。锅炉的保养一般有干法保养和湿法保养两种。

（1）干法保养。干法保养是使锅炉内无水，适用于长期停运的锅炉。干法保养的具体方法是将锅炉水全部放出，开启所有人孔、手孔，清除水垢和污物，用小火焰或邻炉热风来烘锅炉，使炉内的存水蒸发，然后将盛有干燥剂的无盖铁盒或其他容器放在锅筒中。应将所有门、孔关闭严密，防止空气进入，一定要注意各门、孔的严密性，否则会因泄漏而影响干燥剂的吸潮效果，甚至达不到吸潮防腐的目的。干燥剂一般采用无水氯化钙或生石灰，用量按每立方米锅炉容积加 1～2kg 无水氯化钙或 2～3kg 生石灰计算，每隔 1～2 个月应打开锅筒人孔检查一次，发现干燥剂吸潮失效应予以更换。

（2）湿法保养。湿法保养是在锅炉内部清洗干净后，充入碱性溶剂，使金属表面形成碱性保护膜而达到防潮目的的。湿法保养适用于短期停运的锅炉。湿法保养采用的碱性溶液为氢氧化钠或磷酸三钠，也可用氢氧化钠、磷酸三钠和亚硫酸钠的混合溶液。氢氧化钠或磷酸三钠的用量，对锅炉里放凝结水或软化水是不一样的，每吨水的碱液加入量见表14-4。

表 14-4   **每吨水的碱液加入量**

锅炉放入水情况	湿法保养碱性溶液的用量/(kg/t)	
	氢氧化钠	磷酸三钠
锅炉放入凝结水时	2	5
锅炉放入软化水时	8～10	20

在湿法保养中，锅炉水碱度应维持在 5～12mg/L，且每 5 天左右化验一次，如碱度低于下限，应补充碱液。采用湿法保养时，要清除受热面烟气侧的积灰并保持干燥以防结露腐蚀，在冬季不要在没有防冻措施的场所进行锅炉的湿法保养。

第十五章 锅炉事故及防治对策

第一节 锅炉事故的概述

火电厂生产的一个重要特点是发电设备的出力需要随外界负荷的变化而变化，这是由于电力不能大量储存的缘故。锅炉工作时，燃烧系统有煤、有灰、有高温烟气，汽水系统有高温高压汽水，由于工作介质复杂且多变，容易引起故障。锅炉故障是引起火电厂机组非计划停运的重要因素。有关统计资料表明，火电厂的事故中，锅炉事故约占全厂事故的70%左右。

锅炉发生故障后，除造成机组减负荷甚至停运，给电厂带来经济损失外，发生重大事故时，还会造成设备损坏，甚至威胁人身安全，对用户和社会也会造成无法估量的损失。特别是大容量锅炉，其结构复杂、检修成本高、周期长、启停费用高，一旦因故障或事故停运，即使没有重大设备损坏，也会因为少发电和增加启动费用而造成较大损失（600MW 机组启停一次费用约在 100 万元），并且还会增加设备的寿命损耗。

一、锅炉事故的种类

（1）按事故的原因来分，锅炉事故一般可分为设备事故和误操作事故两大类。

1）设备事故。设备事故又包括两种：一是锅炉设备本身因故障而丧失运行能力；二是由于电网系统、厂用电供电系统、控制压缩空气系统、发电机、汽轮机等设备故障或保护误动，造成锅炉设备局部或全部丧失运行条件。

2）误操作事故。误操作事故按事故性质又可分为责任性事故和技术性事故两种。责任性事故是由于运行人员监视疏忽、错误操作或未经全面分析便草率做出错误判断和处理所造成的事故。技术性事故是由于运行人员对设备特性不掌握、操作规程不熟悉或操作技能不熟练而造成的误操作事故。因此，对于责任性事故，应着重加强对运行人员的主人翁责任感教育；而对于技术性事故，则应从加强技术培训着手方能奏效。

（2）就事故造成损失的严重程度而言，锅炉事故可分为特大事故、重大事故和一般事故三种。《防止电力生产重大事故的二十五项重点要求》中，涉及锅炉的重大事故有大容量锅炉承压部件爆漏事故、锅炉尾部再次燃烧事故、锅炉炉膛爆炸事故、制粉系统爆炸和煤粉爆炸事故、锅炉汽包满水和缺水事故。另外锅炉受热面损坏、辅机故障、锅炉结渣结焦，锅炉蒸汽温度过高或过低，尾部受热面的磨损、积灰腐蚀等也是锅炉的常发故障。

（3）根据事故发生的特点及规律，锅炉事故可分为突发性事故、频发性事故及季节性事故等。对于频发性事故和季节性事故，各级技术部门应及时制订出切实可行的反事故措施。

二、锅炉事故的处理原则

导致锅炉发生故障的原因有很多，除与设备在制造、安装和检修过程中质量把关不严有关外，有相当部分是由于运行人员对设备不熟悉（或是技术不熟练）、工作疏忽大意、判断错误和误操作造成的。因此，运行人员的责任应是积极预防锅炉故障的发生，严格按照有关规程操作运行，熟悉锅炉常见及重大故障的发生原因，掌握处理方法及预防措施。当锅炉事故发生时，运行人员应按下述原则进行处理：

（1）运行人员应沉着冷静，正确判断发生事故的原因，按有关规程迅速消除事故的根源，解除对人身安全和设备的威胁，防止事故进一步扩大。

（2）在保证设备不受损害和人身安全不受威胁的条件下，应先尽量保持机组运行，并将该机组负荷尽快转移到厂内其他正常运行的机组上，尽量保证对用户正常供电，并保证厂用电源的正常供给。

（3）当事故较为严重，不得不紧急停炉时，应通知上级有关部门，以便进行负荷调配。单元机组的锅炉紧急停炉时，不应立即关闭主汽门，应等汽轮机停运后再关闭锅炉主汽门，以保证汽轮机的安全。

三、锅炉事故的处理步骤

发生事故时，运行人员应沉着冷静，保人身、保设备、保电网，对机组工况进行全面分析后迅速找出故障点和事故根源，判断故障的性质和影响范围，然后按下列步骤进行处理：

（1）值班人员应根据故障现象及时查清故障原因、范围，及时处理并向上一级汇报。当故障危及人身或设备安全时，应根据规程规定迅速果断地解除人身或设备危险，事后立即向上级汇报。

（2）事故发生时，所有值班人员应在值长的统一指挥下，按照规程有关规定及时正确地处理。全体运行值班人员必须绝对服从值长的命令，若认为值长的命令对人身、设备有可能造成危害时，可以提出异议，但一经值长确认命令后，运行人员必须坚决执行，执行完毕后，应立即汇报。

（3）值长应及时将故障情况通知相关人员，使全厂各岗位做好事故预案，以防事故扩大，并判明故障性质和设备情况以决定是否可以再启动恢复运行。

（4）各级领导、专业技术人员应根据现场实际情况提出必要的技术建议，但不得干涉值长的指挥，技术指导和技术建议必须通过值长下令来贯彻执行。

（5）非当值人员到达故障现场时，未经当值值长同意，不得私自进行操作或处理。当确认危及人身或设备安全时，处理后应及时报告设备管辖值班员、当值值长。

（6）当发生规程范围外的特殊故障时，值长及值班员应依据运行知识和经验在保证人身和设备安全的原则下及时进行处理。

（7）在故障处理过程中，接到命令后应进行复诵，如果命令不清楚，应及时问清楚，操作应正确、迅速。操作完成后，应迅速向发令者汇报。值班员接到危及人身或设备安全的操作指令时，应坚决抵制，并报告上级领导。

（8）当事故危及厂用电系统的正常运行时，应在保证人身和设备安全的基础上隔离故障点，尽力确保厂用电系统运行。

（9）发生故障和处理事故时，运行人员不得擅自离开工作岗位，在交接班期间发生事故时，应停止交接班，由交班者进行处理，接班者可在交班者的同意下由交班值长统一指挥协助处理，事故处理告一段落再进行交接班。

（10）事故处理过程中，可以不使用操作票，但必须遵守有关规定。

（11）事故消除后，运行人员应将事故发生的时间、地点、现象、原因、经过及处理方法详细地记录在值班记录本上，并及时向各级调度和厂部公司领导汇报。交班后应按照"四不放过"的原则认真地分析、总结并汲取经验教训。

第二节 炉膛结渣与防治

在固态排渣煤粉锅炉的炉膛中，火焰中心温度可达 $1400 \sim 1600℃$。在这样的高温下，灰分多呈熔化或软化状态。灰粒以液态或半液态的形式黏附在受热面管壁上，然后被受热面管壁冷却形成一层密实的灰渣层，此称为结渣。

结渣通常发生在燃烧器区域水冷壁、炉膛折焰角、屏式过热器及其后的对流管束等处，有时也会发生在炉膛下部冷灰斗处。

一、结渣的危害

结渣造成的危害是相当严重的，具体表现在：

（1）受热面结渣会使传热减弱，结渣处受热面工质吸热量减少，排烟温度升高，排烟热损失增大，锅炉效率降低。

（2）炉膛受热面结渣会导致炉膛出口烟温升高，过热蒸汽超温，为维持蒸汽温度稳定，有时运行中不得不限制锅炉的负荷。

（3）结渣往往是不均匀的，因而水冷壁结渣会对水循环系统的安全性和水冷壁的热偏差带来不利影响。

（4）炉膛出口对流受热面结渣可能堵塞部分烟道，引起过热器热偏差，同时增加烟道阻力和风机电耗。

（5）受热面一旦结渣，管壁表面粗糙度升高，会进一步加剧结渣。

（6）炉膛上部的渣块掉落下来，还会砸坏冷灰斗处的水冷壁管子，甚至堵塞排渣口而导致锅炉被迫停运。

二、影响炉膛结渣的因素

1. 煤质

锅炉要结焦的先决条件是煤中的灰熔化，而不同煤的灰熔化温度相差很大，所以煤质的结焦性是影响锅炉炉膛结焦的重要因素。

灰熔点有三个特性温度：变形温度（DT）、软化温度（ST）、流动温度（FT），一般以 ST 作为评价指标。大部分锅炉炉膛内的燃烧温度实际上只在很少的区域超过 $1500℃$，所以如果煤灰 ST 在这个温度之上，锅炉就不用考虑结焦问题。一般来说，ST 小于 $1350℃$ 才考虑该煤种的结焦性。

灰熔点虽然是煤灰结焦性的第一影响因素，但煤灰黏度随温度变化的特性（称黏温特性）也对结焦性有很大的影响，很多电厂燃用 ST 小于 $1350℃$ 的煤，都不发生结焦现象。煤的灰熔点与黏温特性都取决于灰的成分组成。

2. 炉膛结构

锅炉设计时，炉膛容积或截面偏小，容积热负荷或燃烧器区域热负荷偏高，炉膛最上排燃烧器与大屏底部距离过小，卫燃带敷设过多，水冷壁面积偏小等，都会造成炉膛温度过高，引起炉膛结渣；或造成煤灰离子在炉内的停留时间太短，燃烧不完全，引起炉膛出口调温偏高，导致炉膛出口受热面结渣。

3. 炉内空气动力工况

炉内空气动力场的特性对结渣的影响也很大。例如，若直流燃烧器的整体高宽比过大，切圆直径偏大，出现炉膛火焰偏斜或一次风粉气流贴墙等情况，都容易造成结渣；若旋流燃烧器的气流旋转过强，出现"飞边"或一次风速过高冲击对面炉墙，也容易造成结渣。燃烧器出口结渣或者烧损变形后，会改变出口气流的方向，破坏正常的空气动力结构，使燃烧高温区结渣加剧。此外，如果风粉管路配风不均匀，使一部分燃烧器缺风，而另一部分燃烧器风量很大，也会影响炉内的燃烧工况和贴壁气氛，进而引起结渣。

4. 其他运行工况

锅炉运行负荷过高，高压加热器不能投入等均会引起燃烧率增大，炉膛温度和炉膛出口温度升高，会引起结渣；炉膛的漏风增大、热风温度不够或煤粉过粗等，会使火焰中心上移，造成炉膛出口处的受热面结渣。炉膛上部的漏风还会导致燃烧器区域风量减少，从而出现还原性气氛，使灰熔点降低。过粗的煤粉也会加剧颗粒对水冷壁的惯性撞击，使水冷壁结渣加剧。

三、运行中防止结渣的措施

1. 加强燃煤的管理与控制

电厂燃煤供应应符合锅炉设计煤质或接近设计煤质的主要特性。如果煤质严重不符合锅炉燃烧的要求，电厂应拒收。有条件的电厂，可掺烧不易结渣的其他煤种。应及时提供入炉煤的煤质分析特别是灰熔点数据供运行人员参考，以便锅炉燃烧的调节。

2. 组织良好的炉内空气动力场

在煤粉锅炉中，燃烧中心温度高达 1400～1600℃。灰分在该温度下，大多处于熔化或软化状态。当灰渣撞击炉壁时，若仍保持软化或熔化状态，易黏附于炉壁而形成结渣。因此，必须保持燃烧中心适中，防止火焰中心偏斜和贴边。

3. 加强锅炉运行工况的检查与分析

运行人员应经常检查锅炉的结渣情况，发现结渣严重应及时汇报处理；定期分析锅炉运行工况，对易结渣的燃煤要重点分析减温水量的变化和炉膛出口温度的变化规律，以及过热器、再热器管壁温度变化的情况。锅炉在额定工况下运行时，若发现减温水量异常增大和过热器、再热器管壁超温，或燃烧器全部下倾，减温水已用足，而仍有受热面管壁超温，应适当降低负荷运行并加强吹灰。

4. 及时清除焦渣

利用夜间低谷运行，周期性地改变锅炉负荷是控制大量结渣、及时清渣的一种有效手段。但要防止负荷的骤然大幅度变化，以免造成大块渣从上部掉下打坏承压部件。运行人员要坚持按规程进行炉膛吹灰，并加强吹灰器的缺陷管理和维修管理。

5. 加强燃烧调节

灰熔点的一个重要特性是它的数值与气氛有关。当煤灰处在还原性气氛中时，灰中的

Fe_2O_3 还原为 FeO，灰熔点降低，结渣性增强；当煤灰处在氧化性气氛中时，灰中的 FeO 氧化为 Fe_2O_3，灰熔点升高，燃烧时不易结渣。因此，需要加强燃烧调节，以保证煤燃烧时结焦性不发生恶化。

通过试验可建立合理的燃烧工况，主要工作有：①确定锅炉燃用不同煤种时的燃烧方式，在不同负荷下燃烧器及磨煤机的投运方式，以防燃烧器区域热负荷过于集中和单只燃烧器热功率过大；②确定锅炉不投油稳燃的最低负荷，尽量避免在高负荷时油煤混烧，造成燃烧器区域局部缺氧和热负荷过高；③确定煤粉经济细度，保证各燃烧器热功率尽量相等，且煤粉浓度尽量均匀；④确定摆动式燃烧器允许摆动的范围，避免火焰中心过分上移造成屏区结渣，或火焰中心下移导致炉膛底部热负荷升高和火焰直接冲刷冷灰斗；⑤确定合宜的一、二次风的风率、风速和风煤配比，以及燃尽风的配比等，使煤粉燃烧良好而不在炉壁附近产生还原性气氛，避免火焰偏斜直接冲刷炉壁等。

通过燃烧调节来预防结渣，主要从防止局部炉温过高，避免灰熔点降低着手。锅炉运行中进行燃烧调节的具体措施有以下几方面：

（1）炉膛过量空气系数。增大炉内送风量时，理论燃烧温度降低，虽然炉膛出口温度变化不大，但炉膛平均温度却是降低的。炉内富氧燃烧，可抑制还原性气氛，因此有利于防止炉膛结渣。一般来讲，增大炉内的过量空气系数可以防止结渣。

（2）一次风速和风温。降低一次风初温可提高着火所需的热量，延迟着火，对减轻结渣是有利的；提高一次风风速可推迟着火点位置，有利于防止煤粉气流贴壁，防止燃烧器和炉膛结渣。若煤种的挥发分高，稳燃一般不成问题，可适当增大一次风速。但过高的一次风速会产生煤粉颗粒冲墙而加剧结渣。

（3）煤粉细度。煤粉中的粗颗粒极容易从气流中分离出来与水冷壁冲撞，由于颗粒较大，到达水冷壁以前的冷却固化不太容易；此外，粗煤粒都需要较长的燃尽时间，因而它们往往会在贴壁处造成还原性气氛，使灰熔点降低。因此，在燃用易结渣的煤种时，适当减小煤粉细度、控制好煤粉的颗粒均匀度是很有意义的。

（4）中心风的利用。中心风对提高煤粉气流刚性、防止贴墙和煤粉离析都极为有利。因此，在燃烧调节中可充分利用中心风来防止结渣。对于结渣严重的锅炉，均应分散投运燃烧器。由于燃烧不集中，传热分散，会使炉膛温度降低，结渣缓解。

（5）吹灰。吹灰的目的，是维持受热面的清洁，防止壁面的初次污染和壁温升高。壁温的升高会使其接收熔渣变得十分容易，因此新锅炉初次吹灰和正常运行吹灰时间间隔的控制非常关键。否则，在沾污已经较重时再去吹灰，清扫能力就会大大减弱。

第三节　尾部受热面的积灰、磨损和低温腐蚀与防治

一、尾部受热面的积灰

1. 尾部受热面积灰及其危害

当携带飞灰的烟气流经受热面时，部分灰粒会沉积到受热面上而形成积灰。在烟温低于 $600 \sim 700℃$ 的尾部受热面上，积灰分松散性积灰和低温黏结性积灰两种情况。由于气流扰动使烟气中携带的一些灰粒沉积到受热面上而形成的积灰，称松散性积灰；由于烟气中硫酸蒸气在低温金属壁面上凝结，将灰粒黏聚而形成的积灰，称低温黏结性积灰。图 15-1

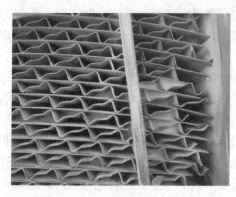

图 15-1 空气预热器蓄热板灰堵

所示为空气预热器蓄热板灰堵。

当含灰气流横向冲刷管束时，在管子背风面产生旋涡区，小于 $30\mu m$ 的灰粒会被卷入旋涡区，在分子引力和静电力作用下，沉积在管壁上造成积灰。对流受热面管子上的积灰主要集中在管子的背风面，迎风面很少；管子的侧面由于受到飞灰强烈的磨损，即使在很低的烟速下也不会有飞灰沉积。

尾部受热面积灰的危害有：①使传热恶化，排烟温度升高，排烟热损失增加，锅炉热效率降低；②堵塞烟道，轻则增加对流烟道的流动阻力，增加引风机电耗，降低出力，严重时阻碍烟气正常流动，不但会降低锅炉出力，甚至可能导致被迫停炉清灰；③堵灰与低温腐蚀往往是相互促进的，堵灰使传热减弱，受热面壁温降低，从而加速低温腐蚀过程。

2. 影响尾部受热面积灰的因素

尾部受热面积灰程度与烟气流速、飞灰颗粒组成特性、管束结构特性、受热面金属壁温等因素有关。

（1）烟气流速。由分子引力和静电力作用沉积的灰量与烟速的一次方成正比，而冲刷掉的灰量与烟速的三次方成正比。因此，烟速越高，灰粒的冲刷作用就越大，积灰越轻，如图 15-2 所示。其中，烟气流速 w_1 最大，w_2 最小。当烟气流速降低到 $2.5 \sim 3.0 m/s$ 时，就很容易发生受热面堵灰。

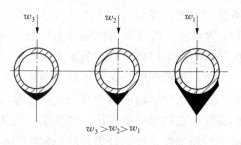

图 15-2 烟气流速对积灰的影响

（2）飞灰颗粒组成特性。烟气中的微小颗粒容易沉积，但大颗粒不仅不易沉积，且有冲刷受热面金属壁面的作用。

（3）管束结构特性。烟气横向冲刷管子时，因为错列布置的管束气流的扰动强，不仅迎风面受到冲刷，而且背风面也较容易受到冲刷，故积灰较轻；而顺列布置的管束气流扰动弱，除第一排管子外，烟气冲刷不到其余管子的正面和背面，只能冲刷到管子的两侧，因此管子正面或背面均会发生较严重的积灰。烟气纵向冲刷管子时，因冲刷作用强，故比横向冲刷管子时的积灰轻。

（4）受热面金属壁温。受热面金属壁温太低，会使烟气中的硫酸蒸气在受热面上凝结，将飞灰黏结在受热面上，从而形成低温黏结性积灰。

3. 减轻尾部受热面积灰的措施

（1）设计时选取合理的烟气流速。对燃用固体燃料的锅炉，为防止运行时烟速降低到 $2.5 \sim 3.0 m/s$ 而发生堵灰，在额定负荷时，烟气流速不应低于 $6 m/s$，一般可保持在 $8 \sim 10 m/s$，过大则会加剧磨损。

（2）采用小管径、小节距、错列布置的管束。这种管束可以增强烟气的冲刷和扰动，使积灰减轻。

（3）布置高效吹灰装置，制定合理的吹灰制度。运行人员应按要求定期吹灰，以减轻受热面的积灰。

二、尾部受热面的磨损

1. 尾部受热面磨损及其危害

携带有灰粒的高速烟气流过受热面时，灰粒对受热面的每次撞击都会削去微小金属屑，使受热面管壁逐渐减薄，强度逐渐降低，这就是灰粒对受热面的磨损。灰粒对管子表面的撞击力可分为垂直分力和切向分力。垂直分力引起撞击磨损，切向分力引起摩擦磨损。当灰粒斜向撞击受热面时，管子表面既受到撞击磨损又受到摩擦磨损。

受热面的磨损是不均匀的，不仅烟道截面不同部位受热面的磨损不均匀，而且沿管子周界的磨损也是不均匀的。严重的磨损都发生在某些特定的部位，如省煤器管子的弯头、穿墙部位及靠近后墙的管子，如图 15-3 所示。横向冲刷时，错列布置的管束，其磨损部位是在管子迎风面两侧 30°～50°内；顺列布置的管束，其磨损部位是在 60°处。纵向冲刷时（如管式空气预热器），只在管子进口 150～200mm 长的一段管子内发生磨损。

图 15-3　受到磨损的省煤器管

经长时间磨损而变薄的管子，由于强度下降将导致泄漏或爆管，直接威胁锅炉安全运行；同时会使设备的可用率降低，停炉更换时还要耗费大量的工时和钢材，进而造成经济损失。

2. 影响尾部受热面磨损的因素

（1）烟气速度。受热面金属表面的磨损正比于撞击管壁灰粒的动能和撞击次数，灰粒动能同烟气速度的平方成正比，撞击次数同烟气速度的一次方成正比，因此金属磨损量与烟气速度的三次方成正比。可见烟气速度对尾部受热面磨损的影响很大，要减轻磨损，可降低烟气速度。但烟气速度降低，又会引起积灰，还会使对流传热效果变差。

（2）飞灰浓度。烟气中飞灰浓度大，则灰粒撞击受热面的次数多，磨损严重。如锅炉中烟气由水平烟道转向竖井烟道时，由于气流转弯，飞灰被抛向烟道后墙附近，该处飞灰浓度增高，因而靠近烟道后墙的管子磨损严重。另外，形成"烟气走廊"的局部地方飞灰浓度也较高，磨损也较严重。

（3）灰粒特性。灰粒越粗、越硬，撞击与切削作用越强，磨损越严重。另外，具有锐利棱角的灰粒比球形灰粒造成的磨损严重。如沿烟气流向，烟气温度逐渐降低，灰粒变硬，会导致磨损加重。又如燃烧工况恶化，灰中未燃尽的残碳增多，由于焦炭的硬度大，故导致磨损严重。

（4）管束的结构特性。烟气纵向冲刷管束时，因灰粒运动与管子平行，撞击管子的机会少，故比横向冲刷管束造成的磨损轻，一般只在管子进口 150～200mm 长处的磨损较为严重。因为此处气流尚不稳定，由于气流的收缩和膨胀，灰粒多次撞击管壁，待气流稳定了，造成的磨损就轻了。

在错列管束中，第二、三排的管子磨损最严重，这是因为烟气进入管束后，流速增加，动能增大的缘故。经过第二、三排管子以后，由于动能被消耗，造成的磨损又轻了。在顺列管束中，第五排及以后的管子磨损严重，因为烟气进入管束后有加速过程，到第五排管子时达到全速。

（5）运行中的因素。锅炉超负荷运行时，燃料消耗量和供应的空气量增大，烟气速度增大，烟气中的飞灰浓度也会增加，因而会加剧磨损。另外，烟道漏风也会增大烟速，增加磨损。若高温省煤器处的漏风系数每增加 0.1，金属的磨损就会增大 25%。

3. 减轻尾部受热面磨损的措施

（1）正确地选取烟气流速，同时尽量减少速度分布不均匀的情况。降低烟气流速是减轻磨损的最有效的方法。但烟气流速的降低，不仅会影响传热，还会增加积灰和堵灰，因此应正确地选取烟气流速，如省煤器中烟气流速不宜超过 9m/s。为了防止在烟道内出现局部烟气速度和飞灰浓度过大的情况，不容许烟道内出现"烟气走廊"，使烟速分布不均匀。

（2）加装防磨保护装置。在受热面管子易受磨损的部位加装防磨保护装置，检修时只需更换这些部件即可。图 15-4 所示为省煤器的防磨保护装置，图 15-5 所示为管式空气预热器的防磨装置。

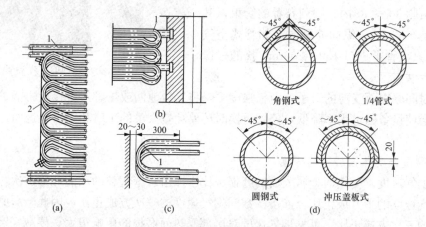

图 15-4 省煤器的防磨保护装置

（a）弯管处的护瓦和护帘；（b）穿过"烟气走廊"的护瓦；（c）弯管护瓦；（d）局部防磨装置

1—护瓦；2—护帘

（3）搪瓷或涂防磨涂料。在管子外表面搪瓷（厚度为 0.15～0.30mm），一般可延长寿命 1～2 倍。在管子外表面上涂防磨涂料或渗铝，也可有效地防止磨损。

（4）其他措施。省煤器采用螺旋鳍片管或肋片管，对防磨也能起到一定作用。回转式空气预热器上层蓄热板容易受到磨损，因此上层蓄热板应采用耐热、耐磨且厚度较大的钢材制造。上层蓄热板总高度应在 200～300mm，以便于拆除更换。

三、尾部受热面的低温腐蚀

1. 尾部受热面低温腐蚀及其危害

当燃用含硫燃料时，硫燃烧后形成 SO_2，其中一部分会进一步氧化生成 SO_3。SO_3 与烟气中的蒸汽结合成为硫酸蒸气。硫酸蒸气本身对受热面金属的工作影响不大。但当烟气进入尾部烟道，由于烟温降低或接触到温度较低的受热面金属，只要金属壁温低于酸露点，硫酸蒸气就会在受热面上凝结，使金属产生严重的酸腐蚀，此称为低温腐蚀。

强烈的低温腐蚀通常发生在低温空气预热器中空气和烟气温度最低的区段，即低温空

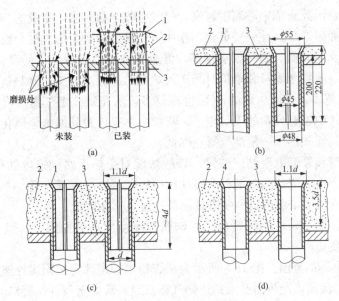

图 15-5 管式空气预热器的防磨装置

（a）磨损和防磨原理；（b）、（c）加装内部套管；（d）外部焊接短管

1—内套管；2—耐火混凝土；3—空气预热器管板；4—焊接短管

气预热器的冷端，甚至还会扩展到烟道、除尘器和引风机。

低温腐蚀对锅炉工作的危害主要有：①凝结的酸液会导致空气预热器管子穿孔，使大量空气漏入烟气，造成炉内供风不足，燃烧恶化，锅炉效率降低；②腐蚀严重时，将导致大量受热面更换，造成经济损失；③低温腐蚀的同时也会加重堵灰，使烟道流动阻力增大，引风机过载，造成锅炉出力降低，甚至被迫停炉清灰。图 15-6 所示为回转式空气预热器蓄热板被严重腐蚀的状况。

图 15-6 回转式空气预热器蓄热板被严重腐蚀的状况

2. 影响尾部受热面低温腐蚀的因素

影响尾部受热面低温腐蚀的因素主要有以下几个方面：

（1）烟气中 SO_3 的含量。烟气中引起低温腐蚀的硫酸蒸气主要来自燃烧反应形成的 SO_3，烟气中 SO_3 含量越多，受热面的低温腐蚀越严重。烟气中 SO_2 进一步氧化成 SO_3 是在一定条件下发生的：①在炉膛高温作用下，部分氧分子会离解成原子状态，它能将

SO_2 氧化成 SO_3，因此火焰中心温度越高，过量空气系数越多，生成的 SO_3 就越多；②烟气流过对流受热面时，SO_2 在一些催化剂作用下与烟气中剩余的氧结合而生成 SO_3。

（2）烟气露点的高低。烟气露点越高，低温腐蚀的范围越广，低温腐蚀也就越严重。烟气露点的高低与燃料含硫量和单位时间送入炉内的总硫量有关，燃料折算硫分越高，燃烧生成的 SO_2 就越多，进而生成的 SO_3 也就越多，从而致使烟气露点升高。另外，燃烧固体燃料时，烟气中带有大量的飞灰粒子，灰粒中含有钙和其他碱金属化合物，它们可以部分吸收烟气中的硫酸蒸气，使烟气露点降低。

（3）硫酸浓度和管壁上凝结的酸量。硫酸浓度对受热面腐蚀速度的影响如图 15-7 所示，开始凝结时产生的浓硫酸对钢材的腐蚀作用较轻，当浓度下降至 56％时，腐蚀速度达到最高，然后随着硫酸浓度的进一步降低腐蚀速度也逐渐降低。

单位时间在管壁上凝结的酸量也是影响腐蚀速度的一个原因，一般当凝结酸量增加时，腐蚀速度也会加快。

（4）受热面金属的壁温。图 15-8 所示为某煤粉锅炉尾部受热面腐蚀速度与受热面壁温的关系。顺着烟气流向，受热面壁温到达烟气露点时，硫酸蒸气开始凝结，腐蚀即会发生，如图 15-8 中 a 点附近。此时虽然壁温较高，但凝结酸量少，且浓度高，故腐蚀速度较低，随着壁温下降，硫酸凝结量逐渐增多，浓度却降低，并逐渐过渡到强烈的腐蚀浓度区，因此腐蚀速度是逐渐增大的，至图 15-8 中 b 点处达到最大。随着壁温继续降低，凝结酸量又逐渐减少，酸浓度也降至较弱的腐蚀浓度区，此时腐蚀速度是随壁温降低而逐渐减小的，至图 15-8 中 c 点处达到最小。当壁温到达水露点时，壁面上的凝结水膜会同烟气中的 SO_2 结合，生成亚硫酸（H_2SO_3），它对受热面金属也会产生强烈的腐蚀。此外，烟气中的 HCl 也会溶于水膜中，对受热面金属有一定的腐蚀作用，因此随着壁温降低，腐蚀又开始加剧。

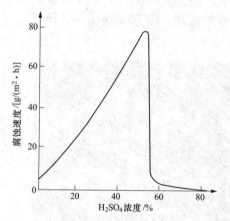

图 15-7　硫酸浓度对受热面腐蚀速度的影响

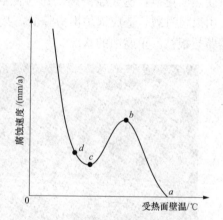

图 15-8　某煤粉锅炉尾部受热面腐蚀速度与受热面壁温的关系

3. 减轻尾部受热面低温腐蚀的措施

（1）提高空气预热器冷段壁温。具体措施包括：

1）采用暖风器。采用暖风器可以提高空气预热器进口冷空气的温度，从而提高其冷段壁温。暖风器可装在空气预热器之前的送风机、一次风机的风道上，如图 15-9（a）所示。暖风器是利用汽轮机抽汽加热空气的面式加热器，通过调节蒸汽流量可改变空气预热器出口冷空气的温度。

2）热风再循环。热风再循环是指将空气预热器出口的部分热空气送回其入口进行再循环，以提高其入口风温，从而提高空气预热器冷段壁温。实现热风再循环的方式有两种：一是利用送风机实现再循环，如图 15-9（b）所示；二是利用再循环风机实现再循环，如图 15-9（c）所示。采用热风再循环的方法只适合将冷空气温度加热到 $50\sim65℃$，否则会导致锅炉排烟温度升高，锅炉热效率降低。

3）采用回转式空气预热器。在相同条件下，回转式空气预热器比管式空气预热器的壁温高 $10\sim15℃$。

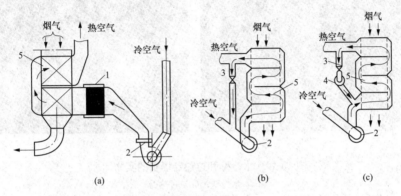

图 15-9 暖风器和热风在循环系统

（a）加装暖风器；（b）利用送风机实现再循环；（c）利用再循环风机实现再循环

1—暖风器；2—送风机；3—调节挡板；4—再循环风机；5—空气预热器

（2）减少烟气中 SO_3 的生成量。具体措施包括：

1）燃料脱硫。煤中的黄铁矿在煤粉制备前可利用重力分离的方法将其分离出来，从而减少煤中的含硫量。但这种方法只能去除煤中的一部分硫，而有机硫则难以去除。

2）低氧燃烧。即在燃烧过程中用降低过量空气系数的方法来减少烟气中的剩余氧气，以使 SO_2 转化为 SO_3 的量减少，但低氧燃烧必须保证燃烧的完全，否则将使锅炉的燃烧效率降低，影响经济性。

（3）空气预热器冷段采用耐腐蚀材料。在燃用高硫分燃料的锅炉中，管式空气预热器的低温段可采用耐腐蚀的玻璃管、搪瓷管等；回转式空气预热器的冷端受热面可采用耐腐蚀的搪瓷、陶瓷或玻璃等材料。

（4）采用降低酸露点和抑制腐蚀的添加剂。将粉末状的石灰石或白云石混入燃料中直接吹入炉膛或过热器后的烟道中，它会与烟气中的 SO_3 或 H_2SO_4 发生作用而生成 $CaSO_4$ 或 $MgSO_4$，从而降低烟气中 SO_3 或 H_2SO_4 的分压力，降低酸露点，并减轻腐蚀。但反应生成的硫酸盐是一种松散的粉末，容易附在金属壁面上，对此必须加强除灰来予以清除。

第四节 锅炉受热面损坏事故

在锅炉设备的各类事故中，受热面（省煤器、水冷壁、过热器、再热器）泄漏、爆破等损坏事故最为常见。当受热面发生爆破时，大量汽水外喷将对锅炉运行工况产生较大的扰动，爆破侧烟温将明显降低，从而使锅炉两侧烟温偏差增大，给参数的控制调节带来困难。水冷壁发生爆管时，还将影响锅炉燃烧的稳定性，严重时甚至会造成锅炉熄火。当受热面发生爆破后，如不及时停炉，还极易造成相邻受热面管壁的吹损，并对空气预热器、电除尘器、引风机及脱硫系统等设备带来不良的影响。因此，发生受热面损坏事故后应认真查找原因，制定有效的防治对策，尽量减少泄漏或爆管事故的发生。图 15-10 所示为水冷壁和过热器爆破的实物图。

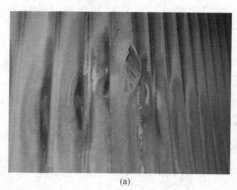 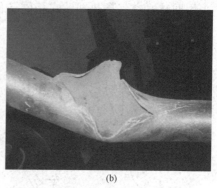

(a)　　　　　　　　　　　(b)

图 15-10　水冷壁和过热器爆管的实物图
(a) 水冷壁；(b) 过热器

一、受热面损坏的主要原因

1. 管壁温度超温

管壁温度超温是锅炉受热面发生泄漏的主要原因之一。在 600MW 以上的高参数锅炉中，其受热面的管壁金属温度已非常接近其安全极限。如果金属温度超过允许温度时，其显微组织将发生变化，从而大大降低金属的许用应力，最终导致受热面管子胀粗、鼓包、起氧化皮等，甚至发生爆破。

管壁温度超温可分为短时间内急剧过热和长时间过热两种。短时间内受热面急剧过热，是因为水冷壁的水动力特性发生变化、水冷壁个别管子堵塞等造成的。过热器管出现水塞现象的时候，管子因得不到足够的介质冷却而过热，过热使管壁温度超过材料的下临界温度，金属材料强度大幅度下降，在内应力作用下发生的胀粗和爆管现象，在短时间内即能引起受热面损坏事故。长时间过热是指管壁温度长期处于设计温度以上而低于材料的下临界温度，超温幅度不大但时间较长，锅炉管子发生碳化物球化，管壁氧化减薄，持久强度下降，蠕变速度加快，从而使管径均匀胀粗，最后在最薄弱部位发生脆裂爆管现象。

导致管壁温度超温的原因有：①锅炉设计过程中，质量流速偏低使受热面得不到足够的冷却，或几何尺寸选择不当，受热面结构布置不合理，造成流量偏差；②锅炉安装、检修过程中，管内的铁屑、杂物等清理不干净，焊口有瘤刺，管子内壁有结垢或氧化物等，造成管内堵塞或半堵塞状况，使工质流量减少；③锅炉运行过程中，燃烧调节不当或燃烧器出力不均匀等使炉内热负荷偏差大或炉膛严重结焦，使管子受热不均匀导致部分水冷壁管和对流受热面管壁或蒸汽温度超温；④由于投运的燃烧器层不合理而造成燃烧器区域热负荷过高而引起水冷壁局部过热；⑤在高温和高压条件下，锅炉的受热面与水和蒸汽、烟气等接触，极易引起有关的化学和电化学反应，导致金属结构被破坏而爆管；⑥水冷壁和过热器管内表面的氧化垢或其他化学沉积物使传热效果下降，造成管壁金属过热。

运行中锅炉受热面管壁温度超限的处理方法：①加强水冷壁受热面吹灰，防止严重结焦；②合理安排制粉系统的运行方式，尽量投运下层磨煤机或增大下层磨煤机出力；③合理控制炉膛过量空气系数；④适当开大燃烧器燃尽风、辅助风和上层备用燃烧器的风门；⑤降低主蒸汽、再热蒸汽温度或锅炉负荷，直到过热器、再热器管壁温度在允许范围内。

2. 材质与安装焊接质量不好

受热面本身有时也会存在一定的缺陷，如在钢材的冶炼、轧制过程及锅炉的制造、运输、安装、检修过程中，造成裂纹、壁厚不均和表面机械损伤等，或因人为因素造成选材不当或错用管材，焊接质量不好（焊口未熔合、未焊透、气孔、砂眼、夹渣、裂纹、严重咬边，焊接残余应力过大和异种钢材对接工艺不良）等。这些缺陷会导致受热面局部地方的应力集中，使耐低温的钢材忍受不了高温高压而发生爆管。

3. 受热不均匀造成拉裂和热疲劳

拉裂主要是因膨胀受阻、应力集中等引起的。由于锅炉各部件受热不均匀而存在的温差等可使受热面膨胀受阻，导致屏间、管间的鳍片拉裂管子。引起拉裂的原因有：①在锅炉启停过程中升、降负荷速率过快，受热面间的膨胀不畅，引起拉裂或留下隐患；②集箱短管角焊缝因受热面管屏膨胀不畅，且短管与集箱的连接形式较薄弱，容易造成角焊缝开裂。

热疲劳损坏常发生在金属温度梯度大的部位，如集箱等部件。在这些部位，会因金属温度周期性的变化而产生过高的交变应力，进而导致发生热疲劳损坏。

4. 管材变化方面的原因

给水品质长期不合格或局部热负荷过高，造成管内结垢严重，垢下腐蚀或高温腐蚀使管材强度降低。由于热力偏差或工质流量分配不均匀造成局部管壁长期超温，强度下降。由于飞灰磨损造成受热面管壁减薄或因设备运行持久、管材老化所造成的泄漏和爆管事故是较为常见的故障。此外，对于直流锅炉而言，如发生管内工质流量或给水温度的大幅度变化还将造成锅内相变区发生位移，从而使相变区壁温产生大幅度的变化而导致管壁疲劳损坏。

吹损主要是吹灰器运行不良、邻近管子泄漏等所造成的。吹灰器运行不良主要是指吹灰系统投运前疏水不良造成吹灰蒸汽中带水，进汽压力调节阀失控或压力设定值过高，吹灰器喷口或吹灰管安装不当，吹灰太频繁等。管子泄漏而未及时停炉时，泄漏的蒸汽会对邻近管子进行吹刷。

5. 运行及其他方面的原因

造成炉管泄漏或爆破的原因是多种多样的，其中有设备本身的问题，也有运行操作方面的问题，如由于燃烧不良造成的火焰冲刷管屏及炉膛爆炸或大块焦渣坠落所造成的水冷壁管损坏等。此外，受热面管内或水冷壁管屏进口节流圈处结垢或被异物堵塞，使部分管子流量明显减少、管壁过热而造成的设备损坏事故，在运行中也较为常见。

二、受热面损坏的常见现象和处理原则

1. 受热面损坏的常见现象

锅炉受热面损坏时炉膛或烟道内可听到泄漏声或爆破声。锅炉各参数由于自动调节虽基本保持不变，但锅炉两侧烟温差、蒸汽温度差将明显增大，受热面损坏侧的烟温将大幅度降低。水冷壁泄漏还可能使炉内燃烧不稳，严重时甚至造成锅炉熄火。在炉膛负压投自动的情况下，引风机动叶开度将自行增大，电流增加。

2. 受热面损坏的处理原则

（1）当受热面泄漏不严重（尚可继续运行）时，应及时调节燃料量、给水量和风量，维持锅炉各参数在正常范围内运行。给水自动装置如动作不正常时应及时切至手动操作控制。必要时还可适当降低主蒸汽压力和锅炉负荷运行，严密监视泄漏部位的发展趋势。

（2）如受热面泄漏严重或爆破，使工质温度急剧升高，导致管壁严重超温，不能维持锅炉正常运行或危及人身、设备安全时，应立即紧急停炉，然后进行处理。停炉后为防止汽水外喷，应保留引风机运行，维持正常炉膛负压。

（3）若受热面爆破引起锅炉熄火时，则应按锅炉 MFT 处理。当受热面损坏引起主蒸汽温度、再热蒸汽温度过高、过低或两侧偏差过大时，还应结合蒸汽温度异常的有关要求进行处理。

三、水冷壁管爆破

1. 水冷壁管爆破的现象

（1）炉膛内发出爆破声，炉膛负压减小甚至变正，炉膛不严密处向外冒烟或蒸汽。

（2）给水流量不正常地大于蒸汽流量，化学补水量增加。

（3）蒸汽压力和给水压力均下降，锅炉排烟温度降低。

（4）严重时炉膛燃烧不稳，并可能导致锅炉 MFT 动作。

（5）漏泄部位有刺汽声，锅炉泄漏检测装置报警。

2. 水冷壁管爆破的原因

（1）制造、安装或检修质量不良。管材质量不良，焊接质量不好，弯管不符合要求以致管壁变薄，管子受热后不能自由膨胀等，都会引发水冷壁管爆破事故的发生。对此，应加强金属监督工作，注意安装、检修质量，并留出足够的膨胀间隙。

（2）管内结垢腐蚀。锅炉水质量不合格，水冷壁内常有结垢，结垢处的管壁温度升高、强度减弱，以致产生凸包甚至爆破；同时结垢处易产生垢下腐蚀，造成管壁泄漏或爆破。锅炉停运备用时，易产生氧化腐蚀。为了避免管内垢下腐蚀，必须加强对锅炉水、给水的化学监督，以保证锅炉水质量；同时对受热面管子定期进行割管检查，以了解管内结垢、腐蚀情况。检查部位应选在热负荷较强的地方，发现异常应及时换管。此外，还必须做好锅炉停运期间的保养工作。

（3）管外磨损。燃烧器附近的水冷壁管在保护的不好时或在煤粉气流喷射角度不对时，易被煤粉磨损；吹灰器安装不正确或吹灰操作不当时，汽水会严重冲刷管壁，当管壁减薄至一定程度会形成爆管。对此，要经常检查燃烧器的工作情况，防止煤粉气流偏斜；对燃烧器周围的管子应注意加以保护；要正确安装和使用吹灰器。

（4）超温破坏。长时间的低负荷运行或结焦会导致水循环不良。亚临界压力锅炉因设计不当，燃烧控制不当或炉内结渣等原因，会造成膜态沸腾，使部分管子经常超温，从而引起爆管。亚临界压力锅炉在设计时应考虑到水冷壁管内发生膜态沸腾的可能性，以确保循环倍率大于推荐值。若炉膛燃烧发生在水冷壁附近或贴墙燃烧时，该区域的热负荷将很高，这不但会引起水冷壁结渣，而且由于该区域水冷壁汽化中心密集，则可能在管壁上形成连续的汽膜，以及发生膜态沸腾，即产生第一类传热恶化现象。当出现第一类传热恶化现象时，管壁温度突然升高，会导致超温爆管。

（5）升火、停炉方式不正确。冷炉进水时，水温、水质或进水速度不符合规定；锅炉升火时，升压速度过快；停炉时冷却过快，放水过早。凡此种种，都会使炉内冷热不均，产生过大的热应力，以致造成水冷壁管爆破。锅炉升火、停炉都应严格按规程规定进行操作。

（6）炉膛内发生严重爆炸，炉膛大量塌焦，除焦不当等都会损坏水冷壁管。

3. 水冷壁管爆破的处理

如果水冷壁管爆破不甚严重，不至于在短期内扩大事故，可采取暂时减负荷运行，待备用炉投运后再停炉。但在这段时间内，应加强监视，密切注意事故的发展情况。如果爆管严重，无法保持锅炉给水流量，或燃烧工况极不稳定，或事故扩大很快，则应立即停炉。此时，可维持一组送、引风机运行，待炉内汽水排尽后停运。

为提高水冷壁管的运行安全性和可靠性，应根据其爆管的原因，采用不同的方法进行防治。

（1）超温爆管的防治。对于亚临界锅炉，设计时应控制好循环倍率，使其不能太小。为防止传热恶化，首先应降低受热面的热负荷。在运行中应调节好火焰燃烧中心的位置，不能出现贴墙燃烧。亚临界锅炉设计时，可采取减小水冷壁管径和增加下降管截面积等方法，提高水冷壁管内工质的质量流量；也可在蒸发受热面管内加装扰流子，采用来复线管或内螺纹管等，使流体在受热面管内产生旋转和扰动边界层。

为了防止出现循环故障带来的超温爆管，除要求燃烧稳定，炉内空气动力场良好，炉内热负荷均匀外，还应避免锅炉经常在低负荷下运行，而且设计时水冷壁管组的并列管根数不能太多，管子组合也应合理。例如，将炉膛角部受热较弱的管子、炉膛中心受热较强的管子分别布置成独立的回路。

（2）腐蚀爆管的防治。为防止水冷壁管垢下腐蚀，应加强化学监督，提高给水品质，保证锅炉水品质，尽量减少给水中的杂质和锅炉水中的 NaOH 含量，防止凝汽器泄漏。对水冷壁管应定期进行割管检查，并根据情况进行化学清洗和冲洗等。

为防止水冷壁的管外腐蚀，应改善燃烧，如煤粉不能过粗，避免火焰直接冲刷墙壁，过量空气系数不宜过小，以改变结积物条件；控制管壁温度，防止炉膛局部热负荷过高，以防水冷壁温度过高，加剧腐蚀；保持炉膛贴墙为氧化性气氛，冲淡 SO_2 的浓度，以降低腐蚀速度；在水冷壁管表面采用渗铝技术，提高水冷壁管的抗腐蚀性能。

（3）磨损爆管的防治。为防止水冷壁管磨损爆管，燃烧器设计与安装角度应正确无误；应组织好炉内空气动力场；配风要均匀，要注意运行调节；运行时如燃烧器喷口或附近结渣应及时清除，如燃烧器烧坏或变形应及时修复和更换。

（4）其他防治。为了防止锅炉启动、停运时损坏水冷壁管，在锅炉点火、停炉时，应严格按规程规定进行操作，严格执行防腐措施，避免局部氧腐蚀；在安装和检修时，在水冷壁管自由膨胀的下端应留有足够的自由空间，并采取措施防止异物进入，以免管子膨胀受到顶或卡而使其破坏；定期检查水冷壁吊挂及导向装置、燃烧器悬吊机构，保证水冷壁膨胀自由，以保证受热面的升温自由膨胀。

此外，应注意加强金属监督工作，防止错用或选用不合格的管材。在制造和安装、检修时应严把质量关，尤其应保证焊接质量符合要求，确保水冷壁管运行的安全。

四、过热器、再热器管爆破

过热器、再热器通常布置在锅炉烟气温度较高的区域，由于工质吸热量大，受热面多，部分受热面还布置在炉膛的上部，直接承受炉膛火焰的直接辐射，因此其工作条件比较恶劣。特别是屏式过热器的外围管，它不但受到炉膛火焰的直接辐射，热负荷较高，而且由于屏式过热器外围管在结构上的独特性，其受热面积大、流动阻力大、流量小，工质焓增通常比平均值大 $40\%\sim50\%$，所以很容易超温爆管。

再热器与过热器类似，由于再热器中蒸汽压力较低（相对过热器），所以再热蒸汽对再热器管的冷却能力较低；另外，再热器由于受到流动阻力的限制，一般不宜采用过多的蒸汽交叉和混合措施，因此再热器的工作条件较过热器还要差。所以，为保证再热器工作的可靠性，再热器通常布置在烟温较低的区域，并采用大直径管。

1. 过热器、再热器管爆破的原因

过热器管、再热器管爆破的主要原因有高温腐蚀、超温破坏和磨损等。

（1）高温腐蚀。过热器、再热器管的高温腐蚀有蒸汽侧腐蚀和烟气侧腐蚀两种。

1）蒸汽侧腐蚀（内部腐蚀）。过热器管在 $400℃$ 以上时，可产生蒸汽腐蚀。其化学反应式为：

$$3Fe + 4H_2O = Fe_3O_4 + 4H_2$$

蒸汽腐蚀后产生的氢气，如果不能较快地被汽流带走，就会与钢材发生作用，使钢材表面脱碳并使之变脆，所以有时把蒸汽腐蚀叫作氢腐蚀，其化学反应式为：

$$Fe_3C + 2H_2 = 3Fe + CH_4$$

$$C(游离碳) + 2H_2 = CH_4$$

CH_4 积聚在钢中，产生内压力，会使内部产生微裂纹，即钢材变脆。

2）烟气侧腐蚀（外部腐蚀）。烟气对管壁的高温腐蚀，主要是灰中的碱金属在高温下升华与烟气中的 SO_3 生成复合硫酸盐，在 $550\sim710℃$ 呈液态凝结在管壁上，破坏管壁表面的氧化膜，即发生高温腐蚀。另外，灰中的 V 在高温下升华，并生成 V_2O_5，在 $550\sim660℃$ 下凝结在管壁上起催化作用，使烟气中的 SO_2 及 O_2 生成 Na_2SO_4 及原子氧（O），对管壁也有强烈的腐蚀作用。

（2）超温破坏。过热器、再热器管在运行中常发生超温破坏，特别是过热器管的超温爆管，更是过热器损坏的主要原因。

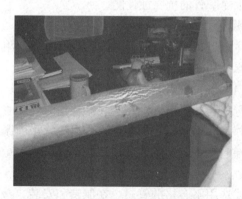

图 15-11　受热面管子超温胀粗

1）过热器超温爆管的原因。一是过热器管长期在高温下工作，由于高温蠕变会使管壁变薄，当积累到一定的程度时即发生长期超温爆管；二是由于经常性的超温使管子蠕变过程加快而发生短期超温爆管。受热面管子长期超温运行，加快了金属材料金相组织的蠕变速度，使管子的持久强度下降而提前损坏，称为长期超温爆管。长期超温爆管一般发生在高温过热器出口段的外圈侧。受热面管子在运行中由于冷却条件恶化，金属温度在短时间内突然升高，金属抗拉应力急剧下降，产生塑性变形，管子胀粗（见图 15-11），管壁变薄后发生剪切断裂，称为短期超温爆管。

2）过热器超温的影响因素。影响过热器超温的因素首先是热偏差，然后是炉膛燃烧火焰中心的上移。燃煤性质变差（如挥发分降低、煤粉变粗），炉膛漏风增大，燃烧配风不当（如过量空气系数过大），炉膛高度设计偏低等均会引起燃烧火焰中心上移，造成过热器管超温。

炉膛卫燃带设计过多，运行时水冷壁管发生积灰或结焦而未清除，锅炉在超负荷工况下运行等，会使炉膛出口烟温升高，造成过热器管超温。

过热器本身积灰或结渣，会增加传热阻力，使其传热变差，管子得不到充分冷却，这也是造成过热器超温的重要原因。过热器管内结垢，也会造成传热阻力增大，使其容易发生超温。

（3）磨损。过热器管爆破的原因除高温腐蚀和超温损坏以外，还包括磨损。过热器的磨损原因与省煤器相似。需要说明的是，在过热器区域，因为流过的烟气温度较高，所以灰分的硬度较低；而且过热器管的布置通常是顺列布置，因此灰分对过热器管的磨损要比对省煤器的磨损轻得多。

此外，制造有缺陷，安装、检修质量差（主要表现在焊接质量差）；过热器管材选择不合要求；低负荷时减温未解列，造成水塞以致局部管子超温；吹灰器安装、检修不良，吹灰角度不正确等，也是造成过热器、再热器管爆破的重要原因。

2. 过热器、再热器爆管的现象、处理及防治

（1）过热器、再热器管爆破的现象。过热器管爆破以后，锅炉泄漏检测装置报警。泄漏处附近有刺汽声，严重时会从不严密处漏出蒸汽和炉烟，主蒸汽压力下降，蒸汽流量不正常地小于给水量，汽轮机凝补水量增加，引风机进口调节挡板不正常地开大，电流增加，烟道两侧有较大的烟温差，泄漏点后烟气温度下降，过热器两侧蒸汽温度（减温水量）偏差异常，故障点后管壁温度升高。再热器管爆破的现象与过热器管爆破的现象相似，其差别在于，再热器管爆破时，在再热器区有喷汽声，同时汽轮机中压缸进口蒸汽压力下降。

（2）过热器、再热器管爆破的处理。过热器、再热器管爆破时，应及时停炉，以免破口喷出的蒸汽将临近的管子吹坏，致使事态扩大，检修时间延长。若损坏不严重，应降低蒸汽压力及机组负荷，尽快申请停炉处理。若过热器或再热器管壁超温时，应降低负荷，维持蒸汽温度在正常范围内。如过热器或再热器管严重爆破时，应立即停止锅炉运行，以防由破口喷出的蒸汽吹坏临近的管子，使事故扩大化。

（3）过热器、再热器管爆破的防治。过热器、再热器管爆破的防治主要包括以下几个方面：

1）高温腐蚀的防治。高温腐蚀的程度主要与温度有关，温度越高，腐蚀也越严重。另外，腐蚀程度与腐蚀剂的多少有关，腐蚀剂越多，腐蚀越严重。通常情况下，控制管壁温度是行之有效的办法，这样做虽然不能完全防治高温腐蚀，但可以减轻腐蚀程度，延长管子使用寿命。

为防止过热器管的氢腐蚀，过热器内工质应有相当的质量流速，不过其比保证过热器管冷却所需要的管内工质流速通常要低，所以防止氢腐蚀一般不成问题。

2）超温爆管防治。引起超温的原因，归结起来有三个方面，即烟气侧温度高，管内工质流速低，管材耐热度不够。为防止燃烧火焰中心上移引起过热器超温，除了锅炉设计应保证炉膛高度外，在运行中应注意燃烧器的配风、内外二次风的旋流强度，炉膛负压不

能太大，以避免漏风；注意调节蒸汽温度；同时应注意及时清除受热面的积灰和结焦；还应注意不能使锅炉长期超负荷运行。

3）运行方面防治。在锅炉启停过程中或低负荷时，应慎用减温水，防止发生水塞。吹灰器投运前应充分疏水，加强对吹灰器的监视，防止吹灰器卡涩。在锅炉运行中应密切监视过热器的运行情况，如果发现异常应及时调节和处理，保证过热器的正常运行。

4）其他防治。为了防止过热器的磨损爆管，过热器区域的烟速应选择适当，通常不应超过 14m/s。过热器管材应符合要求，同时应严格监视过热器制造、安装、检修质量，特别是把好焊接质量关。

五、省煤器管爆破

省煤器管的泄漏是电厂常见事故之一。

1. 省煤器管爆破的原因

省煤器爆破的原因有：①给水品质不合格，水中含氧量多，造成管子内壁氧腐蚀损坏；②给水温度和流量的变化，引起管壁温度变化，产生较大的热应力，如热应力过大会引起管子损坏；③管子焊接质量不好，导致管子损坏；④飞灰磨损，使管壁减薄、强度下降而损坏等。其中磨损是省煤器管爆破的主要原因。

2. 省煤器管爆管的现象、处理和防治

（1）省煤器管爆破的现象。省煤器管爆破后，会出现以下现象：①给水流量不正常地大于蒸汽流量；②省煤器区有异声，锅炉泄漏检测装置报警；③省煤器下部灰斗有湿灰或冒汽；④省煤器后面两侧烟气温差增大，泄漏侧烟温明显偏低；⑤引风机调节挡板不正常地开大，电流增加。

（2）省煤器管爆破的处理。省煤器管爆破后，若泄漏不严重，允许锅炉短时间运行，应降低蒸汽压力及机组负荷，待备用锅炉投入运行后再停炉检查、修复；若泄漏严重，无法维持汽包水位时或水冷壁所需最低流量要求时，为避免事故进一步扩大，则应立即停炉。停炉后，应维持正常侧送、引风机运行，待蒸汽基本排除后方可停运。

（3）省煤器管爆破的防治。省煤器管爆破的防治主要包括以下几个方面：

1）降低烟气流速。因为省煤器的磨损与烟气流速的三次方成正比，所以防磨的首要措施是控制烟气速度。省煤器管每年的磨损量不应大于 0.2mm。国外推荐的省煤器管束最大允许烟气流速见表 15-1。为防止对流受热面堵灰，烟气流速在额定负荷时也不得小于 6m/s。

表 15-1 国外推荐的省煤器管束最大允许烟气流速

燃煤折算灰分/%	<5	6～7	9～10	30
允许最大烟速/(m/s)	13	10	9	7

对于 600MW 单元机组，因过热热量和再热热量占锅炉总吸热量的比例相当大，所以需要布置相当多的受热面积。尽管在设计中采用了屏式过热器，但仍需在竖井烟道中布置一定的受热面，因此实际上留给省煤器的布置空间是有限的。

为了保障省煤器的吸热量，提高锅炉效率，同时又能降低烟气流速，减少飞灰磨损，可采用肋片式、鳍片式或膜式省煤器。这样可以增加传热能力，并在保证省煤器传热量一定的同时，可以增加省煤器的横向节距，减少管排，进而达到降低烟速的目的。同时，由于其扩展表面可避免烟气横向冲刷管束，并改变飞灰的速度场、浓度场和粒径分布，因此可大大降低省煤器的磨损速度。此外，它还可避免局部烟速过高，消除烟气走廊。

2) 直接防磨。省煤器的直接防磨措施通常包括在单根管上装置护瓦或钢条，对弯头装护瓦，对整组管子装置护帘等。

3) 运行防治。实际运行条件对省煤器的磨损爆破也有较大影响。省煤器磨损的运行防治主要包括：①应尽量控制使燃煤接近设计煤种，以免飞灰浓度和烟气速度增加过多；②控制锅炉在额定负荷下运行，尽量避免超负荷；③运行时应控制煤粉细度，以免颗粒增大，飞灰浓度增加，颗粒变硬；④调节好燃烧，以控制飞灰可燃物的大小及飞灰浓度；⑤锅炉漏风不但能使锅炉效率降低，而且使烟气速度提高，对减少磨损不利，因此要提高炉墙的施工、检修质量，加内护板和采用全焊气密性炉膛，在运行中应控制炉膛负压不能过大，关好各处门、孔，防止冷风漏入；⑥投运吹灰器前，吹灰蒸汽母管应充分疏水，还应加强对吹灰器的监视。

第五节　锅炉燃烧事故

锅炉的灭火、炉膛爆炸（放炮）和烟道再燃烧是锅炉常见的燃烧事故，若处理不当，将会造成锅炉设备的严重损坏和人身伤害，危害极大。

一、燃料品质的突变

燃料品质突变，特别是燃料的低位发热量突然降低、燃料的挥发分大幅度降低、燃料的水分突然增大等，都有可能造成炉火不稳，严重时将造成部分燃烧器熄火或锅炉熄火事故。

1. 燃料品质突变的影响

当锅炉燃料灰分突然变高时，煤的发热量将降低，这将使锅炉出力下降，如不及时进行调节，还将造成其他参数的不正常变化，并加剧受热面的磨损，导致受热面的严重积灰和积焦。此外，高灰分的煤由于着火速度慢，还将对着火稳定带来困难。

当原煤中的挥发分降低时，由于煤的着火温度提高，将造成着火困难、燃烧不稳，严重时甚至会导致锅炉熄火。

原煤中水分过高将造成磨煤机出力下降或制粉系统堵煤，进而直接导致锅炉热负荷下降、出力下降和其他参数的大幅度变化，严重时会导致炉火不稳甚至发生锅炉熄火事故。

当燃用灰熔点过低的煤时，将造成炉膛严重结焦。

燃料品质变差时，将使燃料在炉膛内的燃烧过程延长或出现不完全燃烧，以致大量未燃尽的可燃物被带至锅炉尾部，埋下尾部烟道再燃烧的隐患。

燃煤品质的突变，对于燃烧单一煤种和装设无分仓加煤设施的直吹式制粉系统的锅炉来说，危害更大。

2. 燃料品质突变的主要原因

（1）未严格执行燃料管理的燃煤调度有关规定和制度，对来煤不进行分析、分场堆放，加仓前未经配煤便直接加仓，尤其对一些新来的煤种，在特性尚未了解清楚之前便草率加仓。

（2）在雨季或下雪天运输，将大大增加原煤中的表面水分，如到厂后又采用露天场地堆放，必将造成原煤的水分过高。

（3）原煤在场地上堆放时间过长，由于自然和挥发分析出将造成碳分和挥发分降低，使煤质变差，如用此煤连续加仓必将造成锅炉燃料品质的突变。

3. 燃料品质突变的常见现象

燃料品质特别是燃料的低位发热量如突然降低，由于燃料品质发生了变化而数量并未改变，因此燃料计量指示一般不变，锅炉各参数中首先反映出来的是炉膛出口烟气含氧量变大和炉膛负压摆动或增大，如风量自动运行时自动系统将调节送、引风机出力，维持氧量和炉膛负压正常。然后是各段烟温下降。在给水和燃料手动时，还将造成锅炉蒸汽温度下降。燃料自动时，在有计算机参与控制的锅炉中，由于燃料发热量的修正和锅炉蒸发量的下降，将使燃料量自动增加。

如因原煤水分过高引起燃料品质突变时，磨煤机出口温度将下降，如磨煤机出口温度自动运行时，热风门将自动开大而冷风门将自行关小；同时，原煤仓或落煤管可能出现堵煤现象。

如因燃料的挥发分大幅度降低引起燃料品质突变时，将造成炉火不稳，严重时将造成部分燃烧器熄火或锅炉熄火事故。

4. 燃料品质突变的防止及处理

（1）燃料品质突变的防止。防止发生锅炉燃料品质突变的主要措施是加强燃料管理工作。

对于燃煤管理，应做到对来煤及时取样分析，有条件时应对各种煤种进行分场堆放。在加仓前应先进行配煤，将各煤种按比例混合后再加仓，尽量避免来煤直接加仓，使锅炉燃煤品质不受来煤品种变化的影响，能始终保持相对稳定。

在雨季或者原煤水分高的情况下，应尽量先使用干煤棚存煤，避免湿煤直接加仓。另外，容易自燃的煤不宜长期堆存。

（2）燃料品质突变的处理。发生锅炉燃料品质突变时，应及时进行燃烧调节。当煤的挥发分降低时，应适当降低一次风量和减小煤粉细度，在出现炉火不稳定现象时应及时投用等离子或油枪助燃，以稳定燃烧。当燃料的发热量降低时，应及时增加燃料量，维持炉膛出口氧量不变；如燃料量已无法再增加时，应按维持原氧量不变为原则迅速减少锅炉风量，相应减少给水流量，对其他参数进行合理调节，必要时投入等离子或油枪以稳定燃烧。之后，迅速查明锅炉燃料品质突变的原因并设法消除。

在锅炉燃料品质突变的处理过程中，如发生蒸汽温度、蒸汽压力、水位、制粉系统等异常情况，应按各事故的处理要求，分别进行处理；如锅炉已发生临界火焰、角熄火或全熄火，严禁再投等离子或油枪，应立即切断进入锅炉的所有燃料，按锅炉熄火紧急停炉进行处理。

二、燃烧不稳

燃烧不稳虽不是事故，但燃烧不稳往往是灭火的先兆，对其现象、处理及原因的讨论，有利于减少和防止锅炉灭火事故的发生。

1. 燃烧不稳的现象

燃烧不稳时火焰锋面的位置明显后延且极不稳定；火焰忽明忽暗、炉膛负压波动较大。燃烧不稳的实质是可燃混合物小能量的爆燃。着火过程时断时续，燃烧中断时，火色暗、炉膛压力低；重新着火时，火色亮、炉膛压力高。

燃烧不稳可从以下几方面进行判断：炉膛负压的摆动幅度，DCS上火信号的强弱，过热器后的烟温及氧量监视，各主要参数是否稳定等。

2. 燃烧不稳的处理

发现锅炉存在燃烧不稳现象时，应迅速查明原因，并按不同的情况做相应处理：

（1）发现燃烧不稳时，一般应先拉等离子或投油助燃，以防灭火，待燃烧调节见效、燃烧趋于稳定后，再退等离子点火器或油枪。

（2）发现煤质变差时，应设法改善着火燃烧条件，如提高磨煤机出口温度和减小煤粉细度值等；适当降低风煤比，提高煤粉浓度，减少着火所需的热量，低负荷时做好磨煤机的运行组合等。

3. 燃烧不稳的原因

（1）给煤量波动较大，如煤粉管堵塞或出现粉团滑动、磨煤机来粉不均等，都会造成燃烧不稳。

（2）锅炉负荷过低或负荷变化幅度过大，引起炉膛温度下降和煤粉浓度降低。

（3）运行操作不当，如一次风速过低或过高（一次风速过低可引起粉团滑动，一次风速过高易导致燃烧器根部脱火）；氧量控制不当，炉内风量过大，引起炉温降低。

（4）炉内或燃烧器结焦严重，破坏正常的空气动力场。

（5）煤质变化（或煤粉过粗）时未及时调节燃烧。

三、炉膛灭火

锅炉炉膛灭火事故是发电厂的常见事故。当炉膛内的燃料放热小于水冷壁散热时，炉膛的燃烧将要向减弱的方向发展，如果此差值很大，炉膛内燃烧反应就会急剧下降，当达到最低极限时就会导致灭火。

出现灭火事故时，如果能及时发现，正确处理，则能很快恢复正常运行；如果不能及时发现，或发现后没有立即切断向炉膛供给的燃料，而是增加燃料企图用爆燃的方法来使炉膛恢复着火，则其后果往往是扩大事故，引起炉膛或烟道爆炸，造成锅炉设备严重损坏，甚至可能造成人身伤亡。

1. 炉膛灭火时的现象和处理

炉膛灭火时有以下现象可供判断：炉膛负压急剧增大，一、二次风压减小，炉膛发黑，锅炉灭火报警器报警且 MFT 动作；蒸汽温度、蒸汽压力及蒸汽流量急剧下降，氧量表指示摆动到最大；若因辅机事故引起炉膛灭火，如因引风机、送风机、一次风机跳闸等事故引起的炉膛灭火，则还伴有这些辅机事故的现象。

炉膛灭火以后，应立即切断所有的炉内燃料供应，停止制粉系统，并进行通风吹扫，清扫炉内积粉，严禁"增加燃料供给以挽救灭火"的错误处理，以免招致事故扩大，引起锅炉放炮。将所有自动操作改成手动操作，切断减温水和给水，将送、引风机减至最低值，可适当加大炉膛负压。查明灭火原因并予以消除，确认没有限制条件后再重新启动点火。若查明灭火原因后不能短时消除或锅炉损坏需要停炉检修，则应按停炉程序停炉。若某一机械电源中断，其连锁系统将自动使相应的机械跳闸，此时应将机械开关拉回停止位置，对中断电源机械重新合闸，然后逐步启动相应机械恢复运行，如重新合闸无效，应查找原因并修复。

2. 发生炉膛灭火事故的原因

（1）燃料质量低劣。煤中挥发分低，水分、灰分高，或燃油中的水分高、黏度大，都会造成着火困难，燃烧不稳。煤中水分高，还易发生煤斗、给煤机、给粉机及落煤管、煤粉管道堵塞，使下煤不均匀，甚至中断。这些情况的发生，都可能造成灭火。此外，燃用易结焦的煤种，往往容易出现大量塌焦，使锅炉熄火。因此，在燃用低质燃料时应加强检查，严密监视燃烧工况，精心调节，防止灭火。应及时了解煤种改变的情况，以便做好燃烧调节工作。

（2）燃烧调节不当。风粉或风油比例配合不当，旋流喷燃气扩展角大小不合适，直流喷燃气四角气流方向紊乱，混合不好，一次风速过高或过低等，特别在负荷低时燃烧调节不当，都会造成火焰不稳而灭火。

（3）燃烧设备损坏。例如，煤粉喷燃气喷口烧坏，使煤粉气流紊乱；给煤机发生事故而"缺角"运行，使火焰不稳；有喷头喷嘴烧坏，使油的雾化质量恶化等。

（4）煤粉或燃油供应不当。例如，煤粉仓粉位过低，使给煤机给粉不均匀或部分给煤机给粉中断；燃油杂质多、黏度大、油温低，以致雾化质量不良，喷嘴堵塞，供油不均。

（5）炉膛温度低。当燃料中的水分、灰分高时，极易使炉温度降低。此外，送风量或炉墙漏风量过大，除灰时开启放灰门，大量冷空气进入炉内，锅炉负荷降得太快，水冷壁管严重爆破，大量水汽泄漏进入炉膛等，都会导致炉温降低，燃烧工况变坏，严重时会造成灭火。

（6）机械设备事故。由于锅炉设有自动控制连锁系统，所以当引风机、送风机、一次风机、制粉系统发生故障或电源中断，制粉系统中的给煤机、磨煤机、煤粉分离器等设备发生故障时，都会造成燃料供应中断，引起锅炉灭火。

3. 防止炉膛灭火事故的措施

（1）根据 DL 435/T—2018《电站锅炉炉膛防爆规程》中有关防止炉膛灭火放炮的规定，制定防止锅炉炉膛灭火放炮的措施，包括煤质监督、混配煤、燃烧调节、低负荷运行等，并严格执行。

（2）加强燃煤的监督管理，完善混煤措施。加强配煤管理和煤质分析，并及时将煤质情况通知运行人员，做好调节燃烧的应变措施，防止发生锅炉灭火。

（3）新锅炉投产、锅炉改进性大修后或当使用燃料与设计燃料有较大差异时，应进行燃烧调节试验，以确定一、二次风的风量和风速，以及合理的过剩空气量、风煤比、煤粉细度、燃烧器倾角或旋流强度、不投油最低燃烧负荷等。

（4）当炉膛已经灭火或已局部灭火并濒临全部灭火时，严禁投助燃油枪。当锅炉灭火后，要立即停止燃料（含煤、油、燃气、制粉乏气）供给，严禁用爆燃法恢复燃烧。重新点火前必须对锅炉进行充分通风吹扫，以排除炉膛和烟道内的可燃物质。

（5）装设锅炉灭火保护装置。加强锅炉灭火保护装置的维护和管理，防止火焰探头烧毁、污染失灵、炉膛负压管堵塞等问题的发生。

（6）严禁随意退出火焰探头或联锁装置，因设备缺陷需退出时，应经总工程师批准，并事前做好安全措施。热工仪表、保护装置、给粉控制电源应可靠，以防因瞬间失电造成锅炉灭火。

（7）加强设备检修管理，重点解决炉膛严重漏风、给煤机下粉不均匀和煤粉自流、一次风管不畅、送风机不正常脉动、堵煤（特别是单元制粉系统堵粉）、直吹式磨煤机断煤和热工控制设备失灵等缺陷。

（8）加强点火油系统的维护管理，消除泄漏，防止燃油漏入炉膛发生爆燃，对燃油速断阀要定期进行试验，确保动作正确、关闭严密。

四、炉膛爆炸

炉膛爆炸有两种情况：一是正压爆炸，又称外爆；二是负压爆炸，又称内爆。如果燃料在炉内大量积聚，经加热点燃后同时燃烧，炉内烟温瞬时升高，引起炉内压力急剧增高，使炉墙受到由内向外的推力损伤，这种现象称为爆炸或外爆，俗称放炮和打炮。平衡通风锅炉在正常工作时，引风机与送风机协调工作，维持炉内压力略低于大气压，一旦锅炉突然灭火，炉内烟气的平均温度在 2s 内从 1200℃ 以上降到 400℃ 以下，将造成炉内压力急剧下降，使炉墙受到由外向内的挤压而损伤，这种现象称为内爆。

严重的炉膛爆炸事故将使炉墙破坏、水冷壁管破裂，会造成锅炉设备严重损坏，甚至造成人身伤亡事故。一般来说锅炉容量越大，事故造成的危害也越大。因此，锅炉炉膛爆炸事故是锅炉的重大事故之一。

1. 炉膛外爆的原因

引起炉膛外爆的主要原因有煤粉爆燃、析铁氢爆、水冷壁爆管使大量外泄蒸汽进入炉膛等，其中任一原因引起炉膛内压力超限，都有可能引起炉膛外爆。

（1）燃料爆燃。燃料爆炸是炉膛中积存的可燃混合物瞬间同时爆燃，从而使炉膛烟气侧压力突然升高，超过了结构设计的允许值，而造成水冷壁、刚性梁及炉顶、炉墙被破坏的现象。

燃料爆燃要有三个条件，即通常所说的爆燃三要素：一是有燃料和助燃空气的积存；二是有足够的点火能源；三是燃料和空气的混合物达到了爆燃的浓度（混合比），三者缺一不可。

锅炉在正常运行时很少发生爆燃。只有在锅炉发生全熄火或部分熄火，又未及时切断燃料供应，使炉内充满未着火燃烧的燃料，即炉内积存大量可燃物时，若马上投入油枪点火，燃料就会突然着火燃烧，烟气容积瞬间变大，使炉内压力突然升高而发生爆炸，即为爆燃。因此，熄火后操作不当是导致爆燃的重要原因之一。

大容量锅炉自动控制系统在发生熄火后，火焰检测器将自动启动 FSSS 的熄火保护设施，触发 MFT 动作，立即关闭油枪及燃气的快关门，停运所有磨煤机、给煤机、给粉机、一次风机，关闭给水及减温水总门，自动对炉膛进行吹扫后重新点火。故障严重时，可横向保护联动停运汽轮机、发电机和给水泵。

当判明发生熄火而保护装置未启动时，应立即停止一切燃料供应，并停止制粉系统的运行，将自动操作切换为手动操作，同时手动 MFT。调节引、送风机挡板，使风量维持在总风量的 25%，适当加大炉膛负压，通风吹扫 5~10min，排出炉膛和烟道内的可燃物，查明熄火原因并设法消除后，进行检查，确认烟道内无再燃烧现象、无设备损坏时，再重新点火。

总之，炉膛内可燃物质的积存，是造成燃料爆燃的主要原因。锅炉熄火后的通风吹扫和启动锅炉前的通风吹扫，是防止爆燃的重要措施。

（2）析铁氢爆。当大量熔渣落入渣井时，高温炉渣中的游离铁与水发生反应，生成大量氢气。这些氢气与氧混合后，在炉内发生爆炸。爆炸能量以超声波形式向外释放，压力超过炉墙承受能力时会造成外爆。析铁一般发生在液态排渣炉中。对固态排渣炉，只有当发生大面积熔渣塌落时才可能引起氢爆。

造成析铁的主要原因是煤粉中含铁，而铁的来源主要有三个方面：一是煤灰中所含的铁化合物在高温下迅速分解和氧化成各种形态的氧化铁；二是制粉系统中磨损而来的铁在炉膛高温下熔化的铁水；三是原煤中未被磁铁清除的铁件。前两个原因是析铁的主要来源。

炉内熔渣温度低于 2000℃时，FeO 单纯受热，不会分解出纯铁，只有发生煤粉离析时，落入熔渣中的未燃烧的煤与 FeO 才发生如下反应：

$$FeO + C \rightarrow Fe + CO$$

当析铁严重，大量铁水与熔渣一起进入粒化箱（或渣井）时，则发生如下反应：

$$3Fe + 4H_2O = Fe_3O_4 + 4H_2$$

氢气进入炉膛与氧混合，就造成氢爆事故，严重时会威胁设备及人身安全。

为防止发生析铁氢爆事故，锅炉运行中应尽量防止发生煤粉离析，使游离铁落入渣池，因为固体碳是 FeO 还原成纯铁的还原剂。这就要求在制粉时使煤粒尽可能均匀，减少容易发生离析的大颗粒煤粒。锅炉运行中，要组织合理的空气动力工况，调节好最下排二次风的风量及风速，减少煤粉离析的数量。锅炉运行中，还要防止负荷经常波动。必要时，应对燃烧器进行改进，强化燃烧，减少熔渣中的含碳量。对液态排渣炉，应尽可能减少熔渣在炉内的停留时间，控制铁还原反应过程所需的时间。例如，将平炉底改为倾斜炉底，取消排渣口的渣栏，炉底耐火材料层外表面平整光滑，使铁水与熔渣在炉内停留时间很短，没有足够的时间进行还原等，从而较彻底地防止析铁氢爆事故的发生。

（3）水冷壁爆管使大量外泄蒸汽进入炉膛。当水冷壁严重爆管时，大量高压蒸汽和水瞬时进入炉膛，炉内介质容积骤然增加，造成炉膛压力骤然上升，进而超过炉壁所能承受的压力而引起炉膛外爆。当发现水冷壁爆管后，应加大引风机挡板开度、增加负压，防止炉内压力增加过快。而减少高温腐蚀和管壁局部超温，保证水冷壁管材和焊接质量，是防止水冷壁爆管的有效措施。

2. 炉膛内爆的原因

造成炉膛内爆的主要原因有三个，即燃料突然切断、离心式风机特性和运行中控制调节不当。

（1）燃料突然被切断。燃料突然被切断，是引起炉膛内爆的主要原因。当主燃料点燃之前或燃料突然中断时，送风机突然停转，而引风机还在抽吸，因此使炉内的空气及烟气量骤减，在 10~20s 内烟气量减少到额定值的 50%；同时，炉膛熄火将使炉膛内气体实际容积缩小 5~6 倍，因此烟气侧压力急降，使炉膛负压在 7~8s 内降到 3050~6860Pa，使炉墙承受大气压力的挤压作用，造成炉壁内凹变形，即引发内爆。

（2）离心式风机特性。引起炉膛内爆的另一个原因是引风机使用离心式风机。离心式风机特性是随转速、挡板式导叶的开度而变化的。流量减小时压头升高，改变挡板开度，特性曲线将随着挡板开度的变小而变陡。不论挡板开度如何，在流量接近零时压头值趋于最大值。这种风机特性容易产生负压波动。锅炉运行中发生熄火时，若引风机进口挡板开度不变，由于烟气量减少，风机压头沿特性曲线上升，使炉膛内负压值增大，进而可能超过炉膛的承受极限而发生内爆。

（3）运行中控制调节不当。运行中控制调节不当也是发生内爆的原因之一。在平衡通风系统中，风机调节就是协调送风机和引风机的挡板，以满足空气量、烟气量及炉膛负压的要求。若操作不当，系统内任一挡板关闭都将影响炉膛的负压值。当引风机挡板全开时，任意关闭一次或二次风挡板，即使锅炉并未燃烧，由于大型锅炉的引风机产生的负压足以超过炉墙的承受限度，从而也会引起内爆。

内爆可通过引、送风机的联锁动作条件及紧急停炉时引、送风机风量调节装置的超驰控制来防止。

3. 防止炉膛爆炸的措施

锅炉发生炉膛爆炸事故，会导致水冷壁焊缝开裂、刚性梁弯曲变形、顶棚被掀起、烟道膨胀节开裂等设备损伤，所以必须予以充分重视，并做好下列工作：

（1）为防止锅炉灭火及燃烧恶化，应加强煤质管理和燃烧调节，以稳定燃烧，尤其在低负荷运行时更要重视这一点。

（2）为防止燃料进入停运的炉膛，应加强锅炉点火和停运操作的监督。

（3）保持锅炉制粉系统、烟风系统正常运行是保证锅炉燃烧稳定的重要因素。

（4）启停磨煤机时一定要满足磨煤机点火能源要求，严禁采用强制点火能源条件启动磨煤机；启停磨煤机时，应具有足够的风量和时间以保证充分暖磨和吹扫，防止煤粉积存在磨煤机内或管道内而引起锅炉爆燃。

（5）锅炉一旦灭火，应立即切断全部燃料，严禁投油稳燃或采用爆燃法恢复燃烧。当发现锅炉熄火而锅炉熄火保护装置拒动时，应立即手动 MFT。

（6）锅炉每次点火前，必须按规定进行通风吹扫。《防止电力生产事故的二十五项重点要求》关于防止锅炉事故的规定是：锅炉启动点火或锅炉灭火后重新点火前必须对炉膛及烟道进行充分吹扫，防止未燃尽物质聚集在尾部烟道造成再燃烧。

（7）锅炉炉膛结渣除影响锅炉受热面安全运行及经济性外，往往由于锅炉在掉渣的动态过程中，会引起炉膛负压波动或灭火检测误判等而导致灭火保护动作，造成锅炉灭火。因此，除应加强燃烧调节和防止结渣外，还应保持吹灰器正常运行，这点尤为重要。

（8）加强锅炉灭火保护装置的维护与管理。锅炉运行中，应禁止强制火焰检测信号，定期对火焰检测器进行检查。

五、尾部烟道二次燃烧

锅炉烟道中沉积的可燃物质发生燃烧时，称为尾部烟道二次燃烧（再燃烧）。

1. 尾部烟道二次燃烧的现象

二次燃烧部位之后的烟道各部分温度和排烟温度急剧上升，烟道和炉膛负压急剧波动，甚至变为正压，氧量变小，烟气阻力增加；烟道冒黑烟，严重时从烟道各孔、门处和引风机轴封处冒烟和火星，烟道防爆门动作；引风机外壳烫手，轴承温度升高；锅炉各运行参数不正常。参数的变化与燃烧在烟道中的位置有关，一般表现为空气预热器出口风温升高，空气预热器电流增大，严重时跳闸、变形卡涩等。

2. 尾部烟道二次燃烧的原因

发生尾部烟道二次燃烧是由于烟道中沉积了大量的可燃物质，其在一定条件下重新燃烧。造成烟道中可燃物质沉积的原因有：

（1）燃烧工况失调。锅炉运行中煤粉过粗、风粉混合差、火焰中心偏高等均会造成煤粉未燃尽就进入烟道；燃油中水分大、杂质过多、来油不均、雾化质量差等，也会造成油滴和炭黑沉积于尾部烟道。因此，运行中应严密监视燃烧工况，对故障设备应及时修理。

（2）低负荷运行时间过长或启停炉频繁。锅炉长时间低负荷运行或频繁启停，一方面会使炉膛温度低，燃烧工况差，煤粉燃烧不充分；另一方面会使烟气速度较低，易造成可燃物沉积。

（3）风量调节不当。锅炉在低负荷运行时，风量调节不当，特别是在油、煤混烧阶段，容易造成未燃尽的炭黑、油滴和煤粉沉积在烟道中。

3. 尾部烟道二次燃烧的处理

（1）锅炉运行中如发现烟道温度、排烟温度不正常地升高，应检查风、粉配合情况及燃烧工况，并调节燃烧方式，投吹灰装置对受热面进行吹灰，必要时降低锅炉负荷。

（2）若采取上述措施无效，烟道和排烟温度急剧升高，并检查判明已发生烟道二次燃烧时，应立即停炉，停止向炉内供应一切燃料，停止送风机、引风机和一次风机运行，关闭各风门挡板和烟道周围的门、孔，用蒸汽吹灰器或专用灭火管进行灭火；打开省煤器再循环门保护省煤器，维持少量给水，保持汽包水位；根据蒸汽温度的变化情况及时调节减温水；开启旁路系统保护再热器。待烟道各部分温度恢复至正常值，可关闭吹灰器，缓慢打开检查孔、门，确认烟道中已无火苗，小心启动引风机并逐渐打开其挡板，抽出烟道内的烟气。冷却后，对烟道受热面进行全面检查后方可重新启动。

4. 防止尾部二次燃烧的措施

（1）锅炉空气预热器在安装后第一次投运时，应将杂物彻底清理干净，经制造、施工、建设、生产等各方验收合格后方可投入运行。

（2）回转式空气预热器应设有可靠的停转报警装置、完善的水冲洗系统，并应有停炉时可随时投入的碱洗系统。消防系统要与回转式空气预热器蒸汽吹灰系统相连接。回转式空气预热器在空气及烟气侧应装设消防水喷淋水管，喷淋面积应覆盖整个受热面。

（3）精心调节锅炉制粉系统和燃烧系统运行工况，防止未完全燃烧的油和煤粉存积在尾部受热面或烟道上。

（4）锅炉燃用渣油和重油时，应保证燃油温度和油压在规定值内，保证油枪雾化良好、燃烧完全。锅炉点火时，应严格监视油枪雾化情况，一旦发现油枪雾化不好应立即停运，并进行清理检修。

（5）锅炉运行过程中应明确省煤器、空气预热器烟道在不同工况的烟气温度限值，当烟气温度超过规定值时，应立即停炉。利用吹灰蒸汽管或专用消防蒸汽将烟道内充满蒸汽，并及时投入消防水进行灭火。

（6）回转式空气预热器出入口烟、风挡板，应能电动投入且挡板能全开、关闭严密。

（7）回转式空气预热器冲洗水泵应设再循环，每次锅炉点火前必须进行短时间启动试验，以保证回转式空气预热器冲洗水泵及其系统处于良好的备用状态，具备随时投入条件。

（8）若发现回转式空气预热器停转，应立即将其隔绝，投入消防蒸汽和盘车装置。若挡板隔绝不严或转子盘不动，应立即停炉。

（9）锅炉负荷低于25％额定负荷时，应投入空气预热器连续吹灰；当锅炉负荷大于25％额定负荷时，至少每8小时进行一次空气预热器吹灰；当回转式空气预热器烟气侧差压增加或低负荷煤、油混烧时，应增加回转式空气预热器吹灰次数。

（10）若锅炉较长时间低负荷燃油或煤油混烧，可根据具体情况利用停炉对回转式空气预热器受热面进行检查。重点检查中层和下层传热元件，若发现有垢要碱洗。

（11）锅炉停炉 1 周以上必须对回转式空气预热器受热面进行检查，若有存挂油垢或积灰堵塞的现象，应及时清理并进行通风干燥。

第六节　制粉系统常见故障

一、给煤机常见故障

目前，电站锅炉多采用刮板式给煤机和皮带式给煤机。给煤机运行中的常见故障一般有机械故障和电气故障两种。

（1）机械故障。给煤机类型不同，其机械故障也有所不同，具体如下：

1）刮板式给煤机的机械故障。刮板式给煤机运行中常见的机械故障是当煤块过大或煤中有杂物时，给煤机卡死，造成磨煤机断煤，甚至给煤机链条拉断。为避免给煤机卡死，运行中应严密监视给煤机的运行状态并做好木块的清理工作。若发现堵塞，立即人工疏通。

2）皮带式给煤机的机械故障。皮带式给煤机常见的机械故障是皮带跑偏、皮带过松、皮带损坏、刮煤机停走等。

给煤机皮带跑偏一般是由于给煤机端部滚筒张紧力不一致造成的。发生跑偏时，皮带的一边将出现鼓凸，由于皮带歪斜，造成皮带的一侧露出滚筒面，另一侧则拱起，严重时还将造成皮带撕裂。因此，发现给煤机跑偏时，应及时处理，如跑偏严重时，应立即停止给煤机，以免造成设备损坏。

给煤机皮带过松一般是由于滚筒张紧力不够或皮带运行时发生自然胀长造成的。给煤机皮带过松将造成给煤量不均匀，严重时造成皮带打滑停走和磨煤机断煤。因此，运行中应定期检查和调节张紧力，发生断煤时，应停运磨煤机和给煤机，并及时调节锅炉燃烧。

给煤机下部刮煤机停走时，由于给煤机下面的剩煤不能及时清除，将造成给煤量指示不正确，皮带拱起、变形、卡住、跑偏等，因此应及时停运处理。

（2）电气故障。给煤机电气故障有给煤机失电、给煤机电气保护动作跳闸等。

二、磨煤机常见故障

在直吹式制粉系统中，磨煤机的形式通常为中速磨煤机或高速磨煤机，其常见故障是磨煤机断煤和磨煤机堵塞。

1. 磨煤机断煤

磨煤机断煤的主要原因是落煤管或给煤管堵塞、给煤机故障断煤等。

运行中发生磨煤机断煤时，磨煤机电流下降，进、出口差压减小；若磨煤机风量和出口风温在自动方式下，热风门将自动关小，冷风门将自动开大；中速辊式磨煤机断煤时，由于磨辊和磨盘直接接触，将因摩擦而剧烈振动。

运行中磨煤机发生断煤时，应及时检查断煤原因，若落煤管、给煤机堵塞，应立即投运故障部位的振打装置进行振打或人工敲击故障部位，尽快使煤流恢复正常。由于直吹式制粉系统的出力直接影响锅炉燃烧，因此发生磨煤机断煤时，应增加其他磨煤机出力，尽量保持总燃料量不变；同时应及时调节风量、给水量，合理组织燃烧，维持锅炉运行参数，必要时投油助燃。若由于给煤机故障断煤，则该磨煤机所属的一层燃烧器将出现火焰丧失，磨煤机可能跳闸，此时首先应投油稳定燃烧。

2. 磨煤机堵塞

在直吹式制粉系统中，磨煤机一次风量过小或给煤量过大，将导致煤粉无法及时排出磨煤机；另外，原煤水分过高，风温偏低或风量偏小，也易造成磨煤机堵塞。

运行中磨煤机发生堵塞时，磨煤机出口温度下降，一次风量下降，磨煤机出口风压下降，进、出口差压增大，严重堵塞时磨煤机电流减小。故障所属的一层煤粉燃烧器燃烧不稳，严重时出现层熄火保护动作，造成磨煤机跳闸。

运行中发现磨煤机堵塞时，应将磨煤机煤量、风量等保护退出，迅速降低给煤量，增加一次风量，调节磨煤机出口风温在正常范围内，并及时调节锅炉燃烧，尽量维持锅炉负荷不变，必要时投入油枪助燃。另外，对故障磨煤机的排渣箱要加强清理。若经上述措施仍不能消除故障，则应停运该磨煤机，进入内部检查并人工清理。

三、制粉系统的自燃与爆炸

制粉系统的自燃与爆炸是危害性较大的一类事故。事故发生时，轻则中断制粉系统的正常运行，严重时还会危及人身和设备安全。

1. 引起制粉系统自燃与爆炸的原因

（1）制粉系统的设备和管道内积粉，特别是挥发分较高的煤粉。

（2）运行中磨煤机断煤时间较长，磨煤机出口风温过高，增加了自然与爆炸的可能性。

（3）原煤中混有爆炸物、易燃物或外来火源。

（4）制粉系统在启停和转换操作时，易搅起已沉积的煤粉，此时若磨煤机出口温度控制不当或磨煤机内有火源，就容易引起爆炸。

2. 预防自燃与爆炸的措施

运行中若发现磨煤机着火，可解列磨煤机与给煤机联锁，停止磨煤机运行，并可适当补入原煤灭火或使用消防蒸汽灭火。

预防制粉系统自燃与爆炸的措施有：

（1）制粉系统的各种消防及报警装置应可靠备用。具体来说，就是磨煤机蒸汽消防系统、原煤仓消防设施、磨煤机出口温度监测报警装置、磨煤机润滑油站消防设施、输煤皮带除尘设备等可靠投入，保持空气流通，防止粉尘堆积。

（2）严格执行缺陷管理制度，发现制粉系统和输煤系统的粉尘泄漏点，要及时消除。

（3）加强原煤管理，防止易燃、易爆物混入原煤。

（4）磨煤机启动过程中应充分暖磨，避免因湿煤沉附，引起磨煤机自燃着火。

（5）严格控制磨煤机出口温度不高于规定值。

（6）及时清理堵塞的石子煤，避免石子煤排出口堵塞，造成磨碗溢出煤量过多而在磨煤机内沉积而引起自燃着火。正常运行中当石子煤排渣箱渣量较少时也要定期检查、排渣，以防渣箱自燃。

（7）磨煤机要定期切换运行，防止因长期停运导致原煤仓或磨煤机内部自燃。

（8）停炉前要尽量将原煤仓走空或保持较低的煤位，防止因长期停运导致原煤仓自燃。

（9）停磨时要先将磨煤机出力降至最小，然后先停给煤机，吹扫后再停磨煤机，以防磨煤机内积煤自燃。

（10）紧急停运后再启动时，必须对磨煤机进行吹扫。

第十六章 锅 炉 试 验

第一节 锅炉水压试验

锅炉的汽水系统检修后或新安装的锅炉投运前要进行整体水压试验。其目的是在冷态下校验各承压部件的严密性，检查锅炉承压部件有无残余变形，判断其强度是否足够。锅炉水压试验时，承压系统内部充满高压水，水的压缩性很小，其压力能够均匀地传递到各个部位。如承压部件上有细小孔隙，或焊口、法兰、阀门、手孔、堵头等不严密处，水就会渗漏出来；或者承压部件有薄弱部位，承受不了高压时，便会产生永久变形，甚至破裂。所以根据锅炉水压试验的渗漏、变形和损坏情况就能检查出承压部件的缺陷所在部位，并及时处理消缺，达到锅炉承压部件初步检验的目的。

锅炉整体水压试验分为工作压力水压试验和超压水压试验两种。锅炉水压试验应按 DL/T 612—2017《电力行业锅炉压力容器安全监督规程》进行。工作压力水压试验，对于高压、超高压或亚临界压力汽包锅炉，试验压力为汽包工作压力，再热系统试验压力为再热器出口压力；对于亚临界、超临界压力直流锅炉、低倍率强制循环锅炉，一次汽系统试验压力为过热器出口压力，再热系统试验压力为再热器出口压力。

一、水压试验有关规定及要求

（1）锅炉大、小修后或局部受热面检修后，应进行工作压力水压试验（再热器视情况而定）。工作压力水压试验应由总工程师主持，运行和检修人员共同参加。

（2）在下列情况下，应进行超压水压试验：

1）运行中的锅炉每 6～8 年进行一次超压水压试验（在大修结束后）。

2）新装锅炉在开始运行前或停运的锅炉停运一年以上恢复运行时。

3）锅炉严重超压达 1.25 倍工作压力及以上时。

4）锅炉严重缺水后受热面大面积变形时。

5）锅炉承压部件经重大修理或更换后，如水冷壁管更换 50% 以上，过热器、再热器、省煤器等部件成组更换时。

6）根据运行情况，对设备安全可靠性有怀疑时。

（3）锅炉超压水压试验，其压力按制造厂规定执行，制造厂无规定时按表 16-1 规定执行。

表 16-1 锅炉超压水压试验压力规定

名称	超压试验压力
锅炉本体（包括过热器）	1.25 倍锅炉设计压力
再热器	1.5 倍再热器进口压力

（4）水压试验必须制定专用措施。锅炉超压水压试验必须由总工程师批准，并遵照 DL/T 612—2017《电力行业锅炉压力容器安全监督规程》的规定。

（5）水压试验用水标准：水压试验用水应采用加氨和联氨处理的除盐水或凝结水，水质应满足表 16-2 的要求，水质不合格时，过热器严禁进水。现代大容量锅炉过热器多为奥氏体合金钢，奥氏体合金钢对氯离子特别敏感，因此氯离子不合格的水禁止进入过热器。

表 16-2 水压试验用水标准

项目	氨浓度	联氨浓度	氯离子	pH	可见固型物
标准	10mg/L	200mg/L	0.2mg/L	10 左右	<1mg/L

（6）水压试验时环境温度一般应在 5℃ 以上，否则应有可靠的防寒防冻措施。水压试验锅炉进水温度不得低于 21℃，一般在 30~70℃，最高不得超过 80℃。

（7）汽包的水压试验以汽包就地压力表指示为准，压力表精度在 1.5 级以上，量程不小于试验压力的 1.5 倍，不大于试验压力的 3 倍，且应有两只以上不同取样源的压力表投入使用，以便进行校对。

二、水压试验的范围

水压试验一般涵盖锅炉一次门前的全部承压部件，直至汽轮机自动主汽门前的电动主汽门。对于再热系统来说，直至汽轮机中压缸自动主汽门前的电动阀门，包括再热器来汽母管（再热冷段）。若汽轮机侧没有可靠的隔离阀门，锅炉侧可加装临时堵板，防止水窜入汽轮机内。水压试验时要打开电动阀门后疏水门，以确保万无一失。锅炉水压试验的具体范围如下。

1. 一次系统

一次系统包括省煤器、汽包、水冷壁、过热器及与其相连的管道，其水压试验范围如下：

（1）省煤器、汽包、水冷壁、过热器本体系统。

（2）与以上设备系统相连的附件及本体管路系统二次门以内的全部承压部件。汽包、过热器安全门、PCV 采取可靠的隔离措施（用压块压住或内腔加装临时隔离堵板），防止动作。当进行超压水压试验时，汽包就地水位计应可靠隔离，不参加试验（云母片一般承受不了超压压力）。强制循环锅炉的炉水循环泵也不参加超压水压试验。

2. 二次系统（再热器系统）

（1）再热器冷段管道水压试验堵阀后至辐射再热器入口集箱间管道、壁式再热器、屏式再热器、末级再热器、再热器热段管道水压堵阀前部分。

（2）与再热器系统相连的附件。安全门不参加水压试验。

三、水压试验应具备的技术条件

（1）检查与锅炉水压试验有关的汽水系统，检修工作已结束，工作票已终结，并按规定验收合格。炉膛和烟道内无人工作。

（2）确认水压试验隔离用堵阀已倒为死堵。

（3）临时系统、设施连接正常，验收合格。

（4）汽包和再热器出口已装精度合格的就地压力表，且控制室内汽包和再热器出口压力指示表已校验正确。

（5）汽包和再热器出口就地压力表现场与水压试验操作地之间所需通信工具准备齐全。

（6）锅炉安全阀应采取防起座措施，PCV 阀的控制开关处于"OFF"位置，手动门关闭。

（7）检查锅炉汽水系统与汽轮机确已隔绝，水压试验堵阀之后汽轮机主汽门、中联门前、高压缸排汽止回门后，主蒸汽、再热蒸汽管道所有疏水门开启。

（8）水压试验范围内的主蒸汽管道的弹簧支吊架在试验前应固定好。

（9）水压试验用水合格并有化验报告，水量满足要求，水温符合规定。

（10）膨胀指示器齐全，位置正确。

（11）确认过热器、再热器减温水电动门、手动门关闭严密。

（12）进水前应确认锅炉承压部件内的杂物清理干净，按照水压试验阀门检查卡要求，检查锅炉各阀门处于正确状态。

（13）做好电动给水泵的检查和准备工作。

四、水压试验操作方法

（1）水压试验按先低压后高压的顺序进行，先进行再热器系统的水压试验，然后进行省煤器、水冷壁、汽包和过热器系统的水压试验。

（2）一次汽水系统进行水压试验时，锅炉进水后，当各空气门中有水连续溢出时将其关闭。

（3）在锅炉升压前，检查汽包壁温不低于 21℃。

（4）升压速度不大于 0.3MPa/min。

（5）当压力升至锅炉工作压力的 10% 左右时，暂停升压，进行初步检查，如无异常方可继续升压。

（6）当升压至安全门最低整定压力的 80% 时，暂停升压，检查安全门无异常后，再继续升压。

（7）当升压至工作压力时，关闭进水阀 5min，记录压力下降值，然后再微开进水阀，保持工作压力，进行全面检查。

（8）如进行超压水压试验，应解列所有汽包水位计，待工作压力下检查正常后，继续升压至超压水压试验压力，升压速度不大于 0.15MPa/min。然后关闭进水阀，记录 5min 内压力下降值，然后开启连续排污或疏水门以 0.10～0.15MPa/min 的降压速度降压。当降至工作压力时，停止泄压，微开进水阀，维持工作压力稳定，进行全面检查。

（9）水压试验结束后，可利用连续排污或疏水阀泄压，降压速度为 0.3～0.5MPa/min。当压力将至 1.0MPa 时，对取样、加药、热工仪表等小口径管道进行统一安排，由专人负责，逐路冲洗。

（10）当压力降至零时，开启空气阀和疏水阀进行放水，联系检修人员解除安全门压紧装置，如锅炉准备启动且水质合格，可将汽包放水至点火水位，过热器、主蒸汽管道、再热器可疏水部分应将疏水放尽。

（11）水压试验结束后，恢复各隔绝的系统和防护措施。

（12）锅炉正式给水系统一般不能进行一次系统超压水压试验（压力达不到）和二次系统水压试验（无系统连接）。因此，进行该试验时必须采用临时系统上水、升压。

（13）如锅炉在短期内不投入运行，当降压至 0.05MPa 时应关闭泄压阀进行充氮保护，或采取其他停炉保养措施。

五、锅炉水压试验的合格标准

（1）二次汽系统停止打压 5min 后，再热器系统压降不大于 0.25MPa，即系统压降不大于 0.05MPa/min。

（2）一次汽水系统停止打压 5min 后，一次汽系统压降不大于 0.5MPa，即系统压降不大于 0.1MPa/min。

（3）承压部件金属壁及焊缝没有泄漏痕迹。

（4）经宏观检查，承压部件无明显的残余变形。

六、水压试验注意事项

（1）水压试验过程中，要有专人负责升压，严防超压。压力要以汽包就地压力表指示为准，控制室内有专人监视摄像头的汽包压力。就地压力表应设专人监视，在接近试验压力时应降低升压速度以防超压；上下压力应经常联系，当上下压力指示差别过大时，暂停升压，由热工人员校核确定。

（2）水压试验过程中必须统一指挥，升压和降压要得到现场指挥的许可才能进行。

（3）水压试验前，应做好汽机侧主蒸汽、再热蒸汽管道的隔绝措施，防止汽轮机进水。水压试验时，各高压加热器应解列。

（4）在水压试验过程中，如发现超压，可开启连续排污、定期排污或再热器入口疏水阀或过热器疏水门快速泄压。

（5）为防止与水压试验相关的低压系统超压，应将其可靠隔离并开启有关疏水阀。

（6）在超压水压试验过程中，当达到试验压力时，不许人员检查，待压力降至额定压力以下时方可进行检查。

（7）在水压试验过程中，压力升降要均匀平稳，要严格控制升压速度，调节进水量应缓慢均匀，阀门不可猛开猛关，以防发生水冲击。

（8）升压过程中不得冲洗压力表管和取样管。

（9）在进行一次汽水系统水压试验过程中，应严密监视再热器压力情况，防止再热器超压，并加强汽轮机缸温监视。

（10）水压试验时，在受压设备区域内，无关人员不得停留。

（11）升压过程中如发现阀门、管道泄漏，压力表不准确，压力不升等现象，应立即停止升压并降低压力，查明原因并进行处理。

第二节　锅炉辅机联锁及保护试验

一、锅炉辅机联锁及保护试验的意义

1. 锅炉辅机联锁试验的意义

为保证锅炉系统运行的平衡和稳定，保证主要辅机在某些异常或故障情况下的设备安全，目前大功率机组都配置了完善的辅机联锁装置。锅炉运行中，某些辅机的局部或整体发生故障时，能够按照既定的程序自动进行切换或停运与其相关的其他辅机，从而达到防止设备损坏和稳定锅炉运行的目的。锅炉辅机的主要联锁配置项目有空气预热器联锁、引风机联锁、送风机联锁、给水泵（汽动给水泵和电动给水泵）站联锁、制粉系统联锁试验、锅炉辅机总联锁等，为了校验联锁系统的可靠性，要进行相应的联锁试验。

2. 锅炉保护试验的意义

锅炉系统设置保护装置的目的是保证机组在某些异常或故障状态下能及时安全停运，防止发生事故，避免设备和人身安全受到伤害，减少事故造成的损失，延长设备的使用寿命。

锅炉保护试验的目的在于对保护装置的可靠性进行校验，对其监测装置、控制装置、信号传输装置、保护的整定值及保护执行系统或设备的动作情况等分别进行调节和校验，确保其动作无误。

锅炉系统一般设有汽包锅炉水位、直流锅炉断水、主蒸汽压力高、蒸汽温度高、炉膛压力、锅炉灭火、炉膛安全监控等各种保护装置。

锅炉保护试验不宜在动态（机组运行）下进行，因为多数保护项目的最后任务是紧急停止锅炉的运行，甚至还涉及汽轮机和发电机的停运。锅炉的保护项目一般需几次或十几次的试验才能全部做完，机组在热态下短时间内频繁启停会影响金属材料的使用寿命。此外，在试验中若调节不当或保护失灵时还会危及设备安全。所以保护装置的可靠性校验应与检修工作同时进行，如需进一步验证其准确性和可靠性，可在锅炉启动前的静态下以下列方法检查部分保护装置的动作情况：

（1）汽包锅炉水位、直流锅炉断水、锅炉水循环泵故障等项目的保护试验。在锅炉上水阶段或启动前进行真实工况的试验，即人为调节水位或控制流量变化至保护值，检查保护装置动作是否符合要求。

（2）炉膛压力试验。在炉膛压力测量装置处拆开管接头，用嘴吹或吸的方法使压力达到保护值，检查保护装置动作是否符合要求。

（3）火焰监测装置。在信号放大器处用专用仪器向其输入一个电压或电流信号，在改变其信号强弱的同时，检查信号传输是否满足要求或保护动作是否正确。

无法采用上述方法进行保护试验时，也可用信号短接的方式进行验证。试验时选择距离实地测量点最近的接线端子处进行线路短接，可检查保护装置动作的可靠性。

二、锅炉辅机联锁及保护试验的原则

（1）机组大、中、小修后重新启动或有关联锁保护装置及回路经过改动或检修时，应进行试验。

（2）辅机的各项联锁及保护试验应在分部试运行前完成；主机各项保护试验应在联锁试验合格后进行；动态试验必须在静态试验合格后进行；机组正常运行时，严禁无故停运联锁及保护装置。

（3）机组、设备联锁保护试验前，需热工人员强制满足的条件，试验后应恢复，并可靠投入相应的保护联锁，不得随意改动，否则应经过规定的审批手续。

（4）运行中设备的试验，应做好局部隔离工作，不得影响其他运行设备的安全；对于试验中可能出现的问题，应做好事故预案。

三、锅炉辅机联锁功能的设置

锅炉辅机联锁功能的设置因设备及系统的不同而有所差异，但锅炉主要辅机的联锁功能设置原则基本都相同，现简要介绍如下：

（1）空气预热器。两台运行中的空气预热器其中一台停运或因故障跳闸时，经延时后联锁跳闸同侧引风机、送风机、一次风机（有些机组为防止一次风机跳闸后一次风压波动对燃烧影响过大，不联锁跳闸本侧一次风机），自动联锁关闭空气预热器入口烟气挡板及一、二次风挡板，RB动作，减负荷至50％额定负荷，根据磨煤机运行情况，联锁跳闸部分运行磨煤机，剩余一半左右磨煤机运行。

两台运行中的空气预热器全部停运或唯一运行的一台空气预热器停运或因故障跳闸时，MFT动作，所有一次风机、磨煤机、给煤机跳闸，为防止锅炉炉膛烟气通道堵死造成锅炉冒正压，此后跳闸的空气预热器烟气挡板不联锁关闭。

（2）引风机。两台运行中的引风机其中一台停运或因故障跳闸时，联锁关闭本风机挡板，联锁跳闸同侧送风机、一次风机（也可选择不联锁跳闸），RB动作，减负荷至50％额定负荷，根据磨煤机运行情况，联锁跳闸部分运行磨煤机，剩余一半左右磨煤机运行。

两台运行中的引风机或唯一运行的一台引风机停运或因故障跳闸时，MFT动作，所有送风机、一次风机、磨煤机、给煤机跳闸，为防止炉膛冒正压，此时引风机挡板不联锁关闭。

（3）送风机。两台运行中的送风机其中一台停运或因故障跳闸时，联锁跳闸同侧一次风机（也可选择不联锁跳闸），RB动作，减负荷至50％额定负荷，根据磨煤机运行情况，联锁跳闸部分运行磨煤机，剩余一半左右磨煤机运行。

两台运行中的送风机或唯一运行的一台送风机停运或故障跳闸时，MFT动作，所有一次风机、磨煤机、给煤机跳闸。

（4）一次风机。两台运行中的一次风机其中一台停运或因故障跳闸时，RB动作，减负荷至50％额定负荷，根据磨煤机运行情况，联锁跳闸部分运行磨煤机，剩余一半左右磨煤机运行。

两台运行中的一次风机或唯一运行的一台一次风机停运或因故障跳闸时，MFT动作，所有磨煤机、给煤机跳闸。

（5）磨煤机。任意一台磨煤机跳闸时，联锁跳闸对应给煤机，对于部分弹簧加载式中速磨煤机，为防止给煤机跳闸后磨煤机长时间无煤运行而引起振动，进而损坏设备，还设有给煤机跳闸延时联锁跳闸磨煤机联锁保护。

有磨煤机专用密封风机的系统，为防止密封风终端造成磨辊轴承损坏，还设有密封风机跳闸延时联锁跳闸磨煤机逻辑。

四、锅炉辅机联锁及保护试验的要求、方法及步骤

1. 试验要求

（1）参加试验的辅机及附属设备的热机、电气、热工检修工作结束，工作票注销并收回。

（2）试验前应确认有关风门、挡板、油泵、气动门、电动门等电源、气源正常。对于电气开关设计具有"试验"位置的辅机，只送上其控制电源，动力电源开关改至"试验"位置。

(3) 进行联锁试验前，应先进行就地及集控室手动启、停试验并确认合格。

(4) 试验应在机组启动前进行；对于特殊情况，如某联锁回路检修需要试验时，应做好安全措施，不影响机组的正常运行。

(5) 试验由值长主持，热工、电气、机务检修维护及运行人员参加。

(6) 先进行各风机、空气预热器、制粉系统与其附属设备联锁及保护试验，以上工作结束并正常后再进行锅炉主机保护试验。

2. 试验方法及步骤

(1) 试验前汇报值长，联系热控等有关人员到场配合。

(2) 为 10kV 电动机送试验电源及操作电源，包括引风机电动机、送风机电动机、一次风机电动机、各磨煤机电动机。

(3) 为 380V 电动机送动力电源，主要包括引风机辅助润滑油泵电动机、轴流引风机冷却风机电动机、动叶调节的轴流式送风机液压润滑油泵电动机、一次风机辅助润滑油泵电动机、磨煤机辅助润滑油泵电动机、空气预热器轴承润滑油泵电动机、空气预热器主辅电动机、给煤机电动机、磨煤机密封风机电动机。

(4) 送上以上设备仪表电源及有关阀门、挡板执行器电源。

(5) 启动空气压缩机，保证控制气源正常。

(6) 单操或顺控启动空气预热器、引风机、送风机、一次风机、磨煤机、给煤机（启动前应确认给煤机入口挡板关闭，防止煤进入实际停运的磨煤机）。

(7) 试验步骤见表 16-3。

表 16-3　　　　　　　　锅炉辅机联锁及保护试验步骤

序号	试验条件	试验动作
1	投入有关联锁软、硬开关	
2	停止 A 空气预热器主电动机和辅电动机（停主电动机时辅电动机应联动）	(1) 联锁关闭 A 空气预热器入口烟气挡板及一次风、二次风挡板； (2) 延时联缩跳闸 A 侧一次风机并发报警信号； (3) RB 选跳部分磨煤机并发报警信号； (4) 联锁跳闸磨煤机对应的给煤机并发报警信号； (5) 延时联锁跳闸 A 侧送风机并发报警信号； (6) 延时联锁跳闸 A 侧引风机并发报警信号
3	重新启动以上跳闸转机，停止 B 空气预热器主、辅电动机	动作逻辑与 A 相同
4	重新启动以上跳闸转机，同时停止 A、B 空气预热器主、辅电动机	MFT 动作，联锁跳闸 A、B 侧一次风机并发报警信号，联锁跳闸所有磨煤机并发报警信号，联锁跳闸所有给煤机并发报警信号
5	重新启动以上跳闸转机，停止 A 侧引风机电动机	(1) 联锁跳闸 A 侧送风机并发报警信号； (2) 联锁跳闸 A 侧一次风机并发报警信号； (3) RB 由上层到下层选跳部分磨煤机并发报警信号； (4) 联锁跳闸磨煤机的给煤机并发报警信号
6	重新启动以上跳闸转机，停止 B 侧引风机电动机	动作逻辑与 A 相同

序号	试验条件	试验动作
7	重新启动以上跳闸转机，同时停止 A、B 侧引风机电动机	(1) MFT 动作； (2) 联锁跳闸 A、B 侧送风机并发报警信号； (3) 联锁跳闸 A、B 侧一次风机并发报警信号； (4) 联锁跳闸所有磨煤机并发报警信号； (5) 联锁跳闸所有给煤机并发报警信号
8	重新启动以上跳闸转机，停止 A 侧送风机电动机	(1) 联锁跳闸 A 侧一次风机并发声光报警； (2) RB 由上层到下层跳部分磨煤机并发报警信号； (3) 联锁跳闸磨煤机的给煤机并发报警信号
9	重新启动以上跳闸转机，停止 B 侧送风机电动机	动作逻辑与 A 相同
10	重新启动以上跳闸转机，同时停止 A、B 侧送风机电动机	(1) MFT 动作； (2) 联锁跳闸 A、B 侧一次风机并发报警信号； (3) 联锁跳闸所有磨煤机并发报警信号； (4) 联锁跳闸所有给煤机并发报警信号
11	重新启动以上跳闸转机，停止 A 侧一次风机电动机	(1) RB 由上层到下层选跳部分磨煤机并发报警信号，同时联锁关闭跳闸磨煤机出、入口挡板； (2) 联锁跳闸磨煤机的给煤机并发报警信号
12	重新启动以上跳闸转机，停止 B 侧一次风机电动机	动作逻辑与 A 相同
13	重新启动以上跳闸转机，同时停止 A、B 侧一次风机电动机	(1) MFT 动作； (2) 联锁跳闸所有磨煤机并发报警信号； (3) 联锁跳闸所有给煤机并发报警信号

五、MFT 试验方法及步骤

(1) 解除大联锁，配合热工人员逐项进行试验。由热工人员短接每一项的信号接点。运行人员检查 MFT 动作之后 FSSS 首次跳闸原因及延时是否正确。

(2) MFT 继电器动作试验结束，顺序启动 A、B 空气预热器、引风机、送风机、一次风机、A~F 磨煤机、给煤机。开启来、回油跳闸阀，开启各油角阀（开启油角阀前一定要确认燃油手动门关闭，防止燃油进入炉膛造成爆燃），以及开启过热器和再热器减温水总阀（开启前要检查减温水手动门关闭，防止减温水进入过热器形成水塞）。

(3) 操作员手动 MFT，单独按下其中一只按钮，MFT 不动作；同时按下两个按钮，MFT 动作，发声、光报警，检查 A、B 一次风机跳闸，所以磨煤机和给煤机跳闸，供、回油电磁快关阀和各油角阀关闭，过热器、再热器减温水总阀关闭，油燃料跳闸（oil fuel trip，OFT）显示跳闸原因。

(4) 每次 MFT 动作，锅炉吹扫完成后，MFT 继电器自动复位。

第三节　锅炉冷态通风调试试验

新安装的锅炉机组或经大修后的机组，在锅炉启动之前，为了解锅炉燃烧相关设备特性及运行规律，及时发现设备的安装缺陷，掌握配风的调节规律，并为热态运行提供依据，需进行风烟系统的冷态通风检查及调试试验。

一、炉膛和烟道的漏风试验

平衡通风锅炉的炉膛及烟道设计为负压运行，风粉管道一般为正压运行。炉膛和烟道、风道的严密性对机组的经济性和安全性都有一定的影响。负压系统漏风将直接导致排烟热损失增加，而且烟道的漏风处越接近炉膛，其影响越大。正压系统漏风除污染环境外，热风外漏还会引发火灾。无论正压系统还是负压系统，漏风都会增加送风机、引风机、一次风机的负荷及电耗，严重的漏风还将影响锅炉的出力。炉膛漏风会使燃烧恶化，导致过热蒸汽超温等不正常现象。

锅炉投产前或大、小修后，应在冷态下对炉膛、风道、烟道、除尘器及其所有门、孔进行严密性试验。

1. 炉膛和烟道的漏风试验方法

检查炉膛和烟道是否漏风，一般有正压法和负压法两种方法。

（1）正压法。保持炉膛和烟道为正压状态，检查其是否漏风的方法称为正压法。具体做法为：对于平衡通风锅炉，启动引、送风机，调节引风机入口挡板，保持炉膛正压为100～200Pa，在送风机入口处撒入白粉或施放烟雾。这时，若炉膛和烟道及其门、孔有不严密的地方，白粉或烟雾就会从此处冒出，并留下痕迹。试验后应寻找痕迹，及时进行堵塞处理。

（2）负压法。保持炉膛和烟道为负压状态，检查其是否漏风的方法称为负压法。具体做法为：启动引风机，调节挡板，保持炉膛负压为150～200Pa，然后将火把或蜡烛靠近炉墙和烟道的外表面并各处移动。若有不严密的地方，则火焰或蜡烛会被吸向该处。检查人员应做好标记，待试验后做堵塞处理。

2. 空气预热器、风道和挡板的漏风试验

检查空气预热器、风道和挡板是否严密，一般采用正压法。具体做法如下：

（1）启动引、送、一次风机，保持炉膛正常压力。

（2）关闭送风进入炉膛的风门挡板，关闭磨煤机出口粉管进入炉膛的挡板，调节送风机、一次风机开度，保持正压系统有足够压力（一般不小于额定压力的50%），稳定后对系统进行全面检查。可采用施放烟雾或移动羽毛的方式检查具体漏风点，在漏风处均应划上记号，做好记录。为查清空气预热器的漏风点，可以进入空气预热器两端的烟道，进行详细检查。

二、调试试验内容及条件

新装锅炉或大修后的锅炉应进行有关调试试验，试验的具体项目视具体情况而定。一般情况下，冷态下锅炉调试试验前的检查、试验内容及条件见表16-4。

表16-4　　　　　　　　　冷态下锅炉调试试验前的检查、试验内容及条件

项目	具体内容
锅炉风烟系统检查	（1）风机动叶开度指示值应与实际指示值一致，开关灵活、风量、风压变化正常； （2）一、二次风压表指示正确，反应灵敏； （3）烟风道系统严密性检查； （4）风机挡板及烟风道各风门、挡板位置适当，开关灵活，实际开度与指示值一致； （5）风机工作正常； （6）二次风门开关灵活，位置正确，就地开度与指示值一致； （7）摆动喷燃气操作灵活，角度符合设计要求； （8）检查风机并列性能

项目	具体内容
冷态试验内容	(1) 二次风特性试验； (2) 一次风管阻力调平试验； (3) 炉膛出口气流分布测试； (4) 冷态空气动力场试验
试验应具备的条件	(1) 锅炉安装工作完毕，转动机械分部试运行合格； (2) 所有的风门、挡板电动或气动执行机构安装完毕且试运行正常； (3) 风烟系统、制粉系统所有表计均可靠，能正常投入； (4) 炉膛内定位灯安装完毕； (5) 炉膛脚手架、试验平台安装完毕，经检查合格； (6) 在炉膛内测量燃烧器的摆动角度及垂直度、喷口尺寸及几何形状，拉线测量切圆直径和几何中心位置； (7) 检查和校正各风门、挡板，实际开度应与指示开度一致，开关灵活、到位，无卡涩； (8) 根据运行规程要求，对空气预热器、引风机、送风机、一次风机进行启动前检查

三、调试试验方法及步骤

待检查完毕，具备启动条件后，启动两台空气预热器、引风机、送风机、一次风机。根据表 16-5 的试验项目和试验步骤对锅炉机组进行相关调试试验。

表 16-5 锅炉调试试验项目与试验步骤

试验项目	试验步骤
引风机并列性能试验	由送风机维持炉膛负压在 50Pa，同时两台引风机的动叶逐渐加大，直至电流达到额定值，并记录各开度下引风机入口的负压和电流，然后同时将两台引风机的动叶关小直至全关，并记录各开度下引风机入口的负压和电流
送风机并列性能试验	由引风机维持炉膛负压在 50Pa，同时将两台送风机的动叶逐渐加大，直至电流达到额定值，并记录各开度下送风机出口的风压和电流，然后同时将两台送风机的动叶关小直至全关，并记录各开度下送风机出口的风压和电流
一次风机并列性能试验	由引风机、送风机维持炉膛负压在 50Pa，同时将两台一次风机的入口调节挡板逐渐开大，直至电流达到额定值，并记录各开度下一次风机出口的风压和电流，然后同时将两台一次风机入口挡板关小直至全关，并记录各开度下一次风机出口的风压和电流
二次风风量标定	维持炉膛负压在 50Pa，在接近额定工况时，标定二次风风量测量装置，校核 DCS 系统的送风机风量
一次风风量标定与调平	(1) 实测一次风管喷口风速，对一次风风量测量装置进行标定； (2) 锅炉各一次风管现场布置时，由于长度、弯头数量、垂直高度等的不同造成了各管道阻力的不同，而正是由于管道阻力的不同，将造成各一次风管中风量和煤粉量的分配不均匀，给炉膛燃烧工况及安全经济运行带来不良影响，因此必须通过试验调节，将锅炉各一次风管的阻力调平； (3) 对四角一次风速进行测量，计算偏差，通过调节一次风管的可调缩孔，进行一次风调平
校核二次风大风箱性能	实测二次风风速，记录二次风风箱静压，校核二次风大风箱性能

续表

试验项目	试验步骤
火花示踪冷态空气动力场试验	可用热球风速仪测量炉膛出口气流分布，可用在燃烧器出口释放烟花的方法进行燃烧器试验。 （1）炉膛气流情况试验： 1）炉内气流或火焰的充满程度； 2）炉内气流动态情况，以及观察是否有冲刷管壁、贴壁和偏斜等现象； 3）炉内各种气流的相互干扰情况。 （2）四角布置的直流燃烧器试验： 1）射流的射程及沿轴线速度衰减情况； 2）切圆的位置及大小； 3）射流偏离燃烧器几何中心线的情况； 4）一、二次风离喷口的混合距离及各射流的相对程度等； 5）喷口倾角变化对射流混合距离及相对偏离距离的影响等。 （3）旋流燃烧器试验： 1）射流属开式气流还是闭式气流； 2）射流的扩散角及回流区的大小和回流速度等； 3）射流的旋转情况及出口气流的均匀性； 4）一、二次风的混合特性； 5）调节风门对以上各射流特性的影响

四、调试试验的注意事项

（1）试验期间，炉膛内部及烟、风道停止一切施工作业。

（2）烟、风道上的各人孔门应关闭，捞渣机水封应投入。

（3）风机运行期间，就地应有专人负责监视，如有异常应立即通知有关人员。如有危及人身或设备安全的可能，应立即停机，然后通知有关人员处理。

（4）进行炉内试验时，试验人员应戴安全帽，高空作业必须系好安全带。

（5）在烟花示踪试验期间，必须做好消防安全工作，炉内应具备灭火器，并指定专人负责。

第四节　安全阀校验

安全阀是锅炉的重要保护装置，其作用是保证锅炉机组在运行过程中压力突然升高至超过规定值时，能够准确可靠地动作，排泄掉蒸汽，使锅炉不会因超压而损坏，保证锅炉机组的安全运行。为保证安全阀能够可靠、正确地动作，需在热态工况下对汽包、过热器出口、再热器入口的安全阀进行校验。

一、安全阀的相关规定

按照DL/T 612—2017《电力行业锅炉压力容器安全监督规程》的要求，每台锅炉至少要装两个全启式安全阀。过热器出口、再热器进出口都必须装安全阀。安全阀的起座压力按制造厂规定执行。制造厂没有规定时按表16-6的规定调节与校验。

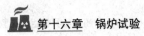

表 16-6 安全阀起座压力规定

安装位置		起座压力	
汽包锅炉的汽包或过热器出口	蒸汽压力小于 5.9MPa	控制安全阀	1.04 倍工作压力
		工作安全阀	1.06 倍工作压力
	蒸汽压力大于 5.9MPa	控制安全阀	1.05 倍工作压力
		工作安全阀	1.08 倍工作压力
直流锅炉的过热器出口		控制安全阀	1.08 倍工作压力
		工作安全阀	1.10 倍工作压力
再热器进出口			1.10 倍工作压力
直流锅炉的汽水分离器			1.10 倍工作压力

注 1. 对于脉冲式安全阀,工作压力指冲量接出地点的工作压力,对其他类型的安全阀工作压力指安全阀安装地点的工作压力。

2. 过热器出口安全阀的起座压力应保证在该锅炉一次汽水系统所有安全阀中最先动作。

安全阀的回座压力,一般应为起座压力的 $93\%\sim96\%$,最大不得超过起座压力的 90%。汽包和过热器上所装全部安全阀排放量的总和应大于锅炉最大连续蒸发量。当锅炉上所有安全阀均全开时,锅炉的超压幅度在任何情况下均不得大于锅炉设计压力的 106%。

再热器进、出口安全阀的总排放量应大于再热器的最大设计流量。直流锅炉汽水分离器安全阀的总排放量应大于汽水分离器的设计产汽量。过热器、再热器出口安全阀的排放量在总排放量中所占的比例应保证安全阀开启时,过热器、再热器能得到足够的冷却。

在机组停运前,安全阀应定期进行放汽试验。锅炉安全阀的试验间隔不大于一个小修间隔。锅炉过热器、再热器安全门在锅炉大、小修后必须进行可靠性试验。试验前,应将压缩空气送至安全门处,且压力应大于规定值。

现代大容量锅炉安全阀大都为弹簧式安全阀,该安全阀具有系统简单、工作可靠的优点;少数高压及超高压锅炉还装有脉冲式安全阀。下面主要以弹簧式安全阀为主,介绍安全阀的校验。

二、安全阀的校验原则和要求

(1) 在机组大修或安全阀检修后均应对安全阀动作值进行校验。PCV 阀的热控、电气回路试验在每次机组停运期间进行一次。每次大、小修停机前应对安全阀、PCV 阀进行一次排汽试验。

(2) 安全阀校验工作应由检修副总工程师主持,检修人员负责现场实施,运行人员配合机组操作。安全阀校验必须有完善的技术、组织措施。

(3) 安全阀校验一般在机组不带负荷、锅炉单独启动的工况下进行;如进行带负荷校验,必须经总工程师批准,并有完善的技术措施。

(4) 安全阀校验内容包括起、回座压力及阀门升程等。

(5) 安全阀校验的顺序应先高压后低压(可最大限度地减少锅炉无安全门保护运行时间),依次对汽包安全阀、过热器安全阀、再热器进口安全阀、再热器出口安全阀进行校验。

三、安全阀校验应具备的条件

(1) 锅炉检修工作已结束,对锅炉本体和辅机进行启动前检查,确认已符合启动要求。

（2）热态试验前，必须先保证冷态试验合格。

（3）校验安全阀专用 0.5 级标准压力表在就地已安装完毕。

（4）校验安全阀的装置、工具已准备好，并检查各功能完好，现场与集控室已设置专用通信联络工具。

（5）汽轮机旁路系统和真空系统能正常投运，汽轮机盘车投运，凝汽器真空正常。

四、安全阀的校验方法

1. 利用液压校验装置进行安全阀校验

（1）按照升温升压曲线，将汽包压力升至 80% 的安全阀最低整定压力，如果是带负荷校验则控制机组负荷。PCV 阀控制开关应置于"OFF"位置。

（2）锅炉压力稳定后，通知校验人员开始校验工作。

（3）校验时，在安全阀阀杆上装上专用的液压千斤顶，根据锅炉当时实际压力及安全门动作压力提前计算出液压千斤顶需提供的辅助压力。然后通过控制液压千斤顶的液压油泵出口压力使千斤顶逐步达到计算的辅助压力。当辅助压力达到辅助压力＋锅炉主蒸汽压力＝安全阀动作压力时，安全阀应动作，若提前动作或不动作，就要调节安全阀弹簧张紧力。

（4）待过热器出口安全阀校验结束后，将 PCV 阀控制开关置于"自动"位置，校验 PCV 阀。

（5）再热器安全阀校验时，应利用高压旁路控制再热蒸汽压力。再热蒸汽压力稳定后通知校验人员开始校验工作。

（6）安全阀校验结束后，校验人员退出现场，机组投入正常运行或转备用。

2. 利用真实排汽法进行安全阀校验

（1）按照升温升压曲线，将汽包压力升至 80% 的安全阀最低整定压力。除待试安全阀外，其余安全阀均加上压紧装置，PCV 阀开关处于"OFF"位置。切高压旁路至手动位置。

（2）以 0.1MPa/min 的速度升压至安全阀起座整定压力，如果安全阀未动作，则应将压力降到回座值以下，进行调节。

（3）安全阀起座后，应适当降低燃烧率，并密切注意监视汽包水位，及时调节燃烧率或旁路开度，使安全阀回座。待压力降至最低安全阀起座整定压力的 80% 时，取下安全阀的压紧装置，重新升压。以同样方法对第二个安全阀进行试验。

试验完毕后，将 PCV 阀控制开关置于"自动"位置。运行中不得随意退出 PCV 阀运行，若需退出应办理审批手续。

（4）适当降低汽包压力，待汽包压力稳定后，利用旁路调节再热蒸汽压力，对再热器进、出口安全阀进行校验。

五、安全阀校验注意事项

（1）安全阀校验时，应加强对蒸汽温度、蒸汽压力和水位的监视，防止汽包缺满水。

（2）安全阀校验后，对其起座压力、回座压力应做好详细记录。

（3）在安全阀校验过程中，如出现异常情况，应立即停止校验工作。

（4）不带负荷地校验安全阀时，过热器和再热器要有一定的蒸汽流量，应严格控制炉膛出口烟温不高于538℃，监视过热器和再热器管壁不超温。

（5）在校验安全阀时，当发生安全阀起座后不能回座而引起蒸汽压力下降时，不能采用增加燃料的方法来控制蒸汽压力不变，应适当减少燃料，控制蒸汽温度、壁温和汽包水位等参数稳定，待安全阀回座后重新升压进行安全阀校验。

（6）在低负荷校验安全阀时，要防止锅炉尾部受热面积积存过多可燃物，应及时对空气预热器进行连续吹灰。

（7）校验过程中要注意高空作业安全，防止坠跌事故，防止烫伤。无关人员不得进入安全阀校验现场。

第五节 锅炉机组热平衡试验

在新锅炉安装结束后的移交验收鉴定试验中，对新投产锅炉按设计负荷试运行结束后的运行试验中，改造后的锅炉进行的热工技术性能鉴定试验中，大修后的锅炉进行的检修质量鉴定和校正设备运行特性试验中，以及运行锅炉由于燃料种类变化等原因进行的燃烧调节试验中，都必须进行热平衡试验。锅炉设备在运行中应定期进行热平衡试验（通常称为热效率试验），以查明影响锅炉热效率的主要因素，将其作为改进锅炉工作的依据。

一、热平衡试验的目的

（1）求出锅炉的热效率 η。

（2）求出锅炉的各项热损失并分析热损失高于设计值的原因，并制定降低热损失和使热效率达到设计值的措施。

（3）确定锅炉机组在各种负荷下的合理运行方式，如过量空气系数、煤粉细度、火焰位置、燃料和空气在燃烧器及其各层之间的分配情况等。

二、热平衡试验的组织和准备工作

（1）熟悉锅炉机组的技术资料和运行特性。

（2）全面检查锅炉机组及其辅助设备、测量表计自动调节装置的情况，以了解其是否处于完好状态。

（3）将所检查出的设备缺陷提交有关车间予以处理。

（4）制订试验计划，其内容包括：试验任务和要求，试验准备工作（如安装测点和取样设备，准备测试仪器等），试验顺序，测试内容和方法，人员组织和进度等。试验计划应征得生产技术部门和有关车间的同意。

（5）在制订试验计划的基础上，编写试验准备工作的任务书，并提交技术部门领导审批。其内容包括试验所需器具装置的制造和安装等项目。

（6）组织试验小组并就试验所需人员征得有关车间同意。

（7）准备好所需试验仪器。

（8）对试验用配件的安装进行技术监督，并培训试验观测人员。

上述组织和准备工作条款同样也适用于锅炉其他试验。

三、热平衡试验的要求

（1）试验前，应预先将锅炉负荷调节到试验规定的数值并稳定一个阶段，在此阶段可以调节燃烧工况使之达到试验要求。试验前负荷稳定阶段的持续时间由炉墙结构、试验负荷与稳定负荷的差值而定。当原来负荷低于或高于规定试验负荷的20%以上时，将负荷调节到规定工况后一般要求稳定1~2h，再进行试验。

（2）在试验中，应避免进行吹灰、除灰、打焦、定期排污及启停制粉系统等操作，以防影响试验的顺利进行和试验的准确性。

（3）试验期间，应尽可能地维持锅炉蒸汽参数及过量空气系数等稳定，其允许波动范围见表16-7。

在试验期间，为维持表16-7中的指标，煤粉锅炉应尽可能维持进风量与燃料量不变，而负荷的调节由并列的邻近锅炉承担。此外，在整个试验期间，给水温度不应有较大的波动。

表 16-7　　　　　　　　　　　锅炉热平衡试验期间参数的波动范围

项目	允许波动范围
锅炉负荷/%	±5
蒸汽压力（对高压锅炉）/MPa	±0.1
蒸汽压力（对低压锅炉）/MPa	±0.05
蒸汽温度/℃	±5
过量空气系数	±0.05

（4）在试验中，每改变一种工况，原则上应重复进行两次试验，如两次试验的结果相差过大，需再重做一次或多次试验。

（5）对于燃煤锅炉，一般规定每一工况下正平衡试验的持续时间为8h，反平衡试验的持续时间为4h，但根据具体情况可适当减少，正平衡4h、反平衡2h也可。煤粉锅炉一般不推荐用正平衡试验法，因为反平衡试验法要比它简单准确。

四、热平衡试验的测定内容

应根据试验要求来确定热平衡试验的测定内容，热平衡试验的主要测定项目如下。

1. 入炉原煤的采样

原煤的采样和分析对效率计算的准确度影响颇大，因此入炉原煤的采样是锅炉热平衡试验最基本而又最关键的测定项目。

煤粉锅炉的原煤取样，一般在给煤机处进行。人工采样时需用的工具是铲子和储样桶。储样桶应由金属或塑料做成，带有严密的盖子。在采样和保存过程中，储样桶必须盖好盖子，保持密封状态，以免水分蒸发。

采取的试样应能代表试验期间所用燃料的平均品质。在给煤机处取样，一般每隔15min取一次，每次约取1kg。

2. 飞灰取样

在锅炉热平衡试验中，飞灰取样并分析飞灰中的可燃物含量是最重要、最基本的测量项目之一。对煤粉锅炉来讲，飞灰中的可燃物含量更是反映燃烧效果的主要技术指标之一。在锅炉的日常运行中，为了不断改进运行操作，也需要经常进行飞灰取样。

在各种燃烧方式的锅炉上，应在尾部烟道的适宜部位安装专用的取样系统，连续抽取少量的烟气流并在系统中将其所含的飞灰全部分离出来作为飞灰试样。如果锅炉装有效率较高的干式除尘器，也可取其排灰的样品作为飞灰试样。如装有固定的旋风捕集飞灰取样器时，应在试验前将取样瓶内的灰倒净，在试验期间收2~3次即可。

试验中最常用的飞灰取样器系统，主要由取样管和旋风捕集器构成。其工作原理是：利用引风机负压，使烟气等速进入取样管并沿切线方向进入旋风捕集器内，由于烟气流在其内旋转，烟中灰粒在离心力作用下被甩到器壁落下并收集在中间灰斗中，借助取样瓶就可以从中间灰斗中取出飞灰试样。

3. 炉渣采样

对煤粉锅炉来说，炉渣采样同飞灰取样相比是次要的，当其可燃物含量少时，甚至可以不用采样。对液态排渣锅炉来说，不需要采集炉渣试样做可燃物分析。

当煤粉锅炉进行热平衡试验时，为了保持燃烧稳定并避免漏风，一般不放灰或冲灰。炉渣采样可待热平衡试验结束后，用长手柄的铁铲由灰斗内分不同部位掏取。

如煤粉锅炉在热平衡试验期间连续冲灰，可每隔30min采样一次。一般来说炉渣的原始试样数量不应少于炉渣总量的5%。

4. 烟气成分分析

在锅炉的热平衡试验中，需要分别采取烟气样品进行成分分析，以实现以下目的：

（1）为了确定炉膛出口过量空气系数，最好在过热器出口烟道内取样。

（2）为了确定锅炉的排烟热损失，需要测定排烟处过量空气系数和烟气容积，此时应该在锅炉尾部最末级受热面后的烟道内取样，取样截面和排烟温度的测量截面要尽量靠近。

（3）为了确定化学不完全燃烧损失，可在烟道中任何截面上取样。但最好与上述某一项结合，以免重复分析。

（4）为了确定某一段烟道的漏风情况，需测定该烟道进、出口的过量空气系数，此时应在其进、出口处取样。

由于大容量锅炉的烟道很宽，烟气成分很可能不均匀，所以每一取样处，应在左右两侧取样分析。

采用奥氏烟气分析仪就地分析烟气成分时，一般可每隔15min取样分析一次。

一般情况下，烟气中的CO含量很少，难以用奥氏烟气分析仪来测定，此时可用烟气全分析仪进行测定或根据奥氏烟气分析仪测定的RO_2、O_2含量用CO含量计算公式进行计算。在要求不甚严格的情况下，也可认为CO的含量等于氧含量，这就不需要测定或计算CO含量。

5. 排烟温度的测定

如表盘上排烟温度表的准确性较差时，应就地测量排烟温度。由于烟道两侧的排烟温度可能不相等，特别是装有回转式空气预热器的锅炉，排烟温度两侧相差很大，甚至高达50℃，所以应在烟道两侧都进行测量。

6. 主要参数的记录

热平衡试验期间的温度、压力、流量等重要参数应每隔15min记录一次，需记录的项目，根据试验要求选定。

每次热平衡试验结束后，首先要进行数据的整理工作，对试验中重复多次测取的测量参数，一般取其算术平均值作为其直接测值。

在进行热平衡试验时，尤其是当试验次数较多时，常将有关效率计算的内容，根据具体情况编制成表格，以利于循序计算、校核对比及查找方便。

参 考 文 献

[1] 冯德群 . 电厂锅炉设备及运行维护 [M]. 北京：机械工业出版社，2012.

[2] 中国动力工程学会 . 火力发电设备技术手册　第四卷　火电站系统与辅机 [M]. 北京：机械工业出版社，1998.

[3] 郭迎利，何方 . 电厂锅炉设备及运行 [M]. 北京：中国电力出版社，2010.

[4] 张力 . 电站锅炉原理 [M]. 重庆：重庆大学出版社，2009.

[5] 谢冬梅，李心刚 . 热力设备运行 [M]. 北京：机械工业出版社，2009.

[6] 朱全利 . 超超临界机组锅炉设备及系统 [M]. 北京：化学工业出版社，2008.

[7] 西安热工研究院 . 超临界、超超临界燃煤发电技术 [M]. 北京：中国电力出版社，2008.

[8] 国电浙江北仑第一发电有限公司 .600MW 火电机组全能值班员培训教材 [M]. 北京：中国电力出版社，2007.

[9] 大唐国际发电股份有限公司 . 全能值班员技能提升指导丛书 锅炉分册 [M]. 北京：中国电力出版社，2008.

[10] 易大贤 . 发电厂动力设备 [M].2 版 . 北京：中国电力出版社，2008.

[11] 杨成民 . 普通高等教育实验实训规划教材　电力技术类 600MW 超临界压力火电机组系统与仿真运行 [M]. 北京：中国电力出版社，2010.